家电维修完全自学教程

韩雪涛 主 编
吴瑛 韩广兴 副主编

化学工业出版社
·北京·

本书以家电维修行业标准作为依据，按照家电维修从业人员的培训特点以及产品种类划分知识架构，将电风扇、饮水机、电热水壶、吸尘器、洗衣机、电饭煲、微波炉、电磁炉、彩色电视机、液晶电视机、电冰箱、空调器这些具有代表性、市场占有量大的家电产品作为重点，并选择典型样机进行实测、实修，让读者真正了解不同家电产品的结构特点和检修要点，真实感受到维修的过程，最终实现维修技能的提升。

本书采用图解的方式，对操作性强的技能重点加以展现，突出操作的重点、细节和过程。同时，本书还以扫二维码看视频的形式，为读者赠送了一部分家电维修的教学视频，供读者学习观看。读者可以在很短时间内通过本书完成知识技能的学习，实现快速入门和提高。

本书可供家电维修人员学习、使用，也可供职业院校、培训学校相关专业师生参考。

图书在版编目（CIP）数据

图解家电维修完全自学教程/韩雪涛主编. —北京：化学工业出版社，2017.11（2020.9重印）

ISBN 978-7-122-30656-2

Ⅰ.①图… Ⅱ.①韩… Ⅲ.①日用电气器具-维修-图解 Ⅳ.①TM925.07-64

中国版本图书馆CIP数据核字（2017）第232044号

责任编辑：李军亮 徐卿华　　装帧设计：刘丽华

责任校对：王素芹

出版发行：化学工业出版社（北京市东城区青年湖南街13号 邮政编码100011）

印　　装：大厂聚鑫印刷有限责任公司

787mm×1092mm 1/16 印张22 字数588千字　2020年9月北京第1版第5次印刷

购书咨询：010-64518888　　售后服务：010-64518899

网　　址：http://www.cip.com.cn

凡购买本书，如有缺损质量问题，本社销售中心负责调换。

定　　价：88.00元

前言

家电产品与人们的生产生活息息相关。小到电风扇、饮水机、电热水壶，大到洗衣机、电视机，各种各样的家电产品使我们的生活更加丰富多彩。随着科技的发展，家电产品的制造技术越来越先进，智能化程度也越来越高，功能也更加多样化。

强大的市场需求推动了整个电器产业的发展，家电产品的售后维修需求也越来越大，社会上对家电维修的岗位需求逐年增加。为了确保家电产品维修人员能够跟上技术发展的步伐，以适应岗位需求，国家相关部门相继颁布了一系列标准和规定，为家电产品维修人员的专业技能设定了科学规范的标准。

面对琳琅满目的家电产品，每一种产品都有复杂多样的电路结构和控制系统，这为家电维修工作带来了极大的困难。如何能够在短时间内，掌握每一种家电的维修技能是摆在维修人员面前的一个难题。

针对上述情况，我们根据家电维修行业的技术特点和岗位特色，结合目前流行的家电产品的特点编写了本书。

本书以国家相关行业标准作为依据，按照家电维修从业人员的培训特点和产品种类划分知识架构，从家电维修基础开始，由浅入深、循序渐进地介绍各种典型家用电器维修的知识和技能。

在家电产品的选取上，本书对目前市场上流行的家电产品进行了大量的收集和筛选，将电风扇、饮水机、电热水壶、吸尘器、洗衣机、电饭煲、微波炉、电磁炉、彩色电视机、液晶电视机、电冰箱、空调器这些具有代表性、市场占有量大的家电产品作为重点，并选择典型样机进行实测、实修，让读者真正了解不同家电产品的结构的特点和检修要点，真实感受到维修的过程，最终实现维修技能的提升。

本书在内容表达上采用图解的方式，对操作性强的技能重点加以展现，突出操作的重点、细节和过程，让读者可以在很短时间内通过本书完成知识技能的学习，实现快速入门和提高。

家电维修重在技能的培养，本书所介绍的全部知识技能都源于真实的维修案例，读者通过学习可直接指导工作，力求做到学习与社会实践的无缝对接。

为确保图书的品质，本书由全国电子行业专家韩广兴教授亲自指导，编写人员由行业资深工程师、高级技师和一线教师组成。书中无处不渗透着专业团队在家电维修中的经验和智慧，将家电维修学习和实践中需要注意的重点、难点一一化解，大大提升学习效果。

为了便于学习和查阅，本书中所引用的原厂电路图中不符合国家规定标准的图形及符号未作修改，以便读者在学习和工作中能够将实际产品与电路进行对照，方便查找，在此特别加以说明。

本书由韩雪涛任主编，吴瑛、韩广兴任副主编，参与本书编写的还有张丽梅、梁明、宋明芳、王丹、王露君、张湘萍、吴鹏飞、吴玮、高瑞征、唐秀鸯、韩雪冬、吴惠英、周洋、王新霞、周文静。

家电维修是一个长期的、循序渐进的过程，同时需要在实际工作中不断摸索、不断积累经验。各种各样的维修难题会在学习工作中时常遇到，如何能够在后期为读者提供更加完备的服务成为本书的另一大亮点。为了更好地满足读者的需求，达到最佳的学习效果，本书得到了数码维修工程师鉴定指导中心的大力支持。读者可登录数码维修工程师的官方网站（www.chinadse.org）获得超值技术服务。此外，读者还可通过网站的技术交流平台进行技术的交流与咨询。

如果读者在学习和考核认证方面有什么问题，可通过以下方式与我们联系。

网址：http://www.chinadse.org

联系电话：022-83718162/83715667/13114807267

E-mail：chinadse@163.com

地址：天津市南开区榕苑路4号天发科技园8-1-401

邮编：300384

编　者

目录

第 1 章 家电维修基础

第 2 章 液晶电视机故障检修

第 3 章 CRT 彩色电视机故障检修

第 4 章 电冰箱故障检修

第 5 章 空调器故障检修

第 6 章 洗衣机故障检修

第 7 章 微波炉故障检修

第 8 章 电磁炉故障检修

第 9 章 电饭煲故障检修

第1章

家电维修基础

1.1 家电维修常用检测仪表和维修工具的使用

1.1.1 万用表的使用

万用表是一种多功能多量程的便携式电子测量仪表，具有结构简单、使用方便、用途多样、量程范围广等优点。它以测量电阻、交流电流和交流电压为主。有的万用表还可以用来测量音频电平、电容量、电感量以及晶体管的主要参数等。万用表的种类很多，按其读数方式可以分为指针万用表和数字万用表两类。

(1) 万用表使用前的准备与调整

万用表是家电维修中的主要检测用仪表。通过万用表，家电维修人员可以完成电阻、电压、电流、电容量等多种检测。一般来说，目前常用的万用表主要有指针式万用表和数字万用表，这两种万用表虽然原理和显示方式存在区别，但使用方法基本相同。下面通过实际的测量训练学会万用表的规范操作技能。

使用万用表进行检修测量时，首先将万用表的两支表笔分别插入万用表相应的表笔插孔中。操作示意如图1-1所示。将万用表的黑表笔插在“负极性”插孔，红表笔插在“正极性”插孔。

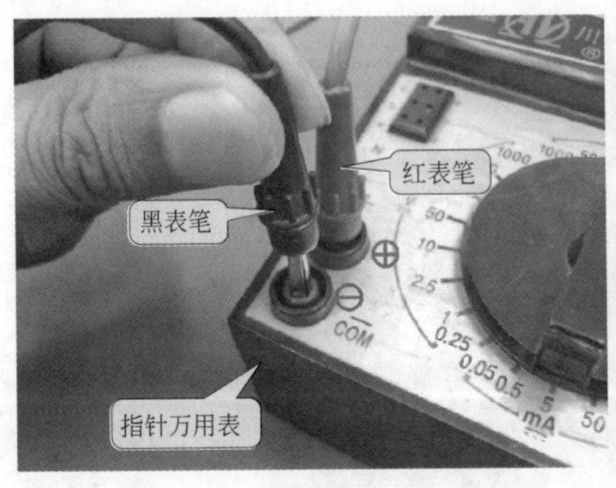

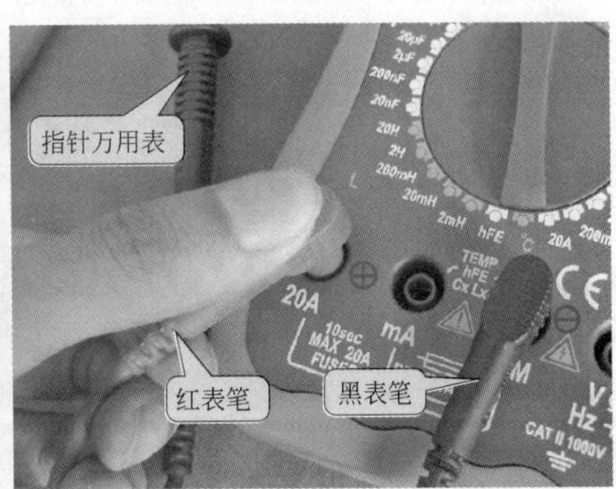

图1-1 连接表笔

根据习惯，红色表笔插接在“正极性”表笔插孔中，测量时接高电位；黑色表笔插接在“负极性”表笔插孔中，测量时接低电位。

表笔插接好后要根据测量需求（测量对象）选择测量项目，调整测量方位（量程调整），如图 1-2 所示。对万用表测量项目及量程的选择调整是通过万用表上的功能旋钮实现的。转动功能旋钮，将其指向合适的测量挡位。

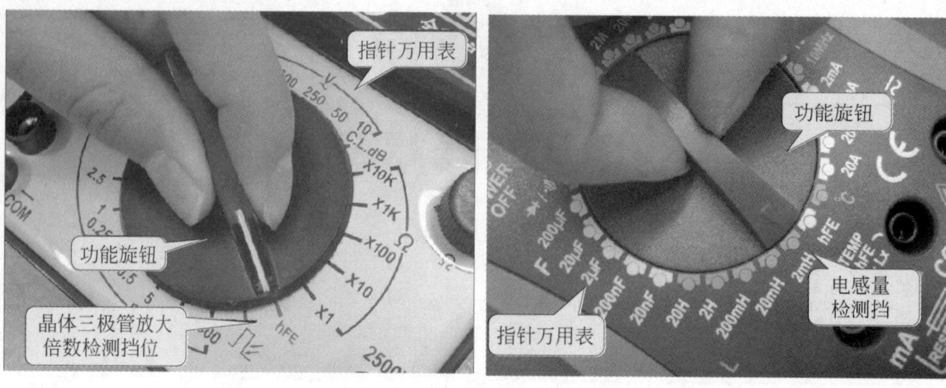

图 1-2　调整万用表的量程

量程设置完毕，即可将万用表的表笔分别接触待测电路（或元器件）的测量端，这时可根据表盘指示，读取测量结果，如图 1-3 所示。将指针万用表的红黑表笔分别搭在待测电阻器的两引脚端。

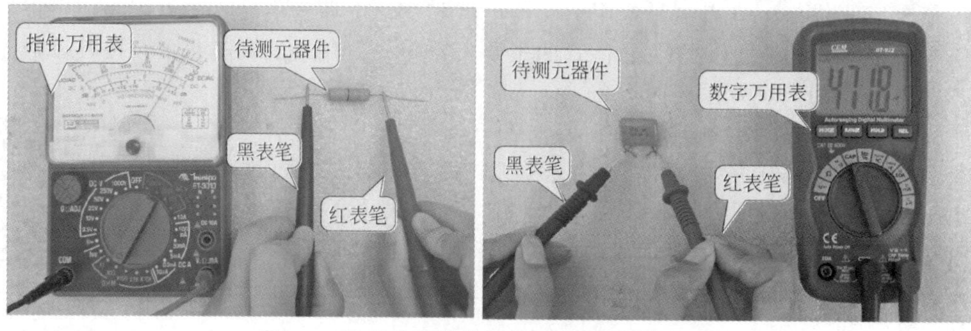

图 1-3　将表笔分别接触待测元器件的测量端

值得注意的是，如果使用指针万用表，在测量之前，还需观察万用表表盘的指针是否指向零位，如果指针不在零位，还需对指针万用表进行机械调零，以确保测量准确。机械调零的方法如图 1-4 所示。

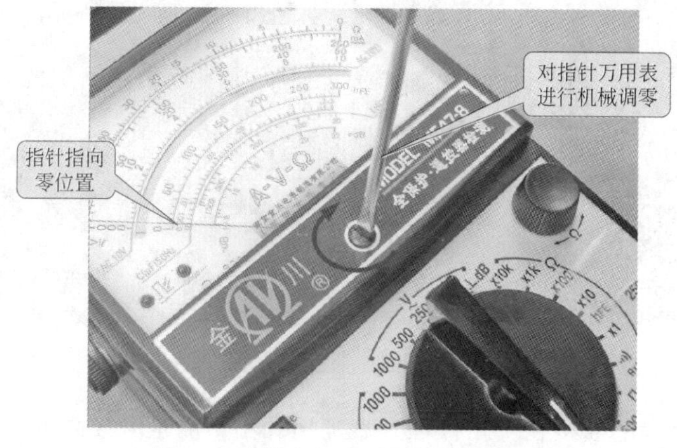

图 1-4　指针万用表机械调零的方法

（2）万用表测量结果的读取

家电维修人员主要根据万用表表盘的指针指示或数字显示来读取测量结果，并以此作为故障判别的重要依据。因此，正确快速地识读测量结果对家电维修人员非常重要。

① 指针万用表测量结果的读取方法　如图 1-5 所示，指针万用表的表盘上分布有多条刻度线，这些刻度线以同心的弧线的方式排列，每一条刻度线上还标示出了许多刻度值。此处该指针万用表中的交/直流电压以及电流刻度共用一条刻度线。

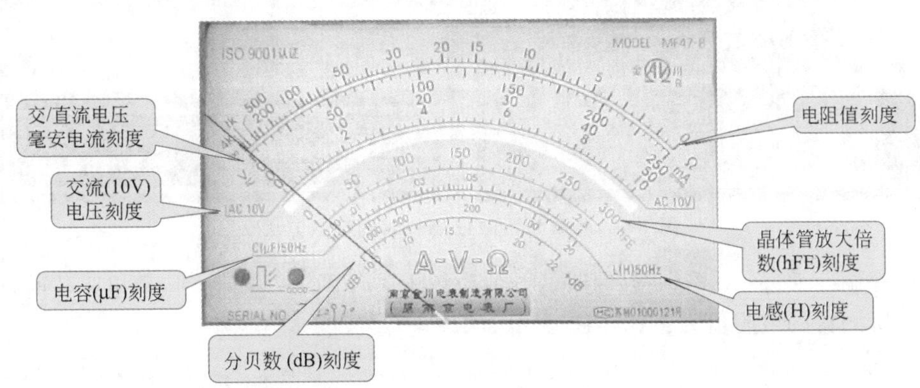

图 1-5　指针万用表的刻度盘

重要的一些延伸资料可以参考下面。

电阻刻度（Ω）：电阻刻度位于表盘的最上面，在它的右侧标有“Ω”标识，仔细观察，不难发现电阻刻度呈指数分布，从右到左，由疏到密。刻度值最右侧为 0，最左侧为无穷大。

交/直流电压和直流电流刻度（V͂、mA）：直流电压、电流刻度位于刻度盘的第二条线，在其右侧标识有“mA”，左侧标识为“V͂”，表示这两条线是测量直流电压和直流电流时所要读取的刻度，它的 0 位在线的左侧，在这条刻度盘的下方有两排刻度值与它的刻度相对应。

交流（AC 10V）电压刻度（AC）：交流电压刻度位于表盘的第三条线，在刻度线的两侧标识为“AC 10V”，表示这条线是测量交流电压时所要读取的刻度，它的 0 位在线的左侧。

晶体三极管放大倍数（hFE）刻度：晶体三极管刻度位于刻度盘的第四条线，在右侧标有“hFE”，其 0 位在刻度盘的左侧。

电容（μF）刻度：电容（μF）刻度位于刻度盘的第五条线，在该刻度的左侧标有“C（μF)50Hz”的标识，表示检测电容时，需要在 50Hz 交流信号的条件下进行电容器的检测，然后通过该刻度盘进行读数。其中“（μF）”表示电容的单位为 μF。

电感（H）刻度：电感（H）刻度位于刻度盘的第六条线，在右侧标有“L（H）50Hz”的标识，表示检测电感时，需要在 50Hz 交流信号的条件下进行电容器的检测，然后通过该刻度盘进行读数。其中“（H）”表示电感的单位为 H。

分贝数刻度：分贝数刻度是位于表盘最下面的第七条线，在该刻度线的两侧都标有“dB”，刻度线两端的“−10”和“+22”表示其量程范围，主要用于测量放大器的增益或衰减值。

读取指针万用表的测量结果，主要根据指针万用表的指示位置，结合当前测量的量程设置在万用表表盘上找到对应的刻度线，然后按量程换算刻度线的刻度值，最终读取出指针所指刻度值的实际结果。

a. 电阻值测量结果的读取训练　这里值得说明的是应该根据万用表挡位的设置，选择电阻刻度进行读数。如果在测量电阻时选择的是 $R\times10$ 挡，若指针指向图中所示的位置（10），如图 1-6 所示，读取电阻值时，由倍数关系可知，所测得的电阻值为：10×10=100Ω。

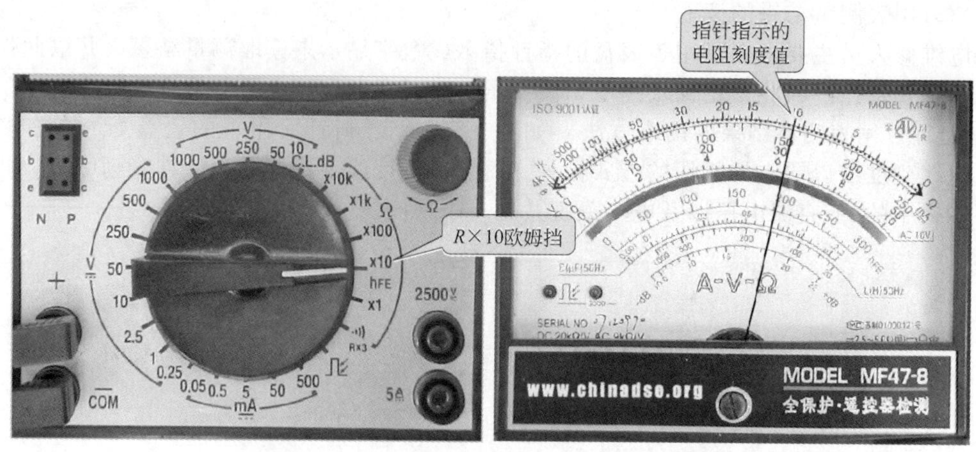

图 1-6　选择 $R\times10$ 欧姆挡时的读数方法

若将量程调至 $R\times100$ 挡，指针指向 10 的位置上，如图 1-7 所示。读取电阻值时，由倍数关系可知，所测得的电阻值为：10×100=1000Ω。

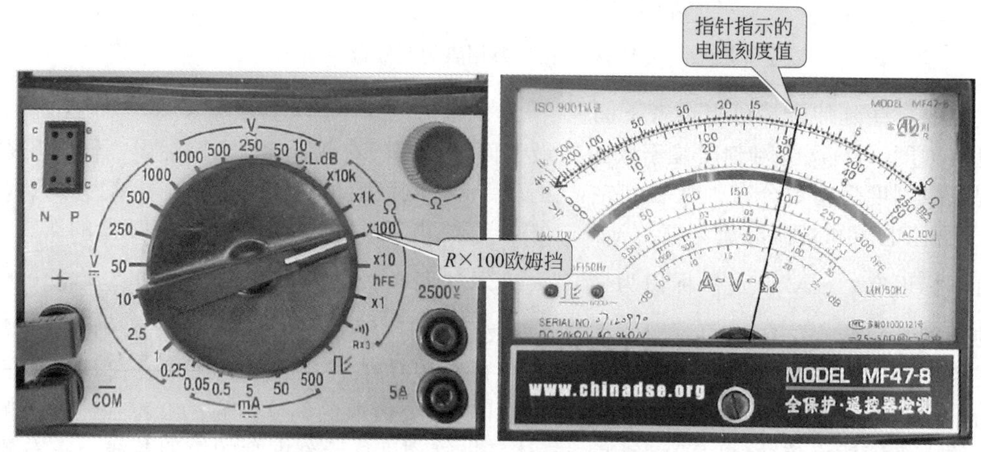

图 1-7　选择 $R\times100$ 欧姆挡时的读数方法

若将量程调至 $R\times1\text{k}$ 挡，指针指向 10 的位置上，如图 1-8 所示，读取电阻值时，由倍数

图 1-8　选择 $R\times1\text{k}$ 欧姆挡时的读数方法

关系可知，所测得的电阻值为：10×1k=10kΩ。

b. 直流电流测量结果的读取训练　指针万用表的电流量程一般可以分 0.05mA、0.5mA、5mA、50mA、500mA 等，在使用指针万用表进行直流电流的检测时，由于电流的刻度盘只有一列“0～10”，因此无论是使用直流 50μA 电流挡、直流 0.5mA 电流挡、直流 5mA 电流挡、直流 50mA 电流挡还是直流 500mA 电流挡，进行检测时都应进行换算，即指针的位置×(量程的位置/10)。

例如，选择直流 0.05mA 电流挡进行检测时，若指针指向图 1-9 所示的位置，则所测得的电流值为 0.034mA。即由于挡位与刻度盘的倍数关系，所测得的电流值为：6.8×(0.05/10)=0.034mA。

图 1-9　选择直流 0.05mA 电流挡进行检测时的读数方法

若测量数据超过万用表的最大量程，就需要选用更大量程的万用表进行测量。例如测量的电流大于 500mA，需要使用直流 10A 电流挡进行检测，将万用表的红表笔插到“DC 10A”的位置上再进行读数。如图 1-10 所示，通过刻度盘上 0～10 的刻度线，可直接读出电流值为 6.8A。

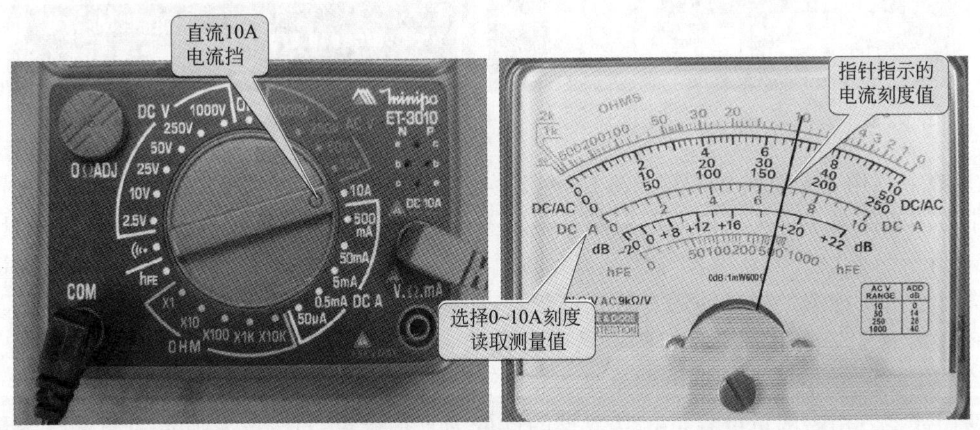

图 1-10　选择直流 10A 电流挡进行检测时的读数方法

c. 直流电压测量结果的读取训练　在选择直流 10V 电压挡、直流 50V 电压挡、直流 250V 电压挡进行检测时，均可以通过指针和相应的刻度盘位置直接进行读数，并不需要进行换算。而使用直流 2.5V 电压挡、直流 25V 电压挡以及直流 1000V 电压挡进行检测时，则需要根据刻度线的位置进行相应的换算。

例如选择直流 2.5V 电压挡进行检测时，若指针指向如图 1-11 所示的位置上，读取电压值时，选择 0～250 刻度盘进行读数，由于挡位与刻度盘的倍数关系，所测得的电压值为：175×(2.5/250)=1.75V。

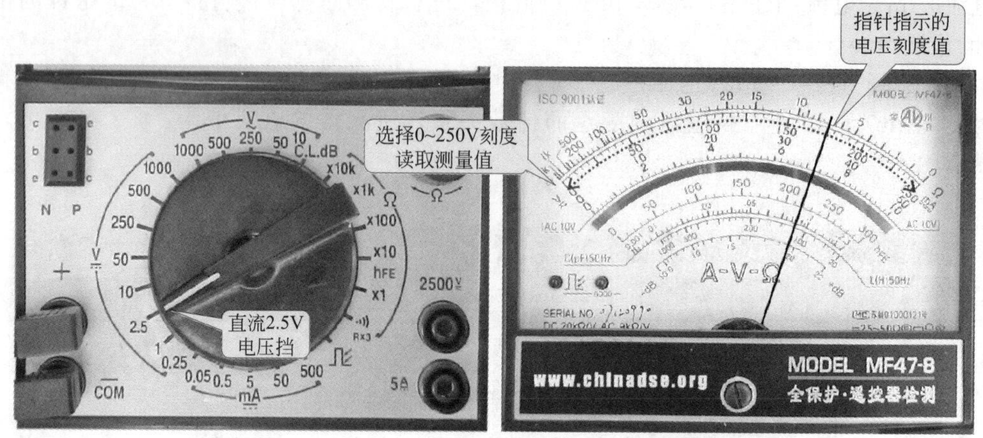

图 1-11 选择直流 2.5V 电压挡进行检测时的读数方法

选择直流 10V 电压挡进行检测时，若指针指向如图 1-12 所示的位置上，读取电压值时，选择 0～10 刻度盘进行读数，可读出电压值为 7V。

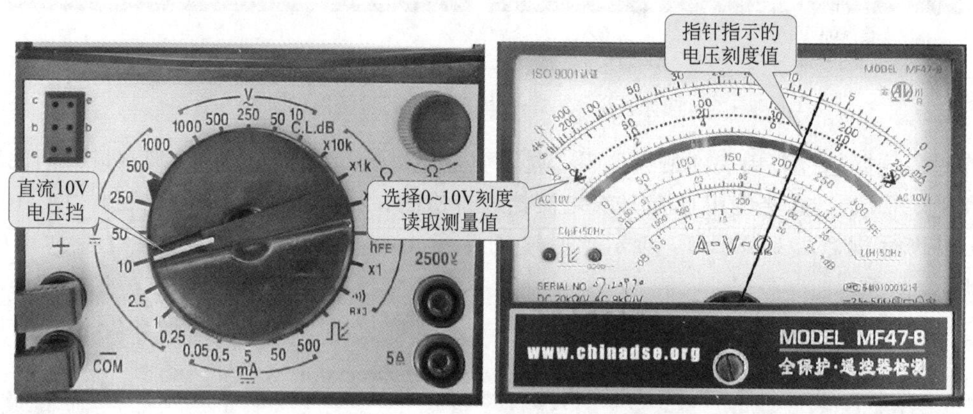

图 1-12 选择直流 10V 电压挡进行检测时的读数方法

② 数字万用表测量结果的读取方法 数字万用表的测量结果主要以数字的形式直接显示在数字万用表的显示屏上。读取时，结合显示数值周围的字符及标识即可直接识读测量结果，图 1-13 所示为典型数字万用表的液晶显示屏。需要注意：当按下峰值保持按键后，测量值上方才会显示出此标志，提示使用者数据已锁定。

a. 电容量测量结果的读取训练 数字万用表通常有 2nF、200nF、100μF 等电容量挡位，可以检测 100μF 以下的电容器电容量是否正常。

使用数字万用表测量电容量，其数据的读取为直接读取，图 1-14 所示为测量电容量数据的读取，读数为 2.9μF。

b. 交流电流测量结果的读取训练 数字万用表通常包括 2mA、200mA 以及 20A 等交流电流挡位，可以用来检测 20A 以下的交流电流值。将数字万用表调至交流电流挡时，液晶显示屏上会显示出交流标识。

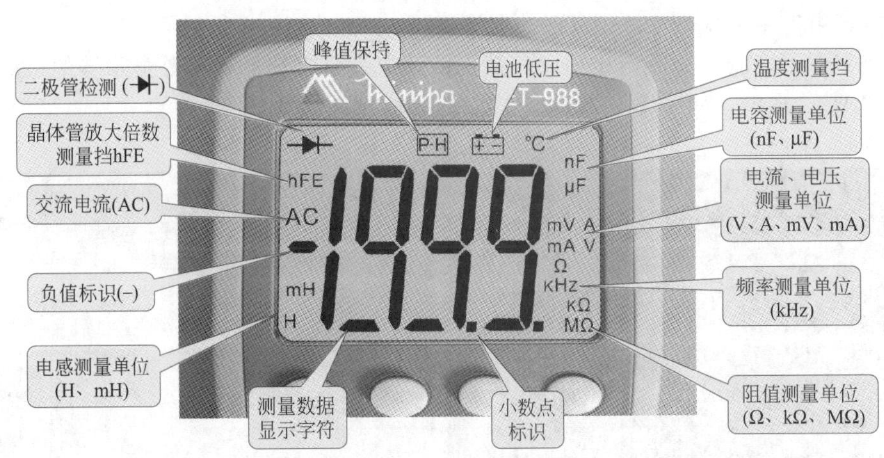

图 1-13 数字万用表的刻度盘

图 1-14 数字万用表测量电容量数据的读取训练

使用数字万用表检测交流电流值时，需要将数字万用表调至交流电流测量挡“A～”，其数据的读取为直接读取，液晶显示屏的检测功能标识处有交流“AC”标识，如图 1-15 所示，读取的数值为交流 7.01A。

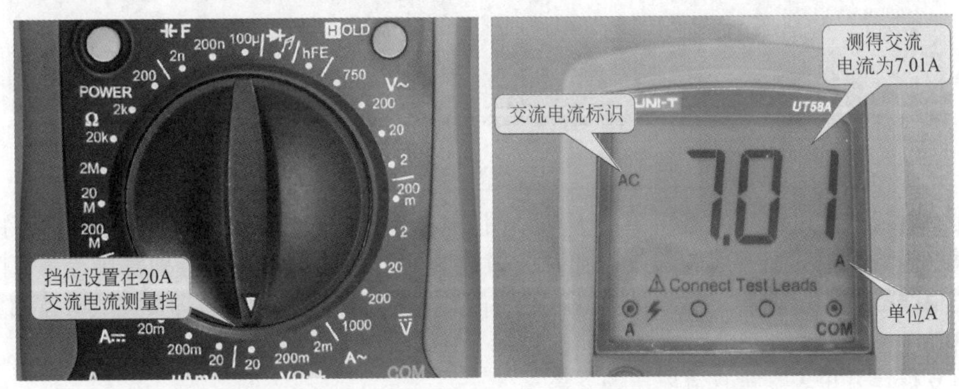

图 1-15 数字万用表测量交流电流值数据的读取训练

c. 交流电压测量结果的读取训练 数字万用表一般包括 2V、20V、200V 以及 750V 等交流电压挡位，可以用来检测 750V 以下的交流电压。

使用数字万用表测量交流电压值，其数据的读取为直接读取，液晶显示屏的检测功能标识处有交流“AC”标识，如图 1-16 所示，读取的数值为交流 21.2V。

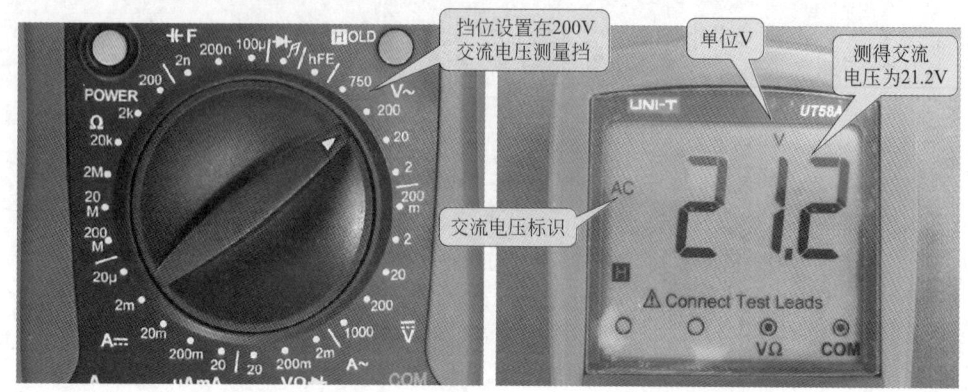

图 1-16　数字万用表测量交流电压值数据的读取训练

（3）指针万用表测量电阻值的方法

使用指针万用表测量电阻值是非常实用的一项测量技能，它不仅可以用于判别电阻器的好坏，晶体二极管、晶体三极管以及开关按键等器件的性能也都可以通过检测电阻值的方法来进行判断。另外对于线路通断的检测也常采用指针万用表检测电阻值的方法。在使用指针万用表测量电阻值前，需要对指针万用表进行零欧姆调整，如图 1-17 所示。将万用表调整至电阻值的量程（$R\times100$ 挡），然后将两表笔相互短接，调整零欧姆校正旋钮，使指针指示到“0”位置。

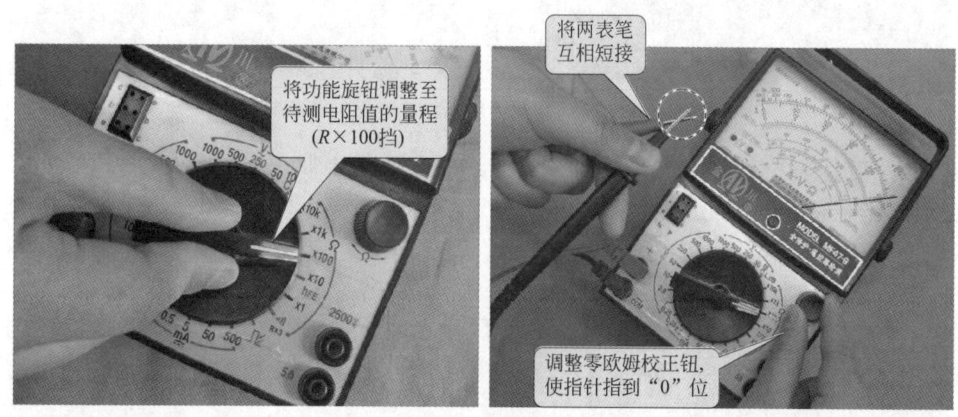

图 1-17　指针万用表零欧姆调整的方法

使用电阻值测量法检测电阻器的方法如图 1-18 所示。首先识读待测电阻器的标称阻值，然后根据待测阻值选择万用表的量程至 $R\times10$ 挡，用万用表的两表笔分别搭接待测电阻器的两端，根据指针指示识读实际测量的电阻值，最后与标称阻值进行比对即可完成对待测电阻器的检测。

（4）指针万用表测量直流电压的方法

使用指针万用表测量开关电源电路输出的直流电压是否正常，测量前先确定测量时表笔的连接方法，然后根据电路板中的标识调整万用表的量程，最后检测出直流电压值。

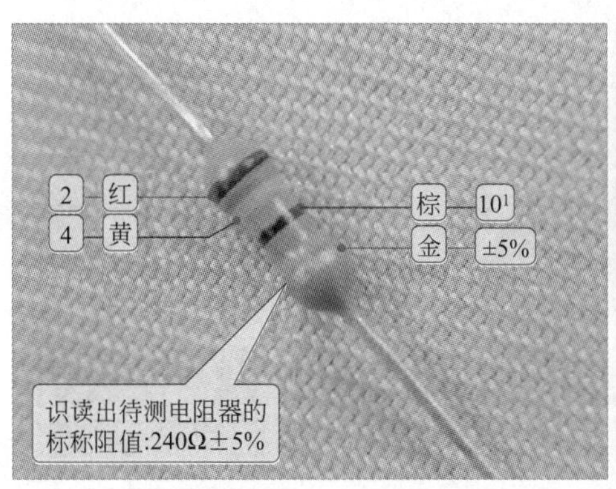

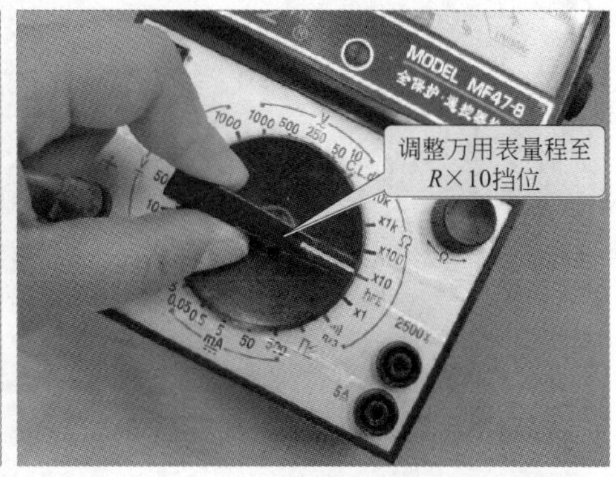

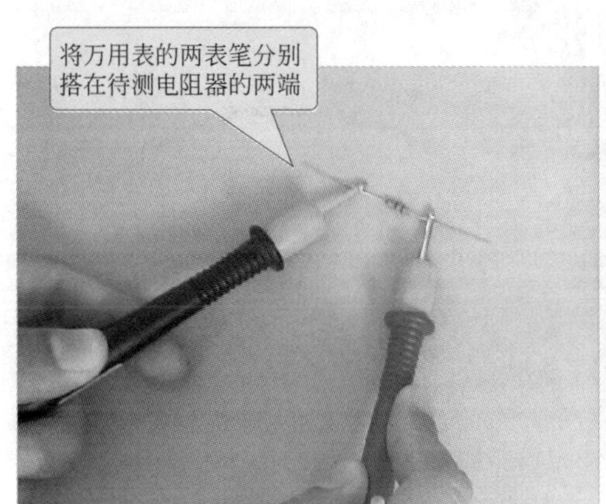

图 1-18 使用电阻值测量法检测电阻器的方法

以指针万用表测量开关电源直流输出电压为例，将红表笔接在 3.3V 输出端，将黑表笔接接地端，具体的操作方法如图 1-19 所示。

(5) 数字万用表测量电容量的方法

使用数字万用表测量电容量时，可借助附加测试器进行检测。将附加测试器插入数字万用表的表笔插孔中，再将电容器插入附加测试器的电容量检测插孔中进行检测，数字万用表液晶显示屏上即可显示出相应的数值。

使用数字万用表测量电容量的具体操作方法如图 1-20 所示。将附加测试器插入数字万用表相应的插孔，设置调整量程。然后将待测电容器的两引脚插接在附加测试器的相应插孔中即可检测出当前待测电容器的电容量，将该测量结果与标称值比对即可判别当前待测电容器的性能是否良好。

(6) 数字万用表测量交流电流的方法

数字万用表检测交流电流时，应先根据实际电路选择合适的交流电流量程，然后断开被测电路，将万用表的红黑表笔随意串联到被测电路中，此时通过显示屏即可读出测量的交流电流值。

以检测吸尘器驱动电机回路中的交流电流为例，具体的操作方法如图 1-21 所示。可以根据驱动电机的额定电流将万用表的量程调整至交流 20A 电流挡，然后使用万用表即可完成对实际电路交流电流的测量。

值得注意的是，在使用数字万用表检测交流电流时不要用手指触碰万用表表笔的金属部位，要将裸露的电线放在绝缘物体上，以防止电流过大引起触电。

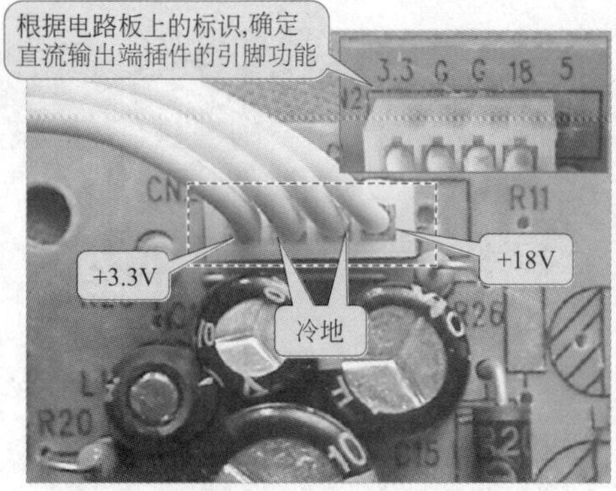

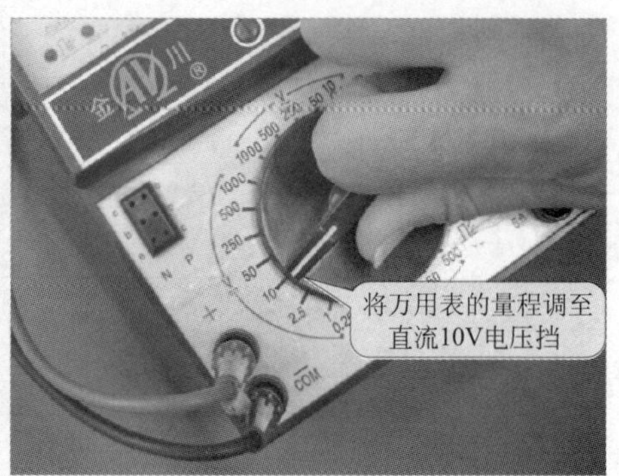

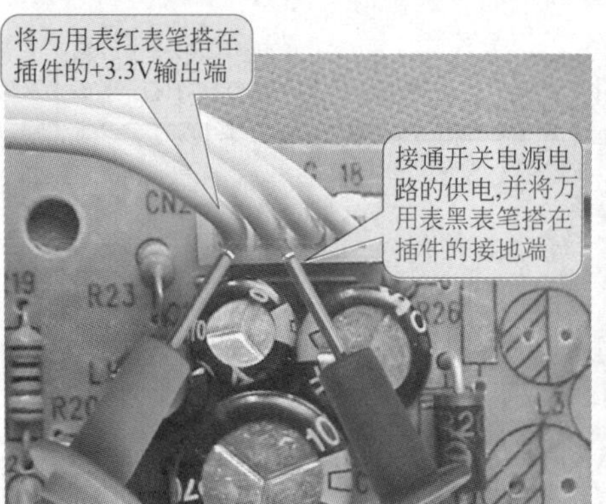

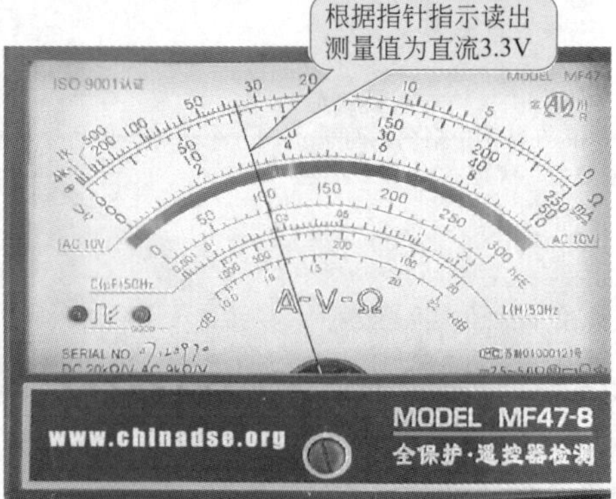

图 1-19 指针万用表检测开关电源直流输出电压的基本操作方法

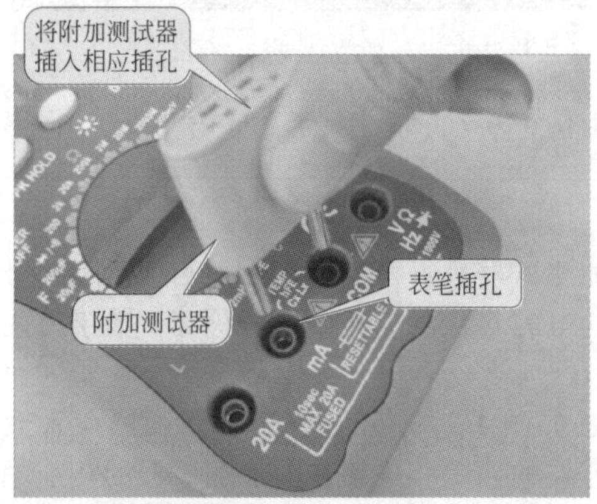

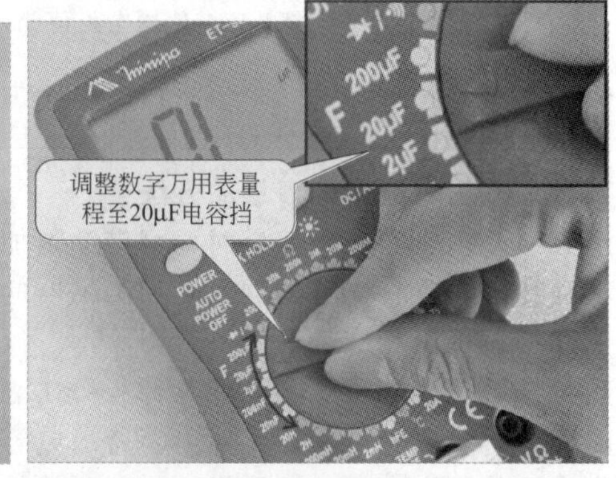

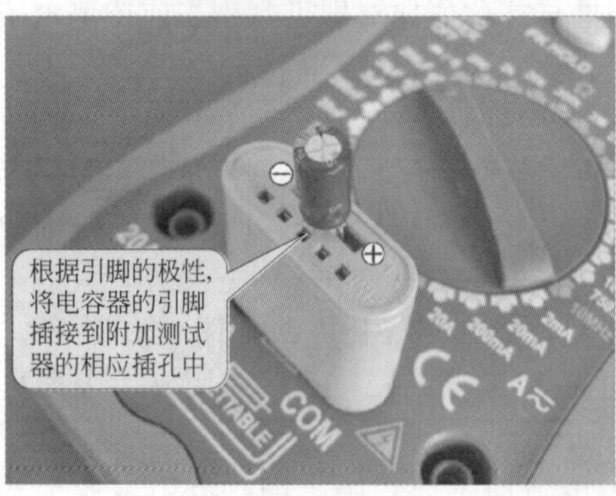

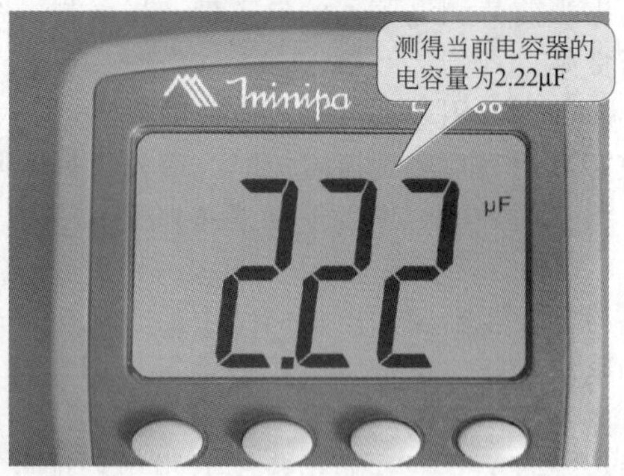

图 1-20 使用数字万用表测量电容量的操作方法

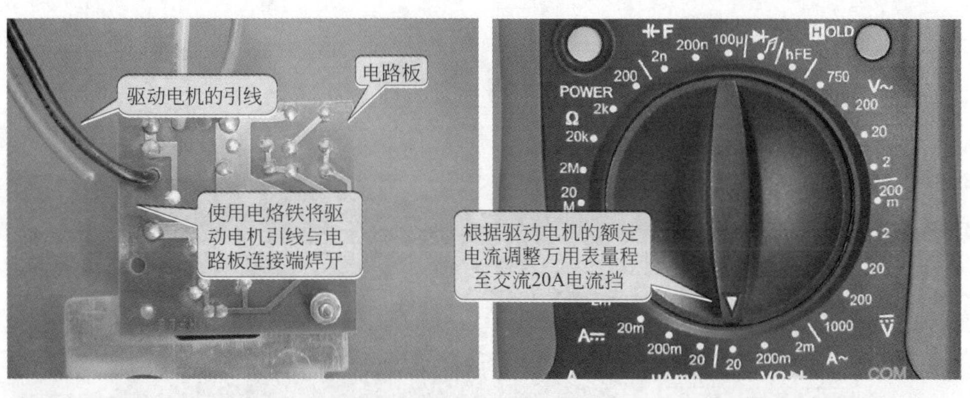

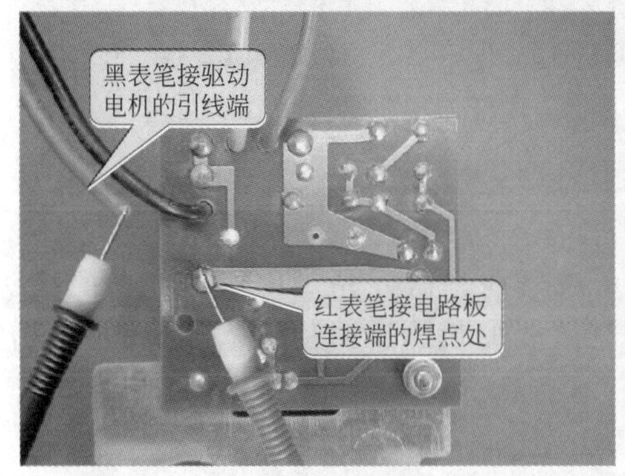

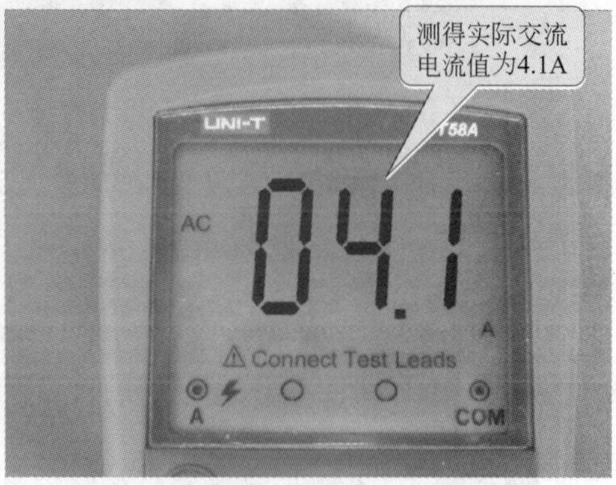

图 1-21　数字万用表检测交流电流的方法

如图 1-22 所示，在测量电流时，小电流和大电流的表笔插孔也不相同，检测电流大于 200mA 时，要将红表笔连接在标识有 10A 的表笔插孔中。

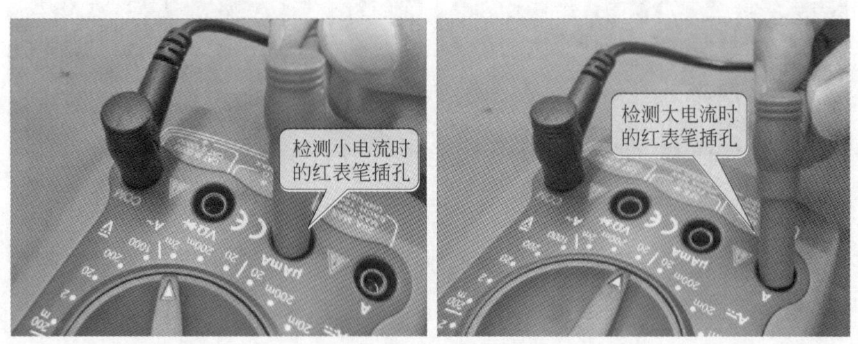

图 1-22　检测电流时的万用表表笔插孔

(7) 数字万用表测量交流电压的方法

使用万用表检测电路中的交流电压值时，需要将万用表并入电路中，将黑表笔和红表笔分别插入插座的两个插孔中，此时检测的数值即为该电路的交流电压值。

以数字万用表检测市电插座输出交流电压为例，具体的操作方法如图 1-23 所示。

1.1.2　示波器的使用

示波器在电子产品的开发、生产、调试和维修中是不可缺少的测量仪器，也是目前家用电子产品维修中极为重要的维修工具。

在家电维修中，示波器常用来观测各种信号的波形，用以判断故障点和故障范围。本节针

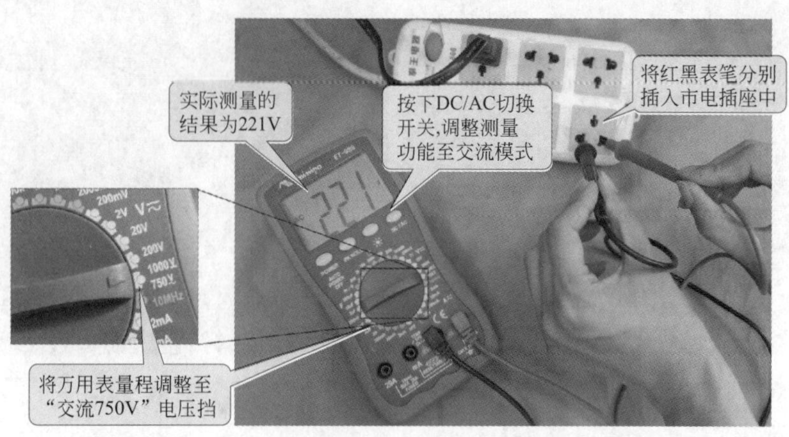

图 1-23 数字万用表检测市电插座输出交流电压的方法

对示波器在家电维修中的应用，为大家演示如何操控示波器以及如何调整测量的波形。

(1) 示波器的基本操控方法

① 模拟示波器的操控方法 在使用模拟示波器前，需要先对模拟示波器的探头进行连接。选择以 CH2 通道为例，将模拟示波器测试线的接头座对应插入到探头接口，顺时针旋转接头座即可，操作如图 1-24 所示。

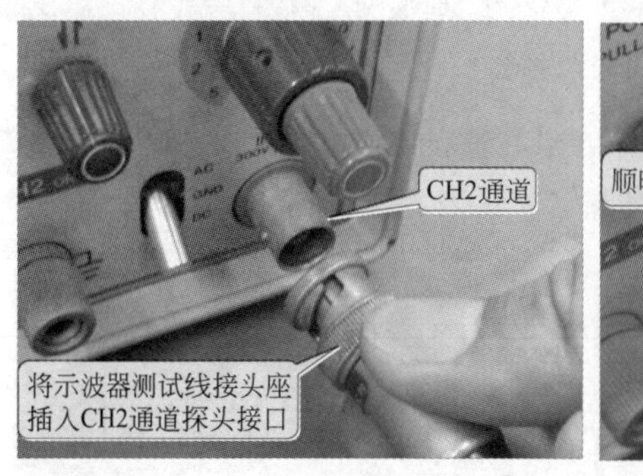

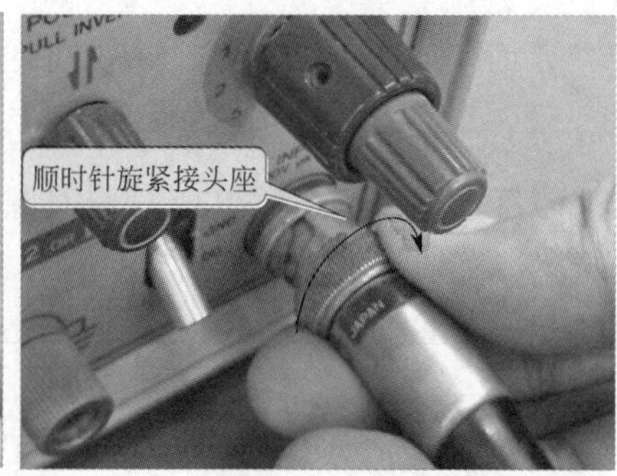

图 1-24 示波器探头的连接

探头连接完成后，使用一字螺丝刀微调探头上的调整钮，对模拟示波器进行校正，操作如图 1-25 所示。

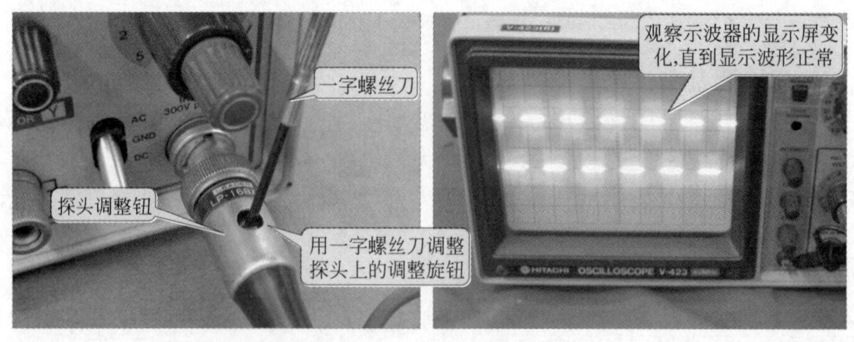

图 1-25 示波器的校正方法

示波器校正完毕后，就可以进行信号波形的测量了，将模拟示波器的接地夹接地，探头接高频调幅信号输出端，操作方法如图 1-26 所示。

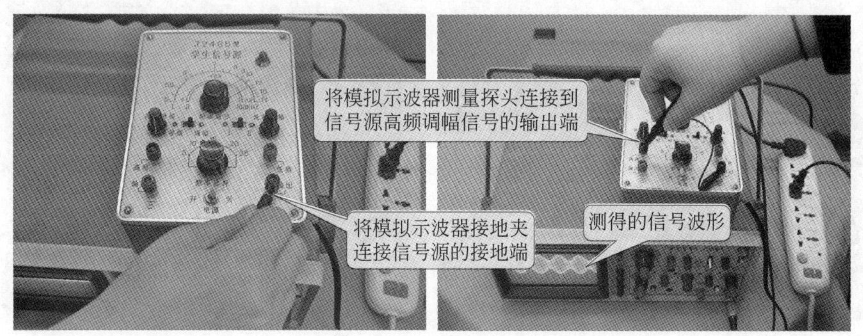

图 1-26　连接示波器与信号源

② 数字示波器的操控方法　在使用数字示波器进行检测时，首先要将示波器的探头连接被测部位，使信号接入示波器中，数字示波器信号的接入方式如图 1-27 所示。此时的步骤是：将红鳄鱼夹与数字示波器的探头连接，再将信号源测试线中的黑鳄鱼夹与数字示波器的接地端连接。

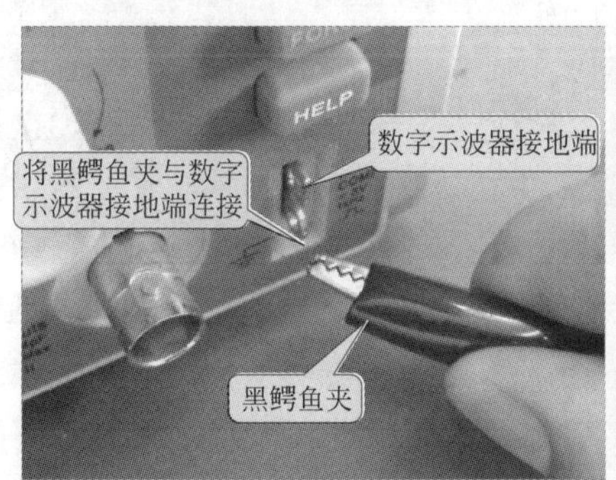

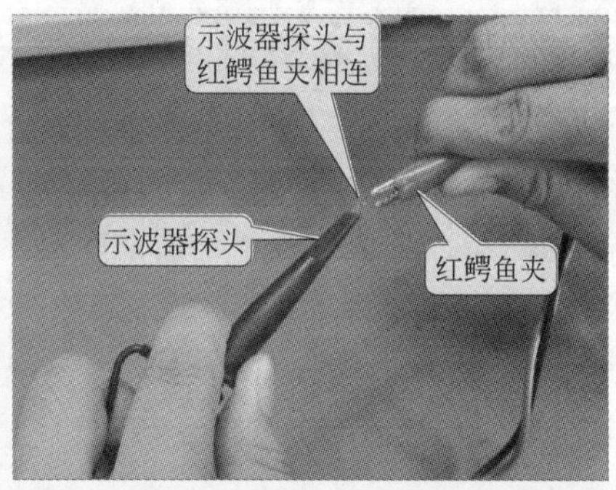

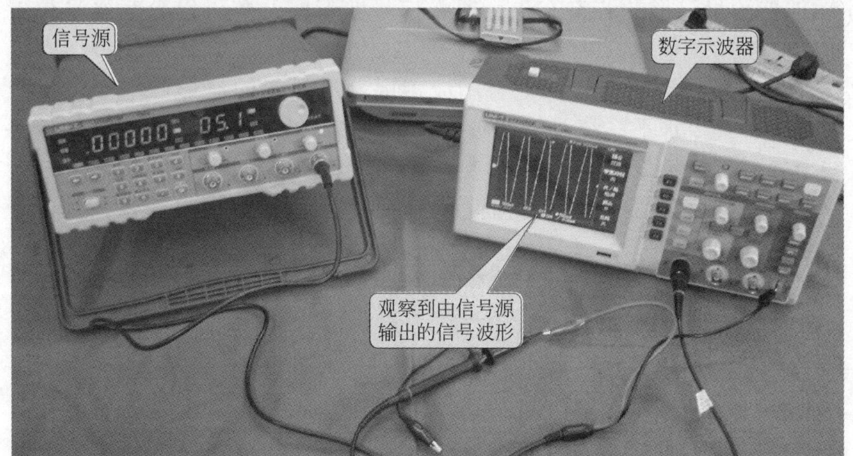

图 1-27　数字示波器信号的接入方式

示波器用于电子产品维修时，应先将电子产品拆开，将数字示波器的接地夹接地端，再将示波器的探头搭在电路中的元器件引脚上，对波形进行检测。

(2) 测量波形的调整方法

① 模拟示波器测量波形的调整方法　观察示波器的波形，可通过调整扫描时间和水平轴

微调旋钮和亮度调节旋钮，使波形变清晰，如图 1-28 所示。

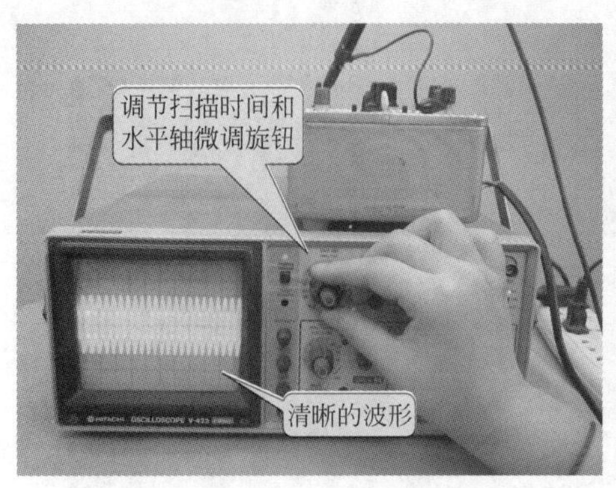

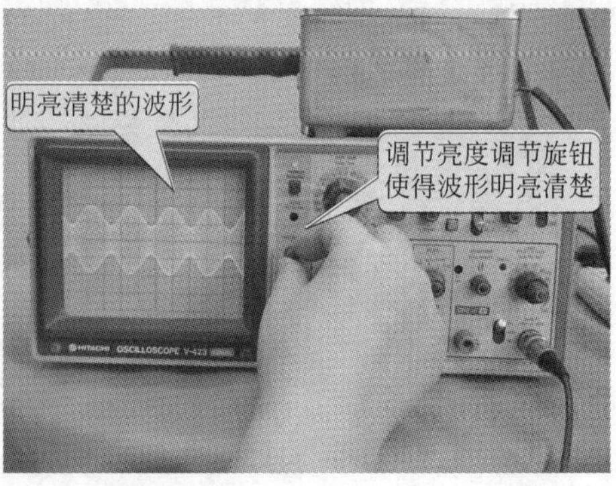

图 1-28　调节旋钮的具体操作

调节旋钮后，波形清晰，若发现有波形不同步（跳跃闪烁）的情况，可调节微调触发电平旋钮，使波形稳定，如图 1-29 所示。

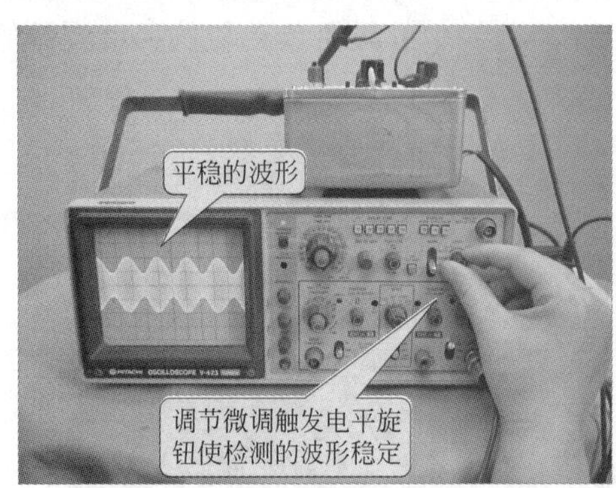

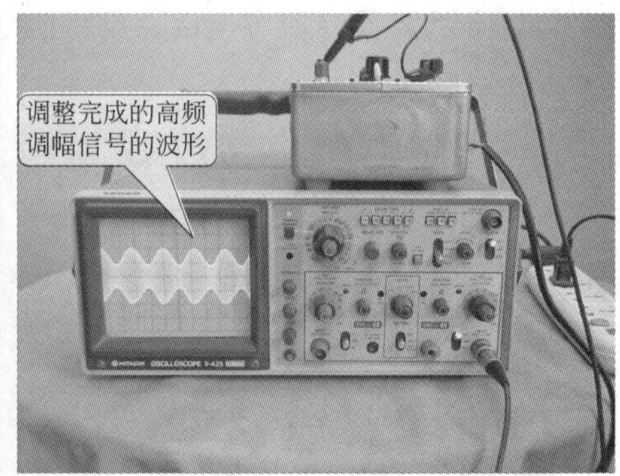

图 1-29　调节微调触发电平旋钮

② 数字示波器测量波形的调整方法　通常信号波形的调整可以分为水平位置与周期的调整、垂直位置与幅度的调整。

a. 信号波形水平位置与周期的调整　示波器屏幕上显示的波形，主要可以分为水平系统和垂直系统两部分，其中水平系统是指波形在水平刻度线上的位置或周期，垂直系统是指波形在垂直刻度线上的位置或幅度。

图 1-30 所示为数字示波器显示波形垂直位置和水平位置的调整旋钮。其中，可调节波形

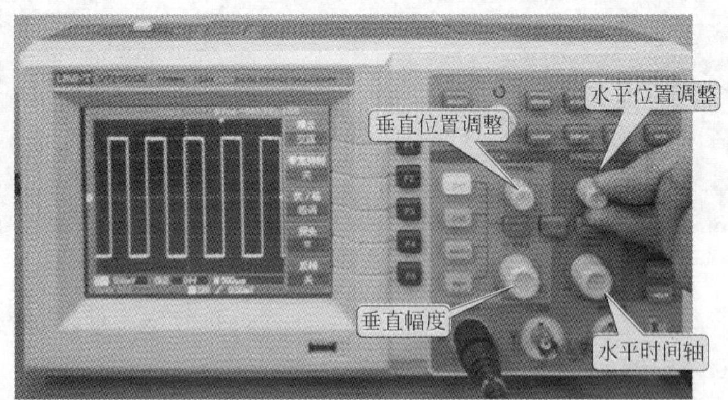

图 1-30　数字示波器显示波形垂直位置和水平位置的调整旋钮

水平位置和周期的旋钮称为水平位置调整旋钮和水平时间轴旋钮；可调节波形垂直位置和幅度的旋钮称为垂直位置调整旋钮和垂直幅度旋钮。

波形的水平位置的调整是由水平位置调整旋钮控制的，如图 1-31 所示。

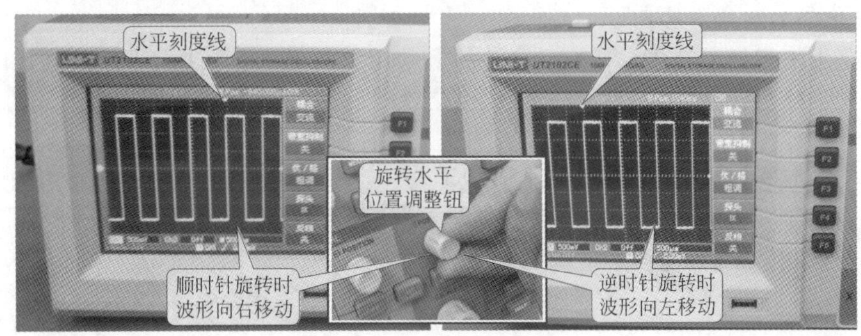

图 1-31　信号波形水平位置的调整

若波形的宽度（即周期）过宽或过窄，则可使用水平时间轴旋钮进行调整，如图 1-32 所示。顺时针旋转时，波形向右移；逆时针旋转时，波形向左移。此处需要注意的是：顺时针旋转可使时间轴变小。

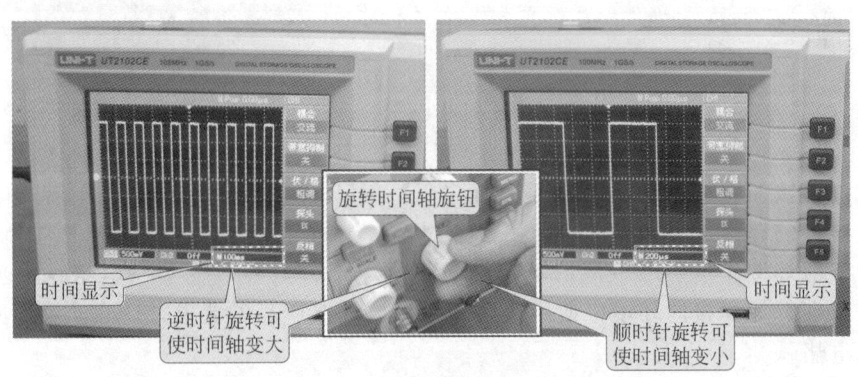

图 1-32　信号波形周期的调整

b. 信号波形垂直位置与幅度的调整　示波器显示的波形，垂直位置的调整是由垂直位置调整旋钮控制的，而垂直幅度的调整，则是由垂直幅度旋钮控制的。信号波形垂直位置和垂直幅度的调整，如图 1-33 所示。此处应该注意的是：改变位置时波形会在垂直方向位置上下移动；改变波形幅度的大小，该旋钮的量程为 2mV～5V。

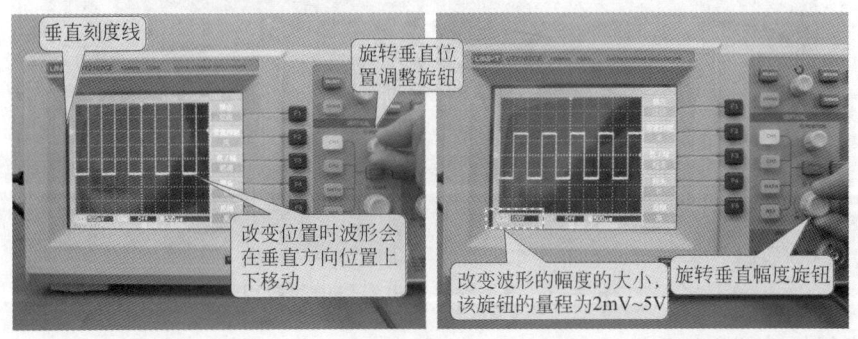

图 1-33　信号波形垂直位置和垂直幅度的调整

1.1.3 电烙铁的使用

电烙铁、吸锡器以及焊接辅料是家电维修人员的基础装备。使用时，这些工具需配合使用，遇元器件拆装、代换的场合，电烙铁是最常用的维修必备工具。

1.1.3.1 电烙铁的结构与应用

电烙铁是手工焊接、补焊、代换元器件的最常用工具之一。根据不同的加热和使用特点，可分为内热式、外热式、恒温式以及吸锡式电烙铁等，图 1-34 所示为常用电烙铁的实物外形。

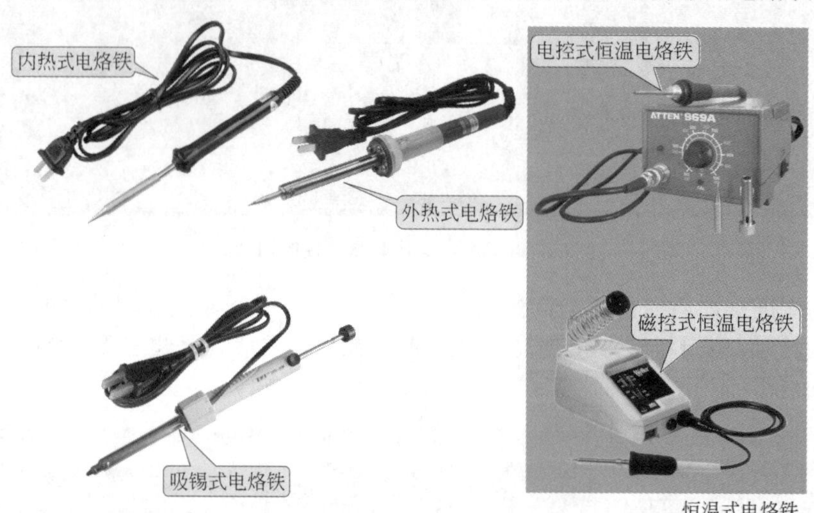

图 1-34　常用电烙铁的实物外形

内热式电烙铁加热速度快、功率小、耗电低，适于焊接小型元器件；外热式电烙铁功率大，适合大器件的焊接；恒温式电烙铁可以通过电控（或磁控）的方式准确地控制焊接温度，因此常应用于对焊接质量要求较高的场合；吸锡式电烙铁则将吸锡器与电烙铁的功能合二为一，非常便于在拆焊焊接的环境中使用。此外，根据焊接产品的要求，还有防静电式和自动送锡式等特殊电烙铁。

电烙铁是一种应用十分广泛的焊接工具，它具有方便小巧、易于操作、价格便宜等特点，因此很受维修人员喜欢。家电内部电路板元器件进行拆焊或焊接操作时，电烙铁是最常使用到的焊接工具。

图 1-35 所示为电烙铁在家电维修中的应用。电烙铁的作用主要是通过热熔的方式修复电路板安装连接功能部件或更换电子元器件等。

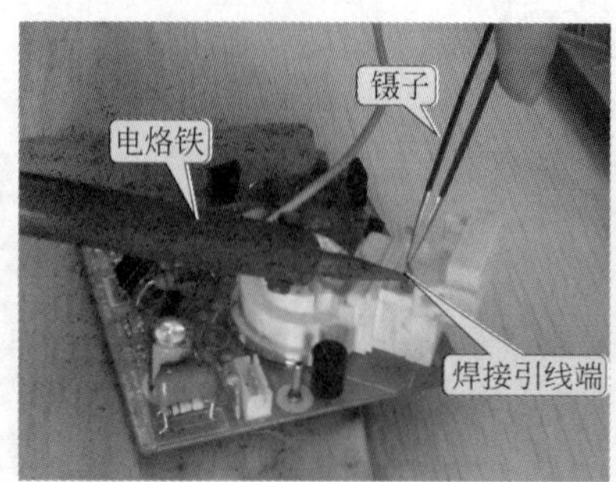

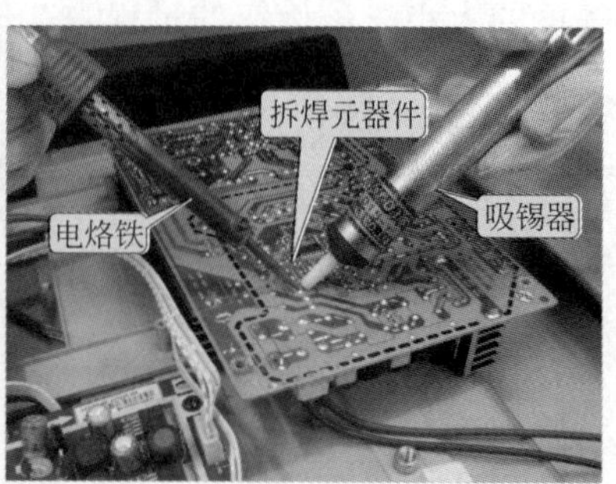

图 1-35　电烙铁在家电维修中的应用

1.1.3.2 电烙铁的使用方法

在使用电烙铁对元器件进行焊接时要采用正确的焊接姿势，掌握正确的操作方法，即规范使用电烙铁并严格按照操作规范实施焊接操作。

（1）拆焊元器件的方法

在家电维修中，元器件的代换经常要用到电烙铁对损坏的元器件进行拆焊，因此使用电烙铁拆焊元器件是维修人员必须掌握的操作技能，下面就来演示具体的操作步骤。

① 拆焊操作的正确握法　手握电烙铁时可采用握笔法、反握法和正握法三种形式。其中，握笔法是最常见的姿势；反握法动作稳定，适于操作大功率电烙铁；正握法适于操作中等功率电烙铁，如图 1-36 所示。

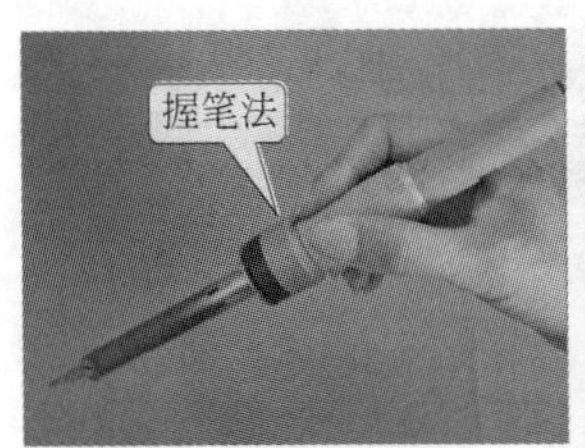

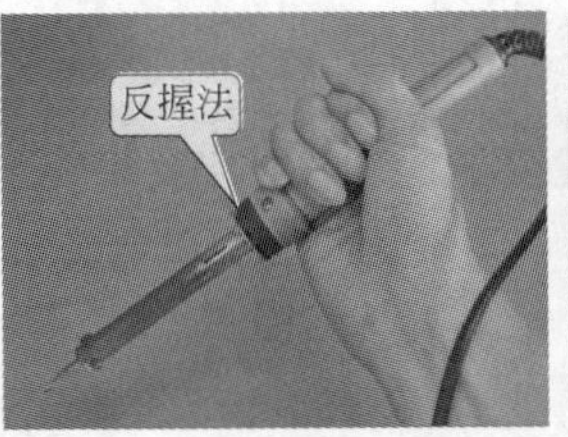

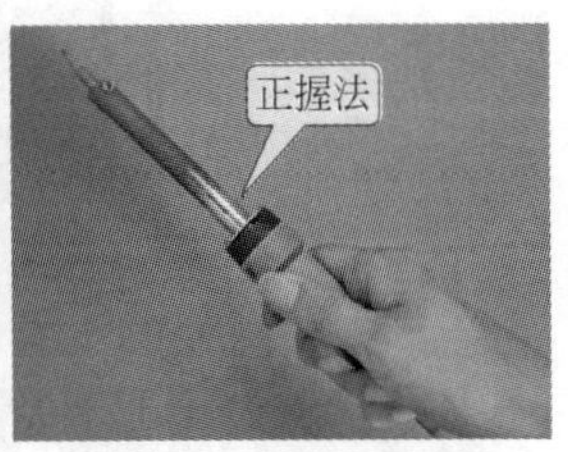

图 1-36　电烙铁的正确握法

② 拆焊操作的方法　在使用电烙铁时，电烙铁会进行预加热。当电烙铁达到工作温度后，要用右手握住电烙铁的握柄处，左手握住吸锡器，对需要拆焊的元器件进行拆焊，操作方法如图 1-37 所示。此处值得注意的是：用电烙铁熔化 IGBT 管以及引脚焊锡，并用吸锡器吸除焊锡，进行解焊。同时在使用完电烙铁后，应将电烙铁放回烙铁架，以防火灾事故的发生。

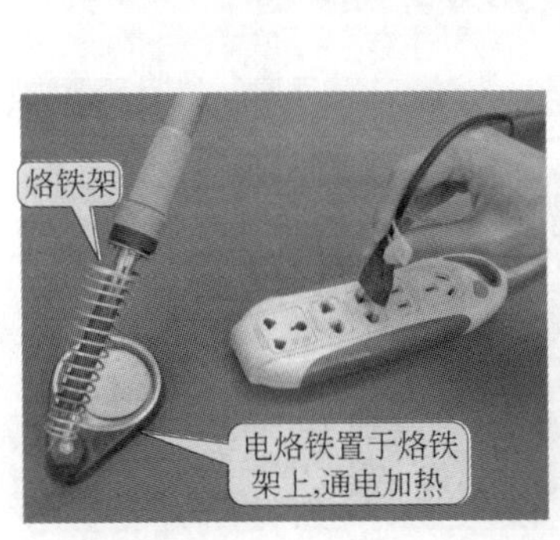

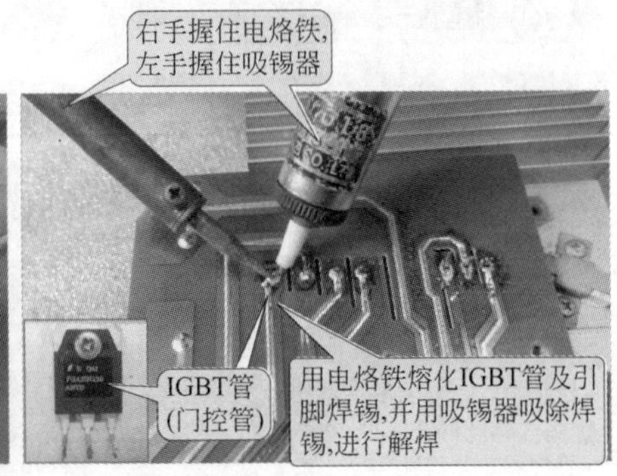

图 1-37　拆焊元器件的方法

（2）焊接元器件的方法

在家电维修中，维修人员在排除故障后，常会用到电烙铁为电路板损坏的部位焊接上新的元器件，因此使用电烙铁焊接元器件是维修人员必须掌握的操作技能。

① 焊接操作的正确姿势　由于焊接工具工作温度很高，并且所使用的助焊剂挥发气体对人是有害的，因此焊接操作姿势的正确与否是非常重要的。

图 1-38 所示为焊接操作的正确姿势，操作者头部与电烙铁保持在 30cm 以上，左手拿焊锡丝，右手握拿电烙铁。

② 焊接操作的方法　元器件、电路板、焊锡丝、电烙铁等工具准备好后，将电烙铁通电加热，准备进行焊接。

将烙铁头接触焊接点，使焊接部位均匀受热。当焊点温度达到需求后，电烙铁蘸取少量助焊剂，将焊锡丝置于焊点部位，电烙铁将焊锡丝熔化并润湿焊点。当熔化了一定量的焊锡后将焊锡丝移开，所熔化的焊锡不能过多也不能过少。当焊锡完全润湿焊点，覆盖范围达到要求后，电烙铁与电路板成 45°夹角移开，移开速度不要太慢。如图 1-39 所示。

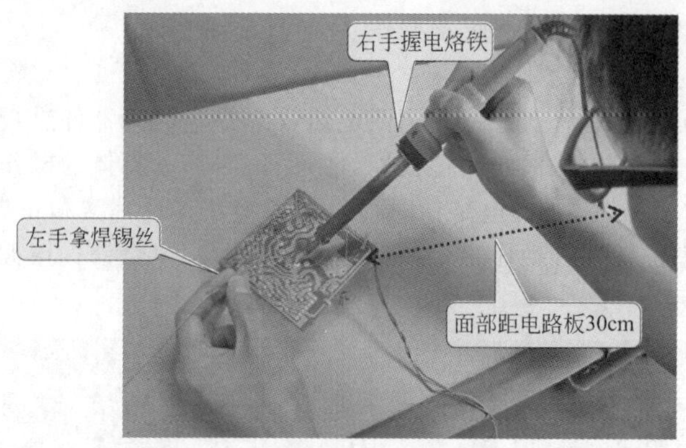

图 1-38　焊接操作的正确姿势

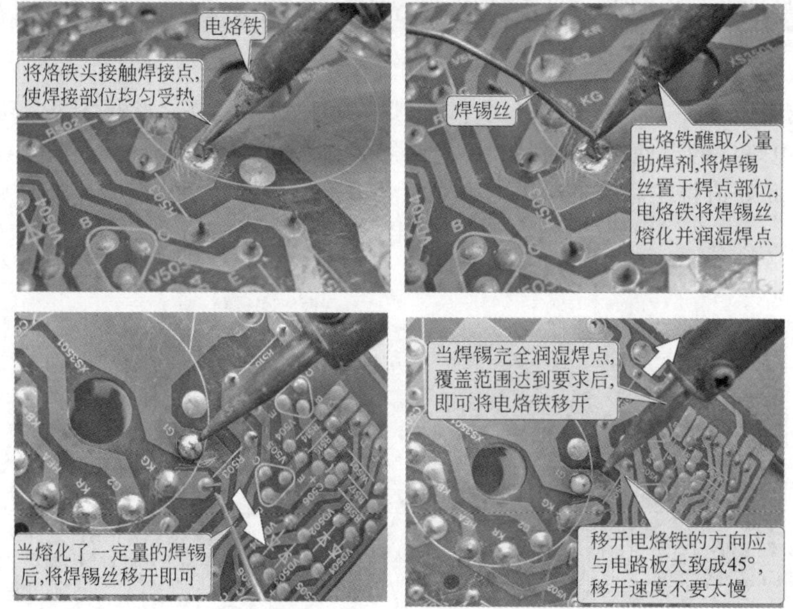

图 1-39　焊接元器件的方法

③ 焊接质量的检查　对于良好的焊点，焊料与被焊接金属界面上应形成牢固的合金层，才能保证良好的导电性能，且焊点也具备一定的机械强度。在外观方面，焊点的表面应光亮、均匀且干净清洁，不应有毛刺、空隙等瑕疵，如图 1-40 所示。

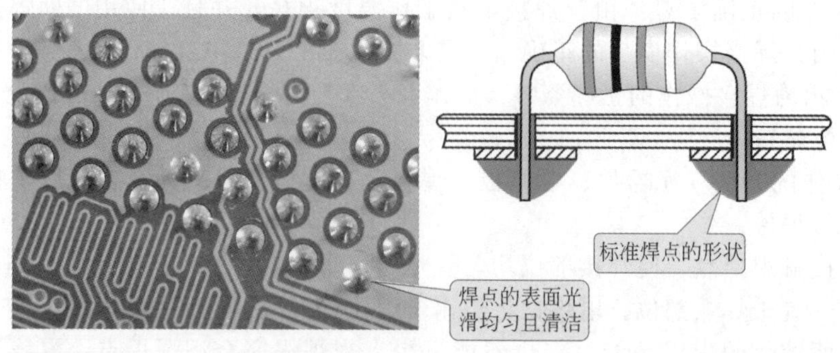

图 1-40　焊接良好的焊点

1.1.4 热风焊机的使用

除了电烙铁外，随着家电产品内部电路器件贴片化程度越来越高，热风焊机也逐渐成为家电维修人员必备的修理工具。这种焊接工具主要通过吹焊的方法实现焊接。

1.1.4.1 热风焊机的结构与应用

热风焊机是专门用来拆焊、焊接贴片元件和贴片集成电路的焊接工具。它主要由机身和热风焊枪组成。机身和热风焊枪通过导风管连接，在机身上设有电源开关、温度调节旋钮和风量调节旋钮。在进行元件的拆卸和焊接时根据焊接部位的大小选择适合的喷嘴即可。图 1-41 所示为热风焊机的外部结构。

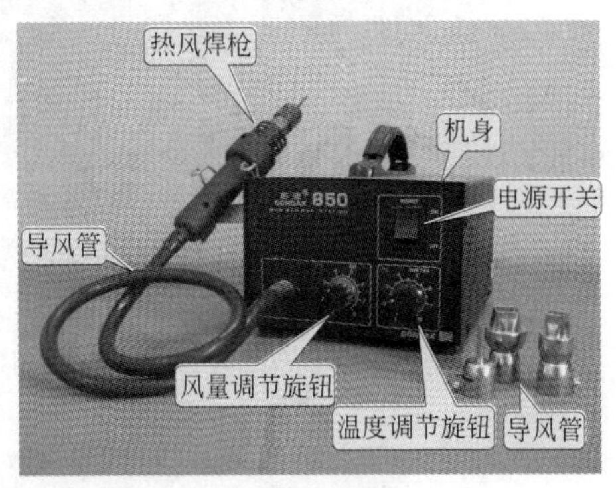

图 1-41 热风焊机的外部结构

维修人员可以通过调节热风焊机的风量和温度，选择不同的喷嘴，使热风焊机适用于各种大小、规格的贴片元件的代换。图 1-42 所示为热风焊机在家电维修中的应用。

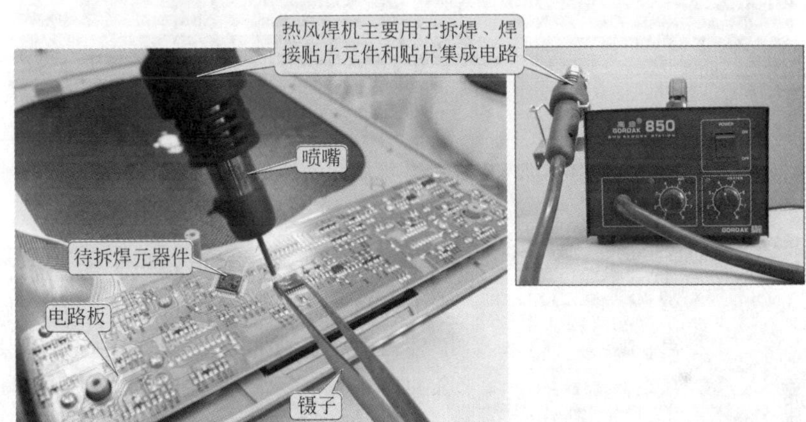

图 1-42 热风焊机在家电维修中的应用

1.1.4.2 热风焊机的使用方法

家电产品中的贴片元件体积较小、集成度高，均采用自动化安装，因此其引脚都已标准化，焊接之前无需对引脚进行加工，多采用热风焊枪吹焊的方式。

(1) 拆除贴片元件的方法

在家电维修中，电路板上损坏的贴片元件常使用热风焊机进行拆焊。热风焊机拆除贴片元件的操作主要可分为三个步骤：一是通电开机；二是调整温度和风量；三是进行拆焊。

① 通电开机　将热风焊机的电源插头插到插座中，用手拿起热风焊枪，然后打开电源开关，如图 1-43 所示。机器启动后，注意不要将焊枪的枪嘴靠近人体或可燃物。

② 调整温度和风量　调整热风焊机面板上的温度调节旋钮和风量调节旋钮，如图 1-44 所示。两个旋钮都有 8 个挡位，通常将温度旋钮调至 5～6 挡，风量调节旋钮调至 1～2 挡或 4～5 挡即可。

③ 进行拆焊　在温度和风量调整好后，等待几秒钟，待热风焊枪预热完成后，再将焊枪口垂直悬空放置于贴片元件引脚上，并来回移动进行均匀加热，直到引脚焊锡熔化，如图 1-45 所示。

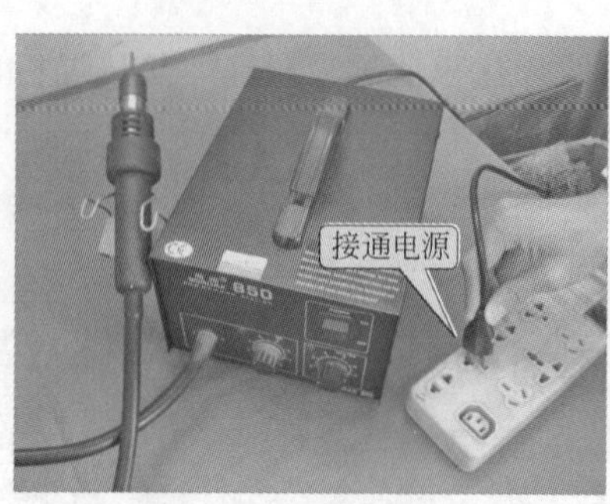

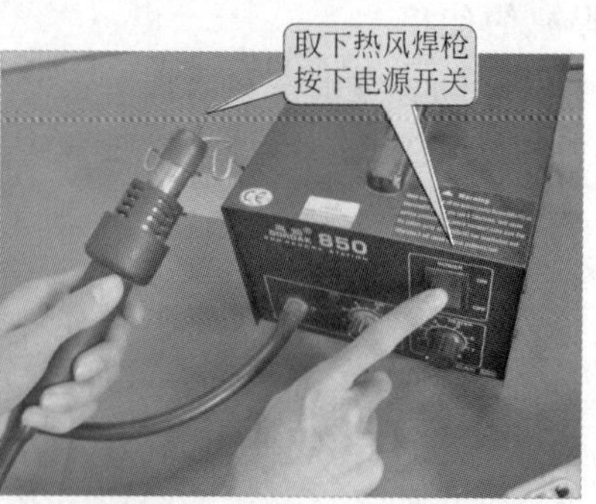

图 1-43 通电开机

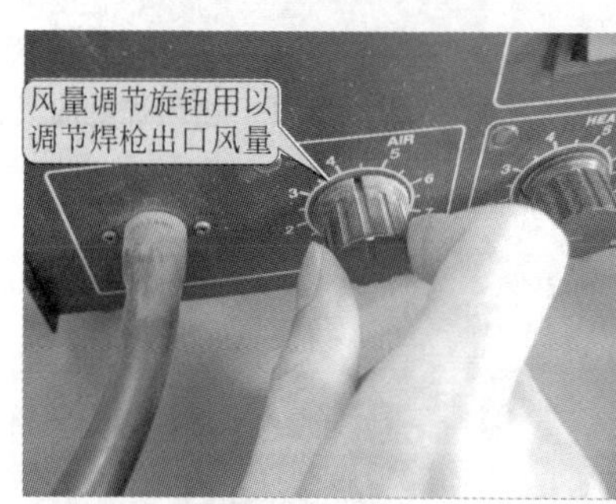

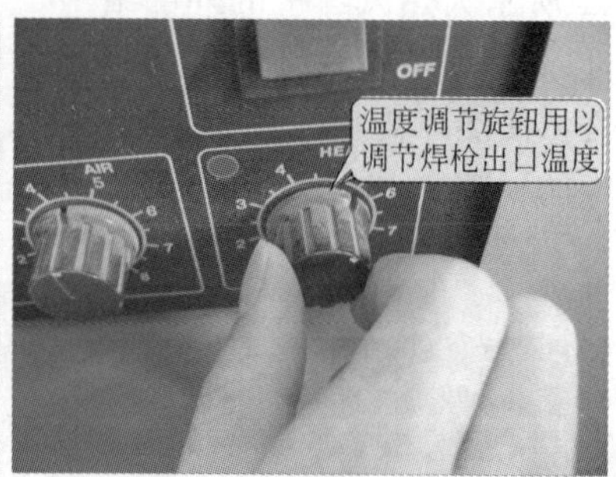

图 1-44 调整温度和风量

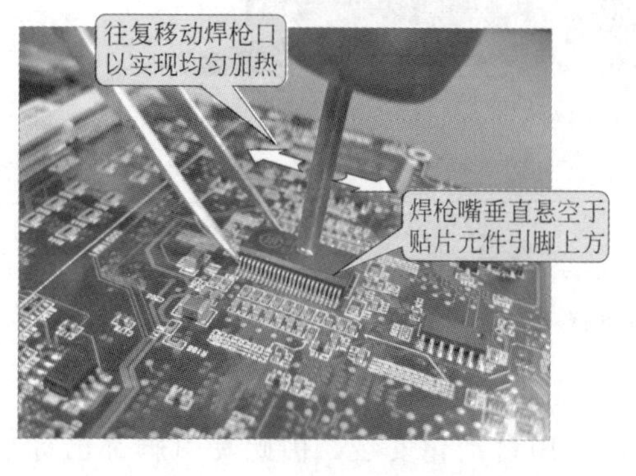

图 1-45 对贴片进行拆焊

(2) 吹焊贴片元件的方法

在家电维修中，电路板上贴片元件的代换主要使用热风焊机。热风焊机吹焊贴片元件的操作主要可分对贴片元件的焊接操作以及对贴片元件焊接质量的检查。

① 更换焊枪嘴　根据贴片元件引脚的大小和形状，选择合适的圆口焊枪嘴进行更换。如图 1-46 所示，使用十字螺丝刀拧松焊枪嘴上的螺钉，更换焊枪嘴。

这里应需注意的是：针对不同封装的贴片元器件，需要更换不同型号的专用焊枪嘴。例如普通贴片元器件需要使用圆口焊枪嘴；贴片式集成电路需要使用方口焊枪嘴。

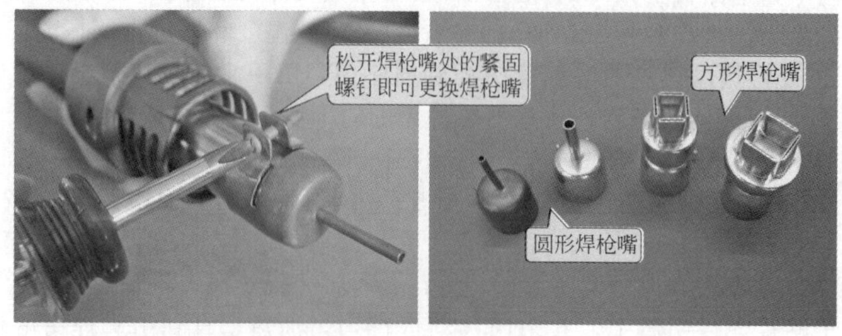

图 1-46 更换焊枪嘴

② 涂抹助焊剂 在焊接元器件的位置上涂上一层助焊剂，然后将贴片元件放置在规定位置上，可用镊子微调贴片元件的位置，如图 1-47 所示。若焊点的焊锡过少，可先熔化一些焊锡再涂抹助焊剂。

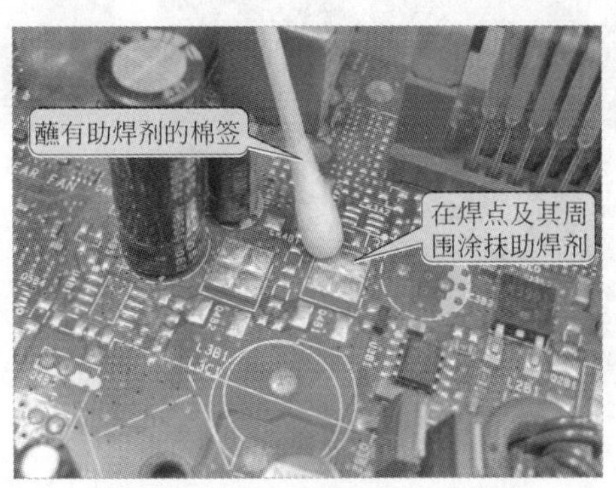

图 1-47 涂抹助焊剂

③ 调节温度和风量 接下来打开热风焊机上的电源开关，对热风焊枪的加热温度和送风量进行调整。对于贴片元件，选择较高的温度和较小的风量即可满足焊接要求。将温度调节旋钮调至 5～6 挡，风量调节旋钮调至 1～2 挡，如图 1-48 所示。

④ 进行焊接 当热风焊机预热完成后，将焊枪垂直悬空置于贴片元件引脚上方，对引脚进行加热，加热过程中，焊枪嘴在各引脚间作往复移动，均匀加热各引脚，如图 1-49 所示。当引脚焊料熔化后，先移开热风焊枪，待焊料凝固后，再移开镊子。

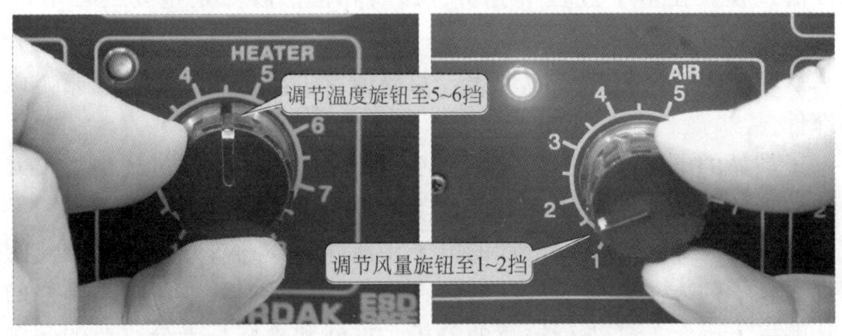

图 1-48 调节温度和风量

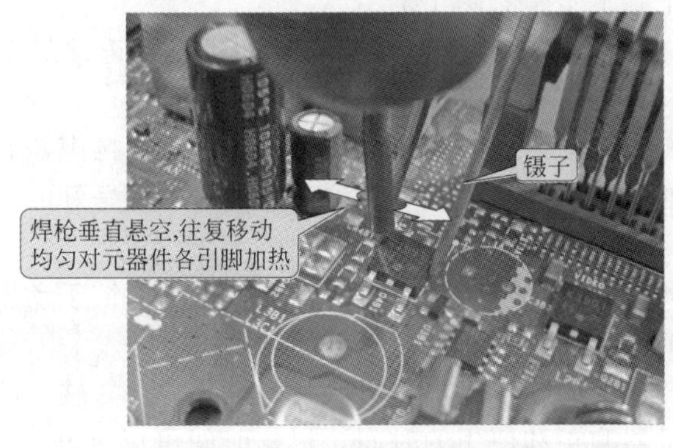

图 1-49 焊接贴片元件

⑤ 焊接质量的检查 对于贴片元件，焊点要保证平整，焊锡要适量，不要太多，以免出

现连焊，如图 1-50 所示。

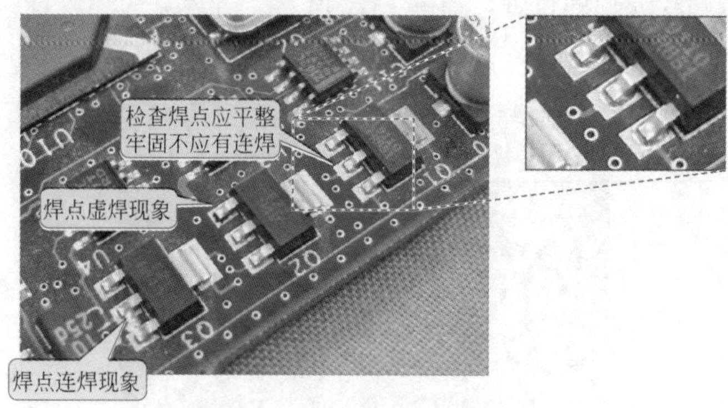

图 1-50　焊接良好的焊点

1.2　家电维修的基本方法

了解和学习电子产品电路的基本检修方法是掌握电子产品维修技能的基础，也是基本的入门环节。

1.2.1　家电维修的基本规律

（1）基本的检修顺序　家电产品的检修过程就是分析故障、诊断故障、检测可疑电路、调整和更换零部件的过程。在整个过程中分析、诊断和检修故障是重要的环节，没有分析和诊断，检修必然是盲目的。

所谓分析和诊断故障就是根据故障现象，及故障发生后所表现出的征兆，诊断出可能导致故障的电路和部件。

由于不同电子产品的电路及结构的复杂性不同，在实际的检修过程中，仅靠分析和诊断还不能完全诊断出故障的确切位置，还需要借助于检测和试调整等手段。

在检修电子产品时，如何在数以千计的电子元器件中找到故障点，是维修的关键。要做到这一点，必须遵循科学的方法，掌握故障的内在规律。对于初学电子产品维修的人员来说，遇到故障机，先从哪里入手，怎样进行故障的分析、推断和检修是十分重要的问题。

一般来说，检修家电产品可遵循四个基本步骤。

家电产品检修的四个基本步骤见图 1-51。

① 了解并确定故障的症状　确定症状是指必须知道设备正常工作时是做什么的，更重要的是能辨别出什么时候设备没有正常工作。

例如，电视机都有操作部分，还有扬声器和显像管。利用扬声器和显像管产生的正常现象和不正常的症状，必须通过分析症状来回答“这部电视机本来好好的，什么地方可能有毛病才产生这些症状”。

在确定故障这一步骤里，不要急于动手拆卸设备，也不要忙于动用测试设备，而是要认真做一次直观检查，注意询问与出现故障前后相关的现象。

询问故障具体现象，进而判断故障出在机内还是机外，是“软”故障还是硬故障。

询问时间，即询问机器购买和使用的时间，根据时间可以判断是早期、中期或晚期故障，从而采取相应的对策。

询问使用，确认用户使用情况及操作是否正确，如音响产品中操作按键及切换检修较多，

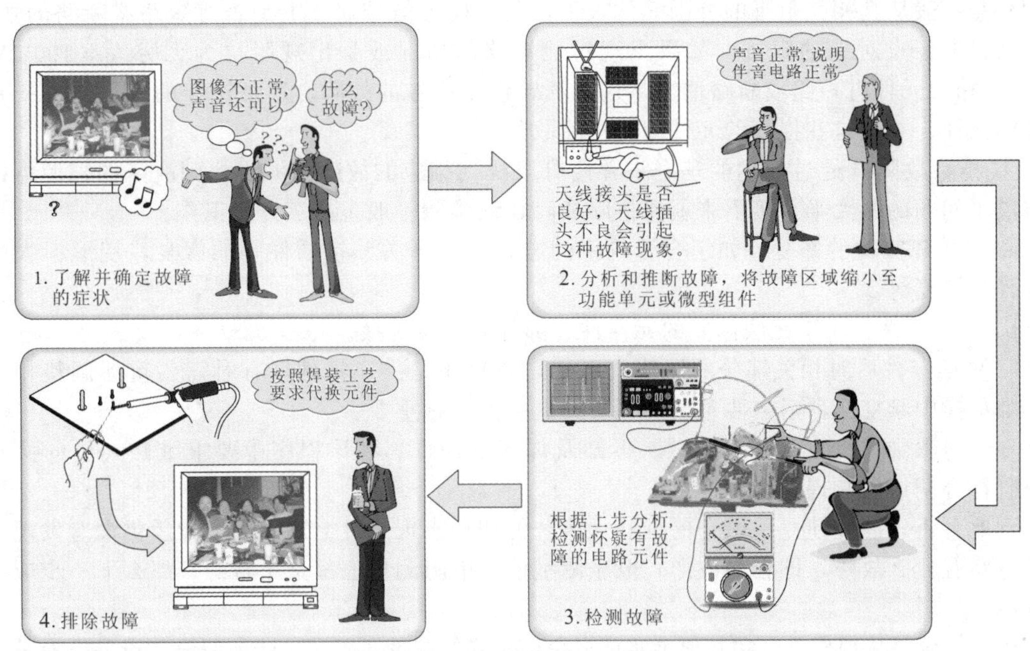

图 1-51　家电产品维修的工艺流程示意图

可能有些功能处于“关闭”状态而导致的“无法工作故障”。

询问检修历程，询问用户该设备是否有过检修历史、当时故障是什么、哪里的问题、是否修好等，根据这些情况判断现在的故障与过去的故障是否有联系等。

最后，进行一次操作检查，利用产品上的可操作部件，如各种开关、旋钮等，在操作过程中注意哪些性能正常，哪些不正常，由此通过调节控制部分进一步得到更多的信息。

在检修过程中认真查证和确认故障现象是不可忽视的第一步，如果故障查证不准，必然会引起判断错误，往往要浪费很多时间。收到故障机之后，不但要听取用户对故障的说明，而且要亲自查证一下，并进行一些操作和演示，以排除假象。

② 分析和推断故障，将故障区缩小到功能单元或微型组件　分析和推断故障就是根据故障现象揭示出导致故障的原因。每种电路的故障或机械零部件的失灵都会有一定的症状，都存在着某种内在的规律。然而实际上不同的故障却可能表现出相同的形式，所以从一种故障现象往往会推断出几种故障的可能性，而且一些家电产品，如音响、电视产品等电路结构的复杂性，更是给分析和推断带来了很多困难。

通常在该步骤中，可以利用各种图纸资料帮助分析和判断，如常见的电路原理图、方框图、元件安装图、印制板图等，根据这些图纸资料将一个复杂的电子设备电路细分成若干单元或若干有确定目的或功能的区域。例如，一台彩色电视机，可以根据图纸资料将其分为音频部分、视频部分、控制部分、电源部分和显像管，那么当电视机出现控制失常时，则可重点分析控制电路部分；当电视机无声音时，则可重点分析音频电路部分等。

③ 检测故障　在一些电子产品的检修过程中，通过分析和推断，可以判断出故障的大体范围。但若要确定故障部位，还需进行仔细的检测，也就是找到具体的故障元件，如是集成电路损坏，还是晶体管或电阻器、电容器损坏等。检测的内容主要是主信号通道上的输入输出波形，公共通道上的输入输出电压值等，若检测到有信号消失或衰落、电压输出不稳或无输出，则基本上就找到了故障的部位或线索。

例如，对于控制电路的检测时，其核心的微处理器一般为大规模的集成电路，对该电路模块的检查一般从其相关引脚的外围元件入手，还要检查信号通过上是否有短路或断路的情况，测量通道上各点对地的阻抗，如果出现对地短路的情况或是出现阻抗为无穷大（100kW 以上），则相关元件有短路或断路情况，这必然导致无信号的故障。通过这样的测量也就找到了故障的元件，更换这些损坏的元件即可排除故障。

④ 排除故障　通过上述的三个步骤便可以找到相应的故障根源。找到故障的根源可以说就解决了问题的一大半，接下来就要排除故障，该步骤一般包括三方面工作。

a. 对故障零件的修复　如组合音响中的电位器、开关、接插件等的修复，变形不太严重的部件的修复等。

b. 更换零件　对于无法修复的元器件、部件要进行更换。

c. 更换零件后对相关部分的调整　不论是修复还是更换零件，有时需要重新调整相关部分，如更换中频变压器后需要重调中频等，这一点非常重要。

在该步骤中，往往要涉及调试、拆卸及焊接的操作。在该程序中要求维修人员的操作规范，且符合调试及装焊的工艺要求。

到此为止，已经建立了综合的维修规律，但如果出现经过上述四个步骤后仍没有发现所怀疑的电路有什么故障，即各种波形、电压测量值、电阻测量值都是正常的，那么下一步应该怎么办呢？

此时，应该从观察测量和其他事实证据得出正确的结论，不要一味地假设“设备没有故障”、“没法修理要送回原厂”等，此时应本着谨慎的原则重复进行查找故障的步骤（第一步），因为任何人，甚至有经验的技术人员也难免出现差错，系统地执行查找步骤将使差错减少到最小。

（2）基本的检修原则　为了能够快速地形成对产品故障的判断，顺利地发现故障所在，而不至于扩大故障范围造成新的故障，特提出以下几条检修的基本原则。

① 先“静”后“动”

a. 机器要先“静”后“动”　这里“静”是指不通电的状态；“动”是指通电后的状态。要根据对故障揭示的情况来决定是否通电。如果用户已说明机器发生过冒烟、有烧焦味等现象时，就不要轻易通电。应先打开机器，检查一下电源变压器、整流、稳压电路、电动机等有无异常现象，然后再决定是否通电检查。

b. 维修人员先“静”后“动”　在开始检修时，维修人员要先“静”下来，不要盲目动手，要根据掌握的资料和故障现象，对故障原因从原理、结构、电路上进行分析，形成初步的判断，确定好方向，然后再动手。

c. 电路要先“静”后“动”　这里“静”是指无信号时静态工作状态和直流工作点；“动”是指有信号时的动态工作状态。就是说，对整机电路工作状态的检查，要先查直流电路，包括供电、偏置、直流工作点等；后检查交流电路，如耦合、旁路、反馈等。一般一个出厂产品在设计时已保证了在静态正确的基础上有一个合乎要求的动态范围，如果没有交流方面的故障，那么静态正常后，动态一般也正常。

② 先“外”后“内”　先“外”后“内”是指先排除机器设备本身以外的故障，再检修内部。例如，一台数码影碟机不读盘，或读盘过程中卡得厉害，更换光盘后正常，说明影碟机本身并无故障。

③ 先“共”后“专”　在前述检修步骤中分析和推断故障缩小范围时，要先考虑共用电路，后考虑专用电路；如组合音响共用的音频放大电路、电源电路，电动产品中的控制驱动电路、电源电路等。

④ 先“多”后“少”　分析机器某一故障的原因时，要首先考虑最常见的多发性原因，然后再考虑罕见的原因。在常见的家用电子产品中，出现故障的许多部位有相似之处，特别是同

类机型，先考虑常见的多发性原因，通常可以提高维修的速度。要做到这一点，需要维修人员了解家用电子产品各类故障所占的比例，这就需要在检修过程中注意经验的积累。

1.2.2 家电维修的常用方法

常见的电子产品电路检修方法主要有直观检查法、对比代换法、信号注入法和电阻、电压检测法几种。

（1）直观检查法　直观检查法是维修判断过程的第一步骤，也是最基本、最直接、最重要的一种方法，主要是通过看、听、嗅、摸来判断故障可能发生的原因和位置，记录其发生时的故障现象，从而有效地制定解决办法。

在使用观察法时应该重点注意以下几个方面。

① 观察电子产品是否有明显的故障现象，如是否存在元器件脱焊断线，电机是否转动，印制板有无翘起、裂纹等现象并记录下来，以缩小故障判断的范围。

采用观察法检查电子产品的明显故障实例见图 1-52。

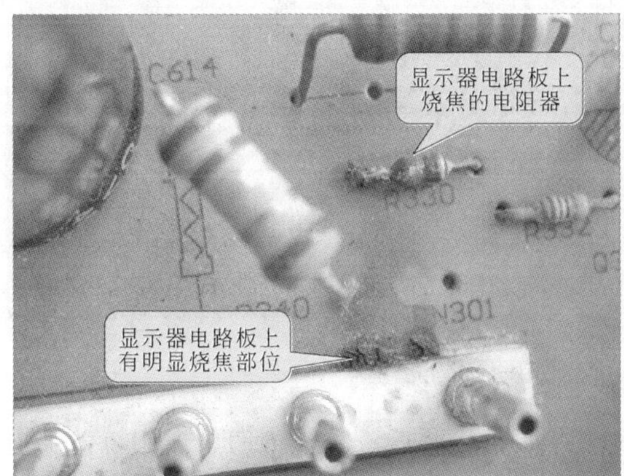

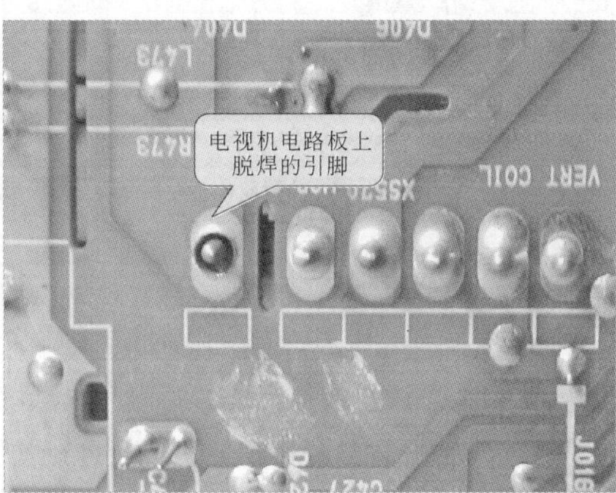

图 1-52　采用观察法检查电子产品的明显故障实例

② 听产品内部有无明显声音，如继电器吸合、电动机磨损噪声等。

③ 打开外壳后，依靠嗅觉来检查有无明显烧焦等异味。

④ 利用手触摸元器件如晶体管、芯片是否比正常情况下发烫或松动；机器中的机械部件有无明显卡紧、无法伸缩等。

采用触摸法检查电子产品的故障实例见图 1-53。

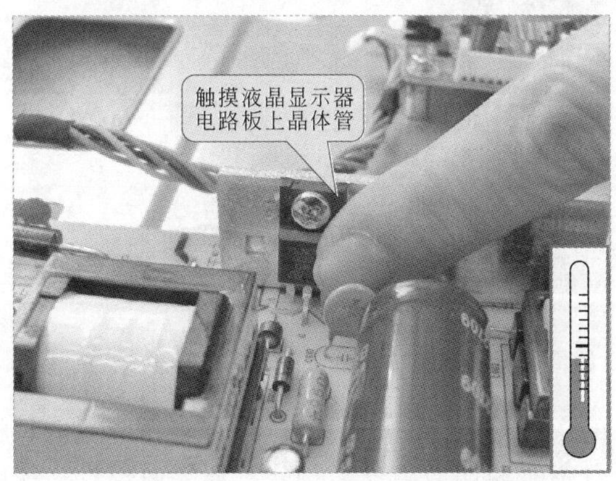

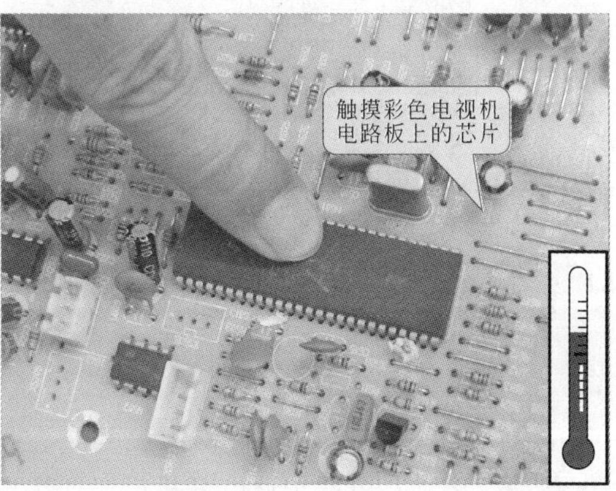

图 1-53　采用触摸法检查电子产品的故障实例

在采用触摸法时，应特别注意安全，一般可将机器通电一段时间，切断电源后，再进行触摸检查。若必须在通电情况下进行时，触摸的必须是低电压电路，严禁用双手同时去接触交流电源附近的元器件，以免发生触电事故。在拨动有关元器件时，一定仔细观察故障现象有何变化，机器有无异常声音和异常气味，不要人为添加新故障。

(2) 对比代换法　对比代换法是用好的部件去代替可能有故障的部件，以判断故障可能出现的位置和原因。

例如，对电磁炉等产品进行检修时，怀疑 IGBT 管（电磁炉中关键的器件）故障，可用已知良好的晶体管进行替换。

使用对比代换法代换电磁炉中的 IGBT 管见图 1-54。

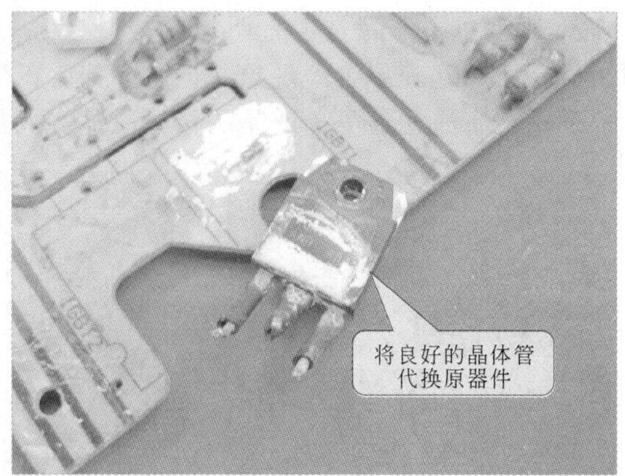

图 1-54　使用对比代换法检修电磁炉故障实例

若代换后故障排除，则说明可疑元件确实损坏；如果代换后，故障依旧，说明可能另有原因，需要进一步核实检查。通常，检修代换 IGBT 管后，检查故障是否排除时，为了避免扩大故障范围，还通常采用用白炽灯代替炉盘线圈的方法进行检查。

白炽灯代替炉盘线圈的具体操作方法见图 1-55。

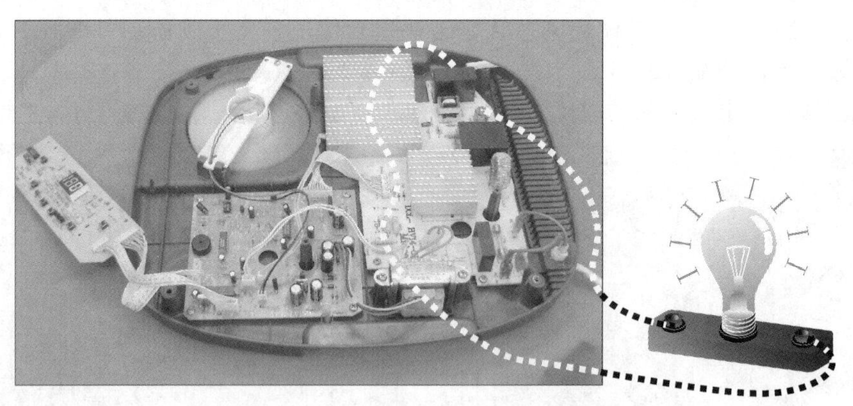

图 1-55　白炽灯代替炉盘线圈的具体操作方法

IGBT 管更换后，可使用 60～150 W/220 V 的白炽灯代替炉盘线圈，再对电磁炉通电，检测电路是否正常。电磁炉通电开机后，如果白炽灯不亮说明故障已经排除，如果白炽灯亮说明电磁炉故障仍然存在，需要进一步检查。

使用对比代换法时还应该注意以下几点。

① 依照故障现象判断故障　根据故障的现象类别来判断是不是某一个部件引起的故障，从而考虑需要进行替换的部件或设备。

② 按先简单再复杂的顺序进行替换　电子产品通常发生故障的原因是多方面的，而不是仅仅局限于某一点或某一个部件上。在使用替换法检测故障而又不明确具体的故障原因时，则要按照先简单后复杂的方法来进行测试。

③ 优先检查供电故障　优先检查怀疑有故障的部件的电源、信号线，其次是替换怀疑有故障的部件，接着是替换供电部件，最后是与之相关的其他部件。

④ 重点检测故障率高的部件　经常出现故障的部件应最先考虑。若判断可能是由于某个部件所引起的故障，但又不敢肯定是否一定是此部件的故障时，便可以先用好的部件进行替换以便测试。

(3) 信号注入和循迹法　信号注入和循迹法是应用最为广泛的一种检修方法，具体的方法是，为待测设备输入相关的信号，通过对该信号处理过程的分析和判断，检查各级处理电路的输出端有无该信号，从而判断故障所在。

信号注入和循迹法的基本流程见图 1-56。

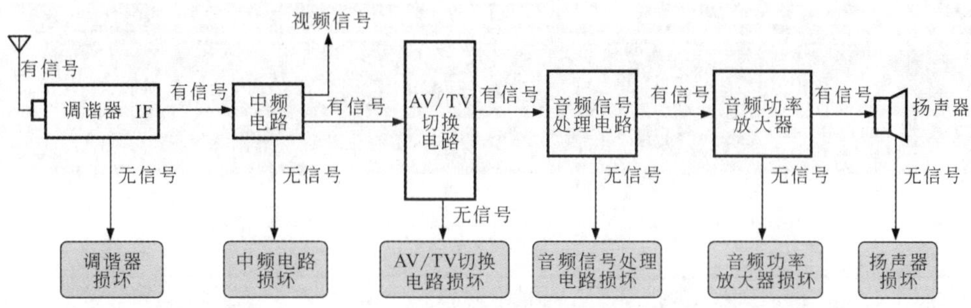

图 1-56　信号注入和循迹法的基本流程

该方法遵循的基本判断原则即为若一个器件输入端信号正常，而无输出，则可怀疑为该器件损坏（注意有些器件需要为其提供基本工作条件，如工作电压。只有输入信号和工作电压均正常的前提下，无输出时，才可判断为该器件损坏）。

下面看几种采用信号注入和循迹法进行检修的操作实例。

采用信号注入和循迹法检修彩色电视机见图 1-57。

采用信号注入和循迹法检修液晶显示器见图 1-58。

采用信号注入和循迹法检修数码组合音响见图 1-59。

(4) 电阻、电压检测法　电阻、电压检测法则主要是根据电子产品的电路原理图，按电路的信号流程，使用检测仪表对怀疑的故障元件或电路进行检测，从而确定故障部位。采用该方法检测时，万用表是使用最多的检测仪表，这种方法也是维修时的主要方法。通常，这种方法主要应用于电子产品电路方面的故障检修中。

① 电阻检测法是指使用万用表在断电状态下，检测怀疑元件的阻值，并根据对检测阻值结果的分析，来判断出待测设备中的故障范围或故障元件。

利用电阻检测法测量典型电子产品阻值的方法见图 1-60。

② 电压检测法是指使用万用表在通电状态下，检测怀疑电路中某部位或某元件引脚端的电压值，并根据对检测电压值结果的分析，来判断出待测设备中的故障范围或故障元件。

利用电压检测法测量典型电子产品阻值的方法见图 1-61。

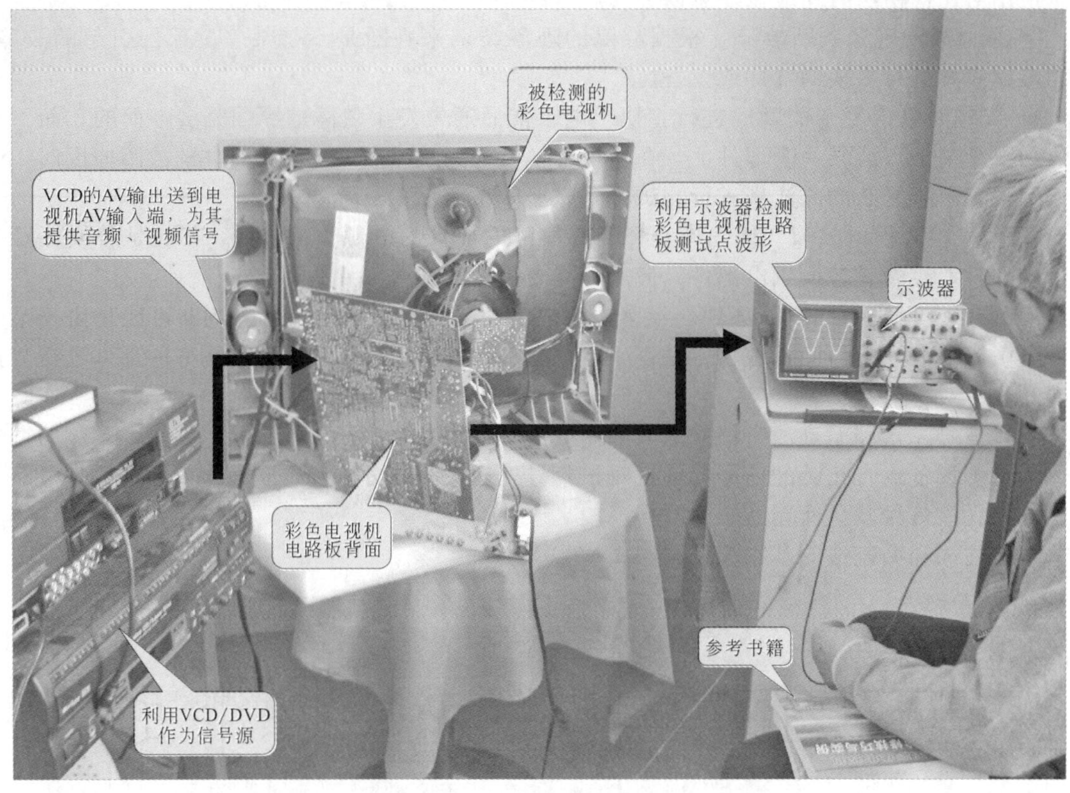

图 1-57　采用信号注入和循迹法检修彩色电视机实例

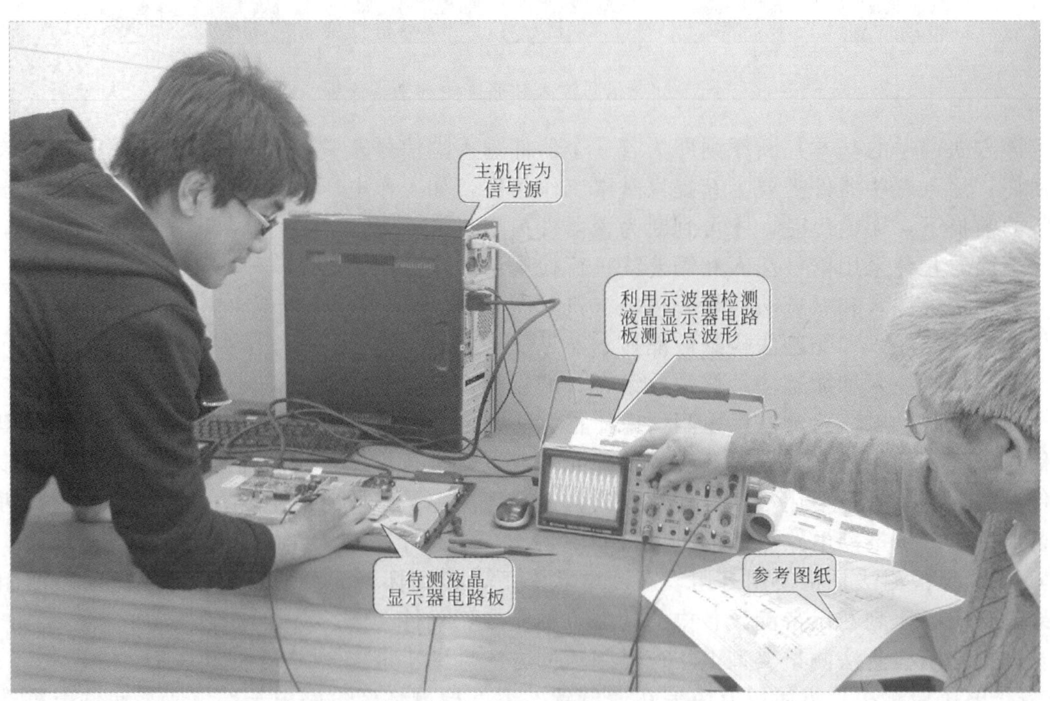

图 1-58　采用信号注入和循迹法检修液晶显示器实例

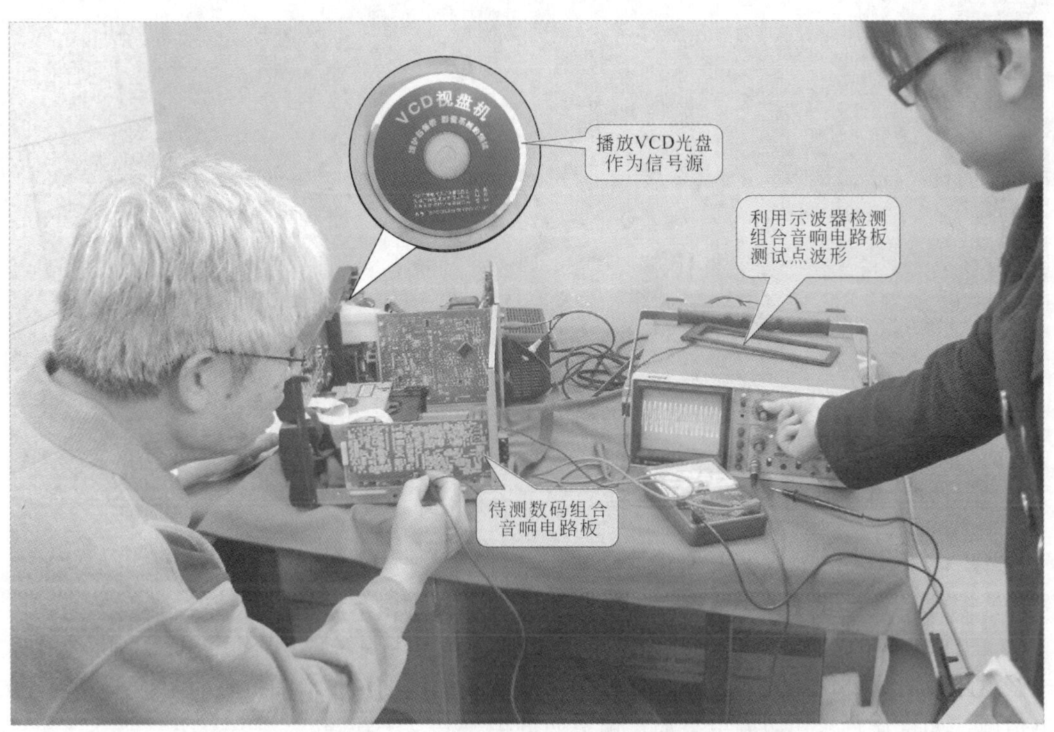

图 1-59 采用信号注入和循迹法检修数码组合音响实例

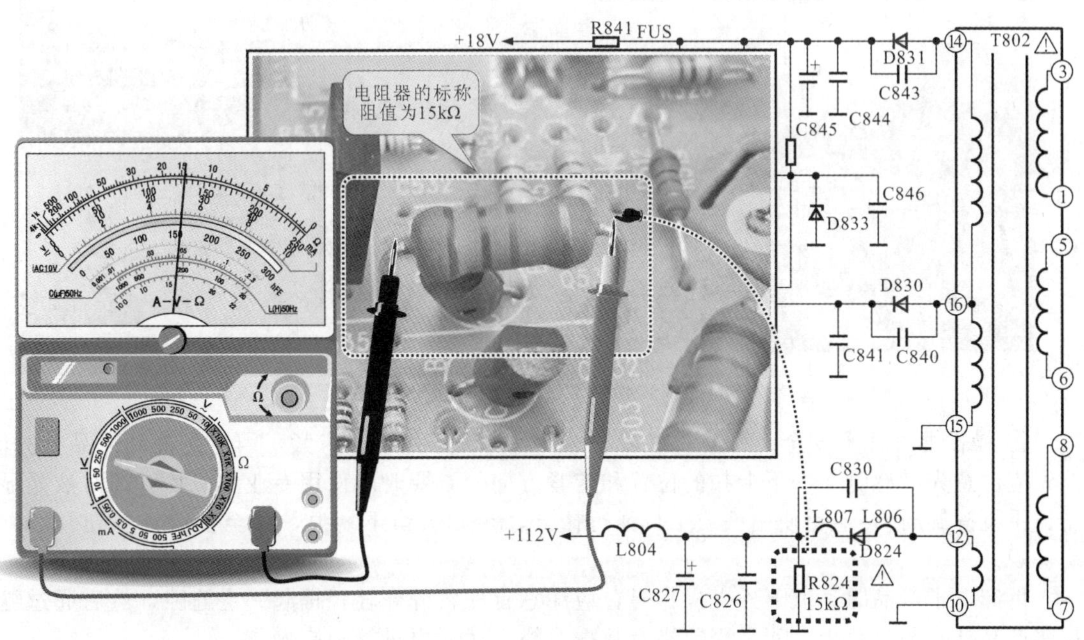

图 1-60 利用电阻检测法测量典型电子产品阻值的方法

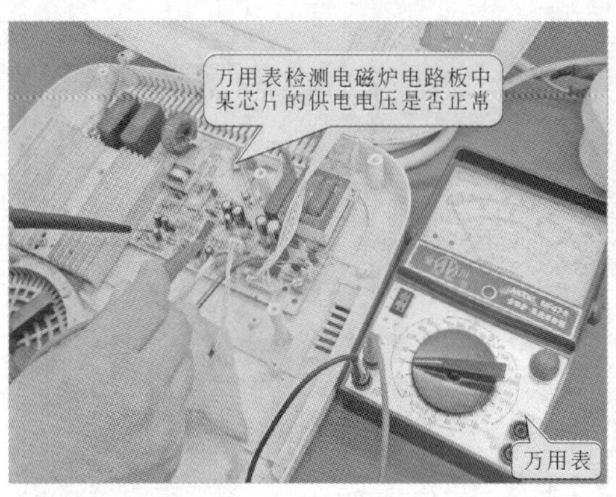

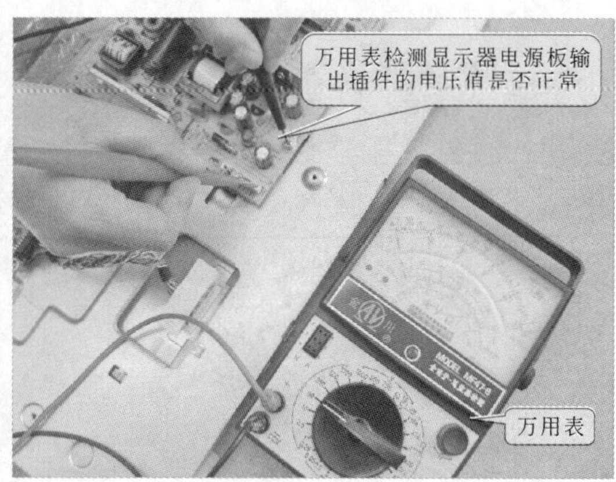

图 1-61　利用电压检测法测量典型电子产品阻值的方法

1.3　家电维修的安全注意事项

1.3.1　家电维修过程中的设备安全

（1）家电产品拆装过程中的安全注意事项

① 注意操作环境的安全　在拆卸电子产品前，首先需要对现场环境进行清理，另外，对于一些电路板集成度比较高、内部元件多采用贴片式元件的电子产品拆装时，应采取相应的防静电措施，如操作台采用防静电桌面、佩戴防静电手套、手环等。

防静电操作环境及防静电设备见图 1-62。

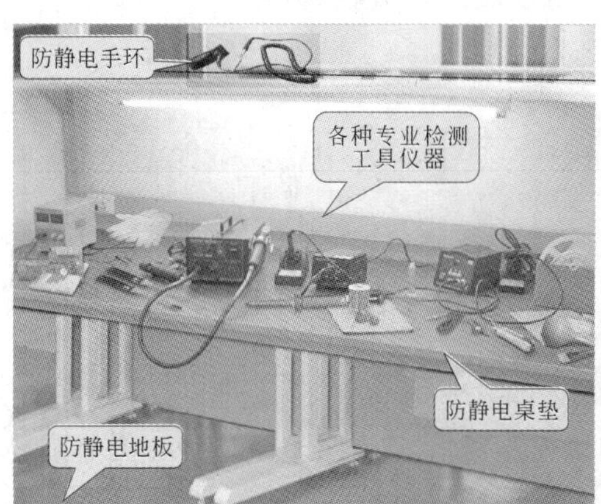

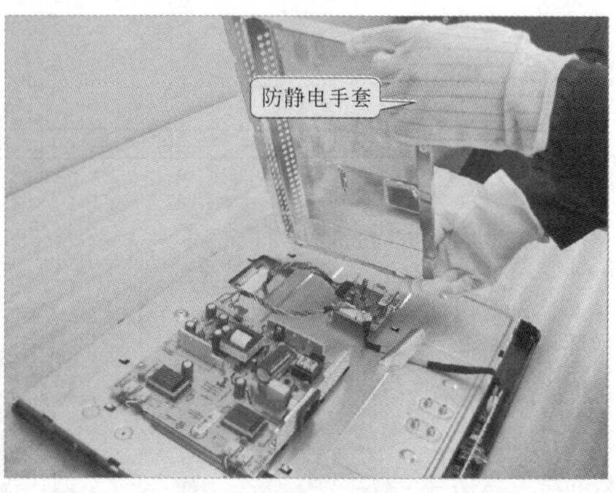

图 1-62　防静电操作环境及防静电设备

② 操作方面注意安全　目前，很多电子产品外壳采用卡扣卡紧，因此在拆卸产品外壳时，首先应注意先“感觉”一下卡扣的位置和卡紧方向，必要时应使用专业的撬片（如对液晶显示器、手机拆卸时），避免使用铁质工具强行撬开，否则会留下划痕，甚至会造成外壳开裂，影响美观。

拆卸电子产品时，取下外壳操作时，应注意首先将外壳轻轻提起一定缝隙，然后通过缝隙观察产品外壳与电路板之间是否连接有数据线缆，然后再进行相应操作。

电子产品外壳拆卸注意事项见图 1-63。

拔插一些典型部件时，首先整体观察所拆器件与其他电路板之间是否有引线接、弹簧、卡扣等，并注意观察与其他部件或电路板的安装关系、位置等，防止安装不当引起故障。

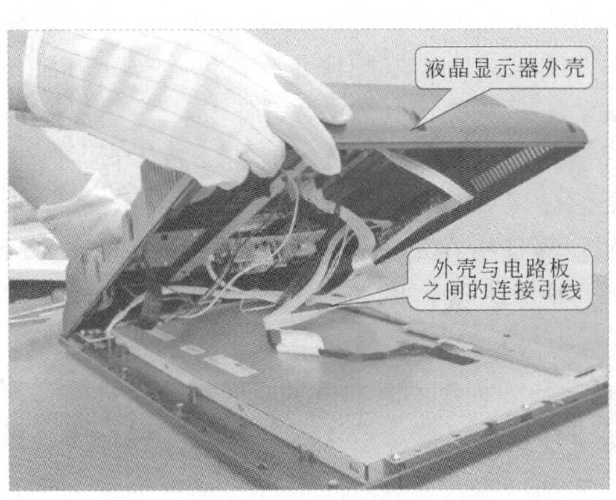

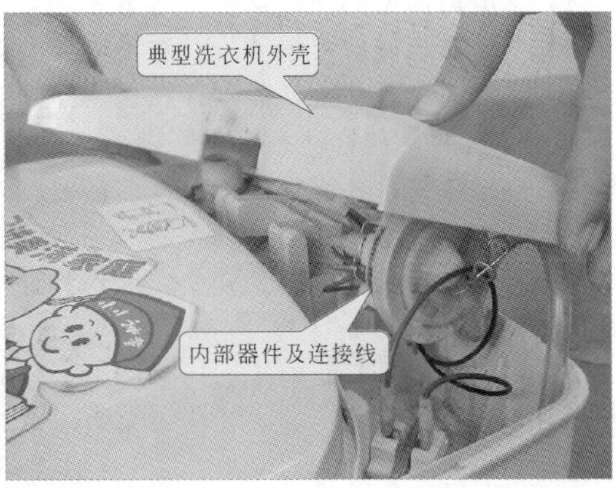

图 1-63　拆卸外壳时的注意事项

拆卸电子产品典型部件注意事项见图 1-64。

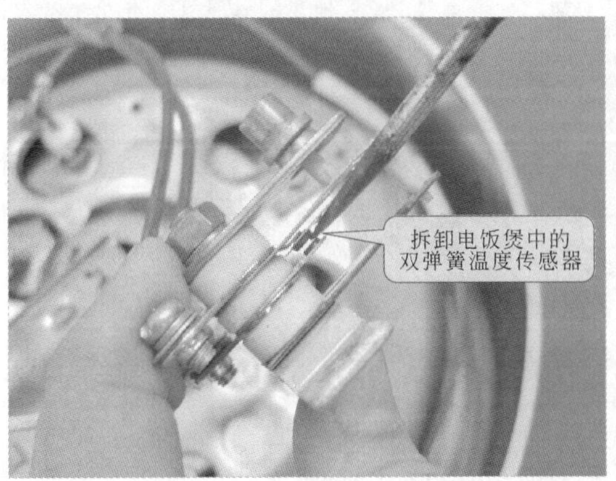

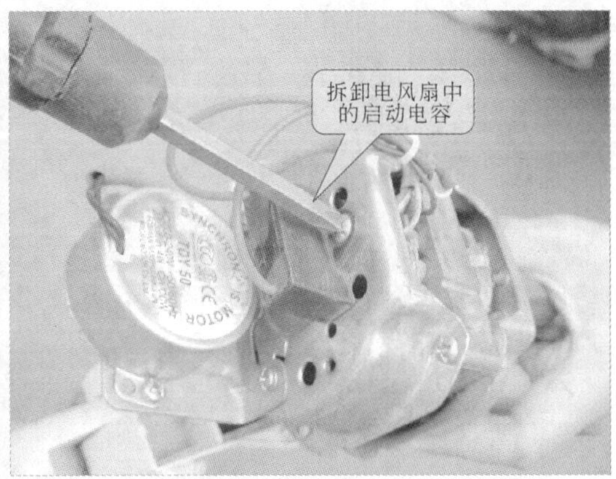

图 1-64　拆卸电子产品典型部件注意事项

在对电子产品内部进行接插件插拔操作时，一定要用手抓住插头后再将其插拔，且不可抓住引线直接拉拽，以免造成连接引线或接插件损坏。另外，插拔时还应注意找插件的插接方向。

拔插引线注意事项见图 1-65。

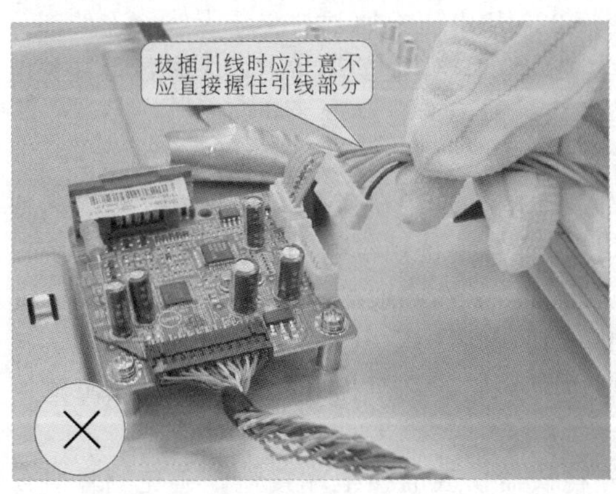

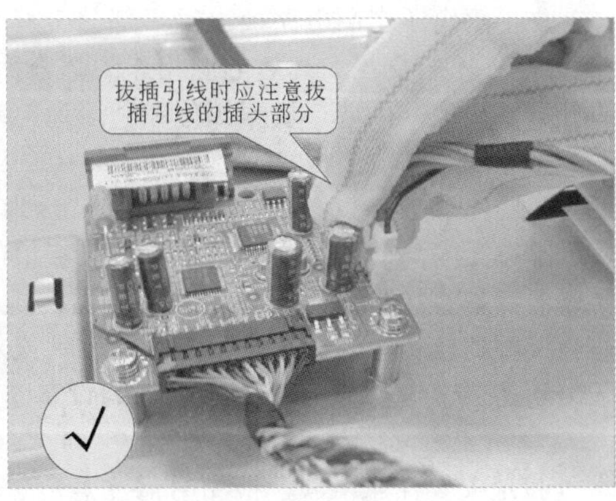

图 1-65　拔插引线注意事项

（2）家电产品检测中的安全注意事项　为了防止在检测过程中出现新的故障，除了遵循正确的操作规范和良好的习惯外，针对不同类型器件的检测应采取相应正确的安全操作方法，在此详细归纳和总结了几种产品器件在检测中的安全注意事项，供读者参考。

① 分立元件的检修注意事项　分立元件是指普通直插式的电阻、电容、晶体管、变压器等元件，在动手对这些元件进行检修前需要首先了解其基本的检修注意事项。

a. 静态环境下检测注意事项　静态环境下的检测是指在不通电的状态下进行的检测操作。通常在这种环境下的检测较为安全，但作为合格的检修人员，也必须严格按照工艺要求和安全规范进行操作。

另外值得一提的是，对于大容量的电容器等元件，即使在静态环境下检测，在检测之前也需要对其进行放电操作。因为，大容量电容器存储有大量电荷，若不进行放电直接检测，极易造成设备损害。

例如，检测照相机闪光灯的电容器时，错误和正确的操作方法见图 1-66。

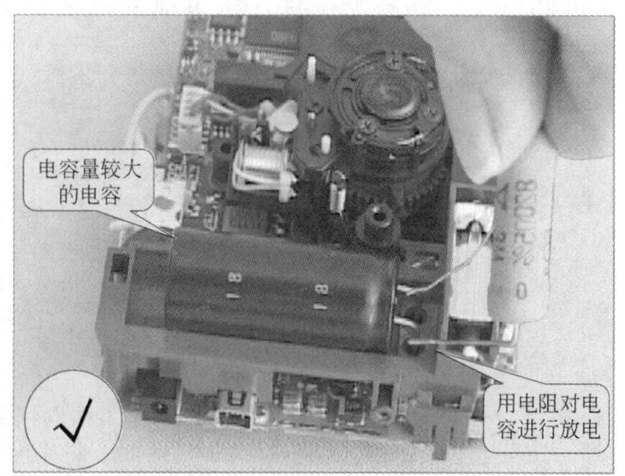

图 1-66　检测照相机闪光灯的电容器时，错误和正确的操作

从图中可以看到，由于未经放电，电容器内大量电荷瞬间产生的火球差点对测量造成危害。正确的方法是在检测前用一只小电阻与电容器两引脚相接，释放存储于电容器中的电量，防止在检测时烧坏检测仪表。

b. 通电环境下检测注意事项　在通电检测元件时，通常是对其电压及信号波形的检测，此时需要检测仪器的相关表笔或探头接地，因此首先要找到准确的接地点后，再进行测量。

首先了解电子产品电路板上哪一部分带有交流 220 V 电压，通常与交流火线相连的部分称为“热地”，不与交流 220 V 电源相连的部分称为“冷地”。在电子产品中，大多数是开关电源的部分属“热地”区域，检测部位在“冷地”范围内一般不会有触电的问题。

典型电子产品电路板（彩色电视机）上的“热地”区域标识及分立元件见图 1-67。

除了要注意电路板上的“热地”和“冷地”外，还要注意在通电检修前要安装隔离变压器，严禁在无隔离变压器的情况下，用已接地的测试设备去接触带电的设备。严禁用外壳已接地的仪器设备直接测试无电源隔离变压器的电子产品，虽然一般的电子产品都具有电源变压器，当接触到较特殊的尤其是输出功率较大或对采用的电源性质不太了解的设备时，要弄清该电子产品是否带电，否则极易与带电的设备造成电源短路，甚至损坏元件，造成故障进一步扩大。

c. 接地安全注意事项　检测时需注意应首先将仪器仪表的接地端接地，避免测量时误操作引起短路的情况。若某一电压直接加到晶体管或集成电路的某些引脚上，可能会将元器件击

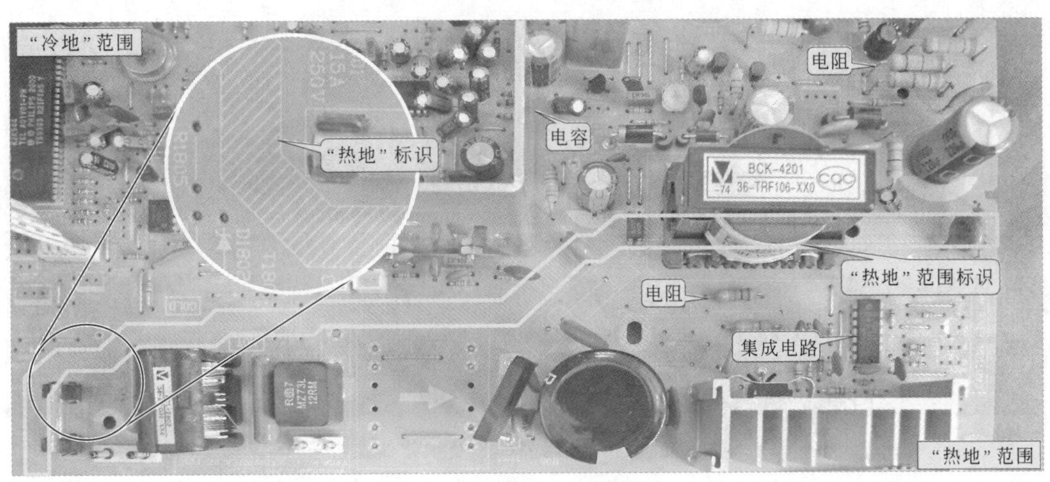

图 1-67 "热地"区域标识

穿损坏。

检测中，应根据图纸或电路板的特征确定接地端。检测设备和仪表接地操作见图 1-68。

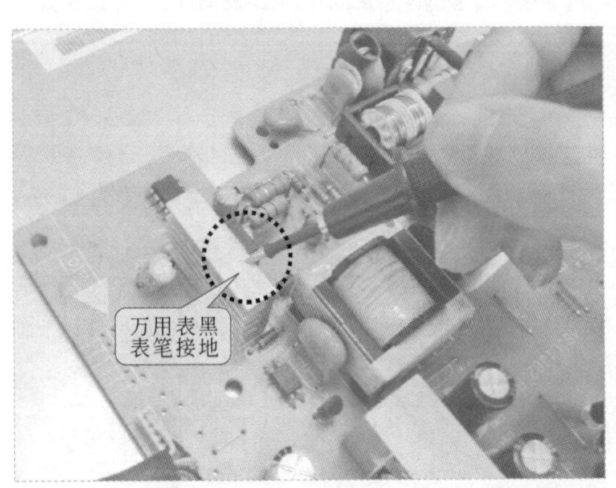

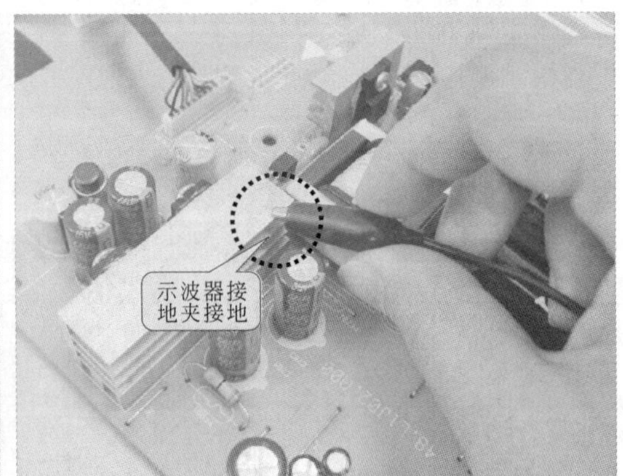

图 1-68 检测设备和仪表接地操作

另外，在维修过程中不要佩戴金属饰品，例如有人带着金属手链维修液晶显示器时，手链滑过电路板时时会造成某些部位短路，损坏电路板上的晶体管和集成电路，使故障扩大。

② 贴片元件的检修注意事项　常见的贴片元件有很多种，如贴片电阻、贴片电容、贴片电感、贴片晶体管等。相对于分立元件来说，贴片元件的体积较小，集成度较高，在对该类元件进行检修前也需要先了解具体操作的注意事项。

检测贴片元件时注意事项如下。使用仪器、仪表通电检测贴片元件时，要注意将电子产品的外壳进行接地，以免造成触电事故。对于引脚较密集的贴片元件，要注意仪器、仪表的表笔准确对准待测点，为了测量准确也可将大头针连接到表笔上，这样可避免因表头的粗大造成测量失误或造成相邻元件引脚短接损坏。

自制万用表表笔及示波器探头见图 1-69。

③ 集成电路的检测注意事项　集成电路的内部结构较复杂，引脚数量较多，在检修集成电路时，需注意以下几点。

a. 检修前要了解集成电路及其相关电路的工作原理　检查和修理集成电路前首先要熟悉所用集成块的功能、内部电路、主要电参数、各引出脚的作用以及各引脚的正常电压、波形、

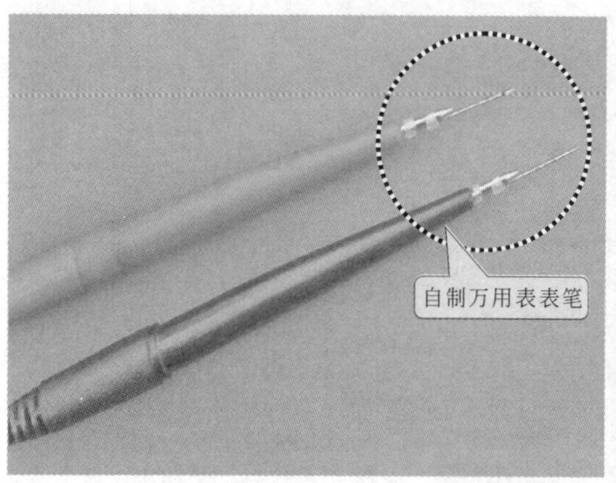

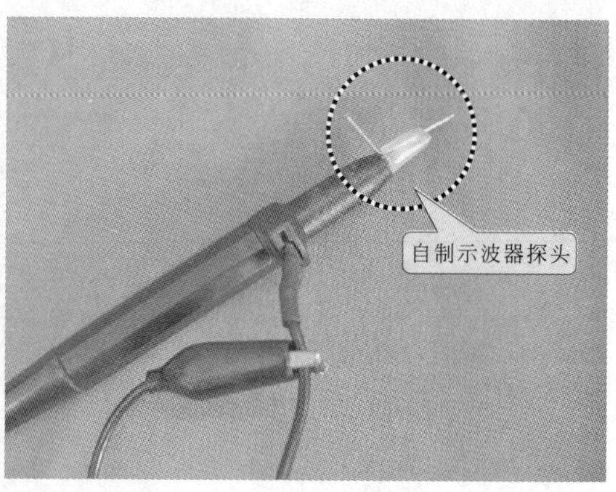

图 1-69　自制万用表表笔及示波器探头

与外围元件组成电路的工作原理，为进行检修做好准备。

b. 测试时不要使引脚间造成短路　由于多数集成电路的引脚较密集，在通电状态下用万用表测量集成电路的电压或用示波器探头测试信号波形时，表笔或探头要握准，防止笔头滑动打火而造成集成电路引脚间短路，任何瞬间的短路都容易损坏集成电路。最好在与引脚直接连通的外围印刷电路上进行测量。

利用印制电路板检测点检测操作见图 1-70。

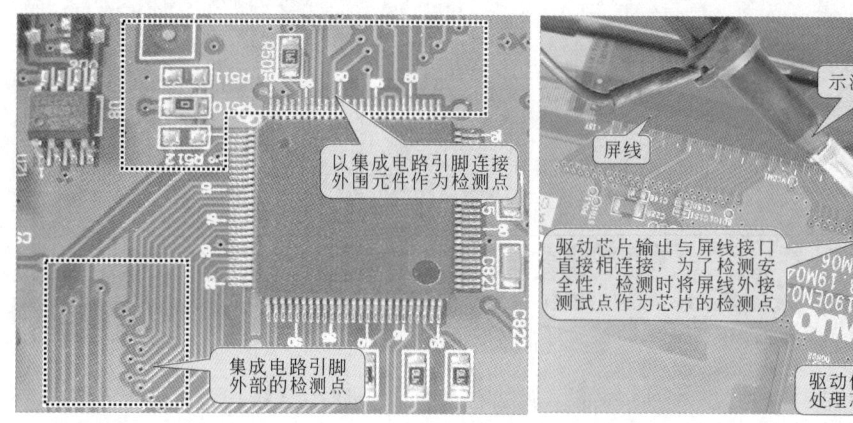

图 1-70　利用印制电路板检测点检测操作

(3) 家电产品在焊装中的安全注意事项　在对家电产品的检修过程中，找到故障元件对元件进行代换是检修中的关键步骤，该步骤中经常会使用到电烙铁、吸锡器等焊接工具，由于焊接工具是在通电的情况下使用并且温度很高，因此，检修人员使用焊接工具时要正确使用，以免烫伤。

焊接的实际操作见图 1-71。

焊接工具使用完毕后，要将电源切断，放到不易燃的容器或专用电烙铁架上，以免因焊接工具温度过高而引起易燃物燃烧，引起火灾。

电烙铁的正确放置见图 1-72。

另外，若焊接场效应管和集成块时，应先把电烙铁的电源切断后再进行，以防烙铁漏电造成元器件损坏。通电检查功放电路部分时，不要让功率输出端开路或短路，以免损坏厚膜块或晶体管。

(4) 代换可靠性安全注意事项　对电子产品故障进行初步判断、测量后，代换损坏器件是检

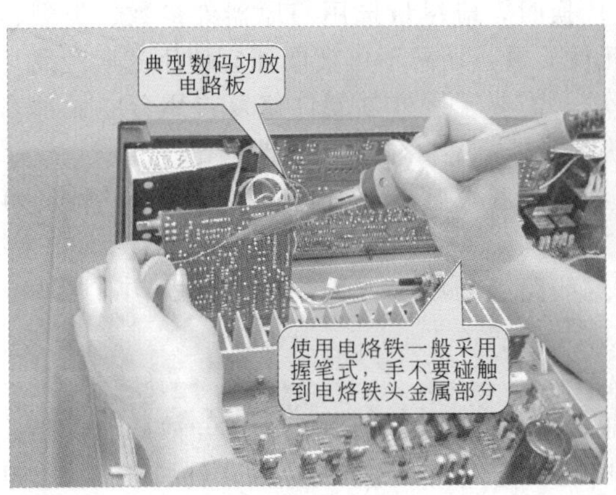

图 1-71　焊接的实际操作

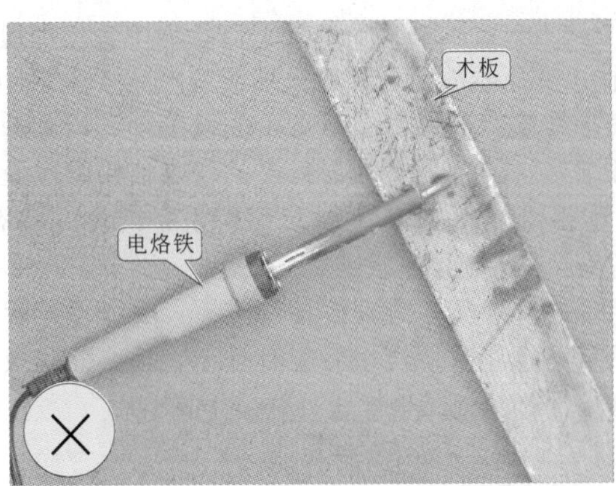

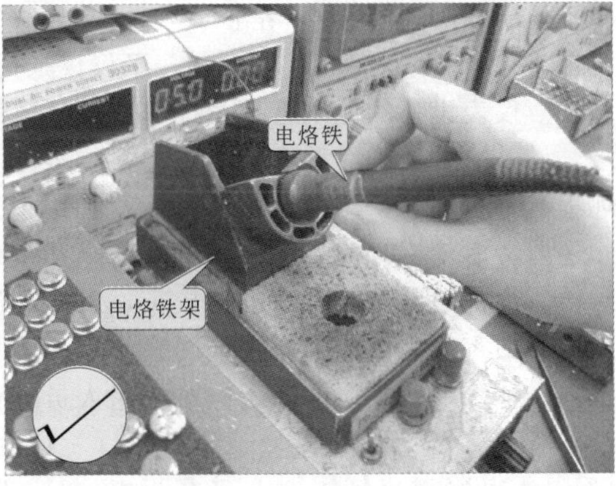

图 1-72　电烙铁的正确放置注意事项

修中的重要步骤，在该环节需要特别注意的是，保证代换的可靠性。例如，应使修复或代换的元器件或零部件排除故障彻底，不能仅仅满足临时使用。具体注意细节主要包含以下几个方面。

① 更换大功率晶体管及厚膜块时，要装上散热片。若管子对底板不是绝缘的，应注意安装云母绝缘片。

更换大功率晶体管操作见图 1-73。

图 1-73　更换大功率晶体管时的注意事项

② 对一般的电阻器、电容器等元器件进行代换时，应尽量选用与原器件参数、类型、规格相同的器件，另外，选用元件代换时应注意元件质量，切忌不可贪图便宜使用劣质产品。

③ 对于一些没有替换件的集成块及厚膜块等，需要采用外贴元件修复或用分立元件来模拟替代时，也要反复试验，确认其工作正常，确保其可靠后才能替换或改动。

检修过程中注意维修仪表和电子产品的安全问题，除上述归纳和总结的一些共性的事项外，还有一些注意点也应引起注意。

① 在拉出线路板进行电压等测量时，要注意线路板的放置位置，背面的焊点不要被金属部件短接，可用纸板加以隔离。

② 不可用大容量的保险丝去代替小容量的保险丝。

③ 更换损坏后的元件后，不要急于开机验证故障是否排除，应注意检测与故障元件相关的电路和器件，防止存在其他故障未排除，在试机时再次烧坏所替换上的元件。例如，在检查电视机电路中发现电源开关管、行输出管损坏后，更换新管的同时要注意行输出变压器是否存在故障，可先对行输出变压器进行检测，不能直接发现问题时更换新管后开机一会儿后立即关机，用手摸一下开关管、行输出管是否烫手，若温度高则要进一步检查行输出变压器，否则会再次损坏开关管、行输出管。值得注意的是，不仅仅是行输出变压器故障会再次损坏行输出晶体管等。

（5）仪表设备的使用管理及操作规程　仪表是维修工作中必不可少的设备，在较大的维修站，设备的数量和品种比较多。通常要根据各维修站的特点，制定自己的仪表使用管理及操作规程。每种仪表都应由专人负责保管和维护。使用要有手续，主要是保持设备的良好状态，此外还要考虑使用时的安全性（人身安全和设备安全两个方面）。

检测设备通常还要经常进行校正，以保证测量的准确性。每种设备都应有安全操作规程和使用说明书。使用设备前应认真阅读使用说明书及注意事项，使用后应有登记，注明时间及工作状态。特殊设备使用前，还应对使用人员进行培训。

1.3.2　家电维修过程中的人身安全

各种家用电子产品的电路都有各自的特点，在修理中要特别注意人身安全问题。

现代电子产品特别是彩色电视机等，几乎都是采用开关电源，由于这一电源电路的特点，有的彩色电视机内部线路板（称为底板）有可能全部带电（220V 火线），有的则部分电路带电（主要是电源电路本身的地线带电）。为保障修理人员的人身安全，修理中一定要做到以下几点，并在修理中要养成这些良好的习惯。

① 要习惯单手操作，即用一只手操作，另一只手不要接触机器中的金属零部件，包括底板、线路板、元器件等。

② 脚下垫块绝缘垫。

③ 最好采用 1∶1 隔离变压器，以使机器与交流市电完全隔离，保证人身、机器和修理仪器的安全。

④ 更换元器件之前一定要先断电。

⑤ 在拔除高压帽、重新装配前，先用起子把高压嘴对显像管外面的导电敷层进行多次放电，以免残留高压的电击。

⑥ 拆卸、装配、搬动显像管时，必须戴好不碎玻璃的护目镜。

⑦ 当机器出现一个亮点或一条亮线故障时，要及时将亮度关小，以防烧坏显像管的荧光屏。

⑧ 在使用仪器修理彩色电视机时，最好用隔离变压器，没有时要将仪器外壳接室内保护性地线。

第2章

液晶电视机故障检修

2.1 液晶电视机的结构特点

从整机构成上来说，液晶电视机主要是由液晶显示屏和电路板部分构成的，如图 2-1 所示为液晶电视机的整机结构示意图。

由图 2-1 可知，液晶电视机中液晶屏是液晶电视机的主要部分。液晶显示屏通常与驱动集成组成一体化组件，这给安装、调整和维修提供了很大的便利。

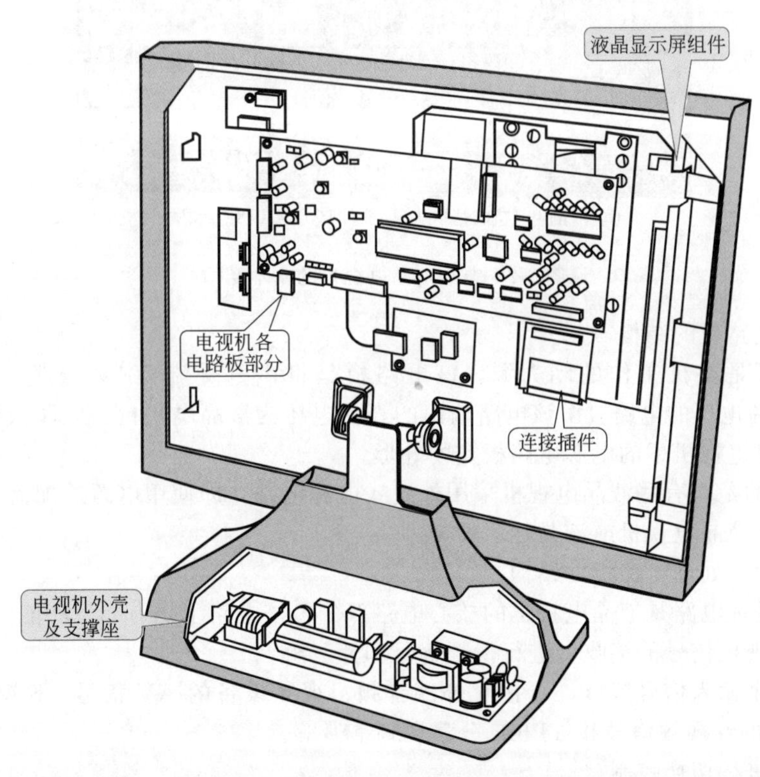

图 2-1　液晶电视机的整机结构示意图

打开液晶电视机的外壳，直观上可以看到的电路板主要有：电源电路板、数字信号处理电路板、调谐器及中频电路板、逆变器等几个部分，如图 2-2 所示。

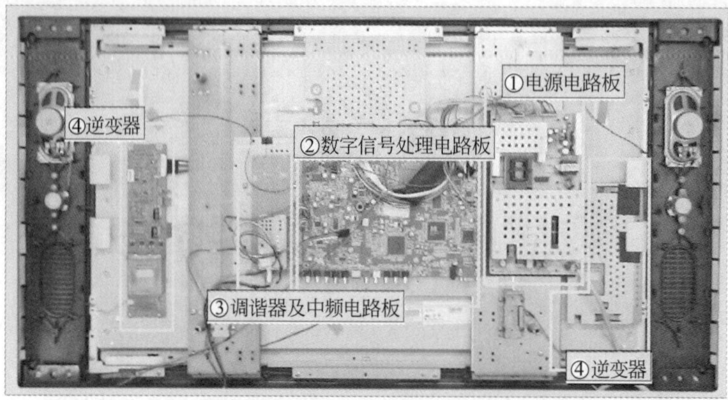

(a) 液晶电视机的基本结构（长虹LT3788型液晶电视机）

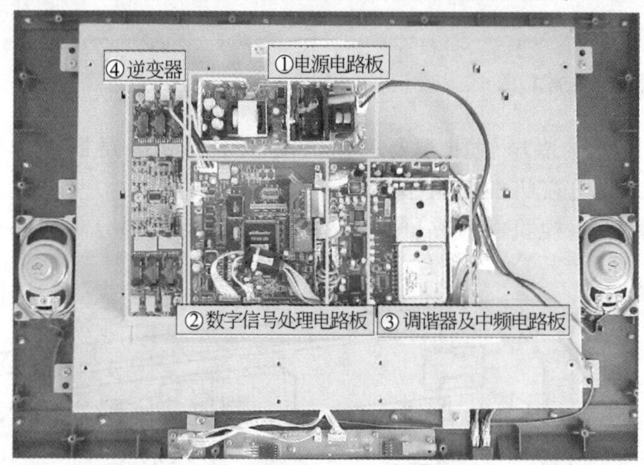

(b) 液晶电视机的基本结构（康佳TC-TM2018型液晶电视机）

图 2-2　典型液晶电视机的基本结构

（1）电源电路板的结构

电源电路板是整机工作的动力源，该电路板是将市电交流 220V 变成＋12V、＋24V、＋5V 等多路直流电压的电路。由该电路输出的直流电压为液晶电视机各电路板供电。如图 2-3 所示为典型液晶电视机中的电源电路板实物外形。

值得注意的是，有些液晶电视机采用外置式电源电路，即使用电源适配器为电视机供电，多适用于小尺寸液晶电视机或液晶显示器中。

（2）数字信号处理电路板的结构

数字信号处理电路是液晶电视机的核心电路部分，该电路主要有如下功能。

① 完成电视机信号的接收，进行视频解码和伴音解调。

② 具有多个输入信号接口，可接收外部音频、视频设备的 AV 信号、S 视频信号、电脑 VGA 接口送来的音视频信号和 YPbPr 分量视频信号等。

③ 对信号进行切换控制。

④ 进行数字图像处理。

⑤ 输出音频和视频信号，并驱动扬声器和液晶屏工作。

如图 2-4 所示为典型液晶电视机中的数字信号处理电路板。

一般情况下，习惯性将液晶电视机中处理视频信号、音频信号、控制信号的绿色电路板统

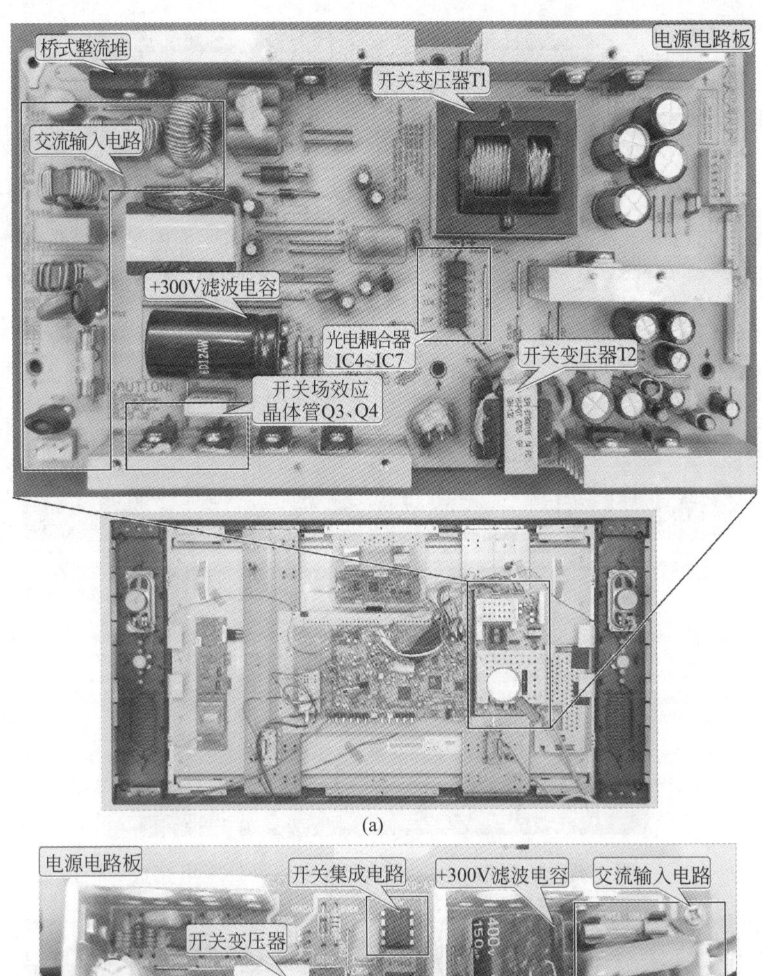

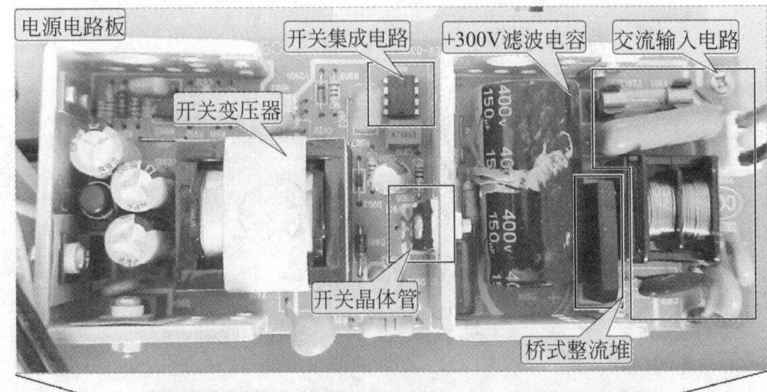

(a)

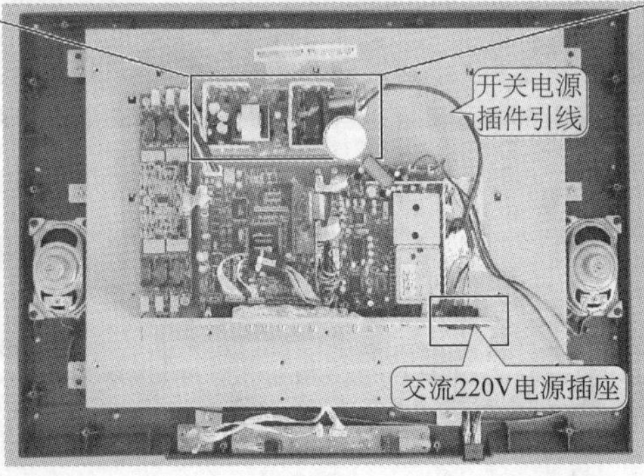

(b)

图 2-3 典型液晶电视机中的电源电路板实物外形

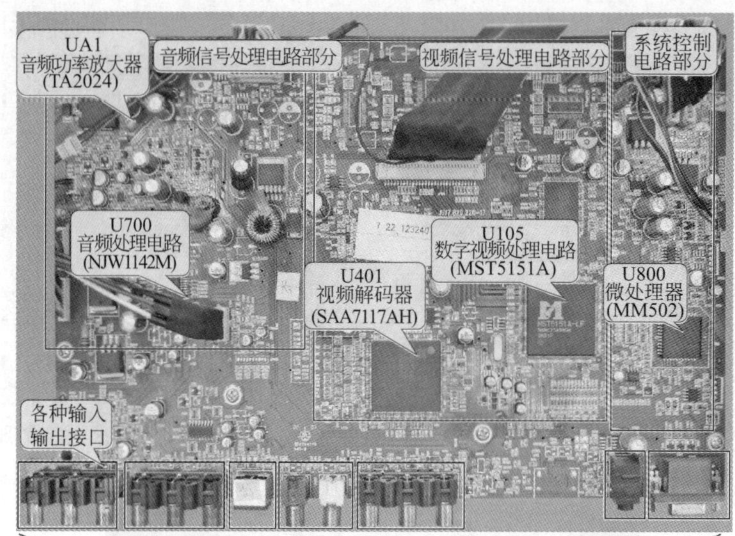

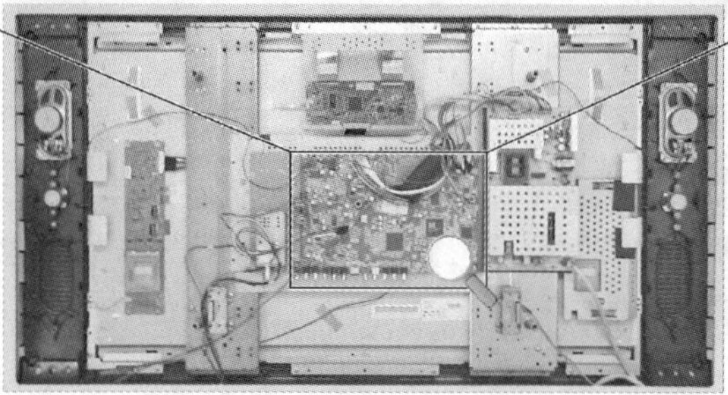

图 2-4　典型液晶电视机中的数字信号处理电路板

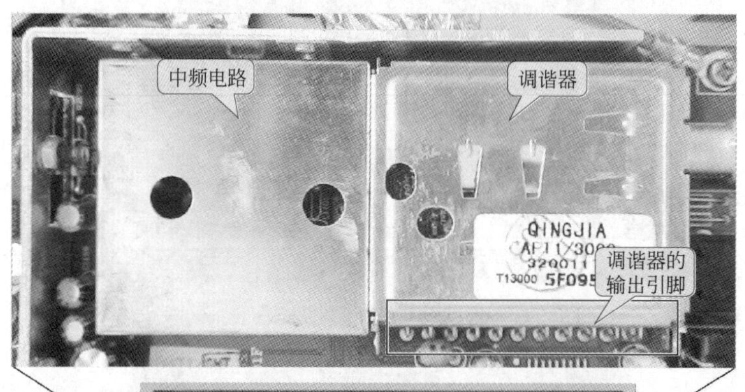

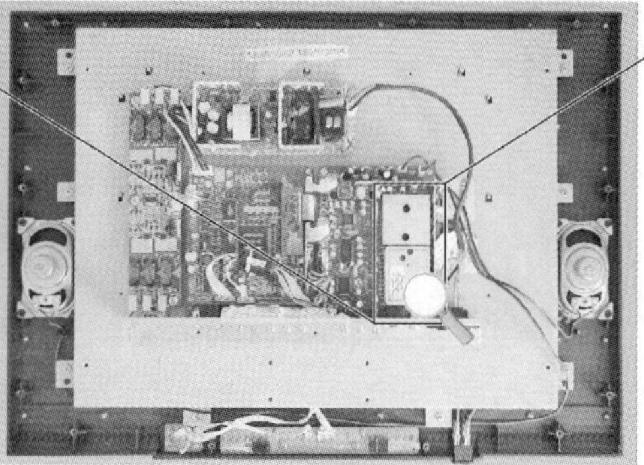

图 2-5　调谐器及中频电路板实物外形

称为数字信号处理电路板，但实际工作中，有些电视机中该电路板上也接收模拟信号，但在这里不细致区分。

（3）调谐器及中频电路板结构

液晶电视机中调谐器及中频电路板与普通 CRT 彩色电视机调谐器电路功能基本相同，主要用于接收外部天线信号或有线电视信号，并进行高放和混频等处理。调谐器将射频信号变成中频信号，中频信号再经视频检波和伴音解调，输出视频图像信号和第二伴音中频信号，第二中频再经鉴频后输出音频信号。如图 2-5 所示为典型液晶电视中调谐器及中频电路板实物外形。

（4）逆变器的结构

逆变器电路是液晶电视机特有电路之一。该电路是将直流 12V 或 24V 变成交流高压信号的电路单元，输出的交流高压信号为液晶屏背光灯管供电，如图 2-6 所示为典型液晶电视机中的逆变器实物外形。

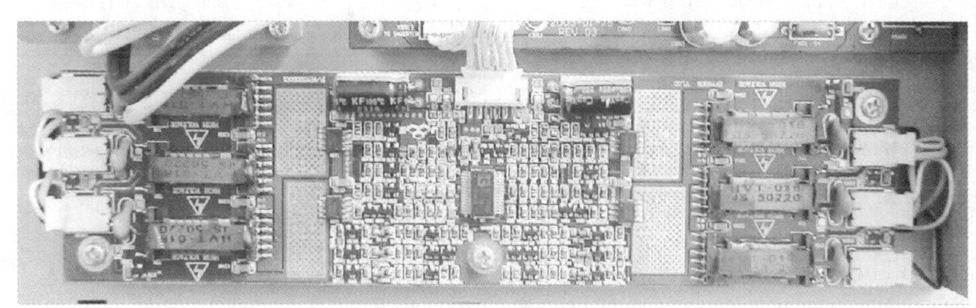

图 2-6　典型液晶电视机中逆变器实物外形

在液晶电视机中，除上述几个主要的电路板外，还有一些接口电路、操作显示电路板、驱动电路板等，这些电路之间协同工作实现电视机输出影音信息的功能。

2.2　液晶电视机的故障特点和检修流程

2.2.1　液晶电视机的故障特点

在维修液晶电视机时，首先了解其基本的故障特点，熟悉一些经验维修的方式、方法，并且在实践过程中注意积累和总结一些具有规律性的维修经验，对于一名学习者来说是十分重要的。

液晶电视机常见的故障主要表现为不开机、液晶显示屏有坏点、暗屏、花屏、亮线、亮带及暗线、暗带、偏色、有图像无伴音、有伴音无图像等故障。

（1）不开机、三无

不开机或三无故障是液晶电视机较常出现的故障之一，如图 2-7 所示。该类故障检修起来较为复杂，一般需要对电视机整机信号处理过程有一定了解。根据维修经验，可首先从开关电源入手，重点检测电源电路、信号处理电路及控制电路等部分。

（2）液晶显示屏有坏点

“坏点”是指液晶显示屏显示的图像不全，该故障也是液晶电视机经常出现的一种故障，如图 2-8 所示。坏点的多少直接影响液晶电视机显示图像的效果，严重的需要更换液晶显示屏。

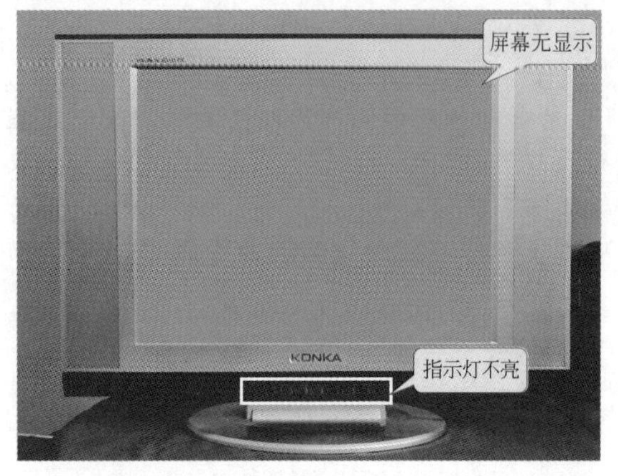

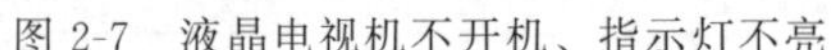

图 2-7　液晶电视机不开机、指示灯不亮

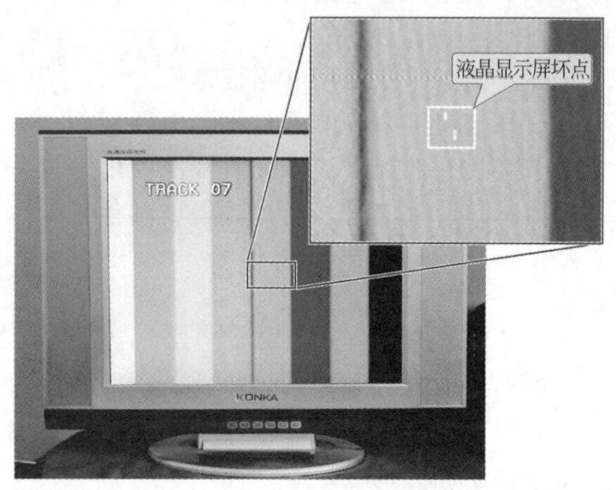

图 2-8　液晶显示屏有坏点

(3) 暗屏

暗屏是指液晶电视机电源指示灯正常，能显示图像但液晶显示屏发暗，如图 2-9 所示。液晶显示屏显示图像正常，说明数字信号处理电路正常，故障可能发生在开关电源电路、逆变器电路（背光灯供电电路）等。通常背光灯管老化会造成液晶显示屏出现暗屏的故障。

(4) 花屏

液晶电视机出现花屏常常是图像显示不正常，如图 2-10 所示。造成此故障的原因经常是液晶显示屏屏线与电路板连接松动或是显示屏损坏，检修时可先检查屏线是否松动，然后进一步检查是否是因为其他电路损坏引起的花屏。

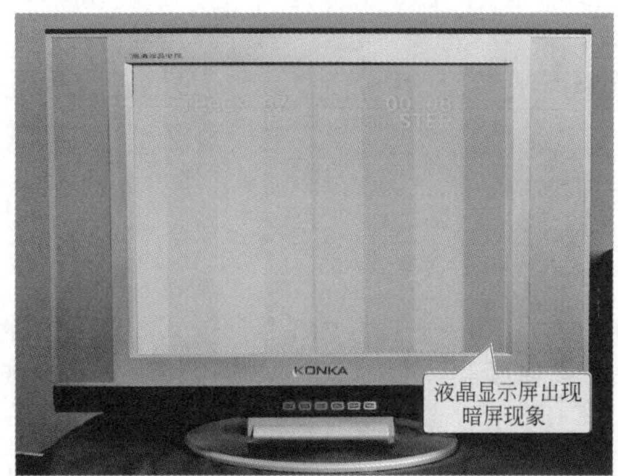

图 2-9　液晶电视机暗屏

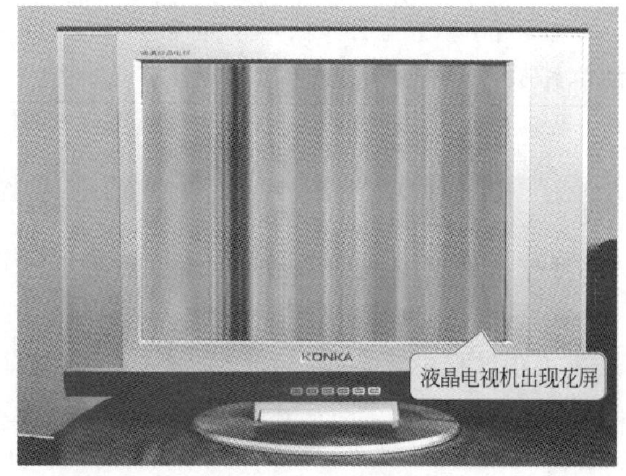

图 2-10　液晶电视机花屏

(5) 其他故障表现

亮线、亮带及暗线、暗带这些故障多是由屏线或显示屏本身故障造成的，通过对屏线的更换或直接更换显示屏就可以排除故障。亮线故障一般是连接液晶屏本体的屏线出了问题或者某行和列的驱动集成电路损坏。暗线一般是屏的本体有漏电，或者接口连接的柔性板连线开路。

偏色一般可以通过进入维修调整模式进行软件调整。屏幕发黄和白斑均是由背光源的问题造成的，通过更换相应背光灯或导光板就可以解决问题。外膜刮伤是液晶玻璃表面所覆的偏光膜受损造成的，某些情况通过人工就可以很好地进行更换。

2.2.2 液晶电视机的故障检修流程

由于液晶电视机的集成度越来越高，维修起来比较困难。因此在遇到故障时，首先应根据故障的表现分析和推断大致故障范围，然后通过仪器、仪表的检测进一步确认故障的部位。可分别对各功能单元模块进行检查，由于液晶电视机的电路比较复杂，集成电路的引脚多、引脚间距小、安装密度高，造成检测难度大。如图 2-11 所示为多引脚集成电路。

图 2-11 多引脚集成电路

由于液晶电视机电路集成电路较多，很难确定各引脚的功能及芯片所在电路板的名称，这时需要借助电路图与实物图相结合查找故障点，如图 2-12 所示。

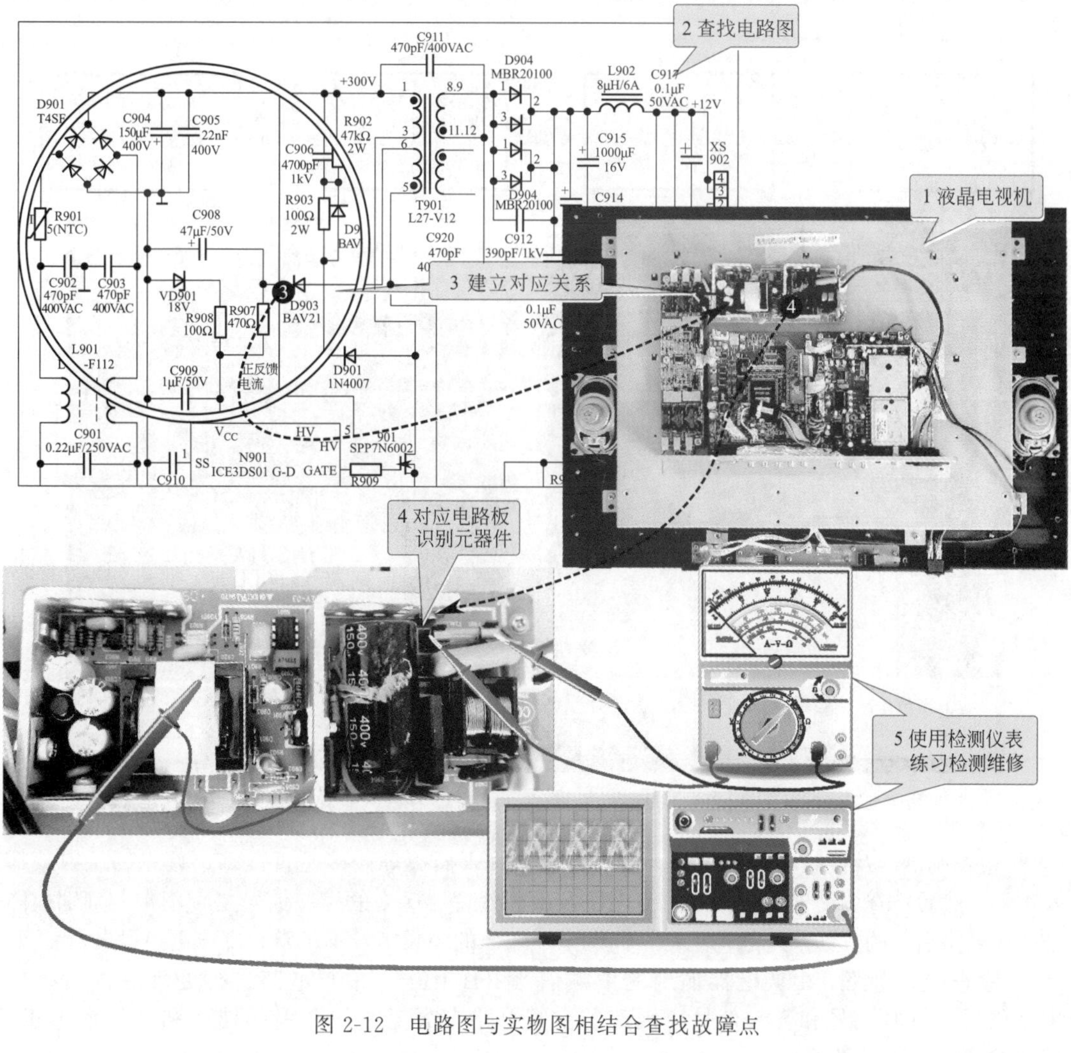

图 2-12 电路图与实物图相结合查找故障点

2.3 液晶电视机的故障检修

2.3.1 独立调谐器和中频电路的故障检修

调谐器和中频电路作为液晶电视机重要的电视节目接收电路部分，出现故障后主要是影响电视机天线信号和有线电视节目信号的接收，主要表现为以下几种。

图像频繁出现静像或马赛克，伴音间断并伴有尖锐的噪声。

接收 DVD 等外部音、视频信号声音、图像正常，而接收有线或电视天线节目无声、无图像。

接收电视节目时伴音和图像均不正常。

调谐器和中频电路有故障通常会引起伴音和图像均不正常。判断电视机调谐器和中频电路是否正常的方法比较简单，可用 DVD 机等作为信号源从 AV 端子注入 AV 信号（音视频信号），观看由 DVD 机播放的节目，如果图像声音都正常，而用本机接收电视天线或有线的节目无图、无声，则表明调谐器或中频电路有故障。

（1）独立的调谐器和中频电路的故障检修流程

对于独立的调谐器和中频电路有故障时，可分别从调谐器和中频电路两个方面进行检修，具体的检修流程如图 2-13 所示。

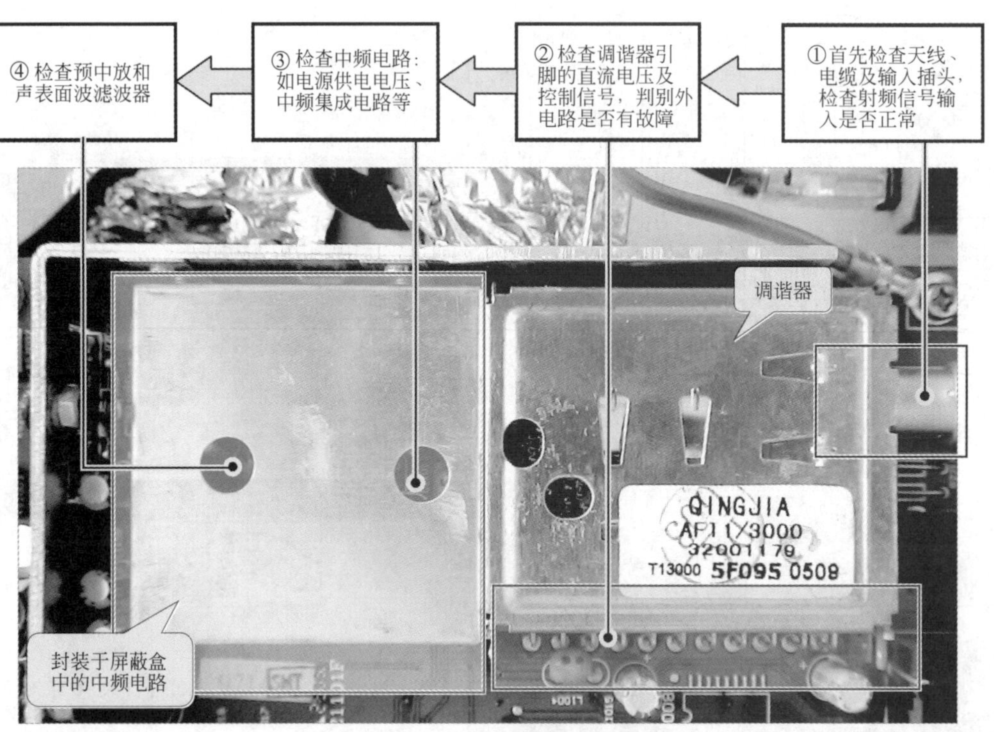

图 2-13　调谐器和中频电路的故障检修流程

① 检查调谐器及接收端子　检查天线、电缆、输入插头等插接是否良好，首先确认射频信号输入正常，然后检查调谐器各引脚的直流电压及由微处理器送来的控制信号是否正常，判别故障是否是由外电路引起的。如果外部均正常，而调谐器输出的中频信号不正常，则应更换调谐器。

② 检查中频电路　由调谐器输出的中频信号（IF）送入中频电路进行处理后输出第二伴音中频信号、视频信号和音频信号，因此若中频电路有故障往往会引起伴音和图像均不正常。可重点检查以下两个方面。

a. 查电源供电电压。中频电路中的集成电路和晶体管放大器需要一定的工作电压才能正常工作，用万用表检测电源供电端或检查晶体管集成电路的供电端即可判别供电是否正常。

b. 查中频集成电路。中频集成电路是进行视频检波和伴音解调的集成电路，判别该集成电路是否正常可检测其相关输出引脚的输出信号，正常工作时应有音频信号、视频信号和第二伴音中频信号输出。

③ 检查预中放和声表面波滤波器　来自调谐器的中频信号（IF）先经预中放放大，再由图像中频声表面波滤波器和伴音中频声表面波滤波器滤波后，分别将图像中频和伴音中频送入中频集成电路中。

（2）独立的调谐器和中频电路的检测

下面以康佳 LC-TM2018 型液晶电视机为例，来介绍其检修方法。

① 调谐器的检测　工作电压是调谐器的工作条件，在康佳 LC-TM2018 型液晶电视机中，调谐器的⑦脚为＋5V 供电端，检测时将万用表调至直流 10V 挡，用黑表笔接调谐器的外壳，红表笔接⑦脚即可，如图 2-14 所示。

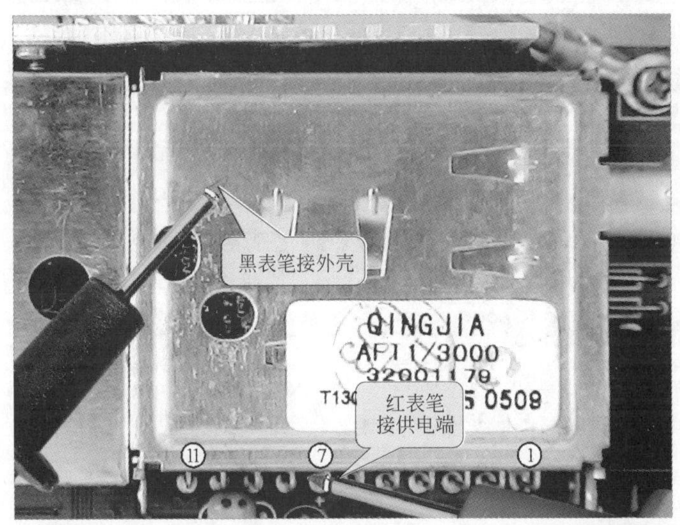

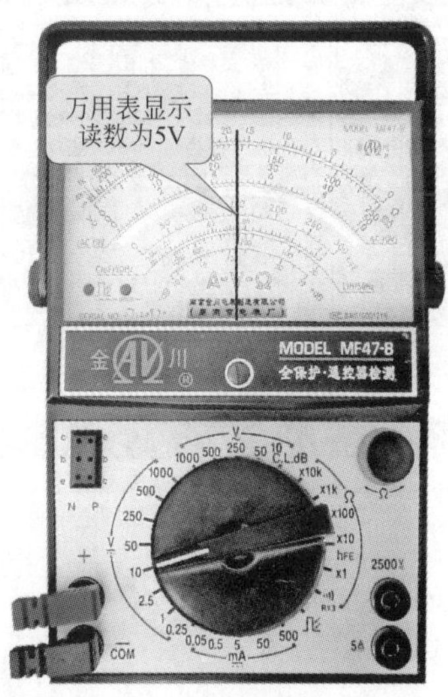

图 2-14　调谐器供电电压的检测

此外，也可通过调谐器其他引脚的电压值来判断故障部位，除了调谐器的工作电压外，其他引脚的电压值如下。

①脚为 AGC 端，在接收电视节目的条件下约为 4.2V。

④脚、⑤脚为 I^2C 总线信号端，平均电压约为 3.5V。

⑧脚为 AFC 端，直流电压约为 2.6V。

由微处理器输出的 I^2C 总线控制信号送往调谐器的④脚和⑤脚，若 I^2C 总线信号不正常，则会造成调谐器无法正常工作的故障，其检测方法和波形如图 2-15 所示。

在供电电压和 I^2C 总线信号正常的情况下，若调谐器还是无法工作，则可能是其本身已经损坏，应整体更换。

② 中频电路的检测　若中频电路损坏，则可能会造成接收电视信号时图像和伴音均不正常的故障。首先对中频集成电路 TDA9885T 进行检测。检测时，由于中频电路外部罩有屏蔽盒，为了检测的准确性，应先将屏蔽盒焊下。

首先检测 TDA9885T⑳脚的＋5V 供电电压，检测时将万用表调至直流 10V 挡，用黑表笔接地端，红表笔接供电脚即可，如图 2-16 所示。

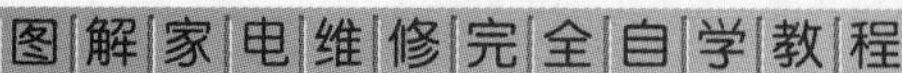

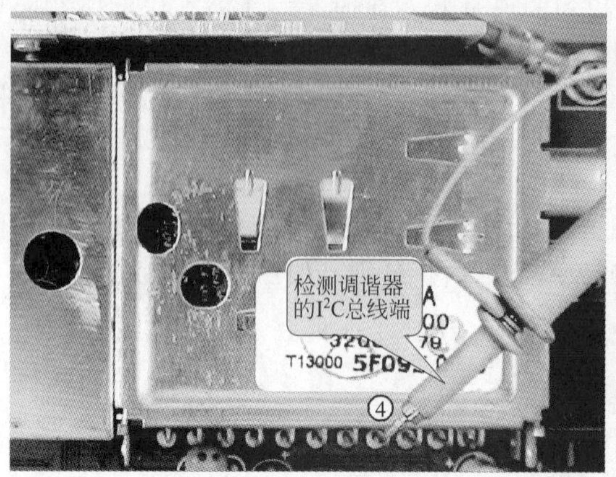

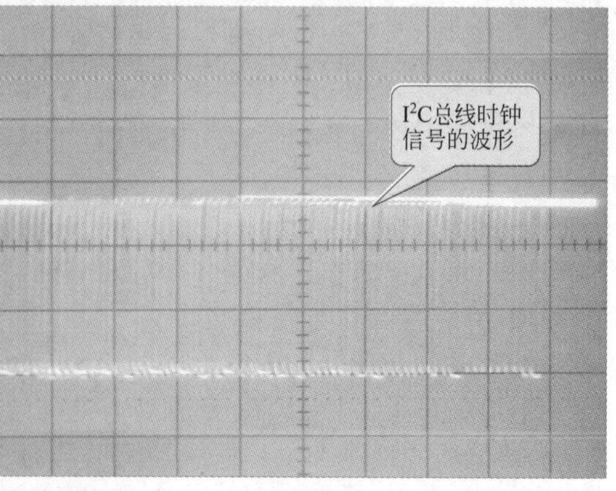

(a) I²C总线信号时钟信号的检测

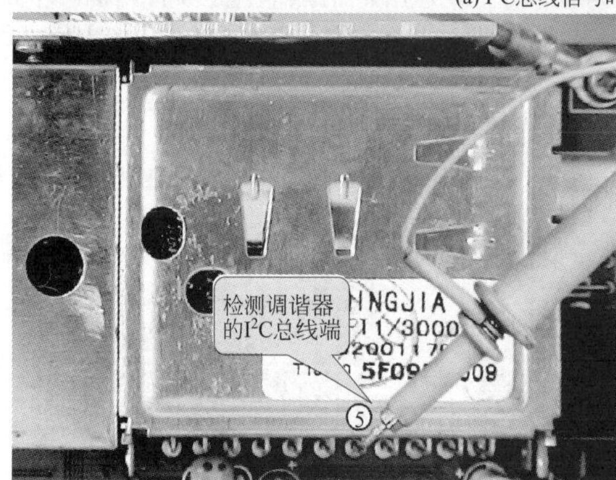

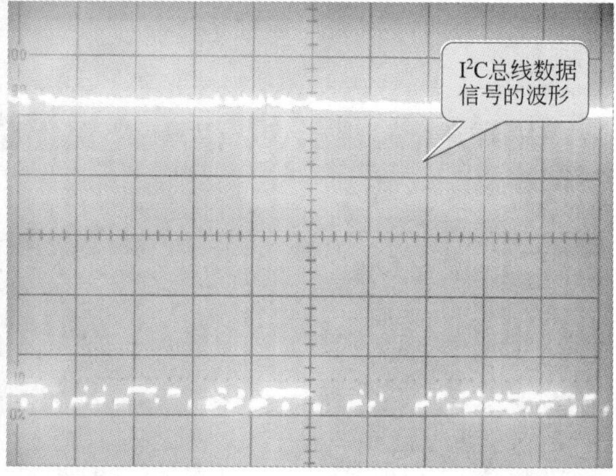

(b) I²C总线信号数据信号的检测

图 2-15　调谐器 I²C 总线信号的检测

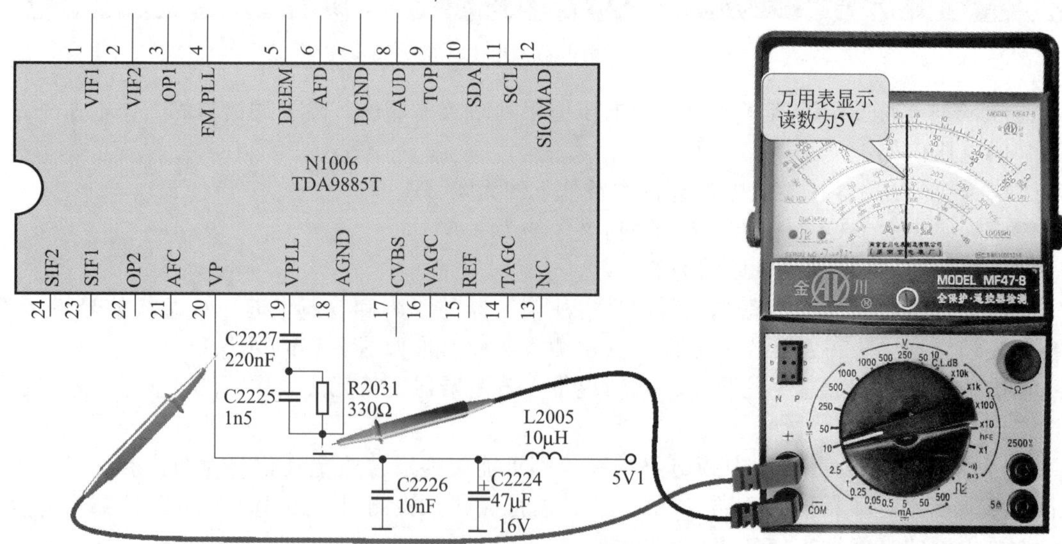

图 2-16　中频集成电路 TDA9885T 供电电压的检测

判别中频集成电路 TDA9885T 是否正常可以检测⑰脚的视频输出端，用示波器接触该脚时应能测到视频信号的波形，如图 2-17 所示。

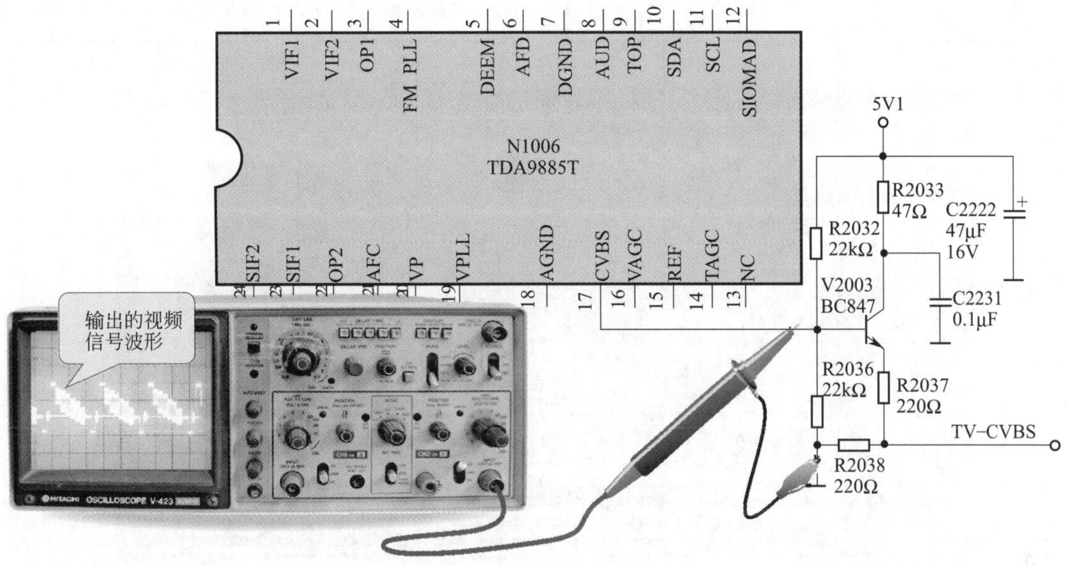

图 2-17　中频集成电路输出视频信号的检测

来自调谐器的中频信号（IF）先经预中放 V1002 放大，再由图像中频声表面波滤波器 Z2001（K6274D）和伴音中频声表面波滤波器 Z2002（K9450M）滤波后分别将图像中频和伴音中频送入 TDA9885T 中进行处理。

判别该部分是否正常可采用干扰法，即用螺丝刀或万用表表笔接触预中放的基极或声表面波滤波器的输入、输出端，观察电视机屏幕现象，若有明显的干扰线出现在屏幕上，则属正常，否则说明该部分电路有故障。

2. 3. 2　一体化调谐器的故障检修

一体化调谐器的元件都封闭在金属屏蔽盒中，判断调谐器是否有故障，主要通过检测其各输出引脚的相关参数值，下面以长虹 LT3788 液晶电视机的一体化调谐器为例具体介绍其检修流程和主要检测部位。

（1）一体化调谐器的故障检修流程

一体化调谐器损坏往往会引起伴音和图像均不正常。怀疑调谐器有故障时，应先检查整机控制功能是否正常、遥控开/关机是否正常、功能切换是否正常、菜单能否正常调整等。具体检修流程如图 2-18 所示。

① 排除外电路故障　检查电视机的控制等功能是否正常，排除由外电路引起电视机调谐器不正常的情况。

② 检查接收端子　首先检查一体化调谐器天线、电缆、输入插头及连接是否正常。

③ 检查供电电压　长虹 LT3788 型液晶电视机的一体化调谐器中，⑦、⑨、⑲脚分别为+5V、+32V、+5V 电源供电端（不同机型供电引脚序号不相同），可用万用表检测电源供电电压是否正常，排除外电路故障。

④ 检查关键输入、输出信号　该机型电视机⑱脚为视频信号输出端，⑳脚为音频信号输出端，④脚、⑤脚分别为 I²C 总线时钟和数据输入信号端，用示波器检测这些引脚的信号波

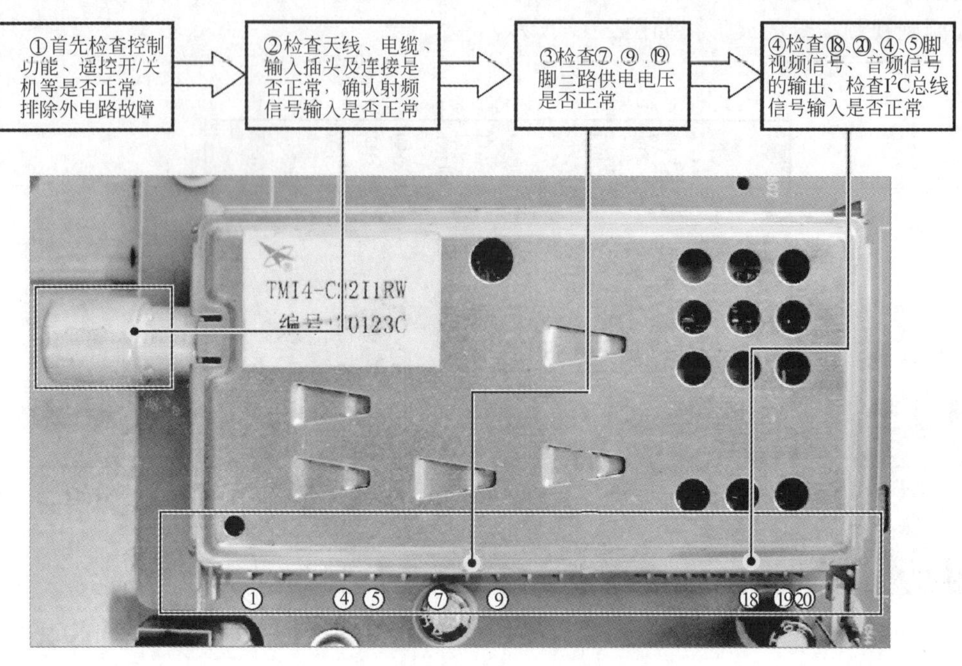

图 2-18　一体化调谐器的故障检修流程

形，即可判断这些信号是否出现异常。另外①脚和⑰脚为调谐器的 AGC（自动增益控制）信号端，该信号也是维修中检测的重点信号。

（2）一体化调谐器的检测

① AGC（自动增益控制）端直流电压的检测　一体化调谐器 U602（TMD4-C22IP1RW）的①、⑰脚为 AGC（自动增益控制）端，正常时，用万用表检测这两个引脚应有一定的直流电压值，如图 2-19 所示。

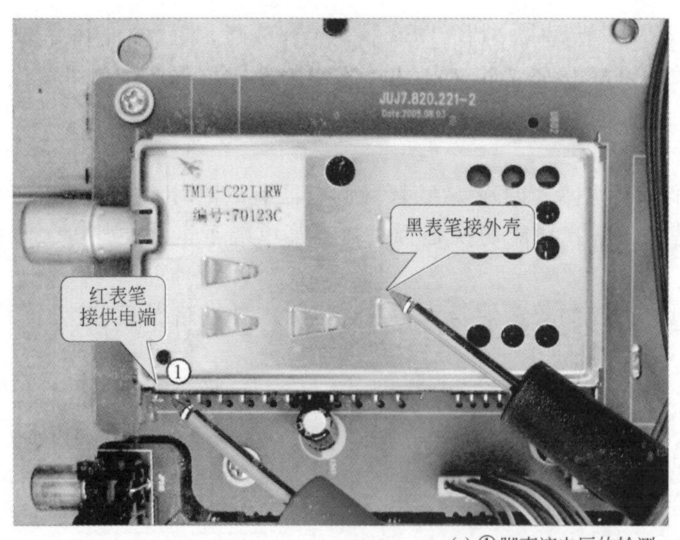

(a) ①脚直流电压的检测

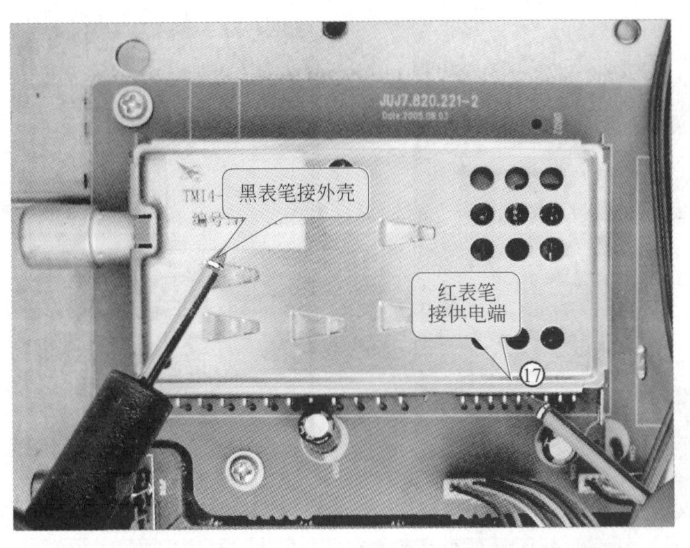

(b) ⑰脚直流电压的检测

图 2-19 调谐器 AGC 端直流电压的检测

实际测量的结果为①脚直流电压 4V，⑰脚电压 2.4V，属正常。若该电压不正常，应检测电源电路部分。

② 电源供电电压的检测 一体化调谐器 U602 的⑦、⑲脚为电源电压＋5V 供电端，将万用表黑表笔接调谐器外壳，红表笔接⑦脚，检测该引脚电压值，如图 2-20 所示（⑲脚的检测方法相同）。

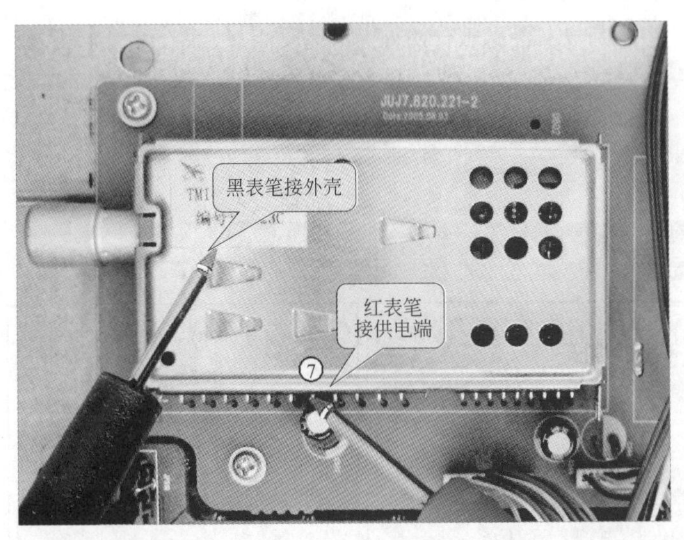

图 2-20 调谐器⑦脚直流电压的检测

③ 调谐电压的检测 一体化调谐器 U602 的⑨脚为调谐电压端，用万用表检测该引脚的直流电压，如图 2-21 所示。该脚的直流电压约为 32V，正常。

④ I^2C 总线信号的检测 一体化调谐器 U602 的④脚为 I^2C 总线时钟信号输入端，⑤脚为 I^2C 总线数据信号输入端，正常时应有信号波形输出，具体检测方法与独立的调谐器基本相同，在此不再复述。

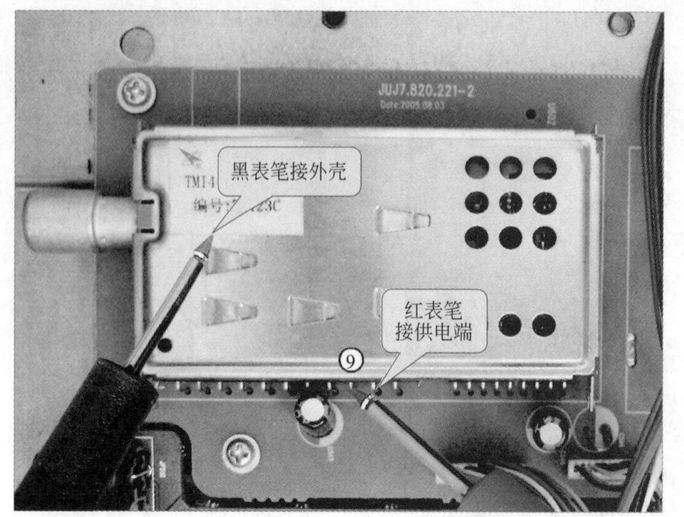

图 2-21　调谐器⑨脚调谐电压的检测

⑤ 第二伴音中频、CVBS 信号、伴音信号的检测　一体化调谐器 U602 的⑯脚为其第二伴音中频信号检测端，⑱脚为其 CVBS（视频）信号输出端，⑳脚为其伴音信号输出端。在电视机正常接收天线信号或有线数字电视信号时，正常情况下，检测这些引脚应有相应的信号波形输出，如图 2-22 所示。

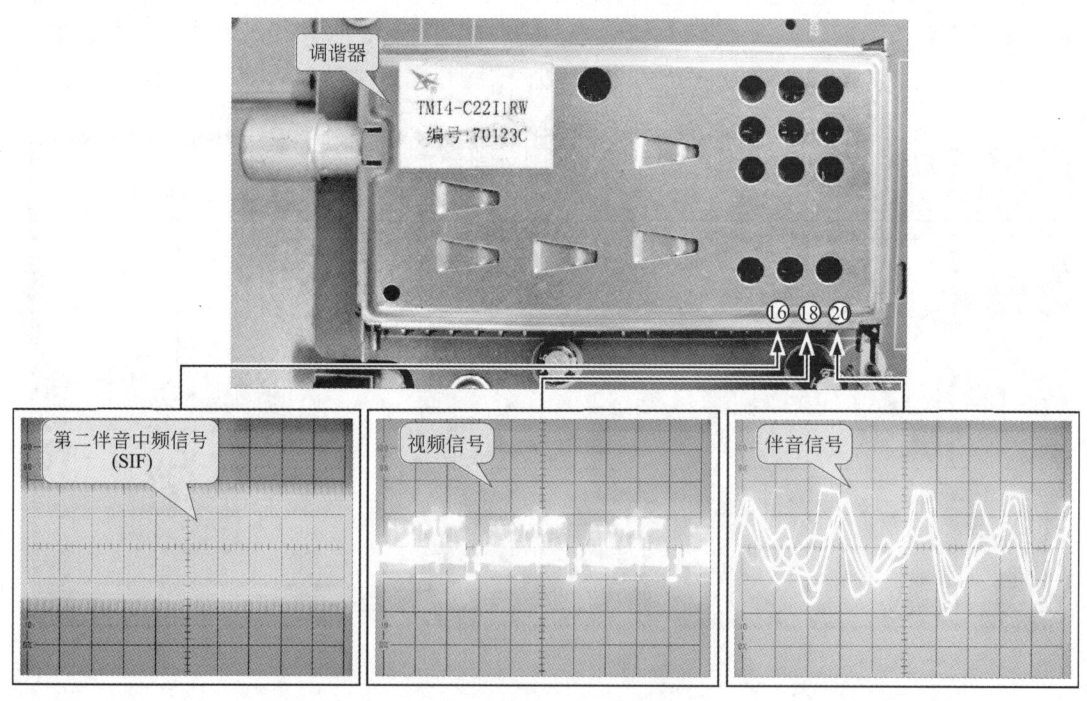

图 2-22　主要输出信号波形的检测

若检测不到输出的信号波形，则可能是一体化调谐器内部出现故障，此时就需要对其进行修理和更换，但对于一体化调谐器内部电路的故障，如果检修不当，会影响整机的频率特性。一些专业维修技术人员如果没有专门测试仪器和专用修理工具，也不能进行维修，因此在一般情况下，一体化调谐器出现故障后需要整体更换。

2.3.3 音频信号处理电路的故障检修

通常，液晶电视机出现图像正常伴音不正常或无声音输出的故障时，多为音频信号处理电路部分有故障，此时应按照检修流程逐步进行检测。

根据前述电路分析，由 AV1 接口送入的音频信号直接进入音频信号处理电路 U700（NJW1142）中进行处理，再经音频功率放大器 UA1（TA2024）放大后经接插件输出驱动扬声器发声，根据这一信号流程逐步检测各关键点信号波形，即可发现故障部位。如图 2-23 所示为音频信号处理电路的基本检修流程。

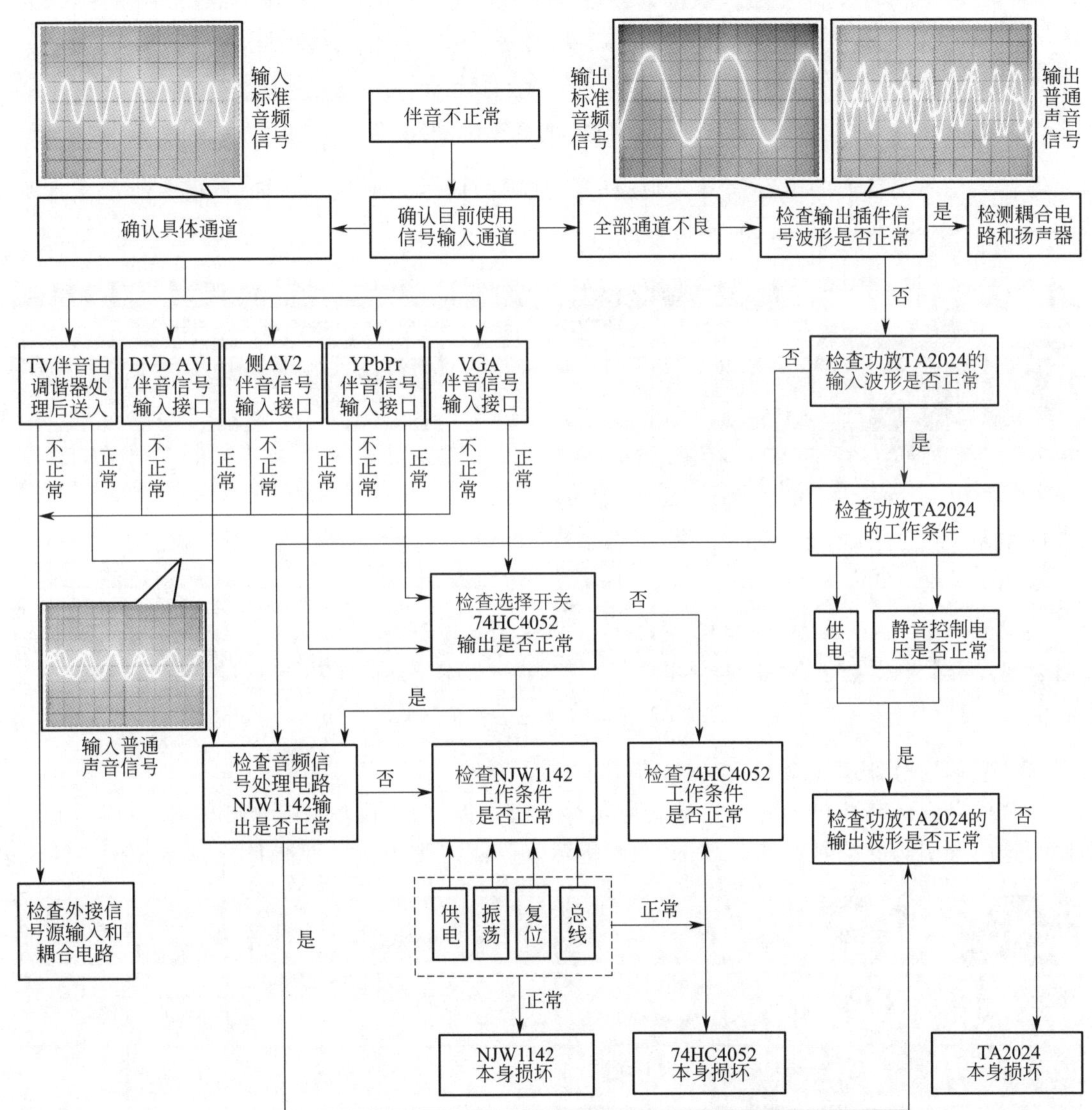

图 2-23 音频信号处理电路的基本检修流程

用 DVD 影碟机注入标准的音频信号时，检测音频信号输入插座 JP509 输出的信号波形是否正常，如图2-24 所示。将示波器探头接到接口 JP509 上，接地夹接地（可接调谐器外壳，应尽量找距检测点近的接地点），观察示波器显示屏上的信号波形。

由于注入的信号为标准的音频信号，正常时，在示波器显示屏上应能检测到标准的正弦信

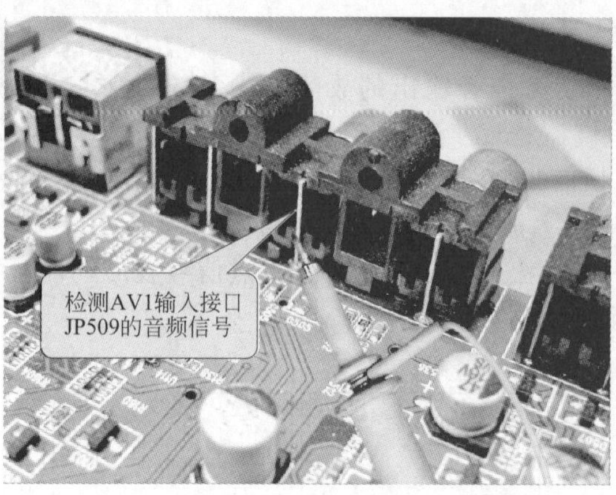

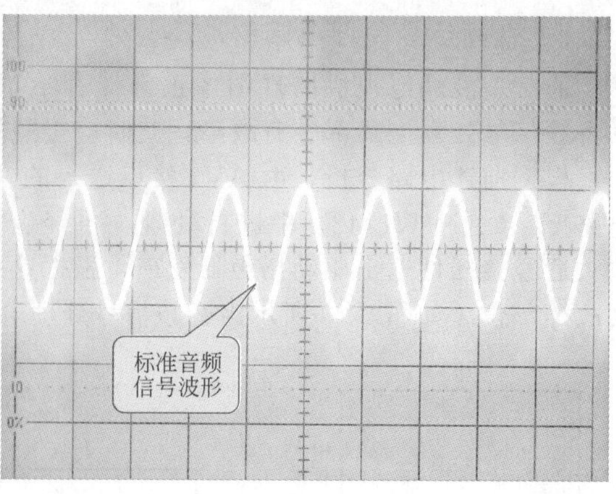

图 2-24　测输入标准音频信号波形

号。若输入信号为普通的声音信号，则应有不规则的信号波形显示，如图 2-25 所示，且所测波形随声音大小和频率的变化而变化。

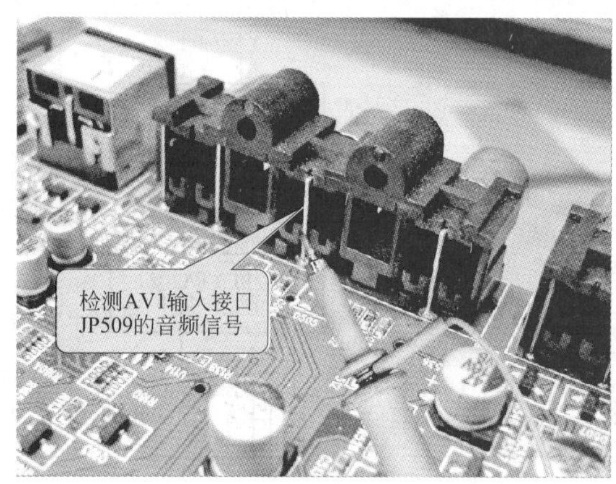

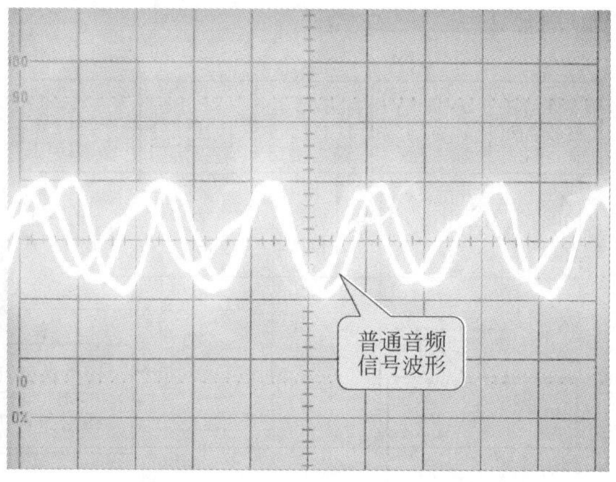

图 2-25　测输入普通音频信号波形

（1）音频信号处理电路 U700（NJW1142）的检测

伴音信号由 AV 接口 JP509 送入音频信号处理电路 NJW1142 的①脚和㉚脚，用示波器分别检测这两个引脚的信号波形，如图 2-26 所示（以测㉚脚为例，两脚信号基本相同，注意若

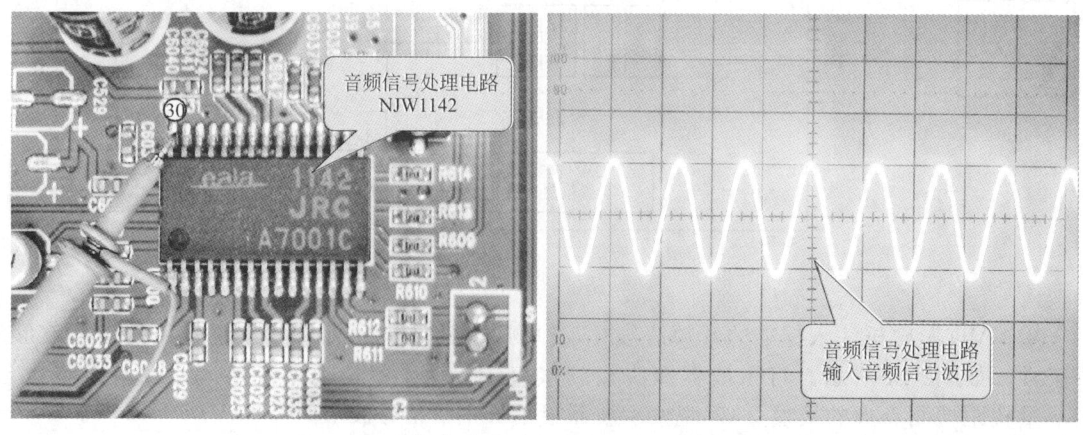

图 2-26　音频信号处理电路输入音频信号的检测

注入信号输入为单声道，则只能在①脚或㉚脚测得一路信号波形）。

伴音信号经音频信号处理电路 NJW1142 处理后，由⑤脚和㉖脚输出 AV 音频信号，用示波器检测该信号波形如图 2-27 所示。

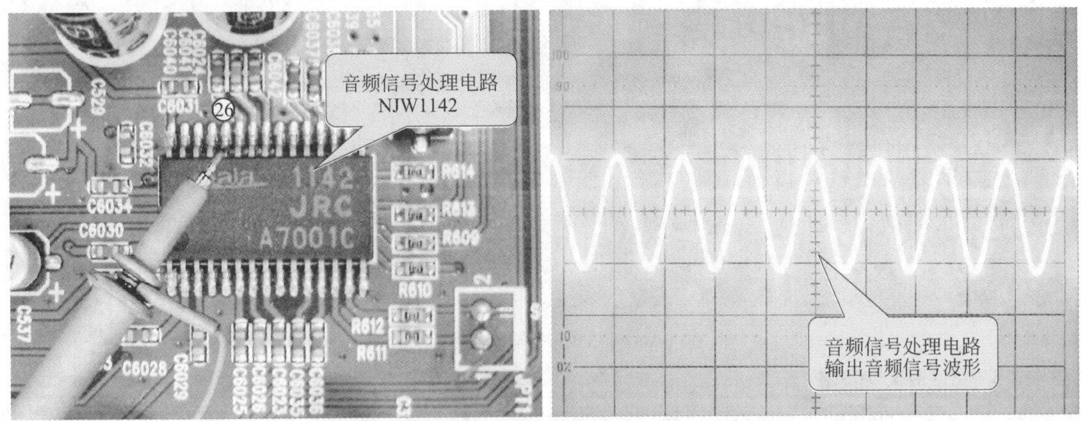

图 2-27 音频信号处理电路输出音频信号的检测

若 NJW1142 输入的音频信号正常，而输出的音频信号不正常，则可能是 NJW1142 的工作条件（工作电压、数据总线及时钟总线等）不正常或电路本身损坏。

首先对供电电压进行测量，NJW1142 的⑯脚为＋9V 供电端，将万用表调至直流 10V 挡，用黑表笔接接地端，红表笔接触⑯脚，此时万用表显示的数值约为 9V，正常，如图 2-28 所示。

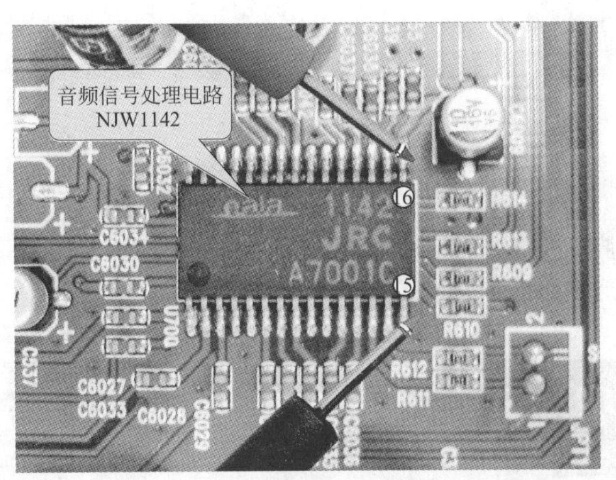

图 2-28 音频信号处理电路供电电压的检测

若供电电压正常，接着判断由微处理器送来的 I^2C 总线控制信号是否正常，即用示波器检测 NJW1142 的⑬、⑭脚，观察引脚的信号波形，如图 2-29 所示。

若检测上述工作条件均正常，而音频信号处理电路 NJW1142 仍不能输出正常的信号波形或无信号输出，则可能该音频信号处理电路本身损坏，用同型号的进行更换即可。

（2）音频功率放大器 UA1（TA2024）的检测

音频信号处理电路 NJW1142 输出的音频信号送往音频功率放大器 TA2024 的⑩、⑭脚和⑪、⑮脚，经 TA2024 放大后由㉔、㉗脚和㉛、㉘脚分别输出左右声道音频信号，驱动扬声器发声。

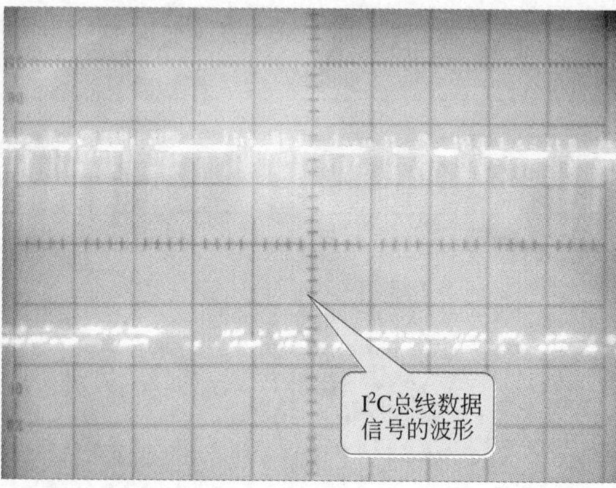

(a) 检测 I²C总线数据输入信号

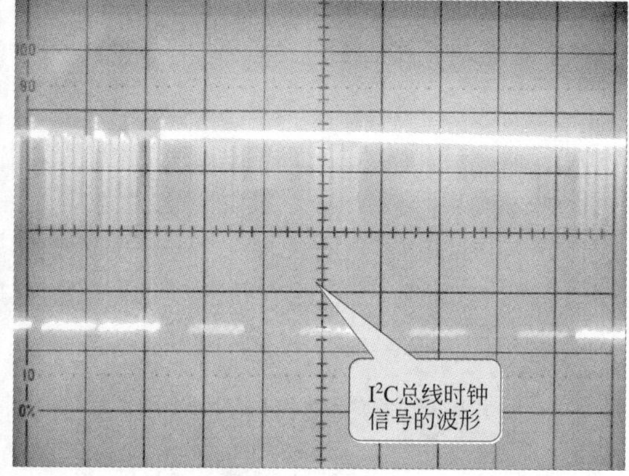

(b) 检测 I²C总线时钟输入信号

图 2-29 音频信号处理电路 I²C 总线信号的检测

正常情况下用示波器检测这些引脚，应能检测到相应的信号波形，如图 2-30 所示为检测音频功率放大器输入端引脚的信号波形（以⑪脚为例）。

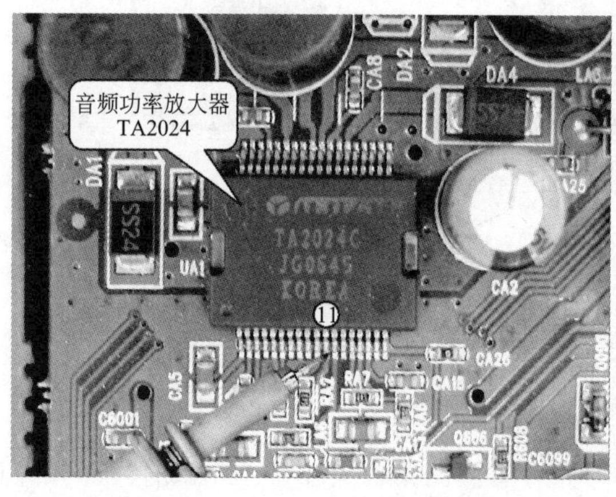

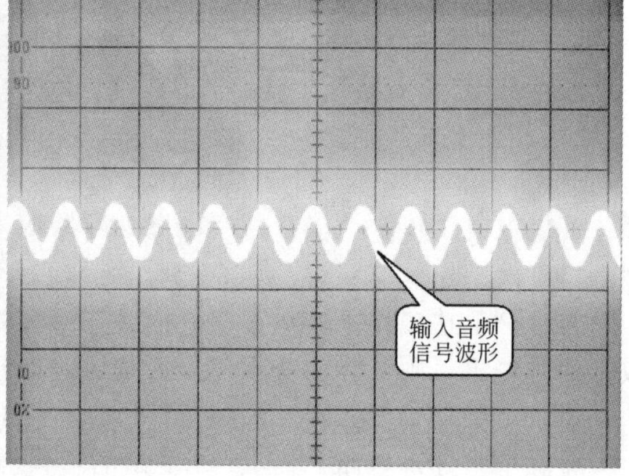

图 2-30 音频功率放大器输入音频信号的检测

其输出端引脚的信号波形如图 2-31 所示（以㉛脚为例，其他引脚波形与之相同），该信号波形的幅度为 12.5V，频率为 1MHz。

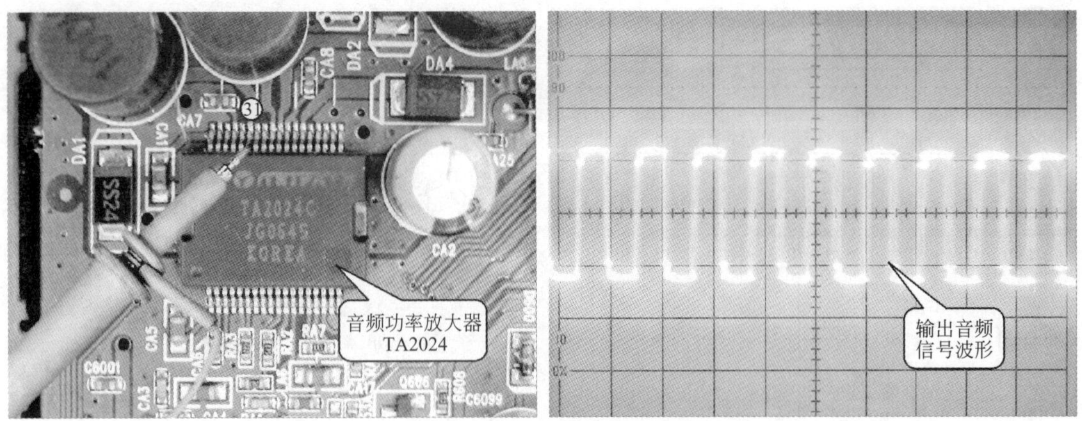

图 2-31　音频功率放大器输出音频信号的检测

若 TA2024 输入的音频信号正常，而输出的音频信号不正常，则可能是 TA2024 的工作条件（工作电压等）不正常或电路本身损坏。首先对供电电压进行测量，TA2024 的㉕、㉖、㉙、㉚脚为＋12V 供电端，㉝脚为模拟＋12V 供电端。以㉕脚的＋12V 供电电压为例，将万用表调至直流 50V 挡，用黑表笔接接地端，红表笔接触㉕脚，此时万用表显示的数值约为 12V，如图 2-32 所示，其他引脚检测方法相同。

图 2-32　音频功率放大器供电电压的检测

正常的直流＋12V 工作电压为音频功率放大器 TA2024 主要的工作条件，该电压正常情况下，若音频功率放大器的输出仍不正常，则可能为 TA2024 本身损坏，应用同型号集成电路进行更换。

2.3.4　视频信号处理电路的故障检修

液晶电视机的视频信号也可由不同的输入接口或插座送入，检修前应首先确认液晶电视机信号输入方式（检修时，通常使用 DVD 作为信号源，由 AV1 接口提供输入信号），即采用何种信号输入通道。由不同通道输入信号后，检测部位及引脚不相同，视频信号处理电路的基本检修流程如图 2-33 所示。

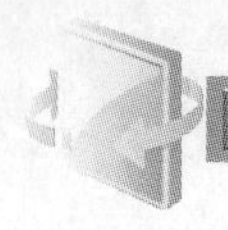

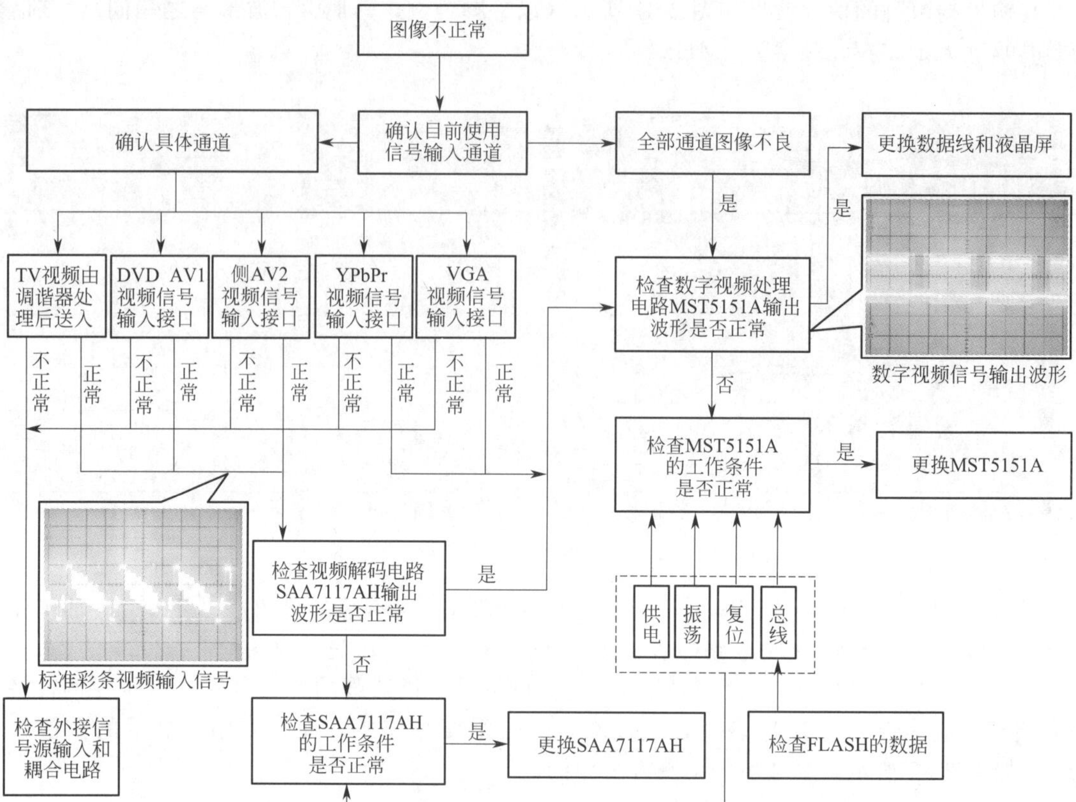

图像不正常
确认目前使用信号输入通道
确认具体通道
全部通道图像不良
更换数据线和液晶屏
是
是
TV视频由调谐器处理后送入
DVD AV1视频信号输入接口
侧AV2视频信号输入接口
YPbPr视频信号输入接口
VGA视频信号输入接口
检查数字视频处理电路MST5151A输出波形是否正常
数字视频信号输出波形
不正常
正常
否
检查MST5151A的工作条件是否正常
是
更换MST5151A
检查视频解码电路SAA7117AH输出波形是否正常
是
供电
振荡
复位
总线
否
标准彩条视频输入信号
检查外接信号源输入和耦合电路
检查SAA7117AH的工作条件是否正常
是
更换SAA7117AH
检查FLASH的数据

图 2-33　视频信号处理电路的基本检修流程

若液晶电视机出现伴音正常，但无图像或图像异常的故障，则应按视频信号处理电路的基本检修流程对该通路中的元器件进行检测。

（1）视频解码器 U401（SAA7117AH）的检测

由 AV1 输入接口插座送来的视频信号首先送入视频解码电路 U401（SAA7117AH）的㉙、㉑脚，经 SAA7117AH 内部进行解码，A/D 变换，亮度、色度、梳状滤波等处理后由㉒～㉔、㉗～㉙、⑩⓪、⑩②脚输出视频信号。

首先用示波器检测视频解码器 SAA7117AH 输入端㉙脚的信号波形，如图 2-34 所示。若在 S 端子处注入信号，则在㉑脚处应能检测到色度信号波形。

视频解码器
SAA7117AH
㉙
输入视频
信号波形

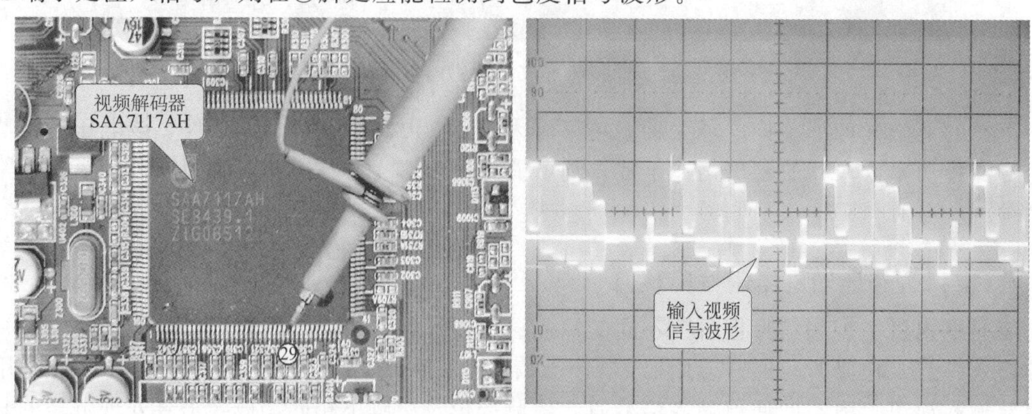

图 2-34　视频解码器输入视频信号的检测

输入的模拟信号经集成电路内部处理后，由㉒～㉔、㉗～㉙、⑩、⑫脚输出数字视频信号，用示波器检测时可测得数字视频信号的波形，如图 2-35 所示（以检测⑰脚为例，其他引脚检测方法及信号波形与之相同）。

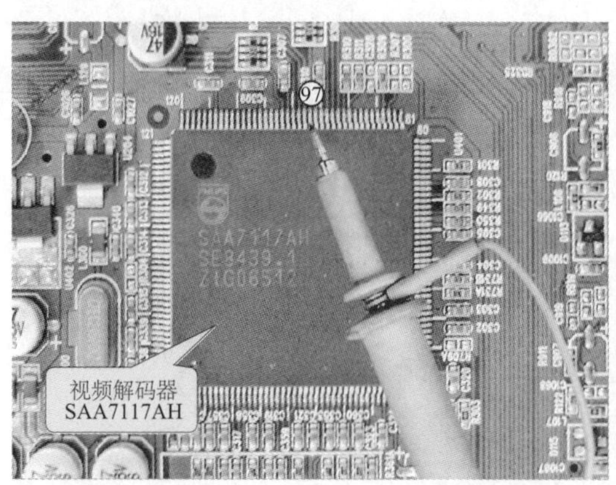

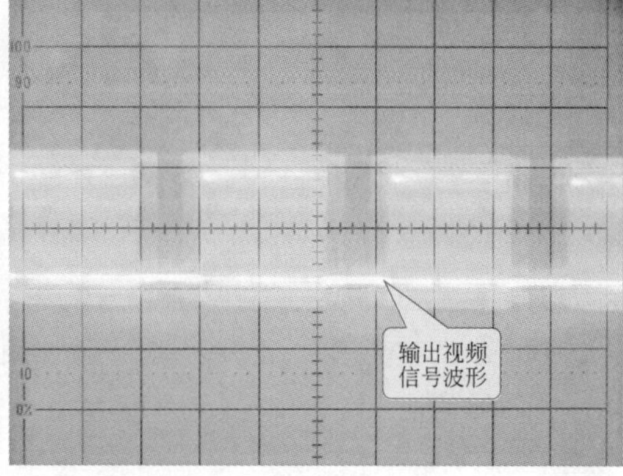

图 2-35　视频解码器输出视频信号的检测

若 SAA7117AH 输入的视频信号正常，而输出的视频信号不正常，则可能是 SAA7117AH 工作条件（工作电压、晶振信号及 I^2C 总线信号等）不正常或电路本身损坏。

首先对供电电压进行测量，SAA7117AH 有两组供电电压，其中⑧、⑨、⑯、⑰、㉔、㉕、㉜、㉝脚为模拟+3.3V 供电端，㊵、㊶、⑮脚为模拟+1.8V 供电端，分别用万用表检测这些引脚的工作电压。以测㉝脚+3.3V为例，将万用表调至直流 10V 挡，用黑表笔接接地端，红表笔接触㉝脚，此时万用表显示的数值为 3.4V，正常，如图 2-36 所示。

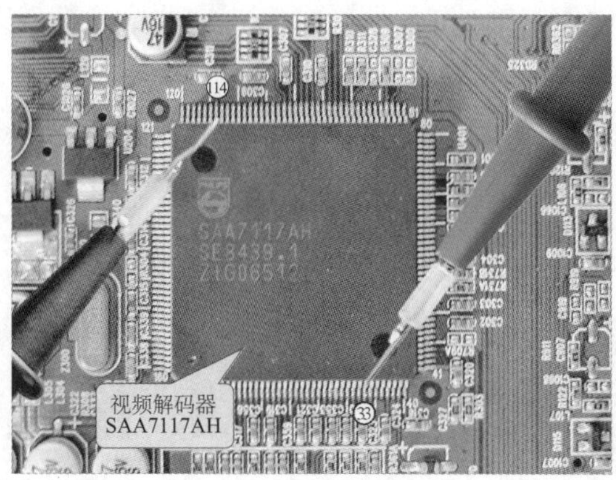

图 2-36　视频解码器供电电压的检测

此外，晶振信号也是该集成电路的标志性信号，若无该信号 SAA7117AH 无法正常工作。SAA7117AH 的⑮、⑯脚为晶振接口，外接 24.574MHz 的晶体振荡器（Z300），用示波器的探头接触⑮或⑯脚时可以测得晶振信号的波形，如图 2-37 所示。

同样，视频解码器 SAA7117AH 的㊅、㊇脚输出的 I^2C 总线信号，也是集成电路正常工作的重要条件，其检测方法和波形如图 2-38 所示。

上述几种工作条件都正常的情况下，SAA7117AH 才能够正常工作，输出正常的信号波形。另外，若 SAA7117AH 工作正常，则在其⑳、㉑脚应能够检测到视频行、场同步信号，㉔、⑫脚为视频时钟输出端、数字视频输出信号，各引脚正常状态下的信号波形如图 2-39 所示。

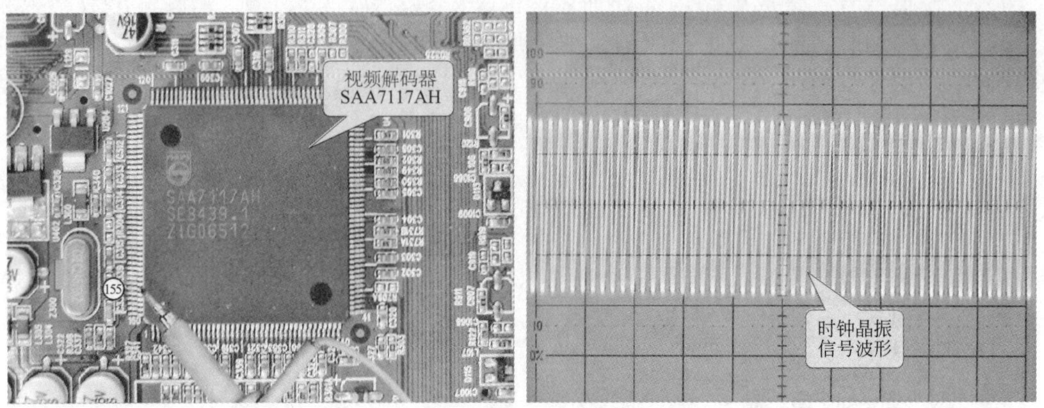

图 2-37 视频解码器晶振信号的检测

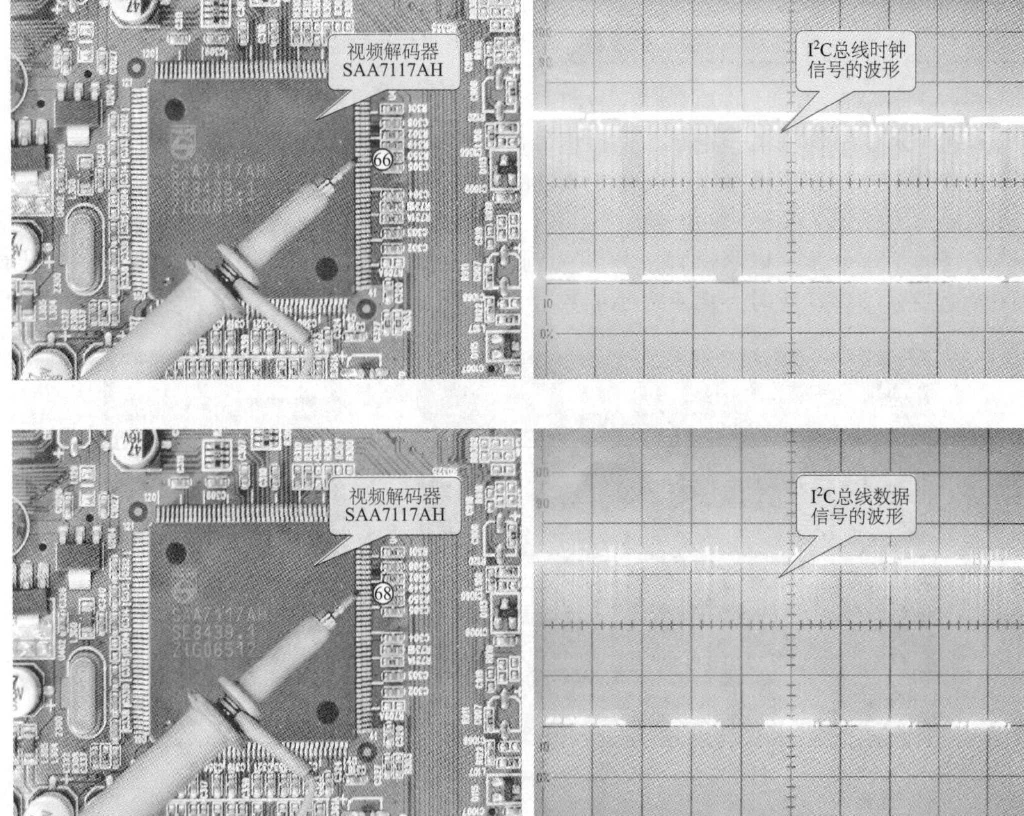

图 2-38 视频解码器 I^2C 总线信号的检测

(2) 数字图像处理器 U105 (MST5151A) 的检测

数字图像处理电路 MST5151A 是用于处理数字视频信号的关键电路，它直接与液晶屏驱动屏线连接，可将处理后的数字信号由屏线送往液晶屏驱动电路中。若该电路不正常，将引起电视机图像显示不良或无图像的故障。

由 AV1 通道送入的视频信号经视频解码电路处理后，经 MST5151A 的㊶～㊽脚送入数字图像处理电路中，经集成电路内部处理后由⑯⓪、⑯①、⑯⑥～⑰①脚输出低压差分数据信号值送往液晶屏驱动电路。

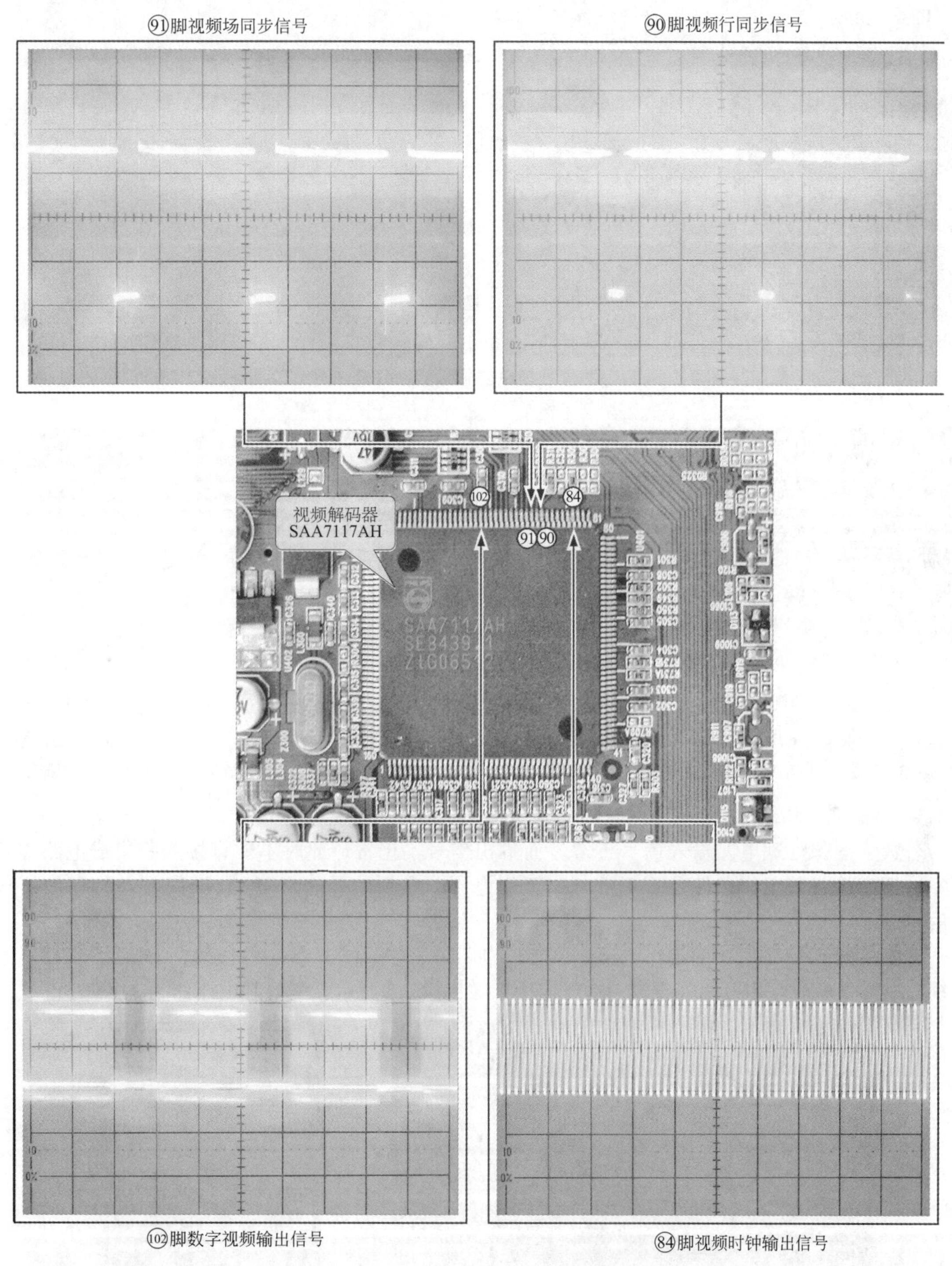

图 2-39　SAA7117AH 主要输出引脚的信号波形

首先检测数字图像处理电路 MST5151A 输入的数字视频信号是否正常，如图 2-40 所示（以测㊶脚为例，其他引脚信号波形及检测方法与之基本相同）。

若输入的视频信号不正常，则证明前级电路有故障，若输入的视频信号正常，则接下来可检测其输出的信号是否正常，如图 2-41 所示（以测⑯⓪脚为例）。

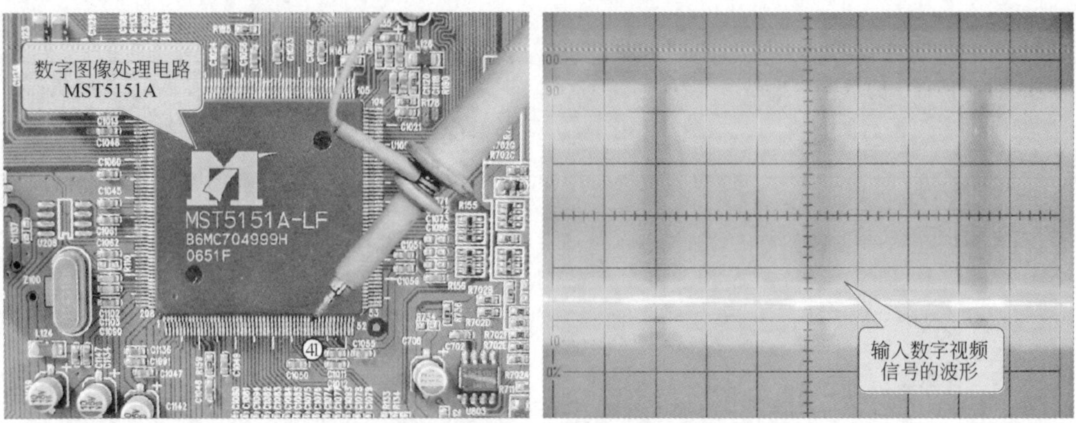

图 2-40　数字图像处理电路输入数字视频信号的检测

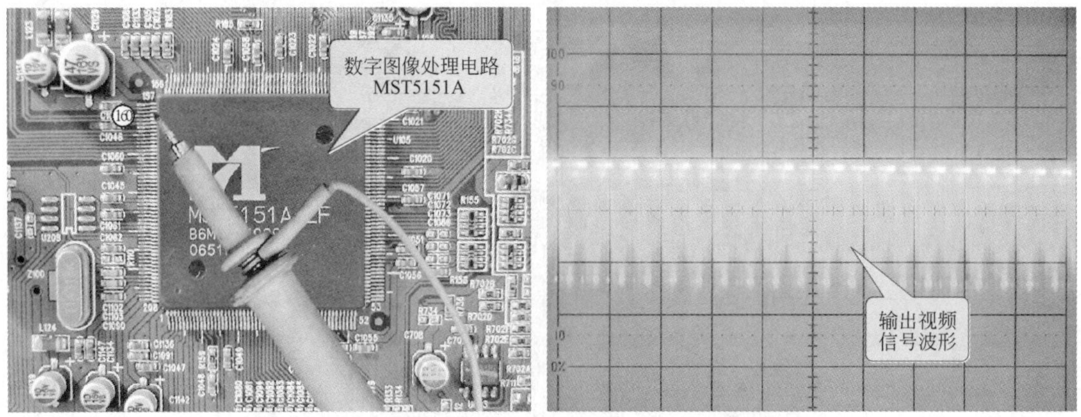

图 2-41　数字图像处理电路输出数字视频信号的检测

若数字图像处理电路输入信号正常，而输出信号不正常，此时不能直接判断集成电路本身故障，还应检查其工作条件是否正常，如工作电压、晶振信号、MCU 数据信号、与存储器接口信号等。

首先检测 MST5151A 的工作电压，该集成电路⑥③、⑦⑨、⑬①、⑮⑥、⑰③、⑱⑤、⑲⑤脚为+1.8V 数字核心电源供电源，用万用表直流 10V 挡检测，如图 2-42 所示，测得其电压约为 1.8V，正常。

图 2-42　数字图像处理电路供电电压的检测

由图可知，电源供电电压正常，接着检查其晶振信号波形。MST5151A 的⑳、⑳脚为晶振接口，其外接 14.318MHz 的晶体振荡器（Z200），用示波器检测这两脚任意引脚，正常情况下应能检测到晶振信号波形，如图 2-43 所示。

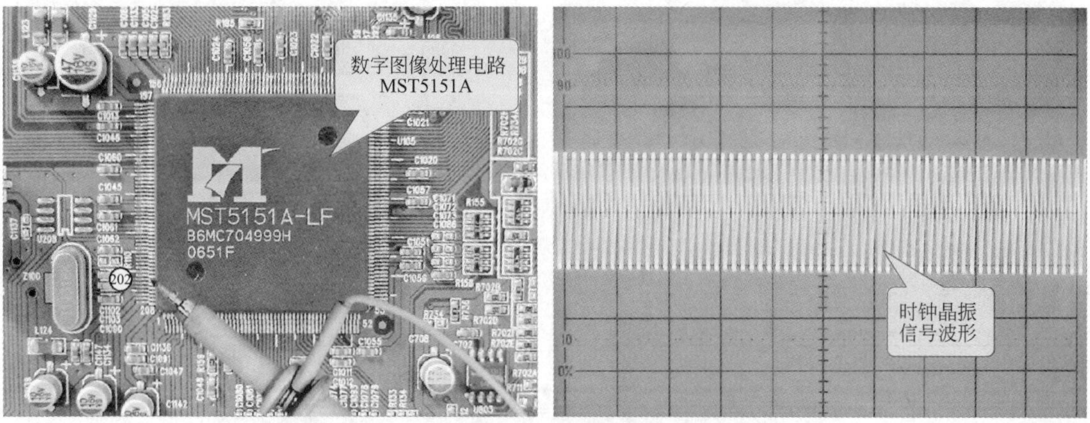

图 2-43　数字图像处理电路晶振信号的检测

此外，MST5151A 的⑮～⑫脚为与 MCU 的数据通信输入/输出引脚，正常情况下，这些引脚也应有相关的信号波形输出，如图 2-44 所示。

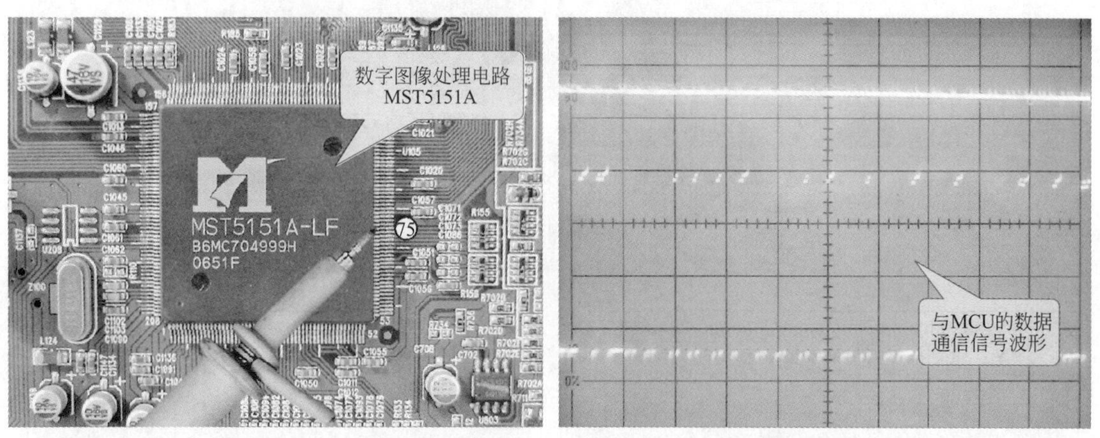

图 2-44　数字图像处理电路与 MCU 的数据通信信号检测

若晶振信号不正常，则可能是由 MST5151A 本身或外接晶体损坏造成的。可以用替换法来判断晶体的好坏，用同型号晶体进行代换，若更换后电路还是无法正常工作，在供电电压和输入信号都正常的情况下，若输出信号仍不正常，则可能 MST5151A 本身损坏。

除上述一些主要引脚外，在正常情况下，MST5151A 与图像存储器的接口部分（⑬～⑫、⑫～⑪、⑩、⑬脚），视频信号时钟输入端⑯脚等，也应能检测到相应的信号波形，如图 2-45 所示。

（3）液晶屏驱动接口的检测

液晶屏驱动接口是数字板与液晶屏驱动电路连接的桥梁。根据维修经验，该数据线插接不良或损坏的部位是液晶电视机出现故障较高的部位之一，当液晶屏显示不良或无图像时，可通过直接检测该引脚的信号波形来判断故障部位是在数字板还是液晶屏驱动电路板中。

如图 2-46 所示为该接口的实物外形，其各引脚排列已标注在图中。

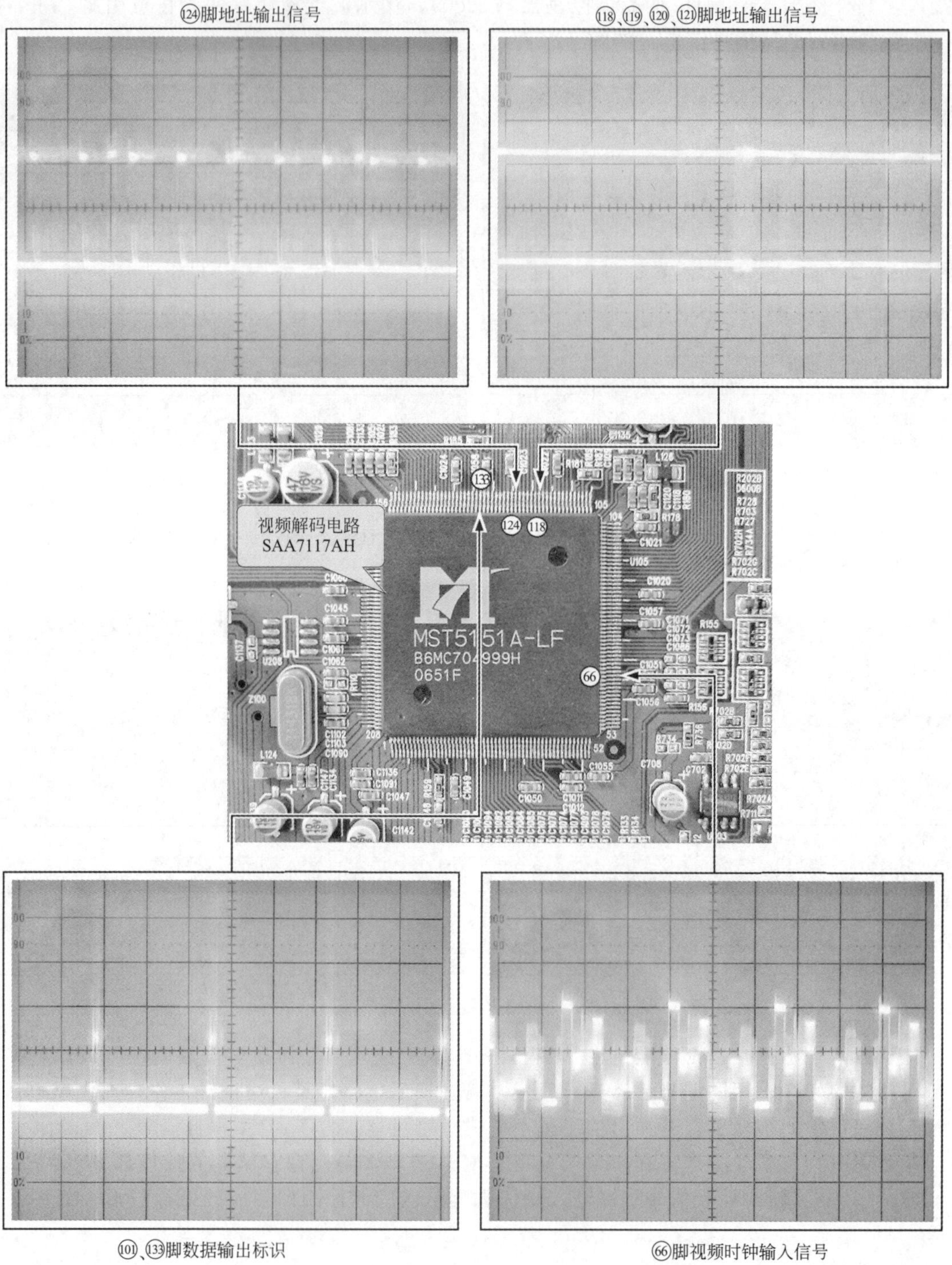

⑫④脚地址输出信号
⑪⑧、⑪⑨、⑫⓪、⑫①脚地址输出信号
视频解码电路
SAA7117AH
MST5151A-LF
B6MC704999H
0651F
⑩①、⑬③脚数据输出标识
⑥⑥脚视频时钟输入信号

图 2-45　MST5151A 其他主要引脚的信号波形

用示波器依次检测该屏线接口的主要引脚信号波形如图 2-47 所示，若实测信号与图中所示信号差别较大，则说明数字板的输出不正常。若该信号正常，且屏线接口插接良好，而液晶屏仍不能正常显示，则可能是屏线本身损坏或液晶屏驱动电路损坏。

液晶屏驱动
接口插件JP105
30
1
JUJ7.820.220-17

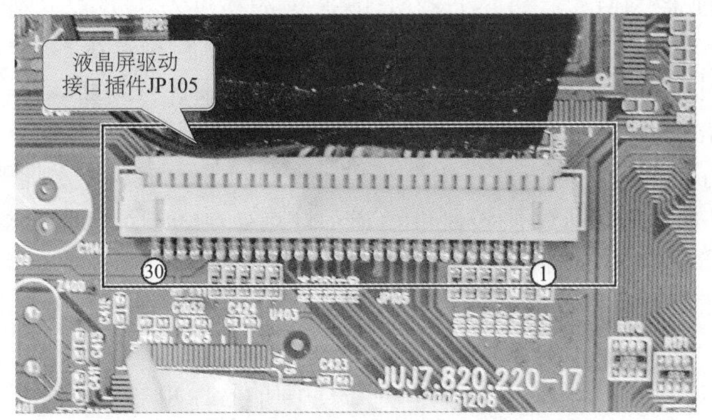

图 2-46　液晶屏驱动接口实物外形

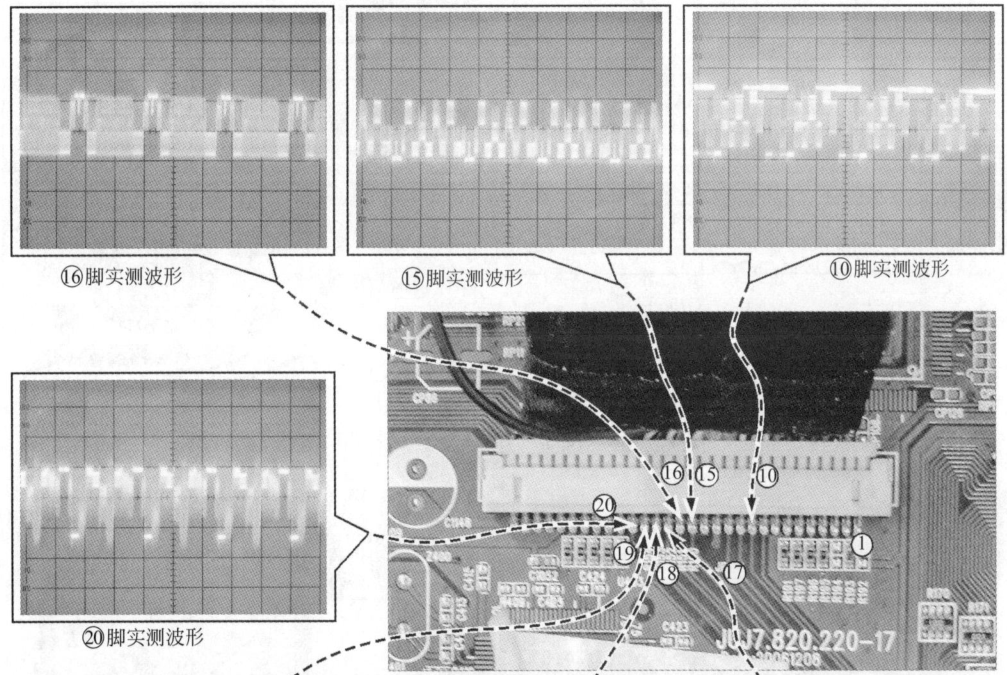

⑯脚实测波形
⑮脚实测波形
⑩脚实测波形
⑳脚实测波形
⑲脚实测波形
⑱脚实测波形
⑰脚实测波形
JUJ7.820.220-17

图 2-47　液晶屏驱动接口的主要引脚信号波形

2.3.5　系统控制电路的故障检修

系统控制电路是接收遥控/人工按键指令、输出控制信号的电路部分，该电路有故障将导致整机无法正常工作、操作不正常或不能存储等故障。长虹 LT3788 型液晶电视机的系统控制电路主要是由微处理器 MM502、11.0592MHz 振荡晶体（Z700）以及外围的存储器等构成的。微处理器 MM502 为电路核心，也是整机的控制核心，检查系统控制电路是否正常，可以通过检测其各关键引脚的电压或信号波形等参数是否正常来进行判断。

（1）微处理器指示灯控制电路的检测

根据前述指示灯控制电路的原理，当电视机处于待机状态时，微处理器②脚输出 3.3V 高电平，①脚输出 0V 低电平，由②脚控制红色指示灯点亮，③脚绿色指示灯不亮；当按下开机键或遥控开机时，②脚输出 0V 低电平，①脚输出 3.3V 高电平，此时红色指示灯熄灭，绿色指示灯被点亮。下面根据这样的变化用万用表检测微处理器①脚、②脚的电压判断微处理器输出的指示灯控制信号是否正常。

首先，在待机状态下用万用表检测微处理器②脚的直流电压，如图 2-48 所示，在按下遥控器开机键时，观察万用表指针的变化。

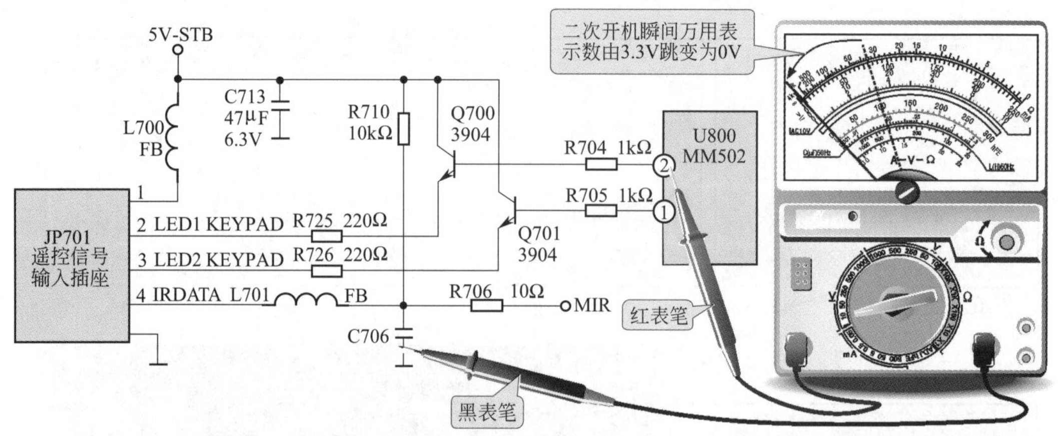

(a) 微处理器 MM502②脚电压检测示意图

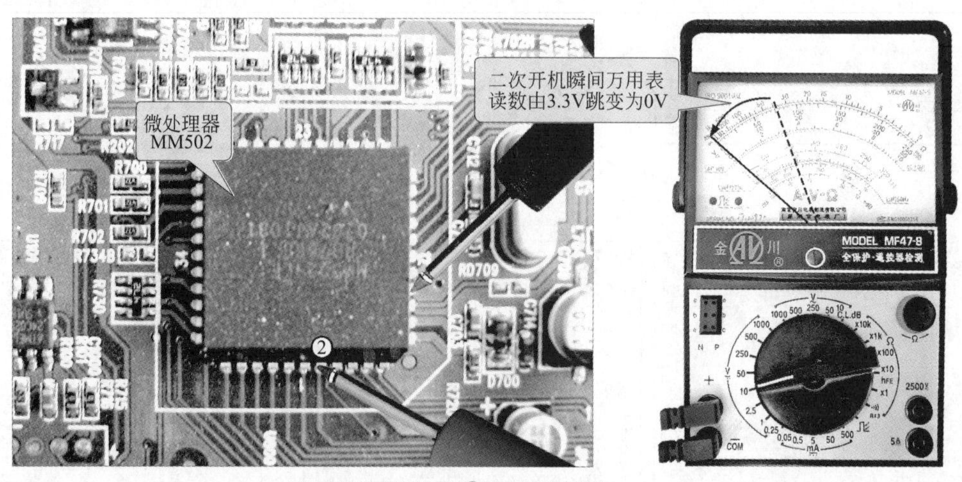

(b) 微处理器 MM502②脚电压的检测

图 2-48　微处理器 MM502 指示灯控制电路的检测

由图可知，在开机瞬间②脚电压由+3.3V 跳变到 0V，指示灯由红色变为绿色，说明微处理器②脚输出的控制信号正常。用同样的方法检测①脚电压的变化即可判断出①脚控制信号是否正常，这里不再重复。

（2）微处理器供电电压的检测

微处理器的④脚为其＋3.3V电源供电端，⑧脚为＋5V电源供电端。检测时需将万用表调至直流10V挡，用黑表笔接地端，红表笔分别接触④脚和⑧脚即可，如图2-49所示。若供电引脚电压不正常，则应重点检查电源电路部分。

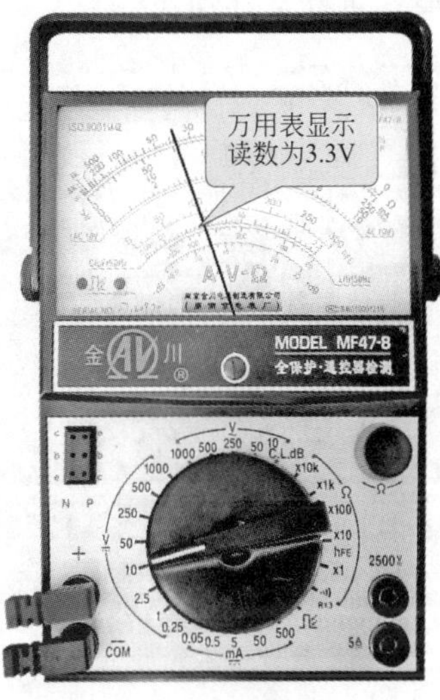

图2-49　微处理器MM502供电电压的检测

（3）微处理器复位信号的检测

微处理器MM502的⑦脚为复位输入端，常态为高电平，开机瞬间低电平复位，即若用示波器探头接该脚，在开机瞬间应有高电平到低电平的跳变过程。

（4）微处理器晶振信号的检测

微处理器的⑪脚、⑫脚外接11.0592MHz的振荡晶体Z700，该晶体与微处理器内部的振荡器组成晶振电路，为微处理器提供工作所必需的晶振信号。

正常情况下，用示波器检测这两个引脚时应有正弦信号波形输出，如图2-50所示（以测⑫脚为例）。

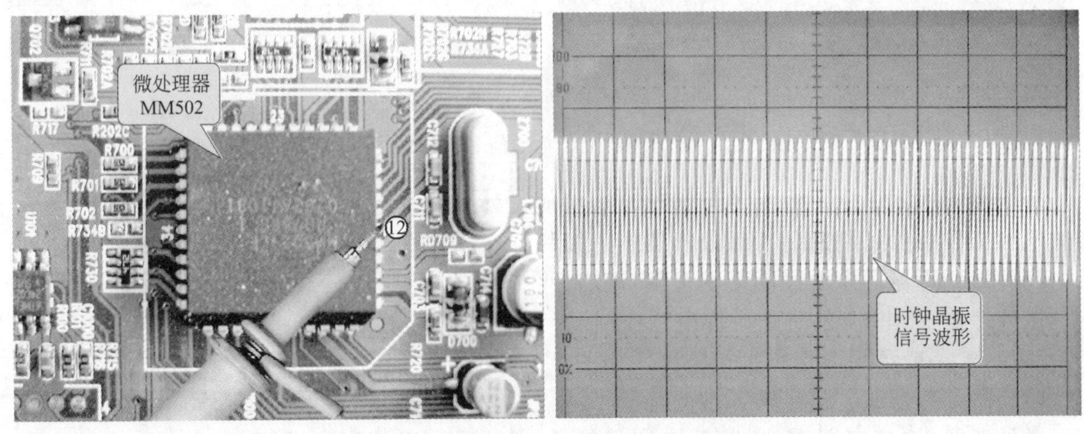

图2-50　微处理器晶振信号的检测

若该信号不正常，则应重点检测时钟振荡晶体是否正常，该晶体正常工作时，两引脚应分别有1.4V和1.5V电压。

(5) 微处理器 I^2C 总线信号的检测

微处理器 MM502 的⑬、⑭脚为 I^2C 总线信号输出端，为视频解码电路 SAA7117A、音频处理电路 NJW1142、高频调谐器等提供 I^2C 总线信号，该信号也是上述电路正常工作的基本条件之一。检测时用示波器探头分别接触这两个引脚，接地夹接地，观察示波器屏幕上的信号波形，如图 2-51 所示。

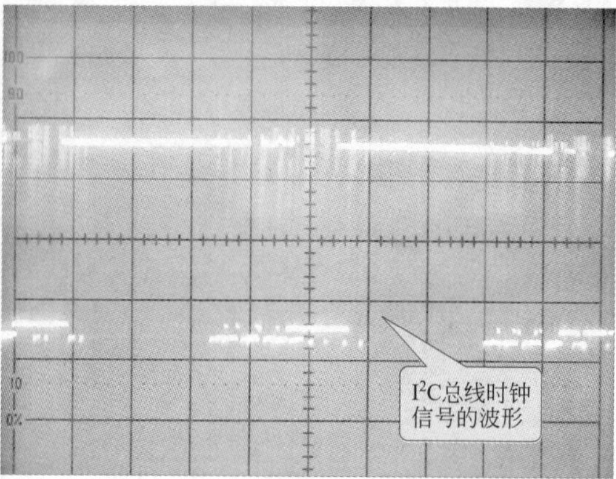

(a) 微处理器 I^2C总线时钟信号的波形

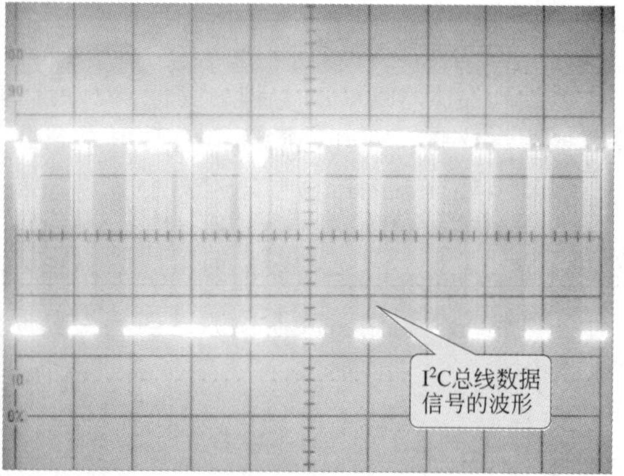

(b) 微处理器 I^2C总线数据信号的波形

图 2-51 微处理器 I^2C 总线信号输出波形的检测

若上述信号不正常，或无波形输出，则可能微处理器没有工作，可进一步检测其他关键引脚波形和工作条件来判断是否微处理器本身损坏。

(6) 微处理器屏电源控制端的检测

微处理器 MM502 的⑮脚为屏电源控制端，液晶电视机在工作状态时，该脚应输出高电平(约 4.8V)，一般可用万用表直接检测，如图 2-52 所示。

(7) 微处理器遥控信号输入端的检测

微处理器 MM502 的⑲脚为遥控信号输入端。操作遥控器的音量（+/−）、频道调节（+/−）等按钮时，发出的红外遥控信号经遥控接收电路处理后送入微处理器的⑲脚，被微处理器识别后转换成相应的地址码，然后从存储器中取出相应的控制信息，去执行相应的程序。正常情况下，操作遥控器时用示波器可测得遥控信号的波形，如图 2-53 所示。

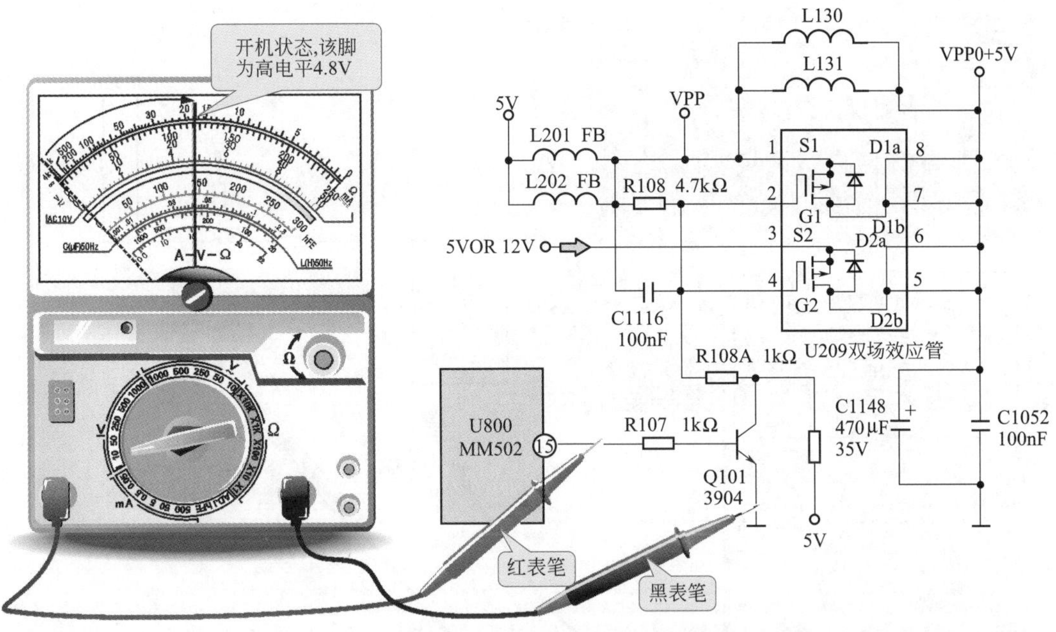

图 2-52 微处理器屏电源控制端的检测

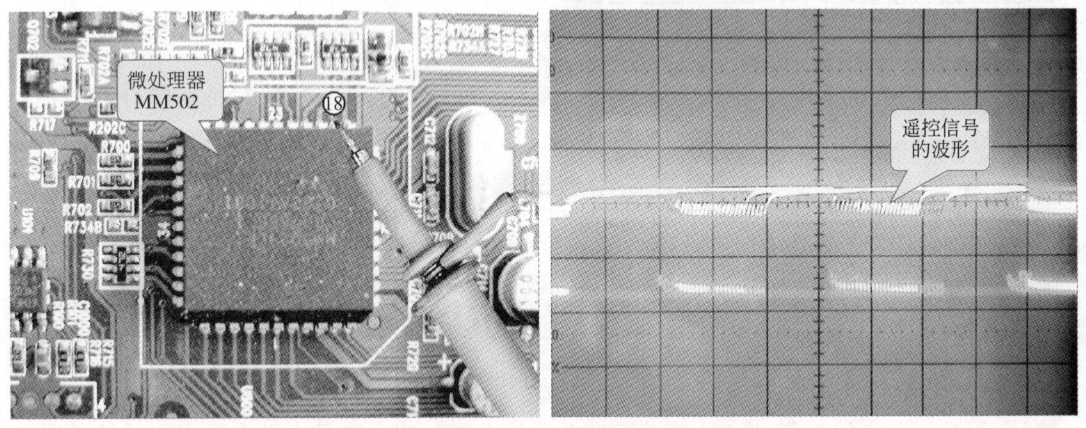

图 2-53 微处理器遥控信号输入端的检测

若该信号不正常，除检测微处理器本身外，还应进一步检查遥控器及遥控接收电路部分是否有故障。

(8) 微处理器键控信号的检测

微处理器 MM502 的㉖、㉗脚为键控信号输入端。当操作电视机前面板的按键时，按键电路会输出相应的模拟电压到微处理器的㉖、㉗脚，微处理器会根据电压值转换成相应的地址码，从存储器中取出相应的控制信息，从而完成相应的控制。操作按键时用万用表检测这两个引脚的电压值即可判断键控电压是否正常。

(9) 微处理器逆变器开关控制端的检测

微处理器 MM502 的㉚脚为背光灯逆变器的开关控制端，当电视机进入开机状态时，该脚输出低电平，待机状态该脚为高电平，具体检测方法与屏电源控制端基本相同，如图 2-54 所示。

(10) 音频选择输出信号的检测

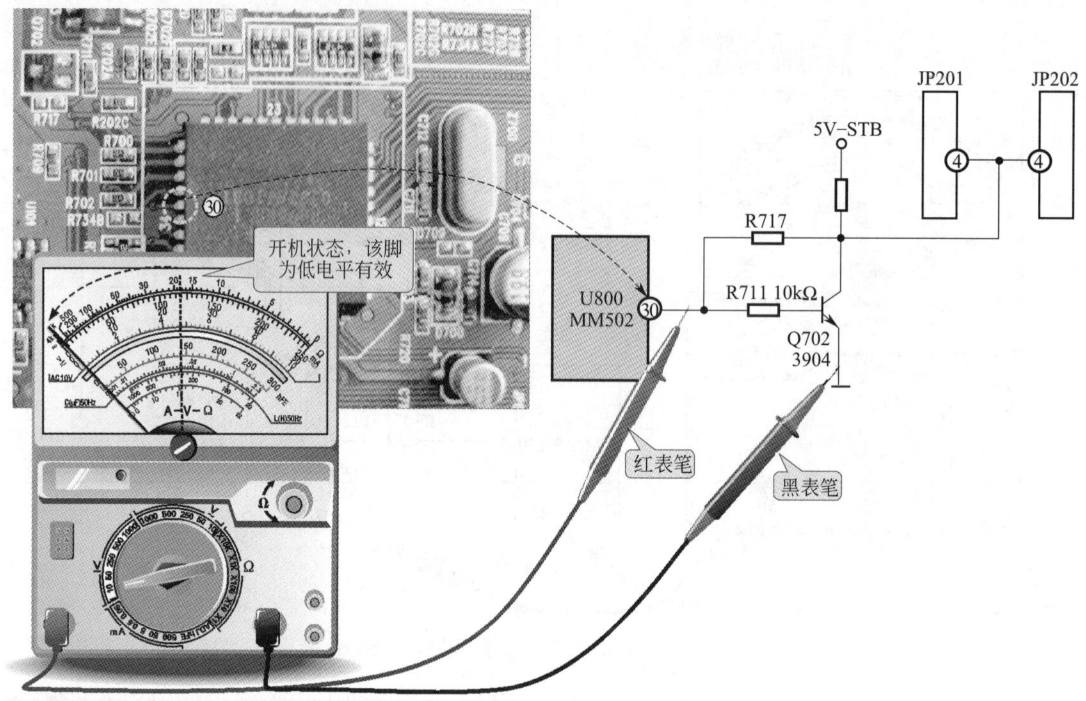

图 2-54　待机状态检测微处理器逆变器开关控制端电压值

微处理器 MM502 的㊳、㊴脚为音频选择输出信号端，该信号控制 U114（74HC4052）完成对 HDMI、AV、VGA 和 YPbPr 模式下的音频信号的切换，其切换逻辑电平如表 2-1 所示。

表 2-1　音频选择输出信号的切换逻辑电平

状态 / 引脚	TV	AV1	AV2	YPbPr	VGA	HDMI
㊳	0V	0V	0V	5.1V	5.1V	0V
㊴	5.1V	5.1V	5.1V	5.1V	0V	0V

2.3.6　液晶电视机逆变器的故障检修

逆变器是一种专门为背光灯管提供工作电压的电路，该电路不正常主要会影响液晶屏的显示条件，从直观角度来说将直接影响电视机的图像显示效果。常见的故障主要表现为由背光灯不良引起的黑屏、屏幕闪烁、有干扰波纹等。

怀疑逆变器不良时，一般可顺着信号流程进行逐步检测，重点检查易损元件本身及工作条件等。并且由于逆变器电路的信号通道中，处理的多为信号波形较明显的交流信号，且其输出信号的功率较高，因而常采用示波器探头感应法判别故障的大体部位。

下面以长虹 LT3788 型液晶电视机中的逆变器电路为例介绍其具体的检修方法。

（1）逆变器工作电压及控制信号的检测

根据前面所述，逆变器正常工作需要基本的工作电压和控制信号。若怀疑逆变器不良，应首先检查其基本的工作条件是否正常。

长虹 LT3788 型液晶电视机中，开关电源输出＋24V 直流电压经插件 CN01 为逆变器提供直流电压。该电压检测方法如图 2-55 所示，万用表量程置于直流 50V 挡，黑表笔接地，红表笔接插件 CN01 的供电引脚（根据检测及图纸资料知其③脚为供电引脚），正常情况下万用表指针指示约为＋24V。

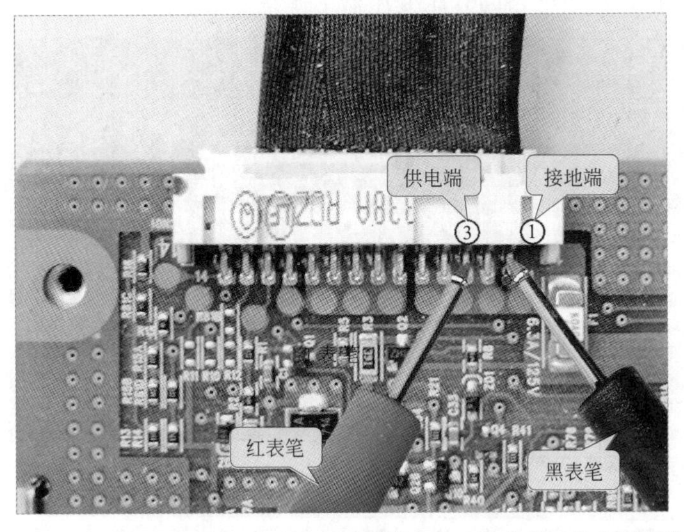

图 2-55　逆变器工作电压的检测

数字板中由微处理器输出的逆变器开/关控制信号也经插件 CN01⑥脚送入逆变器中，用于控制脉宽驱动信号产生电路（开关振荡电路）的工作。

如图 2-56 所示，在开机时，⑥脚有启动信号电压，则表明控制电路工作正常，若背光灯仍不能发光则可能是逆变器电路中存在损坏元件或背光灯本身损坏，应进一步检测。

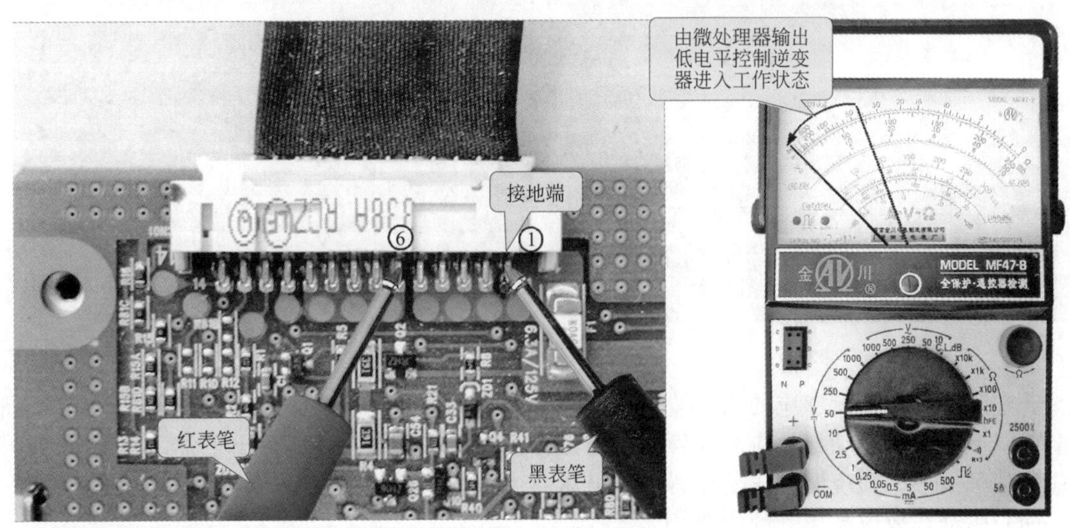

图 2-56　逆变器开/关控制信号的检测

（2）背光灯接口的检测

检测背光灯接口可先用观察法直接观察背光灯接口是否有烧焦或脱焊等现象，若存在一些明显的故障现象，应及时对该接口进行补焊操作或更换同规格的背光灯接口；若外观正常，则可用示波器进行检测。

由于逆变器电路输出到背光灯中的交流信号功率较大，一般采用感应法进行检测。将示波器接地夹接地，探头靠近背光灯插座，此时在示波器屏幕上可观测到 2～10V 的交流信号波形，如图 2-57 所示。

若经检测，上述信号波形正常，而背光灯不良，则说明背光灯管损坏，更换背光灯管即可，若无信号波形则应顺着信号流程检查前级电路的升压变压器工作是否正常。

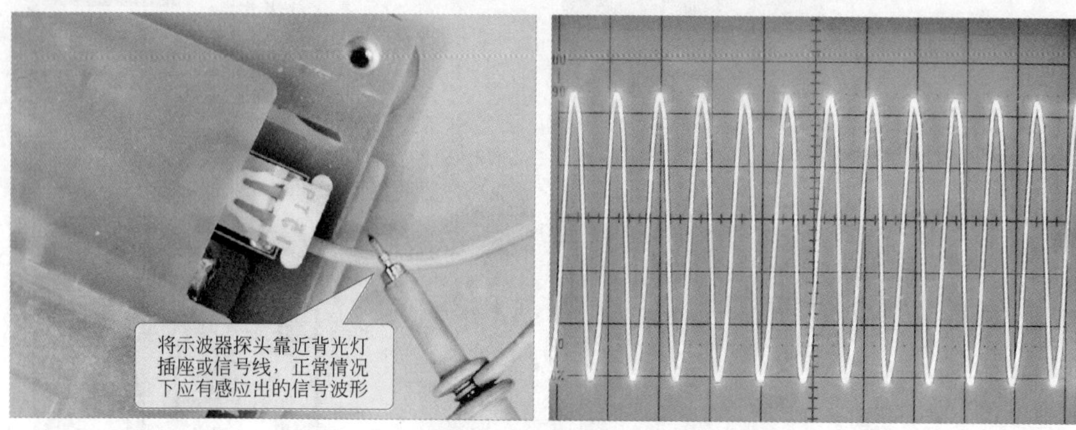

图 2-57　示波器感应背光灯插座的信号波形

（3）升压变压器的检测

由于逆变器输出交流电压的幅度达 800～1000V，超过一般示波器的正常检测范围，因而一般也采用感应法。将示波器探头靠近升压变压器的磁芯，正常情况下应能感应出 20～40V 的交流电压，如图 2-58 所示。

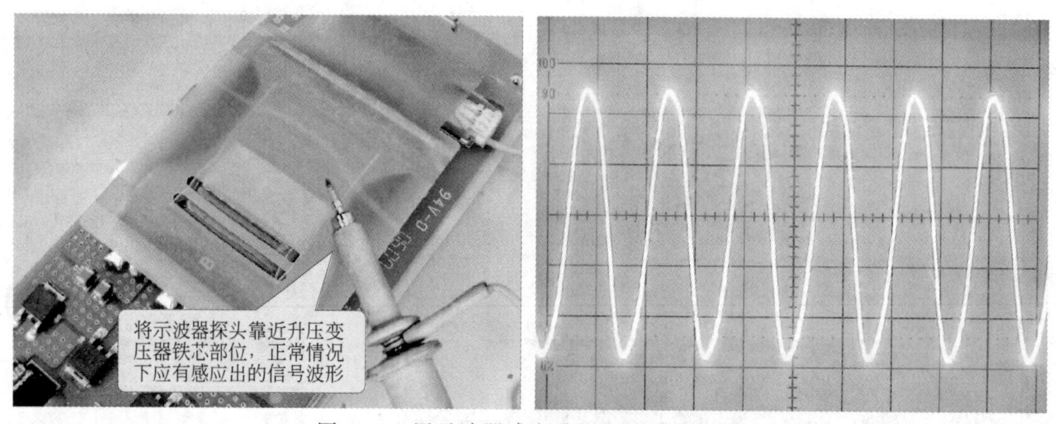

图 2-58　用示波器感应升压变压器的波形

若实际检测中，无感应的信号波形，此时不能直接判断变压器损坏，应继续顺着信号流程检测前级电路中的驱动场效应晶体管的输出是否正常。若场效应管的输出正常，而变压器仍无感应的信号波形，则说明升压变压器可能损坏。

（4）驱动场效应晶体管的检测

长虹 LT3788 型液晶电视机的逆变器电路中，采用了四个场效应晶体管来放大脉冲信号，并将驱动信号送入升压变压器中，图 2-59 为对各场效应晶体管的引脚标识。

该组场效应晶体管中，Q11 与 Q6 的结构完全相同，即由①脚输入，③脚输出；Q8 与 Q7 的结构相同，即都由①脚输入，②脚输出。通过检测和对照输入、输出引脚的信号波形即可判断场效应晶体管的好坏。下面分别以 Q11 和 Q8 为例进行检测。

如图 2-60 所示，将示波器探头的衰减挡置于×10 挡，即检测的信号衰减为输入的 1/10，在读数时应×10。将示波器探头接到 Q11 的①脚上，接地夹接地。观察示波器显示屏的波形，此时有约 6V（每格 0.2V×10，共约 3 个格）的信号波形显示；接着将示波器探头接到③脚上，经晶体管放大后示波器屏幕上显示的波形约为 25V（每格 1V×10，约 2.5 个格），说明场效应晶体管 Q11 正常。

图 2-59　长虹 LT3788 型液晶电视机逆变器电路中场效应晶体管引脚标识

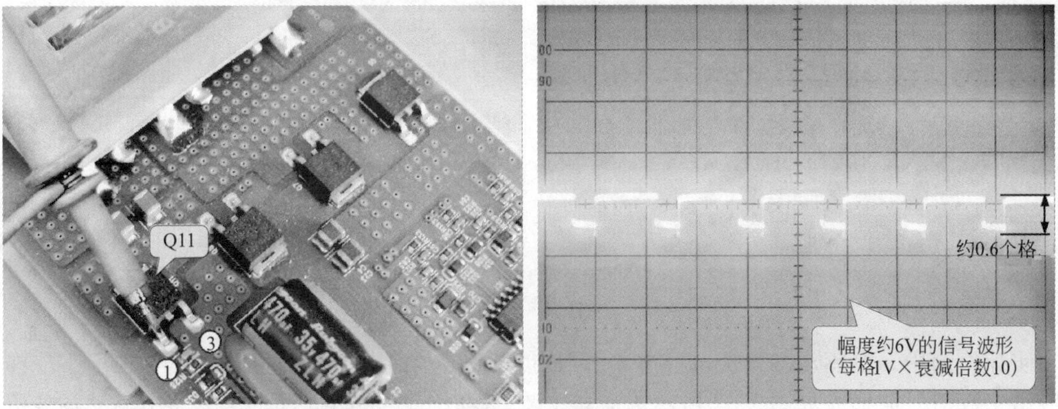

约0.6个格

幅度约6V的信号波形
（每格1V×衰减倍数10）

(a) Q11①脚信号的检测

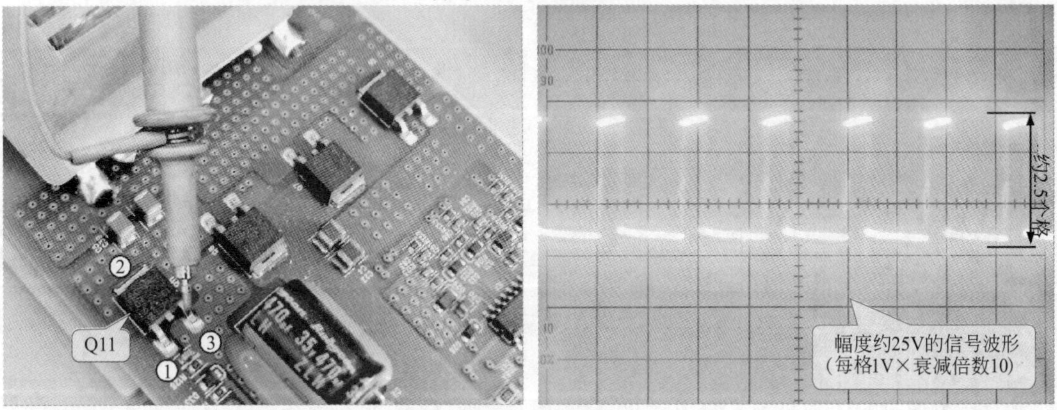

约2.5个格

幅度约25V的信号波形
（每格1V×衰减倍数10）

(b) Q11③脚信号的检测

图 2-60　场效应晶体管 Q11 的检测

若检测时，输入信号正常，而输出不正常，则可能为场效应晶体管损坏，应用同型号元件进行更换。

接着，用同样的方法和操作步骤检测 Q8 的①脚和②脚的信号波形，如图 2-61 所示。

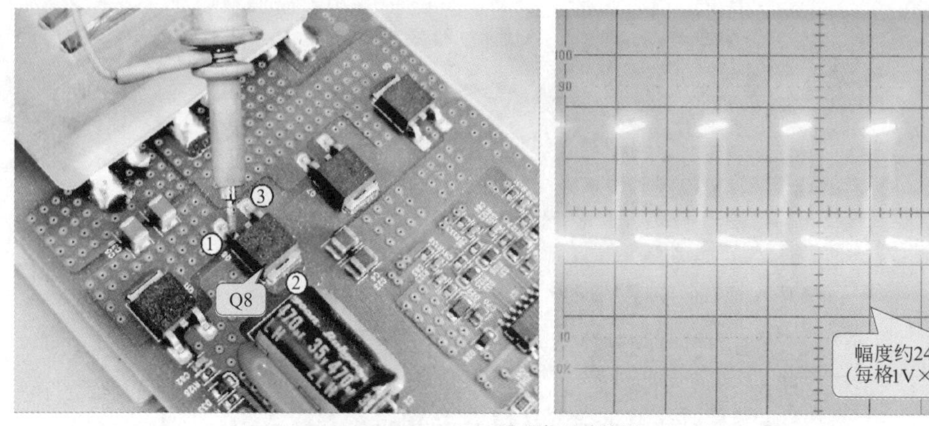

(a) Q8①脚信号的检测

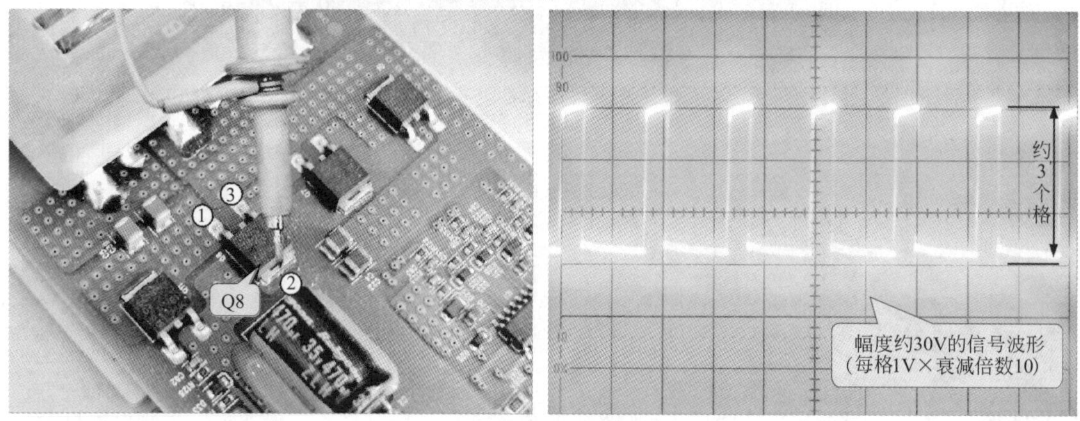

(b) Q8②脚信号的检测

图 2-61　场效应晶体管 Q8 的检测

实际检测中，对驱动场效应晶体管的检测也可采用示波器感应的方法，正常情况下应能够感应出交流信号波形。如图 2-62 所示为康佳 LC-TM2018 型液晶电视机逆变器中驱动场效应晶体管的检测。

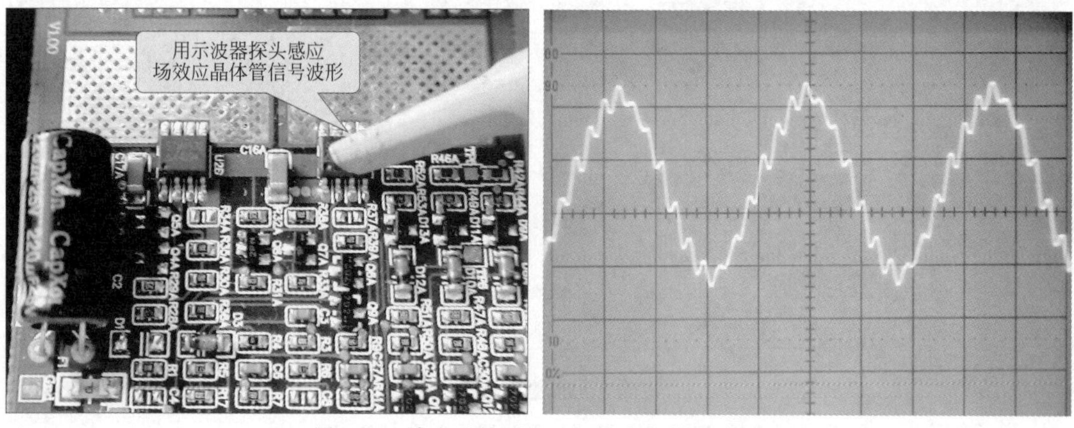

图 2-62　感应法检测驱动场效应管信号波形

(5) 脉宽信号产生电路的检测

脉宽信号产生电路的好坏，可根据检测其输出和输入引脚的信号波形进行判断，输入信号正常而无输出时，有可能为集成电路损坏。

在该机逆变器电路中，脉宽信号产生电路的检测方法与前述用示波器检测波形的方法基本相同。首先找到接地点，将示波器接地夹接地，探头分别接检测元件的相关引脚即可，如图2-63所示（以测④脚为例）。

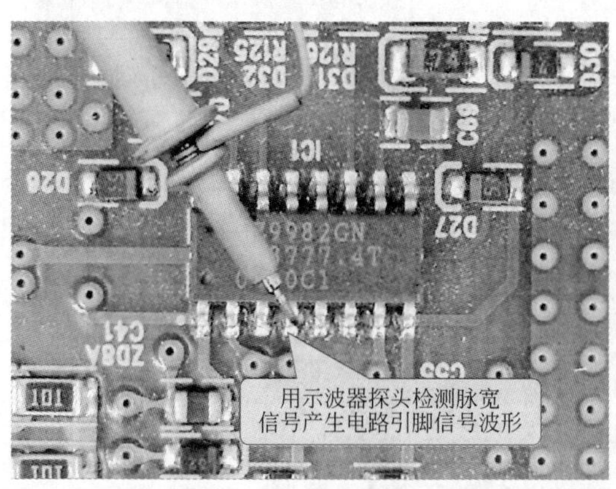

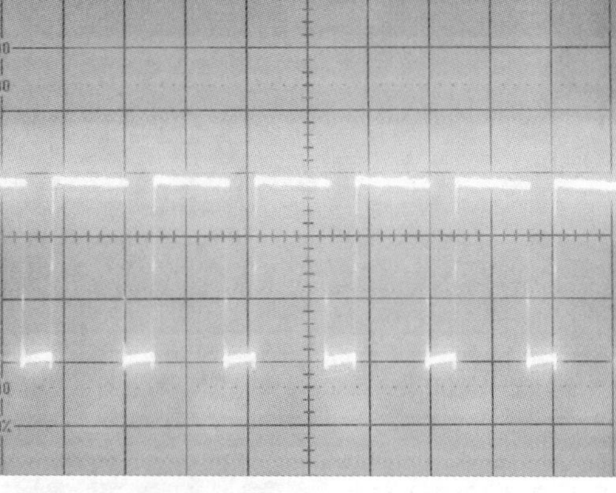

图2-63 脉宽信号产生电路引脚信号波形的检测

在正常情况下检测到的脉宽信号产生电路IC1（TO8777-4T）各引脚的信号波形如图2-64所示。

2.3.7 电源电路板的故障检修

开关电源电路有故障常常引起液晶电视机不能正常开机、整机不动作等故障。在维修时，一般可顺着开关电源电路的信号流程，借助示波器、万用表等检测仪表，逐步检测电路中关键的元器件，锁定故障范围，找出故障位置，排除故障。

(1) 熔断器的检测

熔断器是开关电路中经常损坏的元器件，有些熔断器是不透明的，通过外观无法查看熔断器是否损坏。这时一般可使用万用表进行检测。

如图2-65所示，将红黑表笔分别连接熔断器的两端，正常情况下测得阻值约为0Ω。若测得的阻值为无穷大，则熔断器已烧断，应用相同额定电压、额定电流的熔断器进行更换。

(2) 互感滤波器的检测

交流220V电压经过熔断器后，经互感滤波器FL2、FL3进行滤波处理。若FL2和FL3损坏，将会造成220V电压无法送入到电源电路中，进而导致整机不能正常工作。

互感滤波器可以使用万用表进行检测，将红黑表笔分别连接互感滤波器相连引脚，正常情况下，测得阻值应趋于0Ω，其检测方法如图2-66所示。

若测得互感滤波器相连引脚间的阻值趋于无穷大，则说明互感滤波器内部可能已断路损坏。在检测时，要注意互感滤波器不相连引脚间的阻值为无穷大，若检测时发现阻值有趋于零的现象，则互感滤波器也可能损坏。

(3) 桥式整流堆的检测

桥式整流堆是将交流220V整流后输出直流300V的器件，若该元件损坏也会造成整机无电压、不能开机的故障。桥式整流堆的检测有两种方法：一是断电状态下检测电阻值；另一种是通电状态下检测电压。

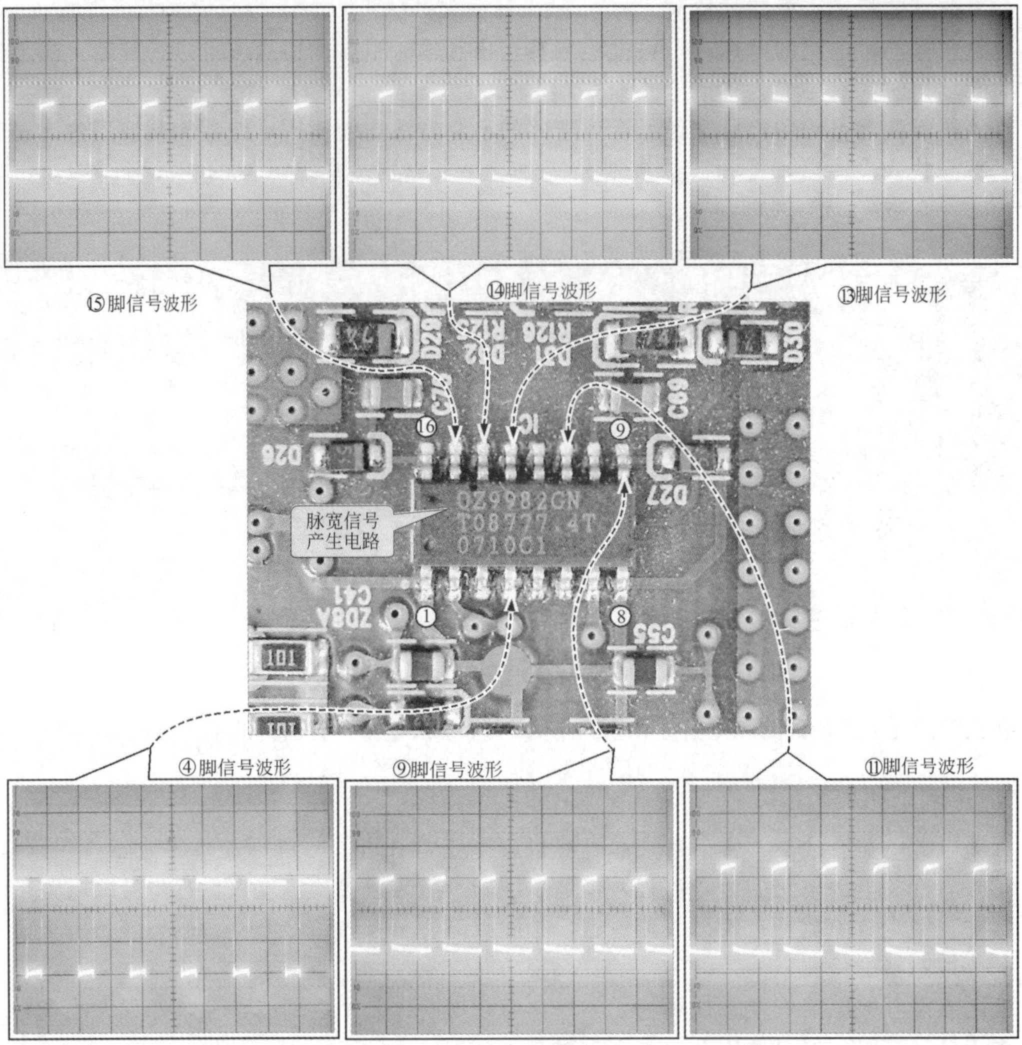

⑮脚信号波形

⑭脚信号波形

⑬脚信号波形

脉宽信号产生电路

④脚信号波形

⑨脚信号波形

⑪脚信号波形

图 2-64　IC1（TO8777-4T）各引脚的信号波形

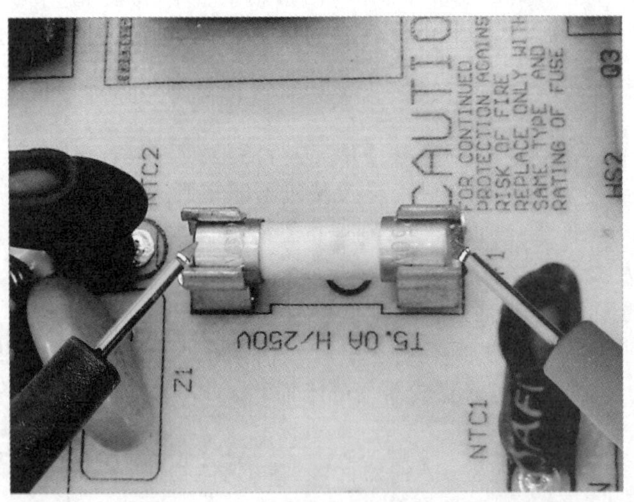

图 2-65　万用表检测熔断器

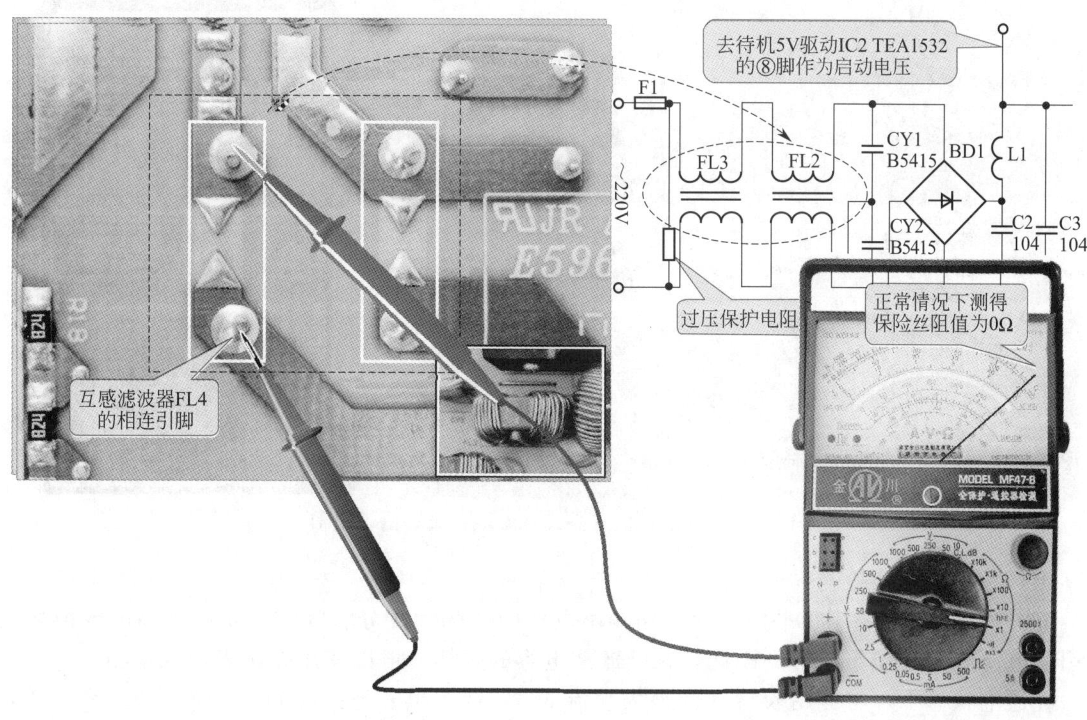

图 2-66　万用表检测互感滤波器

如图 2-67 所示，在断电状态下，将红黑表笔接在桥式整流堆中间的两引脚上，此时测得其阻值为无穷大。然后将两表笔对调，正常情况下其阻值仍为无穷大。若测得的阻值较小或趋于 0Ω，则可能桥式整流堆损坏，需更换。

图 2-67　万用表检测桥式整流堆交流输入端阻值

接着，将万用表的红表笔连接桥式整流堆的正极性输出端（“+”极），黑表笔接桥式整流堆负极性输出端（“−”极）时，可以测得一个固定的正向阻值，此时实测得阻值为 3.5kΩ，检测方法如图 2-68 所示。然后对换表笔，测得反向阻值应趋于无穷大。

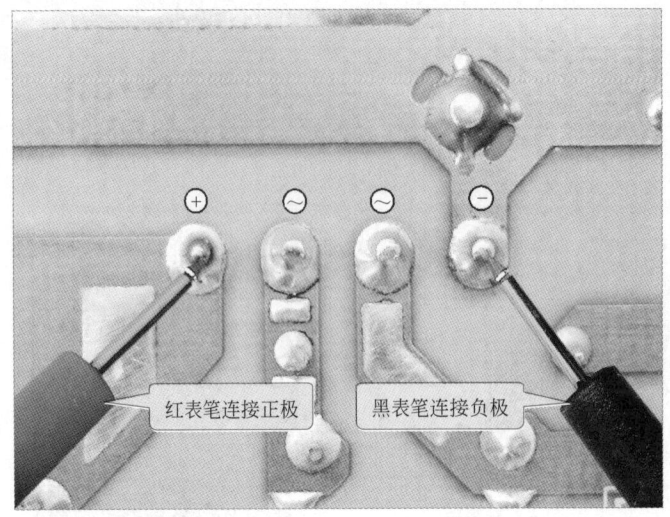

图 2-68　万用表检测桥式整流堆直流输出端阻值

（4）滤波电容的检测

滤波电容 C1 主要用于平滑整流电路输出电压中的脉动成分和噪波干扰，若该电容损坏也会引起电源电路工作不正常。因此，判断滤波电容的好坏，可以使用万用表进行检测。

在通电状态下，将万用表量程调整为直流 500V 挡，黑表笔连接负极（即接地端），红表笔连接正极，正常情况下测得电压约为 380V，检测方法如图 2-69 所示。

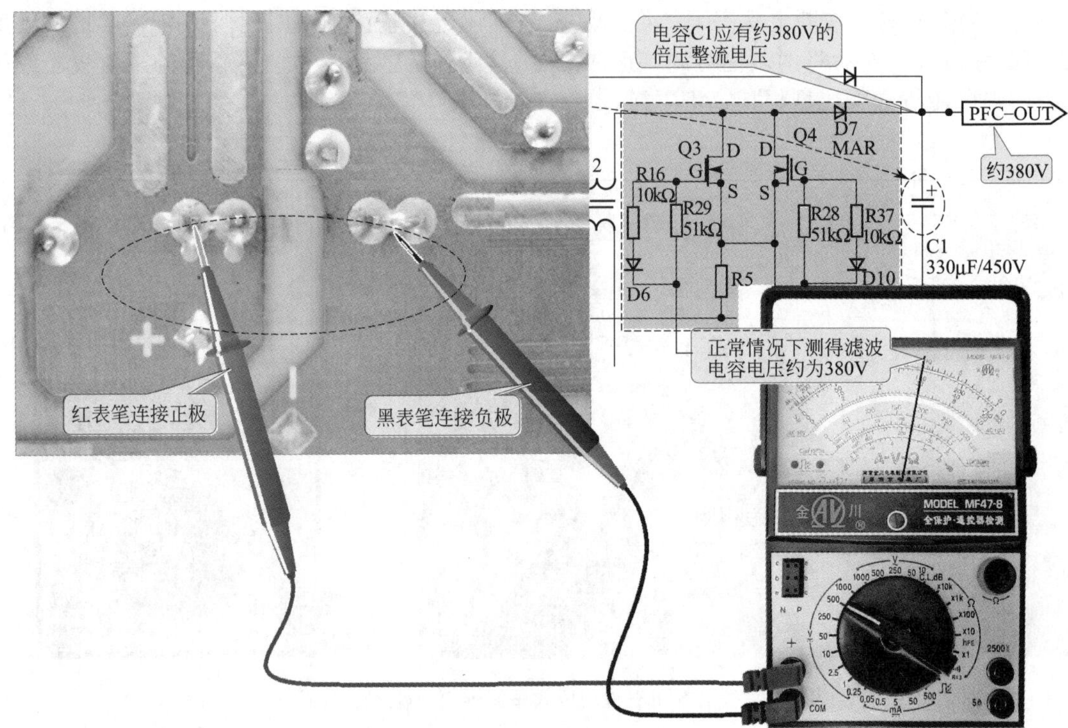

图 2-69　万用表检测滤波电容电压

若该电容器漏电严重，会引起前级电路中的保险丝或桥式整流堆损坏，应进一步检查前级电路并更换电容器。

另外，还可以取下电容器，用万用表检测滤波电容的充放电特性来判断该元器件的好坏。首先将万用表调至电阻挡，然后将红表笔连接电容器的正极，黑表笔连接负极，正常情况下，万用表的指针会有一个摆动的过程，即充放电的过程。检测方法如图 2-70 所示。

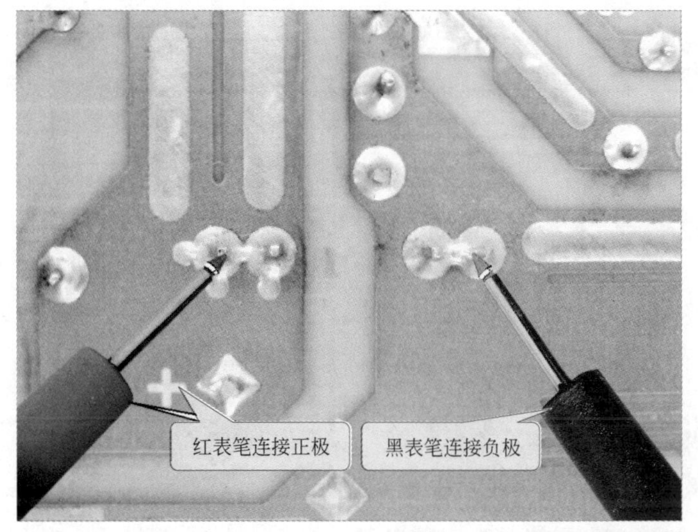

图 2-70　万用表检测滤波电容阻值

若检测时发现滤波电容 C1 引脚间的阻值趋于零，或阻值为无穷大无充放电的过程，则表明该电容器性能不良。值得注意的是，有些开关电源电路中，该电容器外并联有电阻器等元件，若在路检测电容器两端电阻值，则相当于检测并联器件的电阻，此时万用表将直接指示一固定数值，进而影响对结果的判断。因此为避免外围元件影响，可先将电容器断开一只引脚或将其焊下再进行检测和判断。

（5）开关场效应管的检测

长虹 LT3788 型液晶电视机开关电源电路中的开关场效应管 Q3、Q4 均采用单栅 N 沟道型场效应管，其检测可在印制板上进行阻抗的测量。场效应管有三个引脚分别是栅极 G、源极 S 和漏极 D，Q3 和 Q4 的源极 S 和漏极 D 之间应该有一个固定的电阻值，且正反向阻值相同，其检测方法如图 2-71 所示。若测得的阻值趋于无穷大或零，则证明场效应管可能已经损坏。

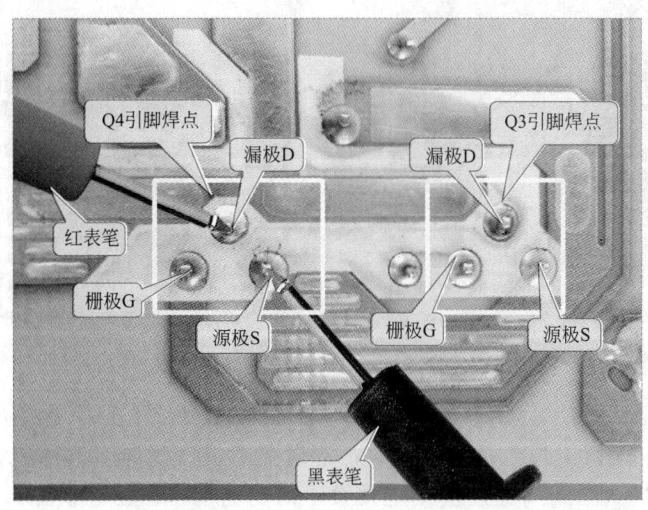

图 2-71　万用表检测开关场效应管阻值（一）

对于 N 沟道型场效应管，用黑表笔接触栅极 G，红表笔分别接触源极 S 和漏极 D 时，可测得一个固定的电阻值，其检测方法如图 2-72 所示。若测得的阻值趋于零或无穷大，则场效应管已经损坏。

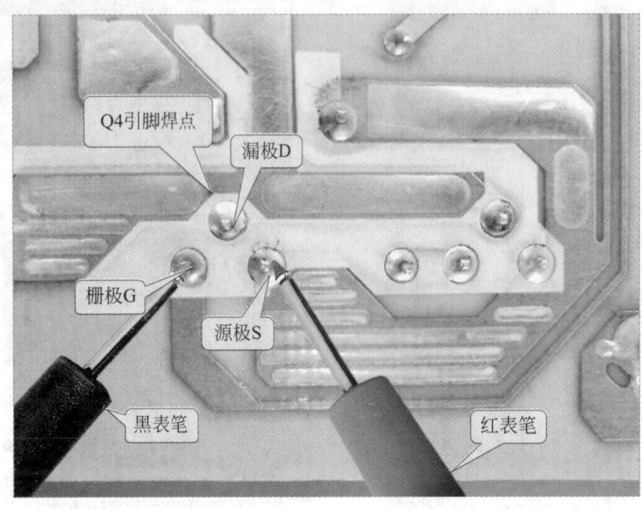

图 2-72 万用表检测开关场效应管阻值（二）

（6）光电耦合器的检测

光电耦合器内部由一个发光二极管和一个光敏晶体管构成，检测光电耦合器时，可以在开路的状态下检测其引脚间的正反向阻值来判断其好坏。

首先将万用表调至 $R\times1k$ 挡，用黑表笔接①脚，红表笔接②脚，测得光电耦合器 IC4 ①脚和②脚之间的正向阻值为 5.5kΩ，检测方法如图 2-73 所示。

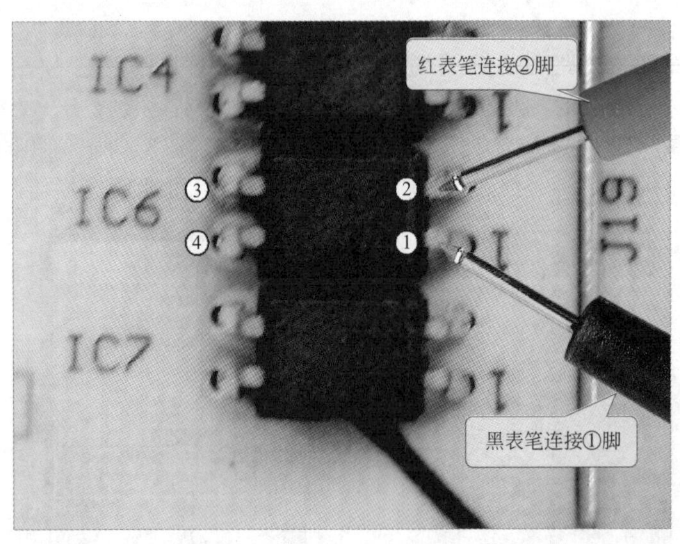

图 2-73 万用表检测光电耦合器①脚与②脚之间的阻值

然后对调表笔，将红表笔接①脚，黑表笔接②脚，可以测得其反向阻值，正常情况下应趋于无穷大。再检测光电耦合器 IC4 ③脚和④脚之间的阻值，正常情况下正、反向阻值都应为无穷大，检测方法如图 2-74 所示。若所测结果与上述值相差太大，则光电耦合器已经损坏。

（7）开关变压器的检测

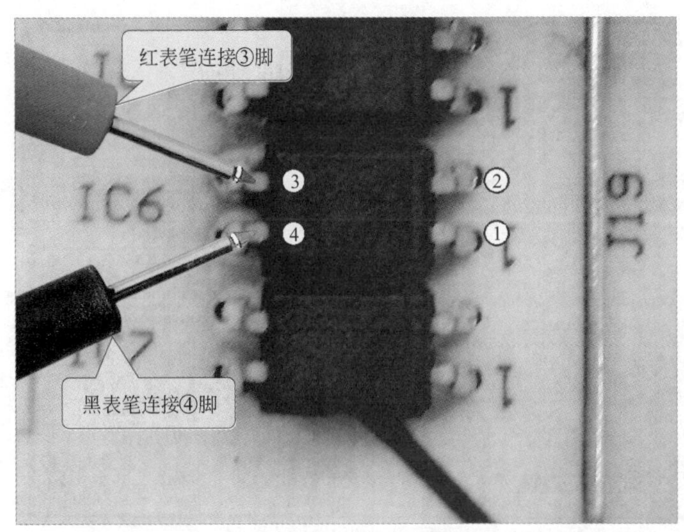

图 2-74　万用表检测光电耦合器③脚与④脚之间的阻值

开关变压器 T1 的初级绕组作为开关振荡电路的振荡线圈，初级绕组有开关电流，次级输出脉冲低压。在开关变压器正常工作的情况下，将接地夹连接接地端，示波器的探头靠近变压器的铁芯时，可以感应到脉冲信号波形，检测方法如图 2-75 所示。这种方法不接触电路焊点，安全性好，而且可以判别开关振荡电路是否工作正常，如无感应脉冲则表明开关电路没有进入工作状态。

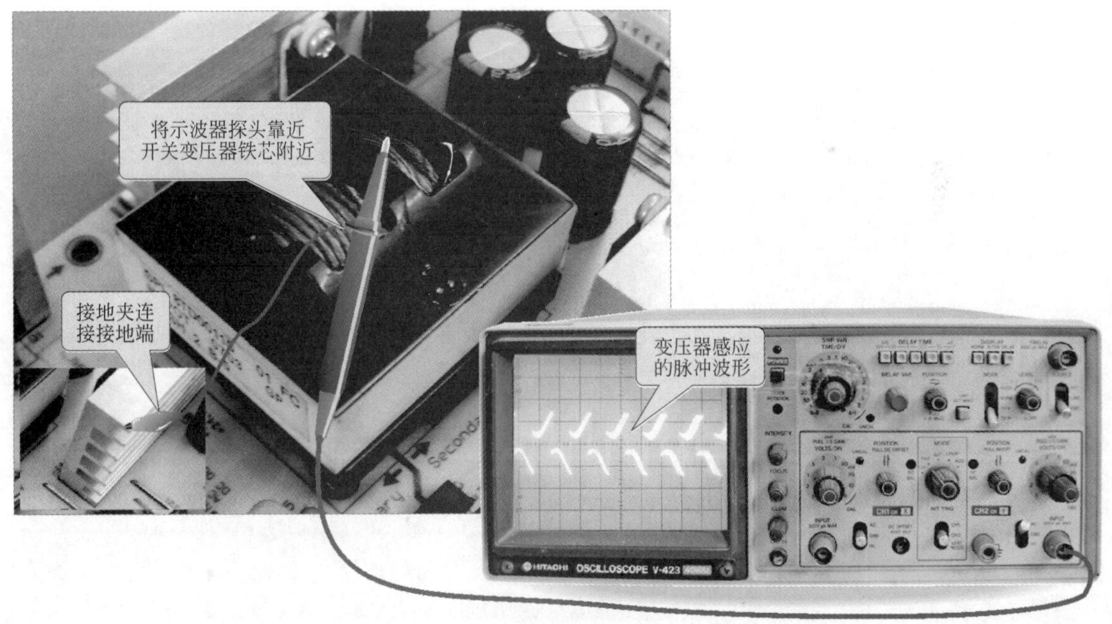

图 2-75　示波器检测开关变压器波形

除了在通电状态下用示波器检测开关变压器之外，还可以在断电的状态下用万用表的电阻挡来检测绕组是否断路。正常的情况下，变压器 T1 绕组的直流电阻很小，各绕组引脚间的阻值趋于零。将万用表量程选择电阻挡，红黑表笔分别连接开关变压器的初级绕组和次级绕组，正常情况下测得阻值接近 0Ω，其检测方法如图 2-76 所示。

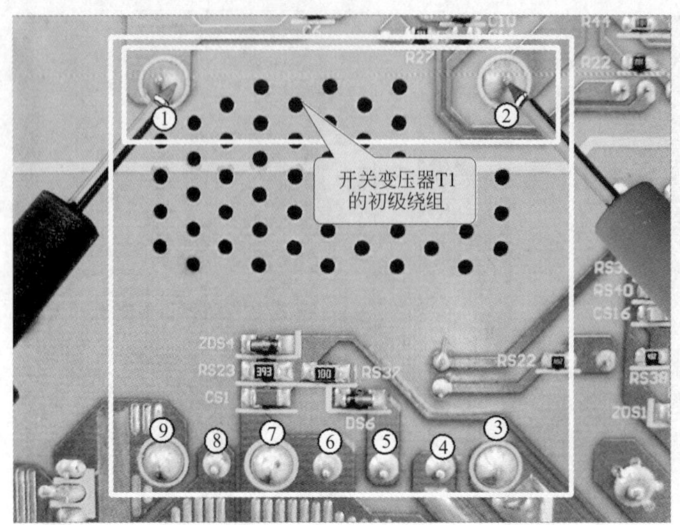

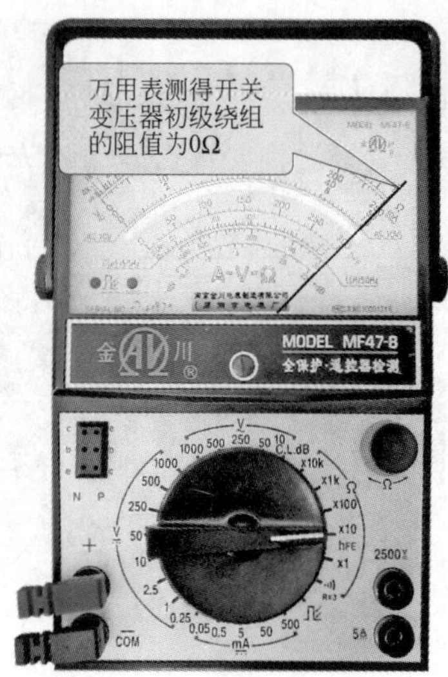

图 2-76　万用表检测开关变压器阻值

若相连引脚间的阻值趋于无穷大，则变压器 T1 内部有断路的故障。此外，变压器 T1 不相连引脚间的阻值应趋于无穷大，若测量时发现有趋于零的现象，则证明内部有短路的现象。

第 3 章

CRT 彩色电视机故障检修

3.1 CRT 彩色电视机的结构特点

CRT 彩色电视机是采用显像管作为显示器件的电视机，它具有显示颜色好、亮度高、对比度高、图像清晰、技术工艺成熟等特点，但体积大、笨重是它的缺点。如图 3-1 所示为彩色电视机的结构分解图，从图中可以看出，彩色电视机是由前盖、显像管及屏幕、显像管组件、显像管电路板、主电路板、扬声器和后盖等部分构成的。

如图 3-2 所示为典型彩色电视机的外部结构图。从正面可看到显示屏幕、扬声器、控制按键和遥控信号接收器，从背面可看到电视机铭牌标识和信号输入接口。

如图 3-3 所示为彩色电视机的内部结构图。将彩色电视机外壳拆开后，可看到彩色电视机的显像管，在显像管上可找到高压包和显像管组件及电路板，显像管下方水平放置的电路板为彩色电视机的主电路板，上面承载有各种功能电路。在显像管的两侧分别安装有左、右声道扬声器。

在显像管的下方为主电路板，彩色电视机中的大部分电路基本都安装在主电路板上，如图 3-4所示。由图可知，彩色电视机的主电路板主要是由调谐器电路、系统控制电路、中频和视频信号处理电路、音频信号处理电路、行扫描电路、场扫描电路、开关电源电路等组成的，这些电路同显像管电路一起，构成了整个彩色电视机的电路部分。

如图 3-5 所示为典型彩色电视机（康佳 P29FG188 型）的电路图。通常，根据电路的功能特点，将彩色电视机的电路划分为调谐器电路、音频信号处理电路、系统控制电路、数字信号处理电路、行场扫描电路、开关电源电路和显像管电路。

（1）一体化调谐器电路的结构

调谐器是接收电视信号的电路部分，电视信号由调谐器的接收端进入，在内部进行高频放大、本机振荡和混频后变为中频信号输出，中频信号经中频信号处理集成电路处理后分别输出视频信号和音频信号。本机中采用的调谐器为一体化调谐器，一体化调谐器将中频信号处理电路集成到了调谐器的内部，由调谐器直接输出视频信号和音频信号，如图 3-6 所示为调谐器和中频电路的外形。

（2）音频信号处理电路的结构

康佳 P29FG188 型彩色电视机的音频信号处理电路部分主要是由数字音频信号处理集成电路 N230（MSP3463G）和音频功率放大器 N201（TDA2616）等组成的。

数字音频信号处理集成电路 N230（MSP3463G）是一个具有 52 个引脚的双列直插式集成电路，可以接收第二伴音信号和外部音频信号。

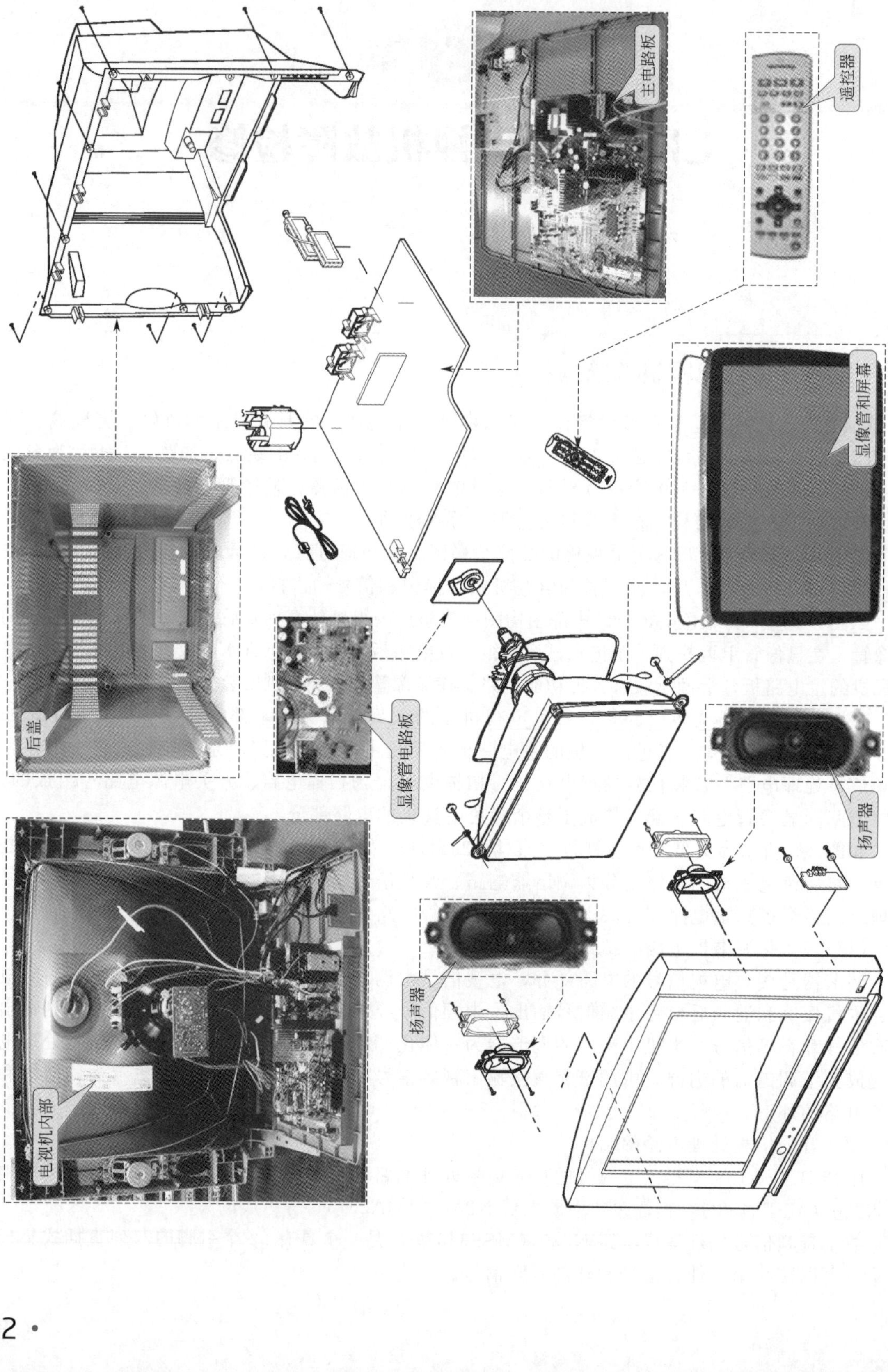

图 3-1　彩色电视机的结构分解图

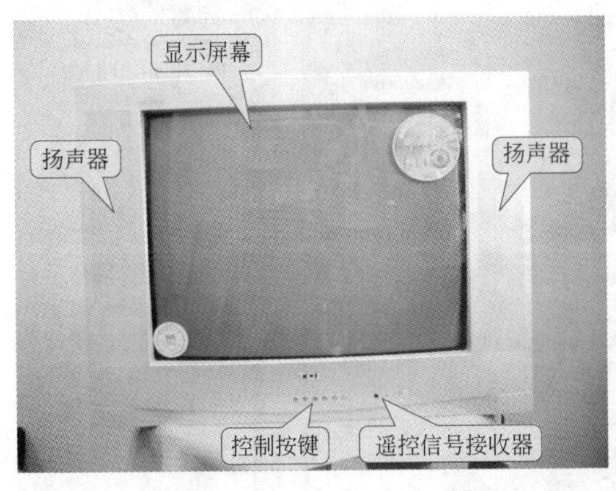

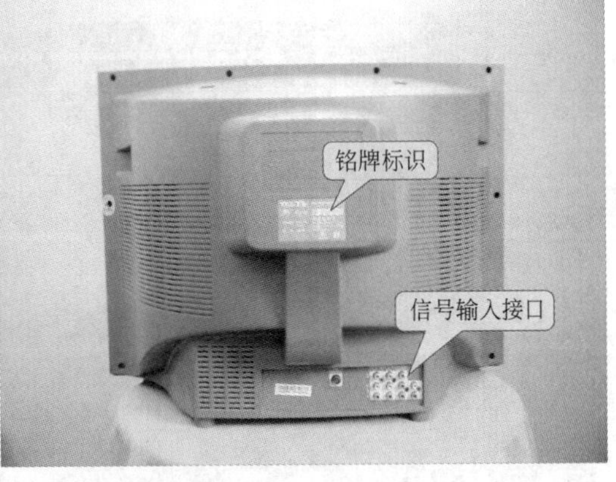

图 3-2 典型彩色电视机的外部结构

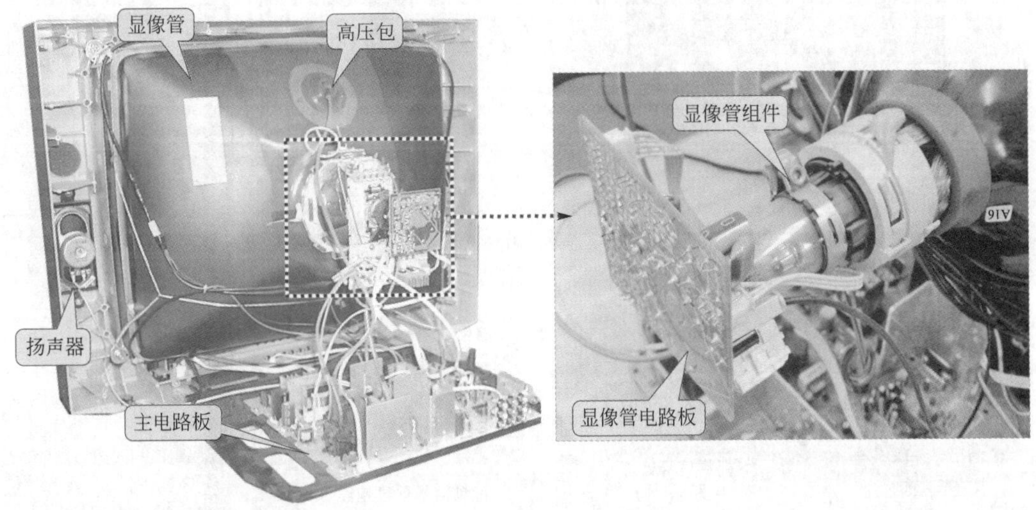

图 3-3 彩色电视机的内部结构

(3) 系统控制电路的结构

CRT 数字高清彩色电视机的系统控制电路是以微处理器为核心的自动控制电路，其主要功能是对彩色电视机各部分进行控制。微处理器采用 I^2C 总线的控制方式，将 SCL、SDA 信号输送到各单元电路中，用来实现频道、频段、音量和亮度/色度参数的控制。

该电路主要是由微处理器 N601（SDA555X）、存储器 N602（24C16）和外围电路等部分构成的。

(4) 数字信号处理电路的结构

数字信号处理电路是数字高清彩色电视机中特有的一块电路板，它主要用来处理视频信号，有些数字信号处理电路板中还集成了系统控制电路。模拟的视频信号送入数字信号处理电路板中进行模数转换，将模拟视频信号变为数字视频信号，以便于电路的解码、纠错等处理，处理后的数字信号再经数模转换电路，变为模拟视频信号，送往显像管电路。

如图 3-7 所示为康佳 P29FG188 型彩色电视机的数字信号处理电路板，由图可知，该电路主要是由 A/D 转换器 U10（MST9883B）、视频解码器 U1（VPC3230D）、数字图像处理电路 U3（FLI2300）、视频输出和扫描信号处理电路 U8（SDA9380）等组成的。

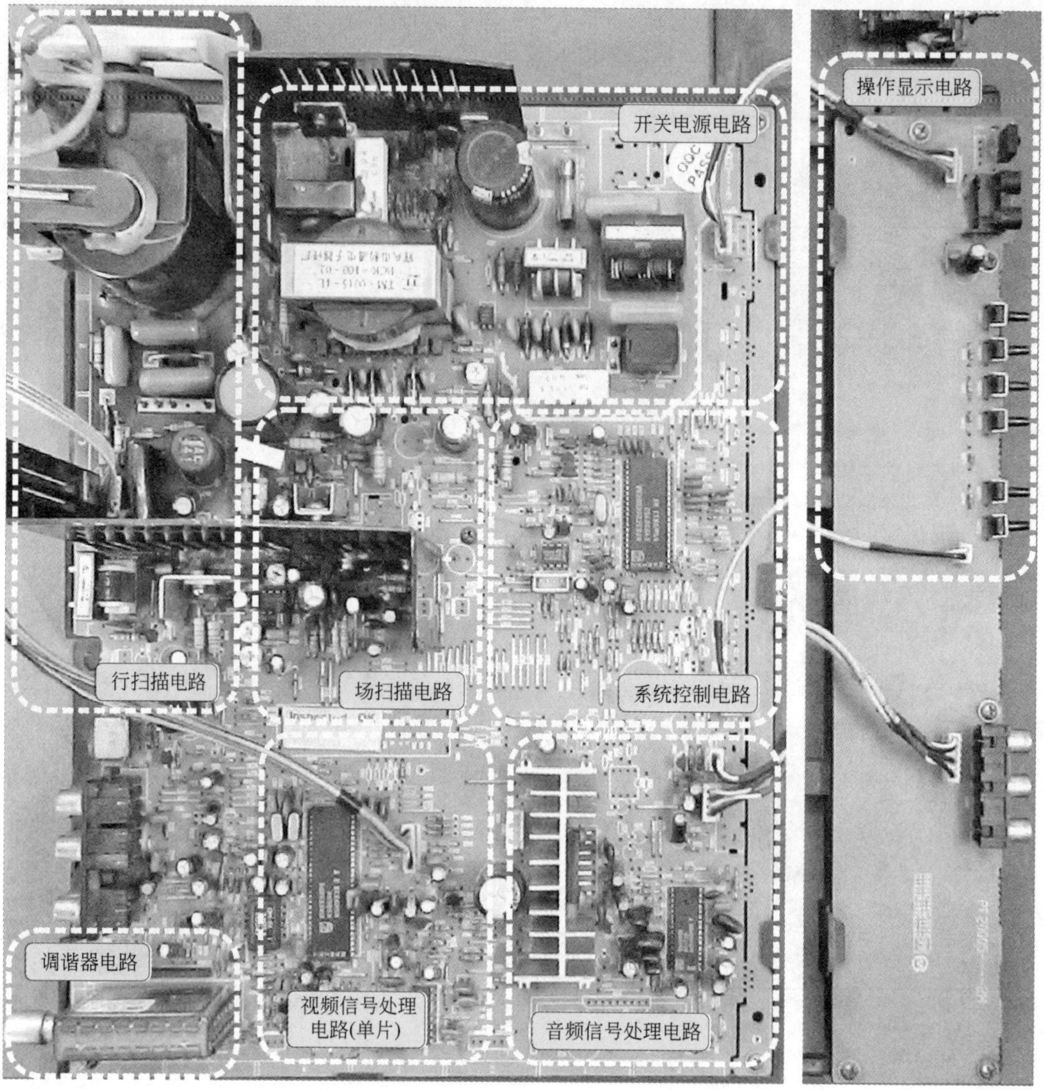

图 3-4　主电路板的结构和各单元电路

(5) 行场扫描电路的结构

行场扫描电路是 CRT 型彩色电视机中特有的电路，它主要的功能就是产生行场脉冲信号，送往行场偏转线圈，以及产生阳极高压、聚焦极和加速极电压等，送往显像管电路。

该电路主要是由行激励放大器 V401（BSN304）、行激励变压器 T401、行输出晶体管 V402（C5612）、行回扫变压器 T402（FBT290）、场输出集成电路 N440（STV9379FA）、失真校正电路和相关的低压输出电路构成的。

(6) 开关电源电路的结构

CRT 数字电视机的电源电路一般是由开关稳压电路构成的，其功能是向彩色电视机的各个单元电路提供各种工作电压。

该电路主要由保险丝 F901、互感滤波器 L901 和 T902、消磁控制继电器 RY901、桥式整流堆 VC901（RBV408）、滤波电容器 C910、启动电阻 R914 和 R915、开关变压器 T901（BCK-80-F02G-72G）、开关振荡集成电路 N901（KA5Q1265RF）、光电耦合器 N902（HS817G）、误差放大电路等部分构成。

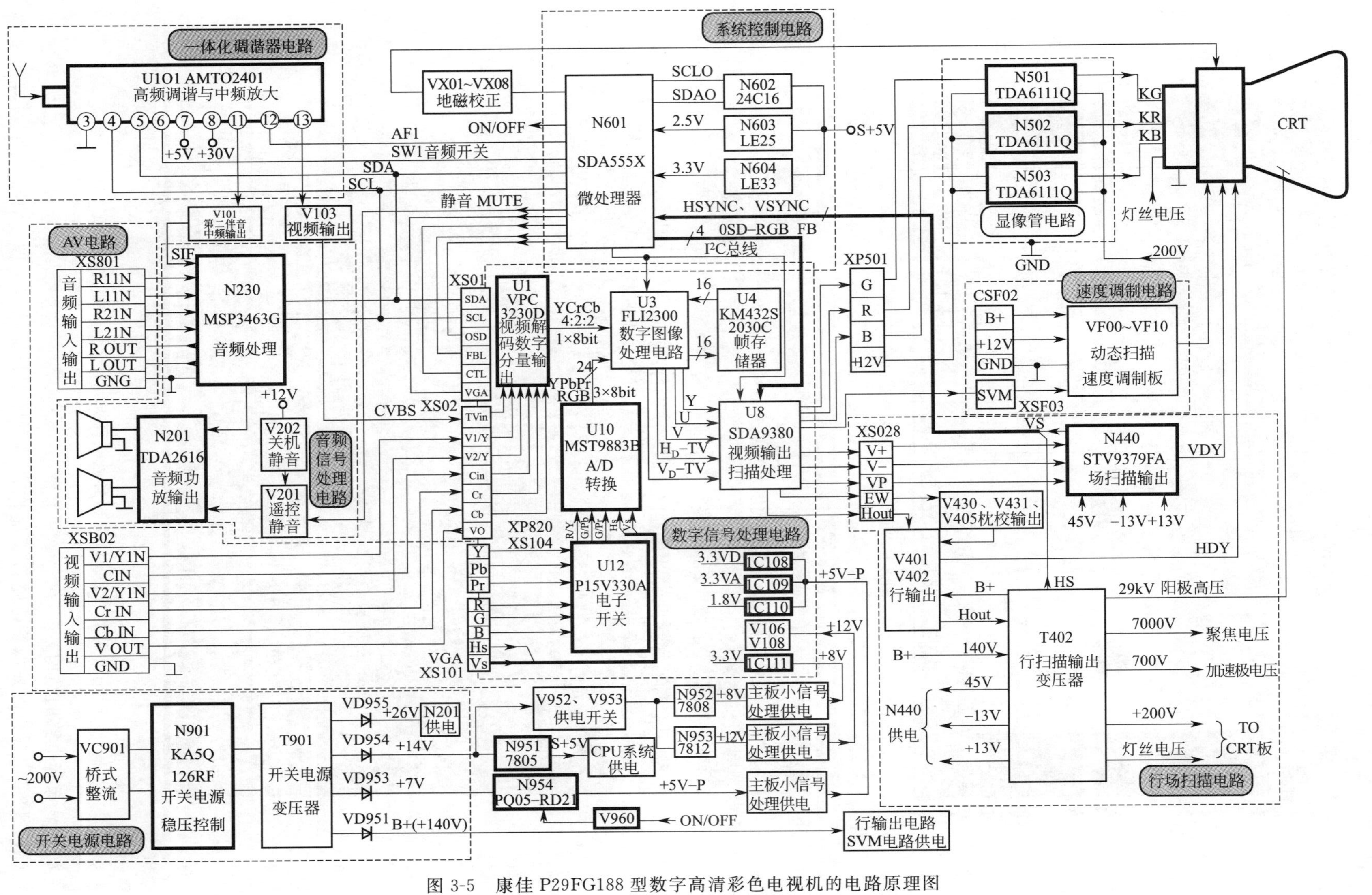

图 3-5　康佳 P29FG188 型数字高清彩色电视机的电路原理图

图 3-6　调谐器和中频电路的外形

图 3-7　康佳 P29FG188 型彩色电视机的数字信号处理电路板

(7) 显像管电路的结构

CRT 数字电视机的显像管电路位于显像管的尾座上，显像管电路主要是由末级视放电路和显像管供电电路构成的。来自视频解码电路的 R、G、B 视频信号送到显像管电路，经末级视放集成电路放大后送往显像管的三个阴极上，阴极电压用以控制显像管电子束的强弱。此外，显像管的灯丝、聚焦极和加速极都需要一定的电压，这些电压都是由行回扫变压器提供的。

该电路主要是由三个末级视放集成电路 N501～N503（TDA6111Q）、显像管阴极直流偏压控制电路、直流供电电路、显像管供电电路等构成的。

3.2 彩色电视机的故障特点和检修流程

3.2.1 彩色电视机的故障特点

彩色电视机是接收广播电视节目的接收机，处理伴音和图像信号的电路是它的主要部分。

它的故障常常是电路的失调或元器件变质、损坏等，如图 3-8 所示为电视机中电流过大导致保险丝烧坏。由于彩色电视机的元器件复杂，数量很多，安装紧凑，而且还在不断地开发新的电路器件，能迅速地找出不良元器件也是不容易的。因此，学习故障的分析和判断方法是很重要的。

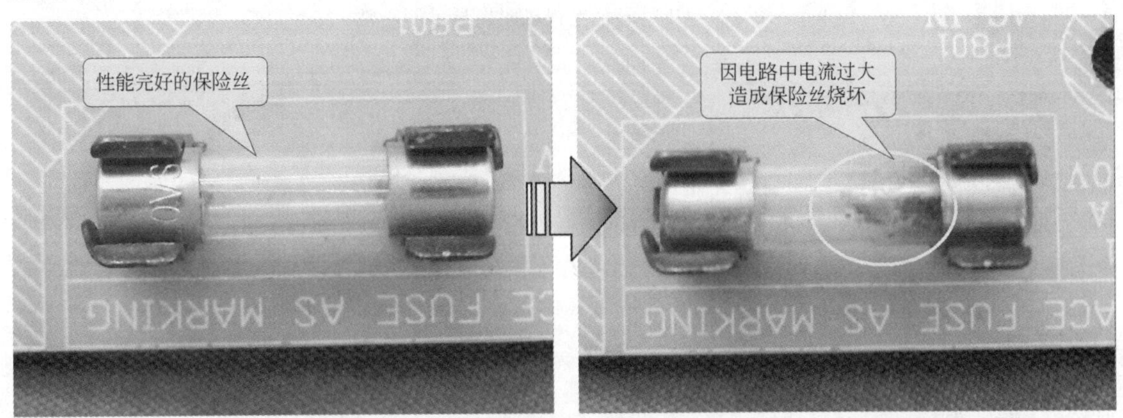

图 3-8 保险丝烧坏

彩色电视机中不同电路部位的故障与表现出的故障现象有着密切的内在关联。也就是说，不同的故障症状会反映出相应的电路故障。一些故障可以从显像管屏幕上的图像和扬声器发出的声音状况来大致判断彩色电视机的内部故障。例如，电视机伴音正常，但屏幕显示不正常，说明伴音电路正常，故障点在电视机显像管电路、行/场扫描电路中，如图 3-9 所示为彩色电视机图像显示不正常。

对于维修彩色电视机人员来讲，熟记彩电各种不同电路所引起的故障现象是非常重要的。在维修彩色电视机时需要注意，由于各类电视机的电路结构不同，同样的故障现象对不同电视机来说，其原因不一定相同；反过来说，同样的故障原因在不同的机型中，其故障现象也不一定完全相同。在维修实践中要注意各种典型彩色电视机的结构特点。

3.2.2 彩色电视机的检修流程

遇到有故障的彩色电视机时，首先应仔细观察电视机的故障表现，例如检查电视机的操作和显示功能是否正常，看有无光栅、有无图像、图像是否正常、色彩是否正常、声音是否正常，根据故障的现象进行初步的分析和判断。

处理故障机的一般顺序是：根据故障特点寻找故障线索，判断故障的大体范围，寻找故障的入手点。如图 3-10所示为彩色电视机故障检修程序。

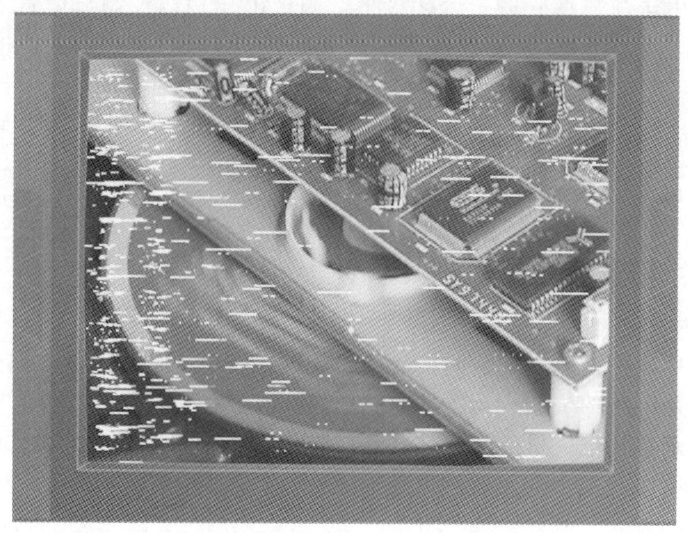

图 3-9　CRT 彩色电视机图像显示不正常

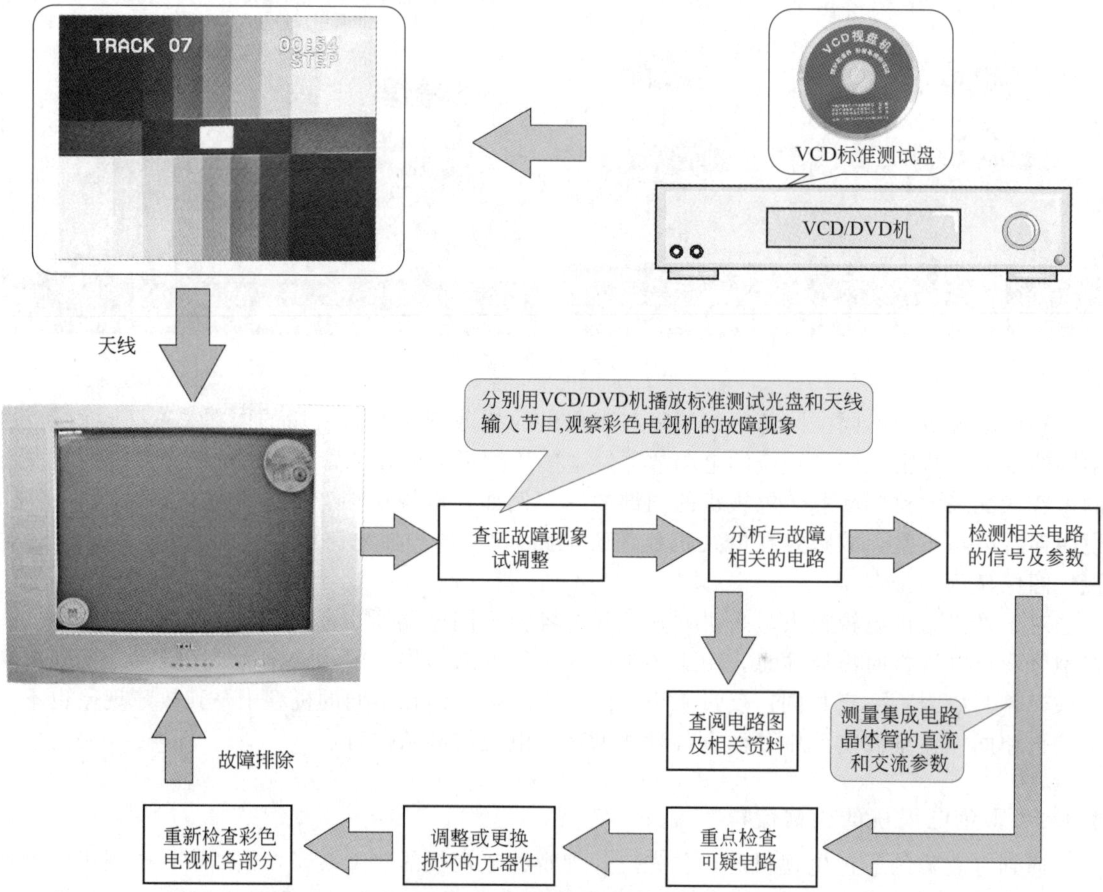

TRACK 07
VCD标准测试盘
VCD/DVD机
天线
分别用VCD/DVD机播放标准测试光盘和天线输入节目,观察彩色电视机的故障现象
查证故障现象试调整
分析与故障相关的电路
检测相关电路的信号及参数
查阅电路图及相关资料
测量集成电路晶体管的直流和交流参数
故障排除
重新检查彩色电视机各部分
调整或更换损坏的元器件
重点检查可疑电路

图 3-10　彩色电视机故障检修程序

例如，彩色电视机开机后发现既无光栅也无伴音，这种情况多为电源故障或行扫描电路故障；

若有光栅，而无图像，无伴音，则表明电源和行扫描电路基本正常，原因可能在调谐器或中频通道；若有图像而无彩色，则可能是色解码电路的故障，但也不能完全排除公共通道的故障，通道的幅频特性不好、增益不足也可能造成无彩色。

通过故障现象，能判断出故障范围，因此对 CRT 数字电视机的结构和电路功能要有深入的了解，熟悉各种电路的基本功能和在电视机中的位置及作用是很必要的。

推断出故障的大体范围之后，则要进一步缩小故障的范围，寻找故障点。在这个过程中需要借助于检测和试验等辅助手段。如怀疑某集成电路有问题，可对它进行静态测量和动态测量。静态测量是指工作时测量集成电路引脚的直流电压，因为集成电路内部电路的损坏往往会引起引脚电压值的变化。测量后根据测量结果对照图纸和资料上提供的正确参数即可判断集成电路是否有故障。这种方法比较简单，只使用万用表就可以做到。如果使用这种方法还不能判断故障点，可以进行动态信号跟踪测量，使 CRT 数字电视机处于接收信号时的工作状态（最好是用录像机或 VCD 机播放彩条信号），测量可疑部分的各点信号波形。将示波器观测到的波形同图纸和资料上提供的标准波形进行比较，即可找到故障点。对于调谐器和中频通道的故障，若经静态测量和动态测量找不出故障点，还可以进行单元测量。如利用扫频仪测量其频率特性，一级一级地检查即可发现故障，找到故障点后也就很容易找到故障元件，即可进行更换。但有时一个故障与几个元器件有关，难确认是哪一个损坏。这种情况下可利用试探法、代替法分别试验某一元器件。在怀疑某个集成电路有故障时，应先注意检查集成电路的外围元器件及其供电电路，外围电路中的某个元器件不良或供电不正常也会使集成电路不能正常工作。证实外围元器件及供电无问题后才可拆卸集成电路。

第4章 电冰箱故障检修

4.1 电冰箱的结构特点

电冰箱是一种带有制冷装置的储藏柜，可以对放入该储藏柜的食物或其他物品进行冷态保存，以延长食物或其他物品的存放期限或是对食物或其他物品进行冰镇。

电冰箱可以分成两大系统，即制冷管路和电气系统，其中制冷管路主要是指给电冰箱提供制冷剂循环的组件，而电气系统则是控制电冰箱进行工作的组件。如图 4-1（见下页）和图4-2（见第 92 页）分别为典型电冰箱的结构分解图，其中既包括制冷管路又包括电气系统。

4.2 电冰箱主要电气部件的故障检修

4.2.1 压缩机的检修方法

压缩机是电冰箱关键的制冷部件，位于电冰箱背面的最底部，如图 4-3 所示。压缩机是制冷循环系统的动力源，可驱使系统中的制冷剂在管路中往返循环，通过热能转换达到制冷目的。

在对压缩机进行检修时，先将电冰箱与压缩机的连接引线拆下，然后就可以清晰地看到压缩机电机绕组，如图 4-4 所示，分别为 U 端、V 端和 W 端。

检测电冰箱压缩机电机绕组，可以使用万用表分别检测任意两个接线柱之间的阻值，如图 4-5 所示。经检测，压缩机电机的任意两绕组之间的阻值几乎相等，均在 1.3Ω 左右。

若检测发现变频压缩机的电机损坏，需更换新的，由于电机是密封在压缩机壳内的，因此需将整个压缩机进行更换。

4.2.2 温度控制器的检修方法

电冰箱温度控制器主要包括温度控制器和切换开关两个部件，其中电冰箱所使用的温度控制器可以分为机械式温度控制器和电子式温度控制器两大类。

电冰箱品牌、型号的不同，使得内部设计上各有特点，尤其是温度控制器的安装位置，温度控制器包括传感器和调节旋钮，如图 4-6 和图 4-7 所示。有些安装在电冰箱的顶部，还有些则安装在电冰箱的侧面。

一旦怀疑温度控制器故障，就需要对其进行拆卸检测。如图 4-8 所示，首先对温度控制器的控制关系进行观察。可以看出温度控制器的主轴上装有传动齿轮，它与调温装置上调节旋钮的齿轮相互咬合。当用手拨动调温装置上的调节旋钮时，调节旋钮的齿轮盘就会带动温度控制器的传动齿轮一起转动，从而实现对温度控制器的调节。

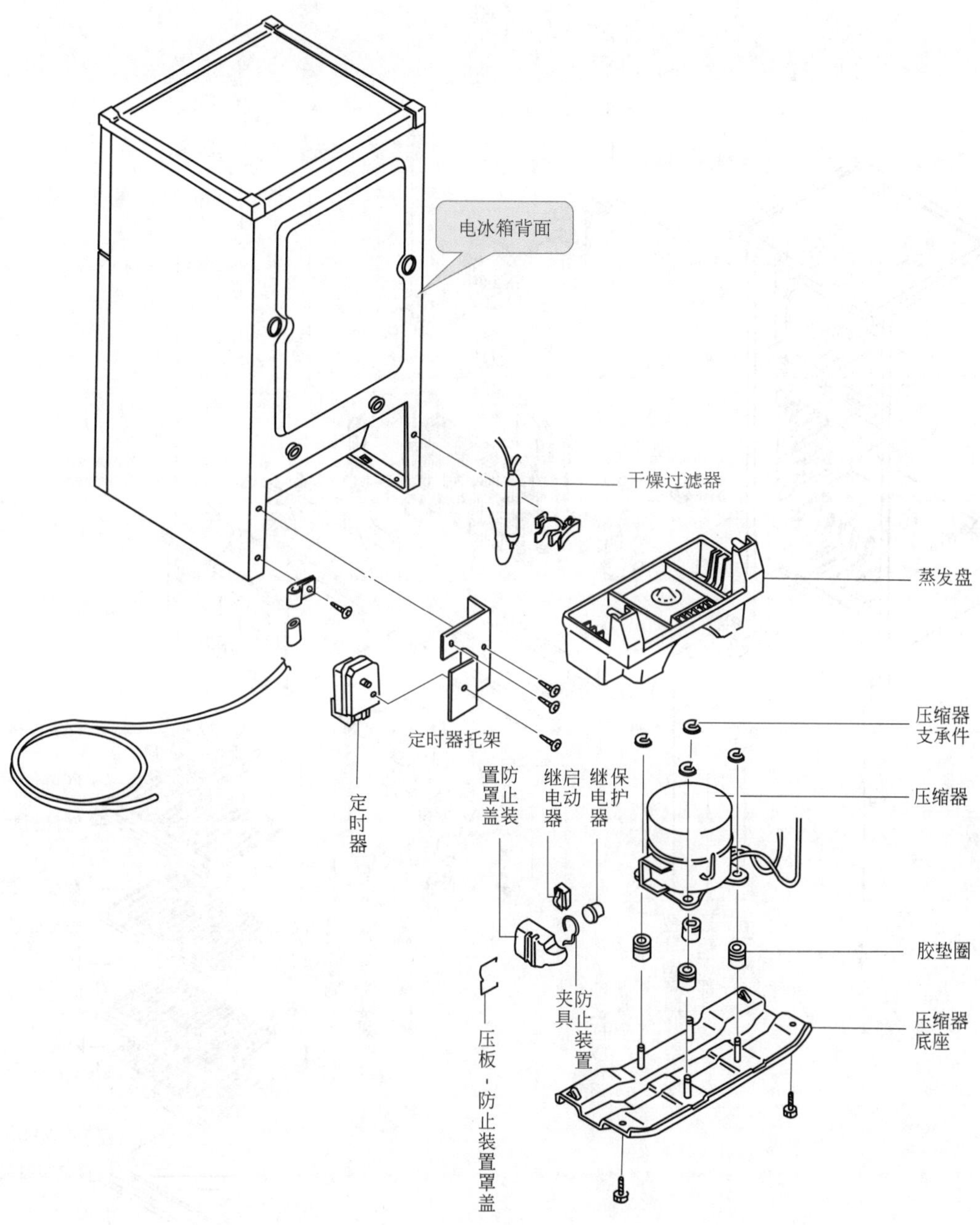

图 4-1 电冰箱背部结构分解图

在温度控制器的调节旋钮上有一个停机点，当调节到此点时，温度控制器就处于断开状态，如图 4-9 所示。当温度控制器的调节旋钮离开停机点，调节到任何位置时，温度控制器都处于接通状态，如图 4-10 所示。

主轴上的传动齿轮与调节旋钮的齿轮盘不相互咬合时，温度控制器的调节旋钮功能就会失灵，只需要调整各联动部件的组合位置，齿轮与齿轮盘可以正常啮合，故障就可得到解决。

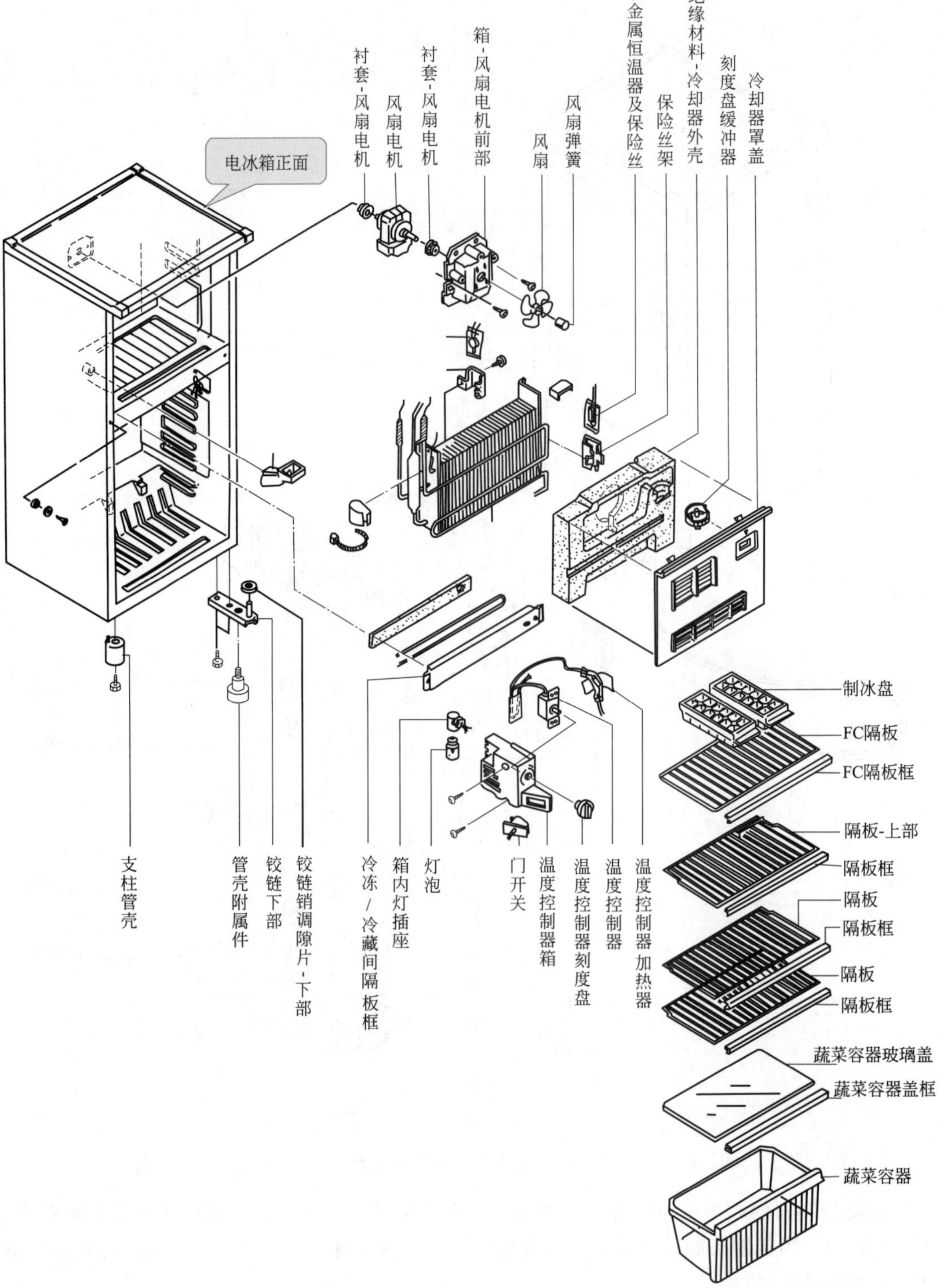

电冰箱正面

衬套-风扇电机
风扇电机
衬套-风扇电机
箱-风扇电机前部
风扇
风扇弹簧
双金属恒温器及保险丝
保险丝架
绝缘材料-冷却器外壳
刻度盘缓冲器
冷却器罩盖

制冰盘
FC隔板
FC隔板框
隔板-上部
隔板框
隔板
隔板框
隔板
隔板框
蔬菜容器玻璃盖
蔬菜容器盖框
蔬菜容器

支柱管壳
管壳附属件
铰链下部
铰链销调隙片-下部
冷冻/冷藏间隔板框
箱内灯插座
灯泡
门开关
温度控制器箱
温度控制器刻度盘
温度控制器
温度控制器加热器

图 4-2　电冰箱前部结构分解图

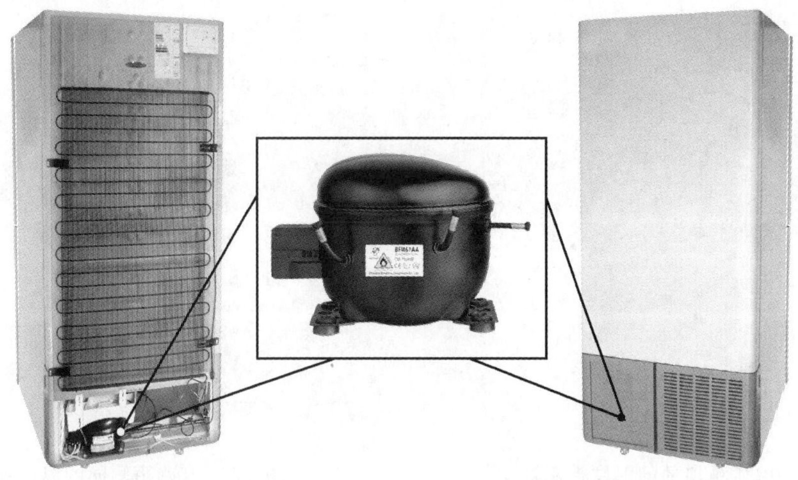
图 4-3　压缩机的安装位置

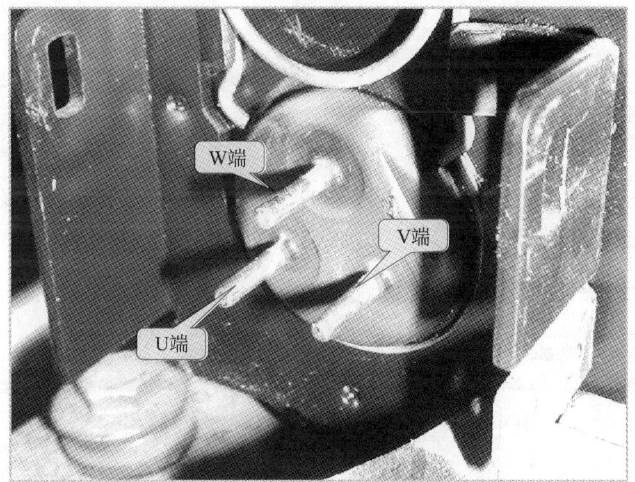

图 4-4　压缩机电机绕组

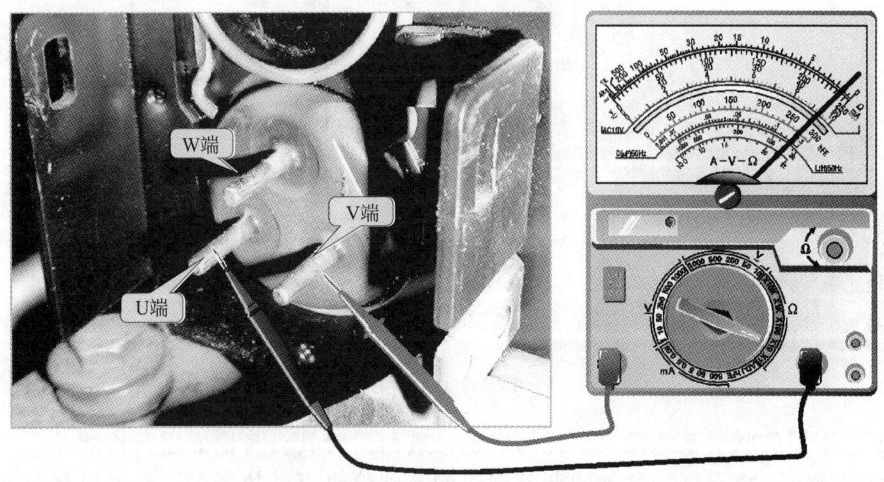

图 4-5　压缩机电机绕组的检测

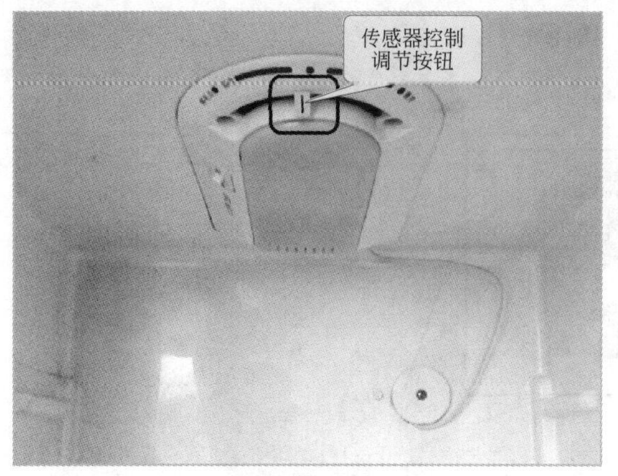

图 4-6　电冰箱顶部的温度控制器

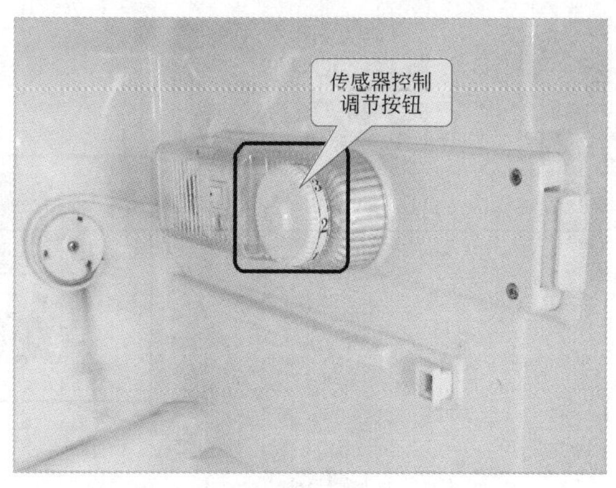

图 4-7　电冰箱侧面的温度控制器

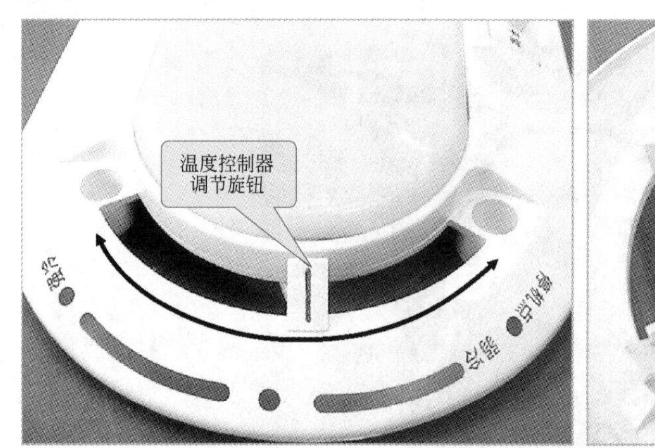

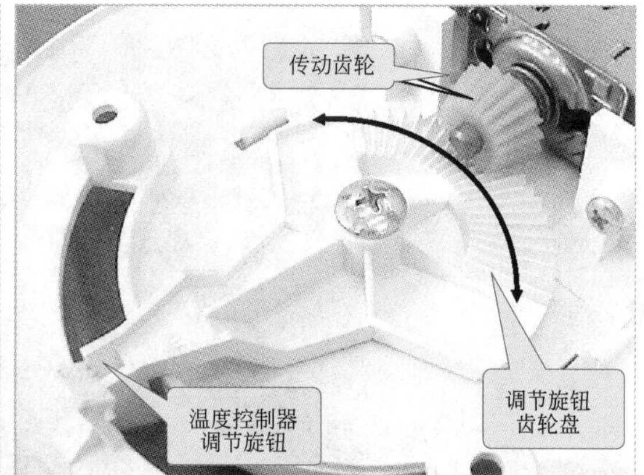

图 4-8　调节旋钮与温度控制器之间的关系

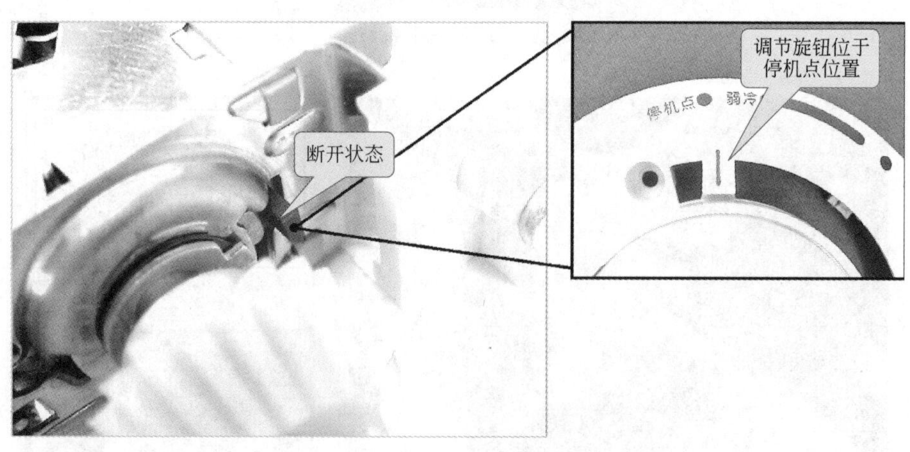

图 4-9　停机点温度传感器的状态检查

若温度控制器的联动系统没发现任何问题，进而需对其自身性能进行检测。

在正常情况下，将温度控制器的调节旋钮调节到停机点的位置时，温度控制器处于断开状态，使用万用表检测温度控制器，其阻值应为“∞”；将温度控制器的调节旋钮调节到偏离停机点的任意位置时，温度控制器处于接通状态，使用万用表检测温度控制器，其阻值应为 0Ω。但经过实测发现，该温度传感器在任何位置上进行检测，得到的阻值都为“∞”，如图 4-11 所示，说明该温度控制器损坏。

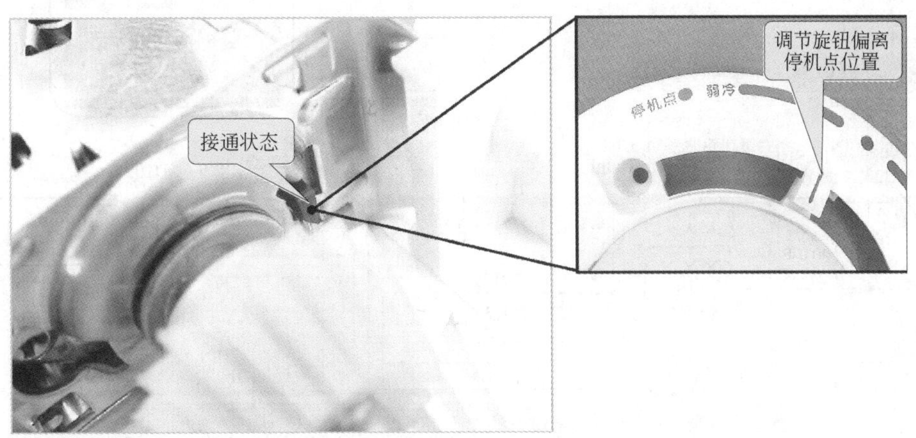

图 4-10　任意点温度传感器的状态检查

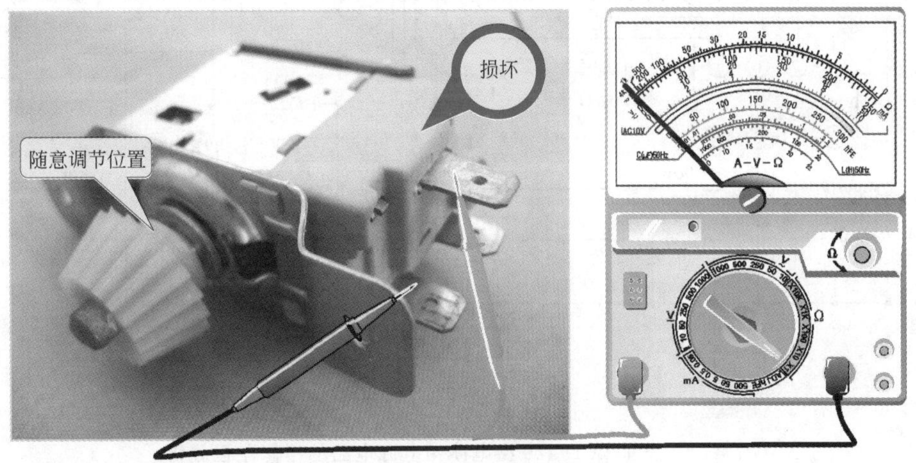

图 4-11　检测温度控制器

4.3　电冰箱电路系统的故障检修

对电冰箱的检修，应根据电冰箱的组成和工作原理，顺着信号流程，对各主要功能部件或电子元器件进行检测。

4.3.1　电冰箱电源电路的检修

电冰箱的电源电路主要用来为电冰箱各单元电路部分和各部件提供工作电压，电冰箱的电源电路与市电 220V 输入电压连接，通过接线端子为电冰箱的电路进行供电。

若电冰箱电源电路出现故障，则可能会出现不开机、整机控制功能失常或无法运转等故障现象。

对电冰箱电源电路进行检修时，应根据其电路原理及信号传输关系进行分析，从而查找出故障线索，判定故障部件，如图 4-12 所示为典型（三星 BCD-226 型）电冰箱电源电路的结构和检修要点。

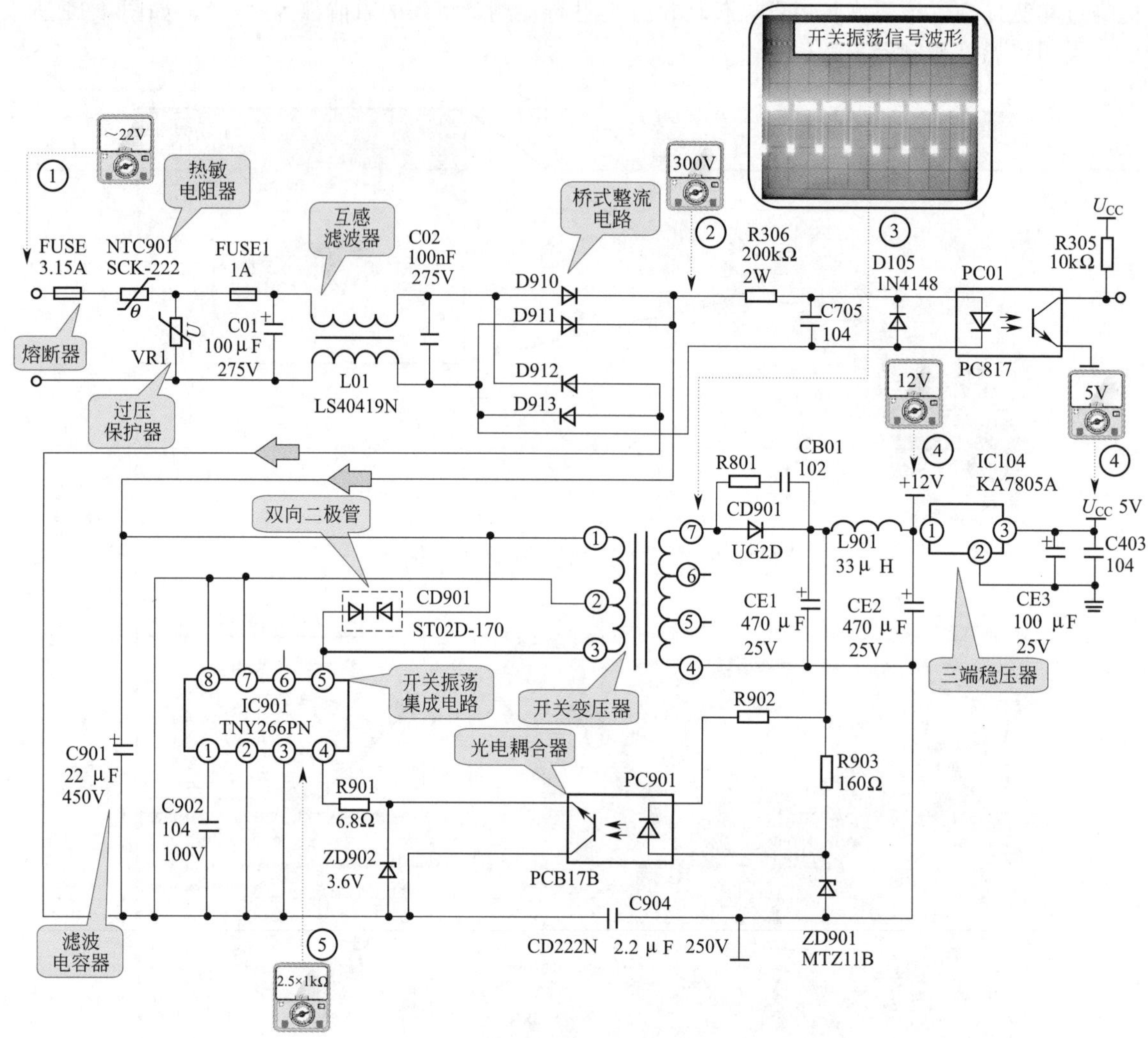

图 4-12　三星 BCD-226 型电冰箱电源电路的检修流程分析

（1）熔断器（FUSE1、FUSE）的检测

若熔断器损坏，交流 220V 则不能为电冰箱供电，电冰箱电源电路也无法正常工作。可以用万用表检测熔断器引脚端的阻值来确定熔断器是否损坏，检测前首先观察熔断器的外观，查看是否有破裂、烧焦的痕迹，然后对其阻值进行检测。若所测的阻值趋于无穷大，则说明熔断器已经熔断损坏。

值得注意的是，引起熔断器烧坏的原因有很多，但引起熔断器烧坏的多数情况是开关电源电路或负载中有过载现象。这时应进一步检查电路，排除过载元器件后，再开机。否则即使更换熔断器后，可能还会烧断。

（2）热敏电阻器 NTC901 的检测

开关电源通常采用负温度热敏电阻来限流（限制浪涌电流），当温度升高时，其阻值减小。若要判断该器件是否损坏，可采用常温检测法和升温检测法：首先将万用表的量程调至 $R\times1$ 挡，在常温环境下，用万用表检测其阻值约为 13Ω，如图 4-13(a) 所示；用电吹风对热敏电阻器加热，使该器件的温度升高，检测其阻值，随温度的升高，万用表的阻值减小到 10Ω，如图

4-13(b) 所示。

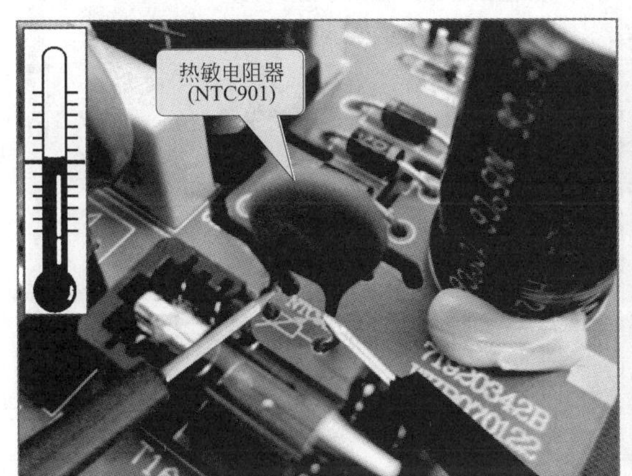

(a) 常温下检测热敏电阻

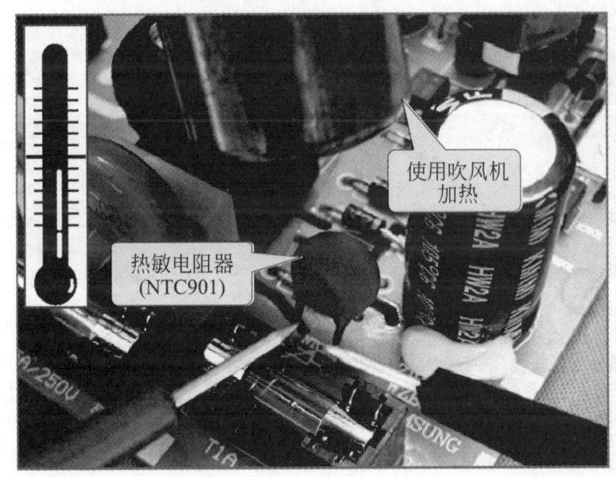

(b) 升温下检测热敏电阻

图 4-13　热敏电阻器 NTC901 的检测

热敏电阻参数发生变化一般不影响电冰箱工作，也不易发现，如果热敏电阻断路则会使电冰箱不能工作，应更换。

(3) 互感滤波器 L01 的检测

互感滤波器 L01 的检测方法比较简单，主要是在开路的状态下使用万用表检测其内部线圈之间的阻值。将万用表调至 $R\times1$ 挡，红黑表笔分别搭在两组绕组的引脚上，测得互感滤波器内部线圈的阻值应趋于 0Ω，如图 4-14 所示。若测得的阻值趋于无穷大，则说明互感滤波器已经断路损坏，需要使用同型号的互感滤波器进行更换。

(4) 桥式整流电路（D910、D911、D912、D913）的检修

如测得互感滤波器输出电压正常，则应检测桥式整流电路是否正常。在断电的情况下，将万用表的量程调至 $R\times1\text{k}$ 挡，并进行欧姆调零，分别检测桥式整流电路的整流二极管（D910、D911、D912、D913）的正反向阻值，这里以二极管 D913 为例，如图 4-15 所示。正常情况下，整流二极管的正向阻值在 6kΩ 左右（在路检测会受外电路的影响），反向阻值为无穷大。若测得正反向阻值之间的阻值相差极小，则说明二极管已经损坏。

(5) 滤波电容器 C901 的检修

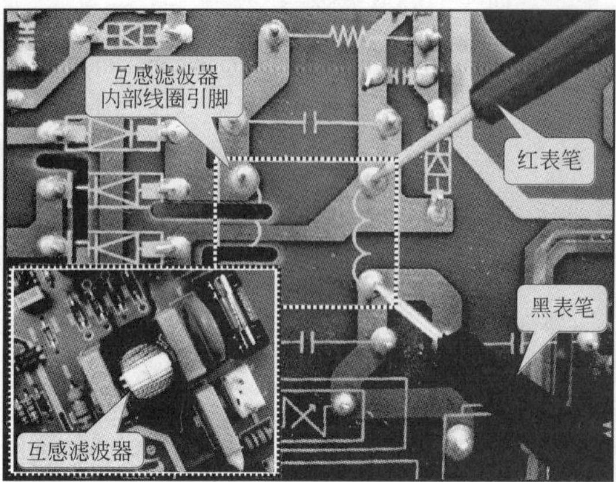

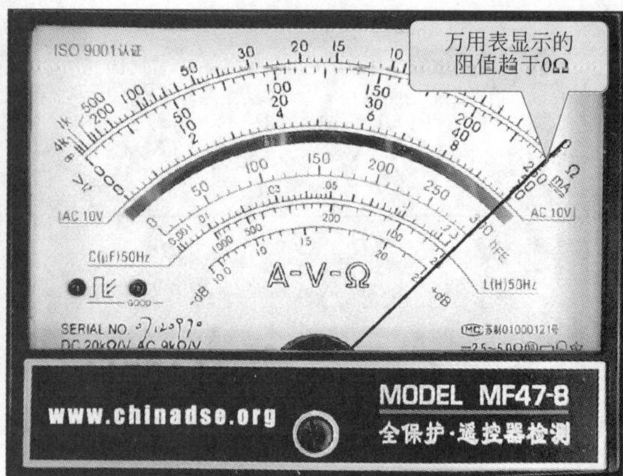

图 4-14 互感滤波器 L01 的检测

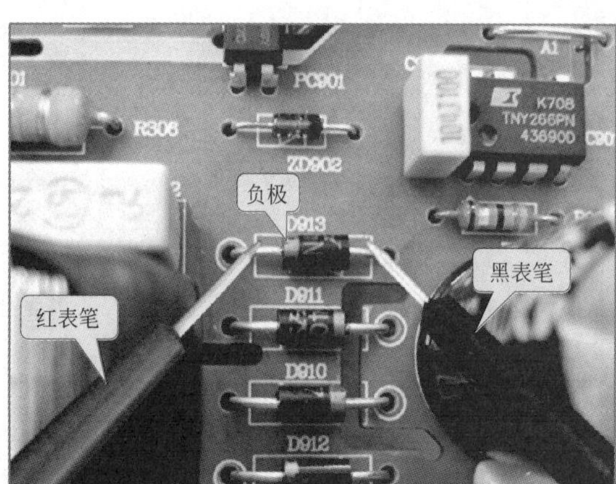

(a) 整流二极管正向阻值的检测

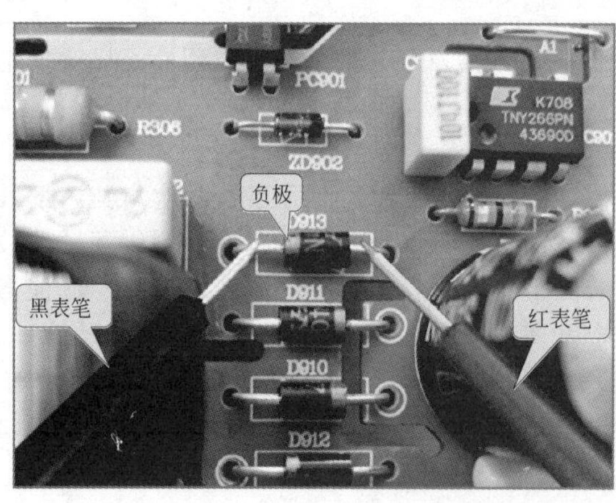

(b) 整流二极管反向阻值的检测

图 4-15 桥式整流电路（D913）的检测

检测滤波电容的好坏，可使用万用表欧姆挡检测滤波电容的充放电情况。将万用表的量程调至 R×1k 挡，红黑表笔任意搭在滤波电容的两引脚上，这里以滤波电容器 C901 为例，如图 4-16 所示。正常情况下，万用表指针会向右侧摆动，然后慢慢向左侧摆动，并停在某一刻度处。

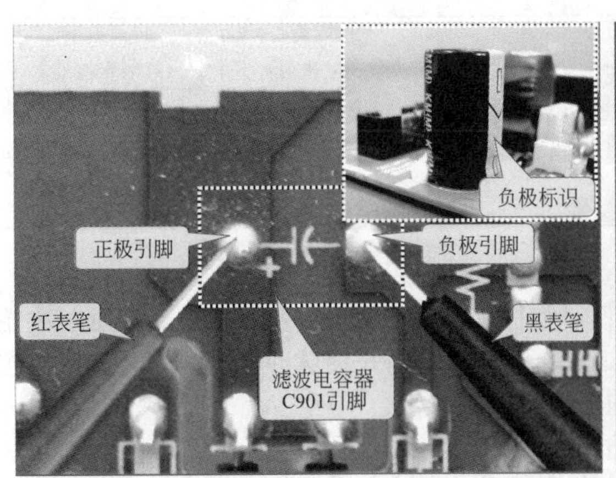

图 4-16　滤波电容器（C901）的检测

(6) 开关振荡集成电路（IC901）TNY266P 的检修

检测开关振荡集成电路（IC901）是否损坏，可通过检测开关振荡集成电路各引脚的正、反向对地阻值来判断。以①脚为例，黑表笔搭在③脚上，红表笔搭在①脚上，可检测到 6kΩ 的阻值；将两表笔调换后，测得阻值为 25kΩ，如图 4-17 所示。

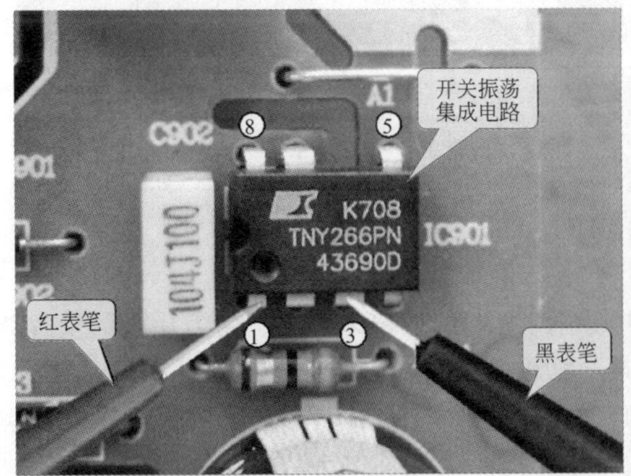

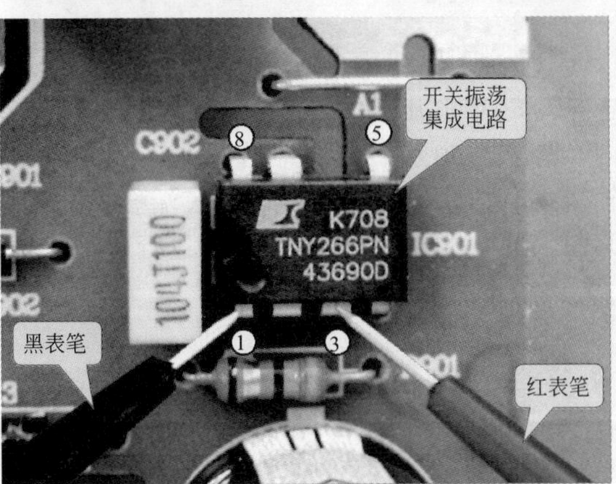

图 4-17　开关振荡集成电路（IC901）TNY266P 的检测

表 4-1 所示为开关振荡集成电路（IC901）TNY266PN 各引脚的对地阻值。若实测值与标准值有差异，则说明开关振荡集成电路可能已经损坏。

表 4-1　开关振荡集成电路（IC901）TNY266PN 各引脚的对地阻值

引脚	正向阻值（黑表笔接地）	反向阻值（红表笔接地）	引脚	正向阻值（黑表笔接地）	反向阻值（红表笔接地）
①	6×1kΩ	2.5×10kΩ	⑤	5.5×1kΩ	7×10kΩ
②	0	0	⑦	0	0
③	0	0	⑧	0	0
④	7.5×1kΩ	1.5×10kΩ	—	—	—

（7）开关变压器 T901 的检修

使用示波器检测开关变压器的振荡信号波形，如图 4-18 所示。正常情况下，接通电冰箱电源，将示波器的探头靠近开关变压器的铁芯部分，便可感应到开关脉冲信号波形。若没有感应到信号波形，则说明开关振荡电路或开关变压器可能存在故障。

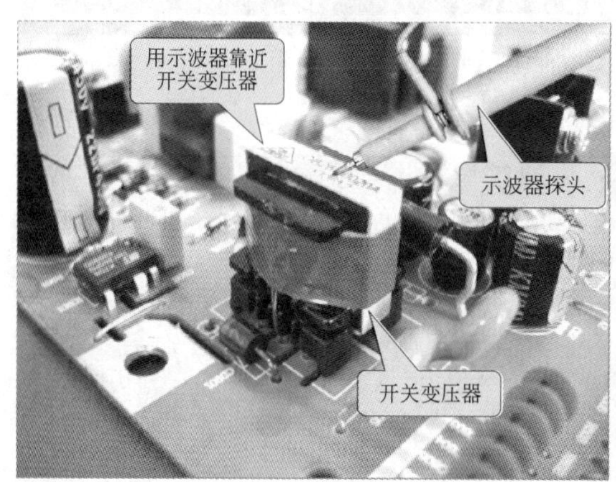

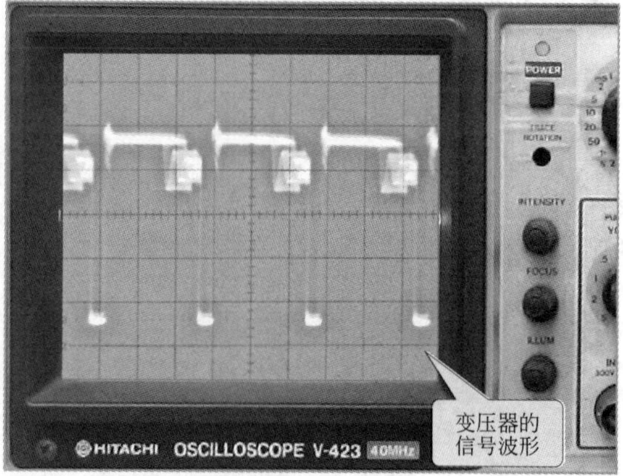

图 4-18　开关变压器 T901 的检测

（8）光电耦合器（PC901、PC01）的检修

检测光电耦合器的好坏，可使用万用表检测其引脚之间的阻值来判断。将万用表的量程调至 R×1k 欧姆挡，黑表笔搭在光电耦合器的①脚，红表笔搭在②脚，测得阻值约为 25×1kΩ，将表笔对换，测得阻值为6.5×1kΩ；黑表笔搭在光电耦合器的③脚，红表笔搭在④脚，测得阻值约为 7×1kΩ，将表笔对换，测得阻值为 10×1kΩ，如图 4-19 所示。若数值相差较大，则说明光电耦合器可能损坏。

（9）三端稳压器 IC104 的检修

检测三端稳压器时，可将万用表的量程调至直流 50V 电压挡，黑表笔搭在接地端，红表笔分别检测三端稳压器＋12V、＋5V 输出电压，如图 4-20 所示。

若测得三端稳压器输出＋12V 电压正常，而输出＋5V 电压不正常，则说明三端稳压器 IC104 损坏；若测得输出电压均不正常，则需要顺着电路图，重点对电路中的主要部件进行一一检测。

4.3.2　电冰箱控制电路的检修

电冰箱的微处理器控制电路是智能电冰箱中特有的电路，主要是由微处理器和输入输出接口电路等组成的。微处理器主要用来接收人工指令信号，以及传感器送来的温度检测信号，并根据人工指令信号、温度检测信号以及内部程序，输出控制信号，对电冰箱进行控制。

若电冰箱的控制电路出现故障，则可能会出现控制不正常的故障，例如不开机、操作按键

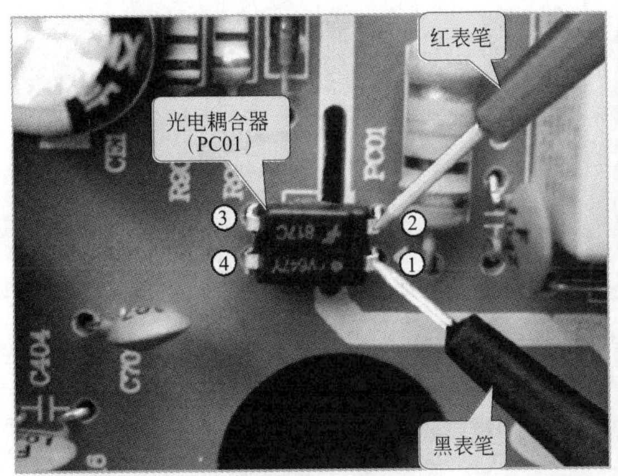

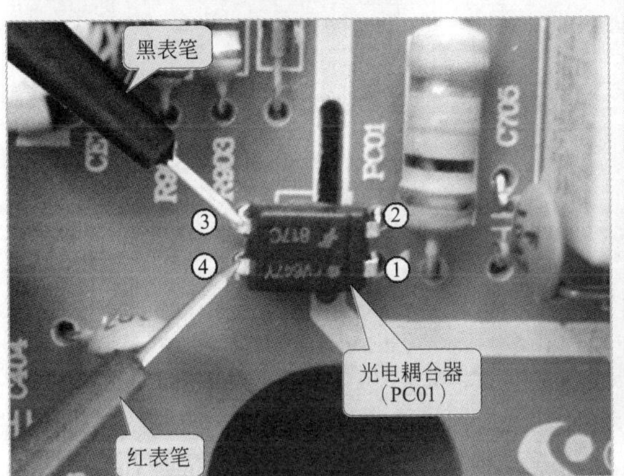

图 4-19　光电耦合器（PC01）的检修

失灵、显示失常等现象。

对于电冰箱控制电路的检修，应根据控制电路的信号流程逐级进行检测，从而查找故障线索，判定故障部位，如图 4-21 所示为典型（三星 BCD-226MJV 型）电冰箱的控制电路。

检修电冰箱的控制电路可顺着其基本的信号流程，对控制电路中的主要元件进行检测。例如微处理器、晶体以及反相器等。

（1）微处理器 IC101（TMP86P807NG）的检测

对微处理器 IC101（TMP86P807NG）的供电电压进行检测，检测时将万用表调至直流 10V 电压挡，黑表笔搭在接地端的引脚上，红表笔搭在⑤脚上，正常情况下，可以检测到 5V 的供电电压，如图 4-22 所示。

微处理器 IC101（TMP86P807NG）的②脚和③脚为时钟晶振信号端，使用示波器的探头搭在这两个引脚上时，便可以检测到时钟晶振信号的波形，如图 4-23 所示。

对微处理器 IC101 的 RX 和 TX 进行检测，该信号可在 IC101 的⑩脚和⑪脚上测得，如图 4-24所示。在供电电压和时钟晶振信号正常的情况下，若 RX 和 TX 信号不正常，则可能是微处理器 IC101 本身损坏。

（2）晶体 XT1 的检测

可用检测晶体 XT1 端波形的方法来判断晶体是否正常，在开机的状态下，将示波器的探头搭在晶体的引脚上时，便可以检测到时钟晶振信号的波形，如图 4-25 所示。

若晶体 XT1 的引脚端无时钟晶振信号波形，则可能是晶体本身损坏，也可能是微处理器损坏。可用代换法进行判定，即用性能良好的晶体进行代换，代换后若故障排除，则属于晶体

(a) 三端稳压器+5V输出电压的检测

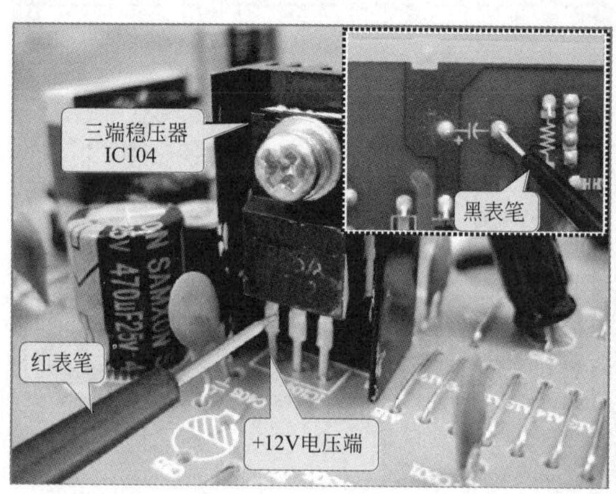

(b) 三端稳压器+12V输出电压的检测

图 4-20 电冰箱电源电路输出电压的检测

故障，若代换后故障依旧，则可能是微处理器或外围元件损坏。

（3）反相器 IC102 的检测

对反相器 IC102 的 12V 供电电压进行检测，该电压可在反相器 IC102 的⑨脚上测得，如图 4-26 所示。

反相器 IC102 在供电电压正常的情况下，可检测其各引脚正向和反向对地阻值的方法，来判断其是否正常。正常情况下反相器 IC102 各引脚对地阻值见表 4-2。

表 4-2 反相器 IC102 各引脚对地阻值

引脚	正向对地阻值/×1kΩ	反向对地阻值/×1kΩ	引脚	正向对地阻值/×1kΩ	反向对地阻值/×1kΩ
①	6	8.5	⑨	4	28
②	6	8.5	⑩	6.7	140
③	6	8	⑪	6.7	140
④	6	8	⑫	5	28
⑤	6	8.5	⑬	4.5	28
⑥	6	8.5	⑭	5	28
⑦	6	8.5	⑮	7	130
⑧	0	0	⑯	7	130

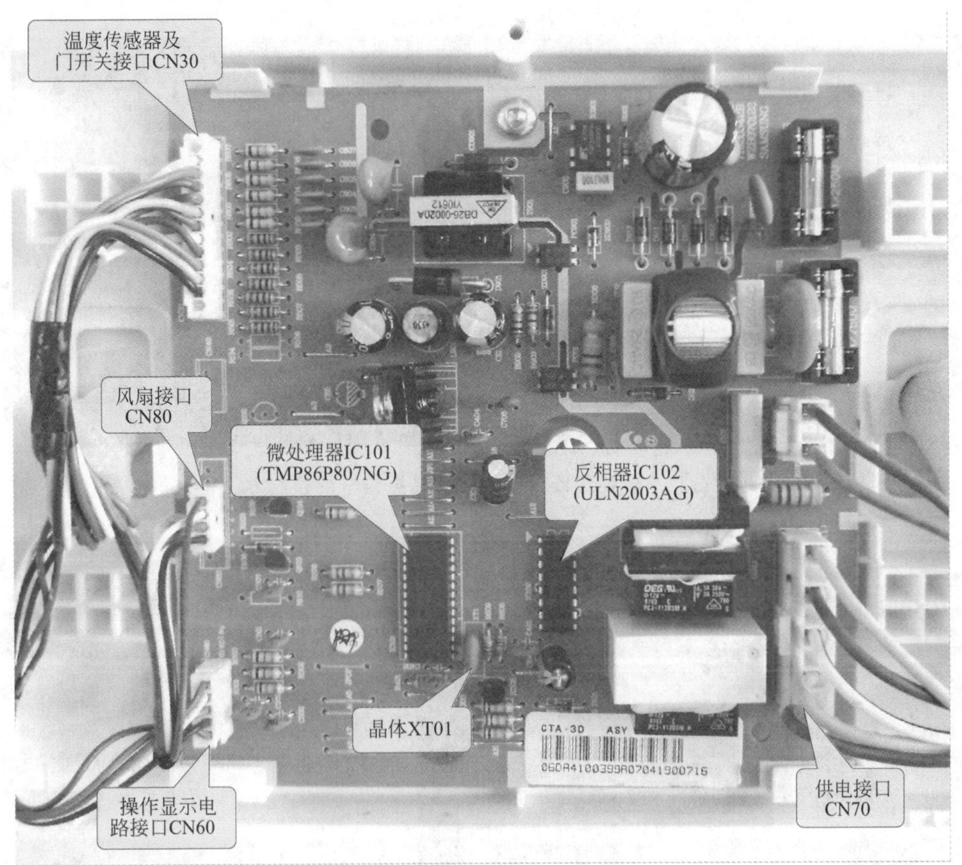

图 4-21　三星 BCD-226MJV 型电冰箱的控制电路

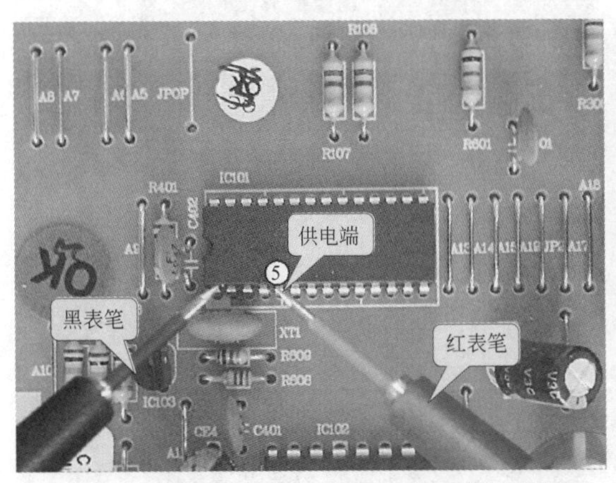

图 4-22　微处理器 IC101 供电电压的检测方法

(4) 继电器的检测

对电磁继电器进行检测，可先使用万用表对继电器控制一侧的电压进行检测，如图 4-27 所示。万用表调至直流 50V 电压挡，将黑表笔搭在与反相器相连的引脚上，红表笔搭在供电引脚上，继电器工作状态下，可测得电压为 12V。

供电正常，再对继电器触点一侧的电压进行检测，如图 4-28 所示，在继电器工作状态下，触点闭合，可测得电压为交流 220V。若测得电压不正常，说明继电器已损坏。

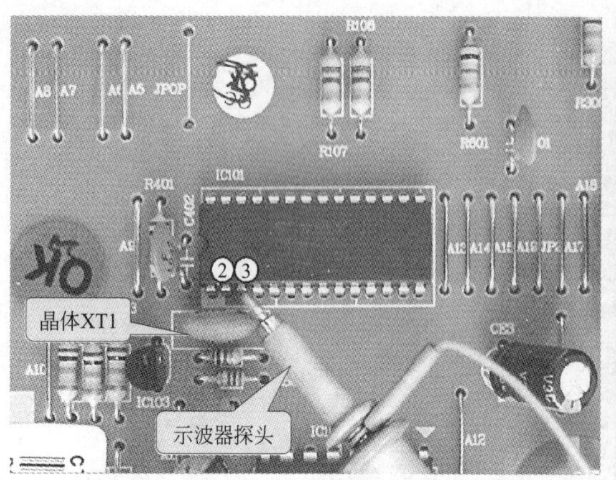

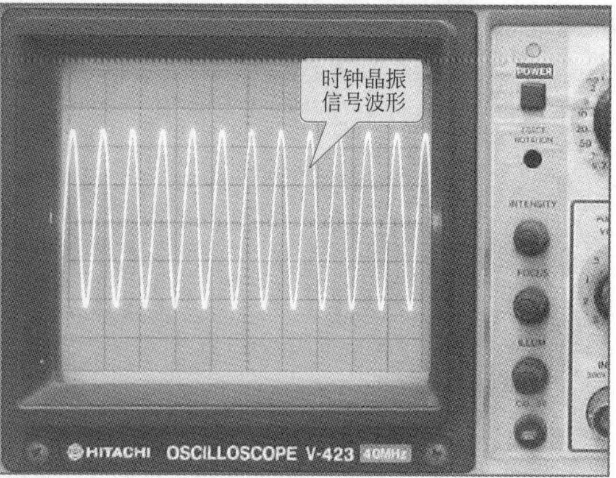

图 4-23　微处理器 IC101 时钟晶振信号的检测方法

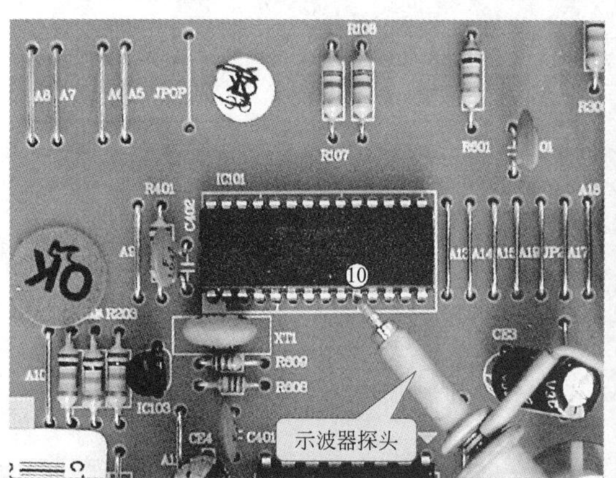

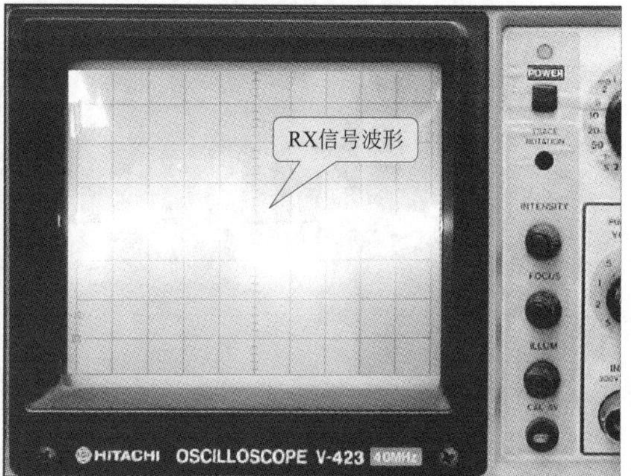

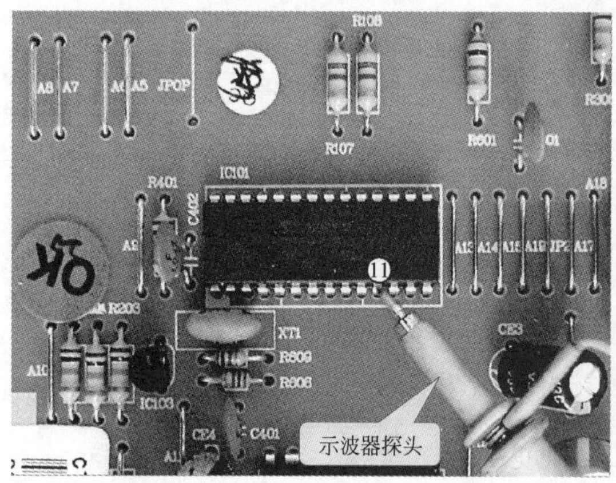

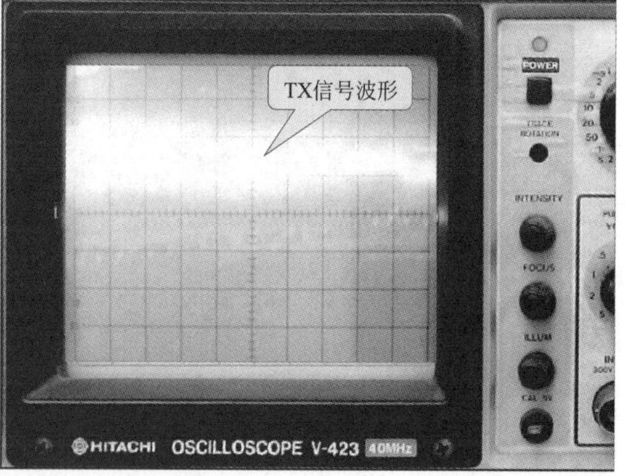

图 4-24　微处理器 IC101 的 RX 和 TX 信号的检测方法

4.3.3　电冰箱操作显示电路的检修

电冰箱的操作显示电路通过操作显示电路面板上的按键进行人工指令的输入，控制电冰箱的工作状态，同时通过显示屏显示当前的工作状态。对于操作显示电路的检修，应根据其信号流程逐级进行检修，从而查找出故障线索，判定故障部位。

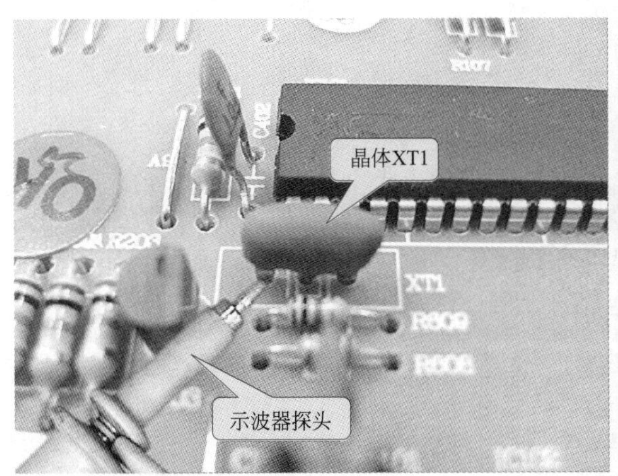

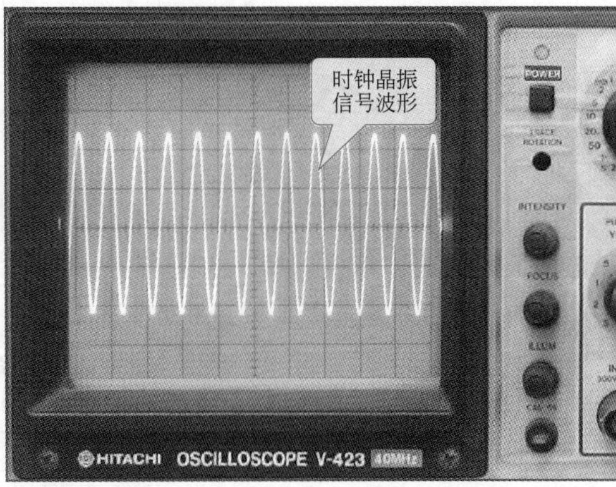

图 4-25 晶体 XT1 的检测方法

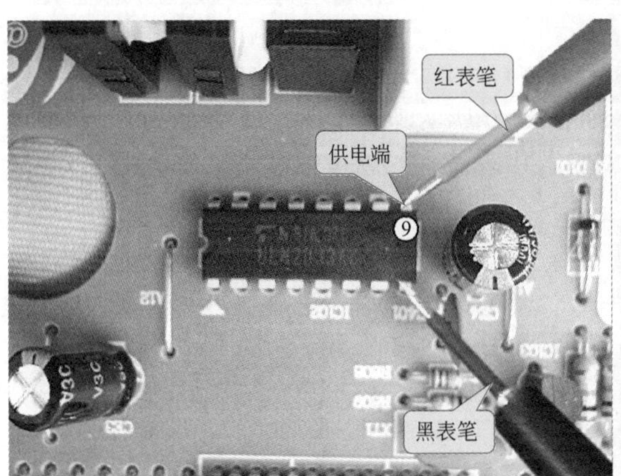

图 4-26 反相器 IC102 供电电压的检测方法

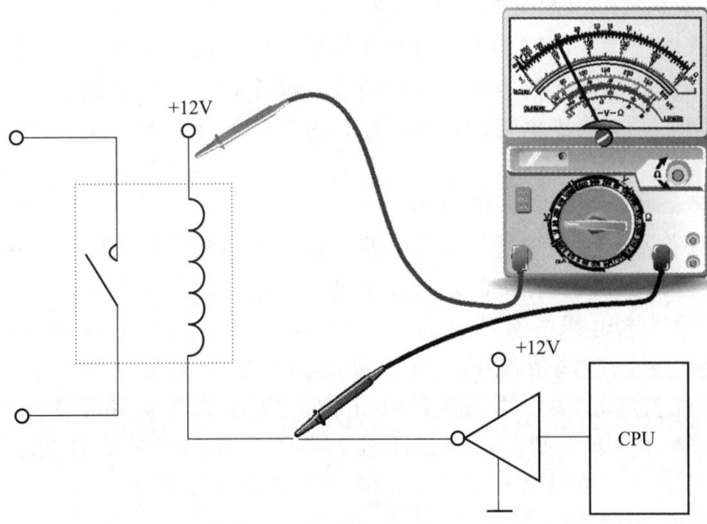

图 4-27 检测继电器的供电电压

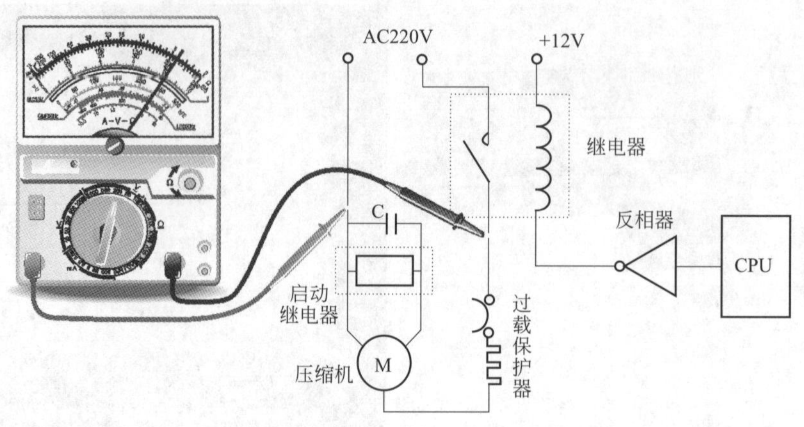

图 4-28　检测继电器触点一侧的电压

如图 4-29 所示为典型三星 BCD-252NIVR 型电冰箱操作显示电路的检修流程。

（1）操作按键的检测

对操作按键进行检测时，应使用万用表对其阻值进行检测，在未按下按键时，操作按键处于断开状态，两引脚之间的电阻值应为无穷大，如图 4-30 所示。

接着向下按动操作按键，检测的阻值应为 0Ω。若出现按下操纵按键时，阻值仍为无穷大，则操作按键本身损坏。

（2）蜂鸣器的检测

检测蜂鸣器时，可以将万用表的量程调整至 $R\times 1k$ 挡，并将红黑表笔分别搭在蜂鸣器的两引脚上，如图 4-31 所示。正常情况下，万用表应检测出一定的阻值，并在红黑表笔接触蜂鸣器引脚时，蜂鸣器可以发出“吱吱”的声响。若检测阻值为无穷大，并且没有声响，则说明蜂鸣器本身损坏。

（3）温度传感器（热敏电阻）的检测

检测热敏电阻时，主要是使用万用表检测其电阻值，在不同温度下检测热敏电阻的阻值也不相同。将万用表的量程调整至 $R\times 1k$ 挡，使红黑表笔分别搭在热敏电阻的两个引脚端，如图 4-32 所示，常温下热敏电阻的阻值为 3.5kΩ。

当热敏电阻周围的温度升高时，再次检测热敏电阻的阻值，如图 4-33 所示。正常情况下，其阻值应增大或减小，经检测该热敏电阻的阻值逐渐减小，说明该热敏电阻性能正常，并且为负温度系数热敏电阻。若当热敏电阻的阻值不随外围温度的变化而变化，则表明该热敏电阻有可能已经损坏。

（4）反相放大器（ULN2003A）的检测

反相放大器是操作显示微处理器的接口电路，检测反相放大的性能是否正常时，通常可以检测其供电、输入信号波形以及输出的信号波形进行判断。

对反相放大器的供电电压进行检测，如图 4-34 所示，将黑表笔接地，红表笔搭在反相放大器的电压供电端，正常情况下，可以检测出供电端的电压值。若反相放大器的供电电压不正常，则说明反相放大器工作条件异常，应对供电电路部分进行检测，并排除故障；若该电压正常，接下来则需要对反相放大器输入和输出的信号波形进行检测。

检测反相放大器的输入信号波形时，首先将示波器接地夹接地，用探头搭在反相放大器（ULN2003A）的①脚，检测输入的信号波形，如图 4-35 所示。

检测反相放大器的输出信号波形时，需要将示波器接地夹接地，用探头搭在反相放大

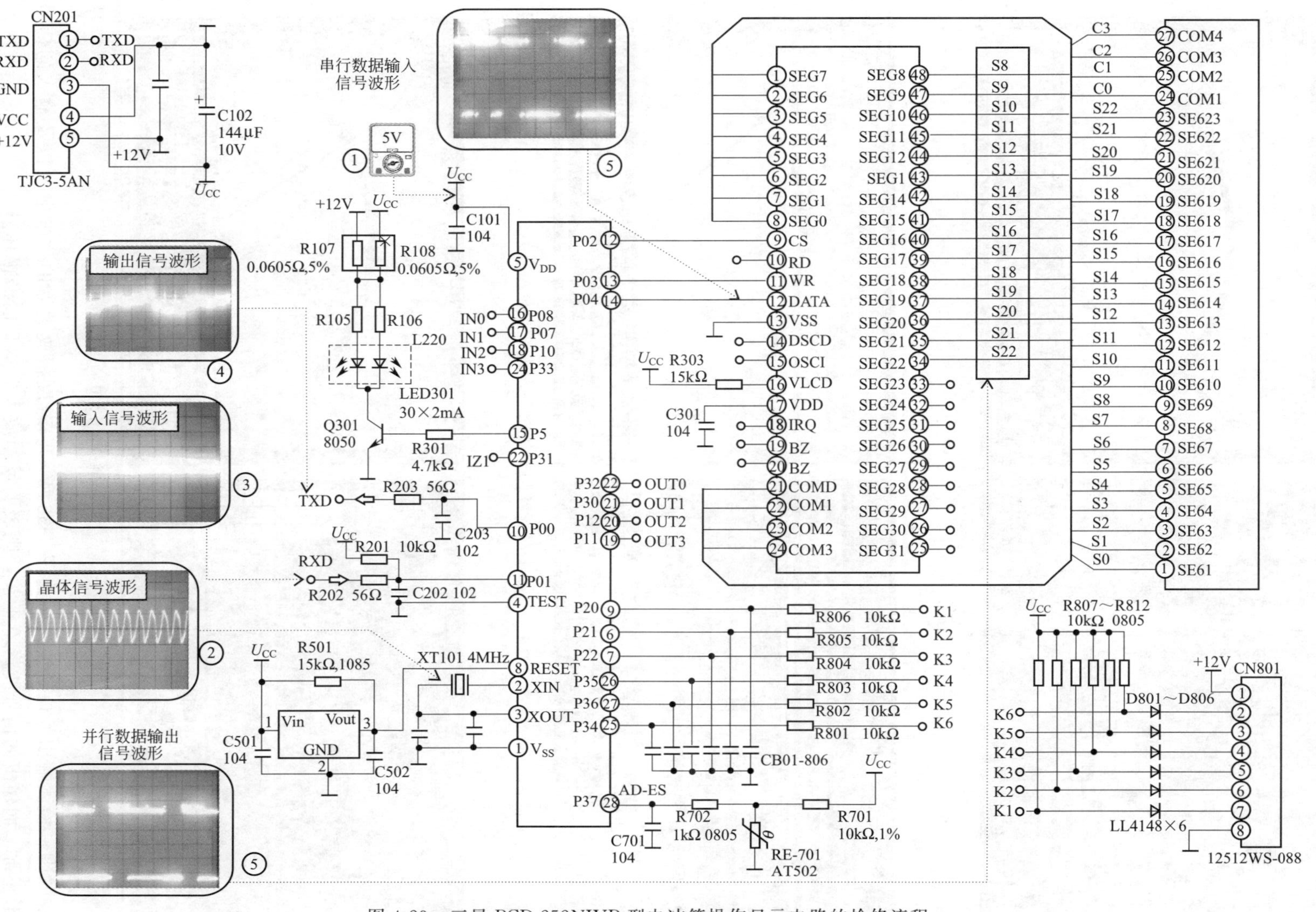

图 4-29 三星 BCD-252NIVR 型电冰箱操作显示电路的检修流程

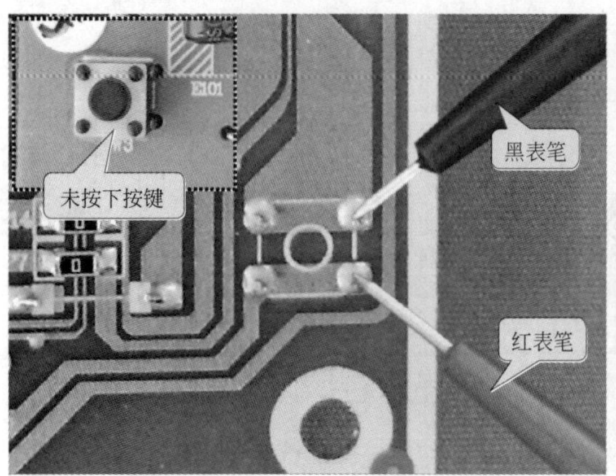

图 4-30 检测操作按键未按时的阻值

图 4-31 蜂鸣器的检测方法

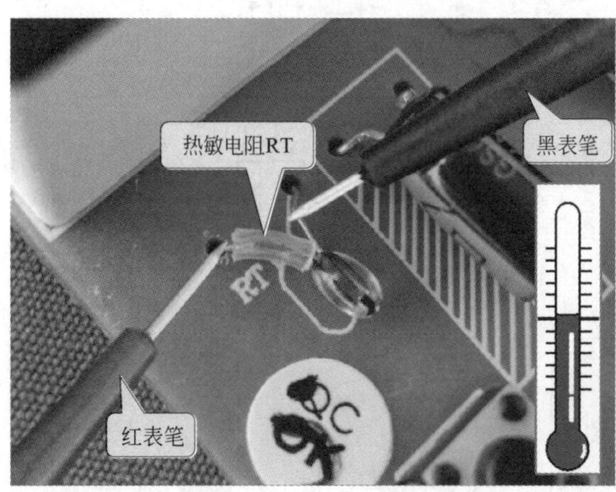

图 4-32 常温下检测热敏电阻的电阻值

器的⑯脚，检测输出的信号波形，如图 4-36 所示。若反相放大器的供电电压以及输入的信号波形正常，而输出的信号波形不正常，则表明反相放大器本身已经损坏。

（5）数据接口电路（74HC595D）的检测

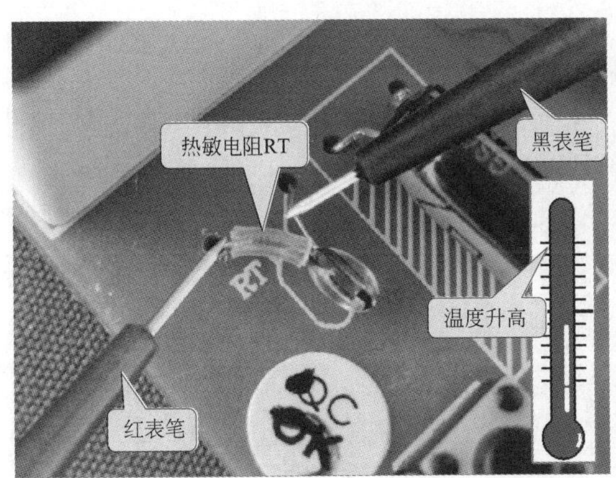

图 4-33 高温下检测热敏电阻的电阻值

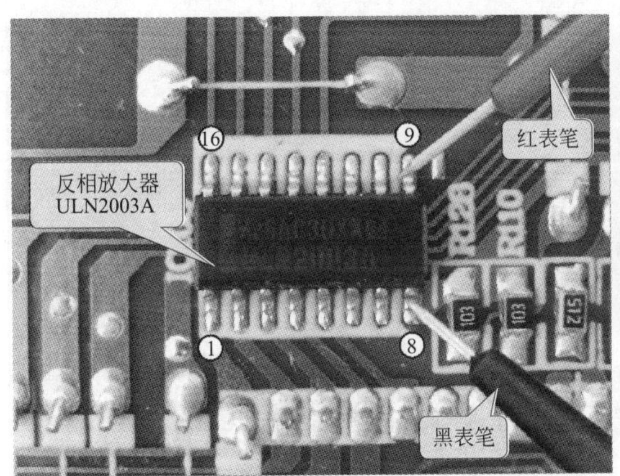

图 4-34 反相放大器（ULN2003A）供电电压的检测方法

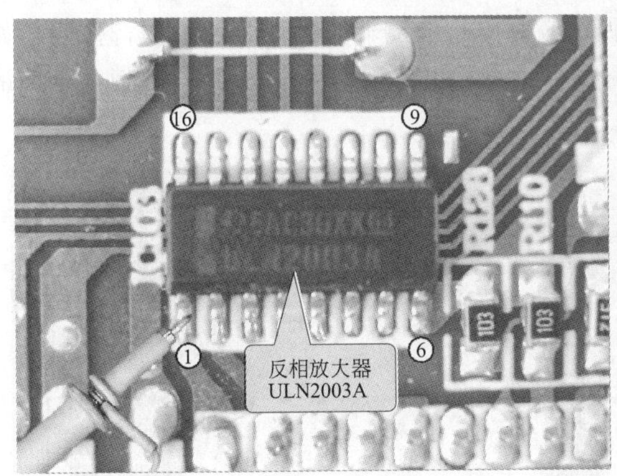

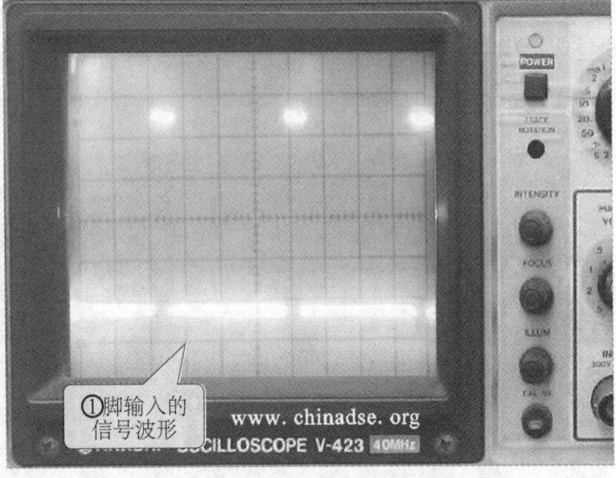

图 4-35 反相放大器（ULN2003A）输入信号波形的检测方法

检测数据接口电路是否正常时，通常通过供电电压、输入信号以及输出信号进行检测。检测时应先对供电电压进行检测，如图 4-37 所示，将万用表的黑表笔接地，红表笔搭在数据接口电路的⑯脚，正常情况下，应检测出＋5V 的供电电压。若数据接口电路的供电电压不正常，则应对供电电路进行检测；若供电电压正常，则应对输入端的信号进行检测。

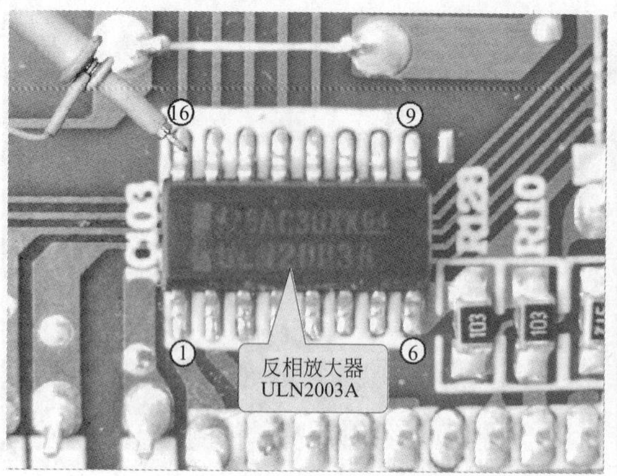

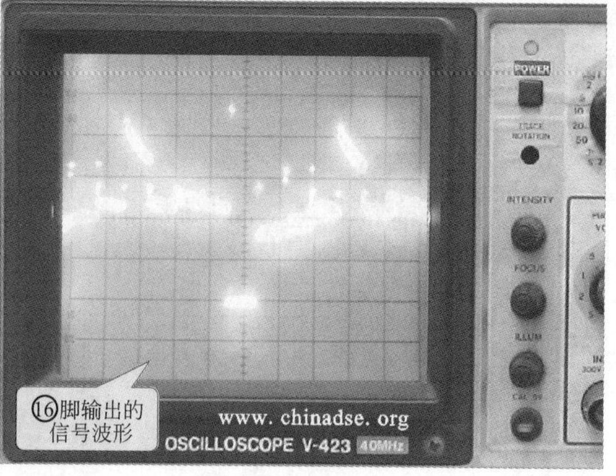

图 4-36　反相放大器（ULN2003A）输出信号波形的检测方法

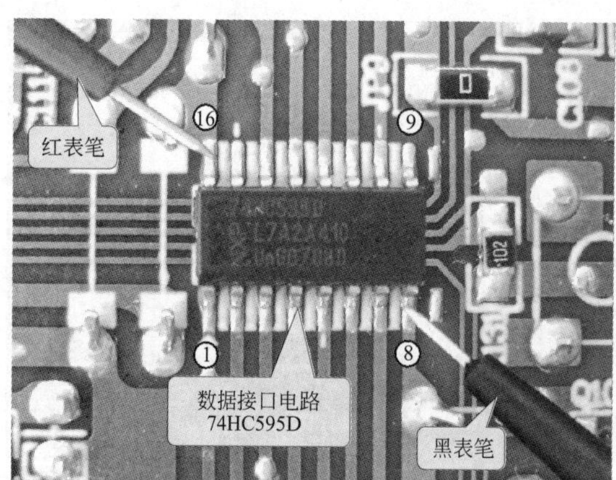

图 4-37　数据接口电路（74HC595D）供电电压的检测方法

经检测若数据接口电路的工作电压正常，则还应对串行数据输入的信号波形进行检测，如图 4-38 所示。将示波器接地夹接地，用探头搭在数据接口电路（74HC595D）的⑭脚，正常情况下应检测到图中的信号波形。

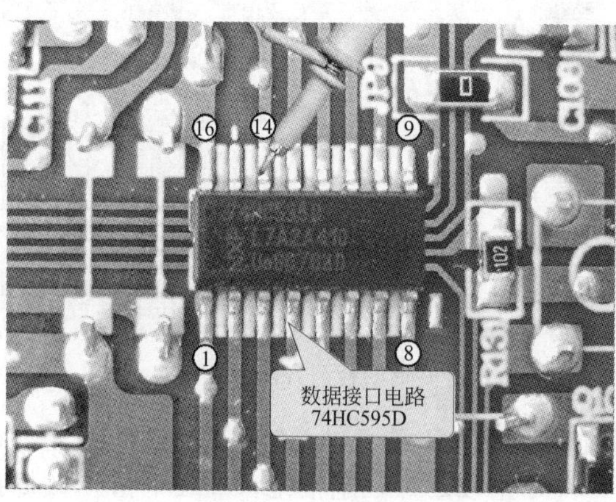

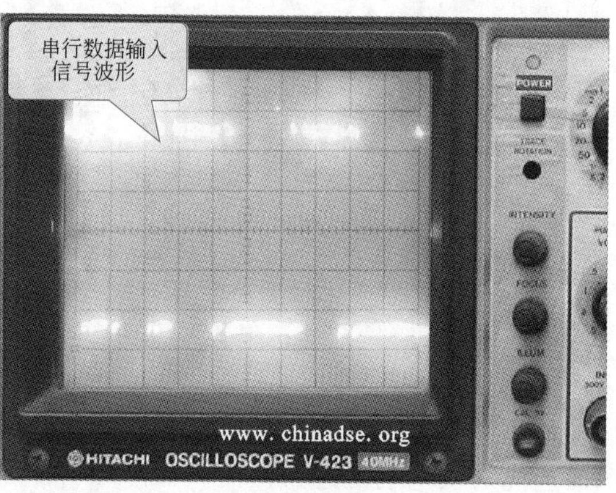

图 4-38　数据接口电路（74HC595D）输入信号的检测方法

若检测到数据接口电路的供电电压以及输入信号波形正常，则还应对其输出的信号波形进行检测，如图 4-39 所示。以检测⑥脚为例，首先将示波器的接地夹接地，然后用探头搭在数据接口电路的输出引脚端，正常情况下，应能检测到图中的信号波形。

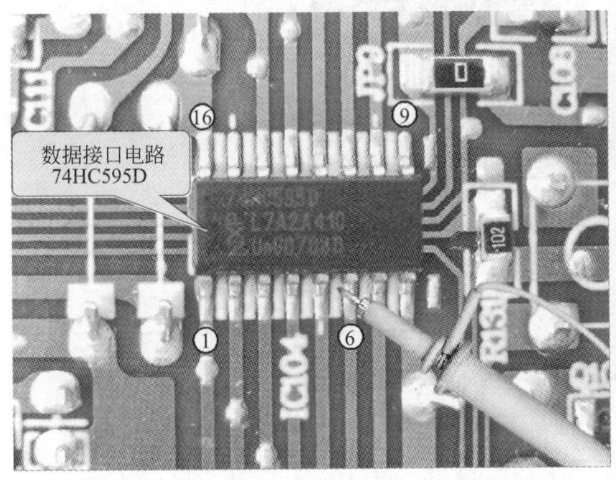

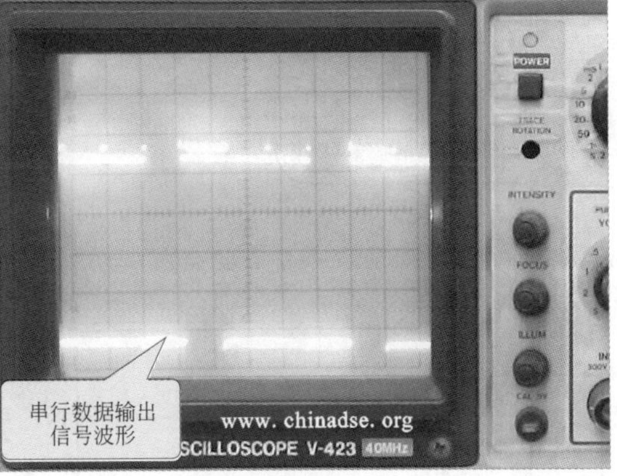

图 4-39　数据接口电路（74HC595D）输出信号的检测方法

若经检测，数据接口电路的供电电压、输入信号均正常的情况下，而没有输出信号波形，则表明该数据接口电路本身已经损坏，应进行更换。

（6）显示屏的检测

在电冰箱的操作显示电路中，反相放大器以及数据接口电路输出的信号波形均送到显示屏中，作为信号的输入，对显示屏进行检测时，主要检测该电路板的供电电压以及信号的输入是否正常。

接下来主要是检测该电路板的供电电压，如图 4-40 所示，将万用表的黑表笔接地，红表笔搭在连接插件 CN2 的供电端，正常情况下，应能检测到＋5V 和＋12V 的供电电压。

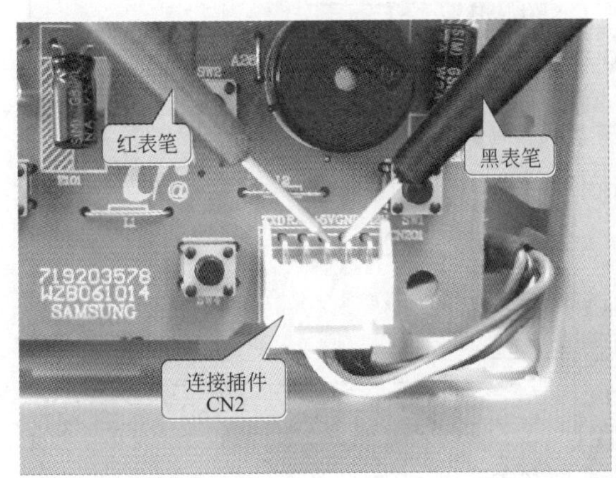

图 4-40　显示屏供电电压的检测方法

若显示屏的供电以及输入信号均正常，而显示屏显示的字符异常，则该显示屏本身已经损坏。

4.3.4　电冰箱变频电路的检修

变频电路是变频电冰箱中所特有的电路模块，其主要的功能就是为电冰箱的变频压缩机提供驱动电流，用来调节压缩机的转速，实现电冰箱制冷的自动控制。

对于电冰箱变频电路的检修，应根据变频电路的信号流程逐级进行检测，从而查找故障线索，判定故障部位，如图 4-41 所示为典型电冰箱的变频电路。

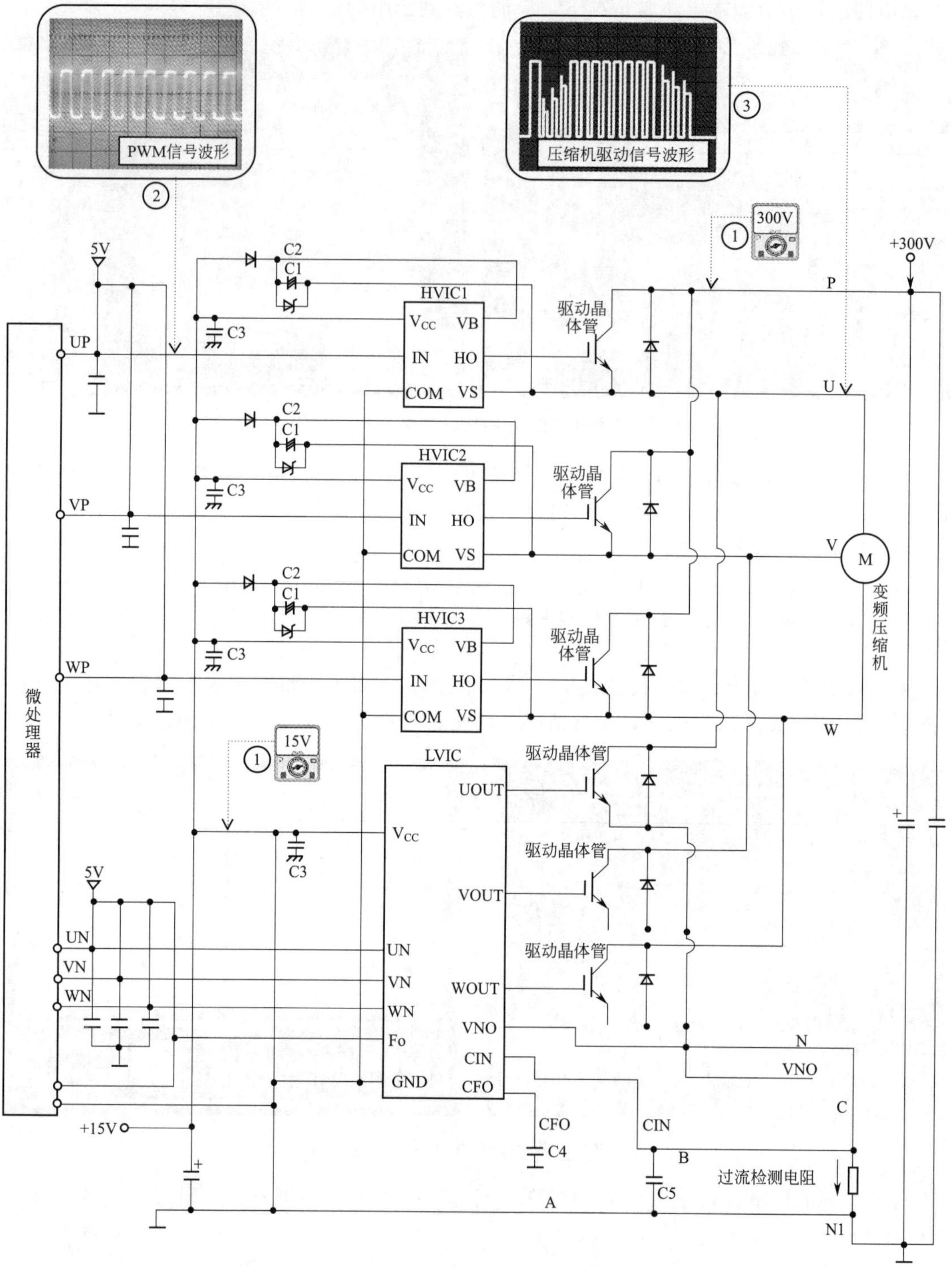

图 4-41 典型电冰箱的变频电路

根据上述内容可知，检修电冰箱的变频电路可顺其基本的信号流程，对变频电路中的主要元件进行检测。但通常情况下，由于变频电路通常制成电路模块，无法找到其内部元器件的规格型号以及关键检测点的电压和信号波形，若检测到电冰箱变频电路有损坏的现象，则需要对整个变频电路板进行代换。

可以通过检测变频电路供电电压以及输出驱动信号的方法，判断变频电路是否有故障。正常情况下，在变频电路的输入端上，可以检测到300V的直流输入电压，如图4-42所示。

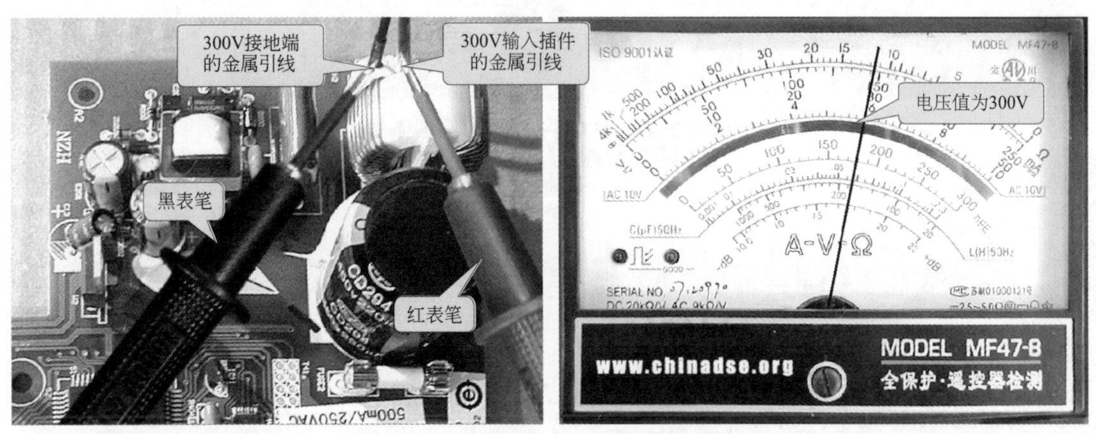

图 4-42　变频电路供电电压的检测方法

在供电电压正常的情况下，对变频电路输出的驱动信号进行检测，该信号可在输出插件上测得，如图4-43所示。在供电电压正常的情况下，若变频电路无输出，则可能是变频电路中有损坏的元件。

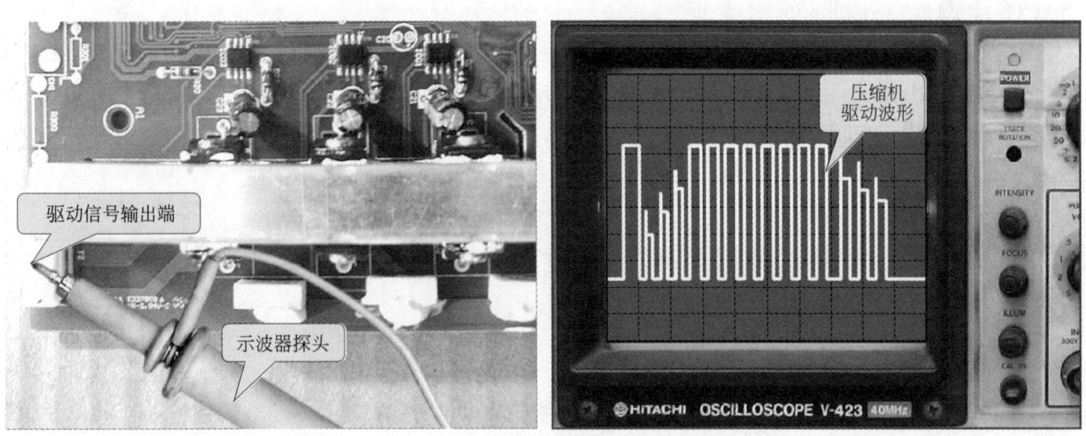

图 4-43　变频电路输出驱动信号的检测方法

第 5 章

空调器故障检修

5.1　空调器的结构特点

（1）空调器室内机的结构特点

如图 5-1（见下页）所示为典型空调器室内机的结构组成。从图中可以看出，空调器室内机主要由上盖、过滤网、滤尘器、空调器前壳、导风板组件、室内风扇电动机、贯流风扇、蒸发器、室内机电路板、显示和遥控接收电路、空调器后壳等部分构成。

（2）空调器室外机的结构特点

图 5-2（见 116 页）所示为典型空调器室外机的结构分解图，从图中可以看出，空调器室外机主要由上盖、轴流风扇、室外风扇电动机、滤波器、变频模块、室外机电路板、电抗器、压缩机、过热保护继电器、冷凝器、前盖、侧盖、后盖、截止阀、闸阀组件和底座等部分构成。

5.2　空调器主要电气部件的故障检修

5.2.1　风扇组件的检修方法

（1）贯流风扇的检修

贯流风扇是由细长的离心叶片和驱动电机组成的，其形状为长圆柱体，驱动电机位于室内机的侧面，通过主轴直接与叶片相连，如图 5-3 所示。

贯流风扇驱动电机是变速电机，可通过控制器实现变速，因此贯流风扇驱动电机有多根引线，并且有的还具有独立的温度传感器，如图 5-4 所示。

如图 5-5 所示，该贯流风扇电机有 4 条引线，从智能控制电路板上的插接件上可以判断，其中黄色和白色 2 条引线为驱动端，为驱动电机提供电压；黑色和红色 2 条引线为速度检测端，用来检测电机的转速，为控制电路提供速度信号。

贯流风扇驱动电机绕组线圈的检测如图 5-6 所示，经检测发现，该驱动电机的驱动控制端两个引脚之间的阻值为 650Ω，正常。

再检测得到速度检测端的两个引脚之间的阻值为 60Ω，如图 5-7 所示，正常。

在驱动电机正常的情况下，应当对控制电路进行检测，如图 5-8 所示为该空调器贯流风扇驱动电机的控制电路。从图中可以看到，驱动电机是由 2 个继电器进行控制的：其中一个控制高速运转；另一个控制低速运转。

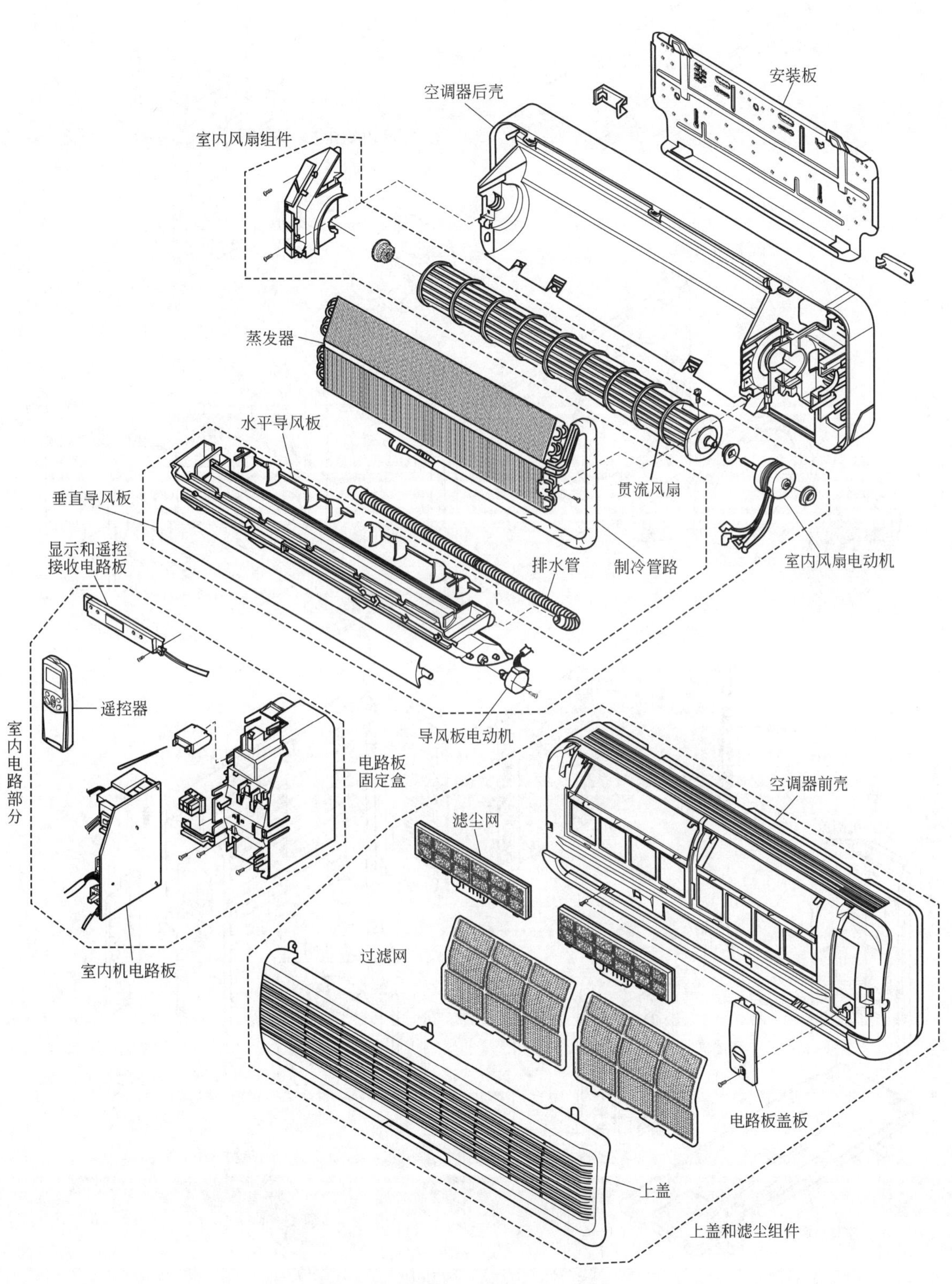

图 5-1　典型空调器室内机的结构分解图

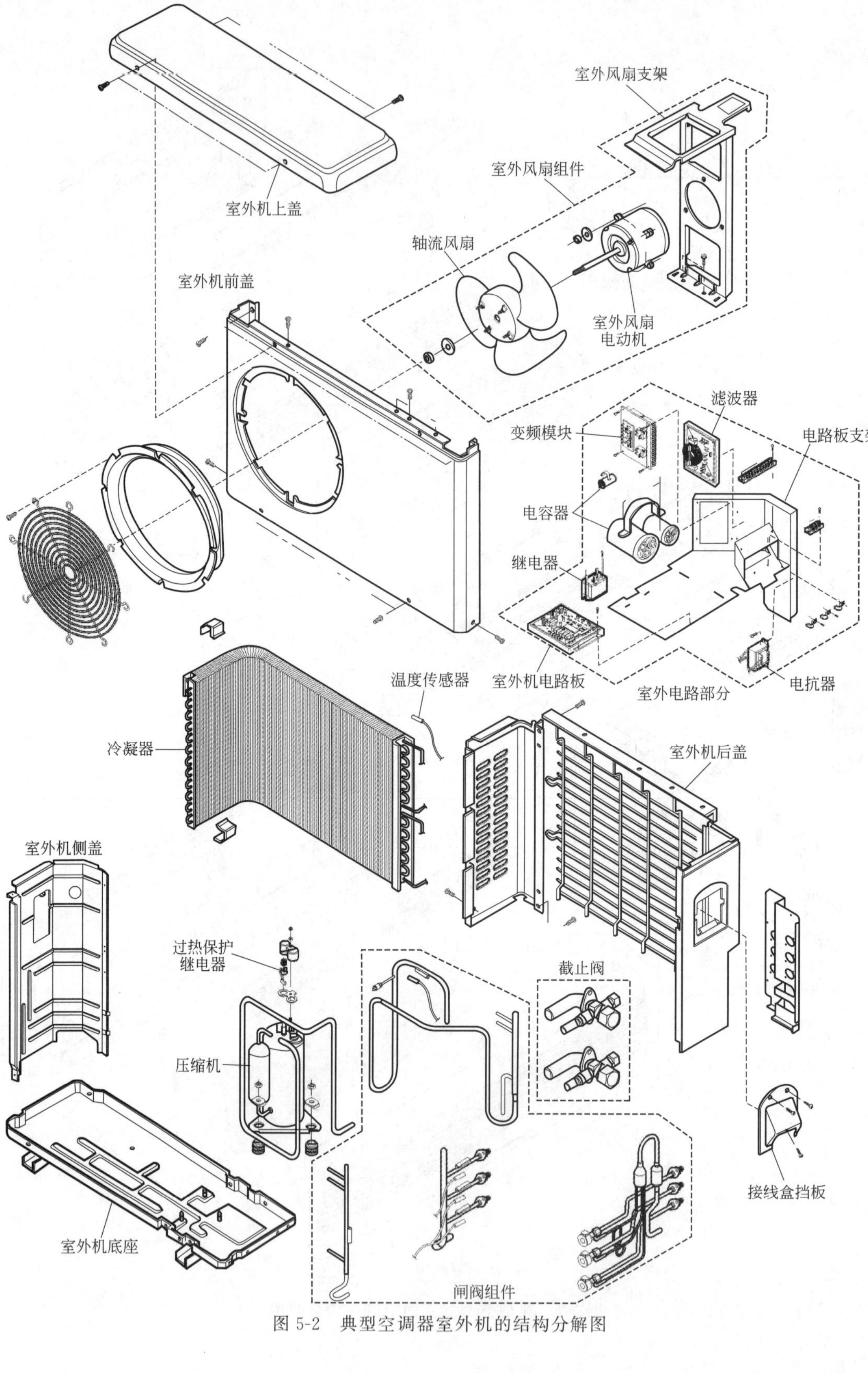

室外风扇支架
室外风扇组件
室外机上盖
轴流风扇
室外机前盖
室外风扇
电动机
滤波器
变频模块
电路板支架
电容器
继电器
温度传感器
室外机电路板
室外电路部分
电抗器
冷凝器
室外机后盖
室外机侧盖
过热保护
继电器
截止阀
压缩机
接线盒挡板
室外机底座
闸阀组件

图 5-2　典型空调器室外机的结构分解图

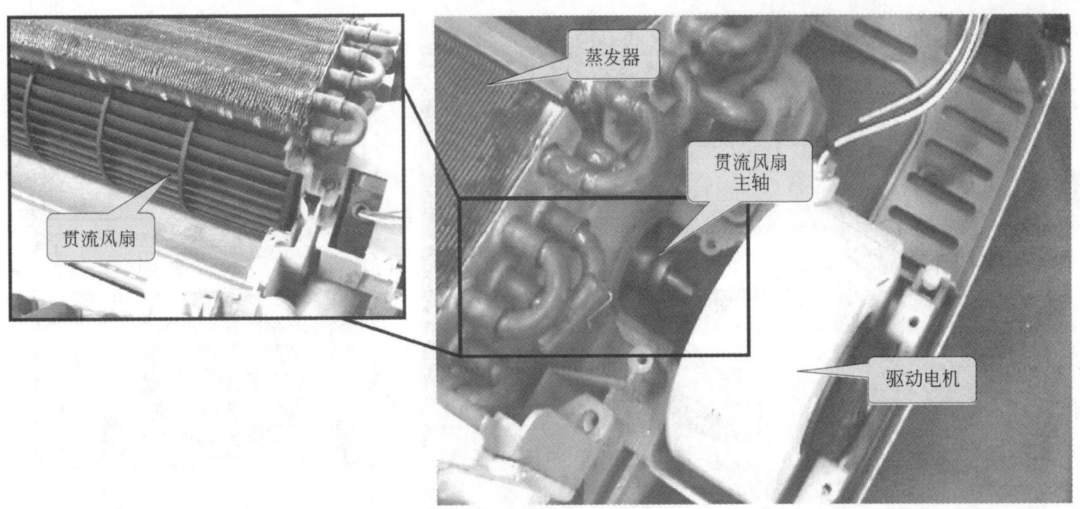

图 5-3　贯流风扇的安装位置

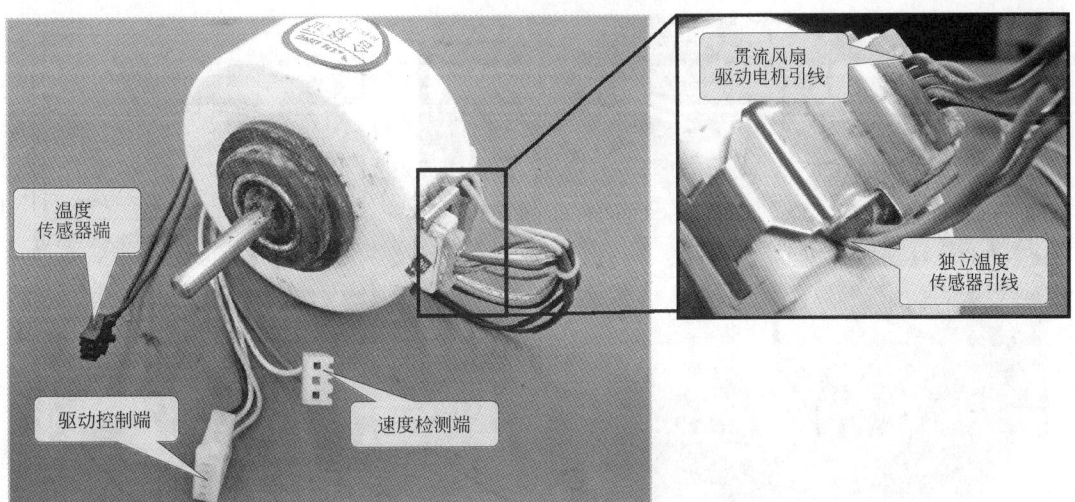

图 5-4　贯流风扇驱动电机及其引线

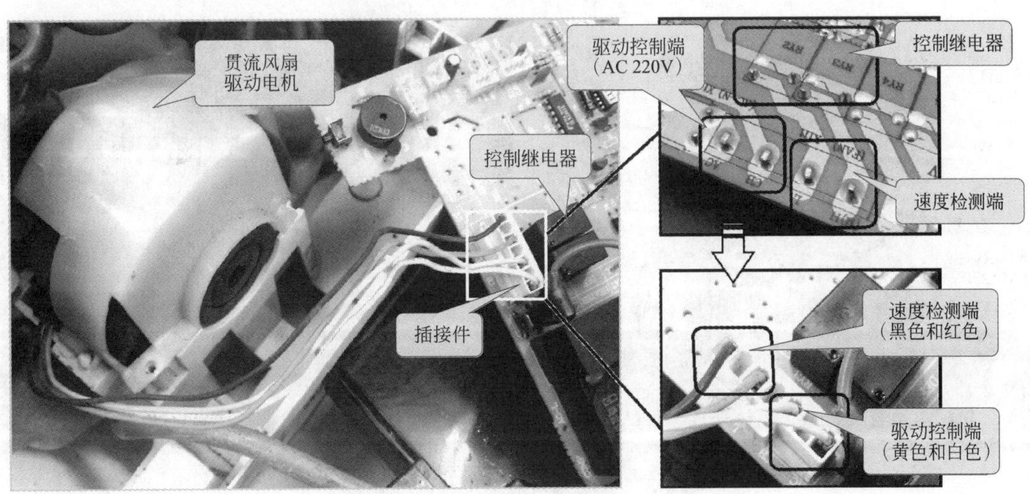

图 5-5　贯流风扇引线功能的判断

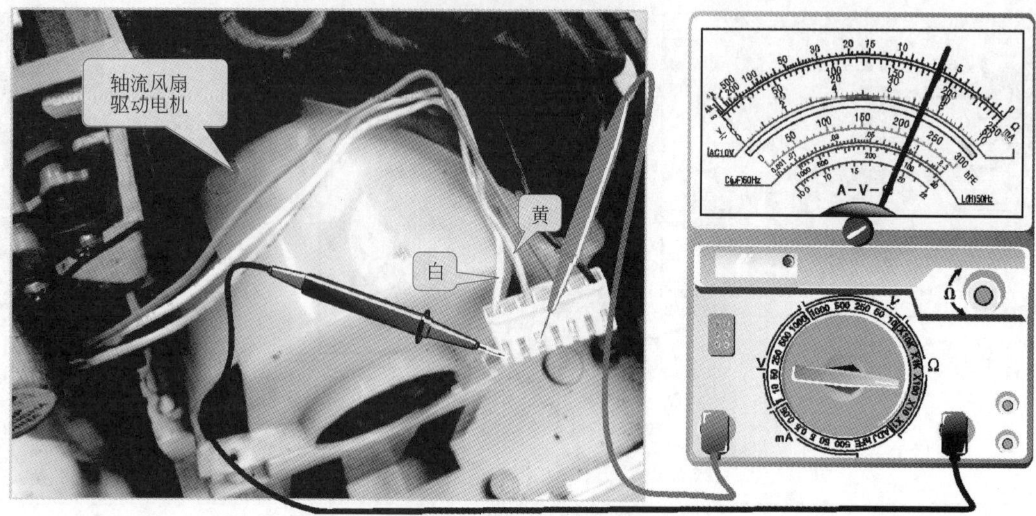

图 5-6 驱动电机驱动控制端的检测

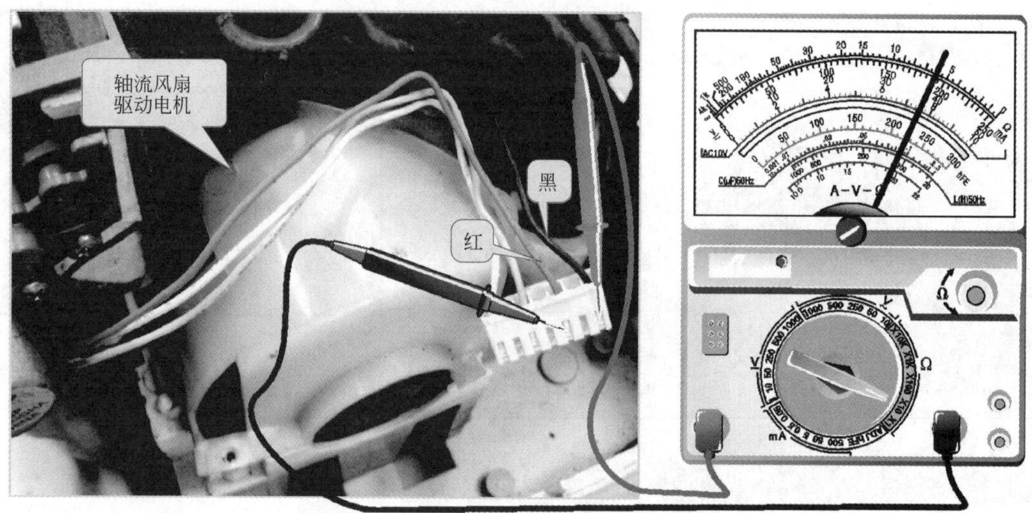

图 5-7 驱动电机速度检测端的检测

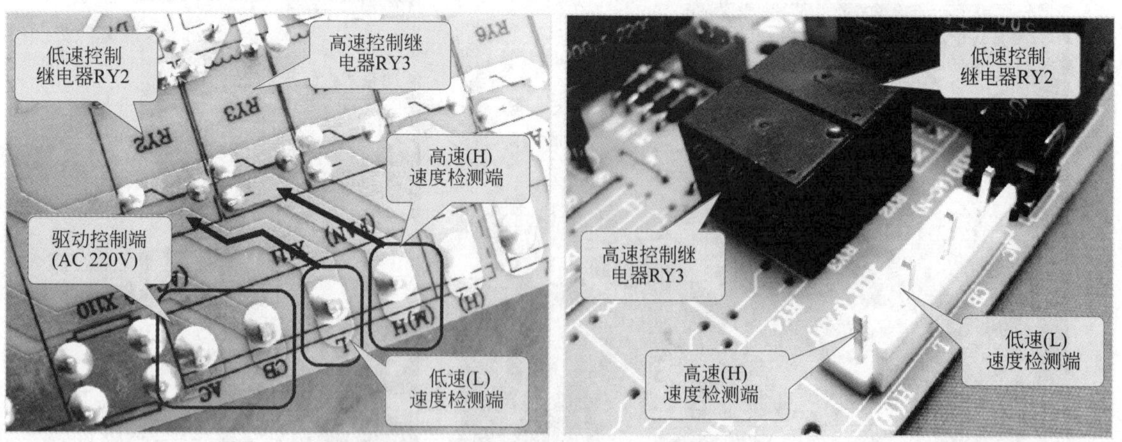

图 5-8 贯流风扇驱动电机控制电路

对于控制继电器的检测可以使用指针式万用表，具体操作如图 5-9 所示。在断电状态下，检测控制继电器绕组端，正常情况下应能检测到约 300Ω 的阻值，若检测阻值为“∞”，则说明控制继电器损坏，需要更换。

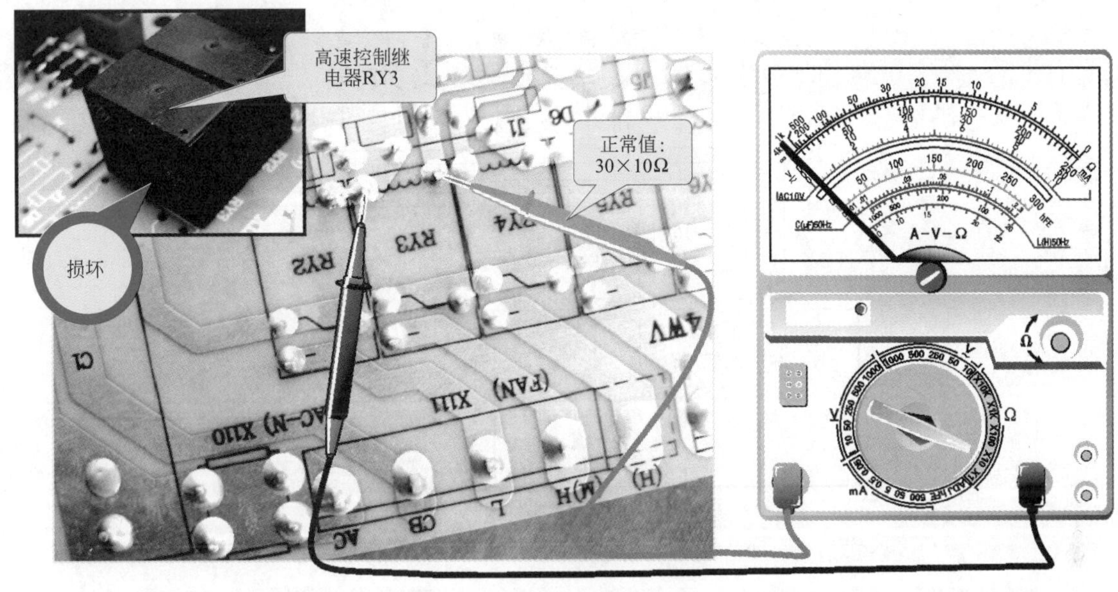

图 5-9　控制继电器的检测

（2）离心风扇的检修

在柜式变频空调器中为加速空气流通一般采用离心风扇，通常位于吸气栅的后面，如图 5-10 所示。

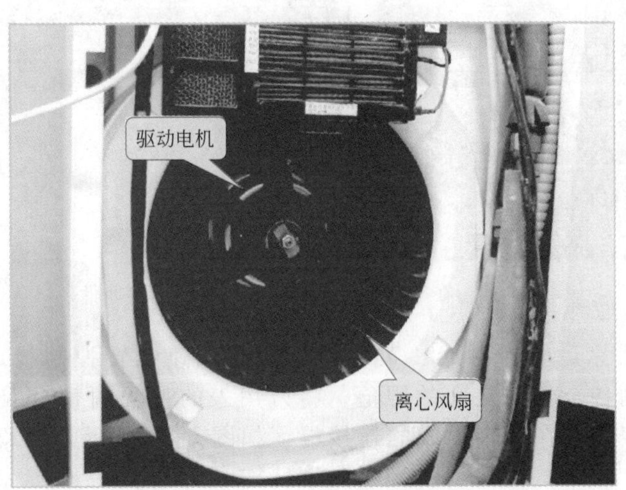

图 5-10　离心风扇的安装位置

在柜式变频空调器中，要找到对离心风扇进行控制的电路，首先应该根据该空调器的电路原理图查找离心风扇部分，如图 5-11 所示。

从电路原理图中可以看出控制离心风扇的连接插件为 XS215（白），可以对原理图与电路板上的实物进行对照，即可找到插件 XS215，如图 5-12 所示。

根据电路图可以知道插件中的白色引线为高速运转控制线，紫色引线为中速运转控

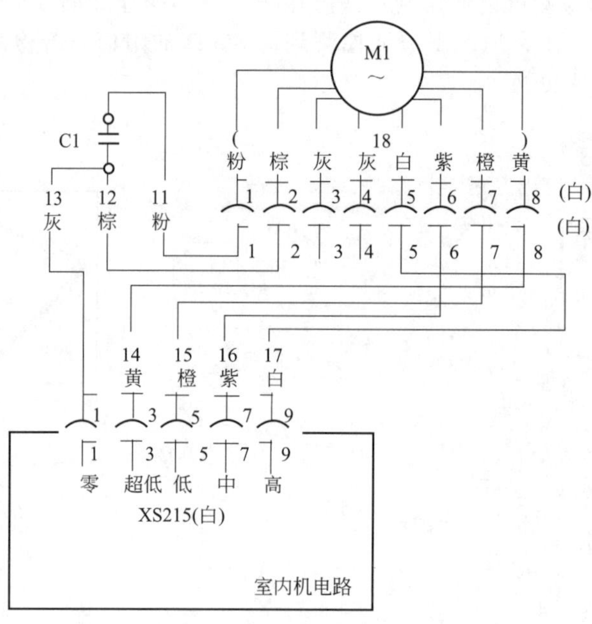

图 5-11　离心风扇的电路连接图

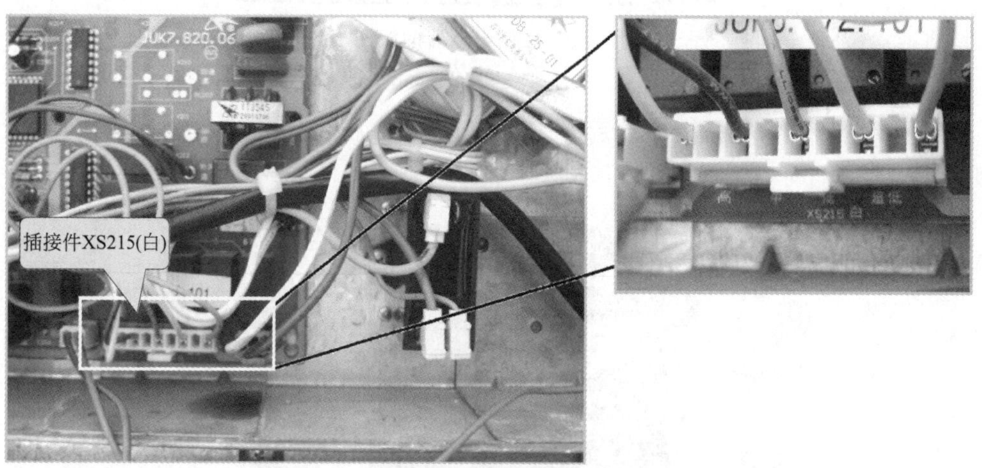

图 5-12　在电路板上找到离心风扇的连接插件

制线，橙色引线为低速运转控制线，黄色引线为超低速运转控制线，灰色引线为零线。应当使用万用表检测各个引线之间的阻值，将万用表的量程调整至 $R\times10$ 挡，黑表笔搭在灰色零线端，红表笔搭在各个引线的连接端，如图 5-13 所示，经检测其各个引脚的阻值如表 5-1 所示。

表 5-1　离心风扇接口线路的对地阻值

导线颜色	白色引线	紫色引线	橙色引线	黄色引线
离心风扇转速	高速	中速	低速	超低速
阻值	20Ω	24Ω	26Ω	36Ω

再根据电路原理图找到电容 C1，使用万用表对其进行在路检测，将万用表量程调整至

$R\times10$挡，红黑表笔分别搭在电容 C1 的两个引脚上，如图 5-14 所示，检测到的其正常阻值为 50Ω（在路电阻），将表笔调换阻值不变。

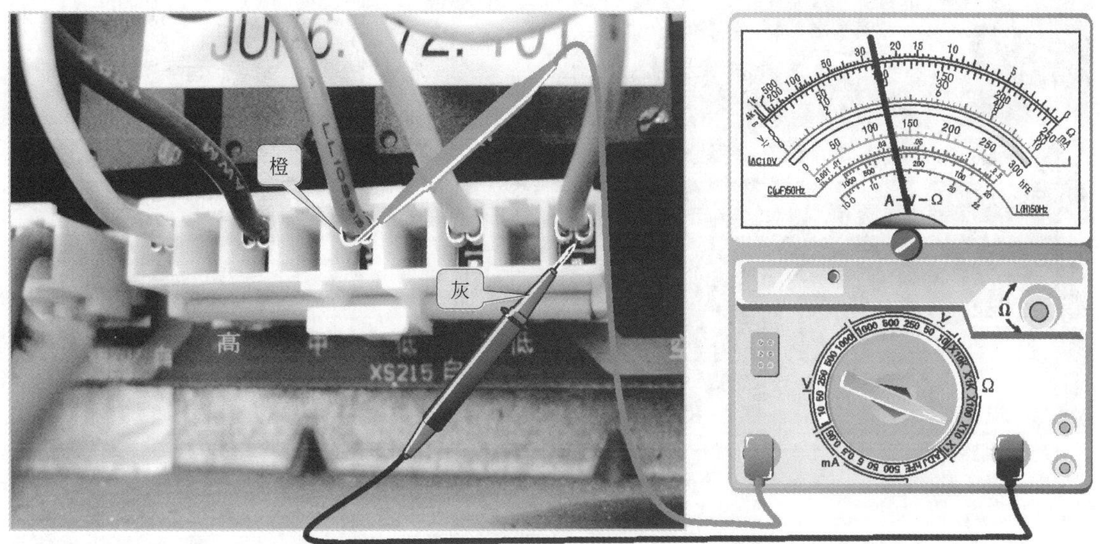

图 5-13　驱动电机驱动控制端的检测

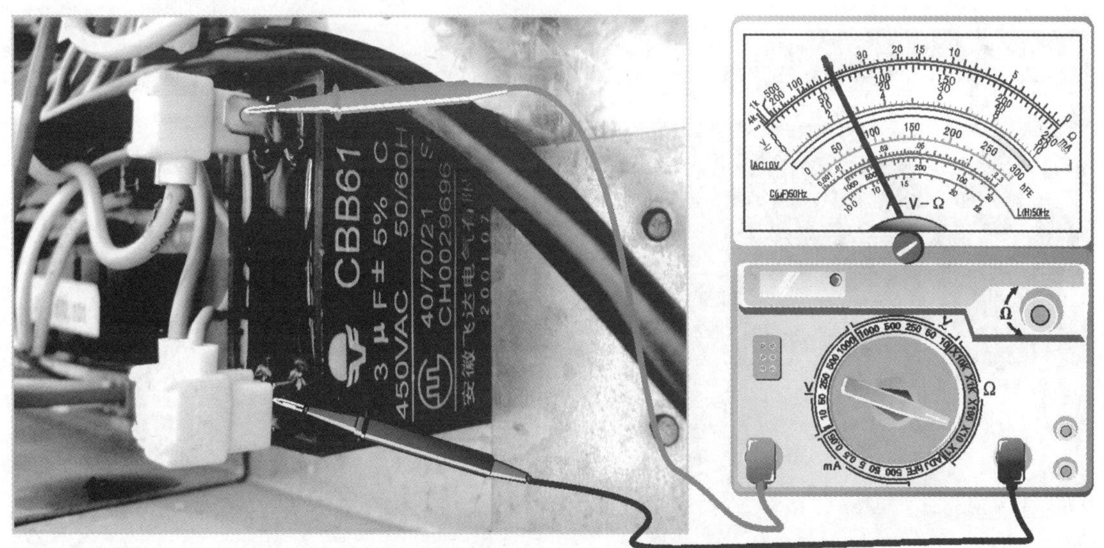

图 5-14　在路检测电容器

再使用万用表对电容 C1 进行断路检测，将万用表量程调整至 $R\times10$k 挡，使用红黑表笔分别搭在电容器的两端，如图 5-15 所示。经检测可以看到万用表的指针有一个跳变的改变，由“∞”跳变至 30kΩ 再跳变回“∞”。

再使用万用表第二次对其进行测量，万用表量程仍调至 $R\times10$k 挡，使用红黑表笔分别搭在电容器的两端，如图 5-16 所示。第二次检测可以看到万用表的指针由“∞”跳变至 0 Ω 再跳变回“∞”。

(3) 导风组件的检修

在空调器中，室内导风组件主要是指导风板及其驱动电机，如图 5-17 所示，导风板通常

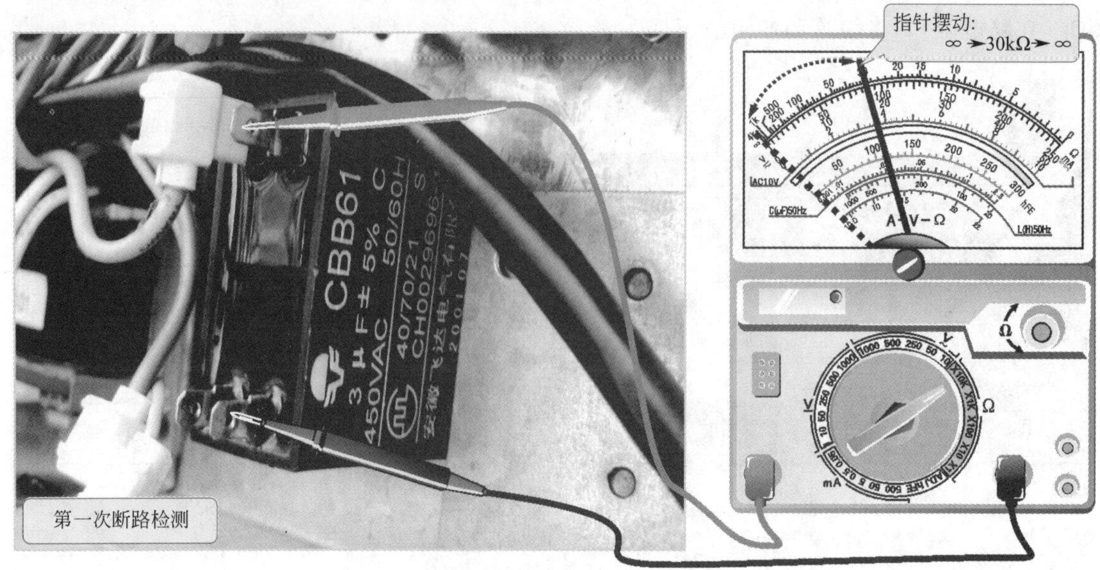

图 5-15　第一次断路检测电容

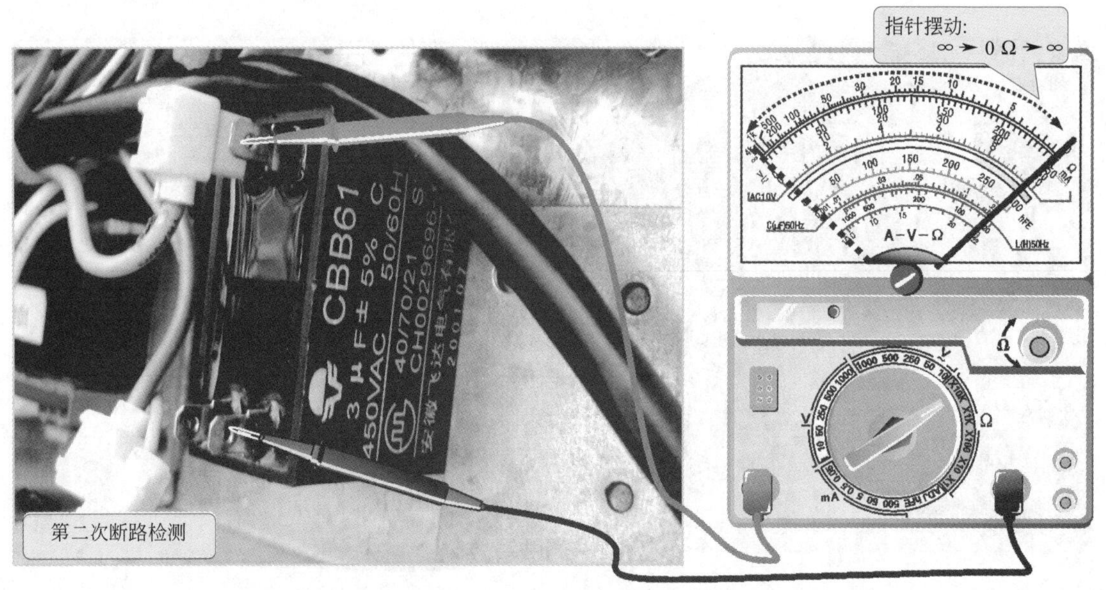

图 5-16　第二次断路检测电容

分为水平导风板和垂直导风板，位于室内机出风口处，也就是室内机的下方。控制垂直导风板的驱动电机，只有去掉外壳后，在垂直导风板的侧面才能看到。

如果室内机的风向不能控制，应对导风组件进行检测。首先应当检查齿轮组运转是否正常，有无错齿、断齿情况，如图 5-18 所示。

接下来则应检测驱动电机是否正常。导风组件驱动电机通常采用 5 个引脚的脉冲步进电机，其引脚分别用不同颜色的引线标识。检测时，可使用万用表分别检测任意两个引脚之间的阻值，如图 5-19 所示。

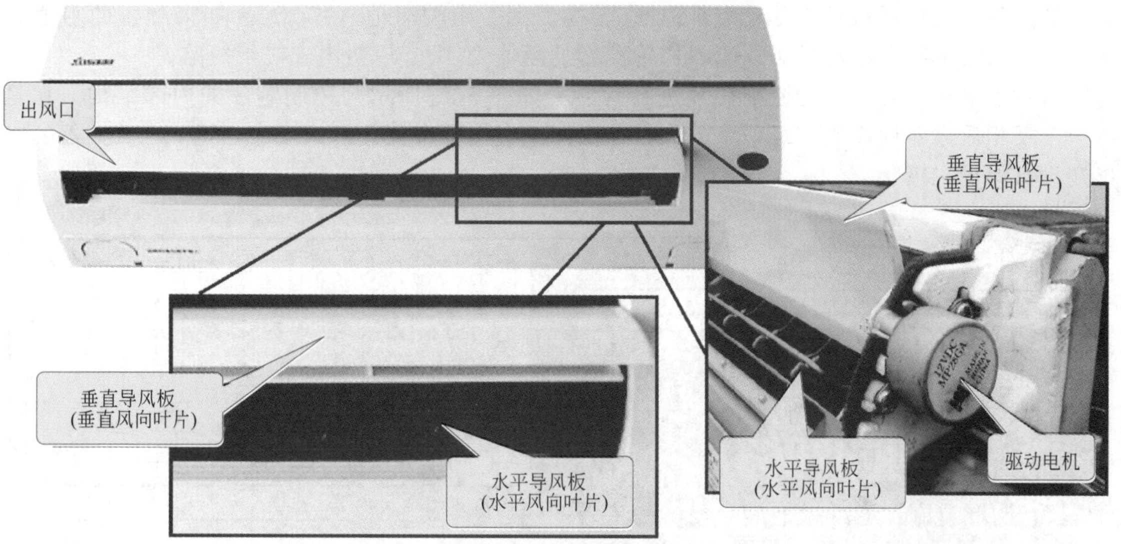

图 5-17　排气部分

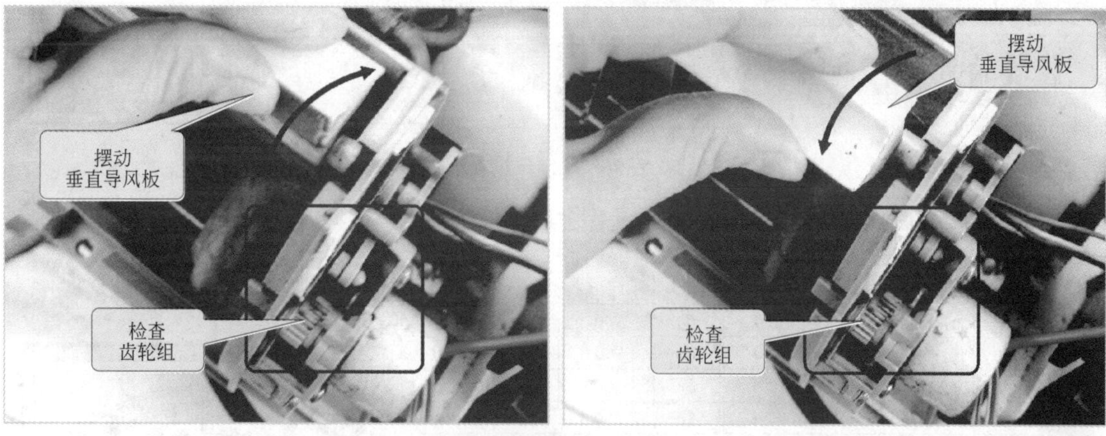

图 5-18　齿轮组的检查

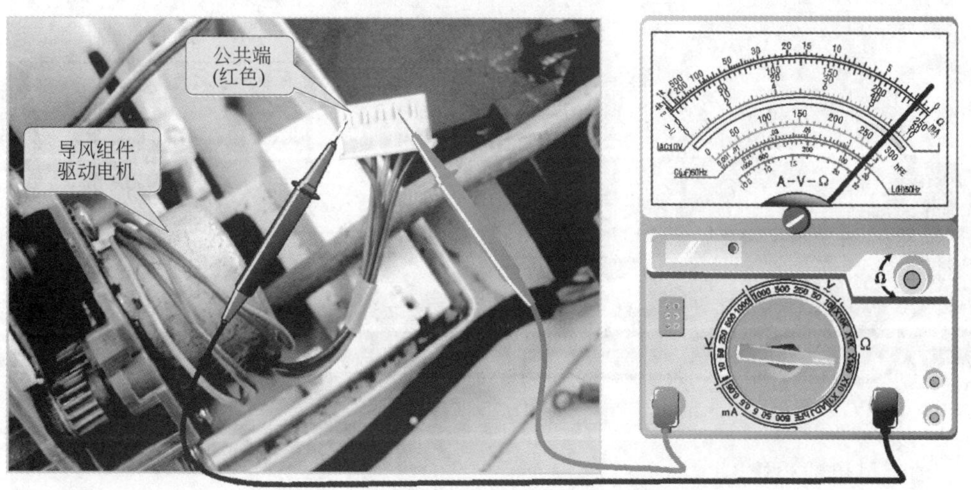

图 5-19　导风组件驱动电机阻值的检测

脉冲步进电机任意两个引脚之间，应能检测到一定的阻值（150Ω）。如果测得的阻值为“∞”，说明内部绕组出现断路故障；如果测得的阻值为 0Ω，说明内部绕组短路。

若步进电机正常，需对控制芯片进行检测。如图 5-20 所示为控制芯片的内部结构。它是由 7 个反相放大器构成的，每一个放大器是由两级直接耦合放大器构成的，每一个放大器的输出端设有保护二极管。

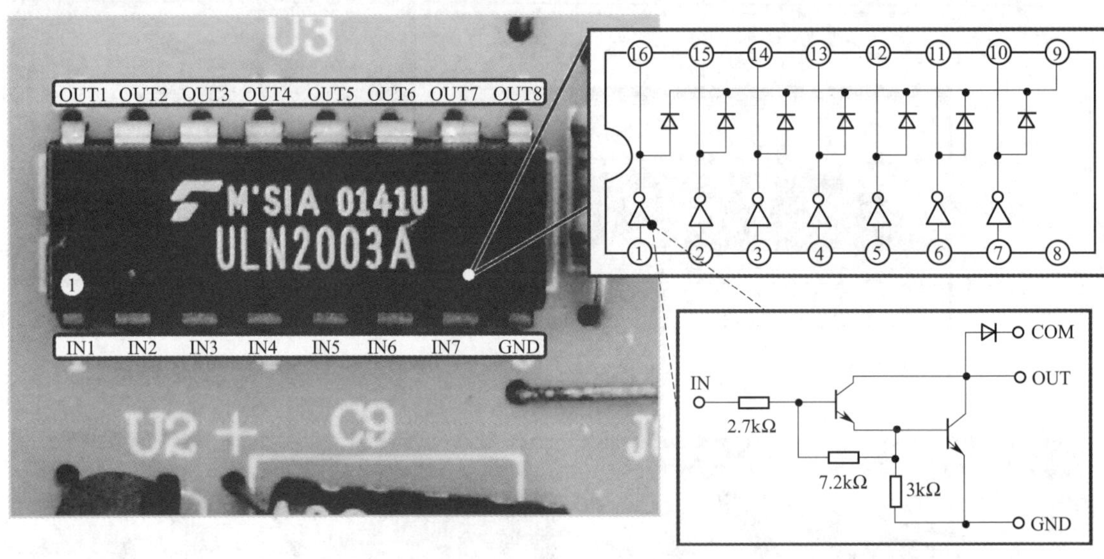

图 5-20　驱动芯片内部结构

驱动芯片是控制驱动电机的主要电路，如图 5-21 所示对驱动芯片进行检测即可发现故障。

ULN2003A各引脚的对地阻值

引脚	阻值/Ω	引脚	阻值/Ω	引脚	阻值/Ω	引脚	阻值/Ω
①	850	⑤	850	⑨	900	⑬	900
②	850	⑥	850	⑩	900	⑭	900
③	850	⑦	850	⑪	900	⑮	900
④	850	⑧	GND	⑫	900	⑯	900

图 5-21　驱动芯片的检测

（4）轴流风扇的检修

轴流风扇位于变频空调器室外机中，其风扇所产生的气流方向与电机转轴平行。轴流风扇一般安装在冷凝器内侧，将室外机的外壳拆卸后就可以看到，其扇叶大，重量轻，形状类似螺旋桨，如图 5-22 所示，主要用来加速空气流动，对冷凝器进行散热。

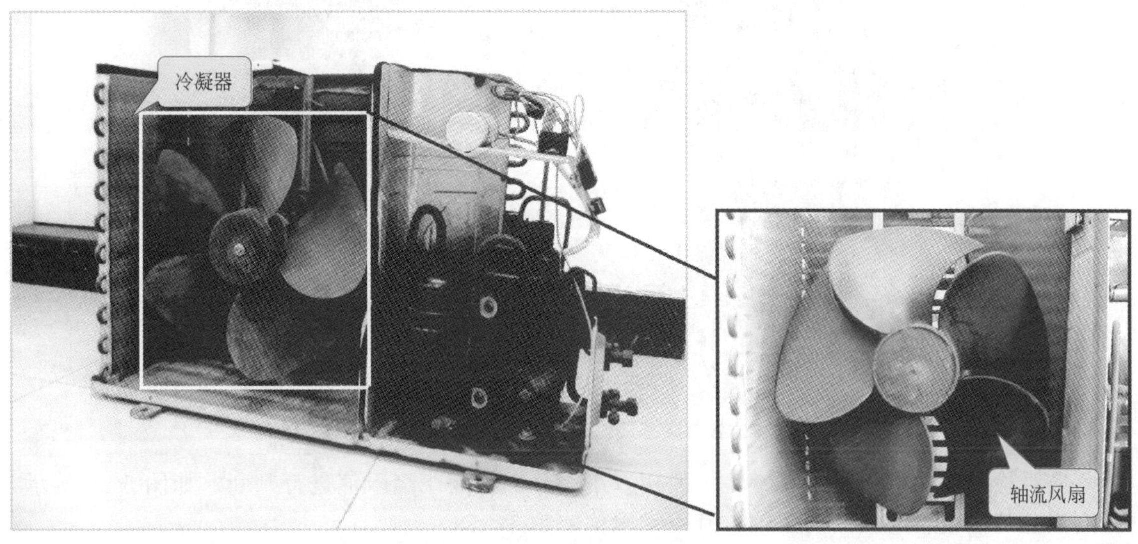

图 5-22 轴流风扇的安装位置

室外机的风扇供电电路中还包含有启动电容，该电容通常与压缩机的启动电容安装在一起，位于压缩机上部的支架上，如图 5-23 所示。通常情况下，风扇电机的启动电容体积比较小，一般采用黑色抗干扰型电容。

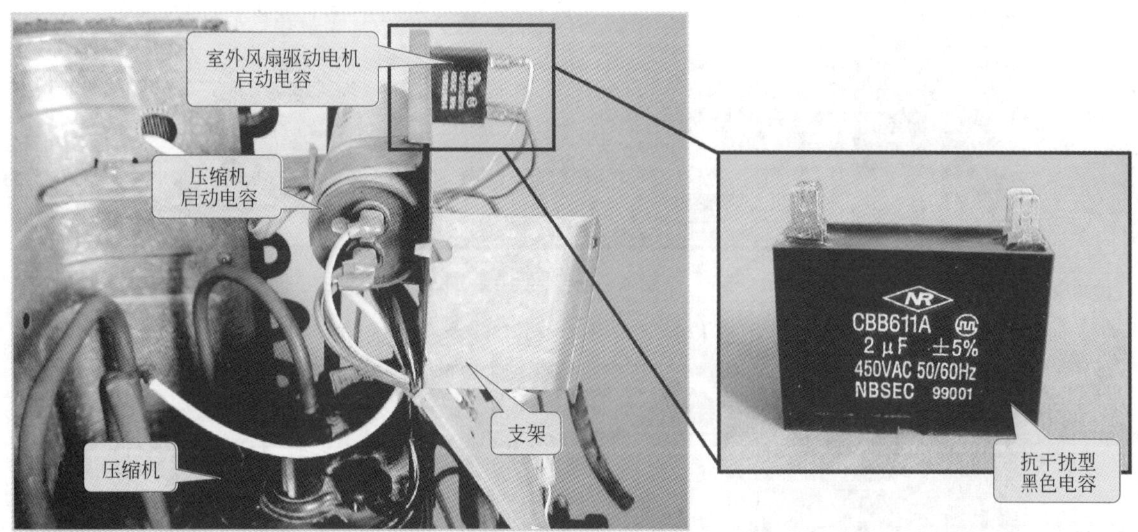

图 5-23 风扇驱动电机启动电容的安装位置

当轴流风扇出现故障时，会严重影响空调器的制冷工作，甚至会引起压缩机保护。首先应当查看室外机中是否有异物，尤其是长时间不使用空调器，会有鸟类将室外机当作巢穴使用。风扇若被异物卡住，散热效能将大幅度降低，使空调器出现停机现象。严重时，还会造成驱动电机损坏。

室外风扇组件中的轴流风扇通常有三条引线，不同型号的机型使用的颜色略有区别，如图 5-24 所示，该待测轴流风扇驱动电机的绕组引线分别为黑色、白色和红色。

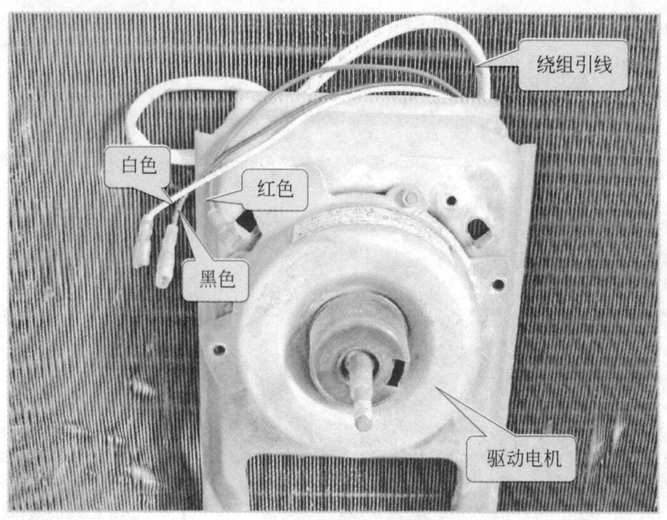

图 5-24　空调器室外机中的轴流驱动电机及其引线

应当检测驱动电机是否正常，可使用万用表分别检测绕组阻值进行判断。如图 5-25 所示，检测黑色与白色引线之间的阻值，其正常阻值约为 320Ω。

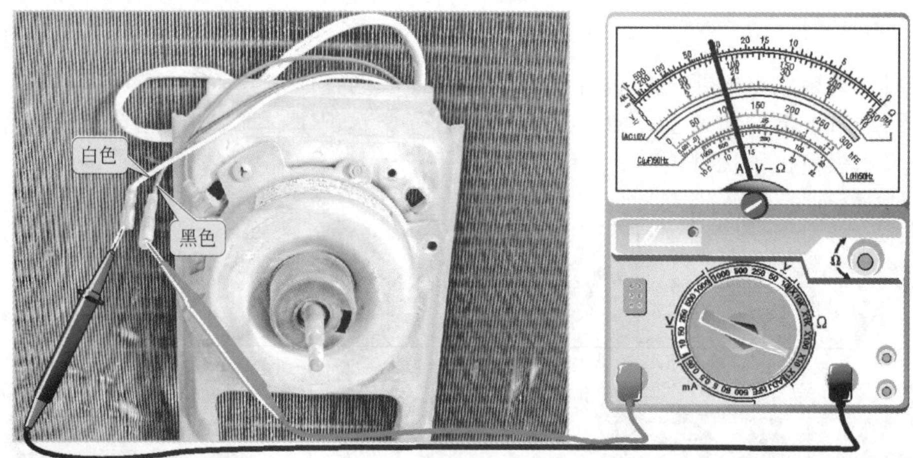

图 5-25　检测黑色与白色引线之间的阻值

如图 5-26 所示，再使用万用表检测黑色与红色引线之间的阻值，其正常阻值约为 150Ω。

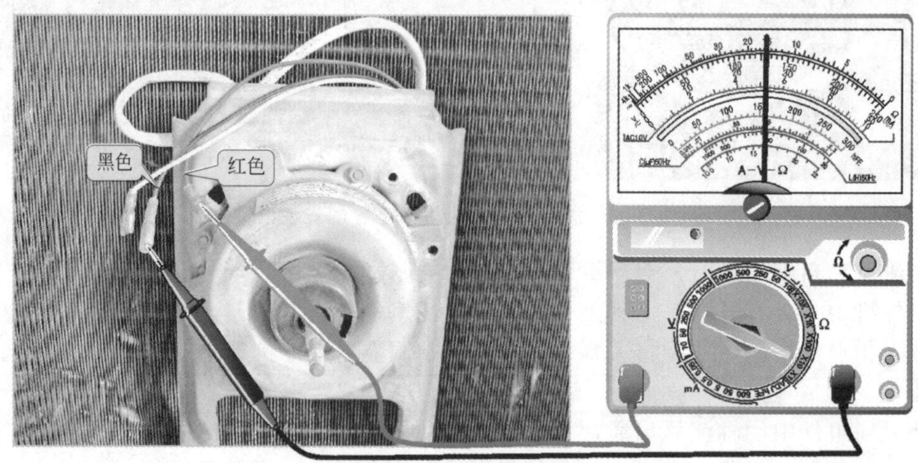

图 5-26　检测黑色与红色引线之间的阻值

如图 5-27 所示，再使用万用表检测红色与白色引线之间的阻值，其正常阻值约为 500Ω。

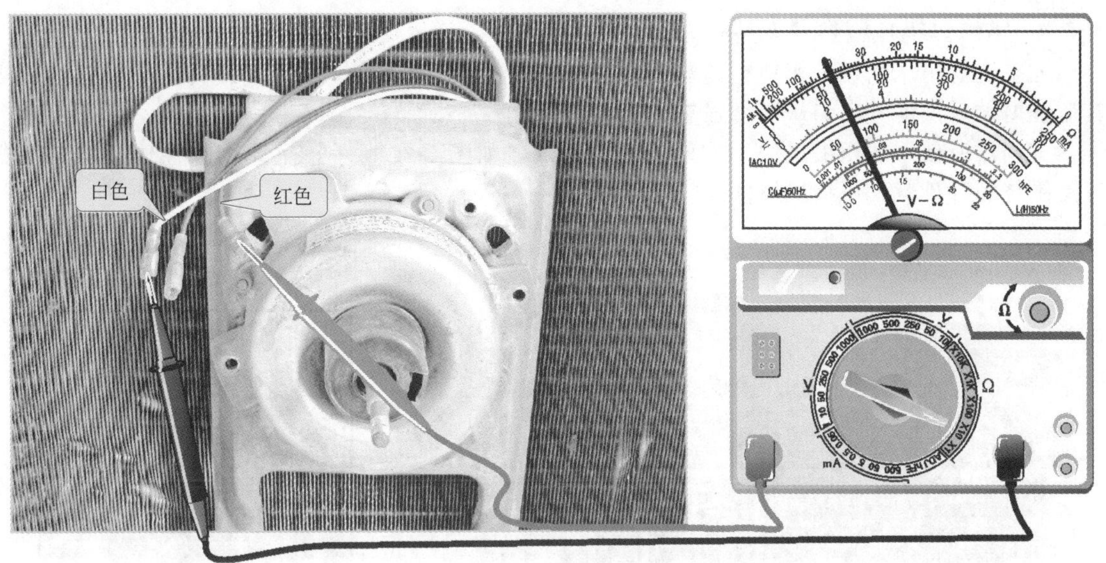

图 5-27 检测红色与白色引线之间的阻值

经检测若绕组间的阻值为“∞”，表明该驱动电机的绕组有断路故障；如检测的阻值为 0Ω，则表明该驱动电机的绕组有短路故障。

若驱动电机正常，可按图 5-28 所示对启动电容进行检测。由于该电容应用在交流电路中，因此不用进行放电操作。如果检测的电容阻值为“∞”，没有充放电过程，则说明电容器损坏需要更换。

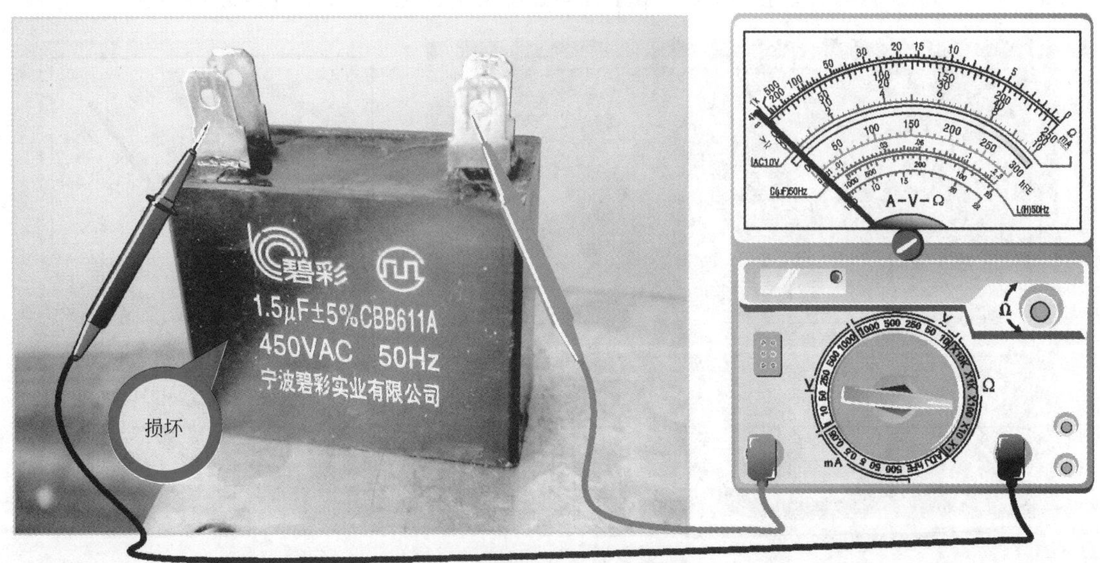

图 5-28 启动电容的检测

检测电容时，最好使用指针万用表，以便能够清晰地观察到电容充放电过程。检测时可将表笔交替使用进行测量，正常情况下，万用表指针应有明显的摆动。如使用数字万用表应能准确测出电容器的电容值（1.5μF），偏差应在±5%以内。

5.2.2 压缩机组件的检修方法

在空调器中压缩机是实现空调器制冷剂循环的主要动力器件，通过对制冷剂施加压力，使其压强增加，温度升高，从而增强热交换的动力。

空调器所使用的压缩机位于室外机的箱体内，如图 5-29 所示，呈立式圆柱体，被制冷器管路围绕的部件就是压缩机组件。

图 5-29　空调器压缩机的安装位置

一般来说，空调器采用的涡旋式压缩机的启动端电压为 AC 220V，如图 5-30 所示。在通电状态下，将万用表的表笔分别搭在变频压缩机的任意两个绕组上，其供电电压应当为 AC 220V。

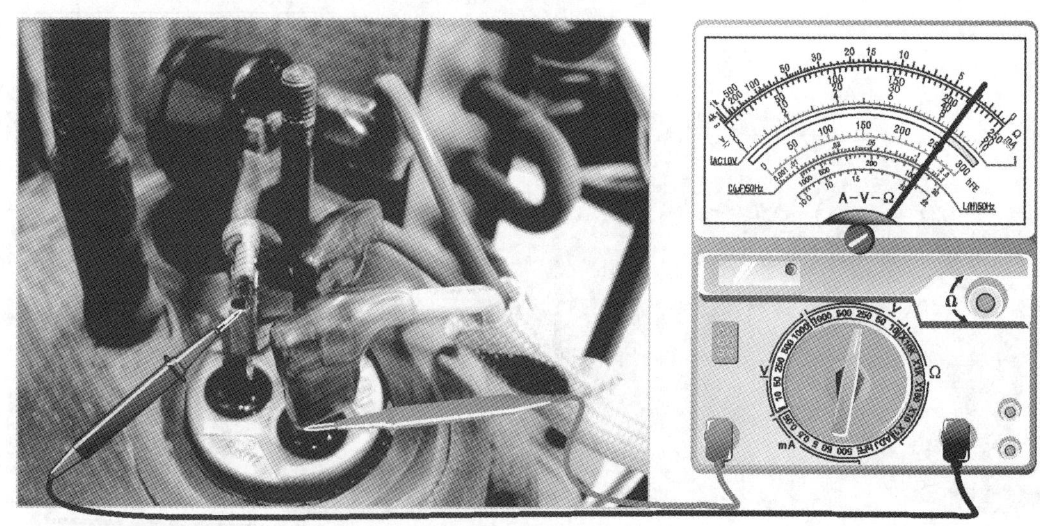

图 5-30　检测涡旋式压缩机的供电电压

经检测启动端的电压正常，说明变频电路正常，输出的供电电压正常。此时应当断电，在检测压缩机电机绕组之前，首先将压缩机电机绕组端子上的引线拆除，如图 5-31 所示，由于各个端子连接引线比较牢固，因此可以使用钢口钳将其拔掉。

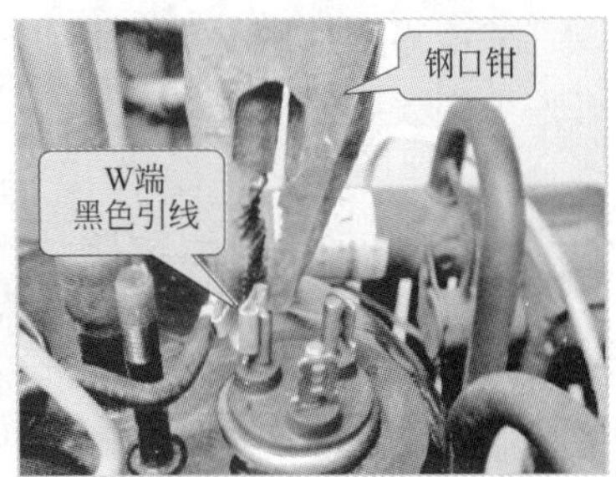

图 5-31　拆除压缩机电机绕组端的引线

拆卸下连接引线后，就可以清晰地看到压缩机电机绕组，如图 5-32 所示，分别为 U 端、V 端和 W 端。

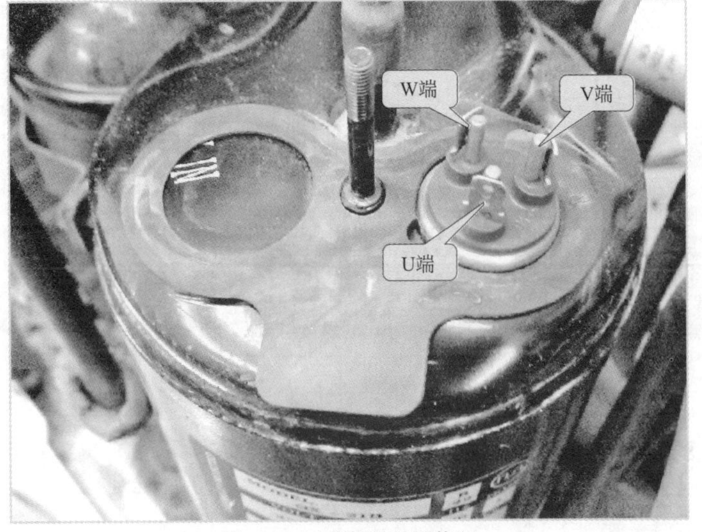

图 5-32　压缩机电机绕组

对压缩机电机绕组进行检测时，可以使用万用表分别检测任意两个接线柱之间的阻值，如图 5-33 所示。经检测，压缩机电机任意两绕组之间的阻值几乎相等，在 1.3Ω 左右。

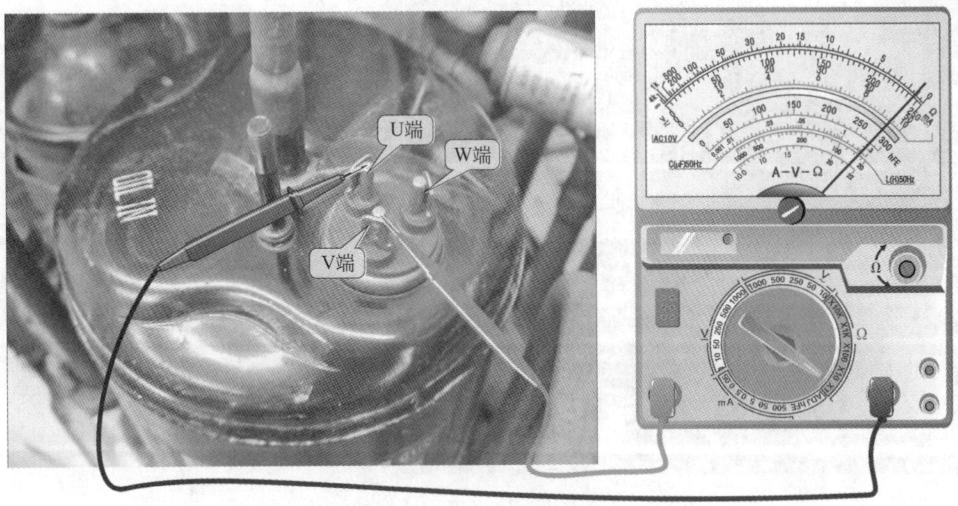

图 5-33　压缩机电机绕组的检测

若检测发现压缩机的电机损坏，则需更换新的，由于电机是密封在压缩机机壳内，因此需将整个变频压缩机进行更换。

5.2.3 温度传感器的检修方法

在空调器中设有温度传感器或温度控制器，控制电路可根据用户设定的温度和室内温度的值控制压缩机运转或停机。在分体式空调器中，通常安装有两种温度传感器，分别为室内温度传感器和管路温度传感器，其中管路温度传感器有的安装在室内机制冷管路上，有的则安装在室外机制冷管路上。

如图 5-34 所示为室内温度传感器的安装位置，它通常安装于空调器室内机的蒸发器的翅片上，由塑料件支撑，主要用于检测室内环境温度是否达到设定值。

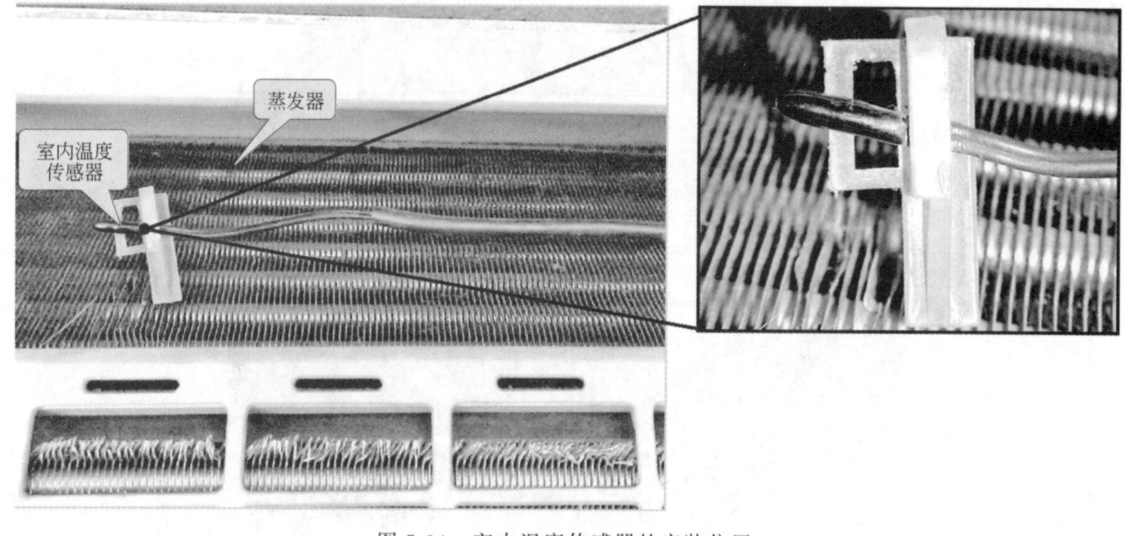

图 5-34 室内温度传感器的安装位置

如图 5-35 所示为管路温度传感器的安装位置，该温度传感器安装于空调器室内机蒸发器的管道上，外面用金属管包装，直接与管路相接触，主要用于检测感应制冷管路的温度。

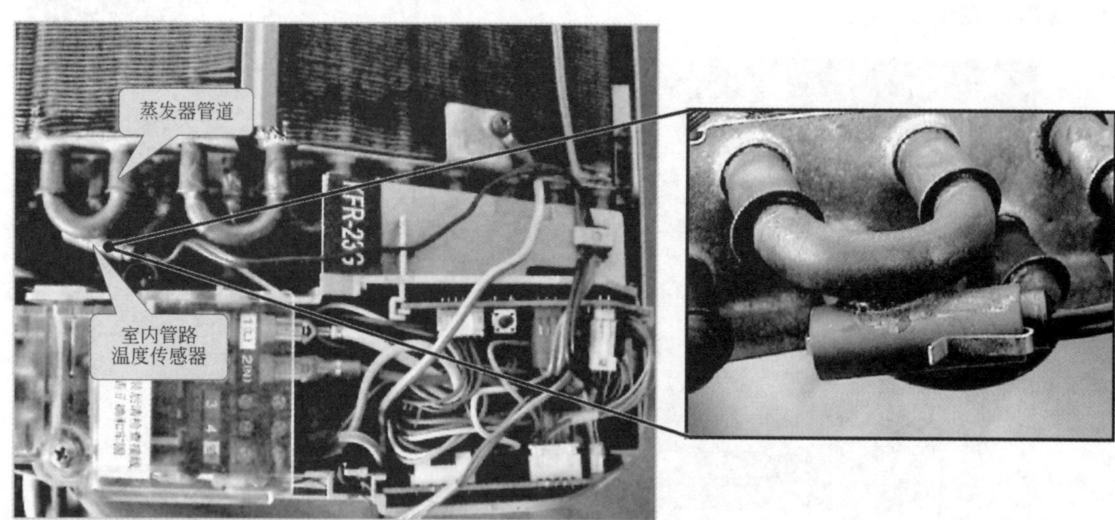

图 5-35 室内机管路温度传感器的安装位置

有些管路温度传感器安装在空调器室外制冷机制冷管路上，如图 5-36 所示，虽然安装位置不同，但同样是用来感应制冷管路温度的。

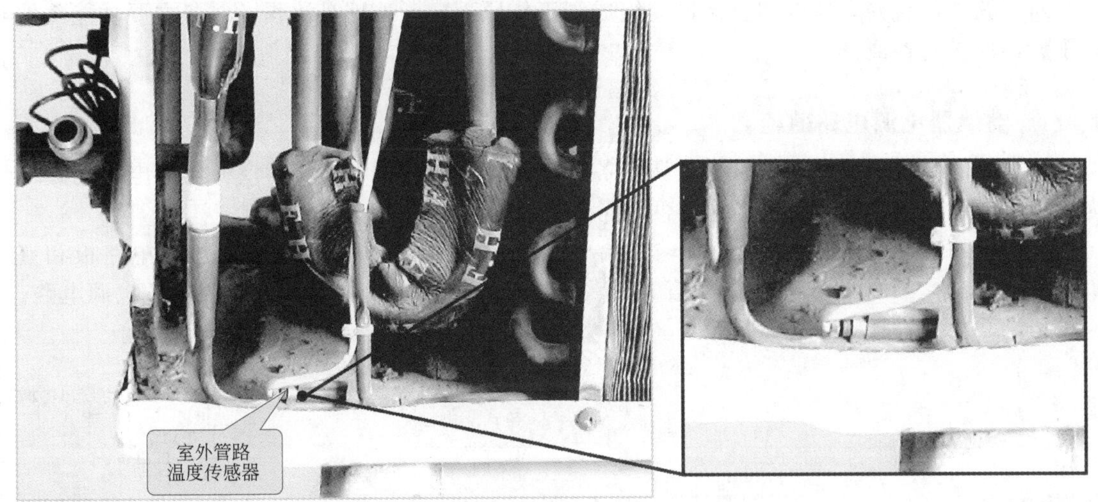

图 5-36 室外机管路温度控制器的安装位置

目前，空调器中所采用的温度传感器通常用热敏电阻作为感温元件，将其检测到的温度信号传送给微处理器，从而控制空调器的工作状态，达到控温的目的。

其中，热敏电阻又可分为正温度系 数热敏电阻和负温度系数的热敏电阻。负温度系数的热敏电阻，其温度升高时，该电阻的阻值明显减小，而温度降低时，该电阻的阻值明显变大。正温度系数的热敏电阻，其功能与负温度系数热敏电阻相反，即当温度升高时，该电阻的阻值明显升高，当温度降低时，该电阻的阻值明显减小。在空调器中通常采用负温度系数热敏电阻，其检测操作如图 5-37 所示。

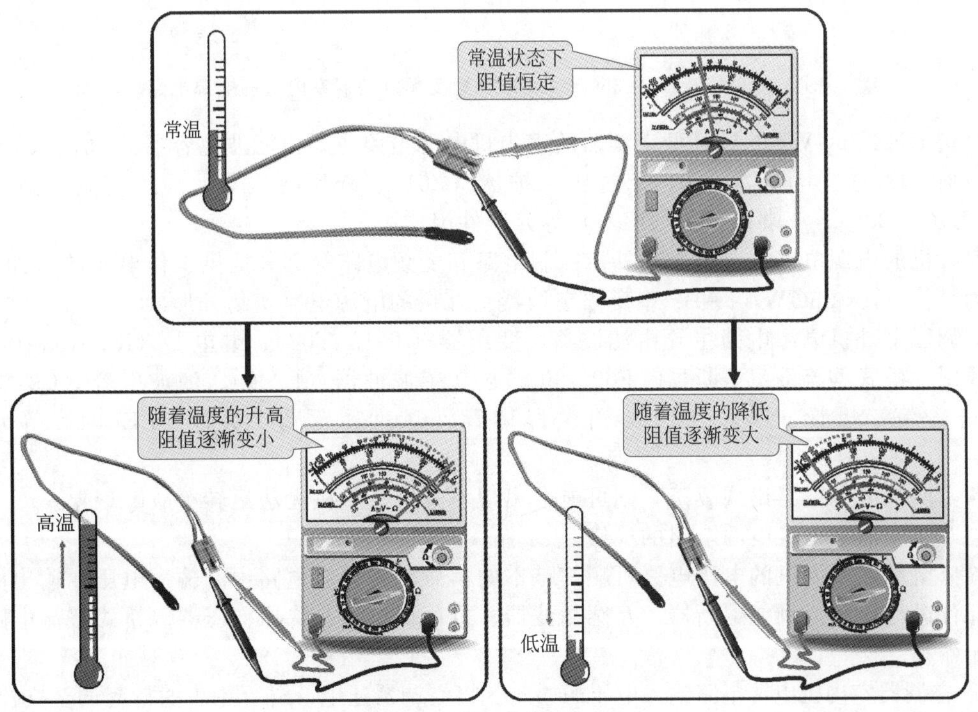

图 5-37 温度传感器的检测操作

5.3 空调器电路系统的故障检修

对空调器的检修，应根据空调器的组成和工作原理，顺着信号流程，对各主要功能部件或电子元器件进行检测。

5.3.1 空调器电源电路的检修

空调器的电源电路主要用来为空调器各电路部分或部件供电，变频空调器的电源电路可分为室内机电源电路和室外机电源电路两部分。

室内机的电源电路与市电 220V 输入端子连接，通过接线端子为室内机控制电路板和室外机等进行供电，如图 5-38 所示为海信 KFR-35GW/06ABP 型变频空调器室内机的电源电路。

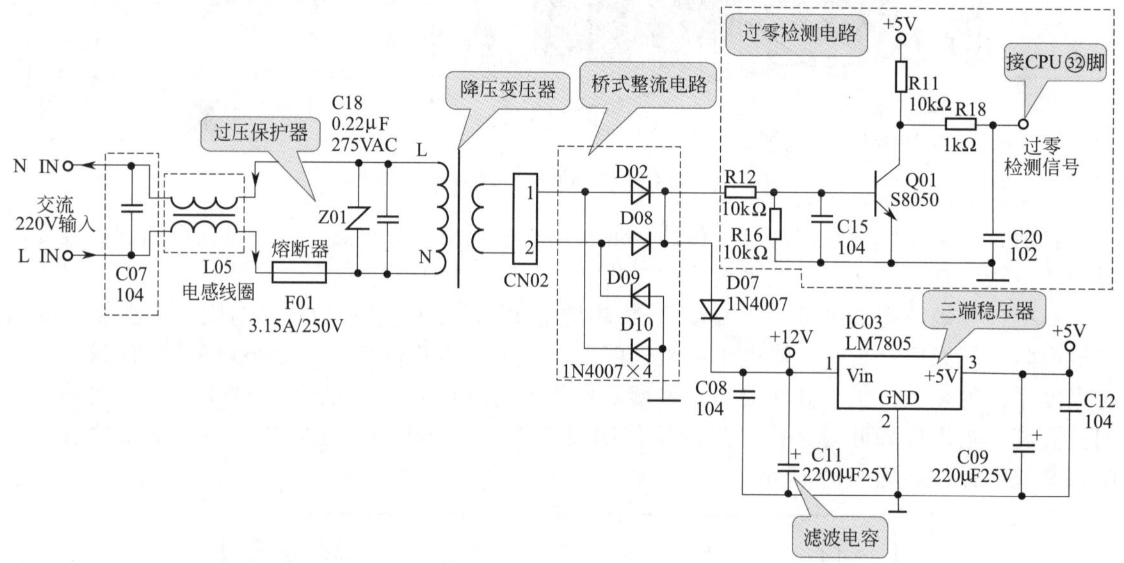

图 5-38 海信 KFR-35GW/06ABP 型变频空调器室内机的电源电路

海信 KFR-35GW/06ABP 型空调器的室内机电源电路主要由滤波电容器（C07、C18）、互感滤波器（L05）、熔断器（F01）、过压保护器（Z01）、降压变压器、桥式整流电路（D09、D08、D10、D02）、三端稳压器（IC03）等元器件组成。

室外机的电源电路主要是为室外机控制电路和变频电路等部分提供工作电压的，如图5-39 所示为海信 KFR-35GW/06ABP 型变频空调器室外机的电源电路实物外形。

空调器室外机电源电路主要由滤波器、变压器（T01、T02）、继电器（RY01）、电抗器、电感线圈、桥式整流堆、熔断器（F02、F03）、互感滤波器（L300）、滤波电容（C37、C38、C400）、整流二极管（D17、D19）、开关晶体管（Q01）、发光二极管（LED01）等元器件组成。

若空调器电源电路出现故障，则可能会出现不开机、整机无法运转等故障现象。

（1）空调器室内机电源电路的检修

检修空调器室内机的电源电路可顺其基本的信号流程，对电路中的输入电压、输出电压及主要元件进行检测，例如熔断器、互感滤波器、过压保护器、降压变压器、桥式整流电路、三端稳压器等。

① 空调器室内机电源电路输入电压的检测　将空调器通电，将万用表的量程调至交流 220V 电压挡，红黑表笔分别搭在空调器室外机电源电路板的交流 220V 电压输入端，如图5-40所示。

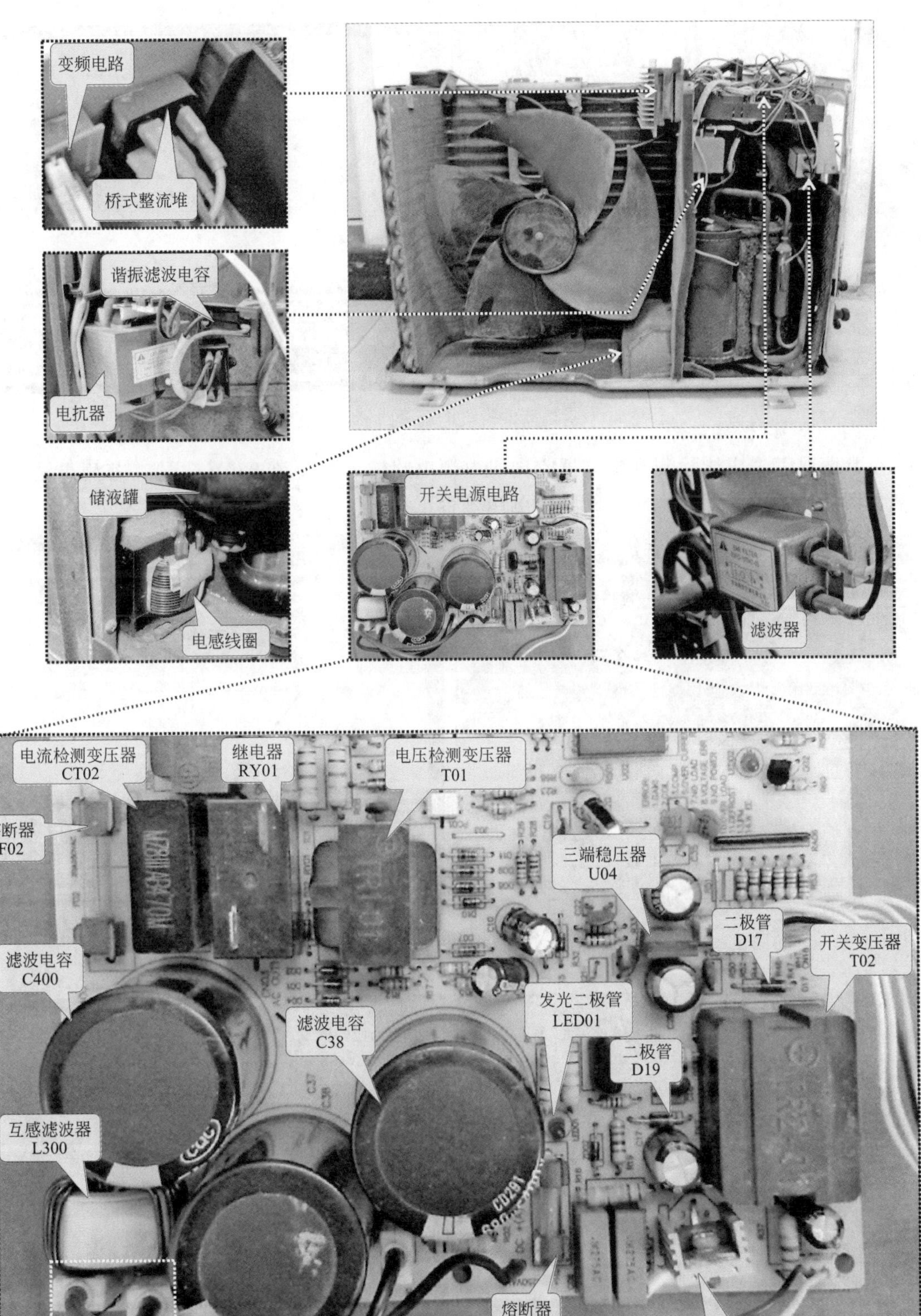

图 5-39　海信 KFR-35GW/06ABP 型空调器室外机的电源电路实物外形及电路

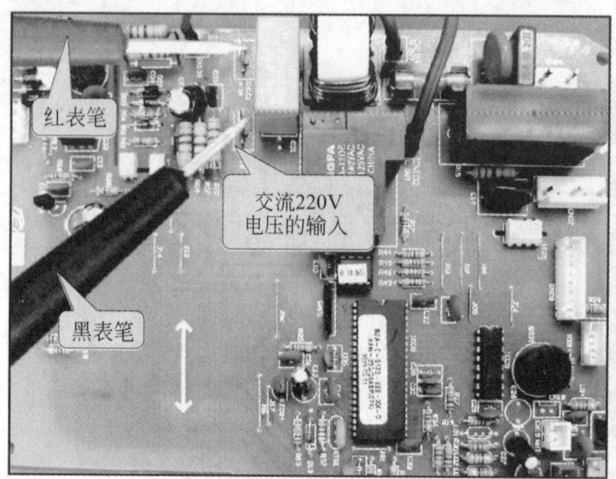

图 5-40　空调器室内机电源电路输入电压的检测

正常情况下，应能检测到空调器室内机电源电路输入的交流 220V 电压，若测得输入电压正常，则可接着检测三端稳压器的输出电压是否正常。

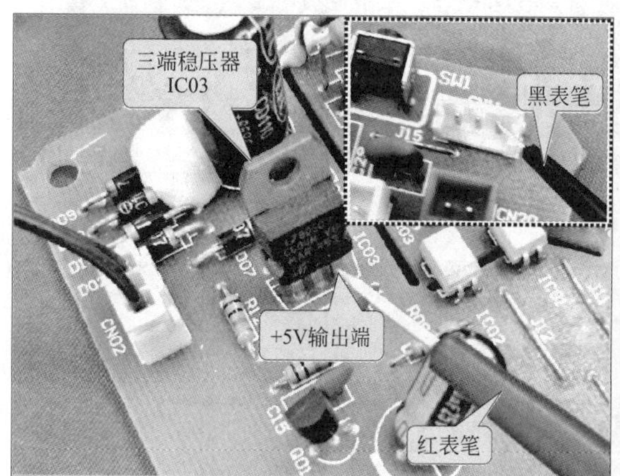

(a) +5V输出电压的检测

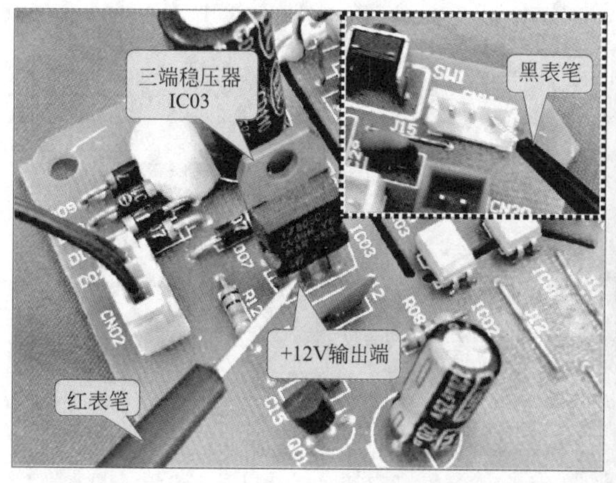

(b) +12V输出电压的检测

图 5-41　空调器室内机电源电路输出电压的检测

② 空调器室内机电源电路输出电压的检测　检测空调器室内机电源电路输出电压时，可将万用表的量程调至直流 50V 电压挡，黑表笔搭在接地端，红表笔分别检测室内机电源电路＋12V、＋5V 输出电压，如图 5-41 所示。

若测得输出＋12V 电压正常，而输出＋5V 电压不正常，则说明三端稳压器 IC03 损坏；若测得输出电压均不正常，则需要顺着电路图，重点对电路中的主要部件进行一一检测。

③ 互感滤波器（L05）的检测　互感滤波器的检测方法比较简单，主要是在开路的状态下使用万用表检测内部线圈之间的阻值，将万用表调至 $R\times1$ 挡，红黑表笔分别搭在两组绕组的引脚上，测得互感滤波器内部线圈的阻值应趋于 0Ω，如图 5-42 所示。若测得的阻值趋于无穷大，则说明互感滤波器已经断路损坏，需要使用同型号的互感滤波器进行更换。

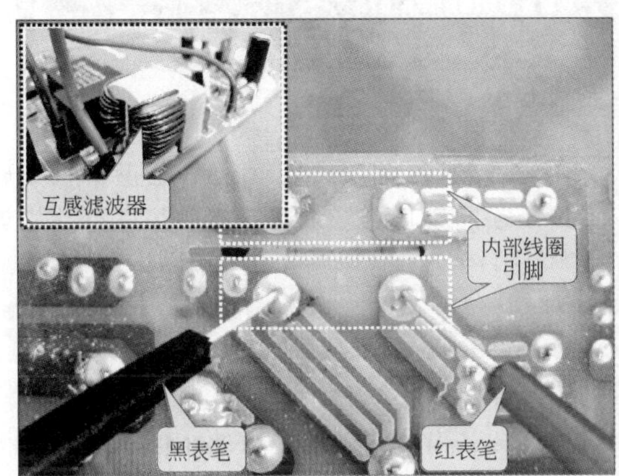

图 5-42　互感滤波器（L05）的检测

④ 熔断器（F01）的检测　若熔断器损坏，交流 220V 无法正常进入后级电路，空调器室内机电源电路也无法正常工作，可以用万用表检测保险管引脚端的阻值来确定保险管是否损坏。检测前首先观察熔断器的外观，查看是否有破裂、烧焦的痕迹，然后对其阻值进行检测。检测时将万用表调至 $R\times1$ 挡，红黑表笔搭在熔断器两端，一般情况下，熔断器两端的阻值趋于 0Ω。若所测的阻值趋于无穷大，则说明熔断器已经熔断损坏。

值得注意的是，引起熔断器烧坏的原因有很多，但引起熔断器烧坏的多数情况是交流输入电路或开关电路中有过载现象。这时应进一步检查电路，排除过载元器件后，再开机。否则即使更换保险丝后，可能还会烧断。

⑤ 降压变压器的检测　对于降压变压器的检测，可在通电状态的情况下使用万用表的电压挡检测降压变压器的性能是否良好，即检测其输入的 220V 电压是否正常，以及输出的交流低压是否正常（AC 12V），如图 5-43 所示。若输入的电压正常，而输出的电压不正常，则说明变压器存在故障。

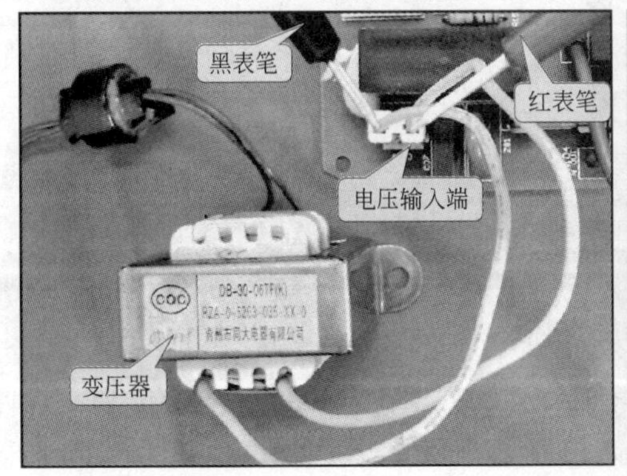

图 5-43

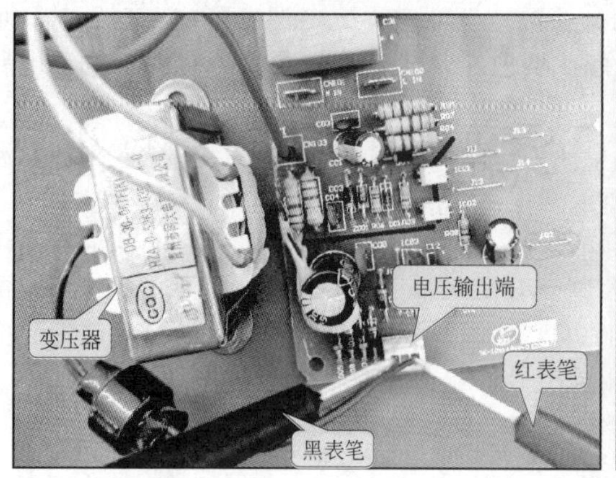

图 5-43　降压变压器的检测

⑥ 桥式整流电路（D09、D08、D10、D02）的检测　若测得变压器输出电压正常，则应检测桥式整流电路是否正常。在断电的情况下，将万用表的量程调至 $R\times1$ 挡，并进行欧姆调零，分别检测桥式整流电路的整流二极管（D09、D08、D10、D02）的正反向阻值。正常情况下，整流二极管的正向阻值在 8.5Ω 左右（在路检测会受外电路的影响），反向阻值为无穷大。若测得正反向阻值之间的阻值相差极小，则说明二极管已经损坏。

（2）空调器室外机电源电路的检测

检修空调器室外机的电源电路可顺其基本的信号流程，对接线端子、电路中的主要元件进行检测，例如滤波器、滤波电容器、电抗器、桥式整流堆、互感滤波器、熔断器、开关晶体管等。

① 滤波器的检修　滤波器出现故障后，往往导致室外机工作不稳定，或不工作故障。检测时，应重点检查滤波器的输入、输出电压并判断故障点。

室外机通电后，将万用表的量程调整至交流 220V 电压挡，检测滤波器的输入电压，如图 5-44 所示。室外机通电正常情况下，滤波器的输入端应可以测得交流 220V 的电压值，若无电压值，应重点检查端子板的连接情况或室内机控制电路部分。

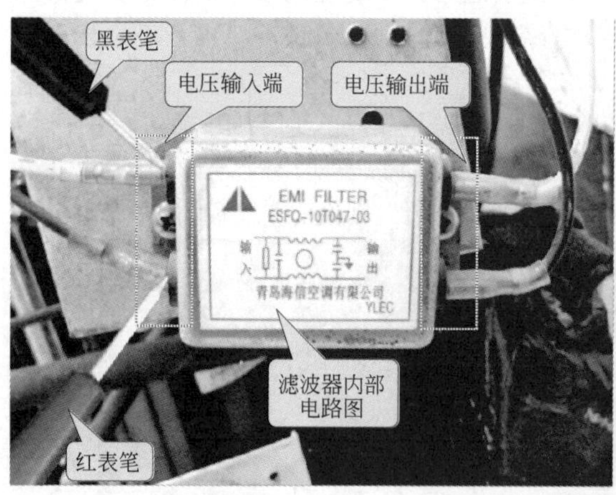

图 5-44　滤波器输入电压的检测

经检测若滤波器的输入电压正常，则可将万用表表笔分别搭在滤波器的输出端，如图5-45 所示。滤波器正常时，在其输出端可以测得交流 220V 电压值，若测得电压值偏低或无电压输出，说明滤波器损坏。

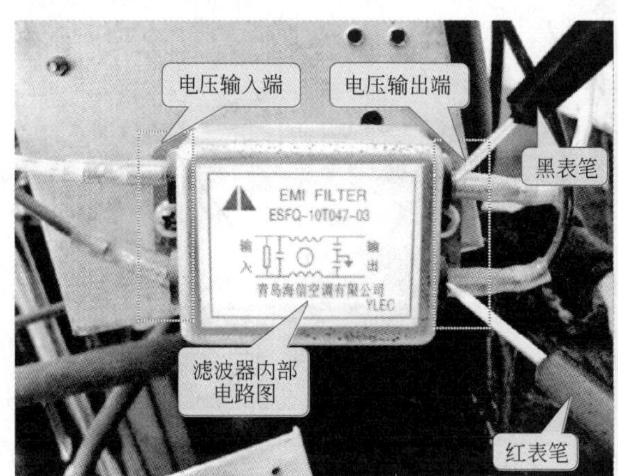

图 5-45 滤波器输出电压的检测

② 继电器（RY01）的检修　继电器（RY01）的检测方法比较简单，主要是在开路的状态下使用万用表检测内部线圈的阻值，将万用表调至 $R\times10$ 挡，红黑表笔分别搭在两组绕组的引脚上，测得继电器内部线圈的阻值为 14Ω，如图 5-46所示。若测得的阻值趋于无穷大，则说明继电器已经断路损坏，需要使用同型号的继电器进行更换。

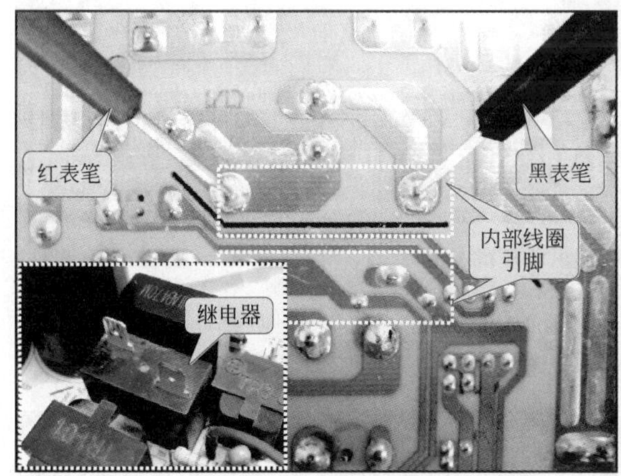

图 5-46 继电器（RY01）的检测

③ 桥式整流堆的检修　检测桥式整流堆时，可将室外机通电，检测桥式整流堆的输入、输出电压，判断桥式整流堆是否损坏。将万用表调整至交流 250V 电压挡，红黑表笔任意搭在桥式整流堆的输入端，如图5-47所示。正常情况下，其输入电压应为交流 220V，若输入电压异常说明其输入端元件有损坏。

若测得其输入端电压为交流 220V，则应将万用表调整至直流 1000V 电压挡，检测桥式整流堆的输出电压。如图 5-48 所示，黑表笔搭在负极输出端，红表笔搭在正极输出端，测量其输出电压。正常情况下，其输出电压为 270～300V。若测得输出电压极低或为零，说明桥式整流堆已经损坏。

④ 滤波电容（C400、C37、C38）　检测滤波电容的好坏，可使用万用表欧姆挡检测滤波电容的充放电情况。将万用表调至 $R\times1$k 挡，红黑表笔任意搭在滤波电容的两引脚上，这里

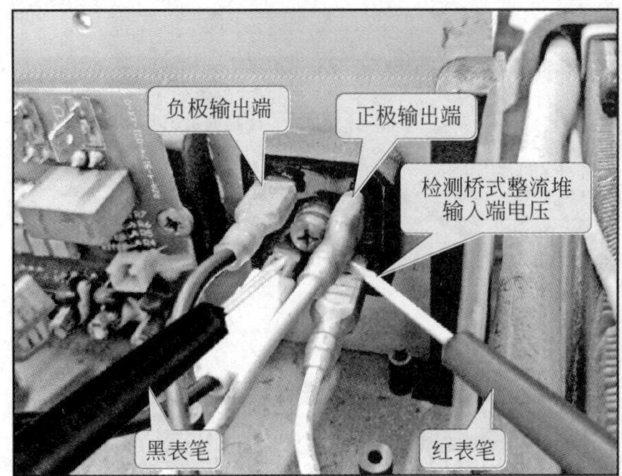

图 5-47 桥式整流堆输入电压的检测

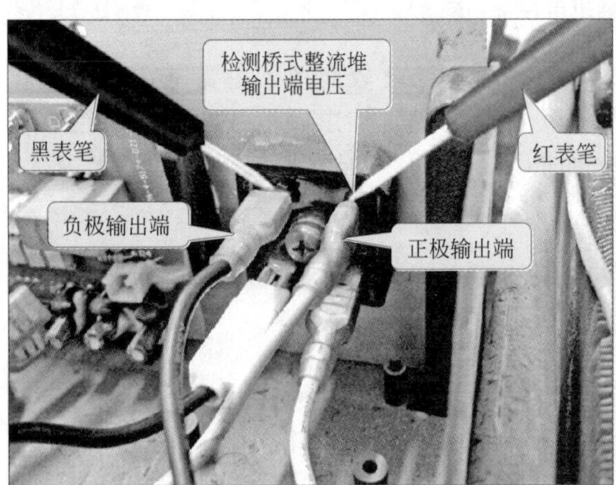

图 5-48 桥式整流堆输出电压的检测

以滤波电容 C400 为例，如图 5-49所示。正常情况下，万用表指针会向右侧摆动，然后再慢慢向左侧摆动，并停在某一刻度处。

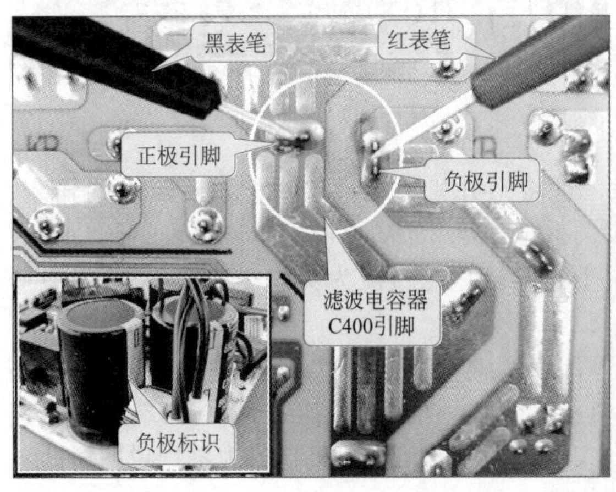

图 5-49 滤波电容的检测方法

⑤ 开关晶体管（Q01） 将指针万用表调至电阻 $R\times10$ 挡（单独检测晶体管应选 $R\times1k$

挡)，并进行万用表的“0”Ω校正。使用万用表检测开关晶体管的基极（B）和发射极（E）、集电极（C）之间的正反向阻抗，如图 5-50 所示。正常情况下，只有在黑表笔接基极（B），红表笔接集电极（C）或发射极（E）时，万用表会显示一定的阻值，如图 5-50 所示。其他引脚间的阻值均为无穷大，测量时若发现引脚间的阻值不正常或趋于零，则证明开关晶体管已损坏。

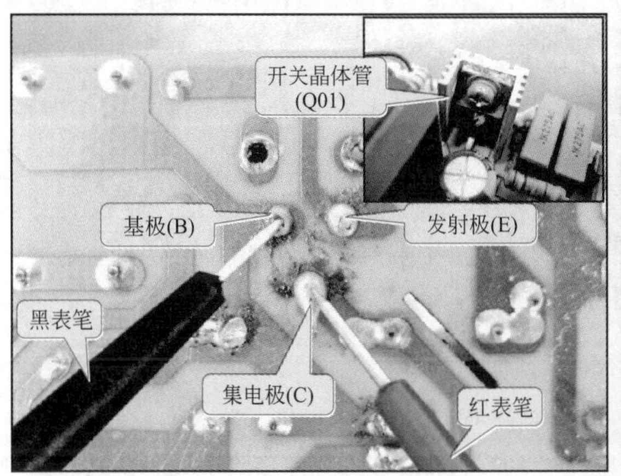

(a) 开关晶体管(Q01)基极(B)和集电极(C)之间正向阻抗的检测

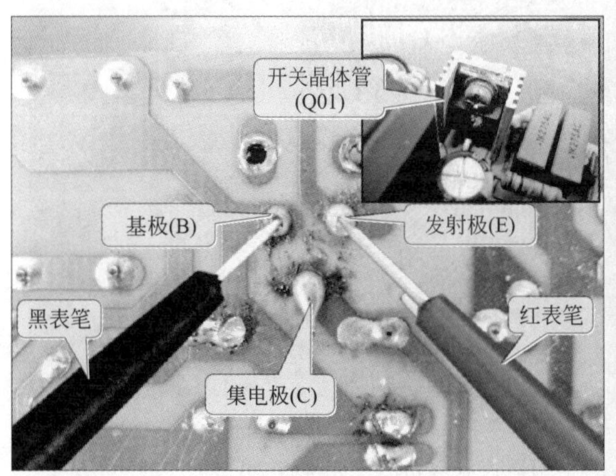

(b) 开关晶体管(Q01)基极(B)和发射极(E)之间正向阻抗的检测

图 5-50 开关晶体管（Q01）的检测

5. 3. 2 空调器控制电路的检修

空调器的控制电路主要是由微处理器和外围电路组成的，主要用来接收人工指令信号，以及传感器送来的温度检测信号，并将人工指令信号以及温度检测信号变为控制信号，对空调器进行控制。

空调器中的控制电路是以微处理器为核心的电路，也是空调器的核心电路。变频空调器的控制电路主要可以分为两个部分，即室内机控制电路和室外机控制电路，如图 5-51 所示为海信 KFR-35GW 型变频空调器控制电路的安装位置。

若空调器的控制电路出现故障，则可能会造成空调器不启动、操作或显示不正常等故障。

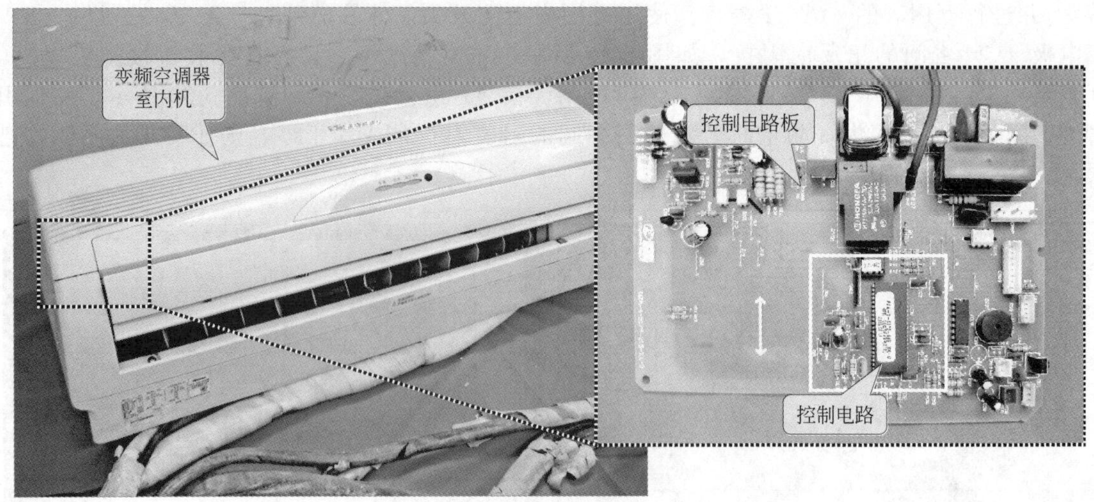

(a) 变频空调器室内机控制电路的安装位置

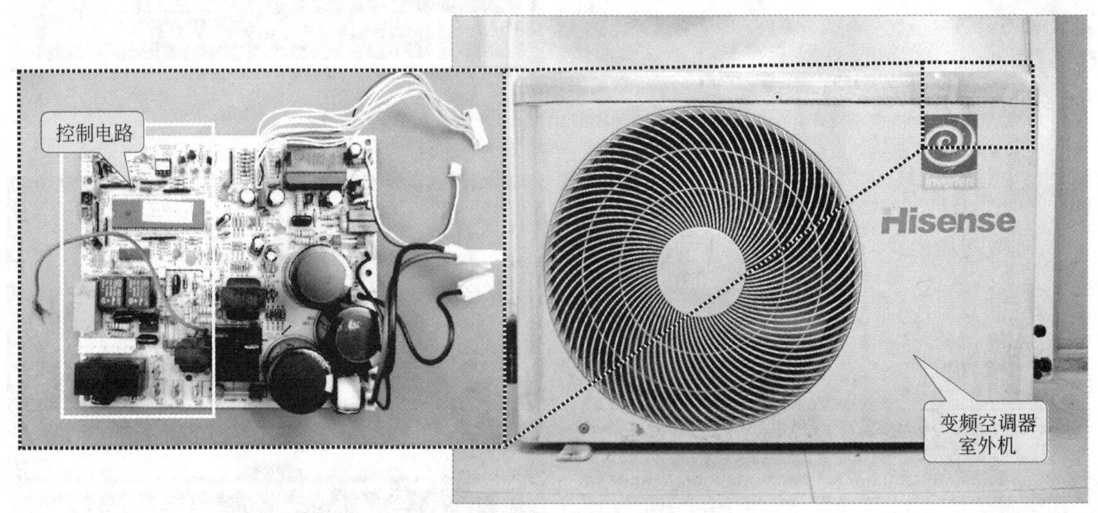

(b) 变频空调器室外机控制电路的安装位置

图 5-51 海信 KFR-35GW 型变频空调器控制电路的安装位置

对于空调器室外机控制电路的检修可顺其基本的信号流程，对控制电路中的主要元件进行检测，例如微处理器、晶体以及存储器等。

(1) 微处理器 IC08 的检测

首先对微处理器 IC08 的供电电压进行检测，检测时将万用表调至直流 10V 电压挡，黑表笔搭在接地端的引脚上，红表笔搭在 IC08 的㉒脚和㊷脚上，即可以检测到 5V 的供电电压，如图 5-52 所示。

接着对微处理器 IC08 的时钟晶振信号进行检测，将示波器的探头搭在 IC08 的⑲脚和⑳脚上时，便可以检测到时钟晶振信号的波形，如图 5-53 所示。若时钟晶振信号不正常，则可能是晶体或微处理器 IC08 损坏。

对微处理器 IC08 的数据和时钟信号进行检测，该信号可在 IC08 的③脚、④脚、⑤脚上测得，如图 5-54 所示。在供电电压和时钟晶振信号正常的情况下，若数据和时钟信号不正常，则可能是微处理器 IC08 本身损坏。

图 5-52 微处理器 IC08 供电电压的检测方法

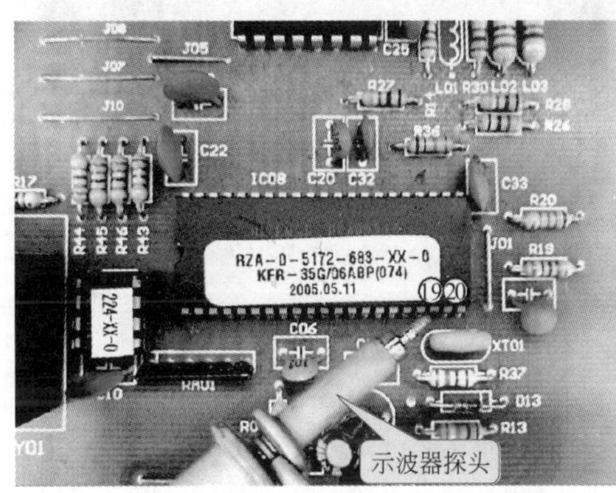

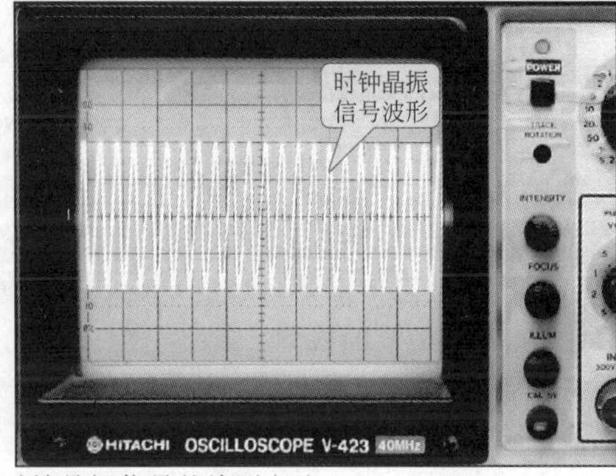

图 5-53 微处理器 IC08 时钟晶振信号的检测方法

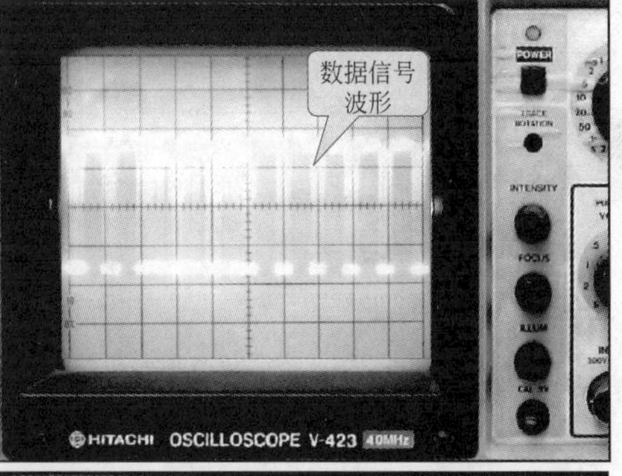

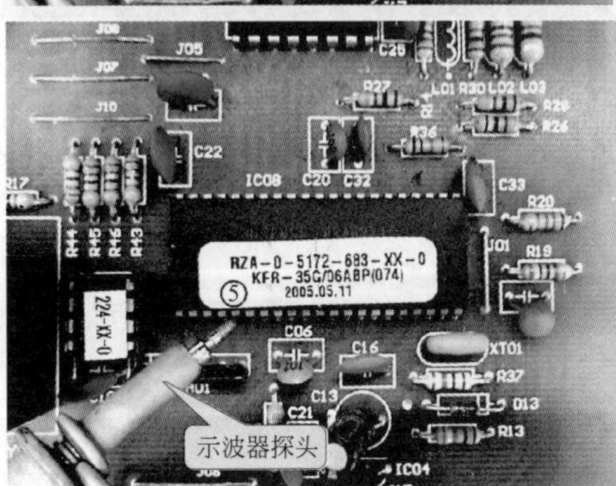

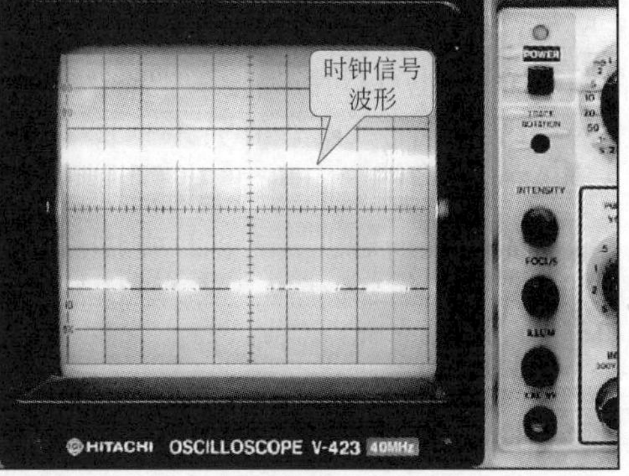

图 5-54 微处理器 IC08 的数据和时钟信号的检测方法

第5章

（2）晶体 XT01 的检测

可用检测晶体 XT01 引脚端波形的方法来判断晶体是否正常，在开机的状态下，将示波器的探头搭在晶体的引脚上时，便可以检测到时钟晶振信号的波形，如图 5-55 所示。

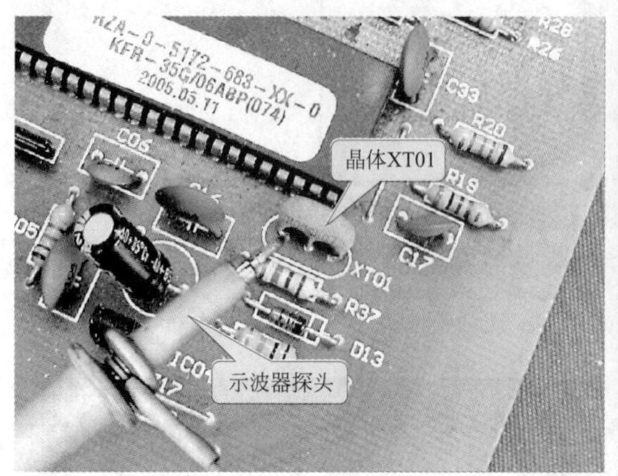

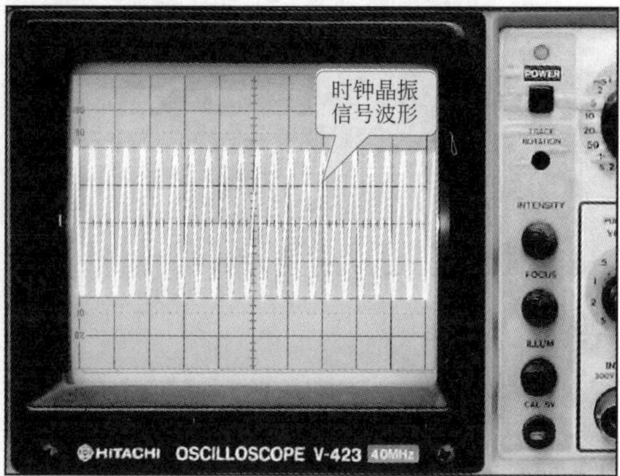

图 5-55　晶体 XT01 的检测方法

若晶体 XT01 的引脚端无时钟晶振信号波形，则可能是晶体本身损坏，也可能是微处理器损坏。可用代换法进行判定，即用性能良好的晶体进行代换，代换后若故障排除，则属于晶体故障，若代换后故障依旧，则可能是微处理器或外围元件损坏。

（3）存储器 IC06 的检测

对存储器 IC06 的 5V 供电电压进行检测，该电压可在存储器 IC06 的⑧脚上测得，如图 5-56所示。

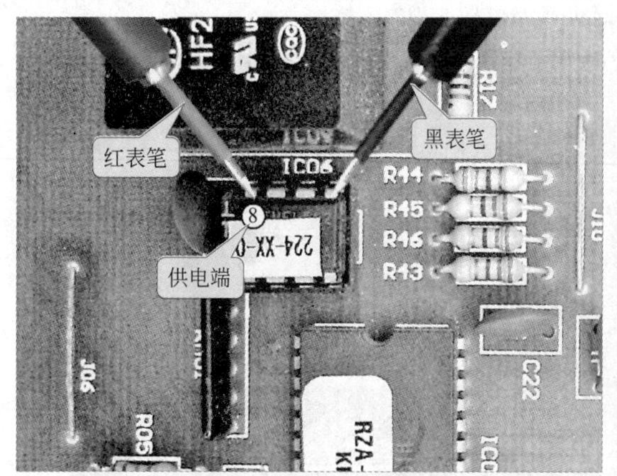

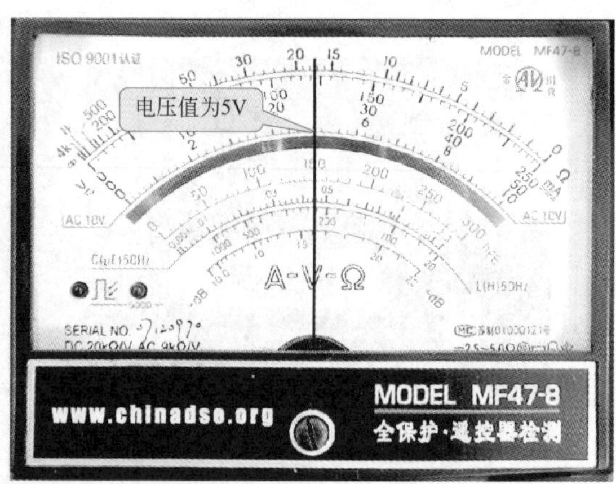

图 5-56　存储器 IC06 供电电压的检测方法

存储器 IC06 也可以用检测各引脚对地阻值的方法来判断其是否正常，正常情况下，IC06 各引脚的正向和反向对地阻值见表 5-2。若实测的阻值与标准值相差过大，则可能是存储器 IC06 本身损坏。

表 5-2　存储器 IC06 各引脚之间的对地阻值

引脚	正向对地阻值 /×1kΩ	反向对地阻值 /×1kΩ	引脚	正向对地阻值 /×1kΩ	反向对地阻值 /×1kΩ
①	5	8	⑤	0	0
②	5	8	⑥	0	0
③	5	8	⑦	∞	∞
④	4.5	7.5	⑧	2	2

5.3.3 空调器显示和遥控电路的检修

空调器的显示和遥控电路主要包括显示工作电路、遥控接收信号的电路和遥控发射电路。其中，遥控发射电路是一个发送遥控指令的独立电路单元，用户通过遥控器将人工指令信号以红外光的形式发送给空调器的遥控接收电路；遥控接收电路将接收的红外光信号转换成电信号，并进行放大、滤波和整形处理将其变成控制脉冲，然后送给室内机的微处理器；显示电路则是用于显示空调器当前的工作状态的，如图 5-57 所示为海信 KFR-35W/06ABP 型空调器的显示和遥控电路。

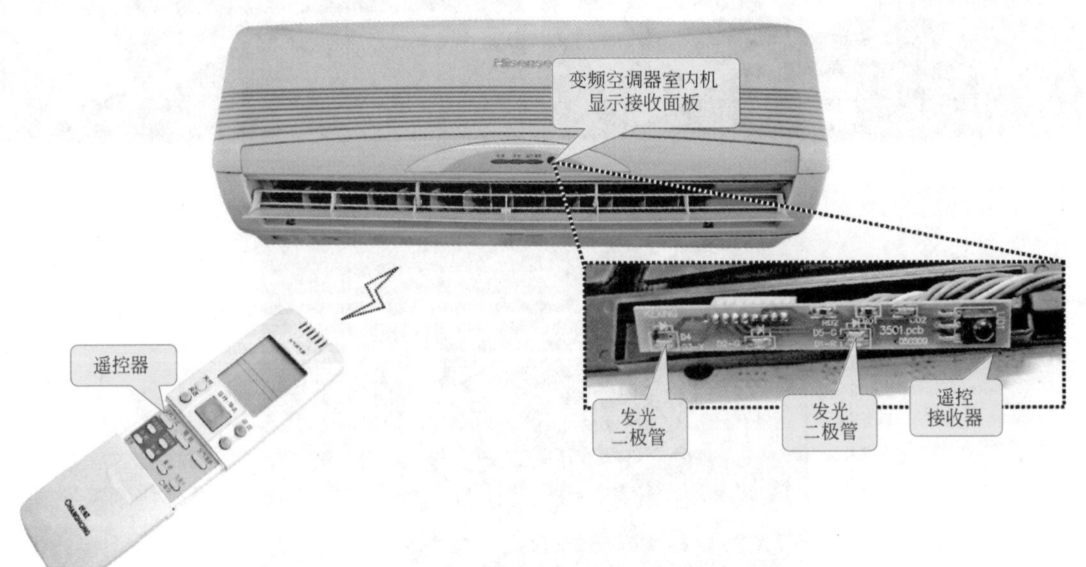

图 5-57 海信 KFR-35W/06ABP 型空调器的显示和遥控电路

如图 5-58 所示，遥控器是一个以微处理器为核心的编码控制电路，它所编制的串行数据信号通过红外线发射二极管发射出去，将控制信号传输到空调器室内机的遥控接收电路中，为空调的控制电路提供人工指令。

对空调器的显示和遥控接收电路进行检修时，可顺着该电路部分中的基本信号流程，对关键的元器件进行检测，判断其性能是否正常，例如发光二极管、遥控接收器等。

(1) 发光二极管的检测方法

发光二极管性能的好坏通常可以使用万用表检测其正反向阻值来判别，如图 5-59 所示。将万用表的红表笔搭在发光二极管的负极，黑表笔搭在发光二极管的正极，检测正向阻值，正常情况下应有一定的阻值，同时发光二极管应发出微弱的光。

接着将万用表的两表笔进行对换，正常情况下，其反向阻值应为无穷大。若检测的数值与正常情况下的数值相差较大，则说明发光二极管本身损坏。

(2) 遥控接收器的检测方法

检测空调器中遥控接收器的性能是否良好时，通常可以检测其供电电压以及输出的控制信号波形是否正常。

① 供电电压的检测　遥控接收器正常情况下，应有＋5V 的供电电压。检测时，将万用表的黑表笔接地，红表笔搭在遥控接收器的供电端，如图 5-60 所示。若经检测发现遥控接收器的供电电压不正常，则需对＋5V 供电电路进行检测；若经检

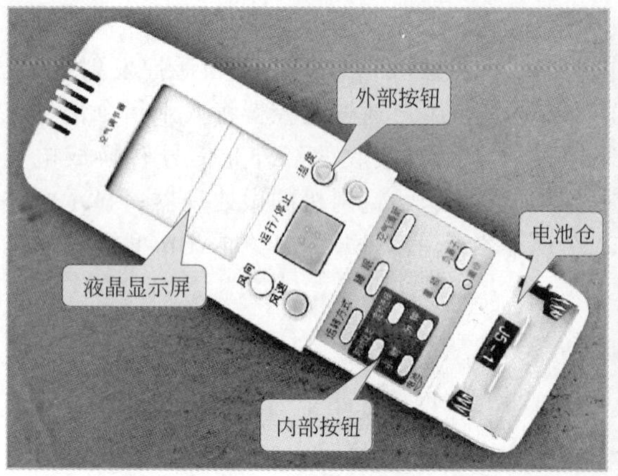

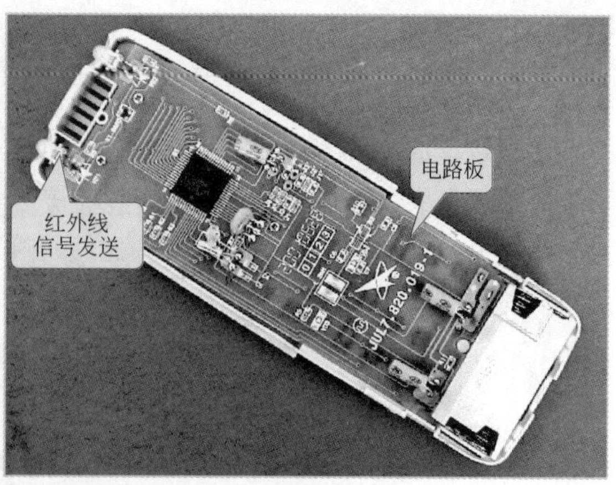

(a) 遥控器的结构

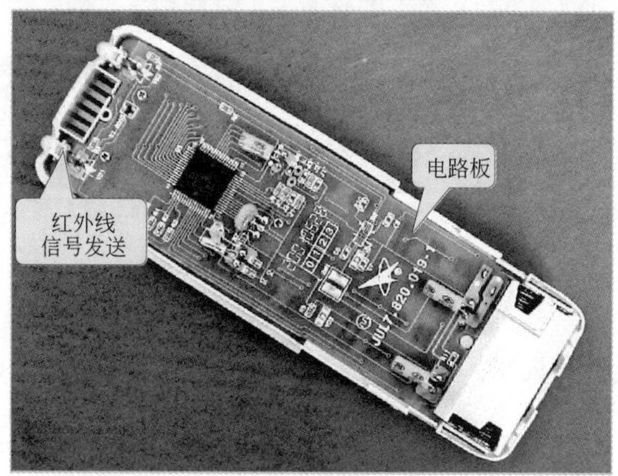

(b) 遥控器的电路结构

图 5-58　遥控器的结构及电路结构

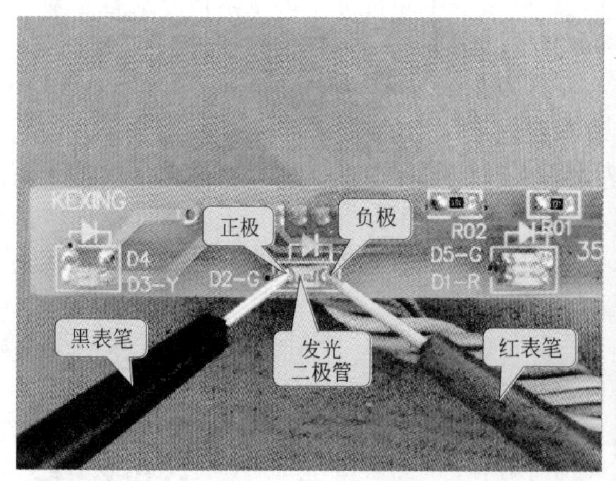

图 5-59　发光二极管正向阻值的检测方法

测发现其供电电压正常，则需要进一步检测遥控接收器的输出信号波形是否正常。

② 输出信号的检测　在检测遥控接收器的输出信号时，应先使用良好的遥控器对遥控接

图 5-60　检测遥控接收器的供电电压

收器传输遥控信号，此时使用示波器探头检测遥控接收器的遥控信号输出端，如图 5-61 所示。若能检测到遥控信号，说明遥控接收器良好；若在供电电压正常的情况下，检测不到遥控接收信号，说明遥控接收器已经损坏，需对其进行代换。

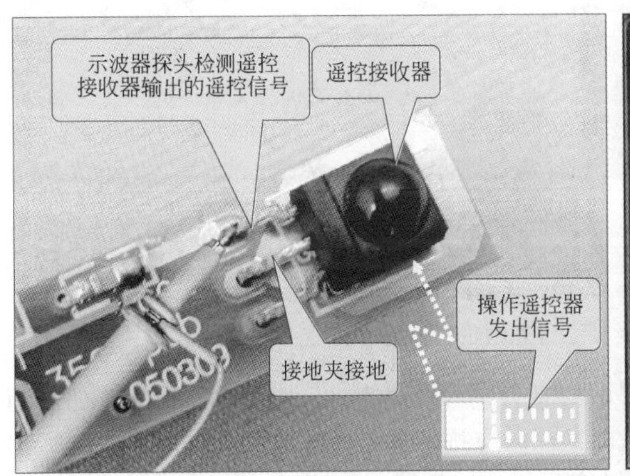

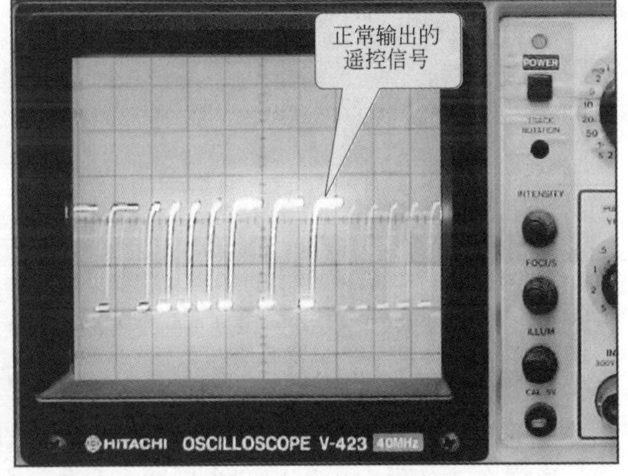

图 5-61　检测遥控接收器输出信号

（3）遥控发射电路供电电压的检测方法

遥控发射电路的供电通常采用两节 1.5V 的七号电池，正常情况下，该电路部分应有 3V 的供电电压，如图 5-62 所示。将黑表笔搭在遥控器内电池的负极，红表笔搭在遥控器内电池的正极，若电池供电电压正常，电池盒的电池接触端也良好，应有 3V 电压；若供电电压不正常，应对电池进行更换，或对有锈蚀的接触端进行清理。

（4）遥控发射电路红外发光二极管的检测方法

检测红外发光二极管性能的好坏，主要使用万用表检测其正反向阻值，通过阻值来判断其是否可以正常工作。良好的红外发光二极管正向阻值较小，反向阻值很大。如图 5-63 所示为检测红外发光二极管的正向阻值，将万用表的红表笔搭在红外发光二极管的负极，黑表笔搭在红外发光二极管的正极，正常情况下，应有一定的阻值。

接下来，将万用表的两表笔对换，检测红外发光二极管的反向阻值，正常情况下应为无穷大。若测得阻值与实际偏差很大，则说明红外发光二极管已损坏。

（5）遥控发射电路中晶体的检测方法

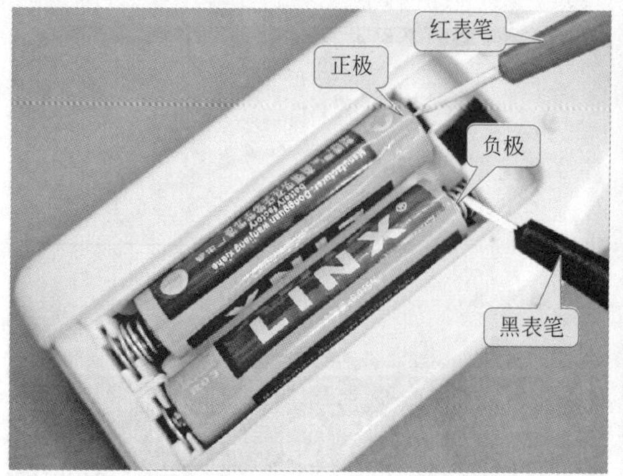

图 5-62　供电电压的检测方法

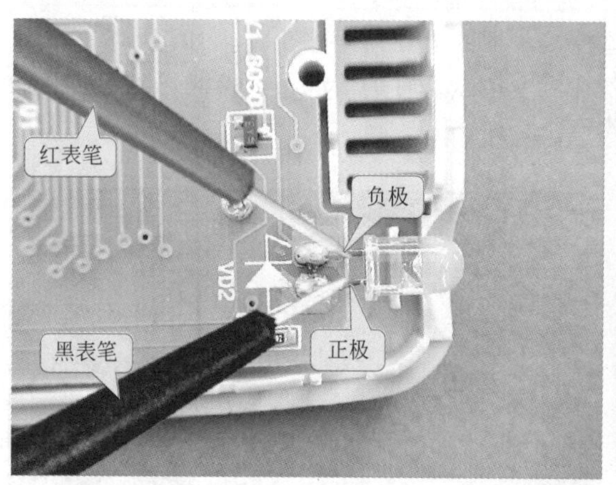

图 5-63　检测红外发光二极管的正向阻值

判断晶体是否正常时，主要通过检测其信号波形是否正常。检测时，应先将遥控器上的启动开关按下，使遥控器显示屏上有字符显示，并且在检测时应按下某一个按键才可以检测到波形。

通常在遥控发射电路中有主副两个晶体，但检测的方法相同。检测时，将示波器的探头搭在晶体的一端引脚，如图 5-64 所示，正常情况下，示波器显示屏会显示出信号波形。

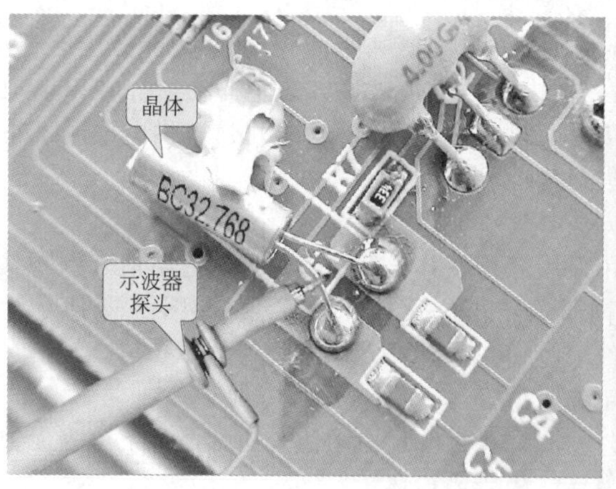

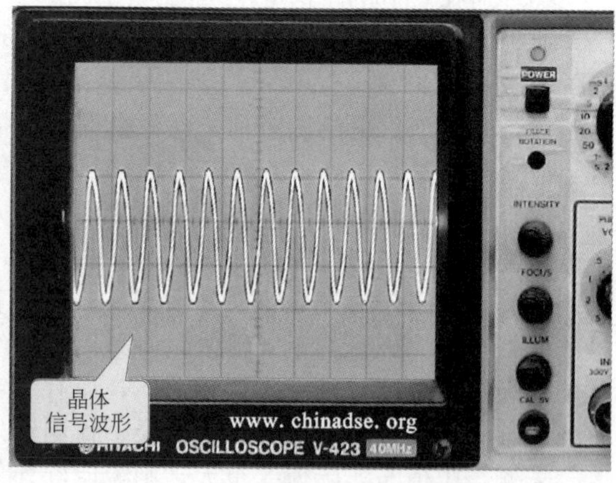

图 5-64　晶体的检测方法

5.3.4 空调器变频电路的检修

空调器的变频电路是由变频控制电路和功率模块等部分构成的，其主要的功能就是为变频压缩机提供驱动信号，用来调节压缩机的转速，实现空调器制冷剂的循环，完成热交换的功能。

变频电路通过接线插件与压缩机相连，一般安装在变频压缩机的上面，由固定支架固定，如图 5-65 所示为海信 KFR-35GW 型电冰箱变频电路的实物外形。在该电路板上还可以看到其各个连接部位的标识。其中，P、N 端是变频模块直流电源的输入端，而 U、V、W 端则为变频压缩机的连接端，模块控制插件与室外机控制电路连接。

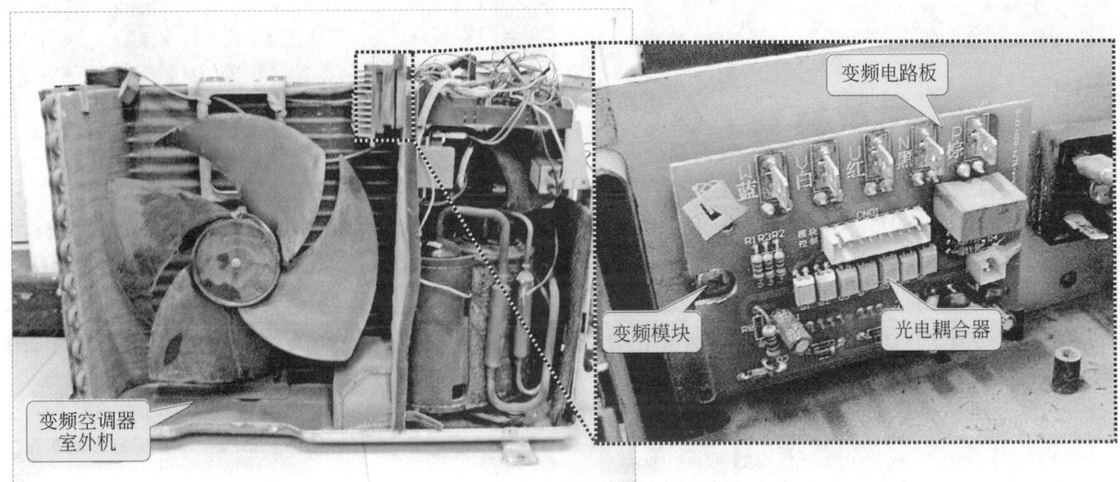

图 5-65　海信 KFR-35GW 型电冰箱变频电路的实物外形

对于空调器变频电路的检修，应根据变频电路的信号流程逐级进行检测，从而查找故障线索，判定故障部位。下面重点对光电耦合器、变频模块进行检测。

（1）光电耦合器的检测

首先对光电耦合器的供电电压进行检测，以光电耦合器 G2 为例，G2 的①脚为 5V 供电端，其检测方法如图 5-66 所示。若供电电压不正常，则应对电源供电电路进行检测。

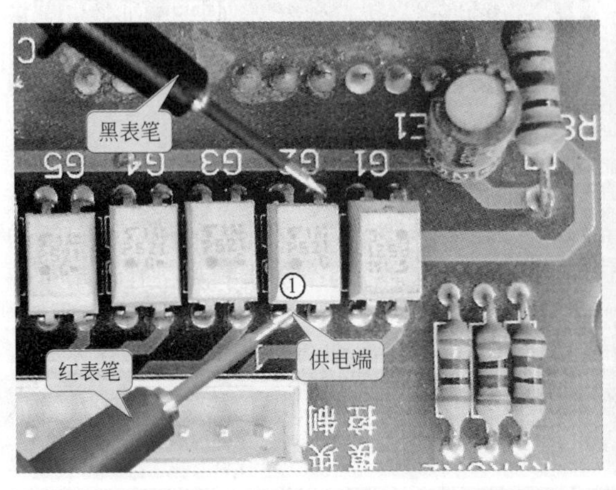

图 5-66　光电耦合器 G2 供电电压的检测方法

光电耦合器 G2 的②脚为 PWM 驱动信号输入端，将示波器的探头搭在该引脚上时，便可以检测到 PWM 驱动信号的波形，如图 5-67 所示。

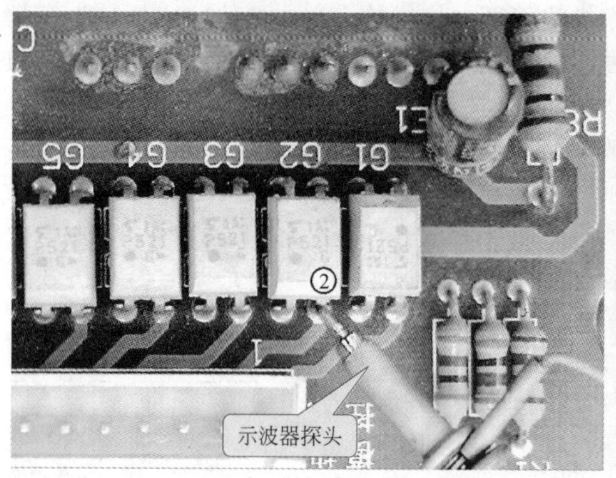

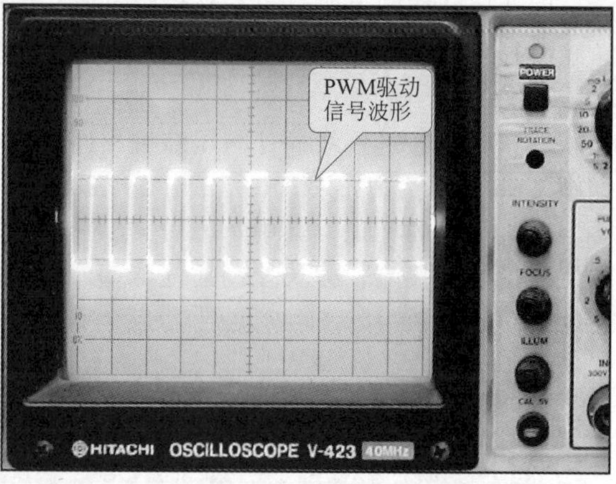

图 5-67　光电耦合器 G2 输入 PWM 驱动信号的检测方法

在供电电压和 PWM 驱动信号正常的情况下，若光电耦合器无法正常工作，则可以用检测其引脚间阻值的方法来判断其好坏。

首先检测光电耦合器 G2①脚和②脚之间的阻值，将万用表调至 $R\times1$k 欧姆挡，黑表笔搭在光电耦合器的①脚上，红表笔搭在光电耦合器的②脚上，检测其内部发光二极管的正向阻值，如图 5-68 所示，此时检测的正向阻值约为 22kΩ。

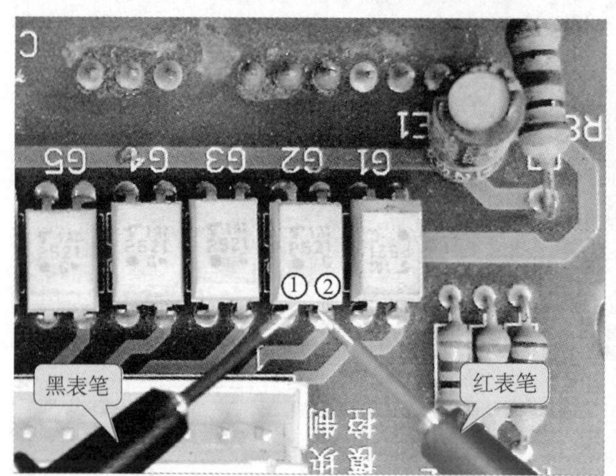

图 5-68　检测光电耦合器 G2 的①脚和②脚之间的正向阻值

接着交换万用表的两支表笔，将红表笔搭在①脚上，黑表笔搭在②脚上，检测发光二极管的反向阻值，如图 5-69 所示，此时，万用表上的表针指示为无穷大。一般在没有参考图纸的情况下，可根据此检测结果判断该端发光二极管的两个引线端为哪两个引脚。如果在测量过程中其阻值有异常，则可能是光电耦合器损坏，需更换该器件。

接着对光电耦合器 G2③脚和④脚之间的电阻值进行检测，如图 5-70 所示，由于是在路检测，因此可以检测到一定的电阻值。若光电耦合器③脚和④脚之间的电阻值有趋于零的情况，则说明已经损坏。

（2）变频模块 STK621-601 的检测

当怀疑变频模块 STK621-601 出现故障时，可将室外机通电，检测变频模块对压缩机的驱动信号是否正常。如图 5-71 所示，将示波器的接地夹接地，示波器探头靠近变频模块的 U、

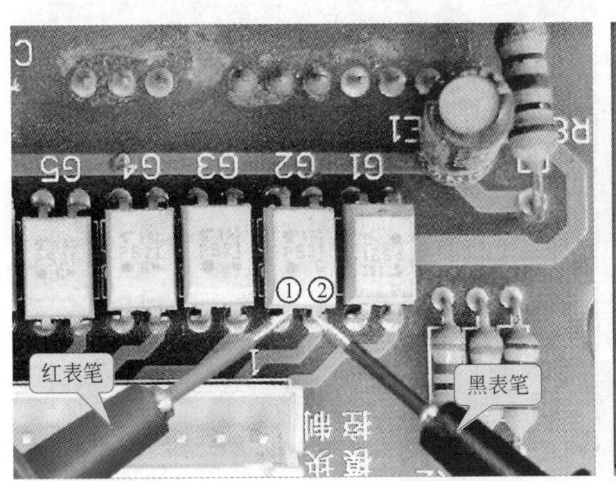

图 5-69　检测光电耦合器 G2 的①脚和②脚之间的反向阻值

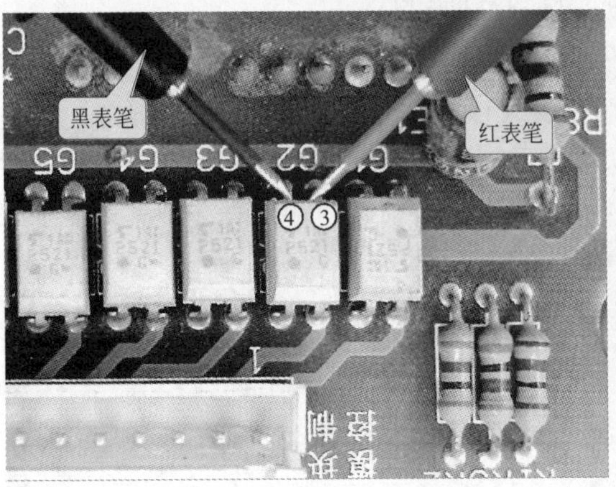

图 5-70　检测光电耦合器 G2 的③脚和④脚之间的阻值

V、W 端，通过感应法检测变频模块的输出。若可以测得驱动信号，说明变频模块正常，若无驱动信号，则应对变频模块的工作电压进行检测。

经检测若无驱动信号波形，则应检测变频模块的工作电压是否正常。将万用表调整至直流 500V 电压挡，黑表笔搭在 N 端，红表笔搭在 P 端。正常情况下，可测得 300V 左右的直流电压值，如图 5-72 所示。

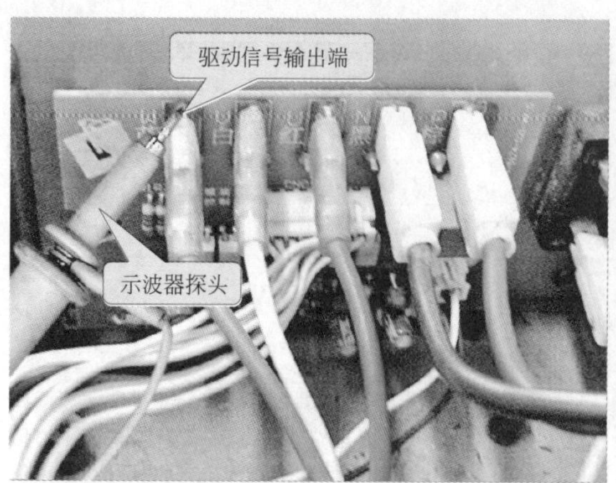

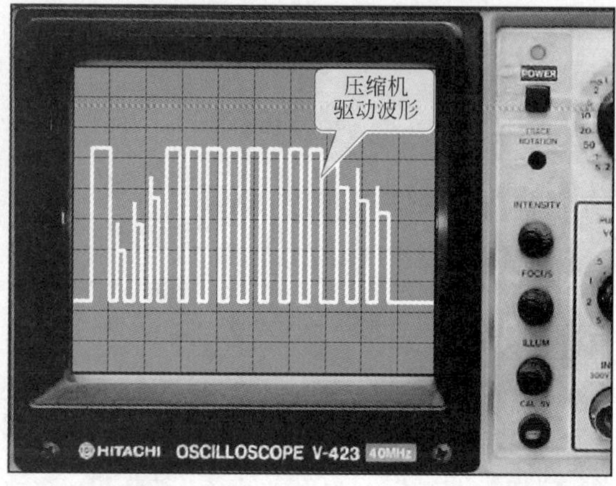

图 5-71 检测变频模块的 U、V、W 端驱动信号

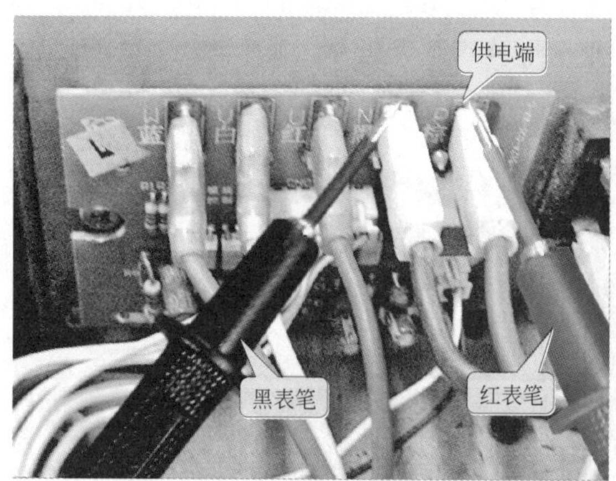

图 5-72 检测变频模块的工作电压

若供电电压检测正常，则应对变频模块本身进行检测。检测时，可通过检测变频模块的引脚对地阻值判断。如图 5-73 所示，将万用表调整至 $R\times1k$ 欧姆挡，黑表笔搭在接地端，红表笔依次检测变频模块的各个引脚。可测得变频模块的正向对地阻值，接着将两支表笔对调，用红表笔搭在接地端上，黑表笔依次检测变频模块的各个引脚，可测得变频模块的反向对地阻值，正常情况下变频模块各引脚的对地阻值见表 5-3。

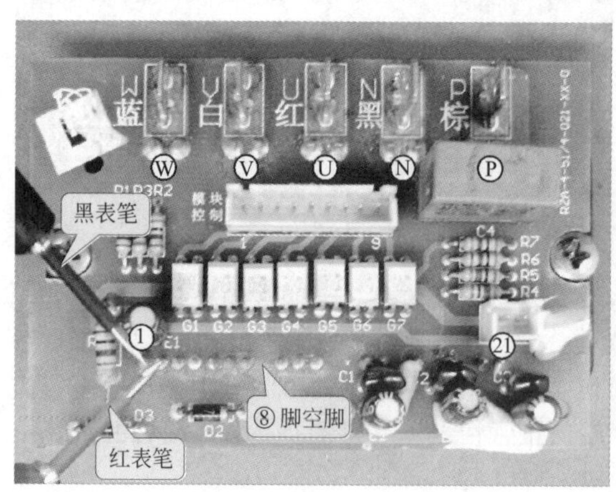

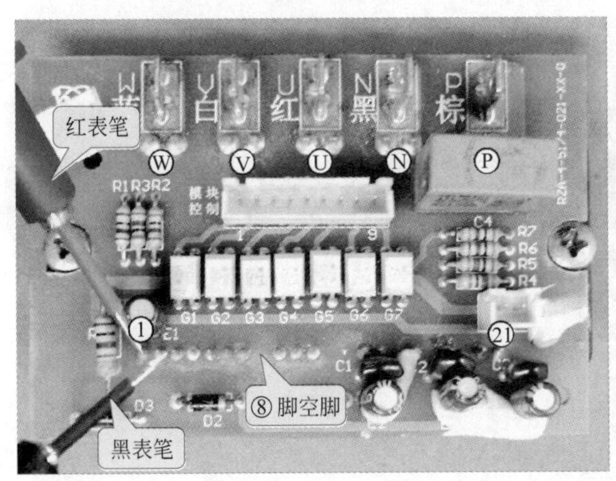

图 5-73　变频模块对地阻值的检测

表 5-3　变频模块各引脚的对地阻值

引脚	正向阻值/kΩ	反向阻值/kΩ	引脚	正向阻值/kΩ	反向阻值/kΩ
①	0	0	⑮	11.5	∞
②	6.5	25	⑯	空脚	空脚
③	6	6.5	⑰	4.5	∞
④	9.5	65	⑱	空脚	空脚
⑤	10	28	⑲	11	∞
⑥	10	28	⑳	空脚	空脚
⑦	10	28	㉑	4.5	∞
⑧	空脚	空脚	㉒	11	∞
⑨	10	28	P 端	12.5	∞
⑩	10	28	N 端	0	0
⑪	10	28	U 端	4.5	∞
⑫	空脚	空脚	V 端	4.5	∞
⑬	空脚	空脚	W 端	4.5	∞
⑭	4.5	∞			

若测得变频模块的对地阻值与正常情况下测得阻值相差过大，则说明变频模块已经损坏。

第6章

洗衣机故障检修

6.1 洗衣机的结构特点

洗衣机是一种将电能通过电动机转换为机械能，并依靠机械动作来洗涤衣物的机电一体化产品，根据洗衣机内部结构以及部件的连接和布局方式的不同，洗衣机通常可以分为波轮式洗衣机和滚筒式洗衣机两大类。

(1) 波轮式洗衣机的结构特点

波轮式洗衣机是由电动机通过传动机构带动波轮作正向和反向旋转（或单向连续转动），利用水流与洗涤物的摩擦和冲刷作用进行洗涤的。图 6-1 所示为典型波轮式洗衣机的整机结构。

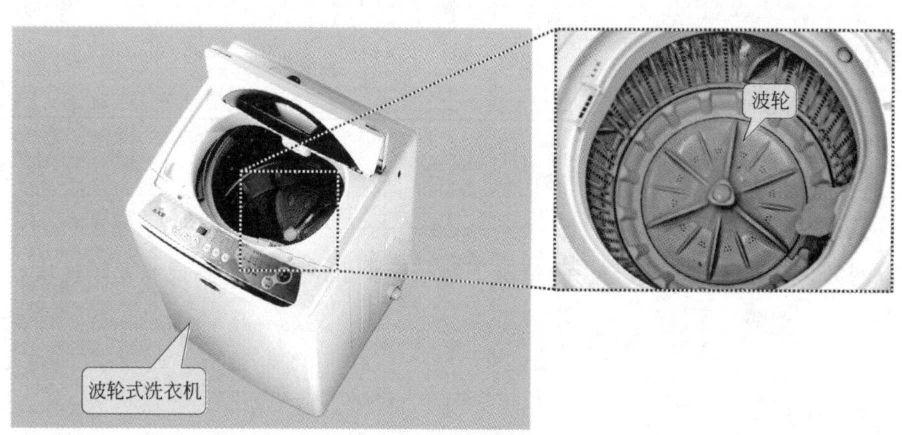

图 6-1 典型波轮式洗衣机的整机结构

图 6-2 所示为典型波轮式洗衣机的外部结构，从图中可看出，波轮式洗衣机的外部主要是由围框、操作控制面板、后盖板、铭牌标识等部分构成的。

通常，波轮式洗衣机的顶部装有操作控制面板，用以设置工作状态。图 6-3 所示为典型波轮式洗衣机的操作控制面板。可以看到，在操作控制面板上有很多功能按钮，如功能选择、过程选择、启动/暂停、电源开关等。用户可以通过操作控制面板的按键实现对洗衣机的工作控制，洗衣机再通过指示灯或显示屏显示出洗衣机的工作状态。

操作控制面板下是洗衣机对应的控制电路板，如图 6-4 所示。该电路板安装于操作控制面

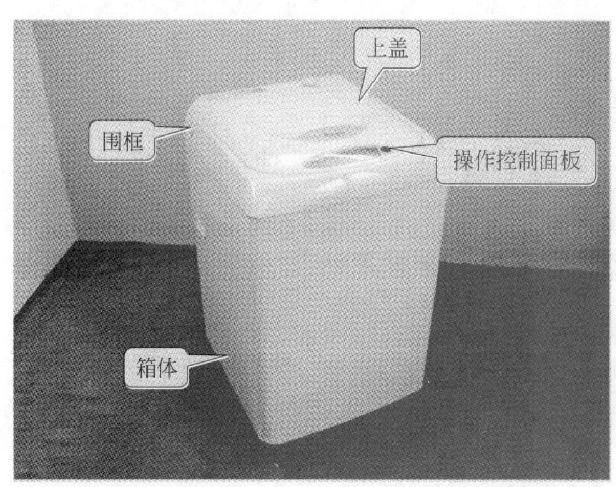

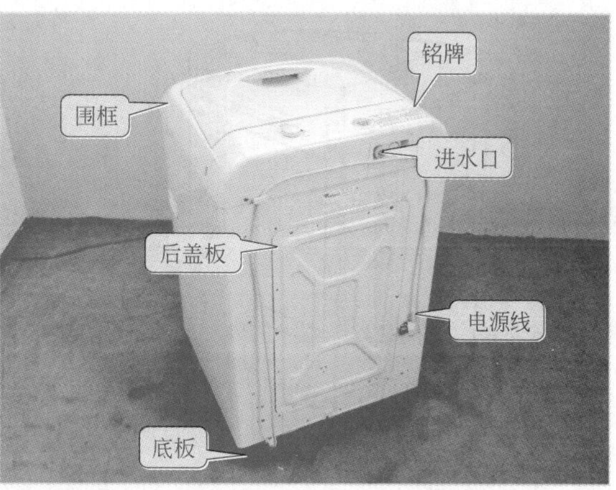

图 6-2　典型波轮式洗衣机的外部结构

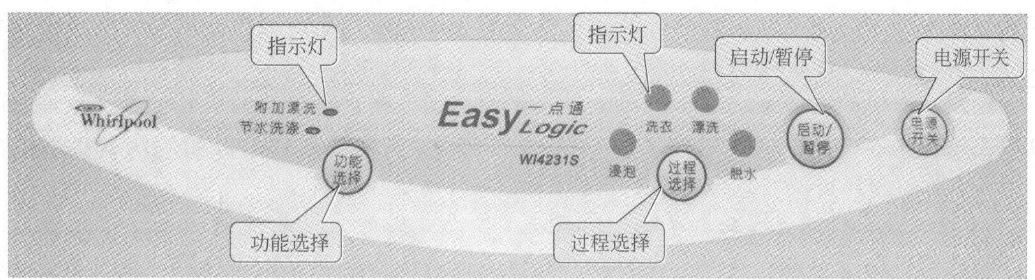

图 6-3　典型波轮式洗衣机的操作控制面板

板的下方，由微处理器和外围元器件等组成，用户的各种洗涤指令都经该电路板来控制洗衣机的工作。

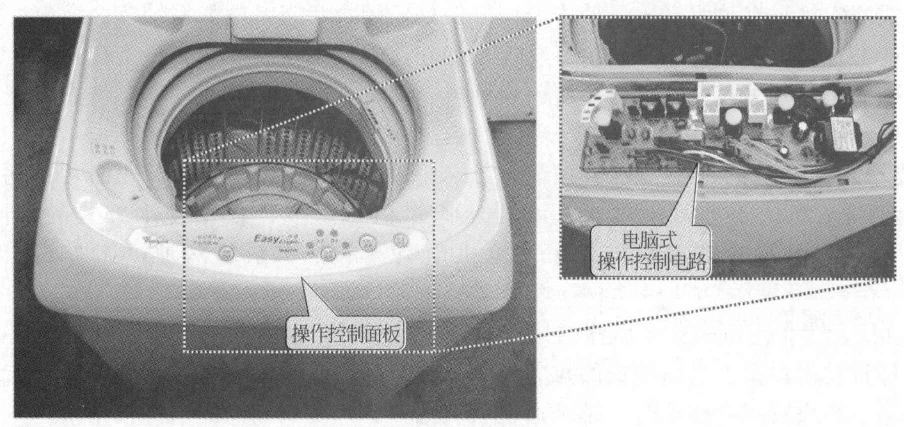

图 6-4　波轮式洗衣机的控制电路板

波轮式洗衣机的内部主要由进水系统、机械传动系统、排水系统和电路系统 4 部分组成。

① 波轮式洗衣机的进水系统　波轮式洗衣机的进水系统主要为洗衣机提供水源，并合理地控制水位的高低。该系统位于洗衣机围框中，主要由进水电磁阀和水位开关等元件组成，如图 6-5 所示。

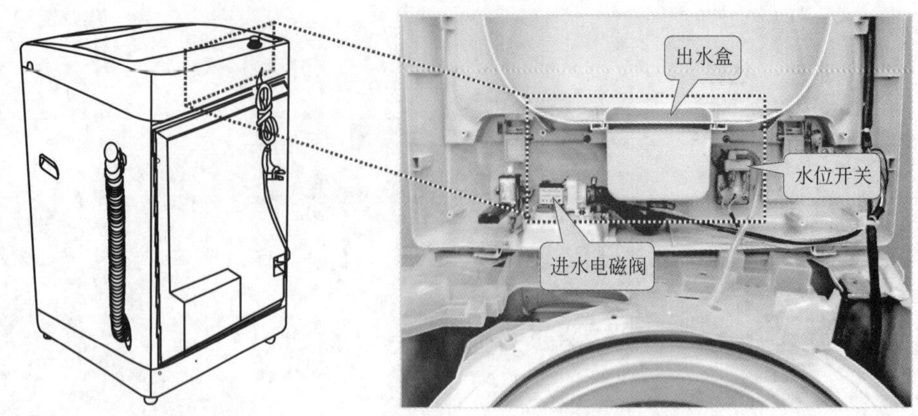

图 6-5　波轮式洗衣机进水系统的安装位置

② 波轮式洗衣机的洗涤系统　波轮式洗衣机的洗涤系统主要由桶圈、平衡环组件、波轮、脱水桶、盛水桶、洗涤电动机、离合器、带和保护支架等组成，通过控制电路使洗涤电动机工作，从而实现对上述组件的机械控制。

波轮式洗衣机的洗涤系统除了洗涤电动机是由控制电路进行控制的以外，其他组件之间则是机械连接，因此洗涤系统也可称之为机械传动系统，该系统担任着波轮式洗衣机的洗涤工作。图 6-6 所示为典型波轮式洗衣机的洗涤系统。

③ 波轮式洗衣机的支撑减振系统　如图 6-7 所示，波轮式洗衣机的减振支撑装置是由吊杆组件构成的，用于将洗衣桶以及安装在洗衣机下方的洗涤电动机、离合器、排水系统等吊装在洗衣机箱体上，起到减振支撑的作用。

④ 波轮式洗衣机的安全系统　波轮式洗衣机的安全系统实际上是指洗衣机的安全门开关，如图 6-8 所示，主要用于控制波轮式洗衣机上盖的打开与闭合，从而实现对电气系统的通断电的控制，同时起到全保护的作用。

波轮式洗衣机只有关闭上盖，使安全门开关处于闭合状态，电气系统才会通电，此时洗涤电动机才能够运转，实现洗涤、脱水等功能。如在洗衣机工作状态中，将上盖打开，或是因为振动，导致安全门开关打开，电气系统就会断电，使洗涤电动机停止工作，洗衣机进入断电保护状态。

⑤ 波轮式洗衣机的排水系统　波轮式洗衣机的排水系统主要用于洗涤后的污水排放，该系统位于洗衣机的下方，由排水阀和排水阀牵引器组成，根据排水方式的不同，主要有采用电磁铁牵引器的排水系统和采用电机牵引器的排水系统两种，如图 6-9、图 6-10 所示。

图 6-9 所示为采用电磁铁牵引器的排水系统。排水时，电磁铁牵引器衔铁被吸引，电磁铁牵引器拉杆拉动内弹簧。当内弹簧的拉力大于外弹簧和橡胶阀的弹力时，外弹簧被压缩，带动橡胶阀移动。当橡胶阀被移动时，排水通道就被打开了，洗衣桶内的水将被排出。

(2) 滚筒式洗衣机的结构特点

图 6-11 所示为典型滚筒式洗衣机的实物外形，从滚筒式洗衣机的正面可以看到上盖、料盒组件、控制面板、门组件等部分。从滚筒式洗衣机的背面可以看到上盖、后盖、进水口、出水口、电源线和铭牌等部分。

图 6-12 所示为典型滚筒式洗衣机操作显示面板，从图中可以看出，操作显示面板主要是由料盒、功能控制按钮、温度旋钮、门锁指示门开关、功能旋钮等部分组成的。

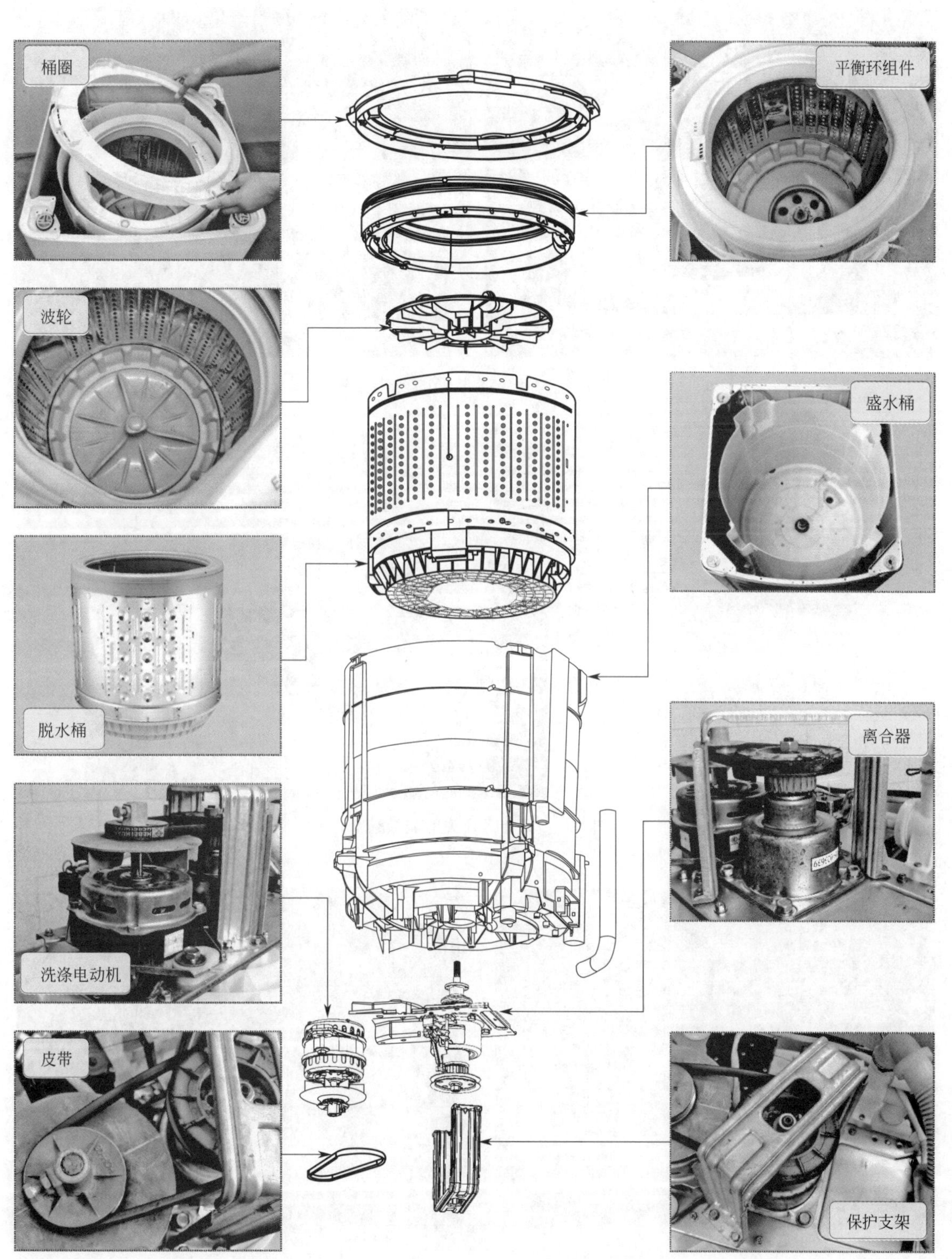

图 6-6　典型波轮式洗衣机的洗涤系统

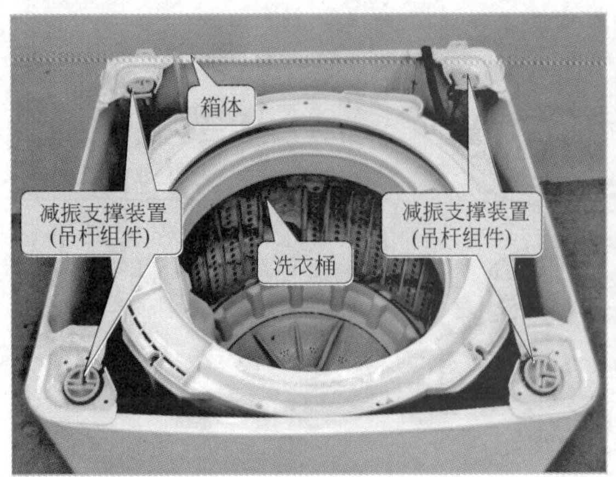

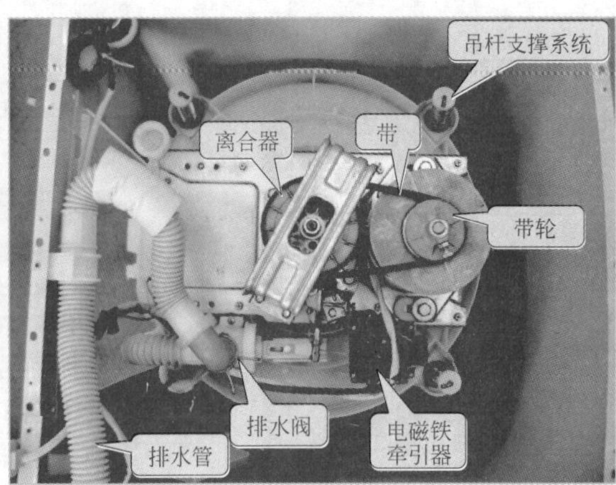

图 6-7　减振支撑装置的安装位置

图 6-8　安全门开关的安装位置

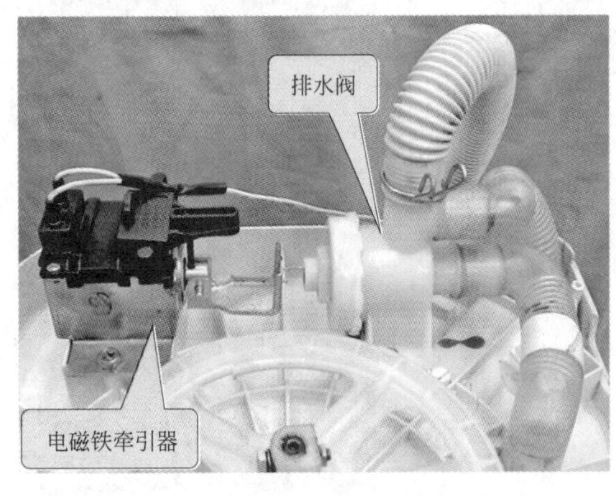

图 6-9　采用电磁铁牵引器的排水系统

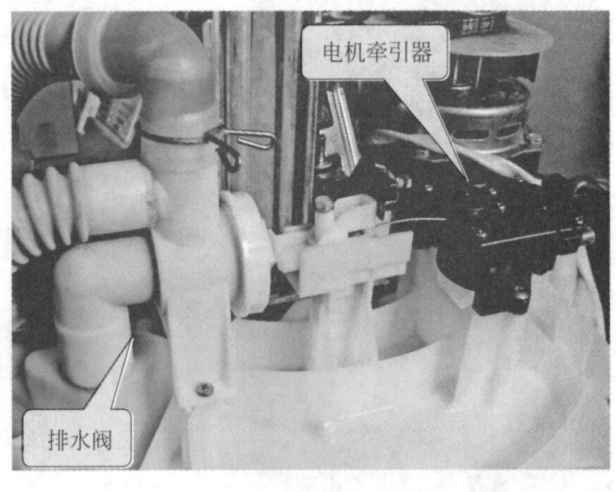

图 6-10　采用电机牵引器的排水系统

打开洗衣机门后，可以看到滚筒式洗衣机的内桶；将滚筒式洗衣机的上盖拆下后，便可看到内部的内桶、电容器、机械控制器、进水电磁阀、水位开关、吊装弹簧等部件；翻转滚筒式

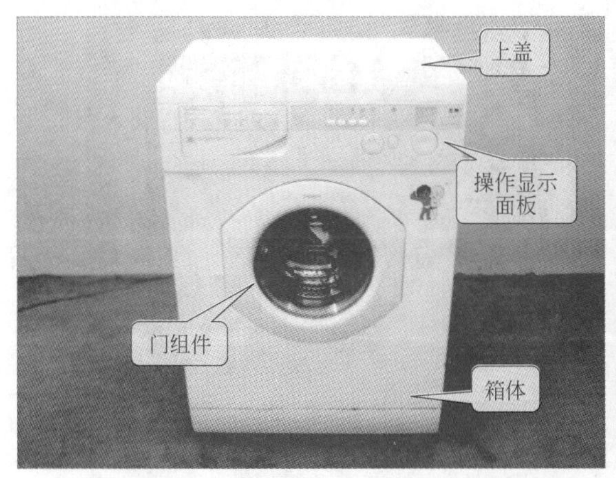

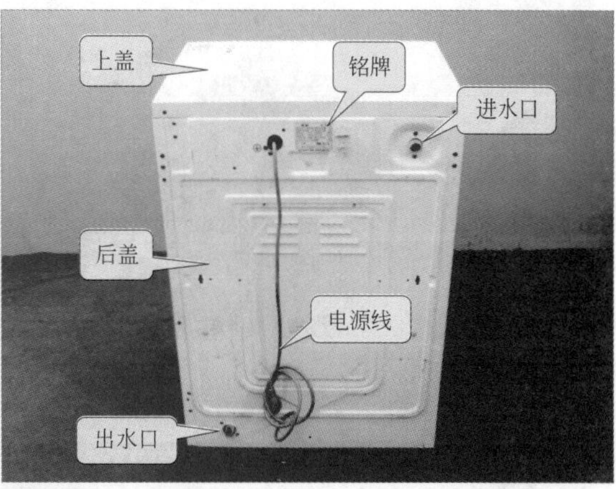

图 6-11　典型滚筒式洗衣机的实物外形

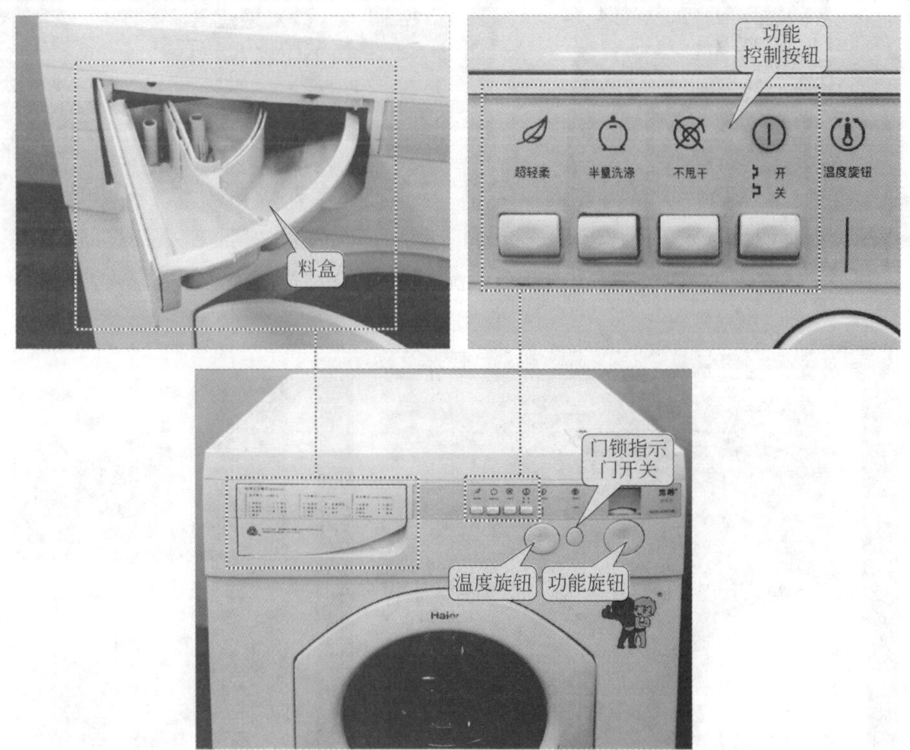

图 6-12　典型滚筒式洗衣机操作显示面板

洗衣机使其底部朝上，可以看到内桶、排水泵、减振器、电动机等部件；将滚筒式洗衣机的箱体拆下后，可以看到内桶、带、带轮、电动机、温度控制系统等部件，如图 6-13 所示。

滚筒式洗衣机的内桶组件主要包括进水系统、排水系统、洗涤系统、电路系统等部分。

从功能上划分，滚筒式洗衣机的内部结构主要是由进水系统、排水系统、洗涤系统、电路系统等构成的。

① 滚筒式洗衣机的进水系统　滚筒式洗衣机的进水系统主要由进水电磁阀和水位开关组成，主要的功能是为洗衣机提供水源，并合理控制水位的高低。将洗衣机的上盖打开，即可看到进水系统，滚筒式洗衣机的进水系统主要包括进水电磁阀和水位开关，如图 6-14 所示。

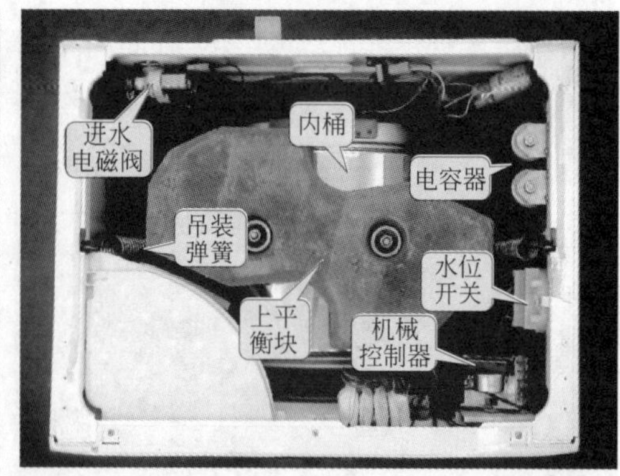

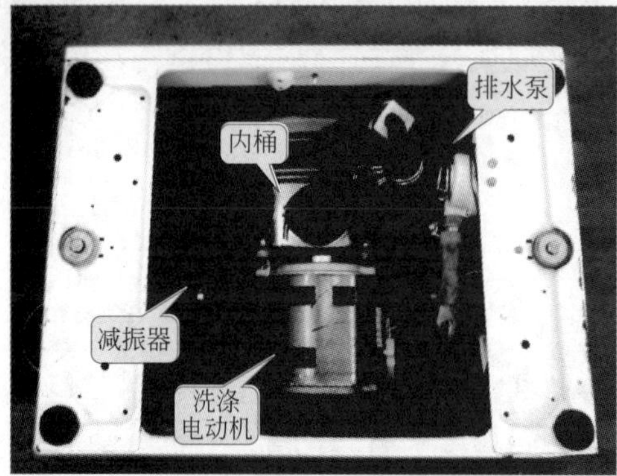

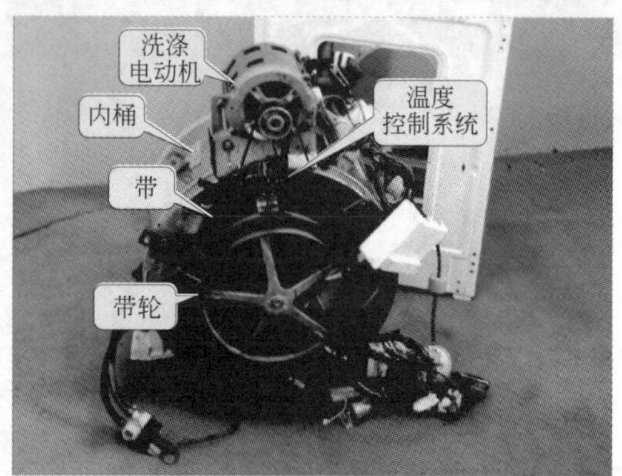

图 6-13　滚筒式洗衣机的内部结构

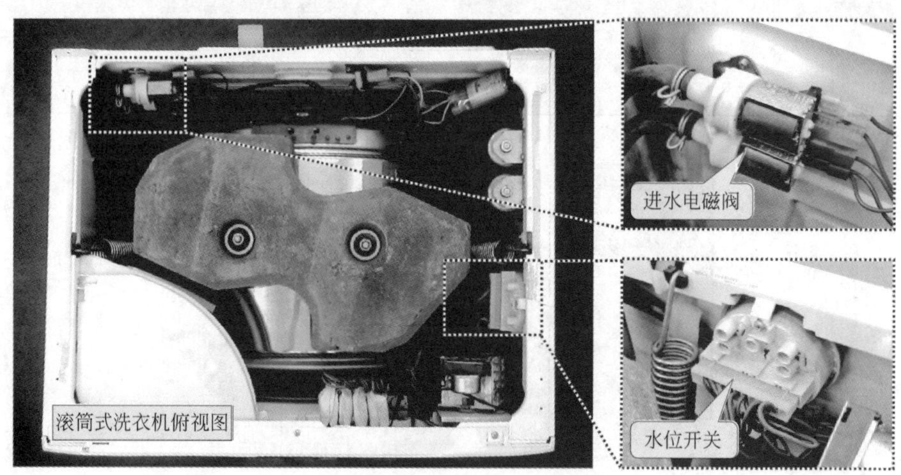

图 6-14　滚筒式洗衣机进水系统

② 滚筒式洗衣机的排水系统　很多滚筒式洗衣机的排水系统采用上排水方式，主要由排水泵构成。排水泵通过排水管和外桶连接，将洗涤后的水排出洗衣机。滚筒式洗衣机的排水泵通常安装于滚筒式洗衣机的底部，如图 6-15 所示。

③ 滚筒式洗衣机的洗涤系统　滚筒式洗衣机的洗涤系统主要由传动装置和洗涤桶组成，其中传动装置又包括洗涤电动机、带轮和带等。滚筒式洗衣机的控制装置为洗涤电动机供电，电动机经过带轮和带带动洗涤桶转动，从而实现洗涤功能。

滚筒式洗衣机的洗涤桶在洗衣机的正面即可看到，而传动系统通常位于洗衣机背面，洗涤

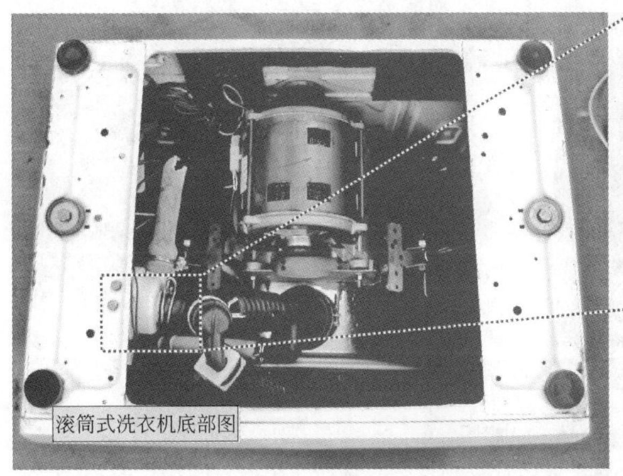

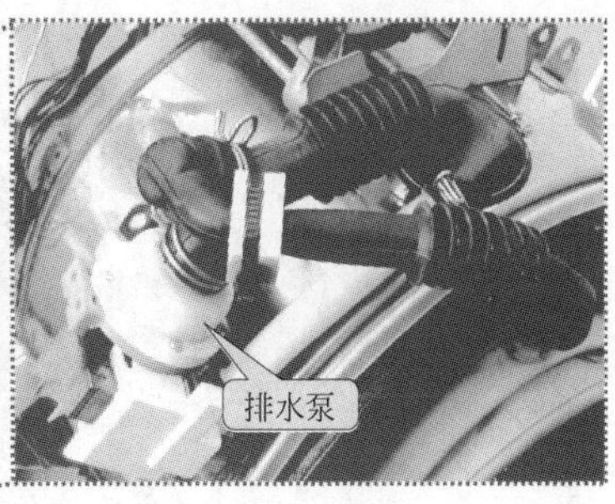

图 6-15　滚筒式洗衣机的排水系统

电动机通常位于洗衣机的底部，分别如图 6-16～图 6-18 所示。

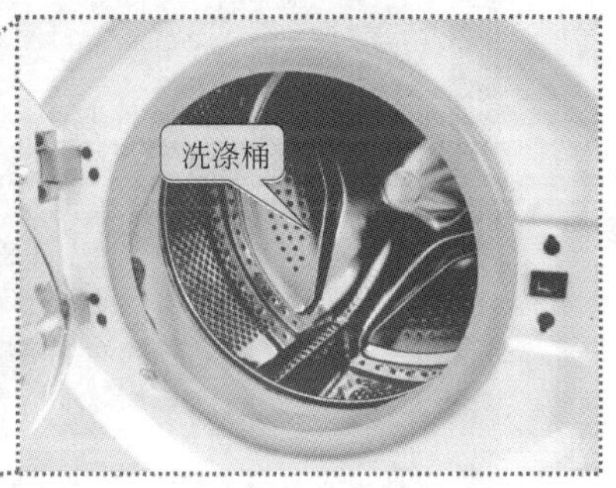

图 6-16　滚筒式洗衣机正面视图查找洗涤系统

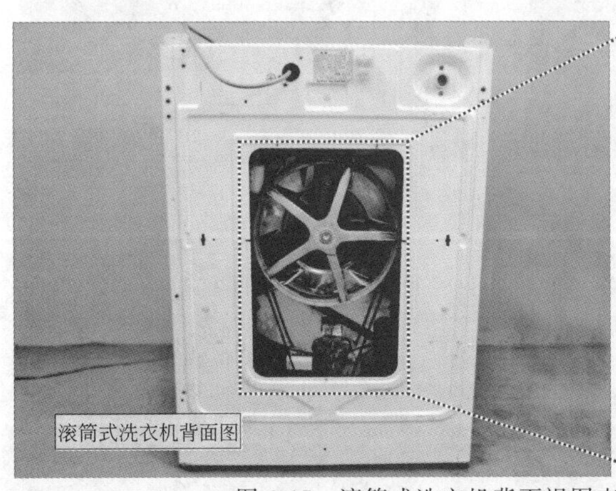

图 6-17　滚筒式洗衣机背面视图查找洗涤系统

滚筒式洗衣机在洗涤过程中，由箱体、支撑减振部件、平衡装置等配合，使滚筒式洗衣机保持正常运转状态。洗衣机的支撑减振部件主要包括箱体、吊装弹簧、减振器、上平衡块、前平衡块、后平衡块等部分，如图 6-19 所示。

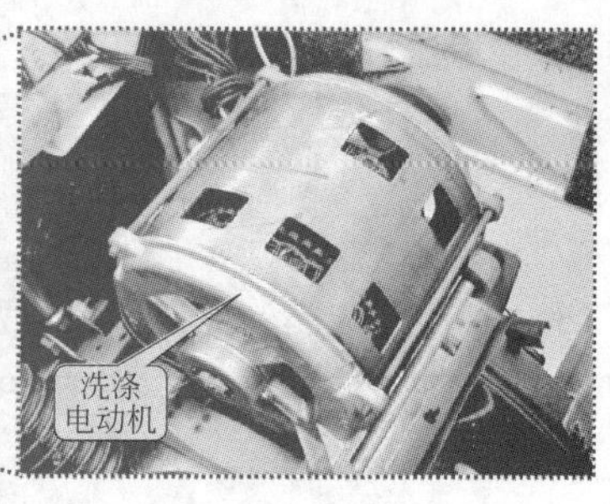

图 6-18　滚筒式洗衣机底部视图查找洗涤系统

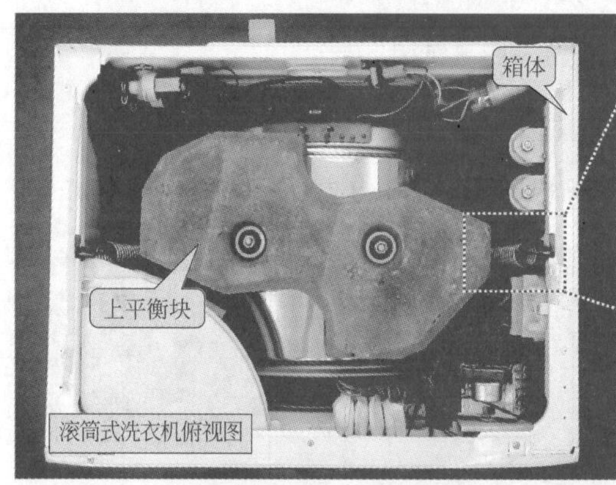

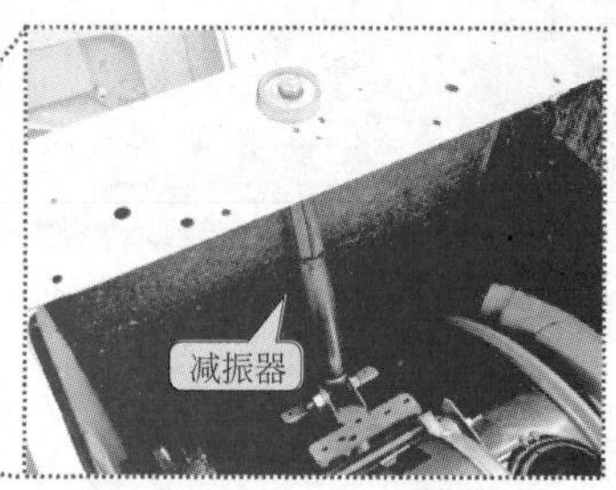

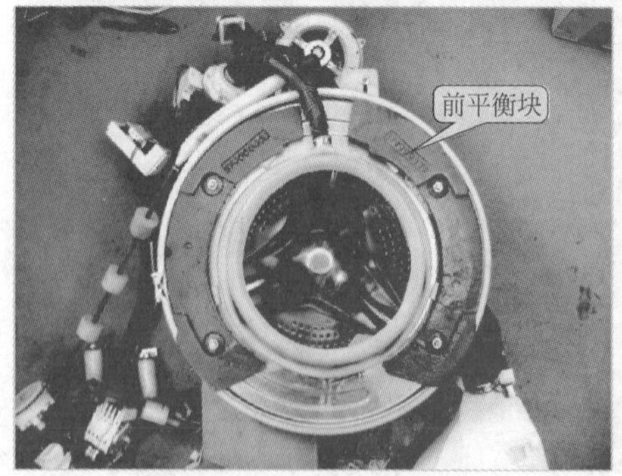

图 6-19　滚筒式洗衣机的箱体、支撑减振部件、平衡装置

④ 滚筒式洗衣机的电路系统　滚筒式洗衣机的控制电路是以微处理器为核心的自动控制电路，该电路主要是通过输入的人工指令来控制洗衣机的工作状态的，它主要包括机械控制器和控制电路板。机械控制器通常位于洗衣机操作显示面板的后部，可通过操作显示面板的洗涤方式控制旋钮直接对其进行控制；而控制电路板通常固定在滚筒式洗衣机的箱体内，控制面板位于滚筒式洗衣机箱体上部，图 6-20 所示为滚筒式洗衣机电路系统的安装位置。

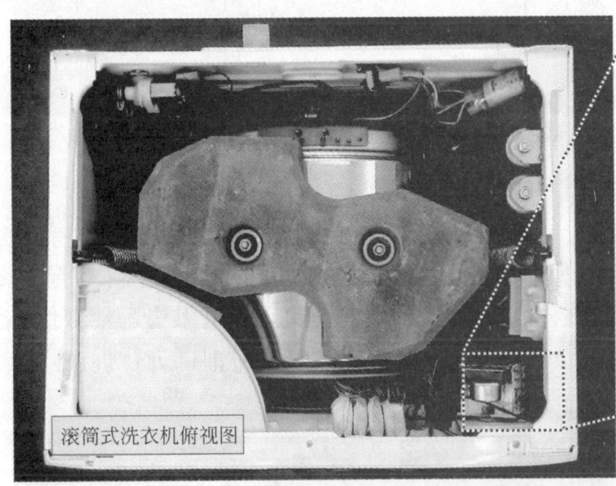

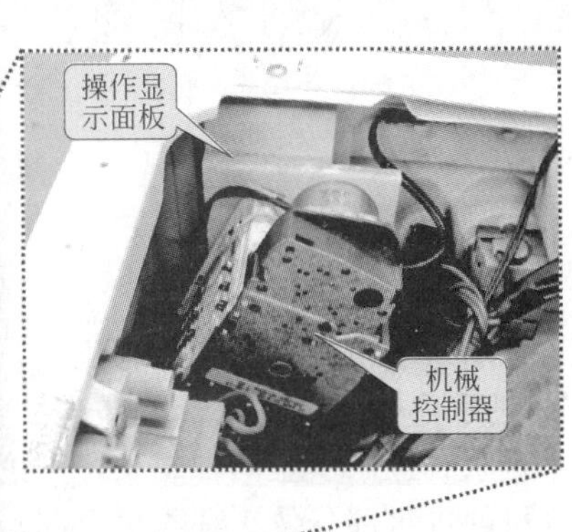

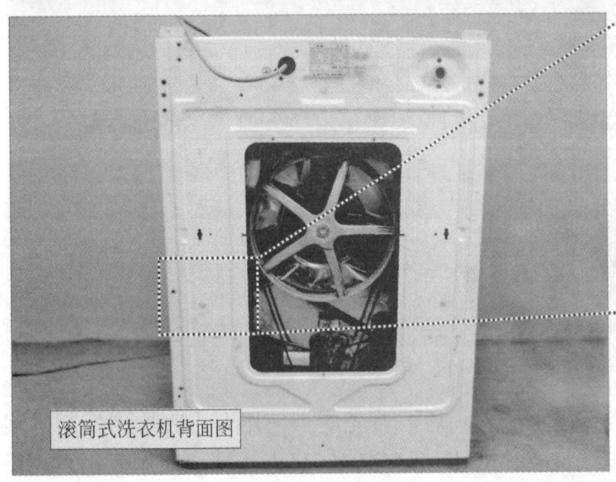

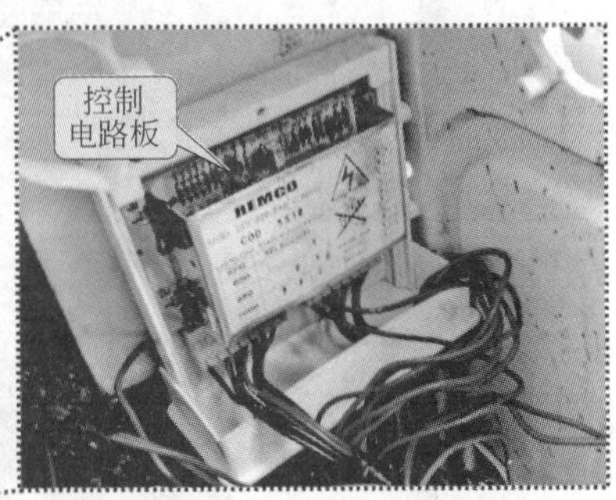

图 6-20　控制电路的安装位置

6.2　洗衣机的故障检修

6.2.1　洗衣机进水系统的故障检修

洗衣机进水系统是指给洗衣机加水的装置和相关的管路系统，用于控制进入洗衣机的水量，为洗涤工作做准备。

若洗衣机进水系统出现故障，可能会引起洗衣机不能进水、不能停止进水进入洗涤状态等故障。

对洗衣机进水系统进行检修时，应根据故障特点，对进水系统中的组成部件进行检查。

(1) 波轮式洗衣机进水系统的故障检修

① 检修前的准备　若波轮式洗衣机的进水系统出现故障，则应先查看进水管和水龙头的连接是否坚固，进水管是否有弯曲，图 6-21 所示为检查进水管的连接。

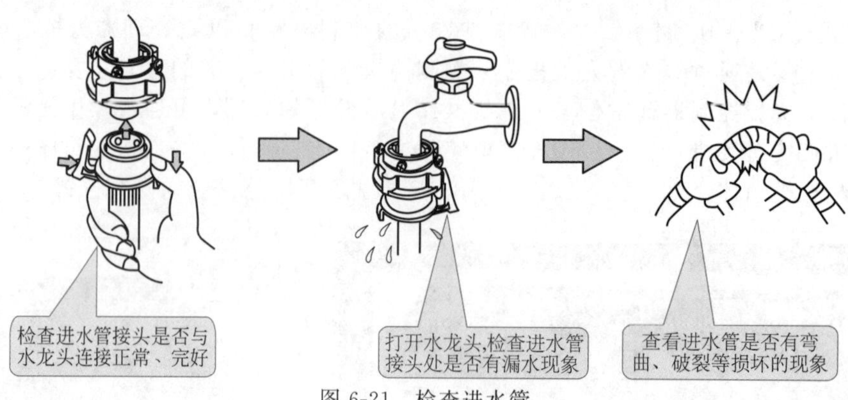

图 6-21　检查进水管

若进水系统中的进水管处均正常，则应对进水系统中的进水电磁阀和水位开关进行检查。

② 进水电磁阀的检修　当波轮式洗衣机的进水系统出现故障后，波轮式洗衣机会出现不能正常进水和进水不止两种现象，不论是哪种故障都会导致波轮式洗衣机无法正常工作。波轮式洗衣机的进水部分位于洗衣机上部，怀疑进水电磁阀出现故障时应对围框进行拆卸，从而找到进水电磁阀，如图 6-22 所示。

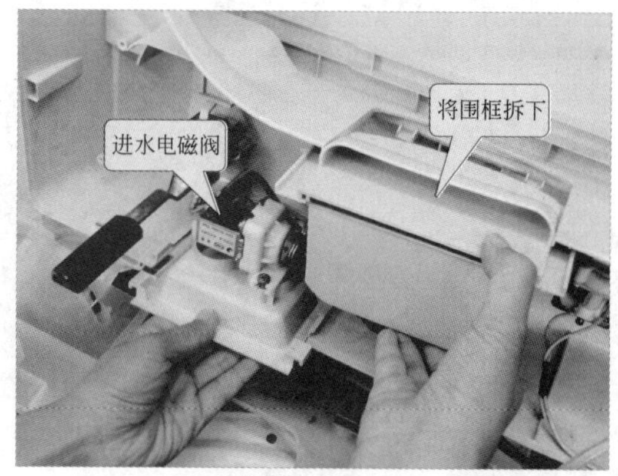

图 6-22　拆卸围框找到进水电磁阀

a. 进水电磁阀供电电压的检测　当找到进水电磁阀后，首先应当使用万用表检测控制电路是否能够提供 AC 180～220V 之间的电压。将万用表的量程调至交流 250V 电压挡，使用万用表测量进水电磁阀的供电电压，如检测到电压值低于 180V，进水电磁阀则不能工作，如图 6-23 所示。

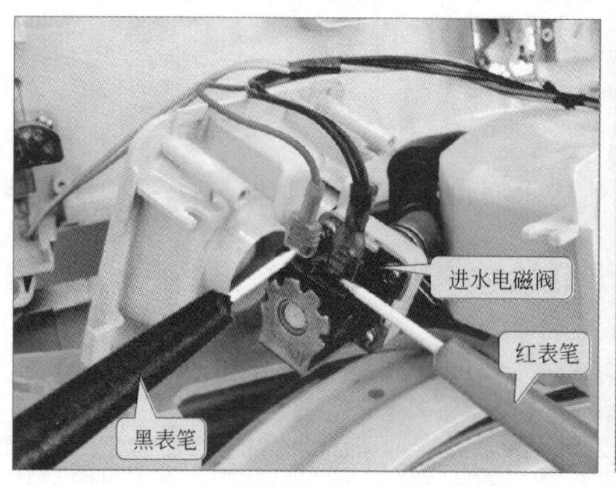

图 6-23　进水电磁阀供电电压的检测

若测量出进水电磁阀两端的电压在 AC 180～220V 之间，表明供电正常，则需要将进水电磁阀从洗衣机中拆卸下来，对其进行进一步的检修。

b. 观察进水电磁阀是否损坏　将进水电磁阀拆下后应当观察其电磁线圈部分是否有破损或变形等情况，再检查引脚是否良好和连接导线之间的连接是否良好，如图 6-24 所示。

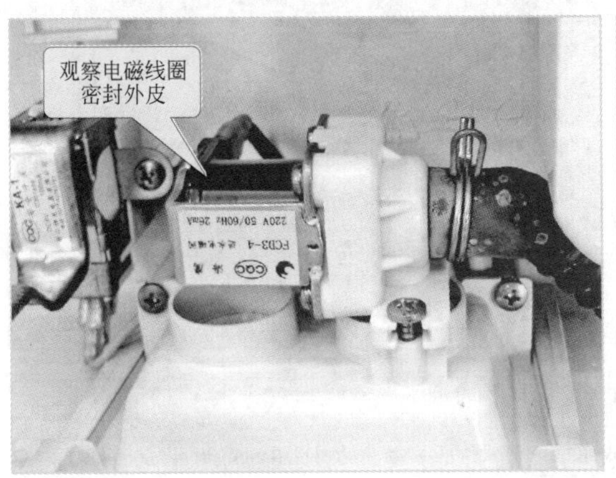

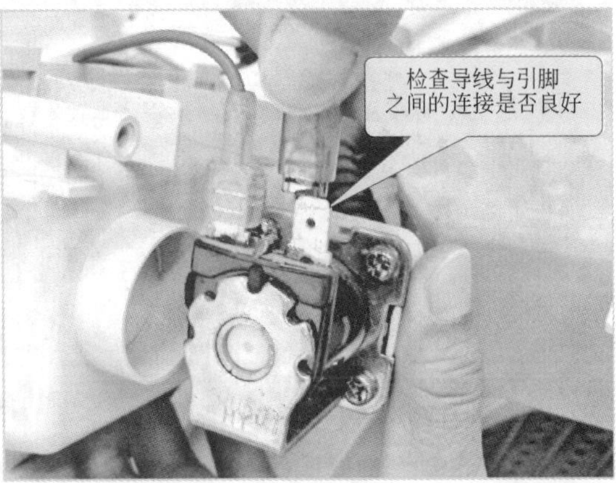

图 6-24　观察进水电磁阀是否损坏

如果进水电磁阀电磁铁部分密封的外皮出现变形现象，则表明进水电磁阀的电磁铁线圈已经烧坏；如果进水电磁阀两接线端出现断裂，将会导致进水电磁阀无法正常供电，还会导致洗衣机出现漏电现象。

c. 进水电磁阀阻值的检测　图 6-25 所示为使用万用表检测进水电磁阀阻值的方法。首先将万用表的量程调至 $R\times1\text{k}$ 欧姆挡，并进行欧姆调零，然后将两支表笔分别搭在进水电磁阀电磁线圈引脚端，正常情况下，进水电磁阀两引脚端的阻值应在 3.5kΩ 左右。

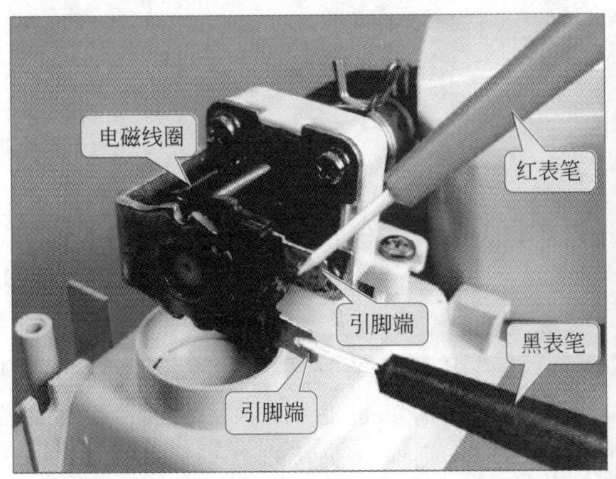

图 6-25　电磁线圈的检测

如果阻值趋向无穷大，表明电磁线圈已经烧毁或断路；如果阻值趋于零，表明电磁线圈短路，此时，就需要更换电磁线圈，或直接更换进水电磁阀。

d. 取下损坏的进水电磁阀　确定故障点以后，应当选择同型号的进水电磁阀对其进行更换。由于该进水电磁阀与进水口挡板、出水盒相连，因此在更换时，需要先将进水电磁阀从这些辅助配件上取下来。

首先使用螺丝刀将固定在损坏的进水电磁阀上的固定螺钉拧下，接着从进水口挡板中，向上提起电磁阀，将其取下，如图 6-26 所示。

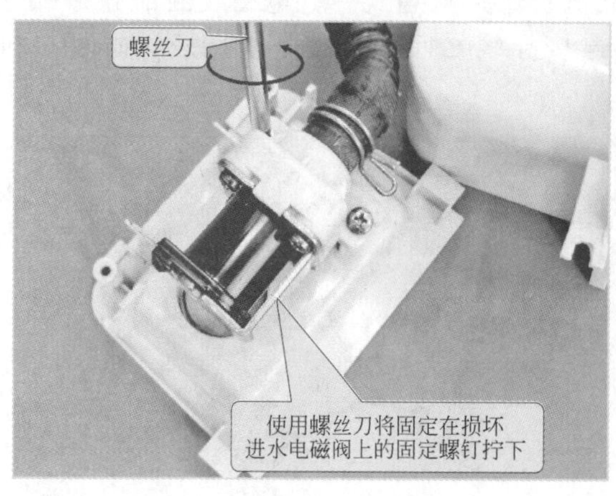

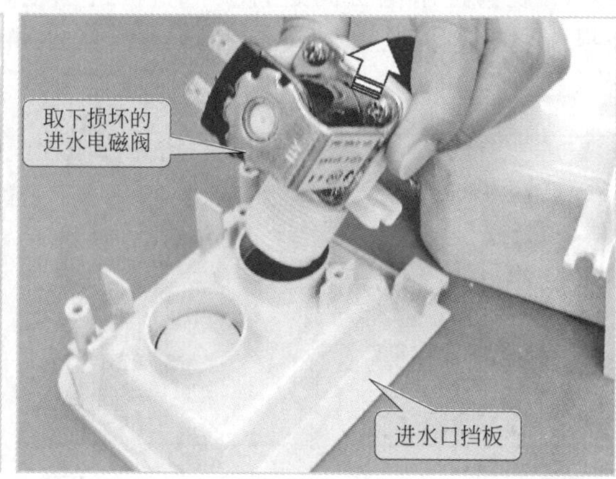

图 6-26　先从进水口挡板中取下损坏的进水电磁阀

取下损坏的进水电磁阀后松开密封夹，使水管和出水口分离，如图 6-27 所示。

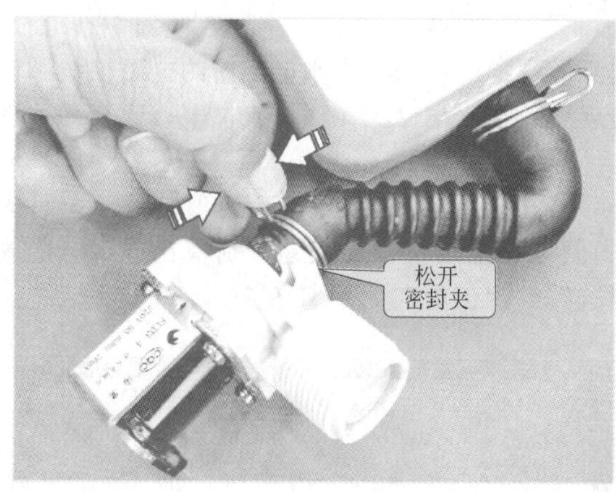

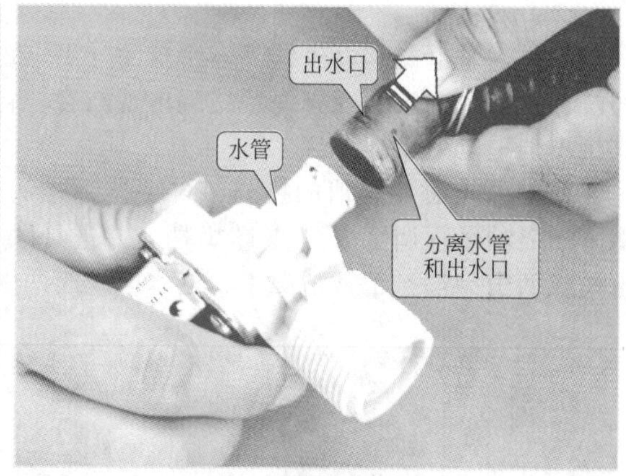

图 6-27　更换进水电磁阀的方法

e. 进水电磁阀内部的检查　洗衣机使用多年以后，它的进水电磁阀可能会出现堵塞、锈蚀等现象，因此需要对其定期进行养护，以确保洗衣机能够良好地工作。

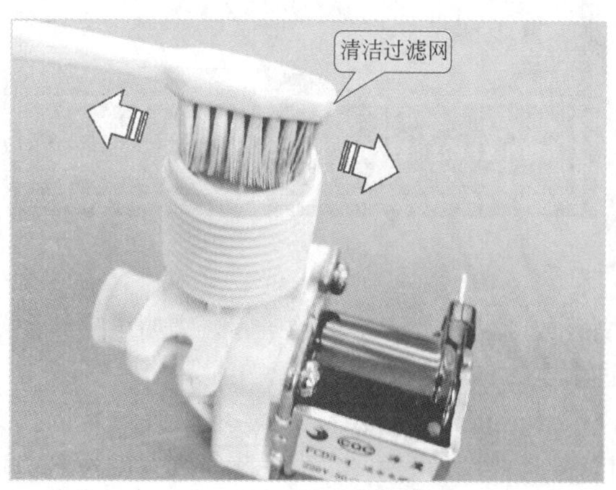

图 6-28　清洁过滤网

如果出现堵塞现象，可使用清洁毛刷或牙刷等工具清洁过滤网，如图 6-28 所示。若堵塞严重，则应更换新的过滤网。

有的进水电磁阀从外观上看并无老化或损坏现象，但其内部结构有可能已经出现老化、被锈蚀和堵塞等不同程度的损坏。对于该类进水电磁阀应当将其整体拆卸后对其进行清洁。

将固定电磁线圈的 4 个螺钉取下，就可以将电磁线圈与进水电磁阀阀座分离，如图 6-29所示。

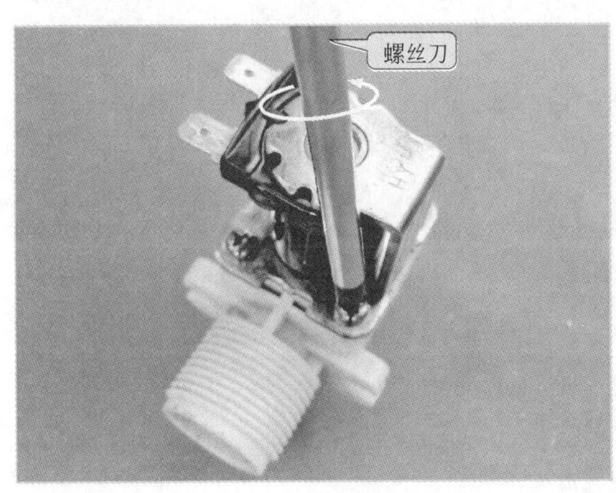

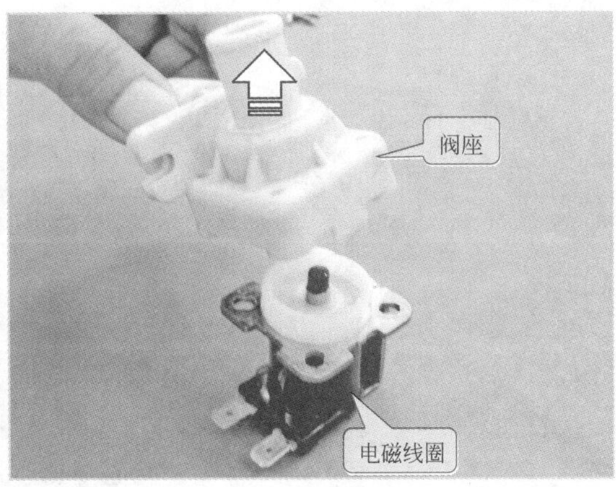

图 6-29 分离电磁线圈和阀座

分离开后就可以观察内部结构是否有严重的损坏部件了，如图 6-30 所示。

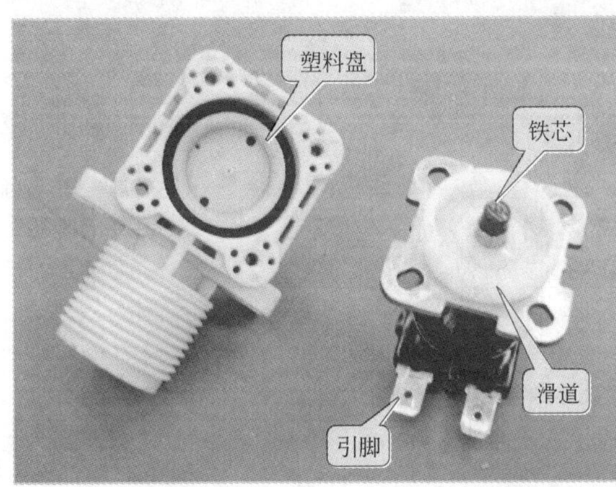

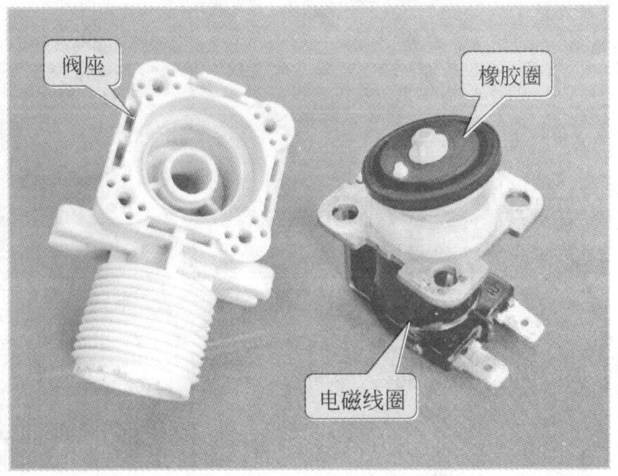

图 6-30 观察内部部件

对于内部部件应当重点检查橡胶阀是否出现老化现象，如图 6-31 所示。如果橡胶阀出现老化现象，则应将与其相连的塑料盘一起更换，以免单独更换后，进水电磁阀无法使用。

还应使用缝衣针等利器检查塑料盘的泄压孔和加压孔是否被污物堵塞，检查时，应当注意不要将其损坏，如图 6-32 所示。

③ 水位开关的检修

a. 观察水位开关是否损坏　在对进水电磁阀进行检修后，进水电磁阀正常，但洗衣机仍不能正常进水，应当继续检修水位开关。若水位开关失常，则会引起进水电磁阀控制失灵，同样会再现不能自动进水的故障。当怀疑水位开关出现故障时，首先应对其围框进行拆卸，从而找到水位开关并将其从洗衣机上拆卸下来进行检查，如图 6-33 所示。

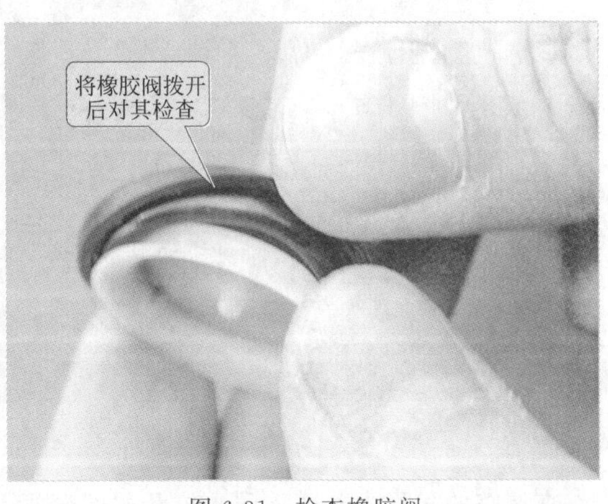

图 6-31 检查橡胶阀

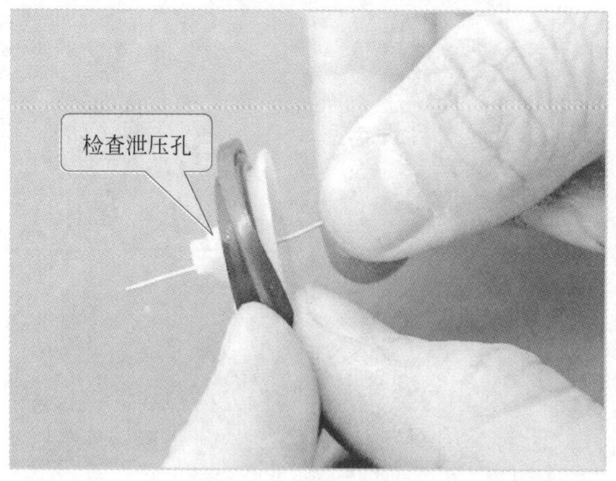

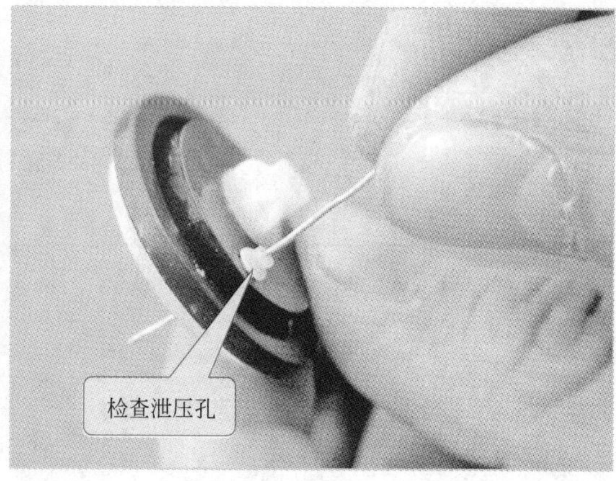

图 6-32 检查泄压孔

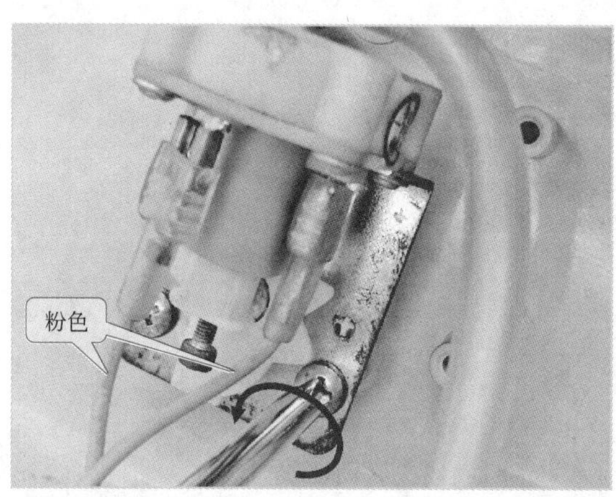

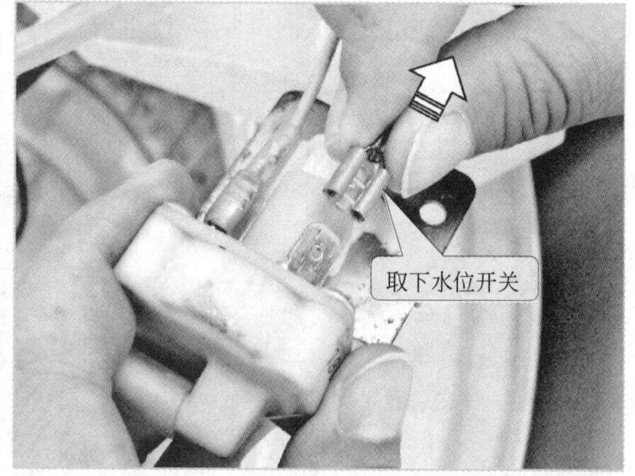

图 6-33 取下水位开关并检查

将水位开关从洗衣机中取下后，可以调节水位旋钮到不同的位置查看水位开关的凸轮、套管及弹簧是否出现位移或损坏现象等，如图 6-34 所示。

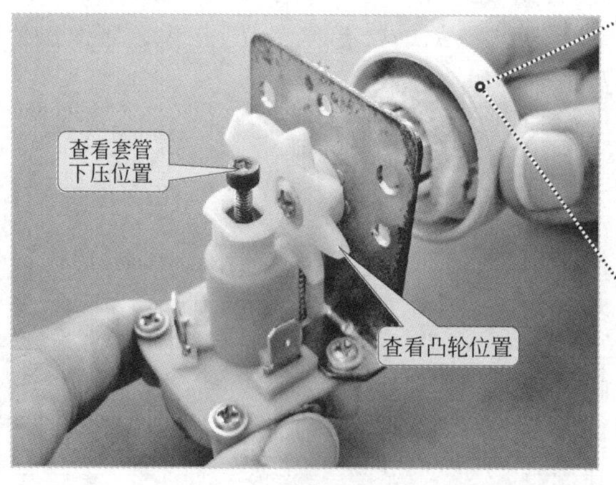

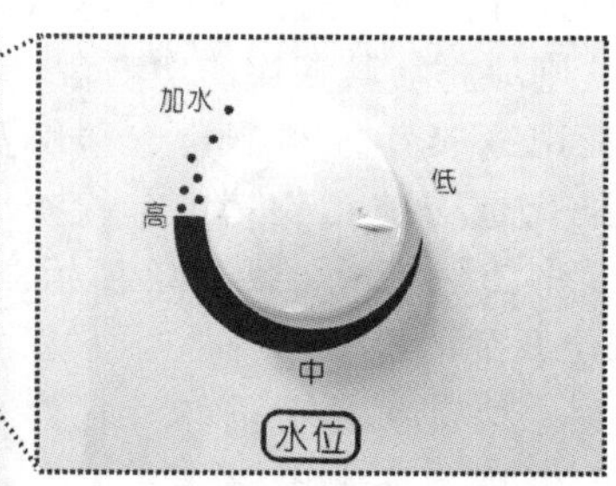

图 6-34 水位开关的调节机构

在调整的过程中若感觉到水位开关的套管下压位置不明显，则可以通过下压杠杆的方法对其进行测试，如图 6-35 所示，检查套管及单水位进水开关的杠杆及弹簧是否出现失灵的情况。

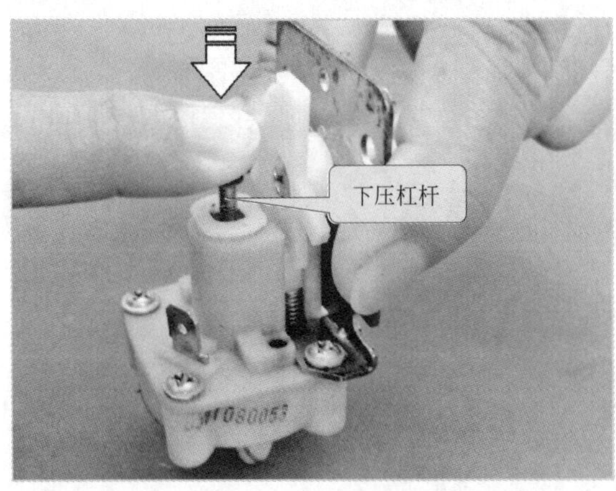

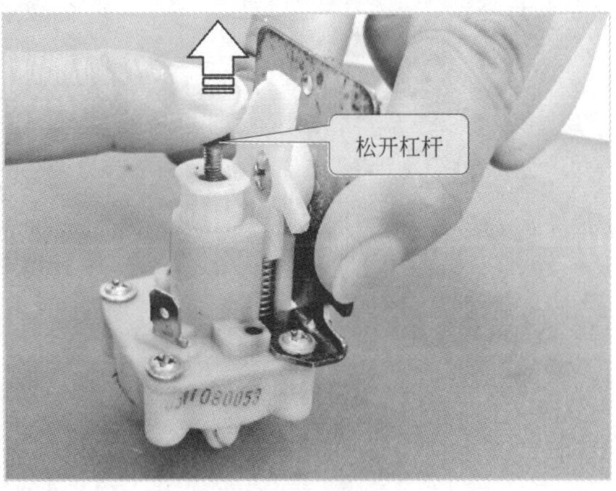

图 6-35　检查单水位开关杠杆及弹簧的弹性

也可将单水位开关轻轻摇动，如图 6-36 所示，如果里面有撞击声，表明水位开关内部有零部件已经损坏，此时需要更换单水位开关。

如果基本结构正常，还需要使用万用表对开关进行检测。

b. 水位开关通断的检测　检测前先将万用表的量程调至 $R\times1$ 欧姆挡，并进行欧姆调零。将两支表笔分别搭在单水位开关的触点上，如图 6-37 所示，在无水或水位低的情况下，公共端和常开端应处于断开接触状态，万用表检测到的电阻值应当为无穷大。

如果检测发现测得的电阻值为 0Ω，则表明开关失常，应当继续检查单水位开关内部的零部件。

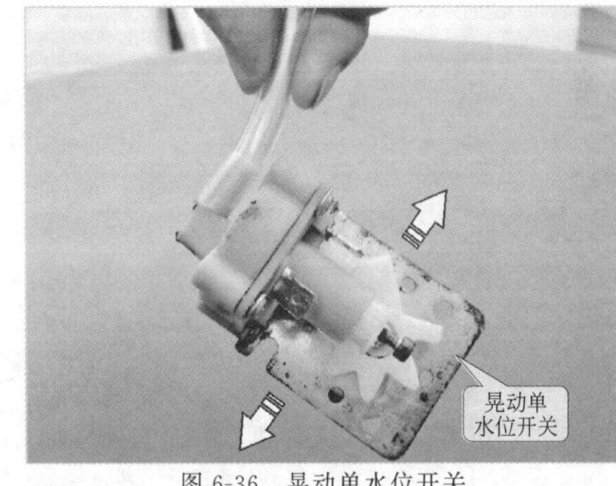

图 6-36　晃动单水位开关

c. 水位开关内部的检查　将单水位开关固定凸轮的两个螺钉取下，如图 6-38 所示，即可将凸轮及其固定支架取下。

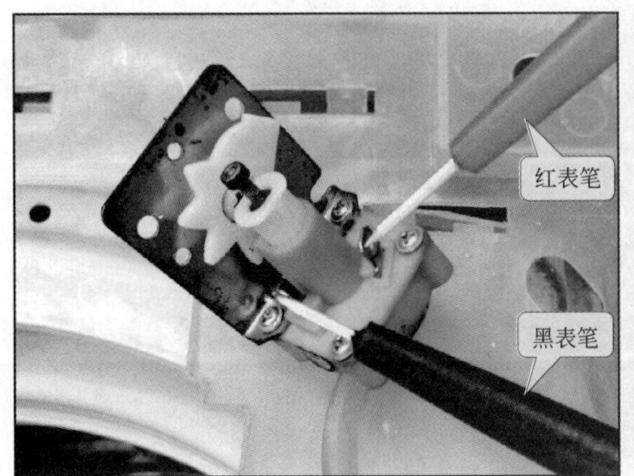

图 6-37　单水位开关通断的检测方法

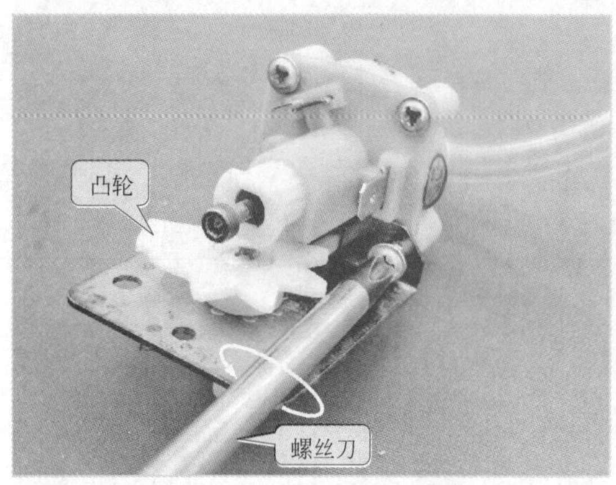

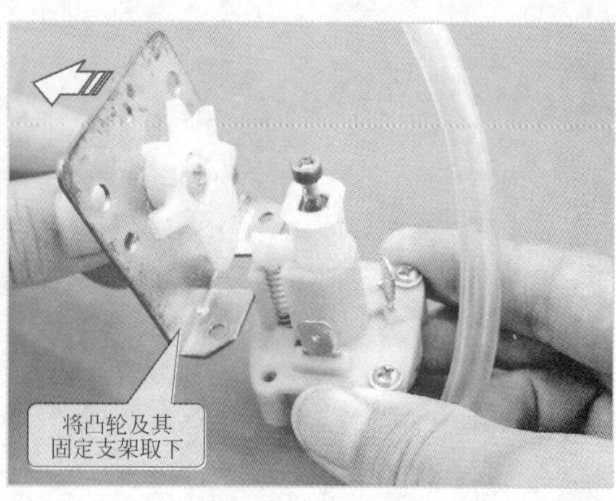

图 6-38　将单水位开关内部的凸轮取下

将其凸轮取下后，即可以将杠杆取下来，如图 6-39 所示。在水位开关的杠杆的下方有 2 个压力弹簧，拆卸时需要注意，以免将弹簧丢失。

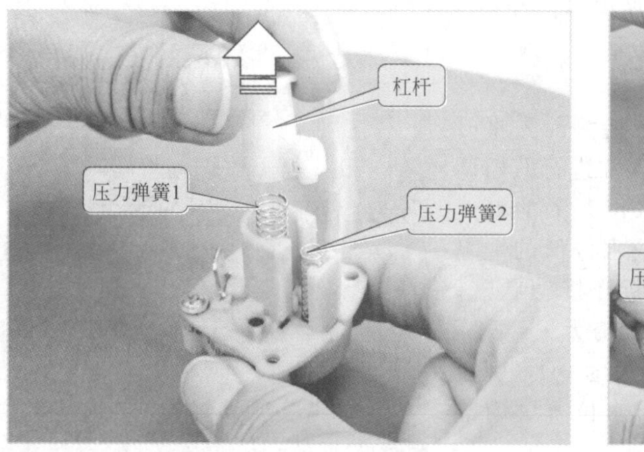

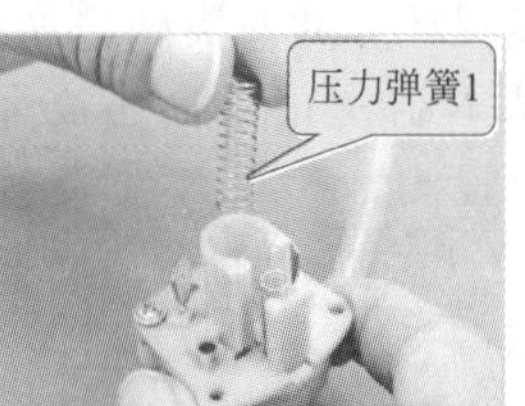

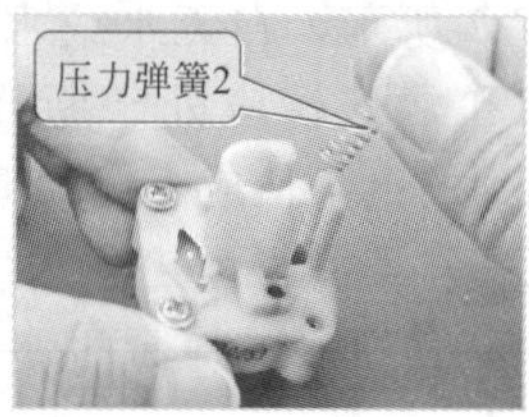

图 6-39　将单水位开关内部的杠杆取下

将其弹簧取出后，再将单水位开关倒过来，可以看到顶芯从滑道中掉出来，如图 6-40 所示。

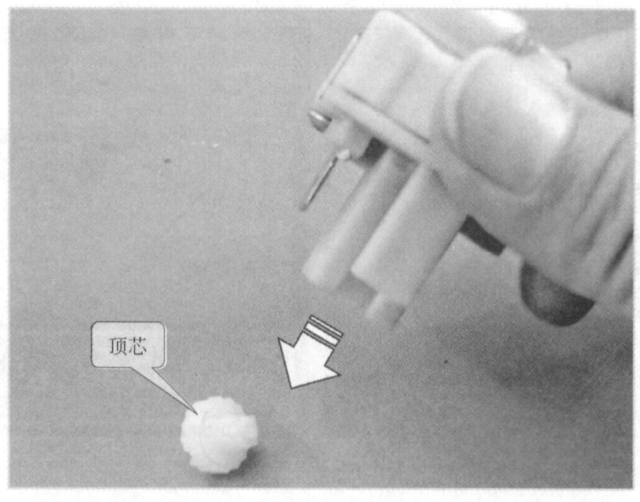

图 6-40　将顶芯倒出

在单水位开关上有 2 个固定螺钉，将其取下后，可以看到内部的动簧片和塑料盘以及橡胶膜，如图 6-41 所示。

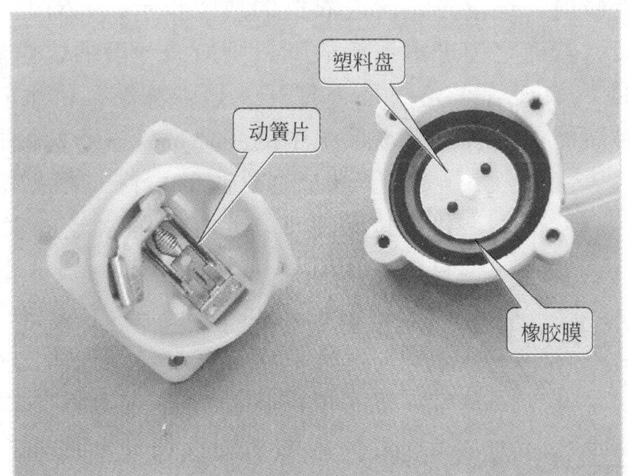

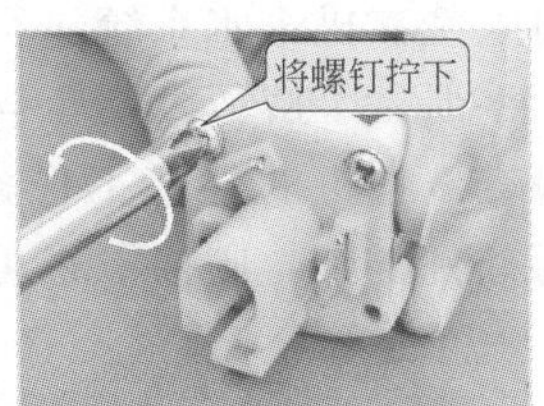

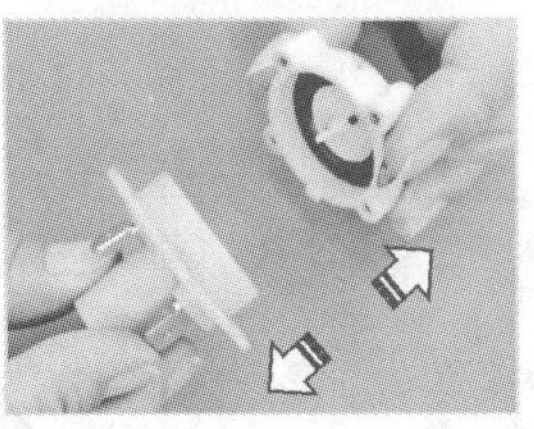

图 6-41 拆分单水位开关

应当将其内部的塑料盘和橡胶膜取出，检测橡胶膜是否有老化、破损情况，如图 6-42 所示。

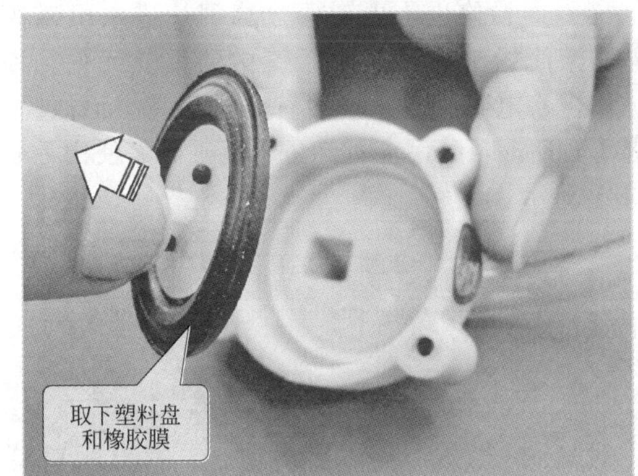

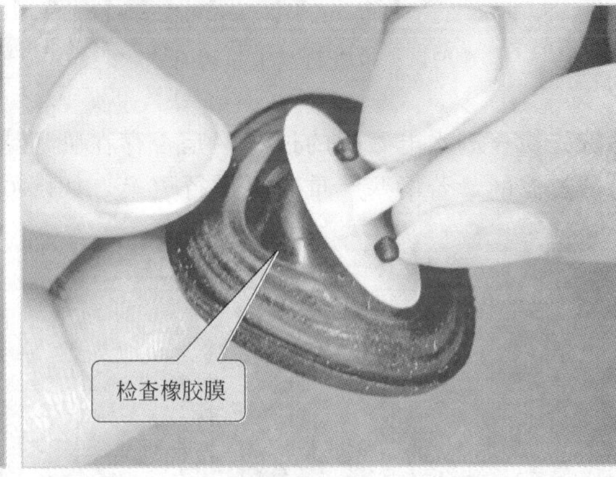

图 6-42 检查橡胶膜

对橡胶膜进行检测后应当继续检测动簧片的性能，如图 6-43 所示。检查时可以人工拨动动簧片，感觉其性能是否灵敏。经过进一步检测，发现单水位开关故障是由动簧片失灵造成的。

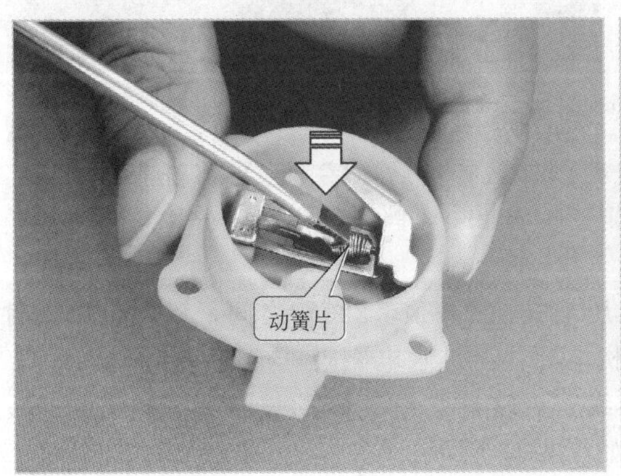

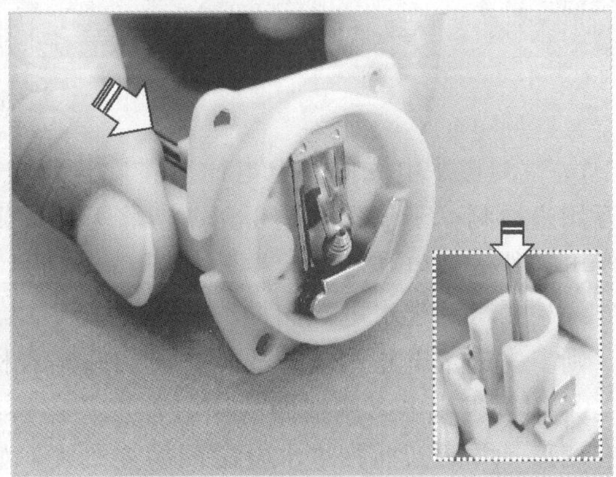

图 6-43 检查动簧片的性能

第6章

由于是水位开关内部的动簧片引起的故障，因此需要将整个单水位开关进行更换。

（2）滚筒式洗衣机进水系统的故障检修

对滚筒式洗衣机进水系统进行检修前，还应先识读洗衣机的故障指示，并对照滚筒式洗衣机产品使用手册，了解故障指示含义。若确定为进水系统故障，则应按一般的检修流程进行检修，首先检查洗衣机的外部工作条件，如查看水龙头是否打开、是否冻结，供水管路是否断水。若外部条件正常，则接下来可对滚筒式洗衣机进水系统中的主要部件进行检修。

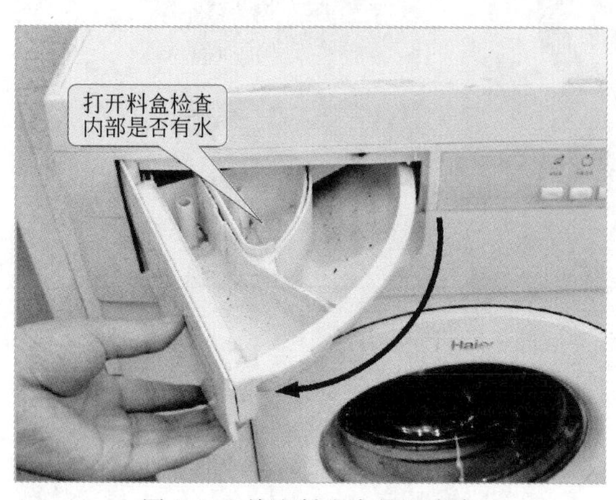

图 6-44　检查料盒中是否有水

① 进水电磁阀的检修　根据滚筒式洗衣机的进水原理，水龙头的水经进水电磁阀后，首先送入料盒中，再由料盒流入外筒中。因此，在检修前可首先查看料盒中是否有水，如图6-44所示。若有水，则说明洗衣机进水正常，进水电磁阀正常，应对其他部分进行检测；若料盒无水则说明进水电磁阀未进入工作状态，应对进水电磁阀本身的工作条件进行检修，即通过外部检查，锁定故障点，可有效提高检修效率。

a. 检修进水电磁阀过滤网　进水电磁阀是滚筒式洗衣机进水系统中的重要元件，检修进水电磁阀时，一般首先排除其表面故障，即首先检查进水电磁阀的过滤网是否存在脏污堵塞现象。若脏污应拆卸进水电磁阀后使用毛刷清洁过滤网，若堵塞严重时可进行更换，如图 6-45 所示。

图 6-45　清洁和更换过滤网

b. 检测进水电磁阀供电电压　排除进水电磁阀外表异样后，接下来可将洗衣机通电，使用万用表检测其工作条件是否正常。将万用表置于交流 250V 挡，红黑表笔分别搭在进水电磁阀供电插件的供电端和接地端，如图 6-46 所示。

经检测得到进水电磁阀两个线圈的两端电压均在 AC 180～220V 之间，说明供电条件正常，则多为进水电磁阀本身故障，可切断洗衣机电源，对进水电磁阀进行进一步的检修。

c. 检查进水电磁阀线圈的密封外皮及连接线　观察进水电磁阀的线圈部分的密封外皮是否有变形，并重新插拔进水电磁阀的连接线，如图 6-47 所示。

若经检查发现进水电磁阀的电磁线圈密封的外皮出现变形现象，则多为进水电磁阀的电磁

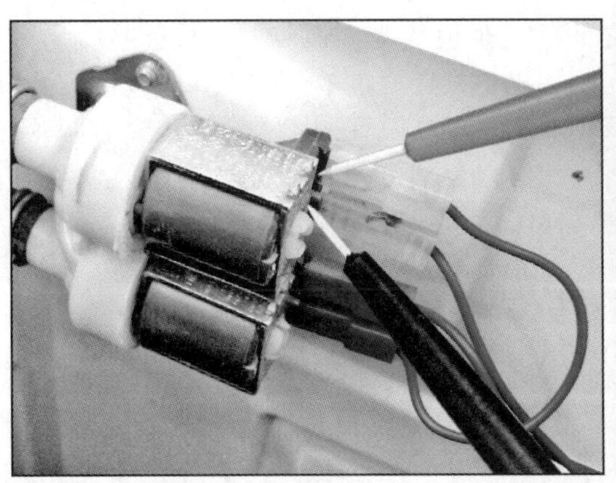

图 6-46 进水电磁阀供电电压检测

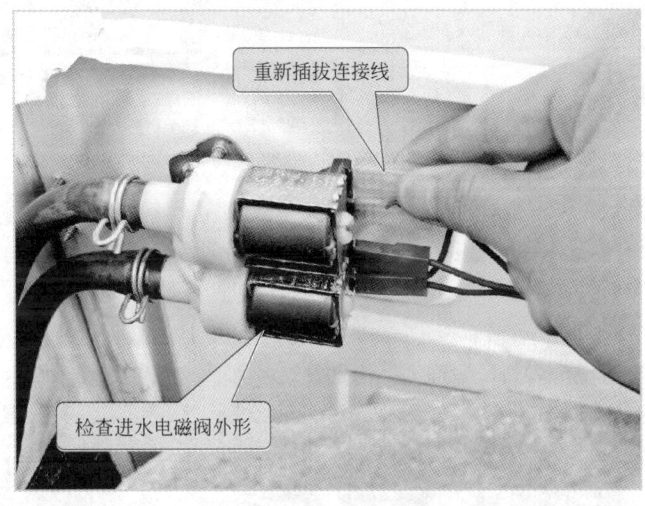

图 6-47 检查进水电磁阀的外形

线圈烧坏；若进水电磁阀的连接线的接线端断裂，则也会导致进水电磁阀无法供电，甚至导致洗衣机出现漏电现象，应根据实测情况进行相应修复或更换操作。

d. 检测进水电磁阀线圈的阻值 使用万用表检测进水电磁阀的 2 个电磁线圈接线端之间的电阻值，如图 6-48 所示。

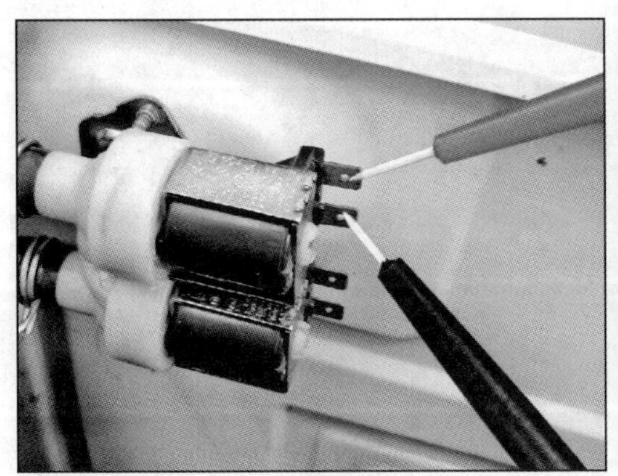

图 6-48 检测进水电磁阀 2 个电磁线圈接线端之间的电阻值

正常情况下，进水电磁阀电磁线圈接线端之间的电阻值约为3.5kΩ。若阻值趋向无穷大，表明电磁线圈已经烧坏或断路；若阻值趋于零，表明电磁线圈之间有短路现象。此时需要对损坏的电磁线圈进行更换，或直接更换进水电磁阀。

更换进水电磁阀电磁线圈时，可使用一字螺丝刀将电磁线圈的卡扣撬起，撬开后，即可将电磁线圈取下，如图6-49所示，然后选择同规格的电磁线圈进行代换即可。

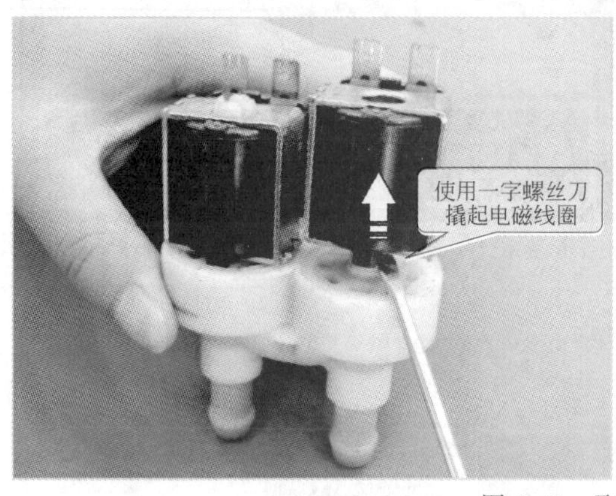

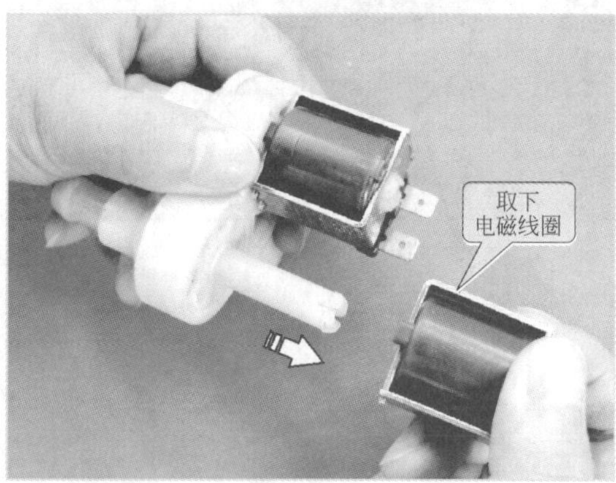

图6-49　取下电磁线圈

e. 进水电磁阀的拆卸　当确定进水电磁阀存在故障后，可首先将进水电磁阀拆下，进行更换或内部部件清理等操作。由于该进水电磁阀与进水管相连，因此在更换时，需要先从进水管上将其取下来，如图6-50所示。

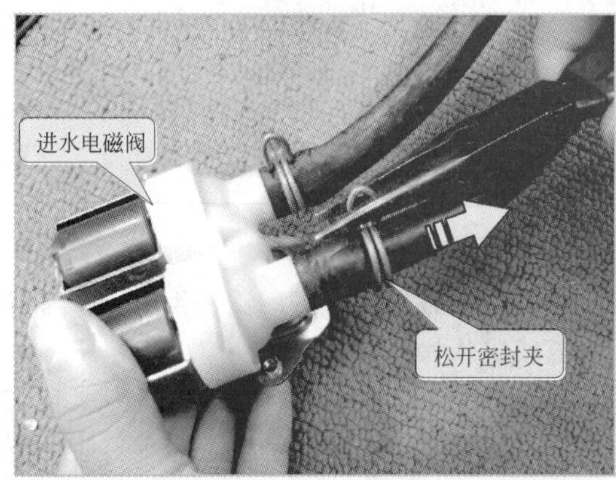

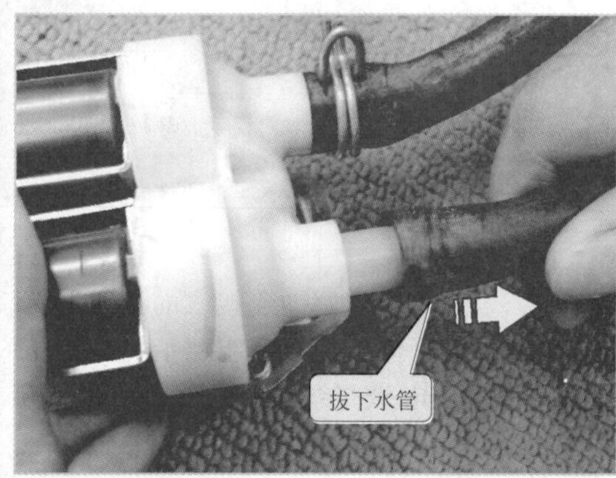

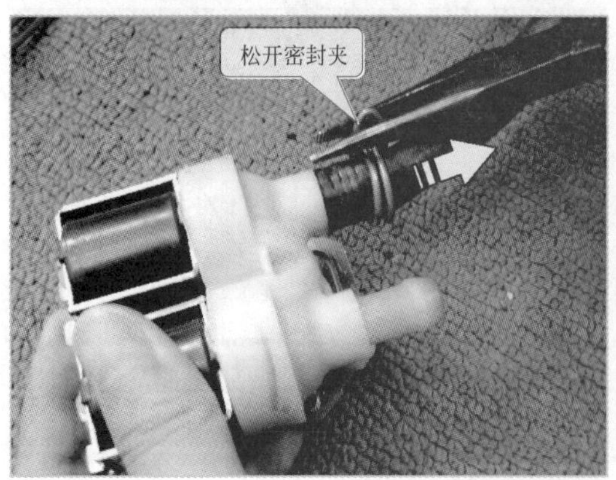

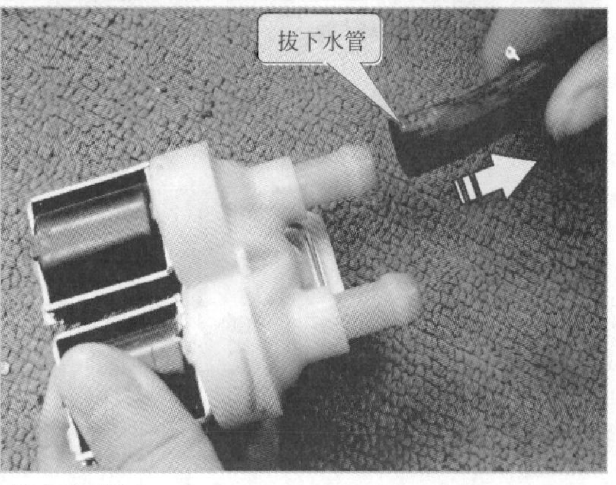

图6-50　取下进水电磁阀

将进水管与进水电磁阀分离后，再拔下进水电磁阀的连接线，即可将进水电磁阀取下，如图 6-51 所示。

若需要对进水电磁阀进行整体更换，则要选用同规格的进行更换，以免所更换的进水电磁阀与洗衣机不匹配，致使洗衣机进水电磁阀无法使用。

f. 进水电磁阀内部零部件的清理或更换

若进水电磁阀只是内部小部件老化或损坏，则可将进水电磁阀拆解，然后更换或清理小部件，这也可起到良好的检修效果。

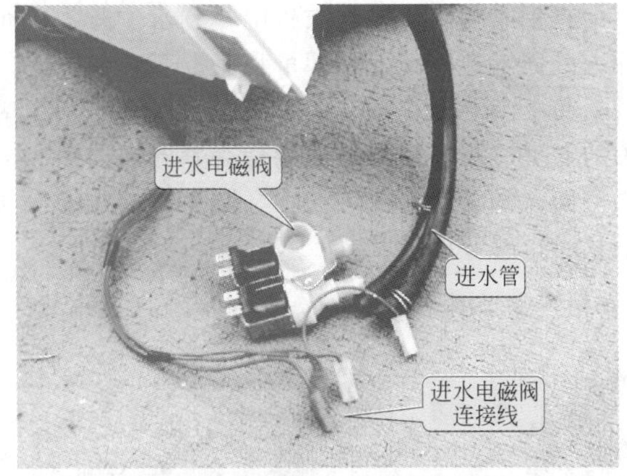

图 6-51 拆卸下来的进水电磁阀

将进水电磁阀拆解后，首先检查进水电磁阀的进水阀垫是否良好，橡胶垫是否老化。若橡胶垫老化容易与水中的杂质粘连，造成进水口的堵塞，因此，需对其进行更换。更换时，使用镊子将其取出，将匹配的新橡胶垫装入即可，如图 6-52 所示。

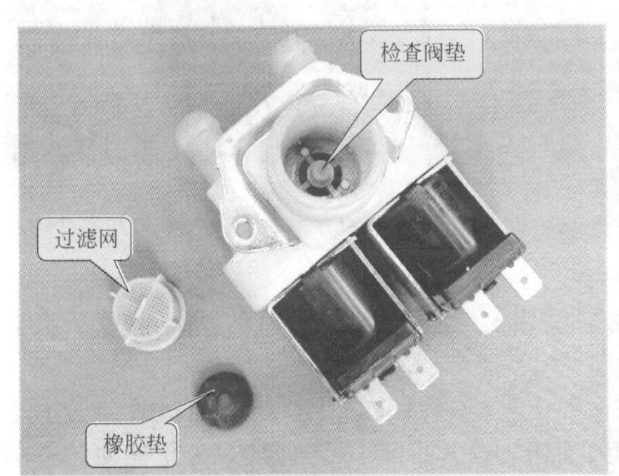

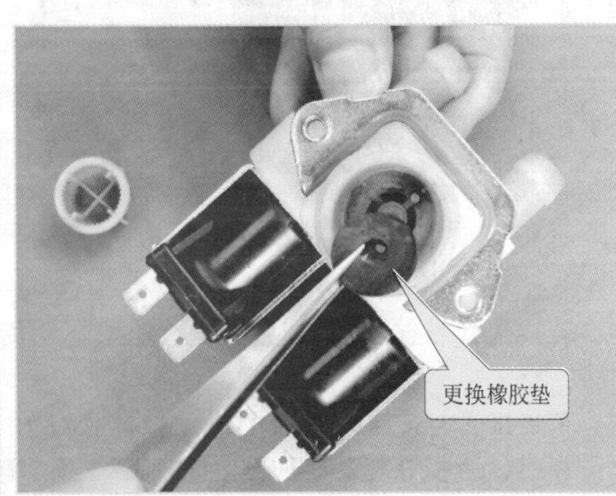

图 6-52 检查橡胶垫和阀垫是否良好

接着检查进水电磁阀的进水阀是否有堵塞现象，若有堵塞现象，可使用较细的铁丝或回形针将进水阀疏通，如图 6-53 所示。

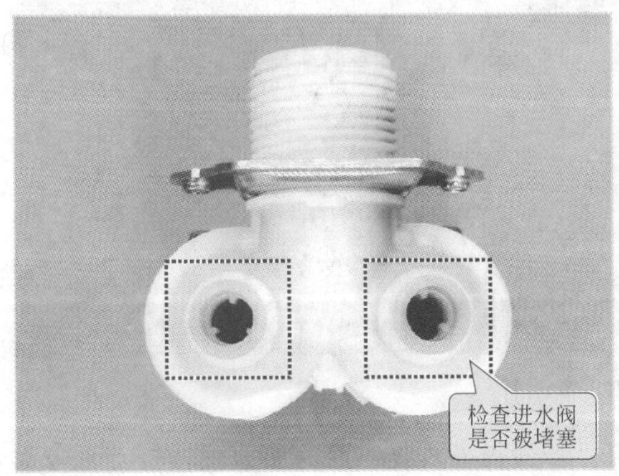

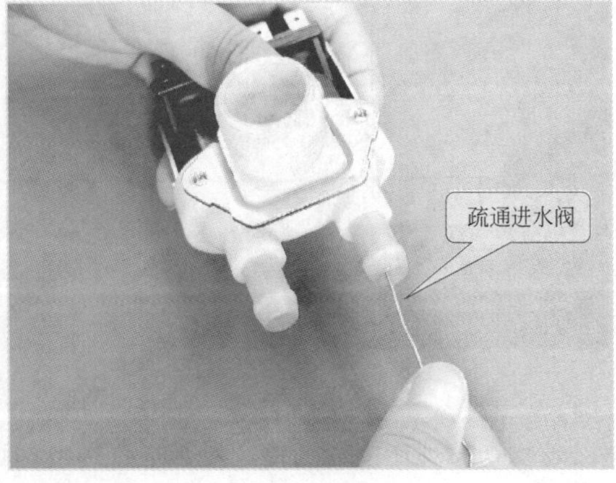

图 6-53 检修进水电磁阀

② 水位开关的检修　若水位开关出现故障，将造成进水电磁阀的控制失灵，进而导致整个滚筒式洗衣机的进水系统出现故障。

首先应在滚筒式洗衣机中找到水位开关。通常水位开关位于滚筒式洗衣机的上部，将水位开关的固定螺钉拧下，即可将其取下，如图 6-54 所示的水位开关为多水位开关。

a. 检查水位开关气室口与连接管的连接情况　将多水位开关取下后，首先检查多水位开关的气室口与连接管的连接是否紧固，如图 6-55 所示。若连接管与多水位开关的连接不紧密，气室向多水位开关提供的空气则会通过连接管与气室口的间隙泄漏，导致无法为多水位开关提供其动作的气压。

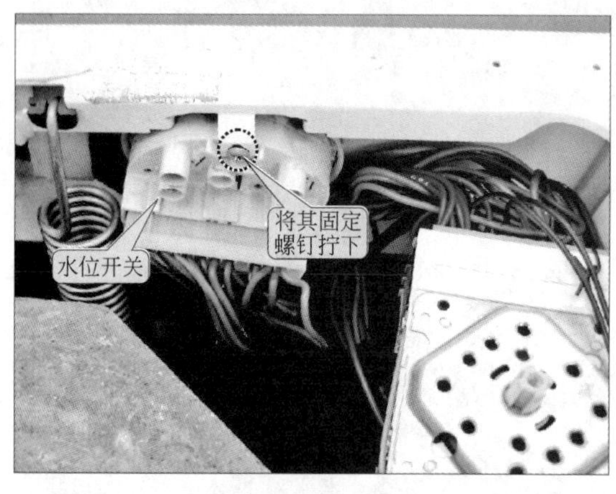

图 6-54　找到水位开关

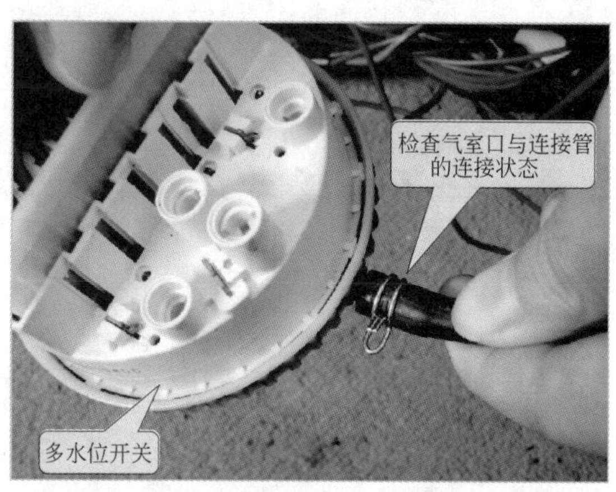

图 6-55　检查多水位开关气室口与连接管的连接状态

若连接管与气室口连接有松动现象，使用尖嘴钳将连接管与气室口的密封夹重新夹紧即可。

若连接管与多水位开关的气室口连接良好，则还需将连接管取下，检查连接管是否有老化、裂痕、堵塞等现象。如图 6-56 所示，使用尖嘴钳将多水位开关气室口的密封夹向连接管处移动，然后将其取下。

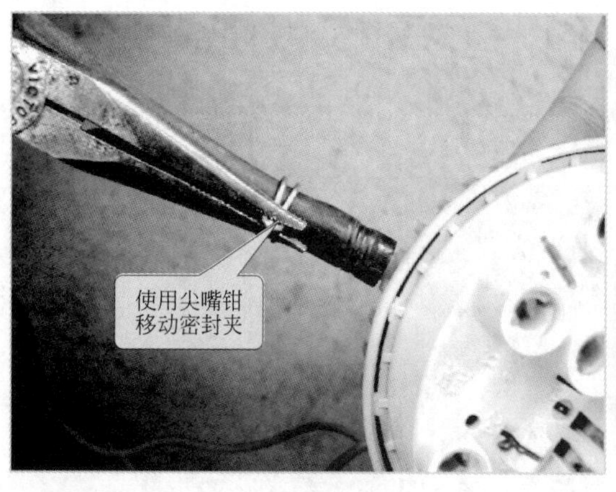

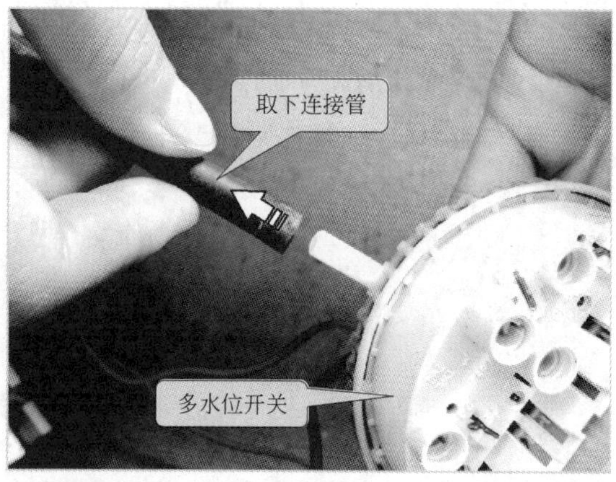

图 6-56　取下软水管

若检查发现连接管老化，对其进行更换即可；若检查发现连接管有堵塞或弯折等现象时，应将其疏通、理直后重新安装。

b. 检查多水位开关的气室口　若多水位开关气室口与连接管连接正常，连接管本身也正常，则需要继续检查多水位开关的气室口是否有堵塞的现象发生。若发现其管口出现堵塞，可使用较细的大头针或缝衣针进行疏通，如图 6-57 所示。

c. 多水位开关内部故障初判　若经检查或修理，多水位开关的连接管和气室口均正常后，多水位开关仍不能正常工作，则可采用晃动法，初步判断多水位开关内部是否存在明显故障，即对多水位开关进行晃动。若有碰撞的声音。表明多水位开关中的零件已经损坏，此时应将多水位开关进行更换；若晃动后没有明显的碰撞声音，则需进行下一步检修，如图 6-58 所示。

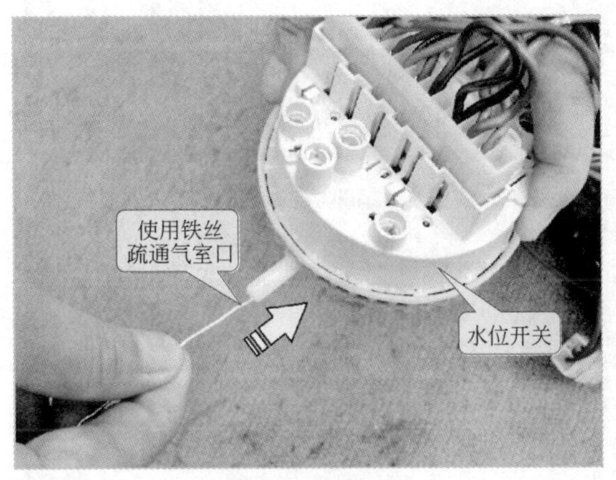

图 6-57　疏通气室口

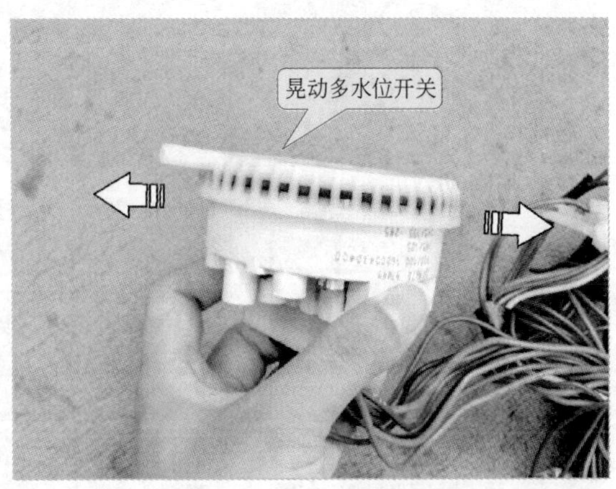

图 6-58　晃动多水位开关

d. 多水位开关内部控制开关的检查　多水位开关采用气压控制方式进行水位控制，检修时，可借助吸管等比较干净卫生的管状物体，向其气室口内吹气，若可以听到 3 声“咔”的声音（气压作用下，低、中、高三只控制开关分别动作的声音），则表明多水位开关内部的 3 个控制开关良好，如图 6-59 所示。

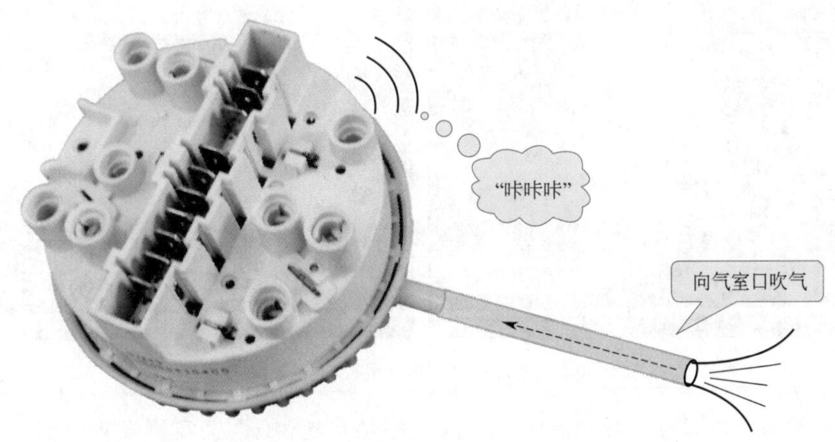

图 6-59　吹气判断多水位开关是否损坏

若只能听到 2 声“咔”的声音，则多为多水位开关内部控制开关存在故障，需使用万用表进行进一步检修。

如图 6-60 所示，向多水位开关的气室口中吹气的同时，使用万用表分别检测多水位开关的低水位控制开关、中水位控制开关和高水位控制开关，查看其公共触点与常开触点闭合后的连接是否良好。

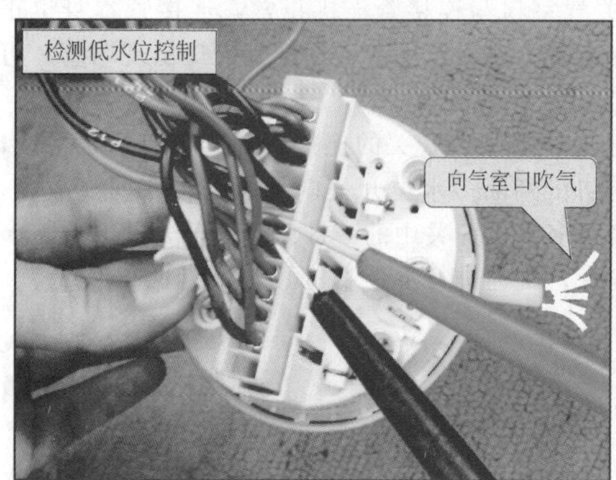

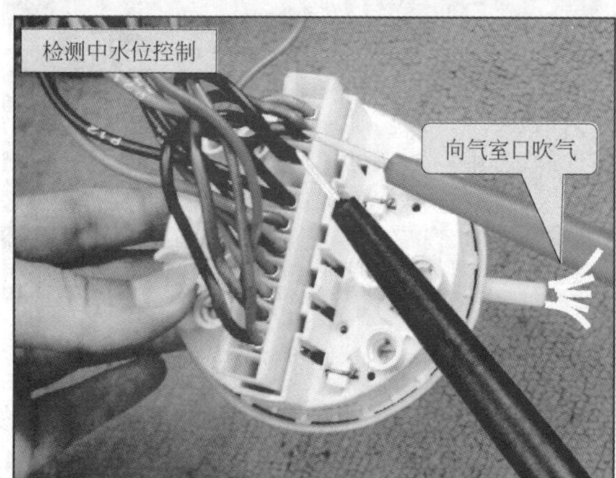

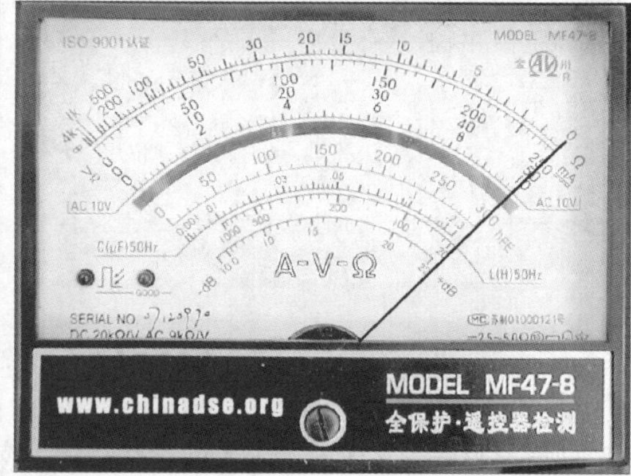

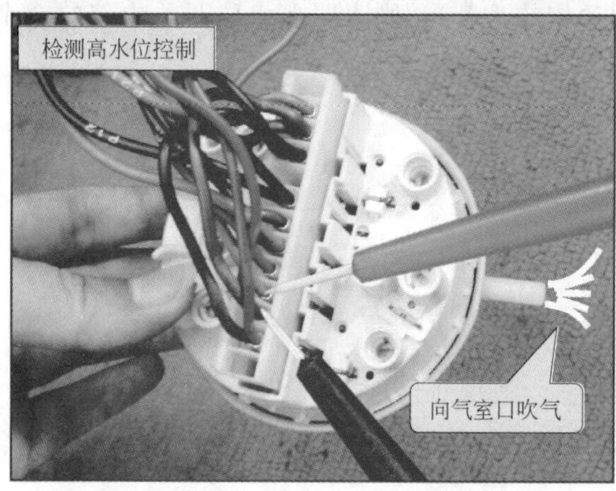

图 6-60　多水位开关中每组控制开关的检测

正常情况下，公共端与常开触点闭合后的电阻值应为 0Ω。经实测发现水位开关中高水位控制开关动作后阻值仍为无穷大，表明水位开关内部已经损坏，需要对其进行更换。

在对多水位开关进行更换时，需将其连接插件使用一字螺丝刀翘起后拔下，如图 6-61 所示。然后使用相同规格的多水位开关进行更换即可。

e. 多水位开关内部零部件的检修与更换　当怀疑多水位开关内部故障时，可进行拆解后，对其内部进行检查和检修。可使用一字螺丝刀将多水位开关上部和下部的连接卡扣拨开，拨开后，即可将内部的橡胶膜与底壳分离，如图 6-62 所示。

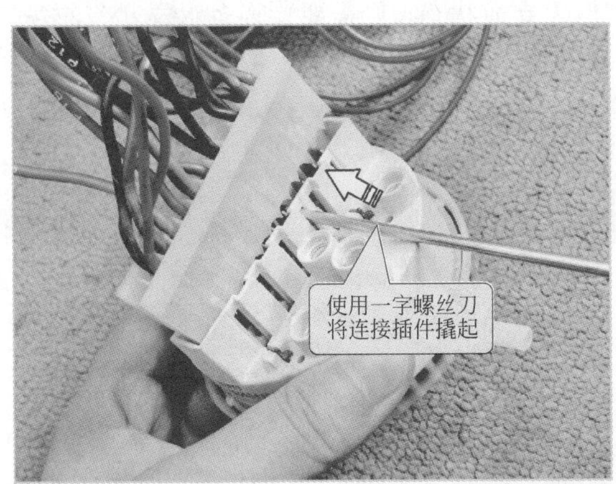

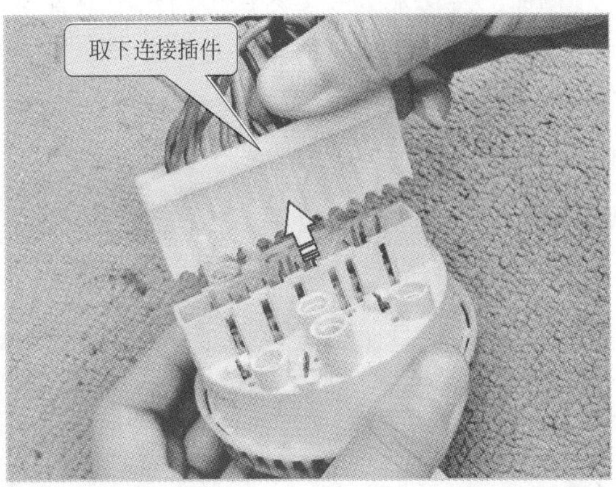

图 6-61　取下连接插件

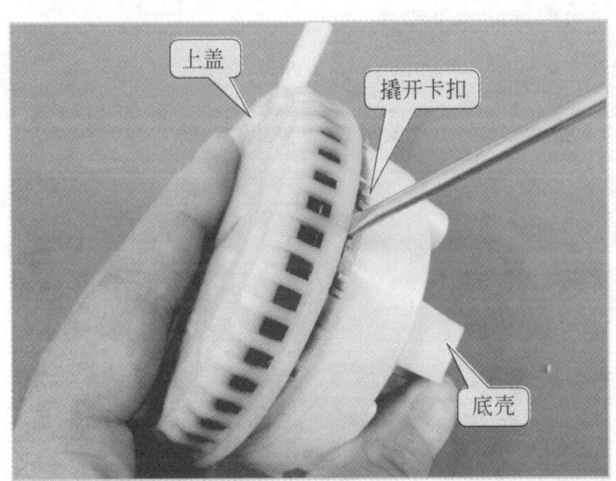

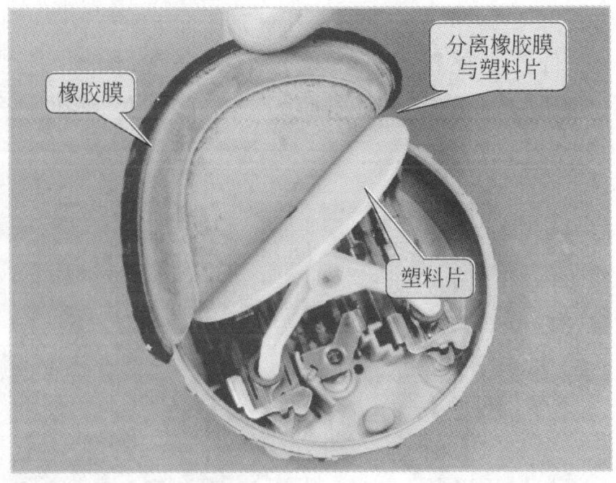

图 6-62　将多水位开关拆解后将其橡胶膜拨开

将其橡胶膜和塑料片取下后，检查橡胶膜是否有老化、破损的现象，若存在老化、破损现象，则需要进行更换，如图 6-63 所示。

若橡胶膜正常，则可将多水位开关控制三个控制开关的控制架取下，如图 6-64 所示，再对其他零部件进行检查。

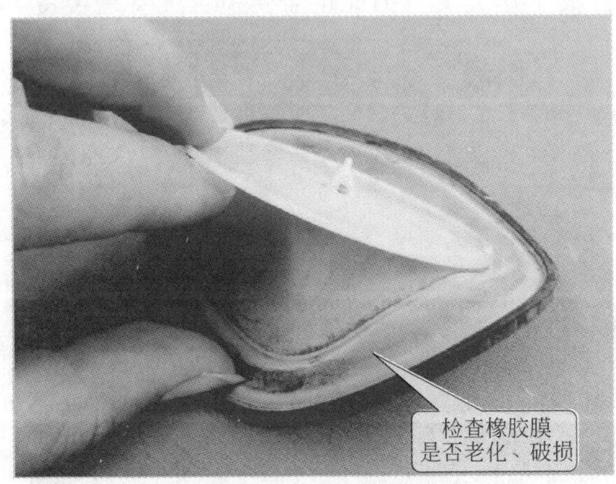

图 6-63　检查橡胶膜

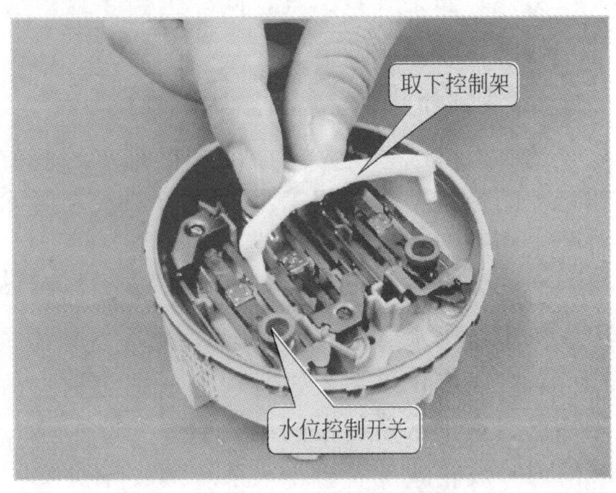

图 6-64　取下控制架

例如，若多水位开关在气压的作用下有动作但无导通状态，则需要检查多水位开关的各控制开关的触点、小弹簧的弹力是否良好，如图 6-65 所示。

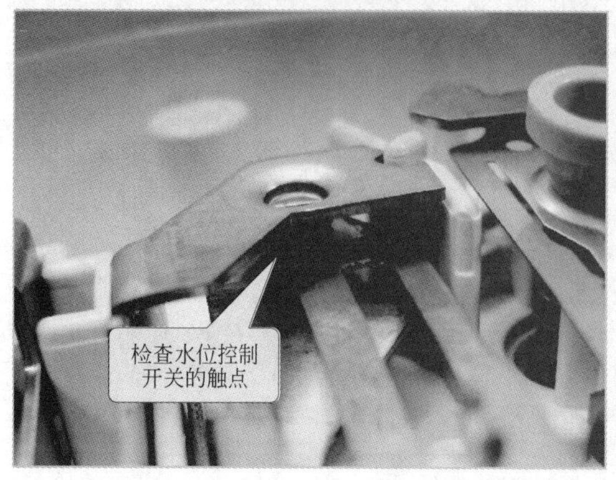

图 6-65　检查多水位开关的触点和小弹簧

若经上述检查，多水位开关存在异常，则应对多水位开关进行修理或更换；若经检查，多水位开关均正常，则还应检查与多水位开关配合工作的水压传递系统气室。检查气室与其两端的连接管是否连接良好，有无脱开或漏气现象，如图 6-66 所示。

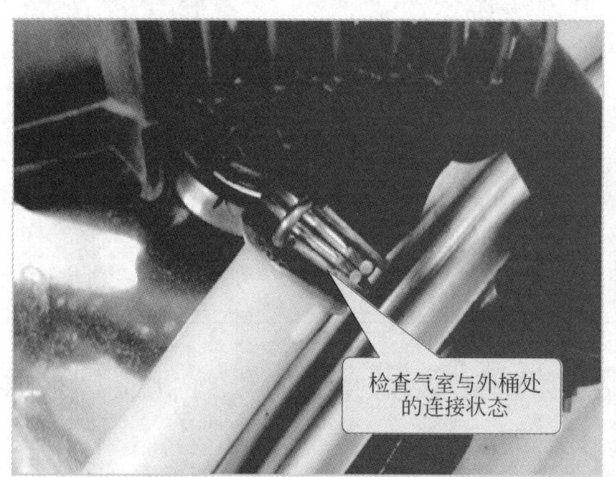

图 6-66　检查气室与连接管的连接状态

另外，如果气室漏气，同样也会导致多水位开关工作失灵，因此也需要检查气室是否良好，如图 6-67 所示。

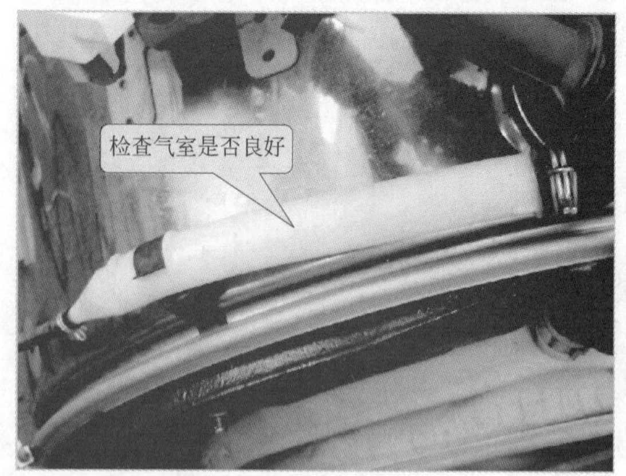

图 6-67　检查气室是否良好

6.2.2　洗衣机排水系统的故障检修

洗衣机排水系统是指给洗衣机排水的装置和相关的管路系统，用于将洗涤后的水和脱水时的水排出洗衣机。

若洗衣机排水系统出现故障，可能会引起洗衣机不能排水、漏水等故障。

对洗衣机排水系统进行检修时，应根据故障特点，对排水系统中的组成部件进行检查。

(1) 波轮式洗衣机排水系统的故障检修

① 排水阀的检修　当波轮式洗衣机的排

水系统出现故障时，应当检查该洗衣机的排水阀和电磁铁牵引器，首先查看其外观是否有损坏。

a. 检查排水阀的外部　查看排水阀外观是否有损坏，如检查连接衔铁和电磁铁牵引器的开口销是否有脱落或断裂现象，检查电磁铁牵引器是否有松动现象，检查销钉是否脱落或断裂，以及检查排水阀是否有损坏等现象，如图 6-68 所示。

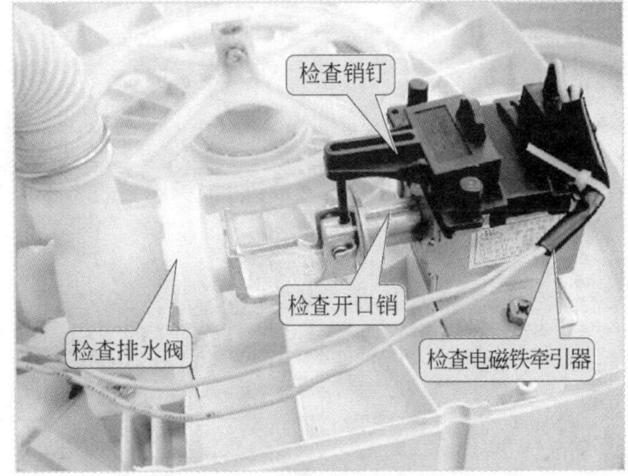

图 6-68　排水阀外部的检查

b. 检查并调整排水阀的状态　将洗衣机控制器设置在“排水”状态，查看排水阀的开关是否起作用，是否处于开启状态，然后设置在非排水状态，如“漂洗”，再查看排水阀是否处于关闭状态，如图 6-69 所示。

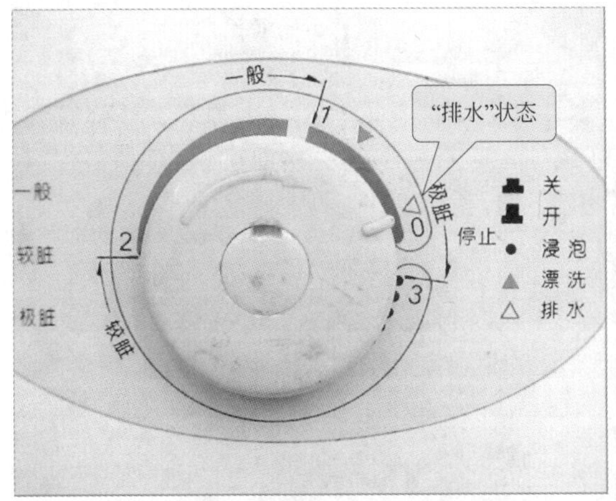

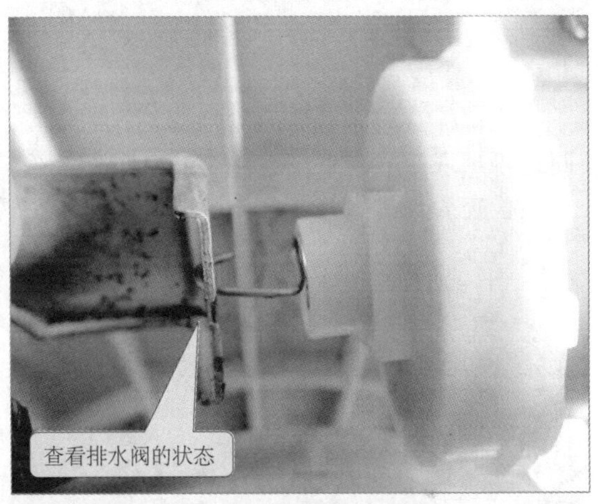

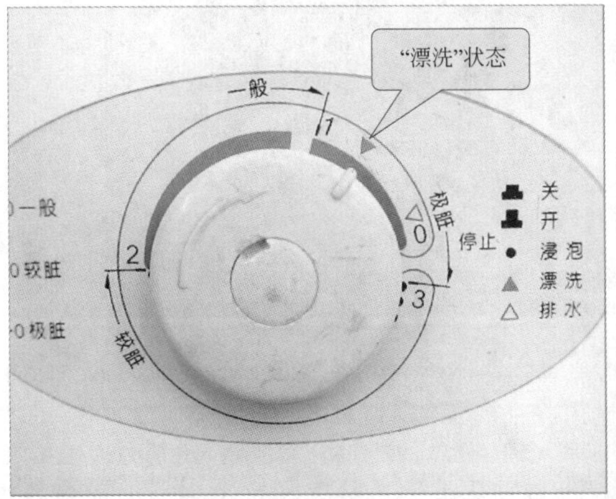

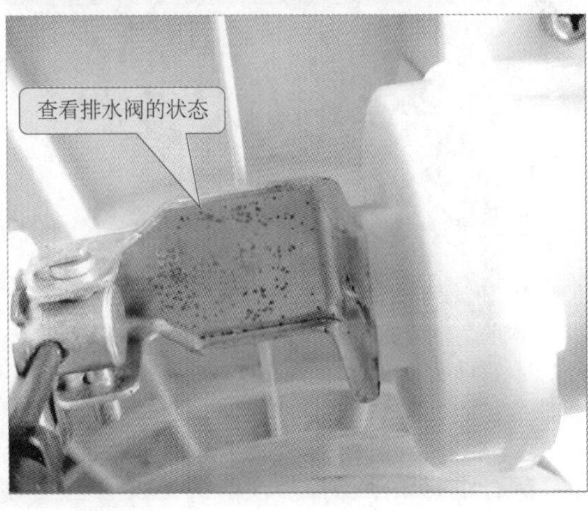

图 6-69　调整排水阀的状态

通过调整程序控制器的不同工作状态，可以查看到排水阀的开启/关闭状态。

c. 检查橡胶阀在排水阀处于开启/关闭状态时的位置　电磁铁牵引器带动排水阀内部的橡胶阀工作时，由于排水阀多数采用半透明的塑料制成，因此可以在外部查看排水阀中的橡胶阀在不同的状态时的位置，如图 6-70 所示。正常情况下，“排水”状态时，在排水阀外观察，可以看到外桶软管接口处会变得较透明，如果橡胶阀没有移动，则在排水阀外观看不到任何改变。

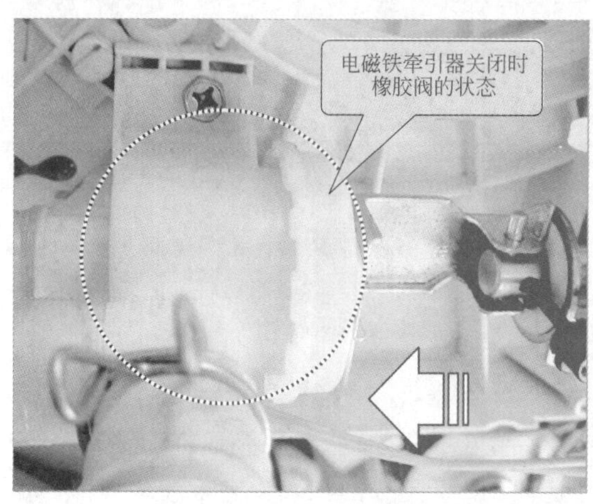

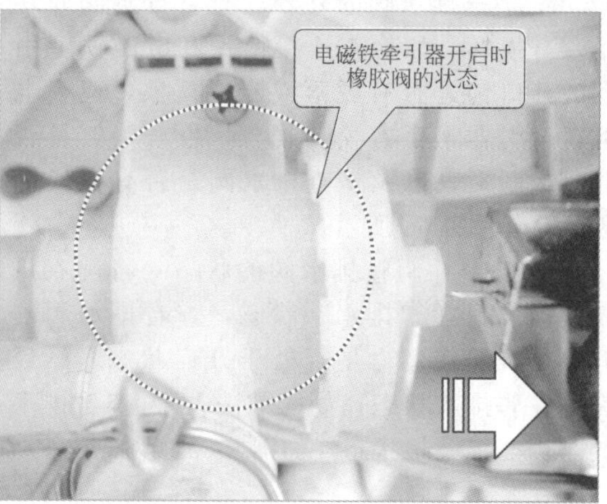

图 6-70　检查橡胶阀在排水阀中的开启/关闭状态

若通过外观查看后，感觉橡胶阀没有改变位置，则需要检查排水阀的内弹簧、外弹簧和橡胶阀是否出现故障，如橡胶阀老化、内/外弹簧断裂等，应直接将其更换即可。

经检查后，排水阀正常，接下来对电磁铁牵引器进行检查。

② 电磁铁牵引器的检修

a. 对电磁铁牵引器进行检查时，首先应检测电磁铁牵引器供电电压。由于电磁铁牵引器的导线端子上有一个护盖，因此需要先将护盖取下来。可以使用偏口钳剪断固定电磁铁牵引器导线的线束，再使用一字螺丝刀将电磁铁牵引器的导线护盖撬开，如图 6-71 所示。

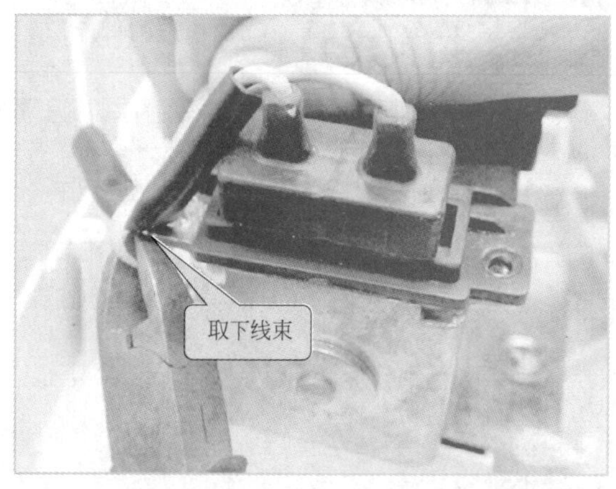

图 6-71　取下线束打开上盖

b. 将电磁铁牵引器导线的固定皮套向上移，再将导线的护盖从电磁铁牵引器的磁轭盖板中取下，如图6-72所示，露出导线端子。

c. 找到接线端子后，将万用表的量程调至直流 250V 电压挡，检测电磁铁牵引器供电电压是否在 DC 180～220V 之间（该牵引器为直流电磁铁牵引器），如图 6-73 所示。

d. 若可以检测到电磁铁牵引器的电压值在 DC 180～220V 之间，则表明该电磁铁牵引器的供电电压正常，需要再检查电磁铁牵引器的其他部位。检测时，应对电磁铁牵引器进行拆

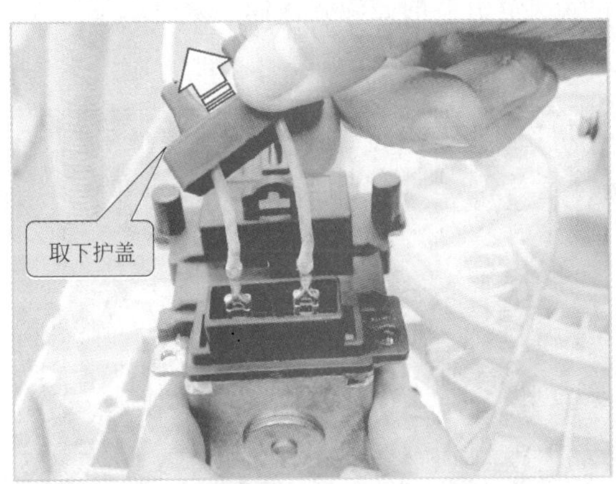

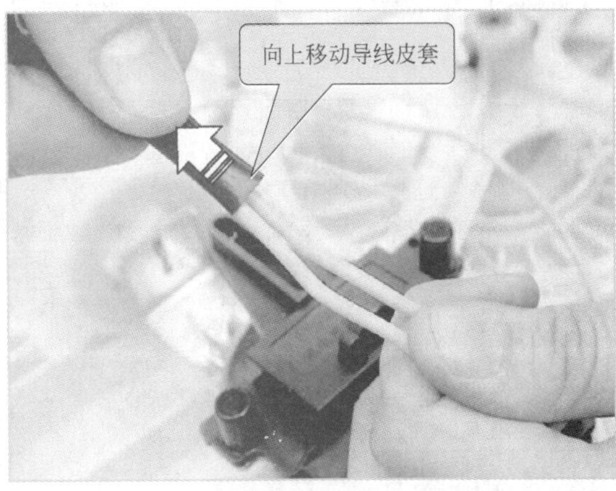

图 6-72 找到导线端子

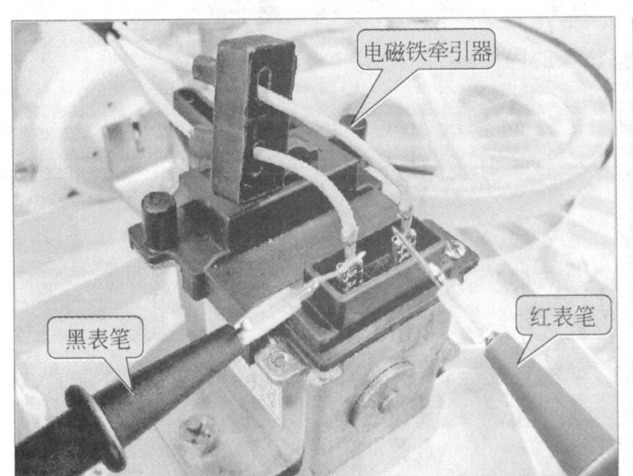

图 6-73 电磁铁牵引器供电电压的检测

卸。在对其进行拆卸时，应当选择合适的十字螺丝刀，将电磁铁牵引器四周的螺钉取下，如图 6-74所示。

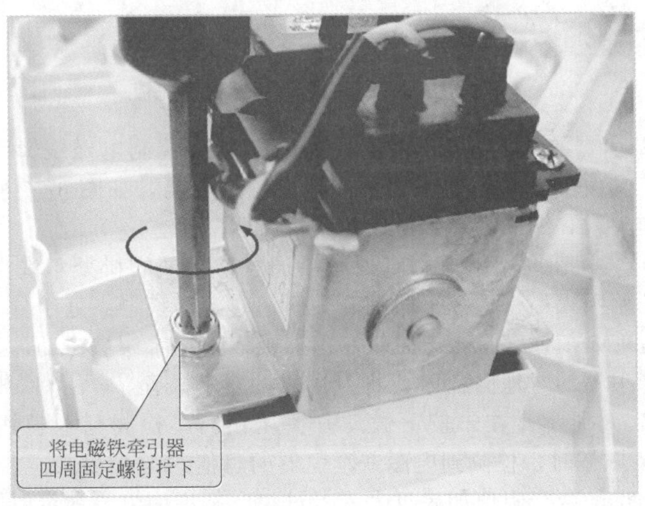

图 6-74 取下电磁铁牵引器四周的螺钉

e. 取下固定螺钉后，再选择合适螺丝刀将电磁铁牵引器的磁轭盖板固定螺钉取下，如图 6-75 所示。

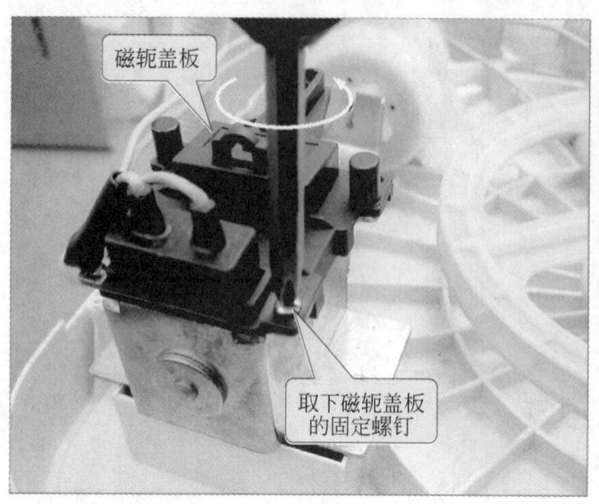

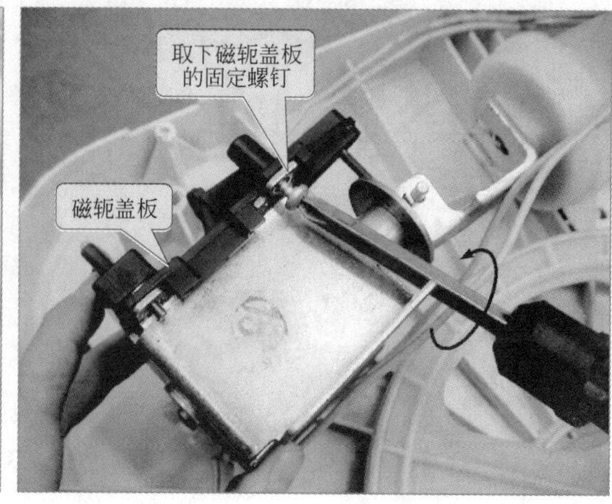

图 6-75 取下磁轭盖板的固定螺钉

f. 接下来就可以将电磁铁牵引器的导线从导线端子上拔下了，取出导线后便可以直接将电磁铁牵引器的磁轭盖板取下，如图 6-76 所示。至此，电磁铁牵引器便已经拆卸完成，可以对其进行检查了。

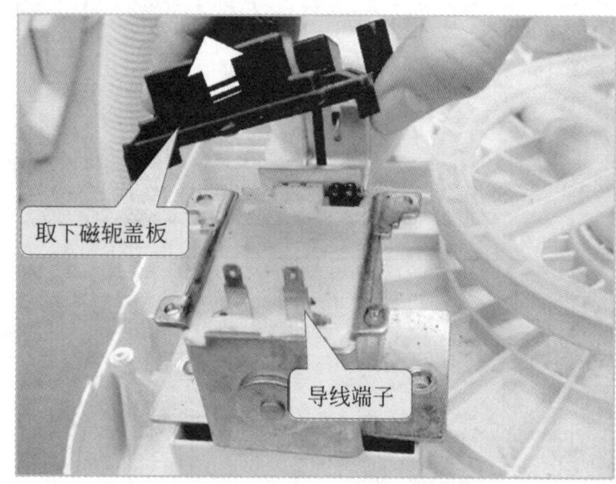

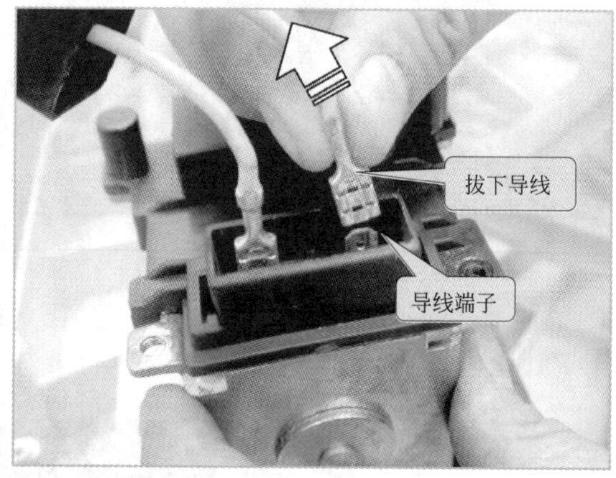

图 6-76 取下电磁铁牵引器磁轭盖板

g. 如果电磁铁牵引器的供电电压正常，应进一步检查控制电磁铁牵引器的微动开关压钮和转换触点，使用工具按下微动开关压钮后，转换触点分离，如图 6-77 所示。若微动开关损坏则会导致触点动作失常，继而会导致洗衣机无法排水故障。

h. 未按动微动开关压钮时，转换触点处于接通状态，洗衣机处于洗涤或是刚开始排水状态，电磁铁牵引器开始吸入衔铁；按下微动开关压钮时，转换触点处于分离状态，相当于洗衣机处于排水状态，也就是衔铁完全被电磁铁牵引器吸入，排水阀被拉动，开始排水。

i. 检测电磁铁牵引器的对地阻值时，将万用表的量程调至 $R\times10$ 欧姆挡，并进行欧姆调零。检测方法如图 6-78 所示。在未按下微动开关压钮时，检测到电磁铁牵引器的阻值约为 114Ω；按下微动开关压钮时，检测到电磁铁牵引器的阻值约为 3.2kΩ。

在检测中，所测得的两个阻值如果过大或者过小，都说明电磁铁牵引器线圈出现短路或者开路故障。并且在没有按下微动开关压钮时，若所测得的阻值超过 200Ω，则就可以判断为转

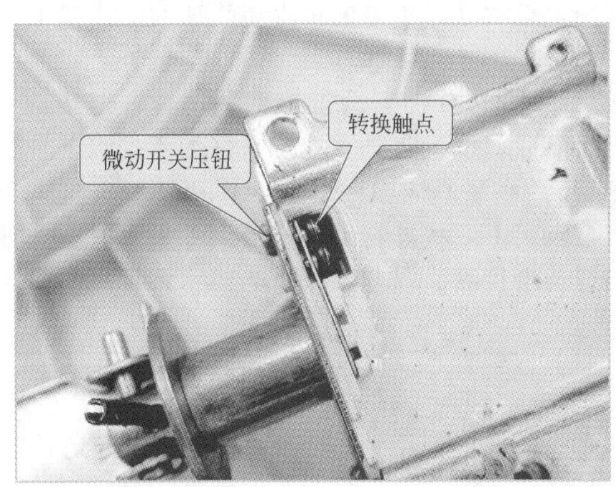

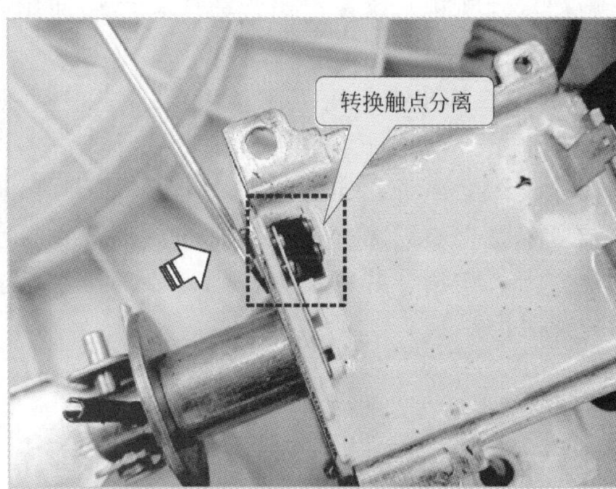

图 6-77　检测微动开关压钮

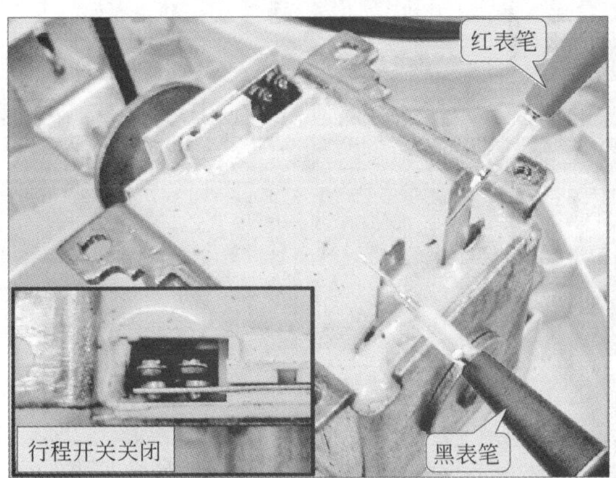

(a) 电磁铁牵引器阻值的检测(未按微动开关压钮)

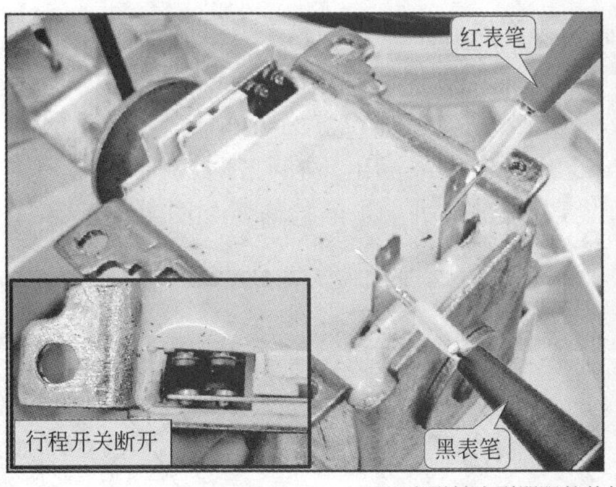

(b) 电磁铁牵引器阻值的检测(按动微动开关压钮)

图 6-78　电磁铁牵引器阻值的检测方法

换触点接触不良。此时，就可以将电磁铁牵引器拆卸下来，查看转换触点是否被烧蚀导致其接触不良，如果被烧蚀则可以通过清洁转换触点以排除故障。

（2）滚筒式洗衣机排水系统的故障检修

当滚筒式洗衣机中的排水系统出现故障时，应当对排水泵进行检修。先根据排水泵发出的声响初步判断排水泵是否出现故障，然后使用万用表检测其排水泵的供电电压或对排水泵电动机的阻值进行检测。

① 检查排水泵是否工作　滚筒式洗衣机在进行洗涤工作时，会发出一些声音，因此，在检查排水泵时，要仔细地判断。将滚筒式洗衣机通电后，设置为排水状态，仔细听排水泵是否有“嗡嗡”的声音，如图 6-79 所示。如果可以听到排水泵有“嗡嗡”的工作声，应当检查排水泵风扇是否被异物缠绕。若有异物缠绕在排水泵风扇上，将异物取下即可。如果没有听到排水泵发出“嗡嗡”的工作声，则需要对排水泵进行通电检测，以判断是否为排水泵损坏所引起的故障。

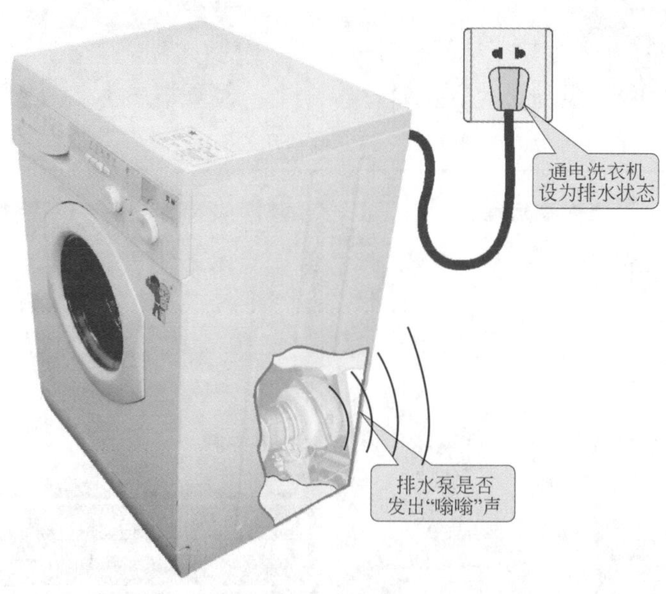

图 6-79　检查排水泵是否工作

② 检测排水泵供电电压　在确定滚筒内有水后，首先应检查滚筒洗衣中的排水泵。通常排水泵通过门锁与电源供电端相连。怀疑排水泵故障时，应当确保门锁无故障，然后使用万用表检测排水泵的供电电压。在对洗衣机通电的状态下，将洗衣机的状态设置为排水工作状态，使用万用表检测排水泵的接线端，若检测不到交流 200V 电压，表明故障出现在程序控制器部位；若可以测出 220V 的工作电压，表明排水泵出现故障，需对其进行进一步的检修，如图 6-80 所示。

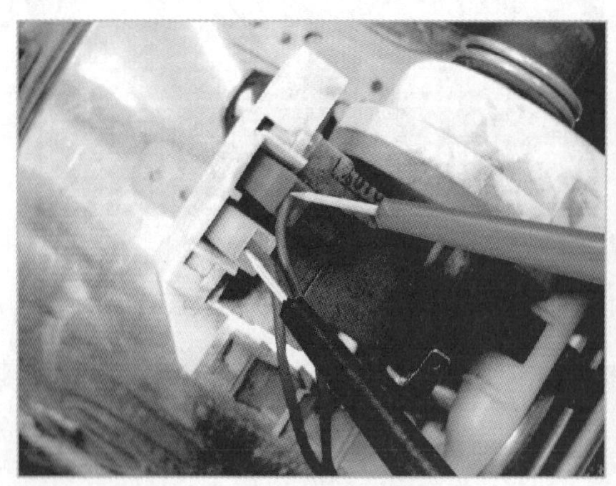

图 6-80　排水泵供电电压的检测

③ 检查排水泵电动机的密封　通过检测可以知道排水泵的供电电压正常，但排水系统仍不能正常工作，此时，需对排水泵本身进行检修。首先应检查排水泵的外观，查看排水泵电动机的塑料密封外壳是否有变形，如图 6-81 所示。若排水泵电动机的塑料密封外壳有变形，则表明排水泵电动机有可能损坏，需要对电动机进行更换。

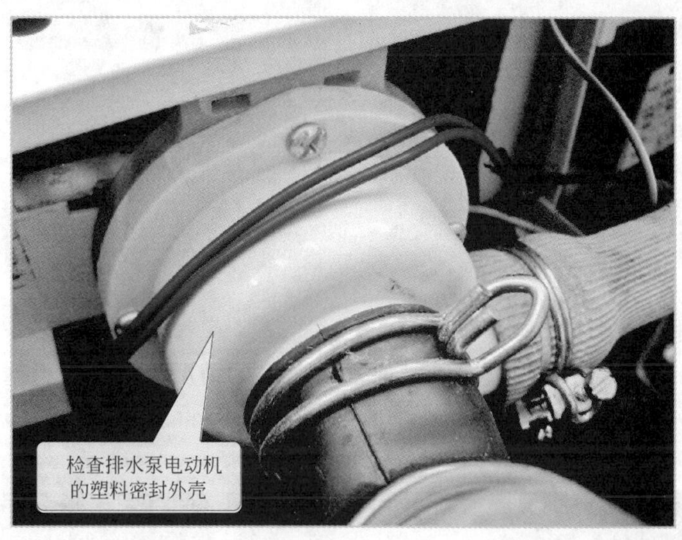

图 6-81　检查排水泵电动机的塑料密封外壳

④ 检测排水泵电动机连接端阻值　若排水泵电动机的塑料密封外壳性能良好，此时需要使用万用表检测排水泵电动机两个连接端之间的电阻值，如图 6-82 所示。正常情况下可检测到 22Ω 左右的阻值。

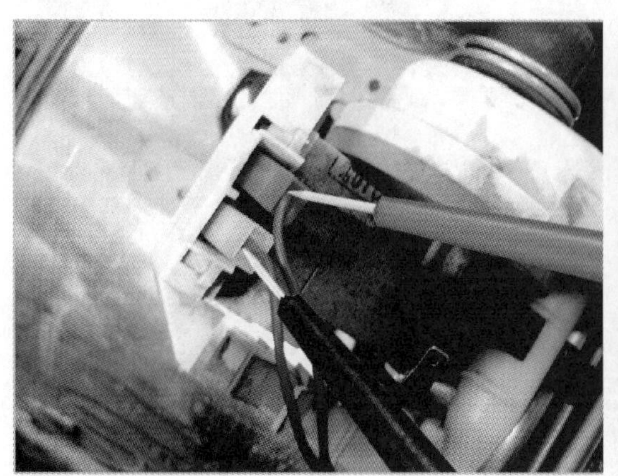

图 6-82　检测排水泵电动机连接端的阻值

⑤ 检修绕组线圈　若测得排水泵电动机的阻值为无穷大，说明该电动机已断路，需要对其进行检修。检修时将排水泵的保护盖拆下，检查排水泵两接线端与绕组线圈连接是否良好。如图 6-83 所示，若检测发现连接处有脱焊现象，应使用电烙铁重新焊接。

⑥ 润滑排水泵　此外，滚筒式洗衣机排水泵不能排水还可能是电动机受潮生锈不能转动造成的，可以用手拨动扇轮，若拨不动或有些费力，应将排水泵拆卸后，消除锈斑并涂抹润滑油，如图 6-84 所示。

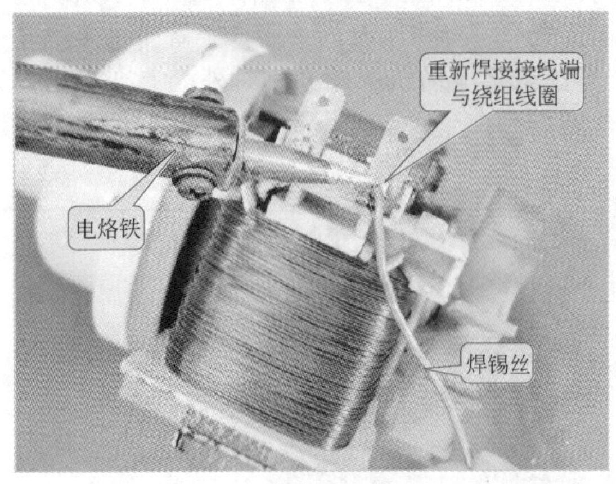

图 6-83　焊接排水泵接线端与绕组线圈的连接处

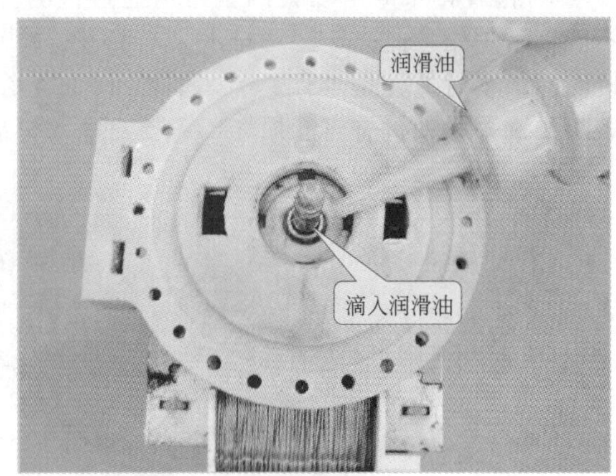

图 6-84　涂抹润滑油

⑦ 检查管路连接　若滚筒式洗衣机出现排水漏水的情况，应检查排水泵所连接的水管，如检查排水管、外桶连接水管、排水泵连接水管等是否连接正常，如图 6-85 所示。

图 6-85　检查排水泵连接水管是否正常

⑧ 检测电源供电　若滚筒式洗衣机出现排水速度慢的故障，需对滚筒式洗衣机的电源供电电压进行检测，若电源电压低于 180V，则排水泵也不可能正常工作，如图 6-86 所示。

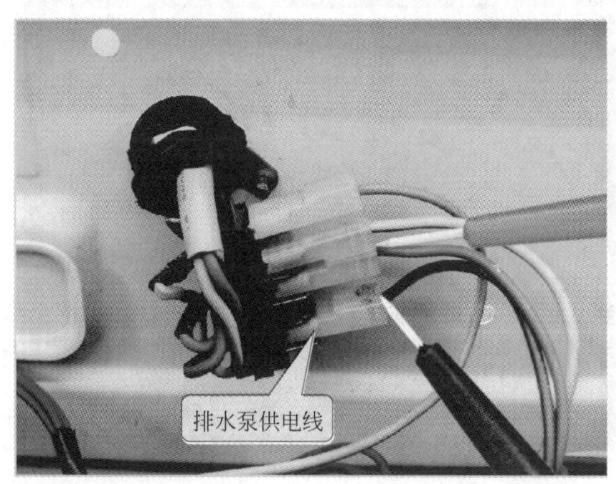

图 6-86　检测电源供电电压

6.2.3　洗衣机洗涤传动系统的故障检修

洗衣机的洗涤传动系统主要由洗涤系统、减振支撑系统和安全系统组成。洗衣机通过洗涤系统的机械部件带动洗衣桶旋转，支撑系统可以对洗衣桶起到支撑、减振和保护作用。若在洗衣机运行过程中打开洗衣机上盖或门，安全系统便会暂停洗衣机的工作，保护使用人员不受到伤害。

洗涤传动系统是洗衣机进行衣物洗涤和脱水的主要部分，若洗涤传动系统出现故障，则可能会出现不能洗涤、不能脱水、工作时有噪声等故障现象。

(1) 波轮洗衣机洗涤传动系统的故障检修

① 安全门开关的检测　对安全门开关进行检测，可通过模拟各种状态来判断安全门开关是否良好。当上盖关闭时，即安全门开关检测到上盖关闭时，内部触点闭合，使用万用表检测安全门开关引脚之间的阻值应为 0Ω，如图 6-87 所示。

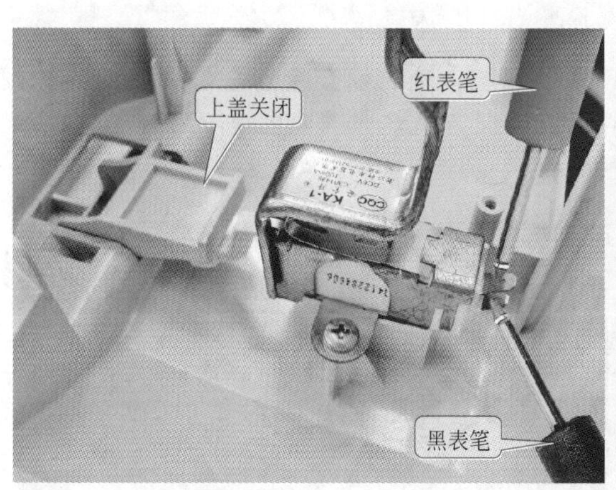

图 6-87　关闭上盖检测安全门开关

将上盖打开，即安全门开关检测到上盖打开时，内部触点断开，使用万用表检测安全门开关引脚之间的阻值应为无穷大，如图 6-88 所示。若检测结果差别较大，说明该安全门开关已损坏，需进行更换。

在进行脱水操作时，洗衣桶运转平稳，也就是安全门开关没有检测到晃动，使用万用表检

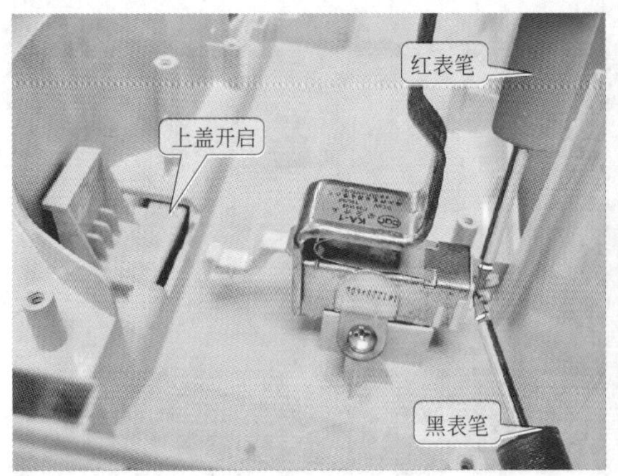

图 6-88　打开上盖检测安全门开关

测安全门开关引脚之间的阻值应为 0Ω，如图 6-89 所示。

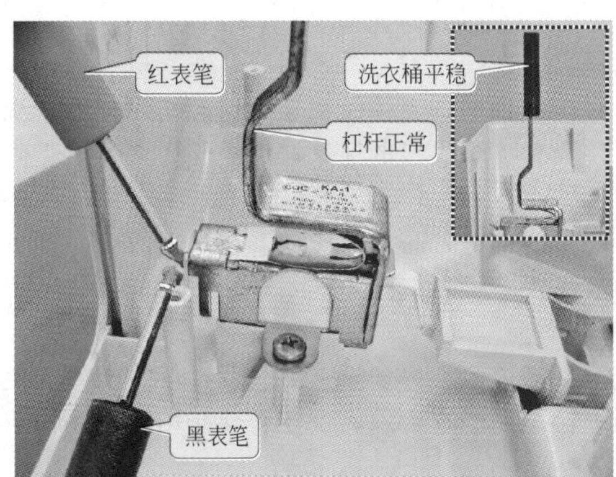

图 6-89　洗衣桶平稳检测安全门开关

洗衣桶中的衣物放置不当，脱水时容易出现振动现象，洗衣桶会使安全门开关的杠杆倾斜，此时使用万用表检测安全门开关引脚之间的阻值为无穷大，如图 6-90 所示。若检测结果差别较大，说明该安全门开关已损坏，需进行更换。

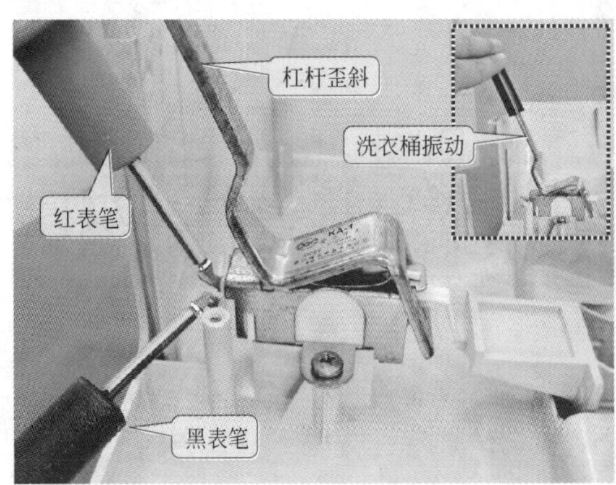

图 6-90　振动状态检测安全门开关

② 洗涤电动机的检测　检测洗涤电动机是否损坏，主要通过检测电动机的绕组间阻值是否正常，来判断电动机是否损坏。通过电动机数据线颜色可分别出所连接的绕组，如图 6-91 所示。一般情况下，黑色数据线为公共端，棕色和红色数据线则分别为启动端和运行端。

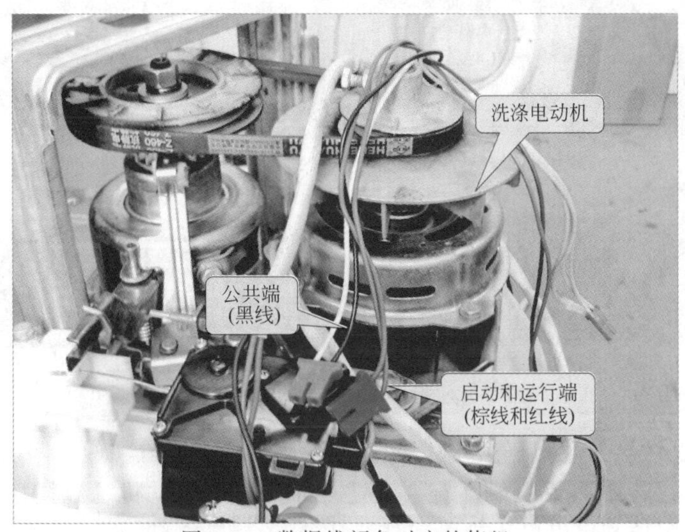

图 6-91　数据线颜色对应的绕组

将万用表调至 $R\times10$ 欧姆挡，然后将红黑表笔分别搭在棕色和黑色数据线之间，测得阻值为 35Ω；然后将红黑表笔分别搭在红色和黑色数据线之间，测得阻值也为 35Ω；接下来，将红黑表笔分别搭在红色和棕色数据线之间，测得阻值为 70Ω，如图 6-92 所示。

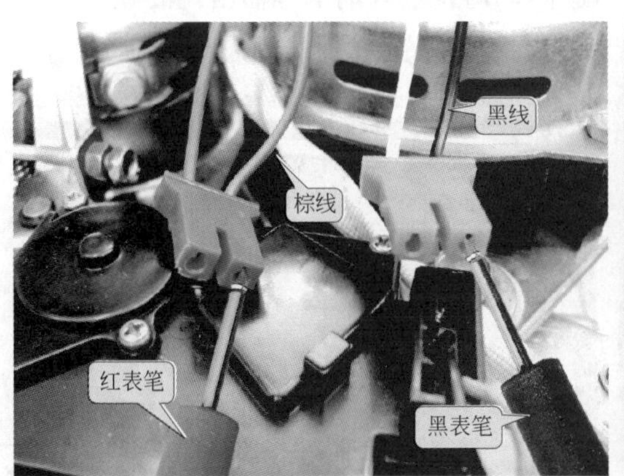

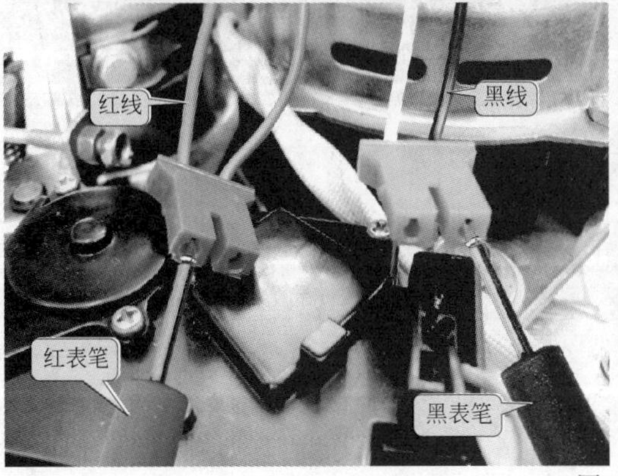

图 6-92

第6章

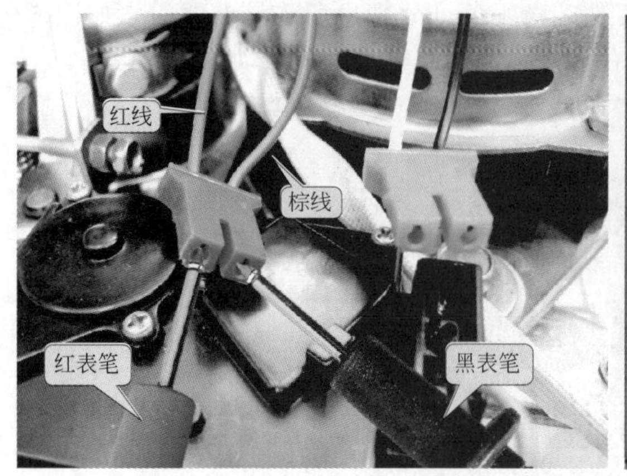

图 6-92 检测洗涤电动机绕组间阻值

若所测得的棕黑线之间的阻值和红黑线之间的阻值之和与红棕线之间的阻值相等，则表示所测的电动机正常；若所测得阻值不符合上述规律，表明电动机已经损坏，需要对其进行更换。当电动机绕组阻值和供电电压均正常时，再对电动机进行拆解，查看电动机内部的零件是否有损坏现象。

③ 启动电容的检测　检测启动电容是否正常，可将万用表调至 $R\times1$k 欧姆挡，将万用表的红黑表笔分别搭在启动电容器的两端，如图 6-93 所示，正常情况下万用表指针有一定的摆动。若万用表指针不摆动或者摆动到某位置后不返回，均表示启动电容器出现故障，需要对其进行更换。

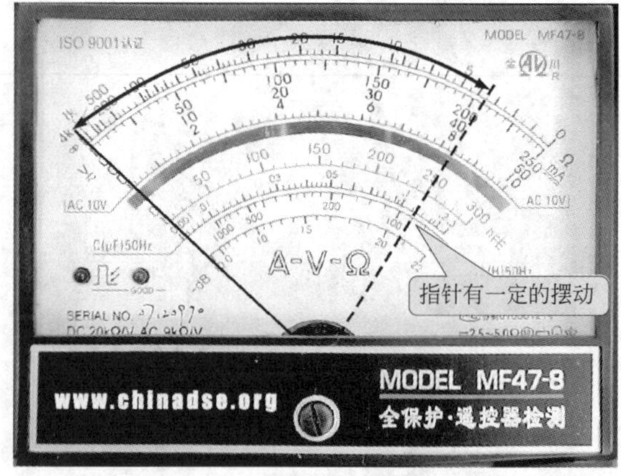

图 6-93 检测启动电容

④ 离合器的检查　当洗衣机处于洗涤状态时，棘爪插入棘轮内，如图 6-94 所示。此时转动带，离合器带轮转动，离合器的波轮轴也会跟着转动，但脱水桶不会转动。

顺时针转动时，波轮转动良好，脱水桶不会旋转，说明刹车装置良好，如图 6-95 所示。

逆时针转动时，波轮转动效果仍然良好，脱水桶也不会旋转，说明扭簧装置良好，如图 6-96 所示。

当洗衣机处于脱水状态时，棘爪退出棘轮，如图 6-97 所示。此时转动带，离合器带轮转动，波轮轴和脱水桶同时转动，说明脱水轴和波轮轴之间的关联性良好。

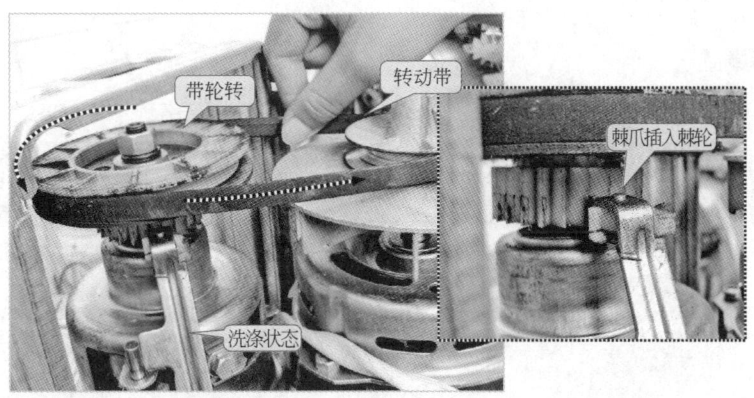

图 6-94　洗涤状态时的棘爪和棘轮

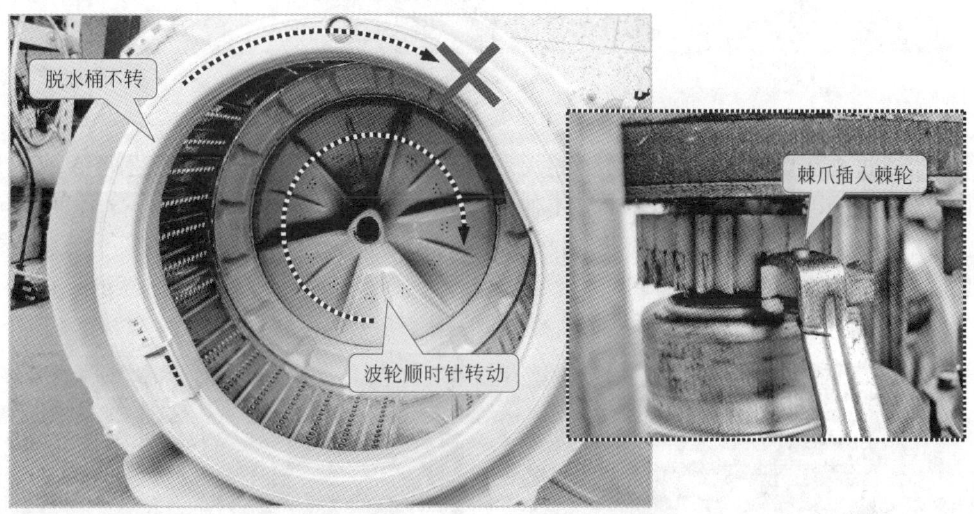

图 6-95　顺时针转动检查

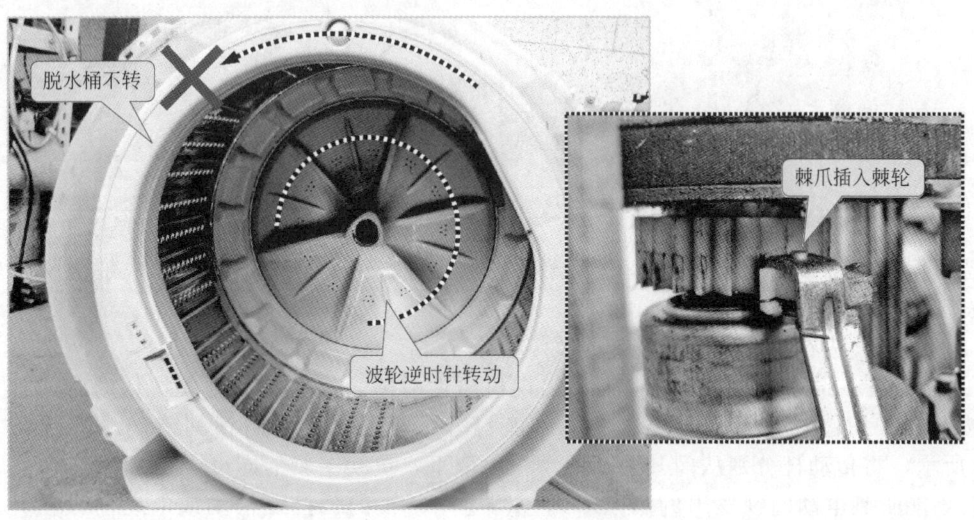

图 6-96　逆时针转动检查

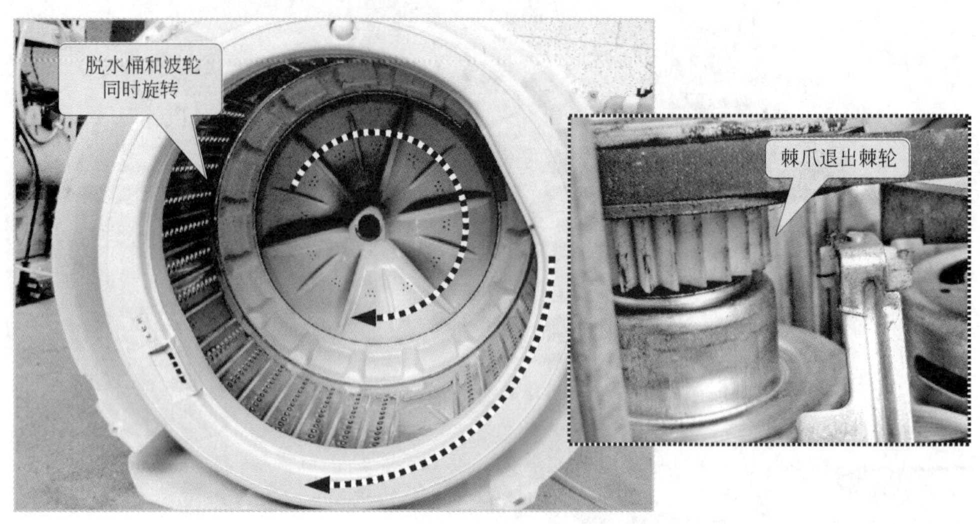

图 6-97 脱水状态时检查离合器转动情况

离合器通过刹车臂与电磁铁牵引器相关联。检查刹车臂、棘爪与棘轮之间的动作是否协调，如图 6-98 所示。若发现刹车臂工作不协调，就需要重新调节挡块和刹车臂之间的距离。

⑤ 带的检查 用手带动带，若发现仅带本身转动，而带轮不转，如图 6-99 所示，表明带磨损严重，与带轮之间无法产生摩擦力。当发现带磨损严重时，只需要更换新的带即可。

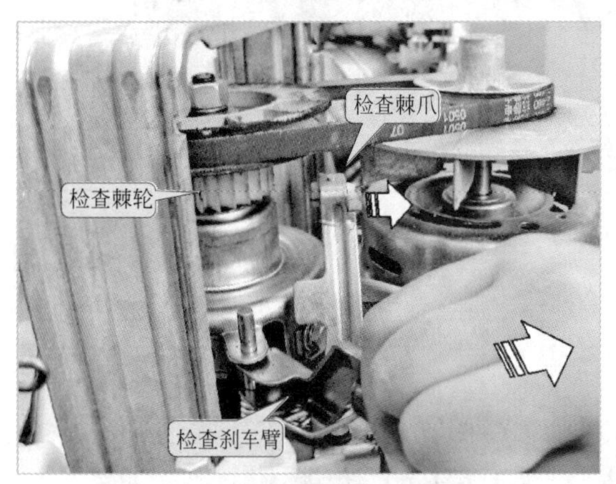

图 6-98 检查刹车臂、棘爪与棘轮的工作状态

图 6-99 传动带偏移

若带偏移，将影响洗衣机的运转情况，并伴随着噪声的产生，严重时，带会从带轮上脱落，发现带偏移应及时进行校正，如图 6-100 所示。

（2）滚筒式洗衣机洗涤传动系统的故障检修

① 电动门锁的检查 电动门锁容易出现机械性故障，当按动门开关按钮时，门开关按钮不能按下或按钮能够按下，但洗衣机门不能打开，都说明电动门锁的传动杆不灵活。如图 6-101 所示，将传动杆分别从门开关和活动板上取下，更换上新的即可。

若不能听到电动门锁发出的声响，则说明电动门锁的插接线松动或电动门锁损坏，如图 6-102 所示，将电动门锁拆卸下来重新插接连接线。重新插接电动门锁的连接线后，电动门锁的指示灯仍然不亮，则说明电动门锁损坏，需进行更换。

图 6-100　校正带和带轮

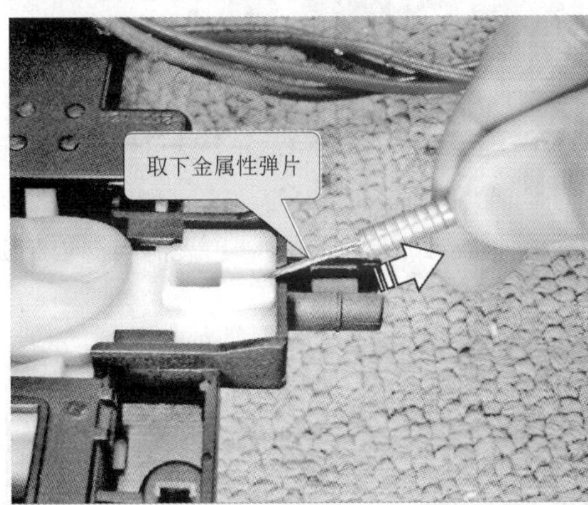

图 6-101　更换传动杆

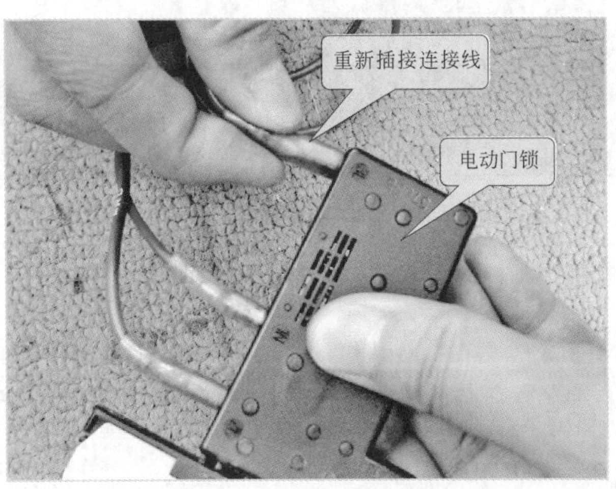

图 6-102　重新插接电动门锁的连接线

② 洗涤电动机的检测　检测滚筒式洗衣机的双速电动机时，可使用万用表检测电动机的2极绕组和12极绕组中各绕组之间的阻值以及过热保护器的阻值，如图6-103所示为双速电动机的连接线所对应的绕组和过热保护器。双速电动机的连接线中，过热保护器一般都采用同颜色的连接线进行连接，而12极绕组和2极绕组的公共端则采用双色线或黑色线表示。

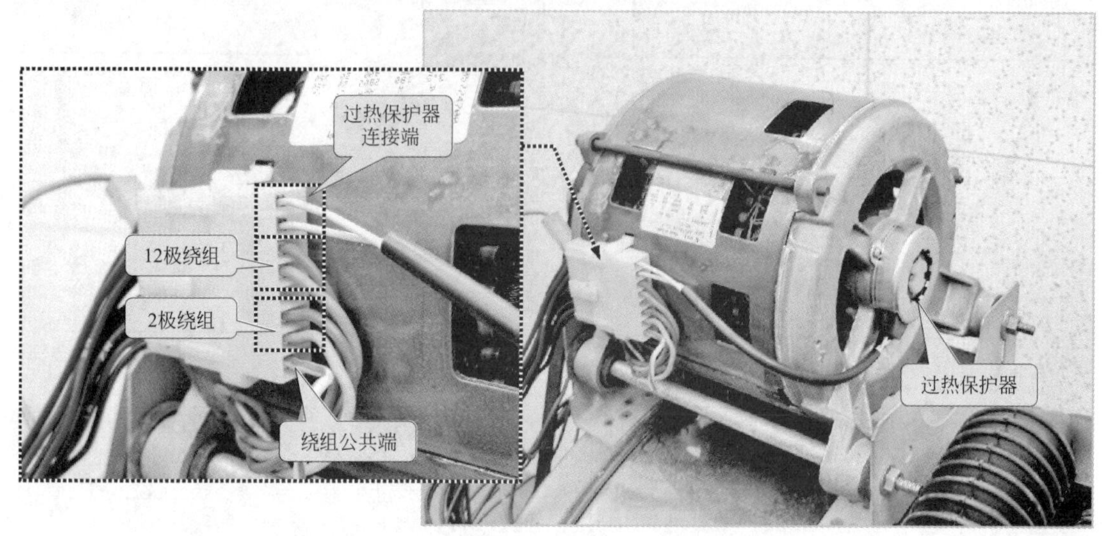

图6-103　双速电动机的连接线

检测时，使用万用表检测过热保护器是否损坏，如图6-104所示。将万用表的两支表笔分别搭在过热保护器的连接端上，正常情况下，应可以检测到27Ω的阻值。

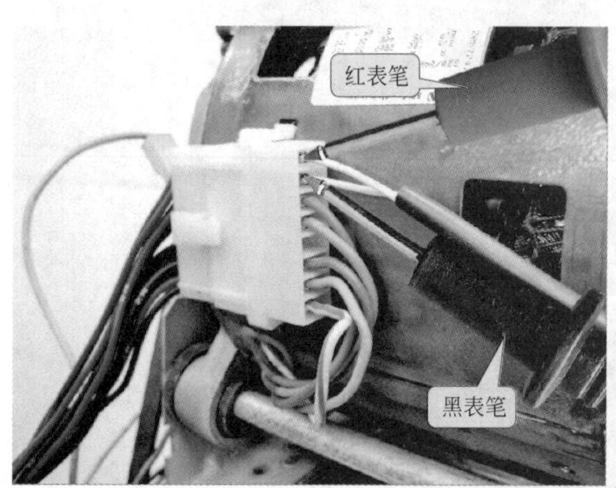

图6-104　检测过热保护器

接下来使用万用表对12极绕组的阻值进行检测，如图6-105所示。正常情况下，可检测到28Ω左右的阻值。

12极绕组两端阻值正常，再对2极绕组的阻值进行检测，如图6-106所示。正常情况下，2极绕组的阻值应在36Ω左右。若检测结果与正常值偏差较大，说明电动机已损坏，需要进行维修或更换。

③ 启动电容的检测　将万用表调整至$R\times10k$欧姆挡，将万用表的红黑表笔分别搭在启动电容的两引脚上，如图6-107所示，调换表笔后，再对启动电容进行检测。正常情况下，两次检测都可以观察到万用表指针的摆动情况，如图6-107所示。

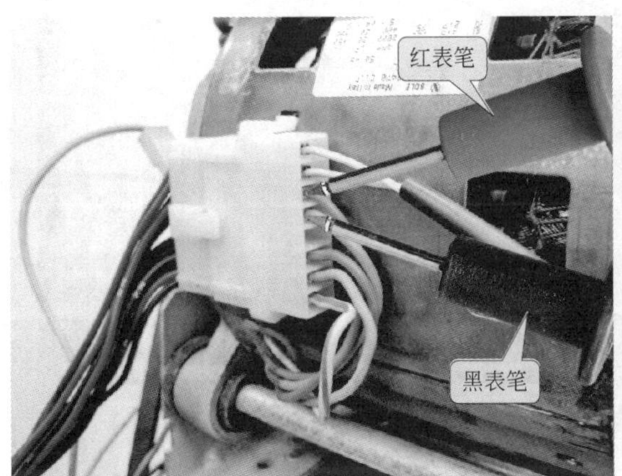

图 6-105 检测双速电动机 12 极绕组阻值

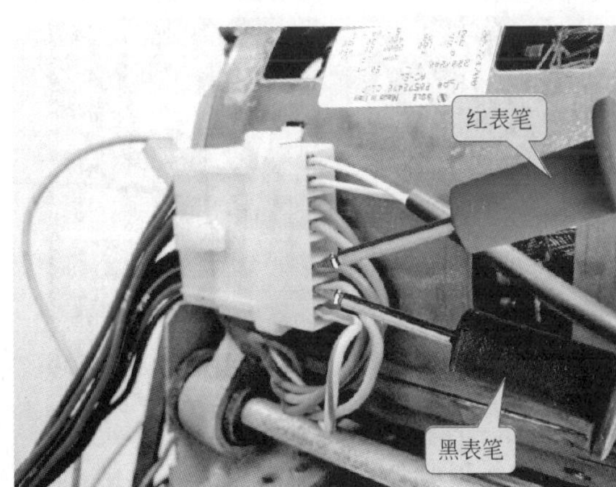

图 6-106 检测双速电动机 2 极绕组阻值

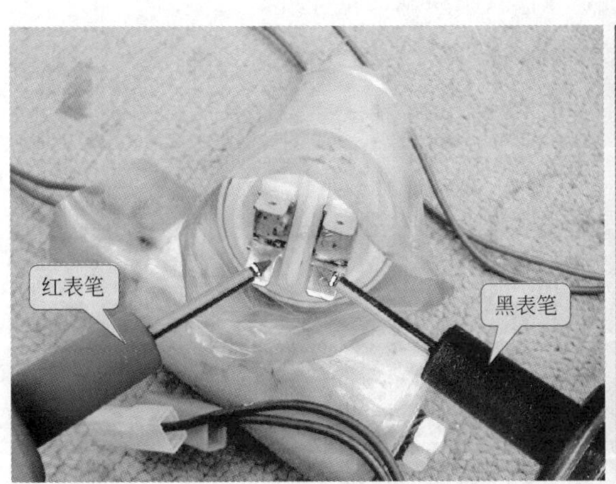

图 6-107

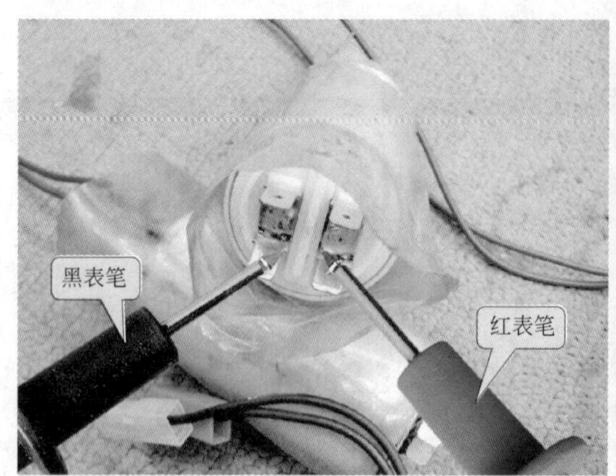

图 6-107　检测启动电容

若万用表指针不摆动或者万用表摆动到某一位置后不返回，均表示启动电容出现故障，需要对其进行更换。

④ 带的检查　检查带与带轮之间的关联是否良好，若带偏移，将影响洗衣机的运转情况。因此应及时将偏移的带与带轮校正好，如图 6-108 所示。

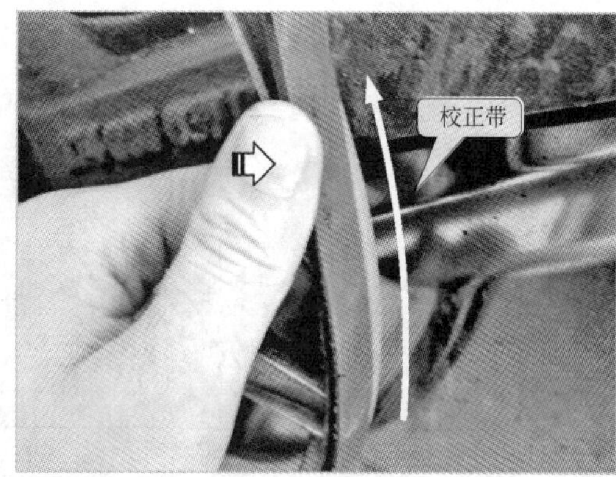

图 6-108　校正带和带轮

用手带动带，发现仅带本身转动，而带轮不转，如图 6-109 所示，表明带磨损严重，与带轮之间无法产生摩擦力。当发现带磨损严重时，只需要更换新的带即可。

图 6-109　传送带磨损严重

更换带或是移动带轮后，应注意带的松紧度，如图 6-110 所示，带的松紧度应以 13～18N/5mm 为宜。

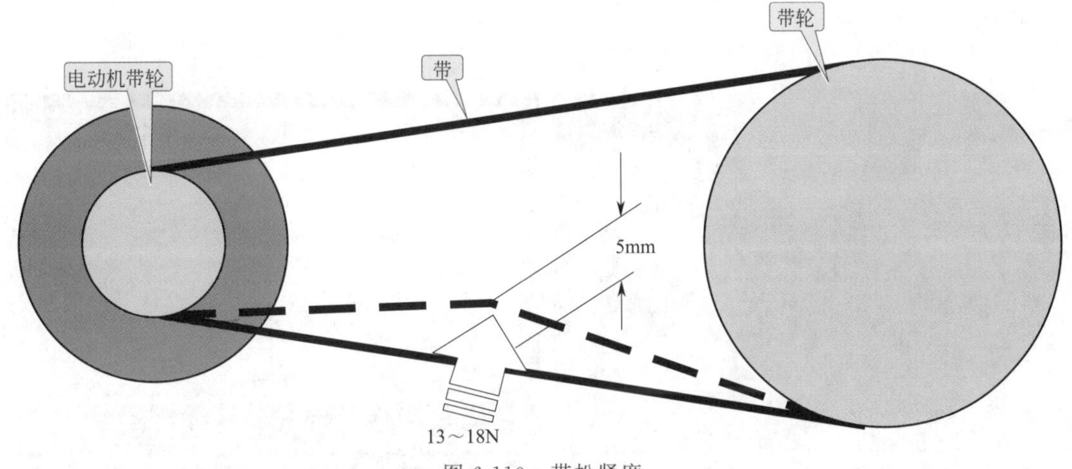

图 6-110　带松紧度

6.2.4　洗衣机电路系统的故障检修

洗衣机的电路系统是洗衣机的重要控制部分，主要用来对洗衣机的整机工作进行控制，例如对进水、洗涤、排水、甩干、工作时间等操作进行控制。

洗衣机电路系统主要是由操作指令输入和程序控制两部分构成的，操作人员通过旋钮或按键输入人工指令，程序控制部分便根据人工指令，调用系统内部的程序分别对洗衣机各部分进行控制，协调各部件完成洗涤等工作。

由于电路系统是对洗衣机内的各部件进行控制的，因此，若洗衣机电路系统出现故障，则可能会出现整机不工作、部分功能失灵等故障现象。

通常，洗衣机电路系统大体可分为电脑式操作控制电路和机械-电脑式操作控制电路。

（1）电脑式操作控制电路的故障检修

电脑式操作控制电路由于采用了防水绝缘措施，因此对电子元器件检修有一定的困难，通常可以使用万用表检测接口端的电压，来判断该接口端与其外围电路是否正常。

将洗衣机的供电线路连接到电源接口上，再将电源插头接到电源板上，如图 6-111 所示，使 220V 交流电压送到电脑式程序控制器上。

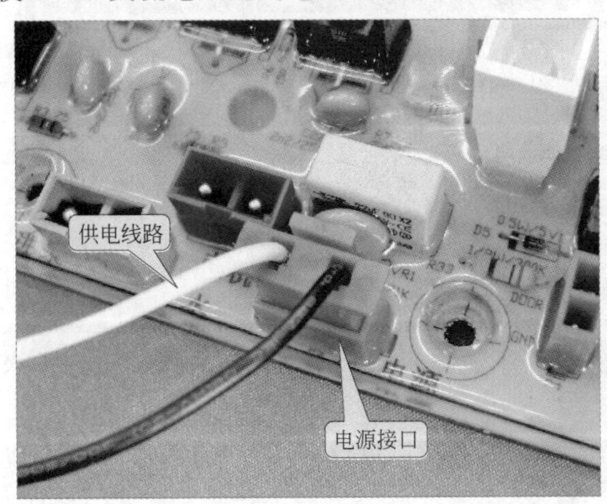

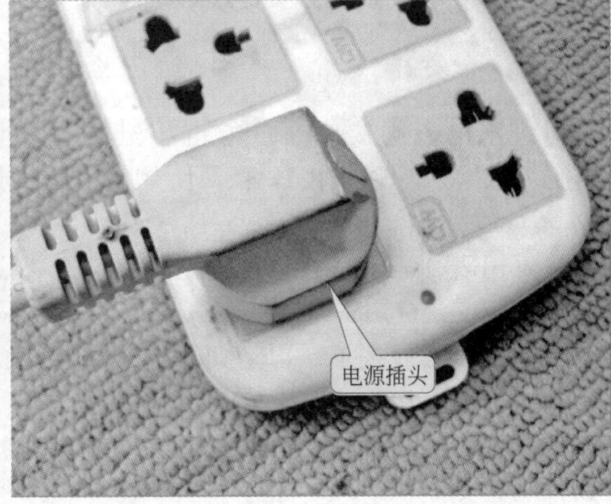

图 6-111　接通电源

连接好供电线路后，按下“电源开关”钮，使电脑式操作控制电路处于供电状态。此时使用万用表检测安全门开关接口处的供电电压，如图 6-112 所示，该接口正常情况下可检测到直流 5V 电压。

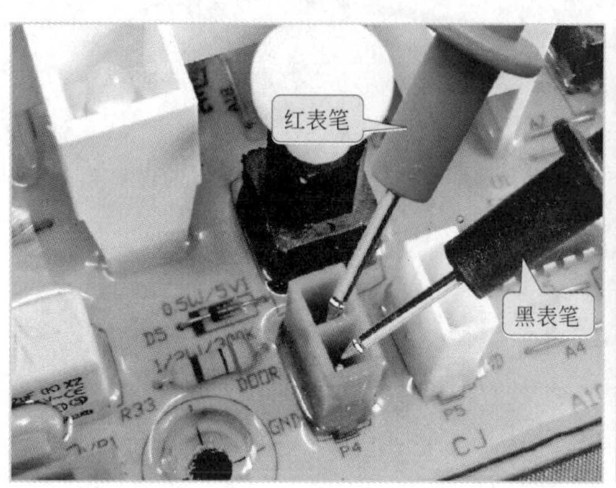

图 6-112　检测安全门开关的供电电压

使用万用表检测水位开关接口的供电电压，如图 6-113 所示，与安全门开关接口的检测方法相同，正常情况下，可检测到直流 5V 电压。

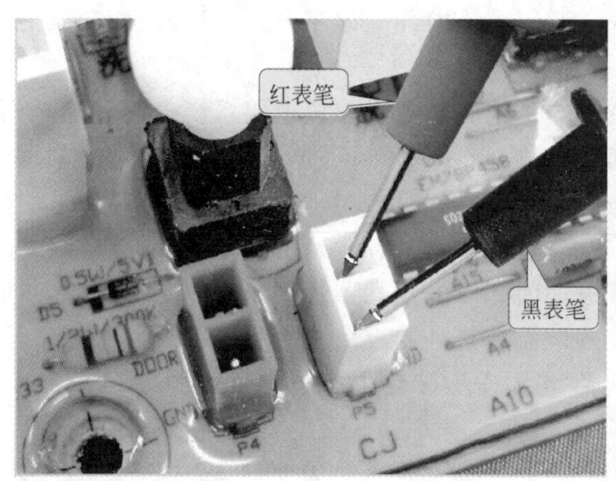

图 6-113　检测水位开关接口的供电电压

对进水电磁阀接口的供电电压进行检测，需要在洗衣机处于待机或工作状态下时才可进行检测，如图6-114所示，使用曲别针对安全门开关接口和水位开关接口分别进行短路。

将万用表红表笔搭在进水电磁阀接口上，黑表笔接电源接口负极，如图 6-115 所示，此时可以检测到交流 180V 左右的电压。通过“过程选择”钮选择洗衣机的工作状态，使“洗衣”指示灯亮起，然后按下“启动/暂停”钮，使洗衣机处于洗涤工作状态，此时可以检测到进水电磁阀接口的电压为交流 220V。

将万用表红表笔搭在排水电磁阀接口上，黑表笔接电源接口负极，如图 6-116 所示，此时可以检测到交流 180V 左右的电压。通过“过程选择”钮选择洗衣机的工作状态，使“脱水”指示灯亮起，然后按下“启动/暂停”钮，使洗衣机处于脱水工作状态，此时可以检测到进水

图 6-114　短接安全门开关接口和水位开关接口

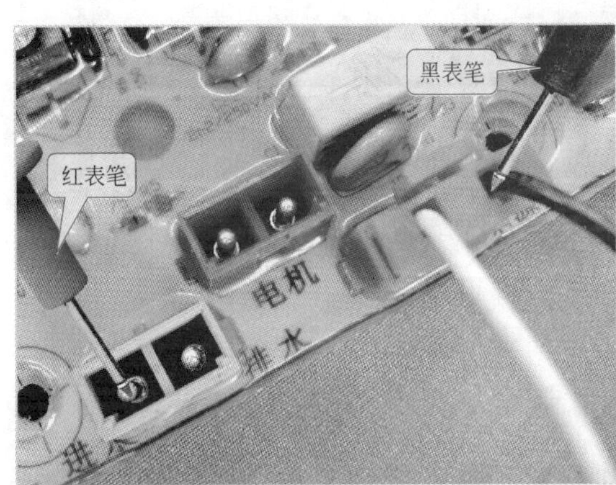

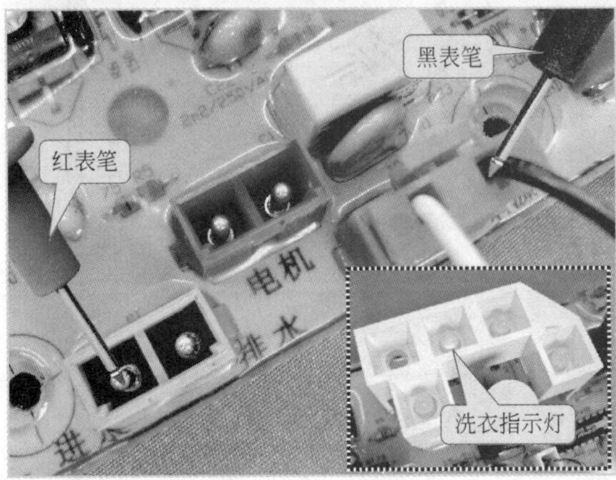

图 6-115　检测进水电磁阀接口的供电电压

电磁阀接口的电压为交流 220V。

在洗衣机处于待机状态时，使用万用表对电动机接口的供电电压进行检测，如图 6-117 所示，测得的电压为 0V。在洗衣机处于正反转旋转洗涤工作状态下，在电动机接口处可检测到 0～180V 的间歇交流电压。

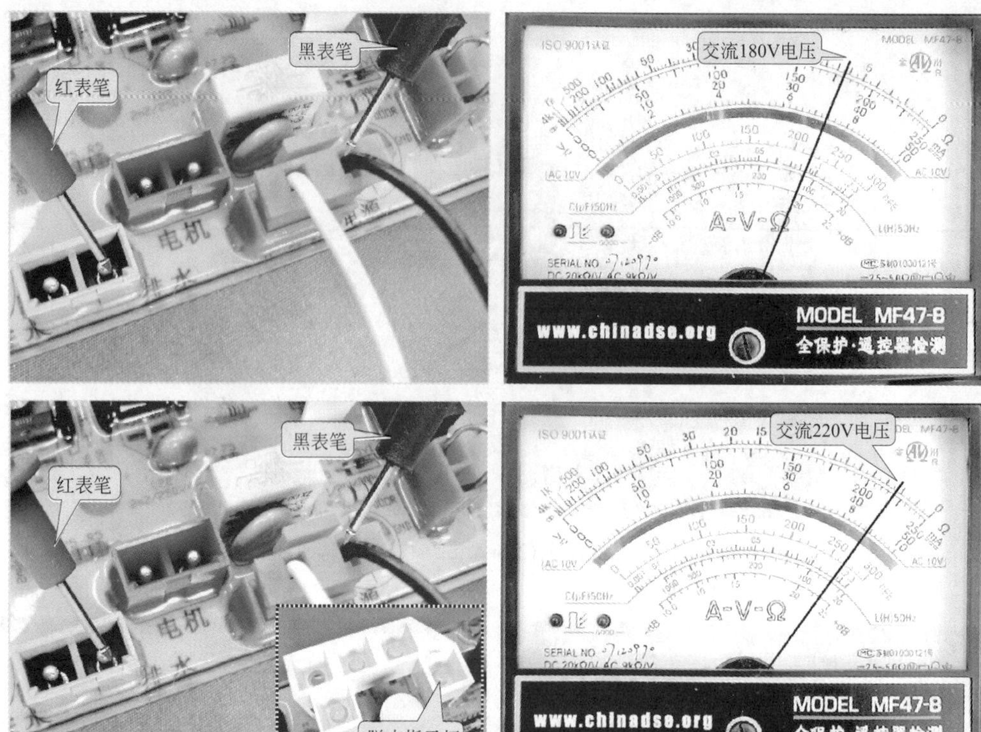

图 6-116　检测排水电磁阀接口的供电电压

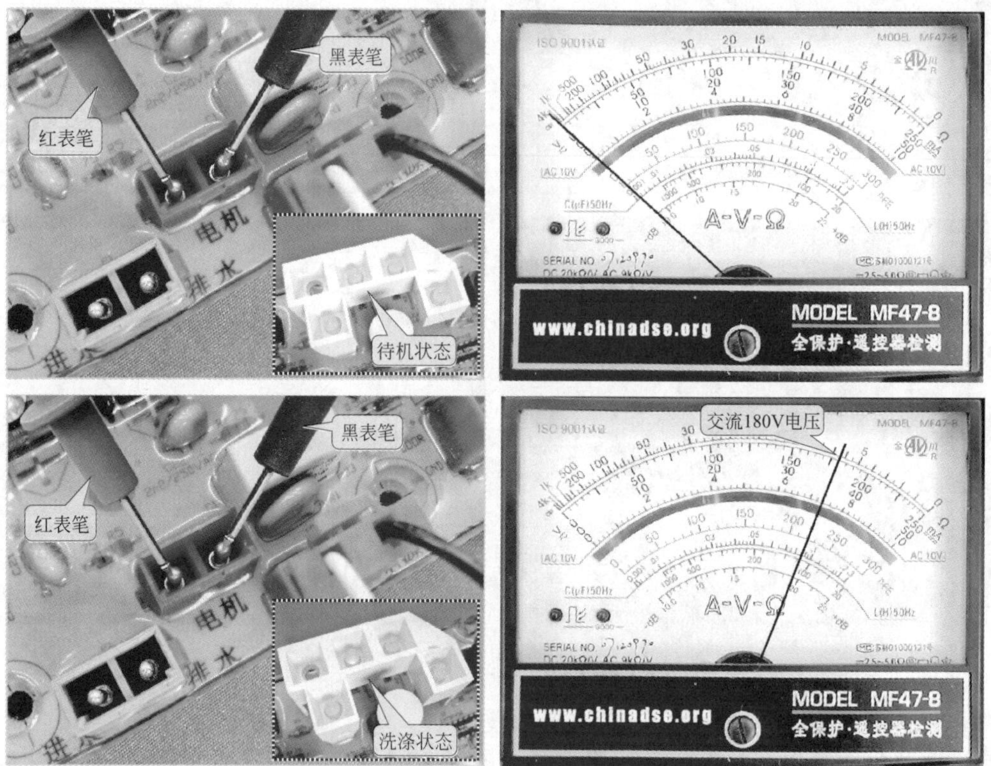

图 6-117　检测电动机的供电电压

（2）机械-电脑式操作控制电路的故障检修

机械-电脑式操作控制电路是由机械式控制器和控制电路板两部分构成的，若该部分出现故障，应分别对控制旋钮和电路板上的元器件进行检测。

① 检修机械式控制器的图解演示　对机械式控制器进行检测时，应先检测同步电动机是否正常，如图6-118所示。将万用表的两支表笔分别搭在同步电动机的两引脚上，正常情况下，可检测到 5kΩ 左右的阻值。

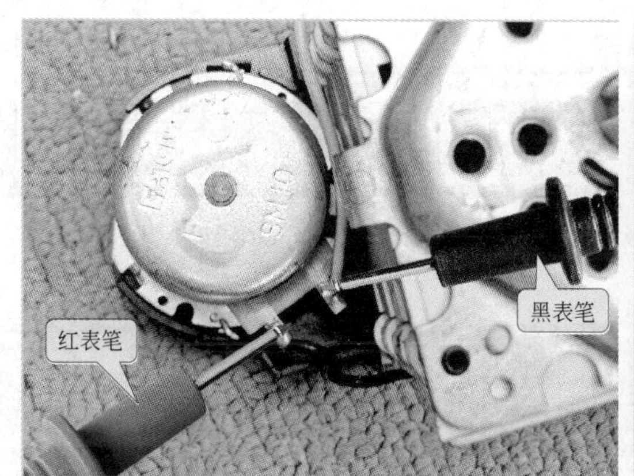

图 6-118　检测同步电动机

若检测到的阻值为零或无穷大，表明同步电动机已经损坏，需要使用同规格的电动机进行更换。

除了检测同步电动机外，还应对定时控制轴进行检查，查看定时控制轴是否与内部结构结合良好。由于机械控制旋钮内部的结构较复杂，并且各厂商的制作规格也不同，因此，若该部分损坏，只能进行更换。

② 检测控制电路板的图解演示　对电路板进行检测，主要是对电路板上的主要元器件，如微处理器、晶体等进行检测。判断微处理器是否损坏，可使用万用表对其各引脚的对地阻值进行检测，如图 6-119 所示。以⑪脚为例，将黑表笔接地（J4），红表笔搭在⑪脚上，测得的对地阻值为 28kΩ，其他各引脚对地阻值见表 6-1。

表 6-1　微处理器（IC1）各引脚的对地阻值

引脚	对地阻值	引脚	对地阻值	引脚	对地阻值	引脚	对地阻值
①	0×1kΩ	⑧	23×1kΩ	⑮	5.8×1kΩ	㉒	0×1kΩ
②	0×1kΩ	⑨	23×1kΩ	⑯	5.8×1kΩ	㉓	0×1kΩ
③	27×1kΩ	⑩	28×1kΩ	⑰	5.8×1kΩ	㉔	16.5×1kΩ
④	18.5×1kΩ	⑪	28×1kΩ	⑱	5.8×1kΩ	㉕	16.5×1kΩ
⑤	22×1kΩ	⑫	28×1kΩ	⑲	5.8×1kΩ	㉖	31×1kΩ
⑥	20×1kΩ	⑬	28×1kΩ	⑳	5.8×1kΩ	㉗	31×1kΩ
⑦	32×1kΩ	⑭	28×1kΩ	㉑	0×1kΩ	㉘	15×1kΩ

若微处理器正常，还应对微处理器附近的晶体进行检测，如图 6-120 所示。将万用表的黑表笔搭在晶体的接地端，红表笔依次搭在晶体的其他两个引脚上，正常情况下，可检测到 30kΩ 左右的阻值。

在电路板上，除了微处理器外，二极管也是比较容易损坏的元器件。如图 6-121 所示，使用万用表检测二极管的正反向阻抗。由于是在路检测，受外围器件的影响，二极管的正反向阻值与实际阻值有所偏差，即测得该二极管的正向阻抗为 4kΩ，反向阻抗为

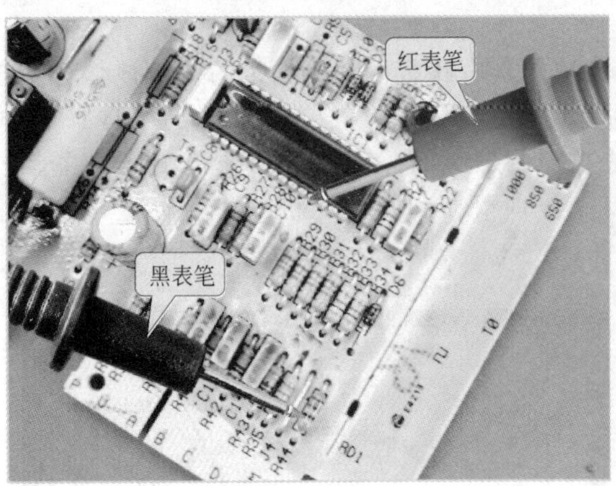

图 6-119　检测微处理器

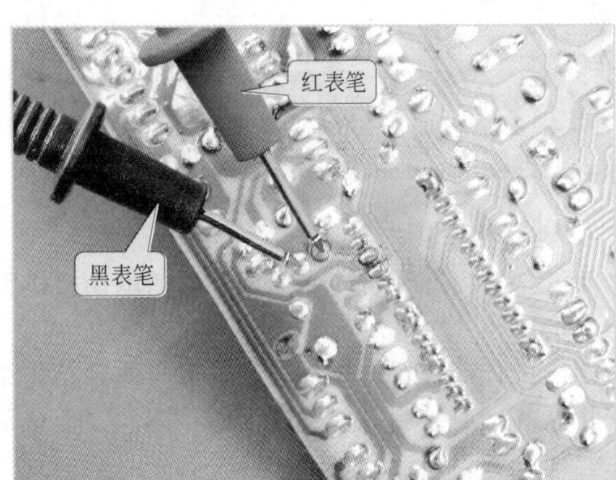

图 6-120　检测晶体

16kΩ，可初步判断该二极管正常。若采用开路检测，其正向阻抗有一定的阻值，而反向阻抗应为无穷大。

使用万用表对水泥电阻进行检测，如图 6-122 所示。正常情况下，可检测到 4kΩ 左右的阻值，若检测时，测得阻值很小或趋于无穷大，表明该水泥电阻已损坏。

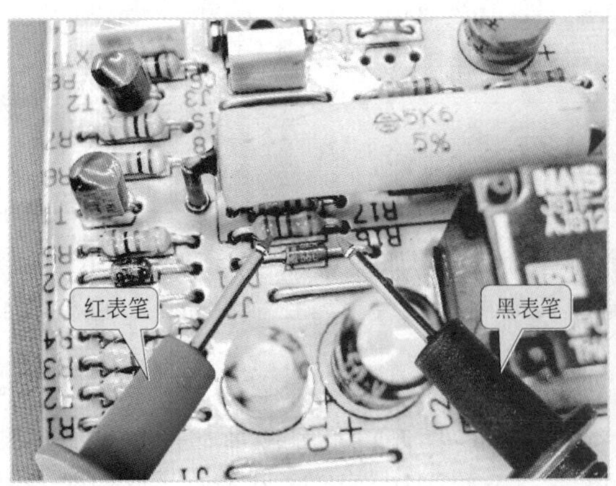

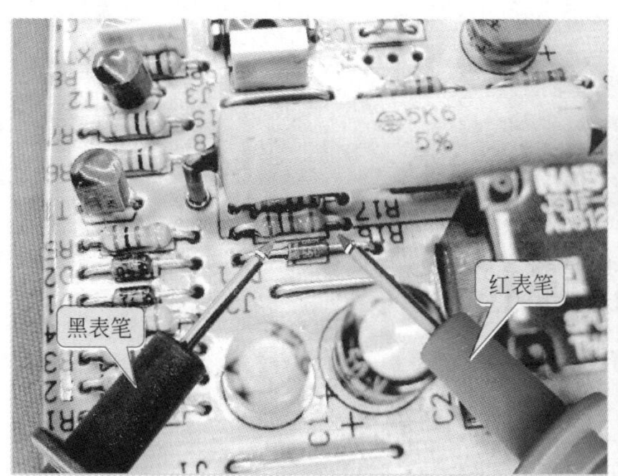

图 6-121 检测二极管

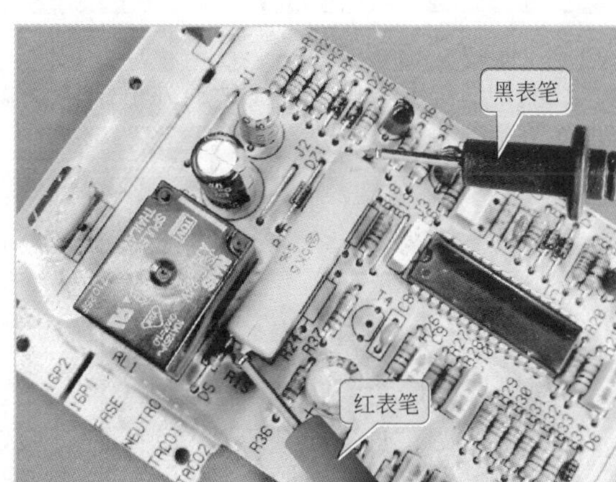

图 6-122 检测水泥电阻

第7章

微波炉故障检修

7.1 微波炉的结构特点

微波炉是使用微波加热食物的现代化厨房电器。图 7-1 所示为典型微波炉的外形结构。微波炉根据控制方式不同，可分为定时器方式微波炉和电脑控制方式微波炉。

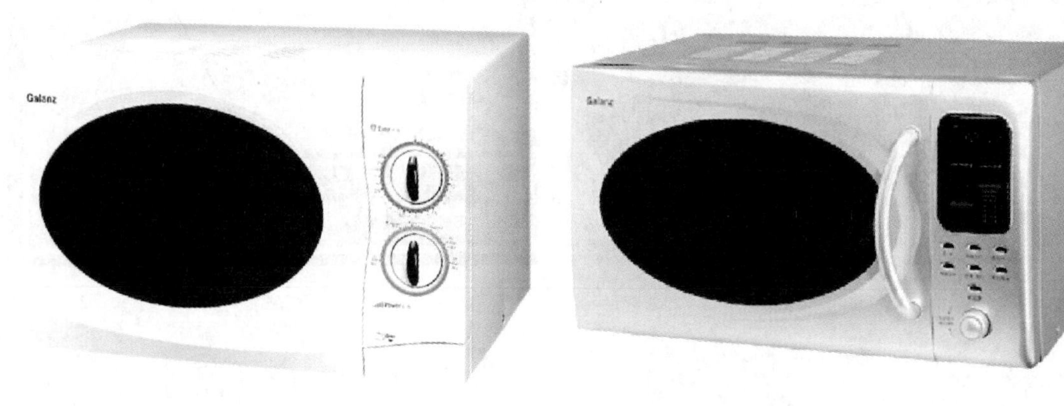

定时器方式微波炉　　电脑控制方式微波炉

图 7-1　典型微波炉的外形结构

微波炉的外形、控制方式虽有不同，但其内部的结构大同小异，都是由保险丝、温度开关、磁控管、高压变压器、高压电容、高压二极管、散热风扇、操作显示控制面板等几部分构成的。只是定时器控制方式微波炉和电脑控制方式微波炉在控制方式上所采用的电路略有不同罢了。图 7-2 所示是微波炉的内部结构。

（1）电路保护装置

微波炉装有 2 个电路保护装置：保险丝和温度开关，如图 7-3 所示。

当电路里有过流、过载的情况发生时，保险丝就会被烧坏，从而实现保护电路的作用。

温度开关在常温下是导通状态，当炉腔里的温度过高时就会自动断开，实现对电路的保护。

（2）门联动开关

在微波炉的门框部位都设有多个门开关，这是为了安全起见而设置的装置，如图 7-4 所

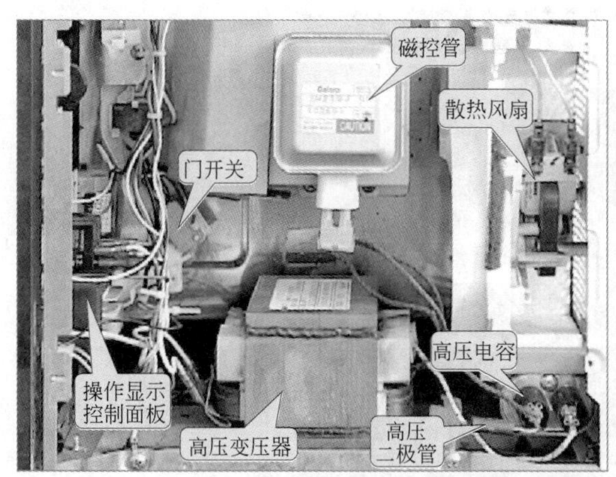

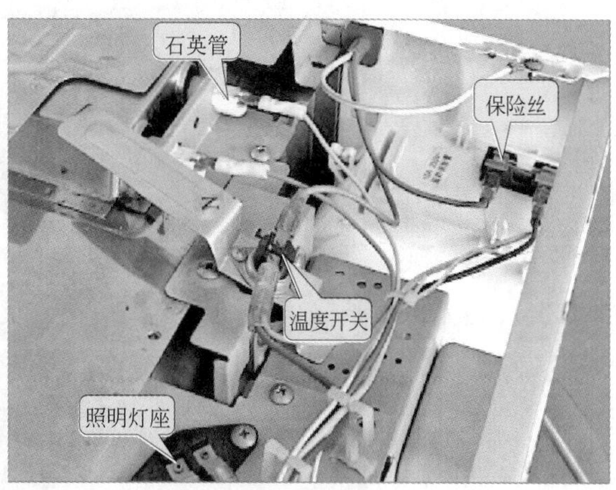

图 7-2　微波炉的内部结构

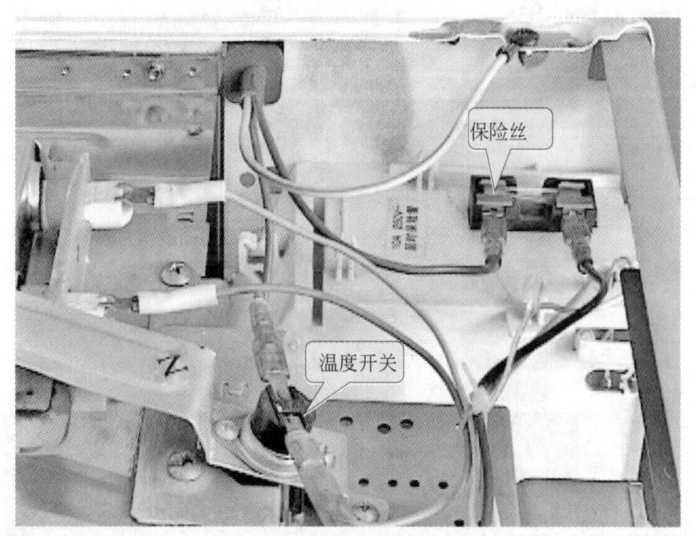

图 7-3　电路保护装置

示。在微波炉的门被打开以后，也就是装入食物或取出食物的时候，门开关会自动地将高压管和磁控管电路切断。就是微波炉在开门的时候可以防止磁控管继续工作，产生微波向外泄漏，造成对人身的损害。所以只要微波炉的门一被打开，微波炉的主要部件磁控管就会停止工作。

（3）磁控管

图 7-5 所示为典型微波炉磁控管。磁控管的主要功能是产生和发射微波信号。磁控管的天线（发射端子）将微波信号送入炉腔，加热食物。

（4）高压变压器

高压变压器是用来产生高压电压的，就是输入 220V 的交流电压经过高压变压器输出 2000V 左右的高压，然后送给高压电容和高压二极管。

由于高压变压器的工作温度很高，因此对漆包线要求绝缘的等级也高，图 7-6 所示为高压变压器。

（5）高压电容和高压二极管

图 7-7 所示为高压电容和高压二极管。经过高压变压器送出的 2000V 左右的高压，通过高

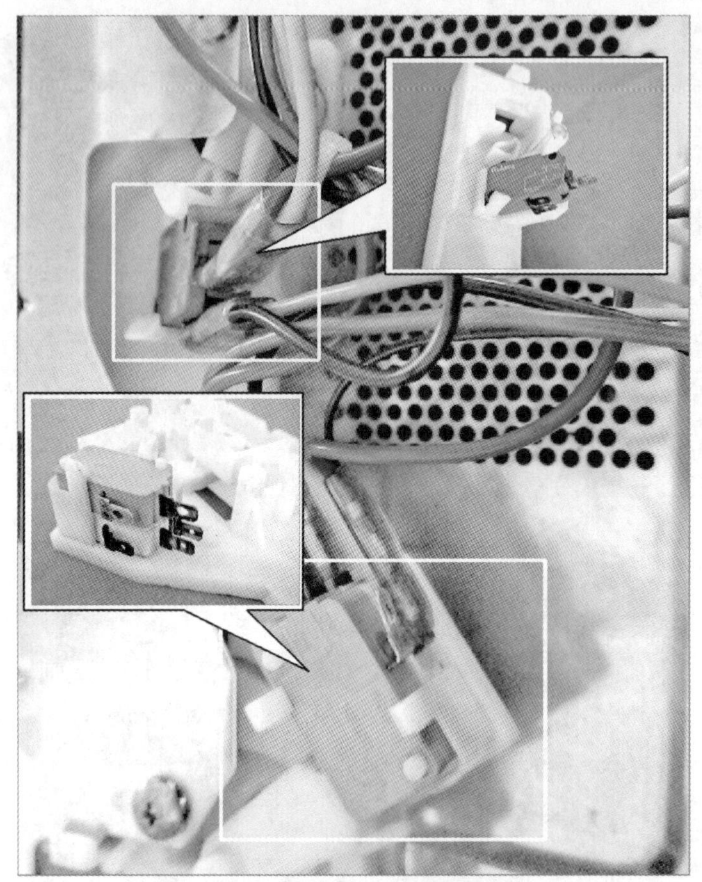

图 7-4　门联动开关的安装部位

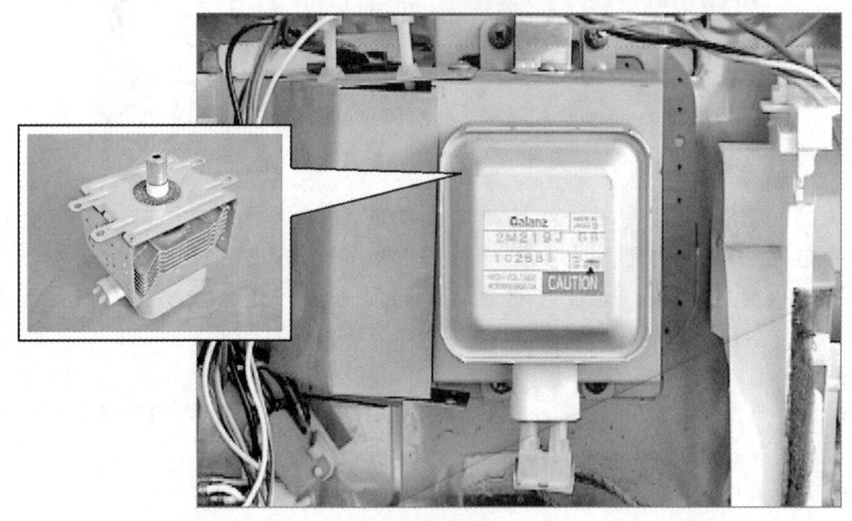

图 7-5　磁控管

压电容和高压二极管后，形成 4000V 左右的高压和 2000MHz 以上的振荡信号，再通过导线给磁控管供电，使磁控管产生微波信号。

（6）散热风扇

在工作的时候，微波炉的高压器件都会产生热量，所以在微波炉的后面都设有一个风扇，

图 7-6　高压变压器

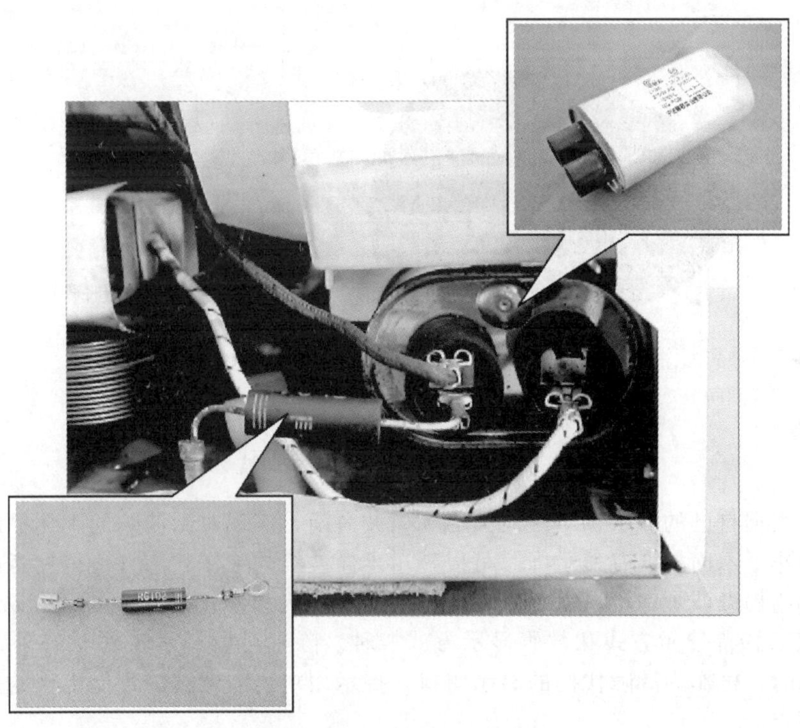

图 7-7　高压电容和高压二极管

对炉腔里的热量进行散发，降低温度，如图 7-8 所示。

(7) 照明灯

为了给炉腔内照明，以便从外面观察炉腔内的食物加热的情况，在微波炉里还设有炉腔照明灯，如图 7-9 所示为照明灯插座。

(8) 操作显示控制面板

图 7-10 所示为典型定时器控制方式微波炉。定时器控制方式微波炉的操作显示控制面板一般有两个调节旋钮：一个是时间定时器；另一个是火力调节旋钮。

图 7-8　散热风扇

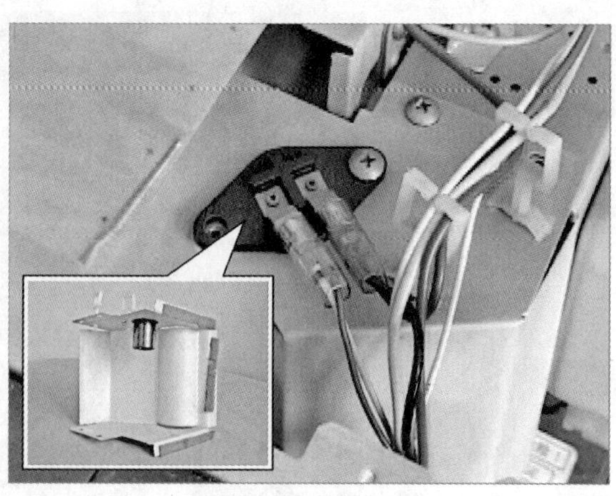

图 7-9　照明灯插座

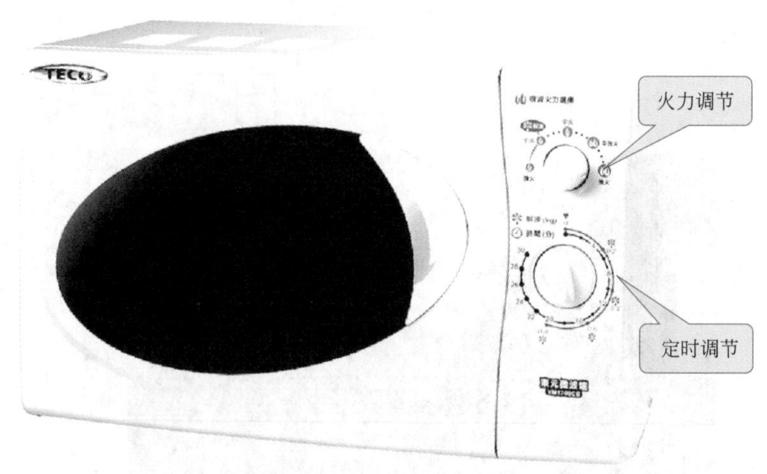

图 7-10　典型定时器控制方式微波炉

用户可以根据自己的需求调节微波火力和微波时间，实现对微波炉的工作控制。电脑控制式微波炉的操作显示面板上有显示屏，可以显示出微波炉的工作状态（值得注意的是，显示屏一般只在中、高档微波炉中可以看到，而低档的微波炉无显示屏）。显示屏可以分为荧光彩色显示方式、LCD 液晶显示方式和数码显示方式三种。除了可以显示工作状态外，显示屏在微波炉发生故障时，可作为故障代码的显示窗口，提示用户当前微波炉可能出现的故障原因，以便于进一步检查。

图 7-11 所示为电脑控制方式微波炉。不同厂家、不同样式的微波炉的操作显示面板各有不同，但都是为了适应人们生活的需要，如定时关机、烹调模式设置等，用户可以很方便地设置微波炉的工作状态。

（9）石英管

石英管是用于实现烧烤功能的装置，如图 7-12 所示，只有带有烧烤功能的微波炉才有此装置。

有的微波炉使用的两个石英管是 110V、500W 的，在工作的时候，这两个石英管是串联的，在外面加的是 220V 的电压，每一个石英管上承受的是市电电压的 1/2，也就是 110V，所以只要其中一个石英管损坏，另一个石英管也就不能正常工作了。有的微波炉使用的石英管是

220V 的，这样两个石英管可以单独使用或者是一起使用。

图 7-11　电脑控制方式微波炉

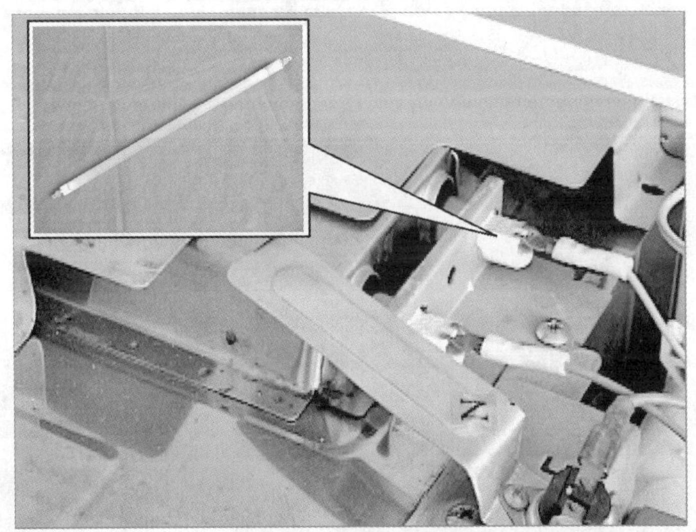

图 7-12　石英管

7.2　微波炉的故障检修

对微波炉的检修，应根据微波炉的组成和工作原理，顺着信号流程，对各主要功能部件或电子元器件进行检测。

7.2.1　保险丝的检测

保险丝是防止电流过大的保护装置，当微波炉的过载电流过大的时候，保险丝会烧断，进行自我保护。在正常状态下，保险丝应处于导通状态，如图 7-13 所示。

7.2.2　温度保护开关的检测

当微波炉的炉腔温度过高时，温度保护开关就会自动断开，切断给微波炉的供电，所以这是个过热保护装置。在正常温度下，温度保护开关应该是导通的，使用万用表可以对其进行检测，如图 7-14 所示。

第 7 章

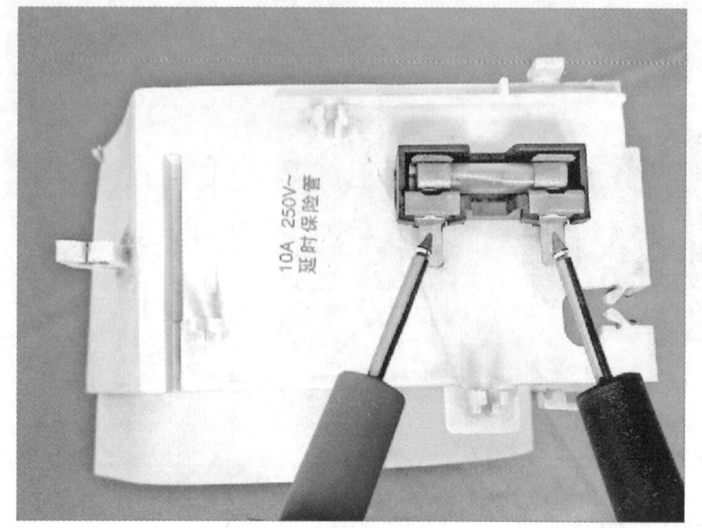

图 7-13 保险丝的检测

图 7-14 温度保护开关的检测

7.2.3 石英管的检测

检测石英管的好坏就是检测石英管是否导通。将万用表的两支表笔分别接在石英管的两侧，如图 7-15 所示。若石英管完好，其阻抗值应在 22Ω 左右；若阻抗值为无穷大，说明石英管断路损坏，需要更换新的。

7.2.4 高压电容的检测

如图 7-16 所示，检测高压电容要使用万用表的 $R\times10\mathrm{k}$ 挡进行测量，在表笔接通电容两端的瞬间表针有一个摆动，然后颠倒表笔，再接通电容时万用表表针也会有一个摆动，然后回到无穷大的位置，这是电容的充放电过程。如果没有这个充放电的过程，说明该电容已损坏，需要更换新的。

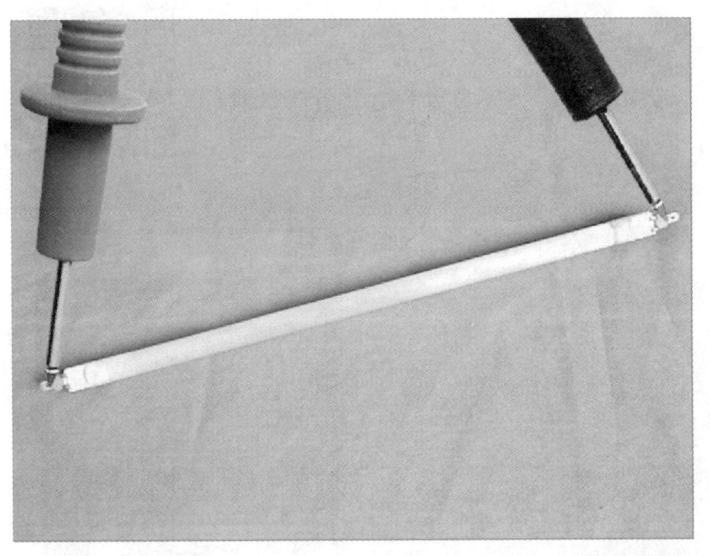

图 7-15　石英管的检测

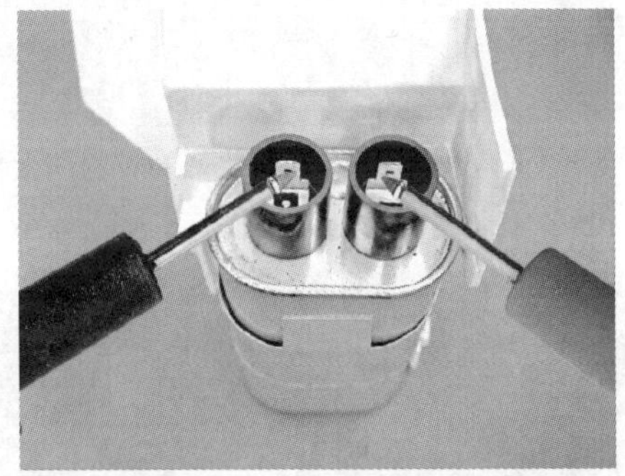

图 7-16　高压电容的检测

7.2.5　稳压二极管的检测

如图 7-17 所示，检测高压二极管的正向阻抗，应在 95kΩ 左右。

如图 7-18 所示，检测高压二极管的反向阻抗，应为无穷大。若二极管的反向阻抗为零，表明二极管已被击穿短路。

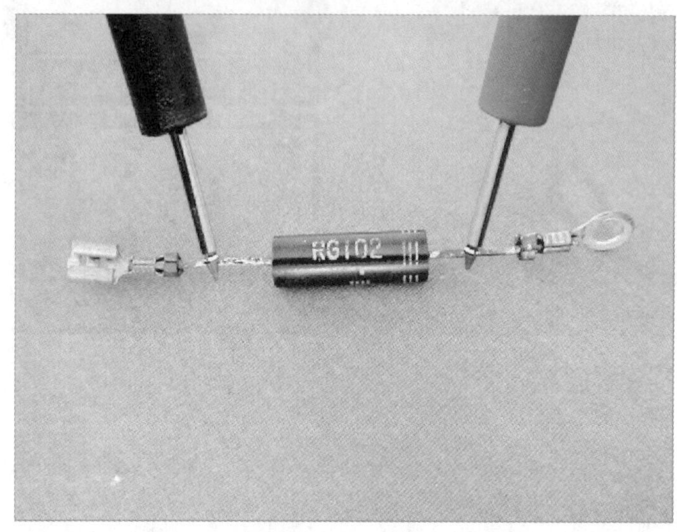

图 7-17　高压二极管正向阻抗的检测

图 7-18　高压二极管反向阻抗的检测

7.2.6　风扇电机的检测

如图 7-19 所示，检测风扇电机的两个引脚，其阻值应在 200Ω 左右。

7.2.7　高压变压器的检测

图 7-20 所示为微波炉的高压变压器，它由两组绕组构成。

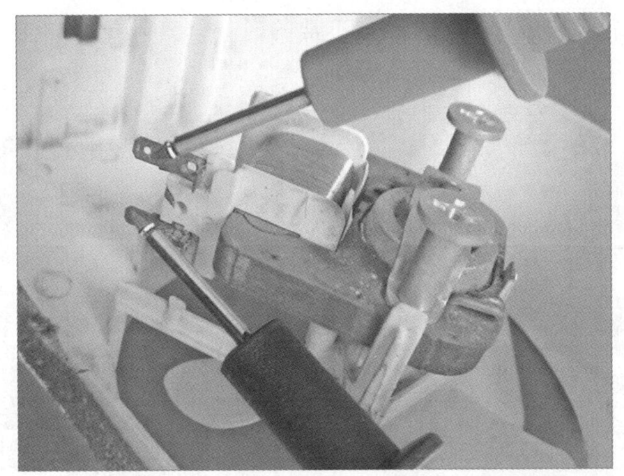

图 7-19　风扇电机的检测

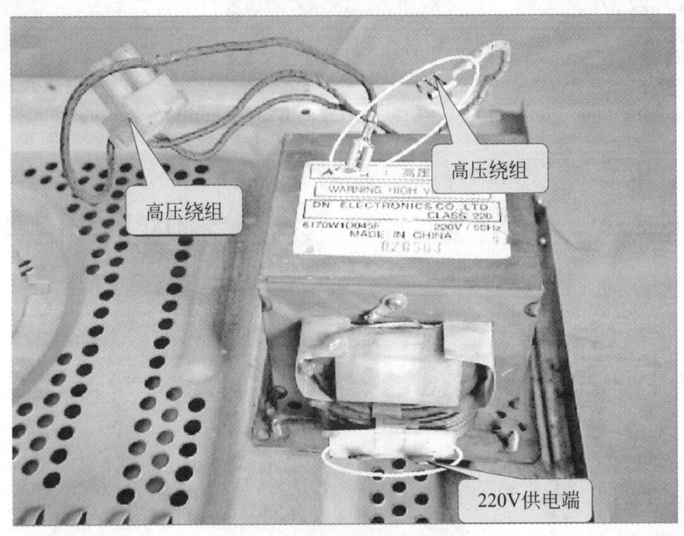

图 7-20　高压变压器

如图 7-21 所示，检测 220V 供电端，一般它的阻抗比较低，用万用表测量出的阻值为 2～3Ω。如果这个阻值为无穷大或者等于零，那么就说明这个绕组已断路或短路。

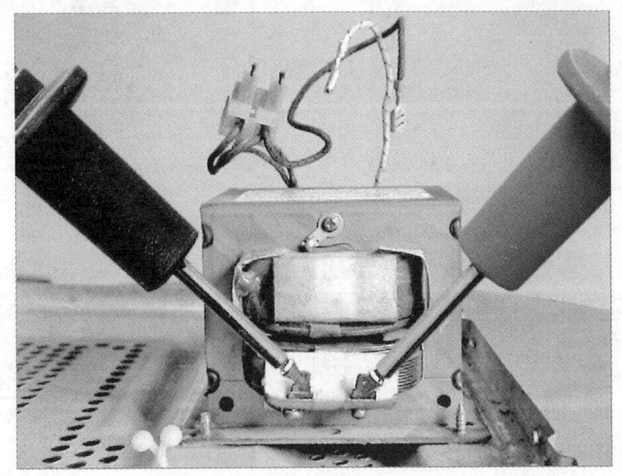

图 7-21　高压变压器 220V 供电端的检测

如图 7-22 所示，用万用表检测高压绕组。高压绕组在正常的时候，其阻抗应在 100Ω 左右，如果测得的电阻为 0Ω 或者无穷大，表明这个绕组已损坏。

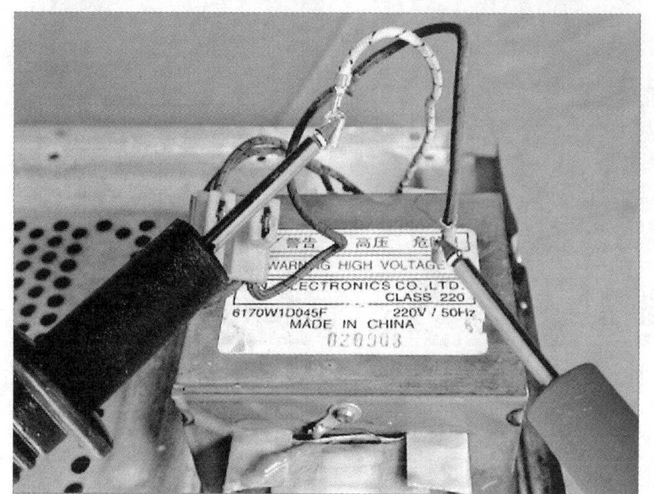

图 7-22　高压变压器高压绕组的检测

7.2.8　磁控管的检测

磁控管有两个供电端和一个微波发射天线，检测磁控管的好坏就是通过检测供电端的阻值来进行的。

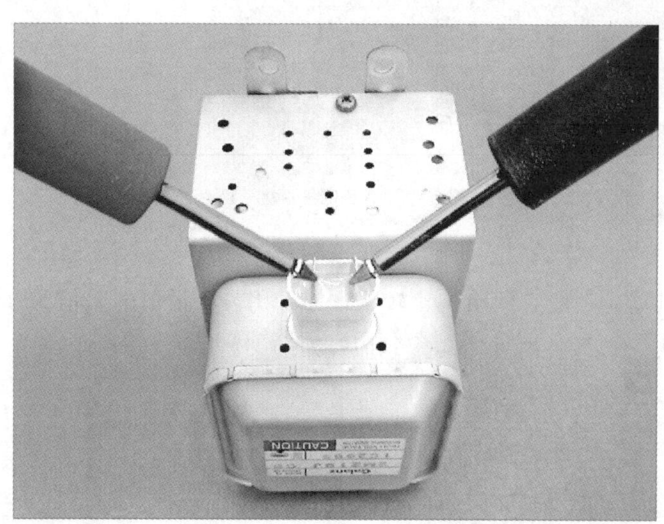

图 7-23　检测磁控管

检测磁控管的时候，将万用表的表笔分别搭在磁控管的两个供电端上，如图 7-23 所示。它的阻值很小，应在 1Ω 左右。如果检测出来的阻值偏差比较大，则说明该磁控管已损坏，需要更换新的。

7.2.9　门开关的检测

如图 7-24 所示，微波炉有 3 个门开关，上面的一个是蓝色的，下面的是灰色的和白色的，它们叠加在一起。

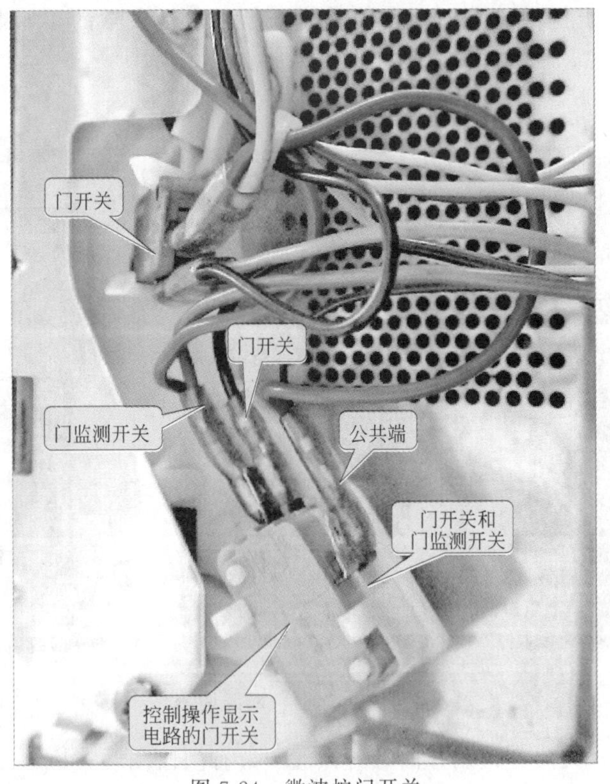

图 7-24 微波炉门开关

其中蓝色的开关只有两个引线端，白色的开关有 3 个引线端，灰色的开关是控制操作显示电路板的门开关。当微波炉的门被关上的时候，门上的 2 个开关（蓝色和灰色）都被按下。门打开的时候，门开关的两条引线间的触点就会断开，这样就断开了给磁控管的供电，起到安全作用。也就是在取食物和放入食物的时候，打开门的同时线路就断开了。

门监测开关（白色开关的红蓝线和公共端）用于给微波炉的高压变压器供电和进行保护，它与门开关的状态正好相反，在关门的时候它应该是接通的，开门的时候应该是断开的。这些都可以利用万用表进行检测。

首先测量上面的蓝色门开关，将万用表的两表笔放到两个引线端上。在关门状态下，这个开关呈导通状态，如图 7-25 所示。

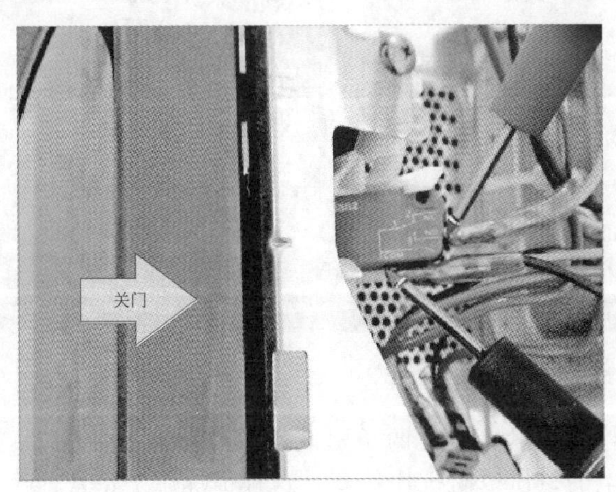

图 7-25 门开关导通检测

如图 7-26 所示，当把门打开时，开关就断开了。这是正常的，如果不能够实现这一点，说明这个门开关是坏的。

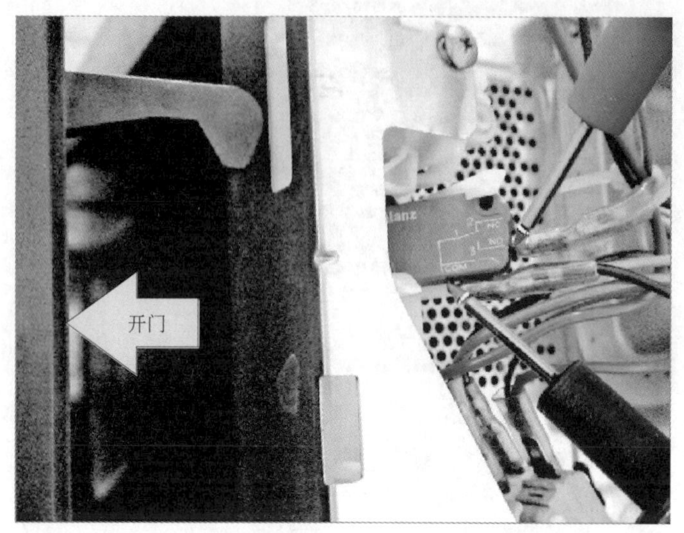

图 7-26 门开关断开检测

在检测下面的门开关时，检测方法是一样的。只有门监测开关检测出的状态与其他门开关的检测状态相反，这是要注意的。

7.2.10 炉盘电机的检测

图 7-27 所示为微波炉的炉盘电机，这个电机是用来旋转炉盘的。为了使食品受热均匀，由炉盘电机驱动炉腔里面的玻璃盘旋转，如果这个电机不转，炉盘也就不转，食物加热就会不均匀。

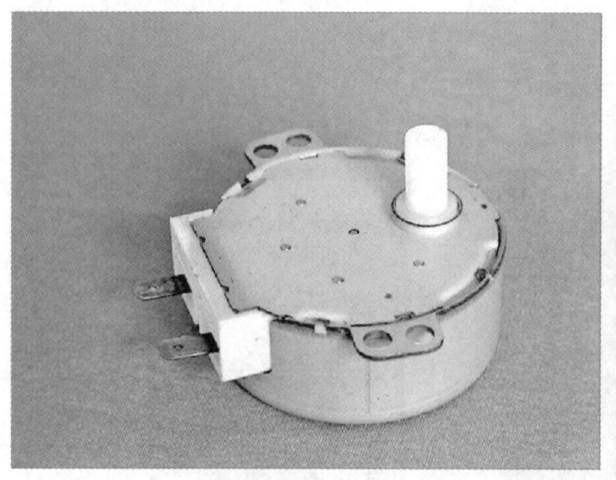

图 7-27 炉盘电机

炉盘电机是一个扁平状的电机，检测炉盘电机时两条引线间的电阻约为 100Ω，如图 7-28 所示。炉盘电机是采用低压交流电供电的，所以阻抗比较高，这种情况属于正常。

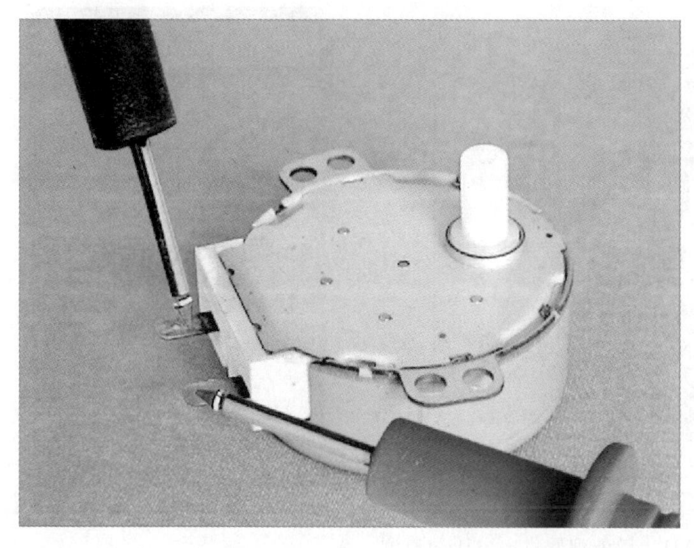

图 7-28　炉盘电机的检测

7.2.11　操作显示电路板的检测

图 7-29 所示为微波炉的操作显示电路板，它是一个以微处理器为核心的自动检测和自动控制电路板。

微波炉操作显示电路板上的电子元器件是由 220V 交流电供电的，因此在检测的时候，将一条引线连接在操作显示电路板的供电端，如图 7-30 所示。为了安全起见，用电包布将电源端包裹起来，以防检测时有触电的危险。

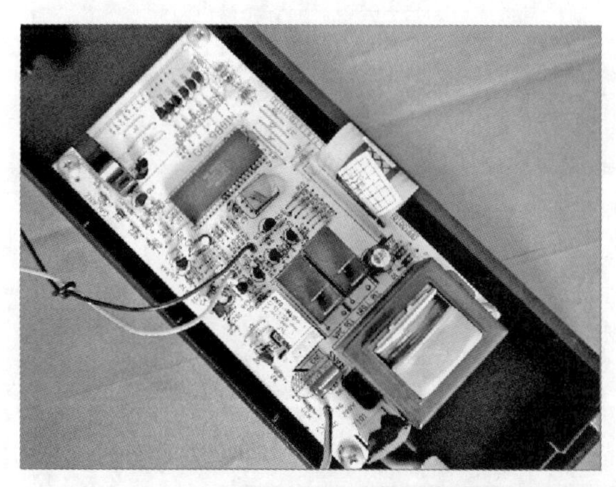

图 7-29　微波炉的操作显示电路板

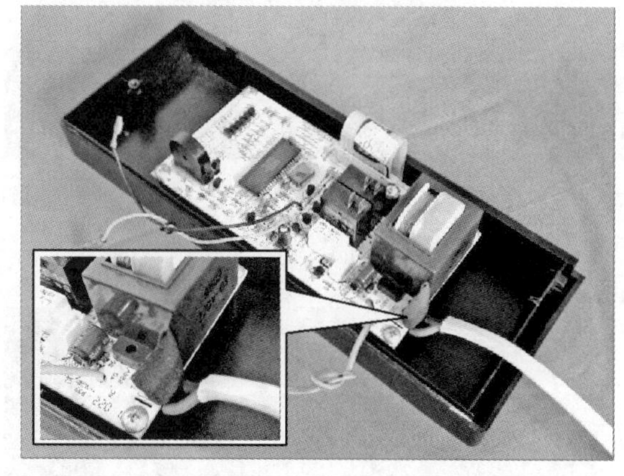

图 7-30　操作显示电路板的供电处理

微波炉的微处理器功能比较简单，检测时要先检查它的基本工作条件。这个微处理器的供电端是㊷脚，用万用表检测㊷脚与地线之间应该有 5V 电压，如图 7-31 所示。

然后检测为微处理器正常工作提供时钟信号的时钟振荡器。时钟振荡器是一个晶体，它外接微处理器的㉛和㉜脚。在检测的时候，可以直接检测时钟振荡器的两端，如图 7-32 所示。如果没有时钟信号，微处理器就没有了节拍信号，就不能正常工作，所以这是一个非常重要的信号。

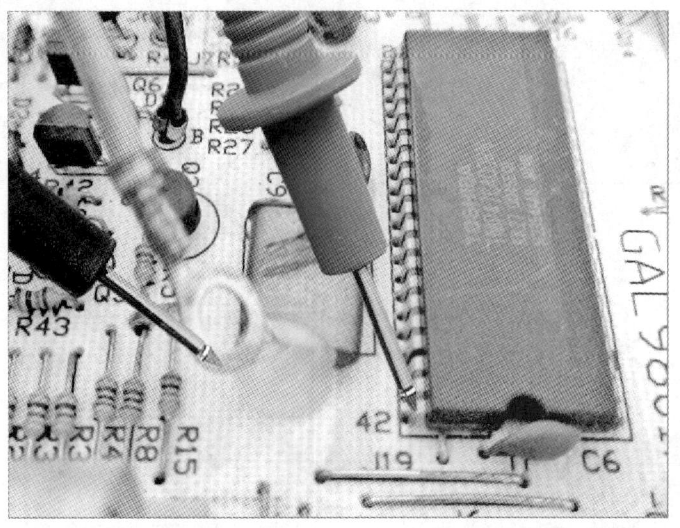

图 7-31　微处理器供电电压的检测

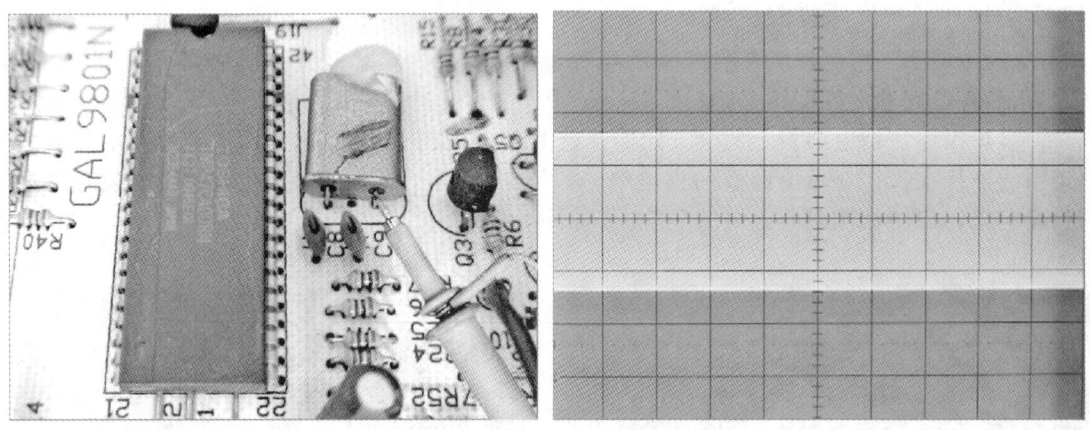

图 7-32　时钟振荡器的检测

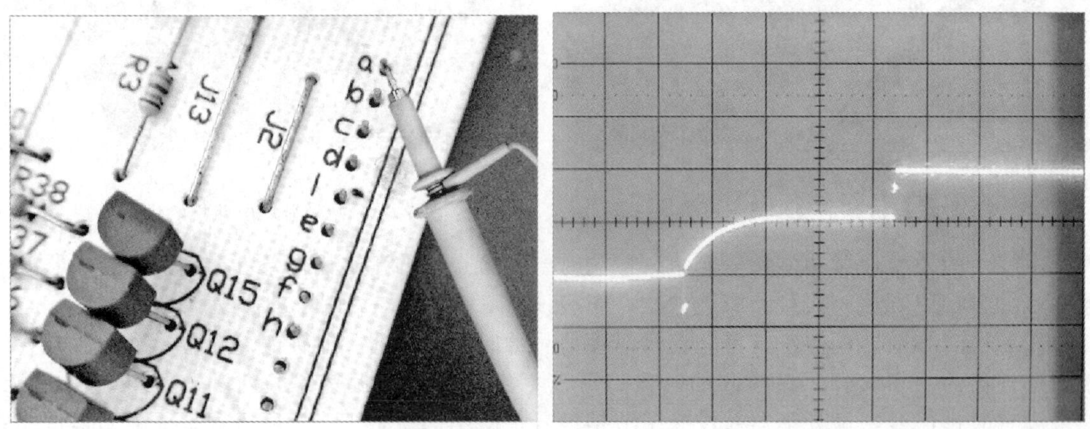

图 7-33　驱动显示器 a 端的检测

一般来讲，当供电正常、时钟信号正常时微处理器就能正常工作，此时可以对微处理器的控制信号作进一步的检查。检测微处理器的显示控制信号，可以从它的显示控制端检测其是否有正常的信号输出。检测显示控制信号需要使用示波器，调整示波器的幅度钮和时间轴，可以将示波器上显示的信号波形看得清楚。微处理器显示信号端的引脚不同，所显示的波形也有所不同。首先检测标记为 a 的引脚波形，如图 7-33 所示。a 端是驱动显示器的阳极，它的波形是在不断变化的。

然后分别检测 b、c、d、e、g、f、h 端，在这里的检测不用追求波形信号的脉冲幅度以及排列顺序，只要能看清波形的基本形状就可以了，因为根据显示的内容不同，脉冲信号的显示形状及排列顺序也是不同的。

第8章

电磁炉故障检修

8.1 电磁炉的结构特点

电磁炉是一种利用电磁感应涡流加热原理进行加热的电热炊具，图 8-1 所示为典型电磁炉的外部和内部结构。

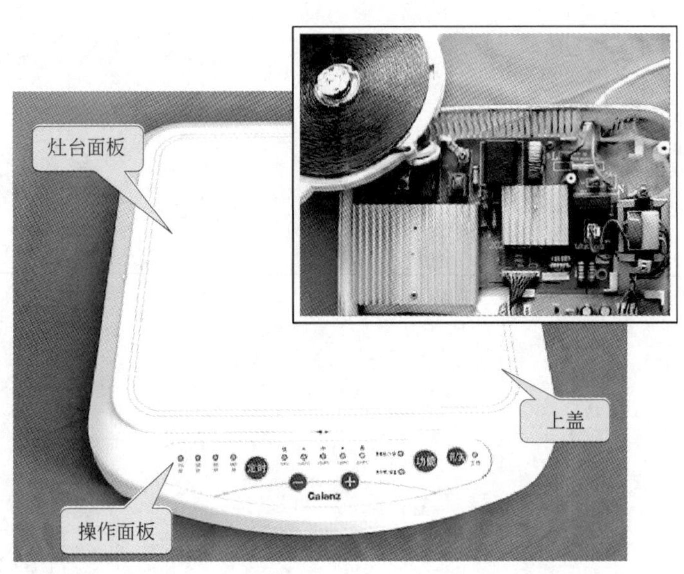

图 8-1 典型电磁炉的外部和内部结构

(1) 电磁炉的外形结构

图 8-2 为典型电磁炉的外形结构。

① 灶台面板 电磁炉的灶台面板多采用高强度、耐冲击、耐高温的陶瓷或石英微晶材料制成。其特点是在加热状态下热膨胀系数小，可径向传热、耐高温。从外形上看，电磁炉灶台面板多为圆形和方形两种，具体效果如图 8-3 所示。

② 操作面板 图 8-4 所示为典型电磁炉的操作面板。在操作面板上一般都设有开关按键、温度调节设置按键以及显示屏或其他功能控制键。

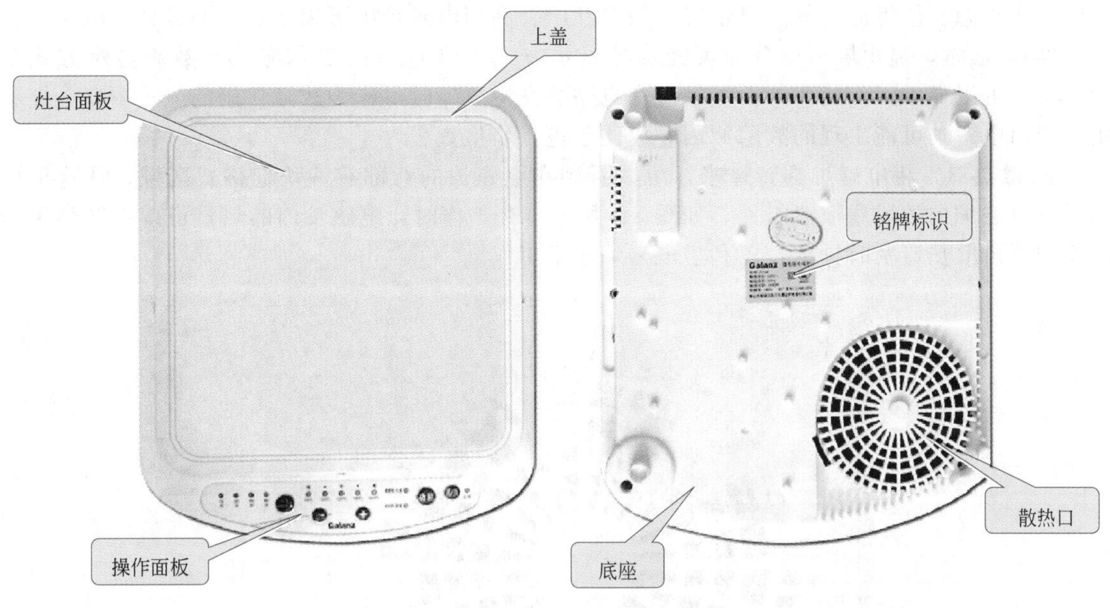

图 8-2 典型电磁炉的外形结构

图 8-3 圆形灶台面板和方形灶台面板

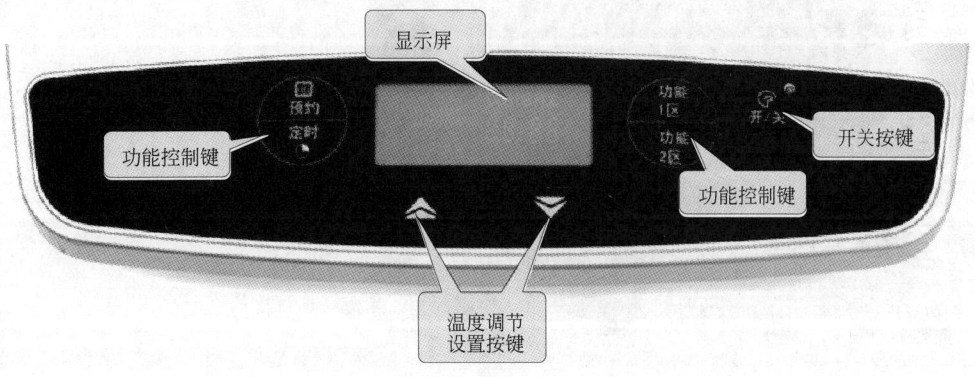

图 8-4 典型电磁炉的操作面板

用户可以通过这些按键来实现对电磁炉的工作控制。操作面板上的显示屏可以显示出电磁炉的工作状态（值得注意的是显示屏一般只在中、高档电磁炉中可以看到，而低档的电磁炉无显示屏）。通常，显示屏可以分为荧光彩色显示方式、LCD 液晶显示方式和数码显示方式三种。除了可以显示工作状态外，显示屏在电磁炉发生故障时可作为故障代码的显示窗口，提示用户当前电磁炉可能出现的故障原因，以便于进一步检查。

③ 散热口　将电磁炉翻转过来，可以看到在电磁炉的背部有一块栅格式区域，从这里可以看到电磁炉内的风扇散热组件，如图 8-5 所示。在工作时，电磁炉内的热量可以在散热风扇的作用下由散热口及时排出，以利于电磁炉正常工作。

图 8-5　电磁炉的散热口

（2）电磁炉的内部结构

图 8-6 所示是电磁炉的内部结构。可以看到，它主要由炉盘线圈、门控管、供电电路、检测控制电路、操作显示电路和风扇散热组件等几部分构成。

① 炉盘线圈　炉盘线圈的实物外形如图 8-7 所示，它一般由多股（近 20 根直径 0.31mm）漆包线拧合后盘绕而成，以适应高频大电流信号的需求。在使用

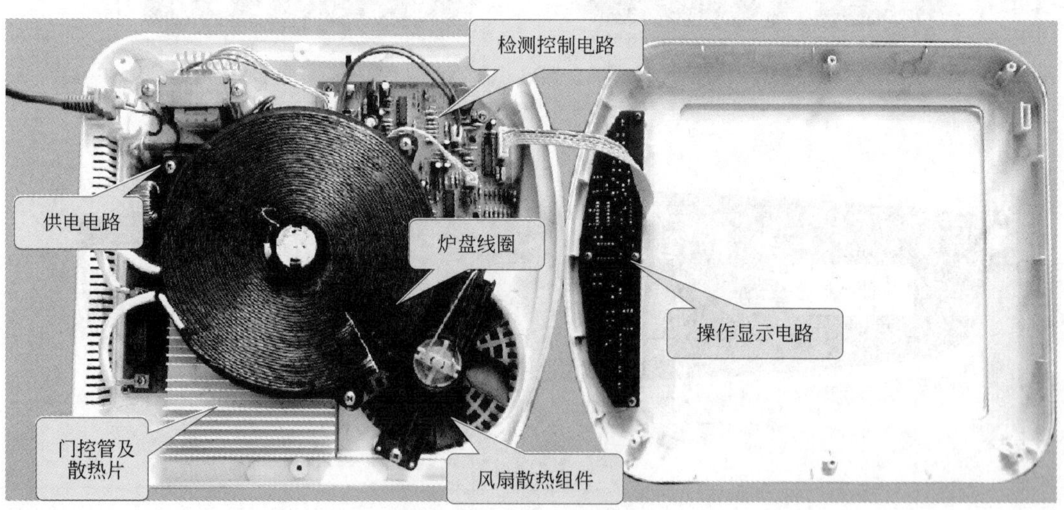

图 8-6　电磁炉的内部结构

和维修过程中避免表面绝缘漆破损或引起短路、断路的故障出现。

图 8-7 炉盘线圈的实物外形

在炉盘线圈的背部（底部）粘有 4～6 块铁氧体扁磁棒，如图 8-8 所示。因为在工作时，平板线圈所产生的磁场会对下方电路造成影响，所以线圈底部的这些铁氧体扁磁棒的作用就是吸收磁力线减小磁场对电路的影响。

图 8-8 炉盘线圈底部的铁氧体扁磁棒

② 门控管（IGBT） 门控管又称绝缘栅双极晶体管（Insulated Gate Bipolar Transistor,

简称 IGBT)，它可以看作是一个金属氧化物场效应管（MOSFET）和一个双极型晶体管(BJT) 的复合结构。它克服了 MOSFET 功率管在高压大电流条件下，导通电阻大、输出功率低、元器件发热严重的缺陷，具有电流密度大、导通电阻小、开关速度快等优点，是极佳的高速、高压大功率器件。图 8-9 所示为门控管的实际外形及在电磁炉中的位置。门控管安装在散热片的下面，其引脚焊接在电路板上。

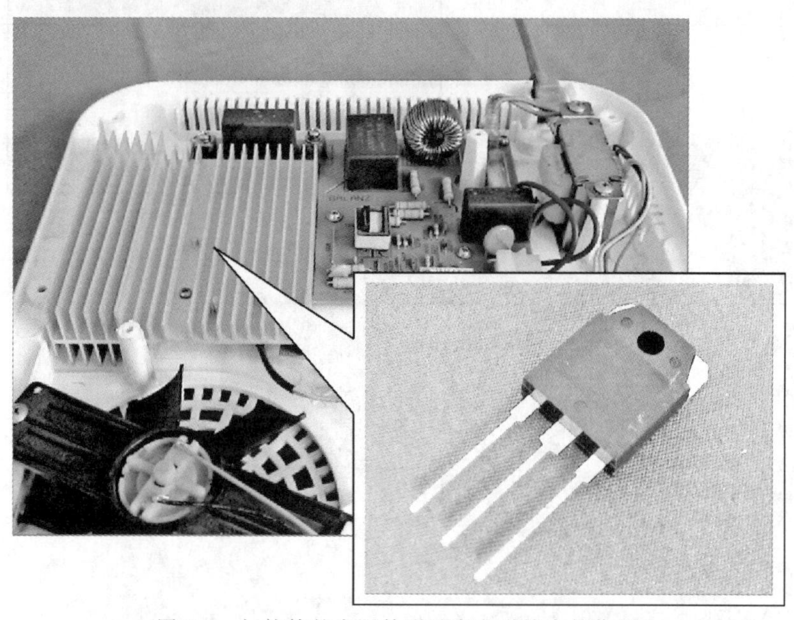

图 8-9　门控管的实际外形及在电磁炉中的位置

门控管的功能是控制炉盘线圈的电流，它在高频脉冲信号的驱动下使流过炉盘线圈的电流形成高速开关电流，并使炉盘线圈与并联电容形成高压谐振，其幅度高达上千伏，所以在门控管处都安装有大大的散热片以利于门控管更好地散热。

③ 门控管的供电电路（功率输出电路）　门控管的供电电路实际上是电磁炉的功率输出电路。图 8-10 所示是电磁炉的供电电路板。电磁炉都是由交流 220V 市电提供能源的。

图 8-10　供电电路板

炉盘线圈（加热线圈）需要的功率较大，220V 交流电压直接经桥式整流电路（又称桥式整流堆）变成直流 300V 电压，再经门控管、炉盘线圈及谐振电容形成高频、高压脉冲电流，通过线圈的磁场与铁质灶具的作用转换成热能，从而可进行煎、炒、烹、炸等。在交流输入电路中设有保险丝，以便在过载时进行保护，同时还设有滤波电路防止外界的干扰。

在电磁炉中还设有温度检测电路、电压和电流检测电路、脉冲信号产生电路、操作显示电路等，这些电路都需要低压直流供电（＋5V、＋12V、＋8V）。因此还需要一个提供低压直流的电源电路，它通常由变压器降压，再整流、滤波、稳压后形成所需的直流电压。

由于电路的地线没有与交流输入隔离，因而地线有可能带交流高压，在检测时要注意防止触电。

④ 脉冲信号的产生和过压、过流、过热检测电路　图 8-11 所示是检测控制电路板。电磁炉是靠磁场的能量转换给灶具加热的，其工作状态必须由专门的器件进行检测，然后进行自动控制。虽然各生产厂商的电磁炉电路结构不同，但主要的检测电路和控制电路的功能是相同的。在检测和控制电路中，电流过大、电压过高、温度过高都会造成功率器件的损坏，因而必须进行有效的检测和控制，使电磁炉能正常工作。

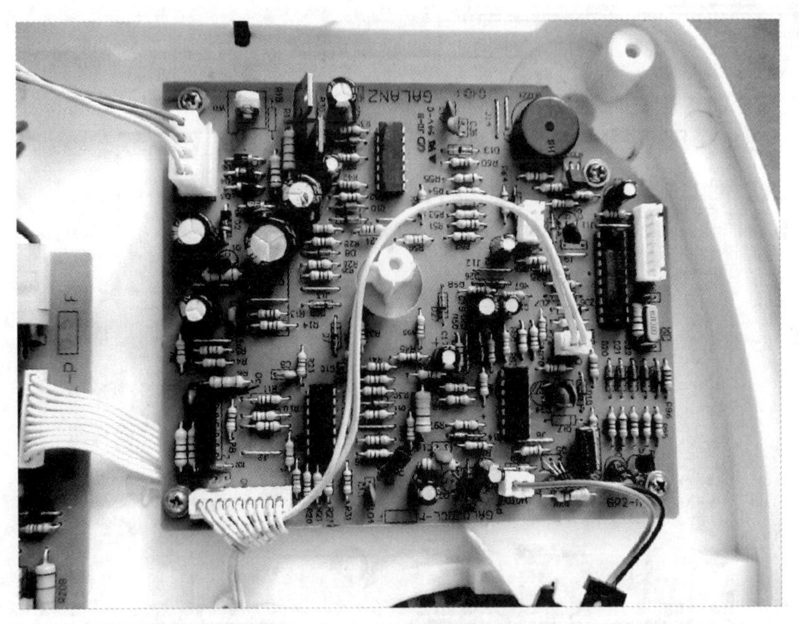

图 8-11　检测控制电路板

⑤ 温度检测传感器　炉盘温度检测是由具有负温度系数的热敏电阻进行检测的，如图 8-12 所示。当炉盘线圈和盘面温度过高时，热敏电阻的值会发生变化，电路会将电阻的变化变成直流电压的变化，然后去控制脉冲信号产生电路停止工作，进行自我保护。此外，门控管集电极也设有温度检测环节，当门控管温度过高时，温度检测传感器使脉冲信号产生电路停止工作，进行自我保护。

⑥ 操作显示电路　图 8-13 所示是操作显示电路。操作显示电路是由操作按键（或开关）、键控指令形成电路、微处理器、输出接口电路和显示电路等部分构成的。

它的功能是接收人工操作指令，并送给微处理器，微处理器再输出控制指令，如开/关机、

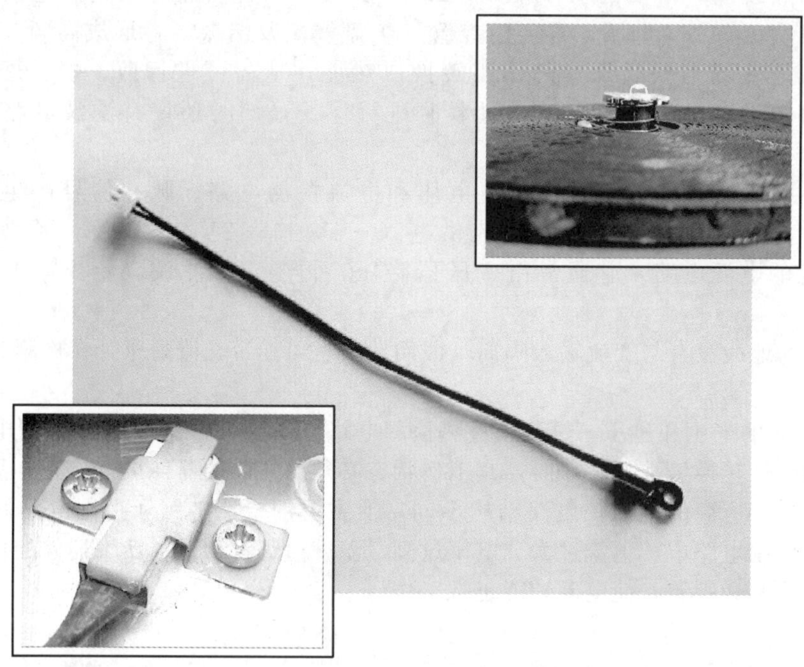

图 8-12　热敏电阻

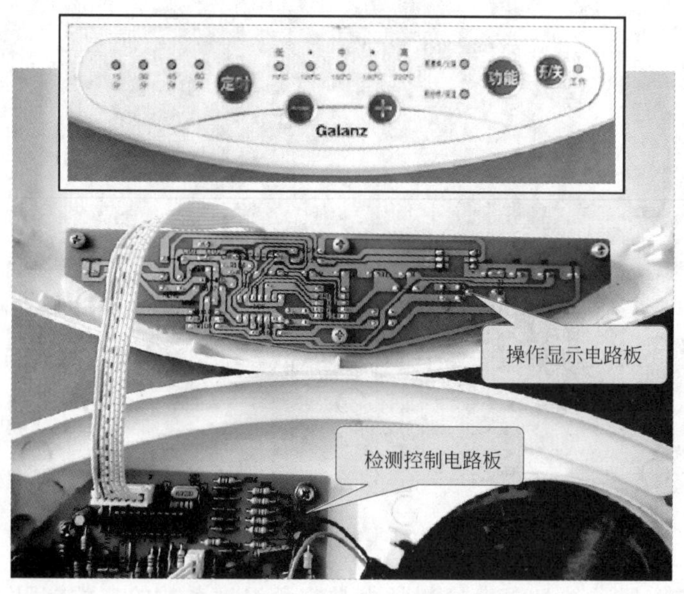

图 8-13　操作显示电路

电磁炉火力设置（选择）、定时等操作。

微处理器收到人工指令后根据内部程序输出控制信号，通过接口电路分别控制脉冲信号产生电路、脉宽信号的设置（功率设置）、风扇驱动等动作。

微处理器将电磁炉的工作状态变成驱动信号，驱动显示电路的发光二极管（或字符显示器件）显示工作状态、定时时间以及火力等。

⑦ 风扇散热组件　图 8-14 所示是风扇散热组件。电磁炉的能耗比较高，电子电路等器件

不能过热，因而需要良好的散热条件。在电磁炉的机壳内都设有风扇及驱动电路。通常风扇驱动电路是由微处理器控制的。开机后风扇立即旋转，当电路停机后微处理器使风扇再延迟工作一段时间，以便将机壳内的热量散掉。

图 8-14　风扇散热组件

8.2　电磁炉的故障检修

对电磁炉的检修，应根据电磁炉的组成和工作原理，顺着信号流程，对各主要功能部件或电子元器件进行检测。

8.2.1　操作显示电路板的检修

图 8-15 所示为电磁炉操作显示电路板，该电路板由微控开关、电容、电阻、发光二极管、晶体三极管和操作显示接口电路（移位寄存器）等组成。

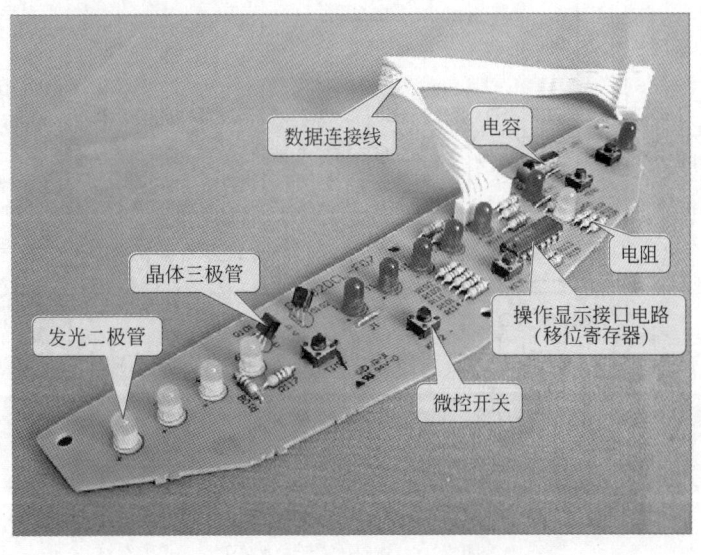

图 8-15　电磁炉操作显示电路板

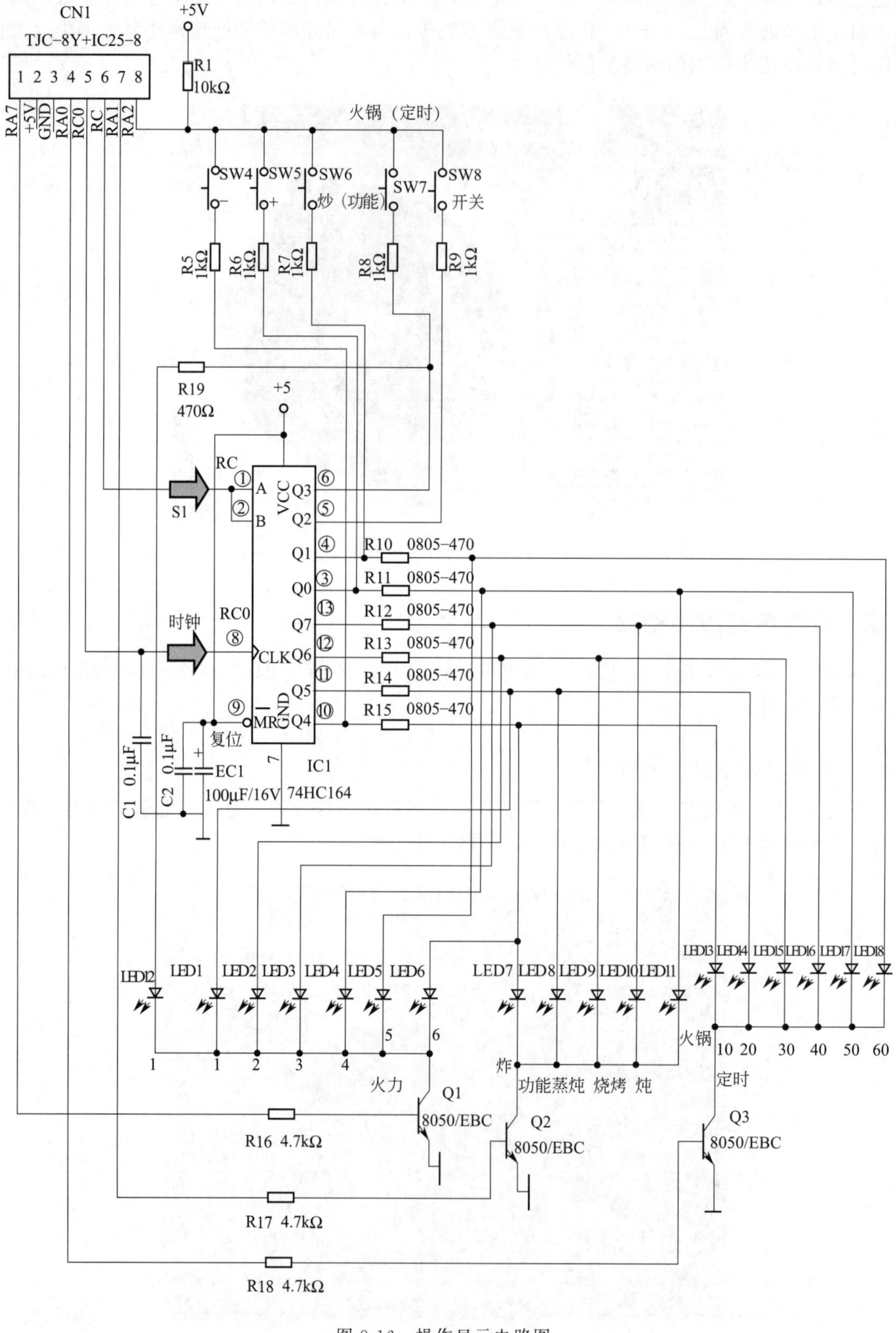

图 8-16　操作显示电路图

在使用电磁炉时，通过操作显示面板上的微动开关进行人工指令的输入。也就是按下这些键钮的时候，操作显示接口电路（移位寄存器）将人工指令信号通过数据连接线送给另一端的微处理器。同时操作显示接口电路在微处理器的配合下，对发光二极管的显示进行控制，实现电磁炉的各个功能。如操作电源开关，会有电源指示灯发光；操作火力选择键，会有相应的显示火力的发光二极管发光；操作定时按键，会有相应的显示定时时间的发光二极管发光。

检测操作显示面板上的元器件时，可以将其取下进行检测；若要检测操作显示面板上的信号，则需要通电检测。

图 8-16 所示为操作显示电路。图中的 SW4～SW8 是电磁炉中的微动开关，该电磁炉使用的是带触点的微动开关。在操作时，每一个微动开关的信号通过串联的电阻送到集成电路 IC1 中。集成电路 IC1 就是用来产生人工指令信号的电路，它的型号是 74HC164。时钟信号从⑧脚输入，①脚和②脚是驱动脉冲信号的输入端。在工作时，按键指令送入 IC1 中，IC1 实际上是一个移位寄存器，按键指令通过 IC1 转换成人工指令码，由③、④、⑩～⑬脚输出，分别加到相应的显示发光二极管上。发光二极管分为三组，分别对应不同的功能。这三组发光二极管分别受驱动晶体管 Q1、Q2、Q3 的控制，这三个晶体管分别受微处理器的控制。以晶体管 Q1 为例，Q1 的集电极上接有 LED1～LED6、LED12 共 7 个发光二极管。如果这 7 个发光二极管有一个的正极为正脉冲，且晶体管 Q1 的基极有高电平控制脉冲（微处理器送来的），则该发光二极管就会发光。所以发光二极管发光的第一个条件是：必须有高电平的脉冲加到晶体管 Q1 的基极，使晶体管导通接地。另一个发光的条件：发光二极管的上面出现高电平，即哪个发光二极管的上面出现高电平哪个发光二极管就会发光。所以晶体管 Q1 是总控阀门，如果 Q1 不导通，Q1 上所接的任何发光二极管都将不会发光。同时，每个二极管的发光条件还受集成电路 IC1 的控制，即只有当发光二极管所接引脚（④、③、⑬、⑫、⑪、⑩脚）送来的是高电平时，发光二极管才会发光。如果送来的是低电平，发光二极管将不会发光。采用这种方式可以实现多个发光二极管的驱动控制，所以在很多的电磁炉里面常使用这种电路。如果发光二极管显示不正常，除了检查微处理器的输出是否正常外，还应该检查电源端、接地端和接口电路的相应接口。

（1）操作显示电路板上元器件的检测

① 发光二极管的检测　操作显示电路板安装在电磁炉外壳的上部，位于用户操作比较方便的地方。在操作显示电路板上有红、绿发光二极管，配合文字和图形，指示电磁炉的工作状态。

图 8-17 所示为发光二极管。检测发光二极管时，需要检测电路板背面的引脚。根据操作显示电路板上的标识，可以判断出发光二极管引脚的正、负极。

检测发光二极管时，一般使用指针式万用表的 $R\times10$k 挡进行检测。如图 8-18 所示，检测发光二极管的正向阻抗，即将万用表的黑表笔接发光二极管的正极引脚，红表笔接发光二极管的负极引脚，发光二极管的正向阻抗在 20kΩ 左右。

如图 8-19 所示，检测发光二极管的反向阻抗，即将万用表的黑表笔接发光二极管的负极引脚，红表笔接发光二极管的正极引脚。发光二极管的反向阻抗为无穷大，即表针不动。

若测得发光二极管的阻抗值和上述所测的值不一样，说明发光二极管有故障，需要更换新的。

② 晶体三极管的检测　图 8-20 所示为晶体三极管，它是用来控制发光二极管发光的。检测晶体三极管时，也需要检测电路板反面的引脚，在晶体三极管的焊点里中间的是基极 B，上面的是发射极 E，下面的是集电极 C。

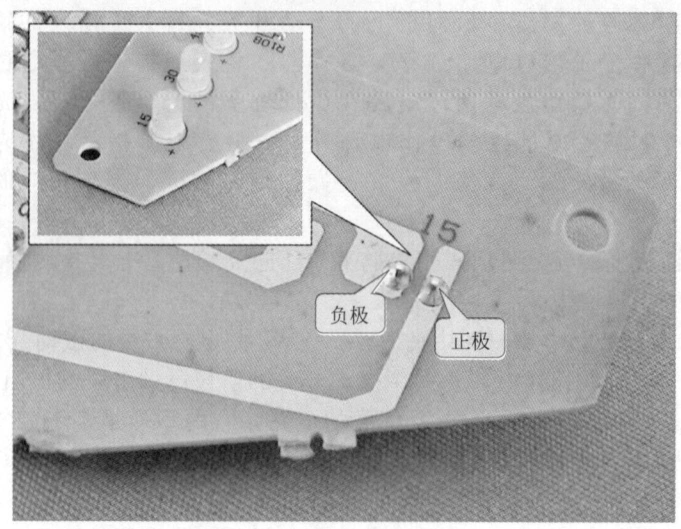

图 8-17　操作显示电路板上的发光二极管

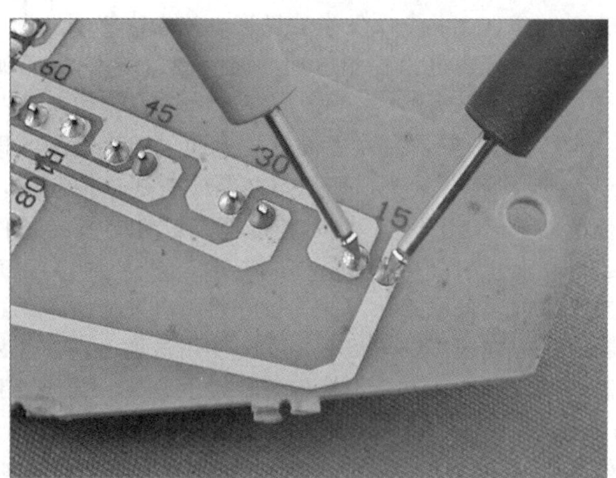

图 8-18　发光二极管正向阻抗的检测

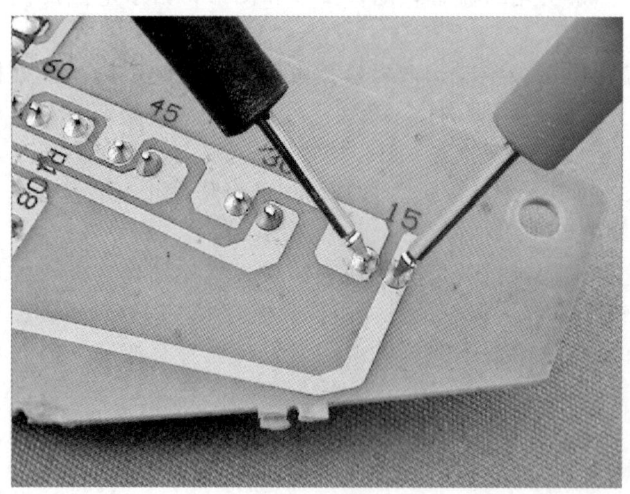

图 8-19　发光二极管反向阻抗的检测

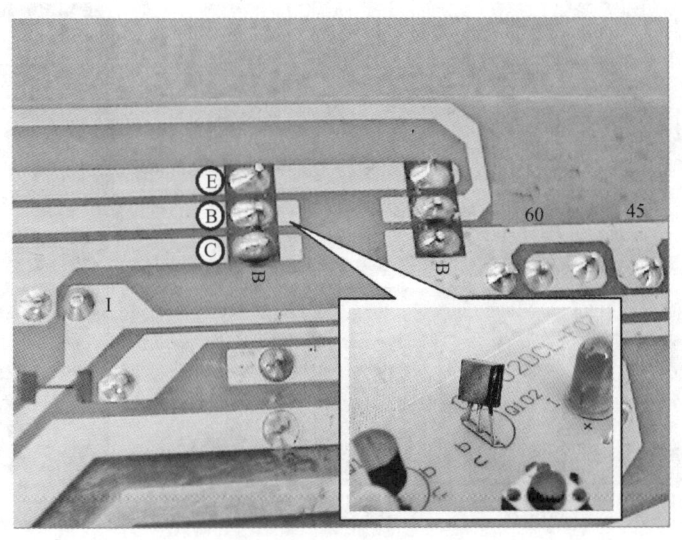

图 8-20　操作显示电路板上的晶体三极管

检测晶体三极管时，一般使用指针式万用表的 $R\times 1\text{k}$ 挡进行检测。如图 8-21 所示，将万用表的黑表笔接在晶体三极管中间的基极引脚上，红表笔接在晶体三极管的发射极引脚上，晶体三极管发射结的正向阻抗约为 6.5kΩ。

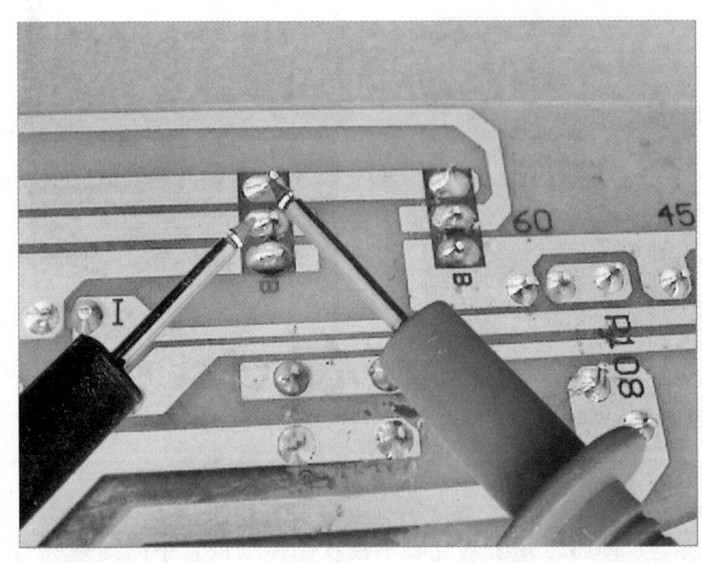

图 8-21　晶体三极管发射结正向阻抗的检测

如图 8-22 所示，调换万用表表笔，即将万用表的红表笔接在晶体三极管中间的基极引脚上，黑表笔接在晶体三极管的发射极引脚上。晶体三极管发射结的反向阻抗为无穷大，即表针不动。

如图 8-23 所示，将万用表的黑表笔接在晶体三极管中间的基极引脚上，红表笔接在晶体三极管的集电极引脚上，晶体三极管集电结的正向阻抗约为 6.5kΩ。

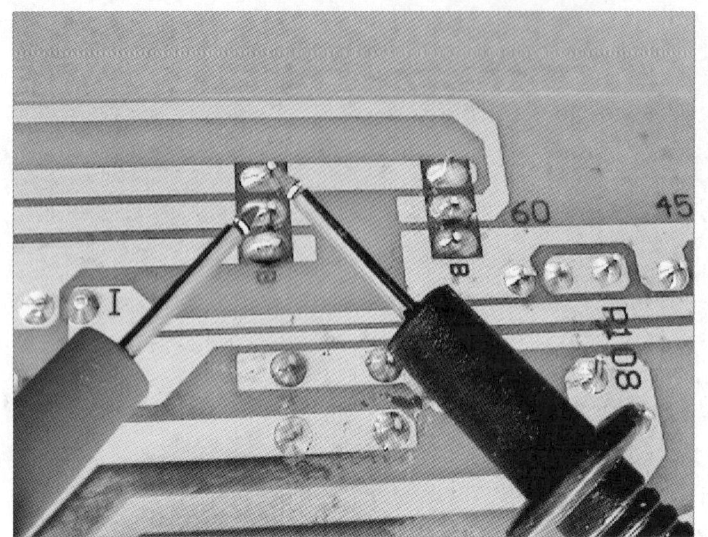

图 8-22　晶体三极管发射结反向阻抗的检测

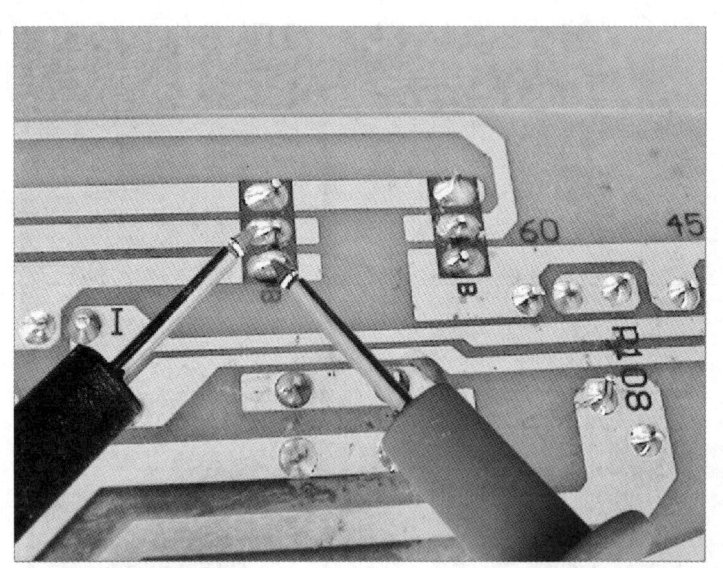

图 8-23　晶体三极管集电结正向阻抗的检测

如图 8-24 所示，调换万用表的表笔，即将万用表的红表笔接在晶体三极管中间的基极引脚上，黑表笔接在晶体三极管的集电极引脚上。晶体三极管发射结的反向阻抗为无穷大，即表针不动。

若测得晶体三极管的阻抗值和上述所测的值不一样，说明晶体三极管有故障，需要更换新的。

③ 微动开关的检测　图 8-25 所示为微动开关。微动开关就是人工操作键，按下微动开关的时候引脚接通。微动开关有 4 个焊点，其中水平方向的两个焊点为同一个引线端。

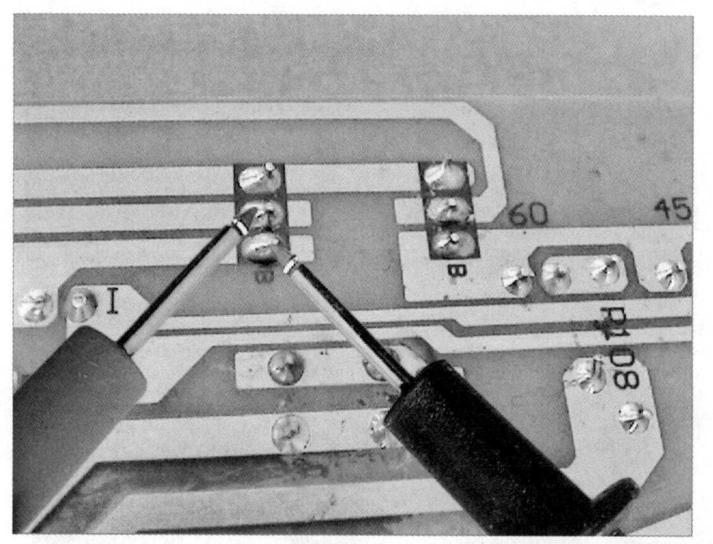

图 8-24　晶体三极管集电结反向阻抗的检测

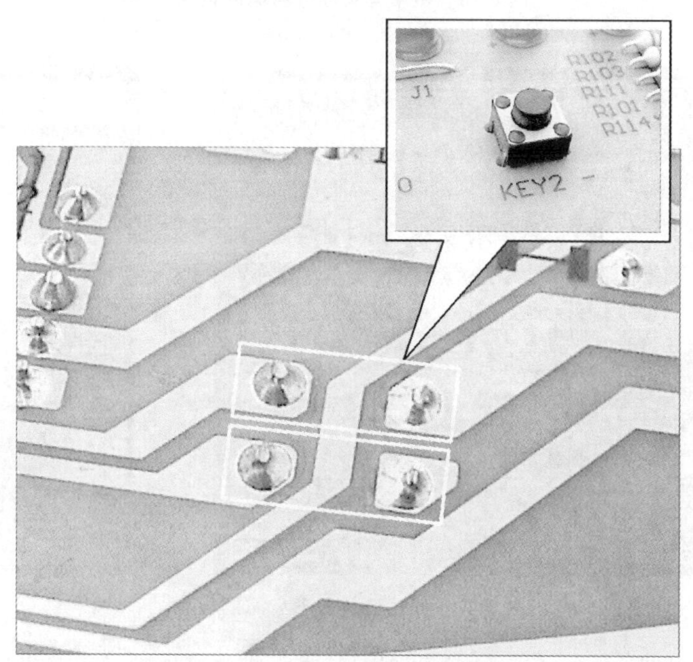

图 8-25　操作显示电路板上的微动开关

检测微动开关的时候，一般使用指针式万用表的欧姆挡进行检测。如图 8-26 所示，检测微动开关两个引线端之间的电阻，一般情况下表针不摆动，微动开关为断开状态。

如图 8-27 所示，在检测微动开关两个引线端之间的电阻时，按动键钮，万用表的表针马上摆动，微动开关为导通状态。

若按动微动开关的键钮时，万用表的表针迅速摆动，说明这个微动开关是正常的；如果按动微动开关的键钮时，万用表的表针仍然不动，说明这个微动开关已经损坏，需要更换新的。

④ 操作显示接口电路（移位寄存器）的检测　图 8-28 所示为操作显示电路板上的集成电路，该集成电路为双列直插式结构，型号是 74H164。从功能上来讲，它是一个移位寄存器，因此称为操作显示接口电路。

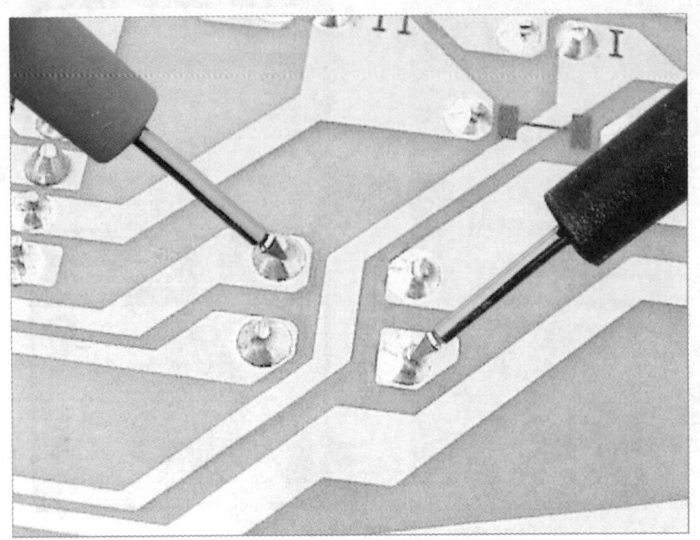

图 8-26 微动开关断开状态的检测

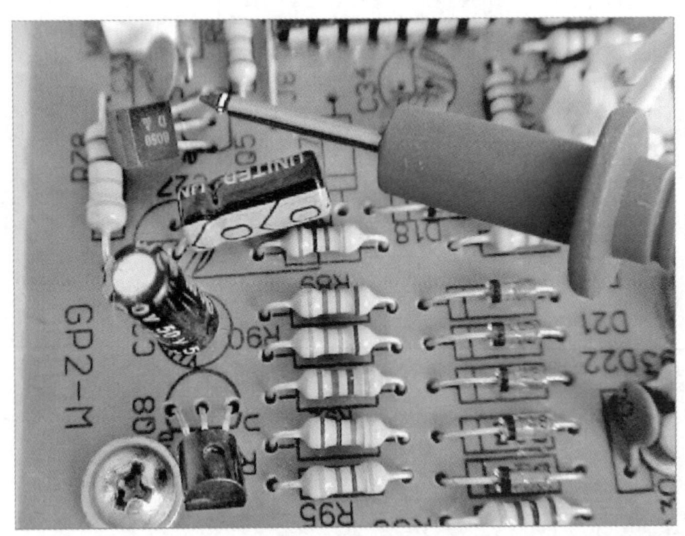

图 8-27 微动开关导通状态的检测

操作显示接口电路 74H164 有 14 个引脚，其中⑦脚为接地端。若该集成电路失常，会使操作指令不能送入，同时显示也会不正常。虽然这个电路非常小，但它是一个非常重要的电路，因为没有人工指令输入，整个电磁炉就不能工作。所以，在检测操作显示接口电路的性能时，可以将万用表的黑表笔接在⑦脚，然后用红表笔分别检测⑦脚与其他引脚之间的阻抗。

检测操作显示接口电路的时候，一般使用指针式万用表的 $R\times1$k 挡进行检测。图 8-29 所示为操作显示接口电路⑦脚与①脚之间的阻抗检测，在 6kΩ 左右。

再分别检测⑦脚与其他引脚之间的阻抗：⑦脚与②脚之间的阻抗在 6kΩ 左右，⑦脚与③脚之间的阻抗在 6kΩ 左右，⑦脚与④脚之间的阻抗在 5.5kΩ 左右，⑦脚与⑤脚之间的阻抗在 5.5kΩ 左右，⑦脚与⑥脚之间的阻抗在 5.5kΩ 左右，⑦脚与⑧脚之间的阻抗在 7kΩ 左右，⑦脚与⑨脚之间的阻抗在 4.6kΩ 左右，⑦脚与⑩脚之间的阻抗在 5.5kΩ 左右，⑦脚与⑪脚之间的阻抗在 3.6kΩ 左右，⑦脚与⑫脚之间的阻抗在 3.2kΩ 左右，⑦脚与⑬脚之间的阻抗在

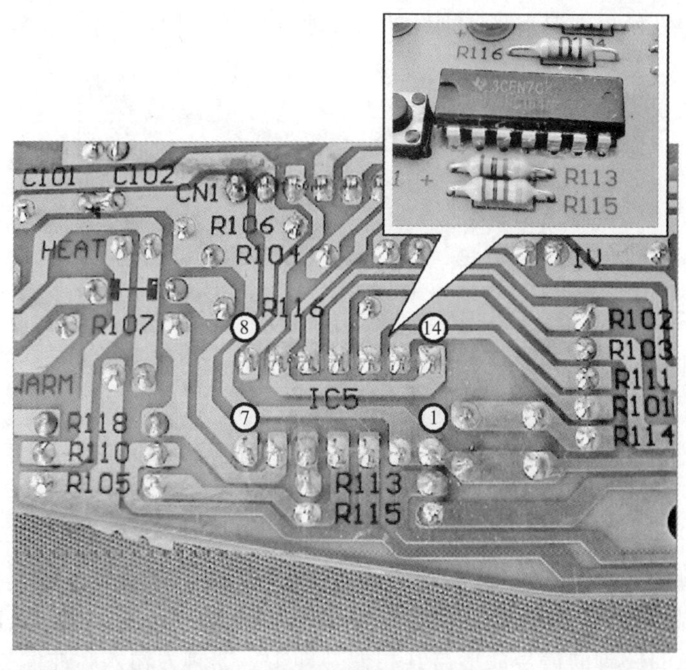

图 8-28 操作显示面板上的操作显示接口电路（移位寄存器）

图 8-29 操作显示接口电路⑦脚与①脚间阻抗的检测

3.6kΩ 左右，⑦脚与⑭脚之间的阻抗在 4.8kΩ 左右。

如果出现操作指令失常或显示失常的情况，检测操作显示接口电路时结果与上述所测的阻抗值不符，就有可能是该集成电路损坏，需要更换新的集成电路。

（2）操作显示电路板上信号波形的检测

在检测操作显示电路板的信号波形时，需要使用示波器。而电磁炉低压部分的地线实际上也是与交流 220V 的火线相连的，也就是说电磁炉的地线有可能带有高压，所以在使用示波器对电磁炉进行检测的时候最好使用隔离变压器。

在使用示波器探头检测之前，还要做好接地保护，如图 8-30 所示。在这里所找的接地端为电磁炉操作显示电路板与检测控制电路板之间的连接数据线插头的⑦脚，为了方便示波器探头接地夹夹在接地端上，在断电情况下将曲别针插入接地端引脚，再将示波器探头接地夹夹好即可。

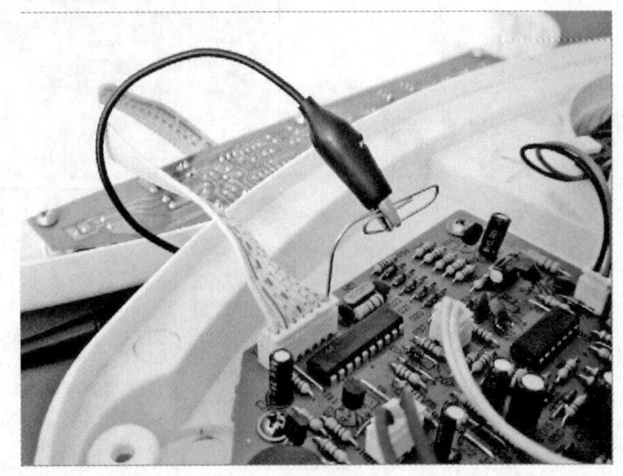

图 8-30 示波器探头接地夹接地

① 集成电路 74H164 信号波形的检测 检测操作显示电路板上的集成电路 74H164 的引脚波形时可在电路板背面的引脚焊点处进行检测。图 8-31 所示为集成电路 74H164①脚的检测波形，集成电路 74H164②脚的信号波形与其相似，即①、②脚为输入脉冲信号。

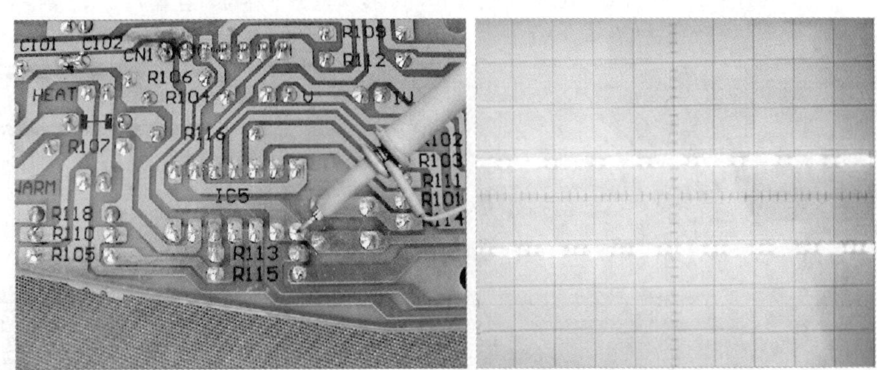

图 8-31 集成电路 74H164①脚波形的检测

图 8-32 所示为集成电路 74H164 的③、④、⑤脚的信号波形。③、④、⑤脚的信号波形虽有不同之处，但在示波器上不易观察出来，都属于集成电路输出信号的波形。

图 8-33 所示为集成电路 74H164⑥脚的信号波形，也是集成电路输出信号的波形。

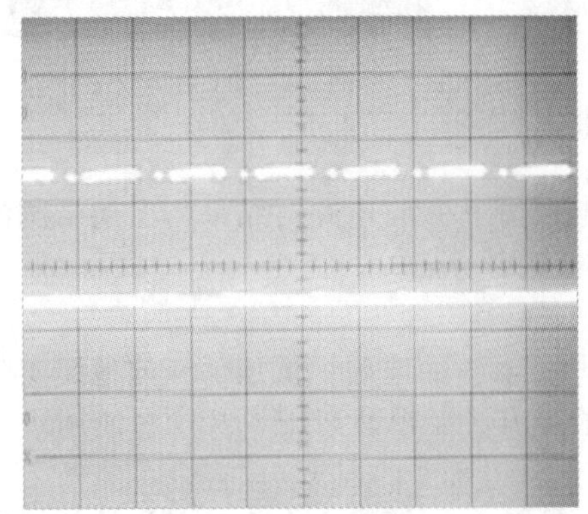

图 8-32 集成电路 74H164 的③、④、⑤脚的信号波形

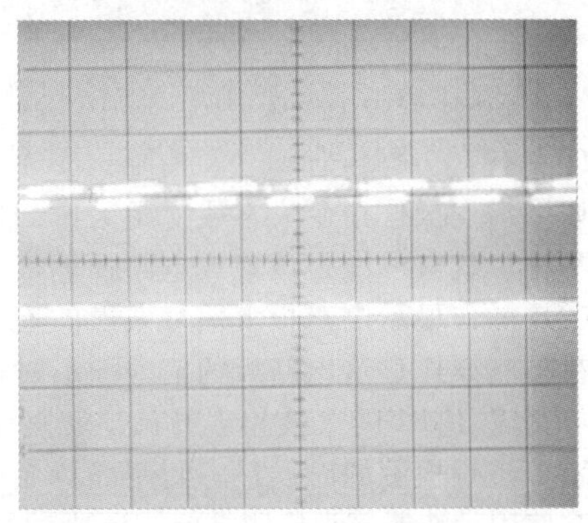

图 8-33 集成电路 74H164⑥脚的信号波形

图 8-34 所示为集成电路 74H164⑩脚的信号波形，属于集成电路输出的信号波形。

图 8-35 所示为集成电路 74H164 的⑪、⑫、⑬脚的信号波形，属于集成电路输出的信号波形。

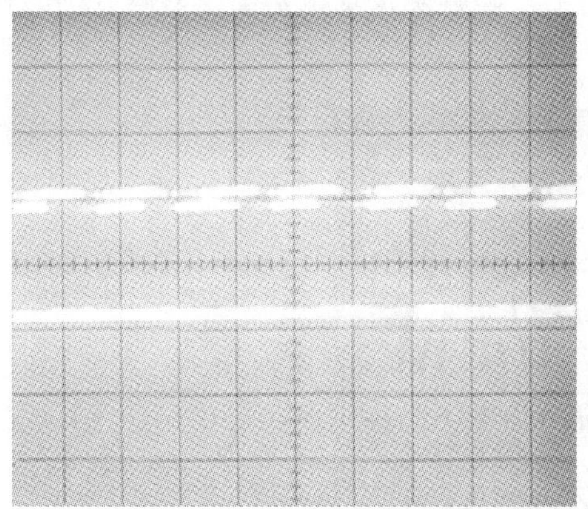

图 8-34　集成电路 74H164⑩脚的信号波形

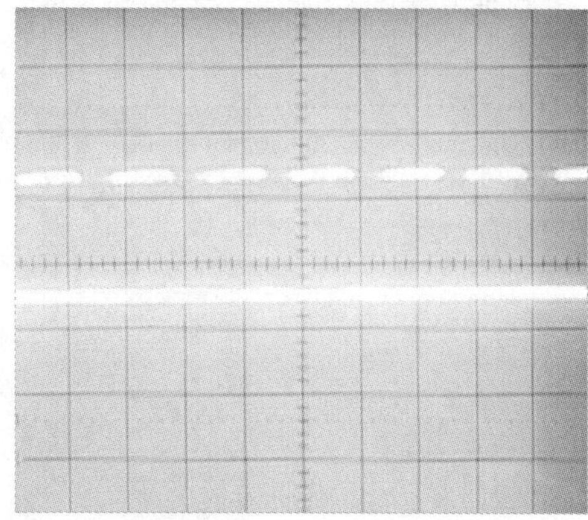

图 8-35　集成电路 74H164 的⑪、⑫、⑬脚的信号波形

集成电路 74H164 的⑧脚为时钟端，⑨脚为复位端，⑦脚为接地端，⑭脚为＋5V 电源供电端。

② 晶体三极管信号波形的检测　下面检测驱动发光二极管的晶体三极管的信号波形，在检测的时候注意不要引起引脚的短路。

图 8-36 所示为晶体三极管 Q102 基极 B 的信号波形检测。

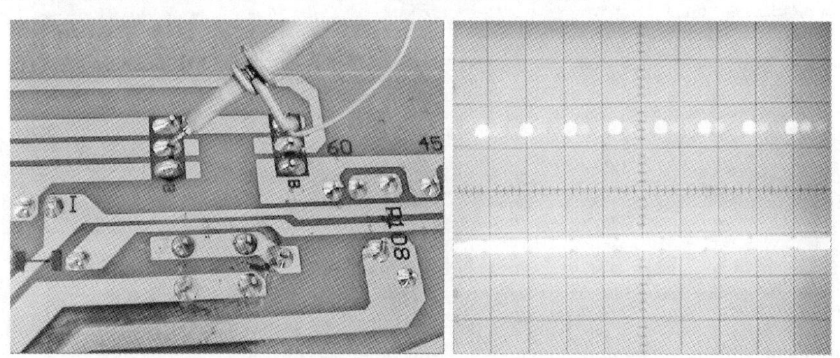

图 8-36　晶体三极管 Q102 基极 B 的信号波形检测

图 8-37 所示为晶体三极管 Q102 集电极 C 的信号波形检测。另一个驱动晶体三极管 Q101 的信号波形与 Q102 的波形信号基本相似。

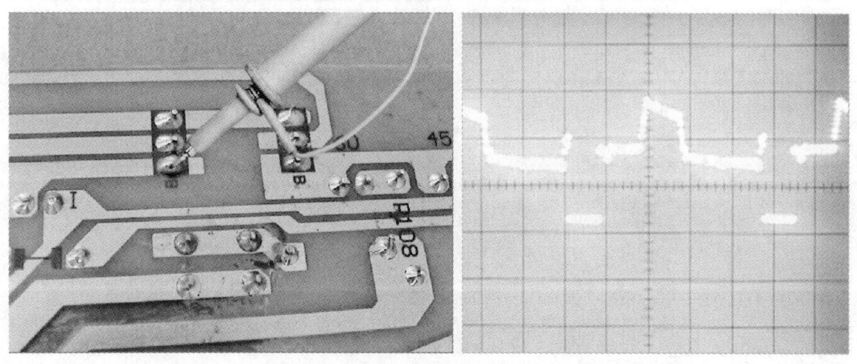

图 8-37　晶体三极管 Q102 集电极 C 的信号波形检测

③ 操作显示电路板与微处理器集成电路之间的数据连接线引脚的信号波形检测　图 8-38 所示为操作显示电路板与微处理器之间的数据连接线引脚。这个数据连接线的插件有 7 个引脚，①脚是电源供电端，+5V 电源通过一个电阻供电；⑦脚是接地端；②～⑥脚分别为操作显示电路板给微处理器送来人工指令的信号端，也就是操作指令信号端。

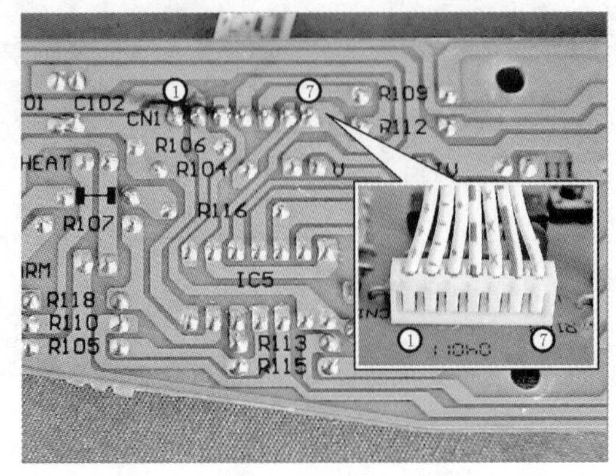

图 8-38　操作显示电路板与微处理器的连接数据线引脚

使用示波器可以在②～⑥脚处检测出相应的波形，如图 8-39 所示为②脚的信号波形。

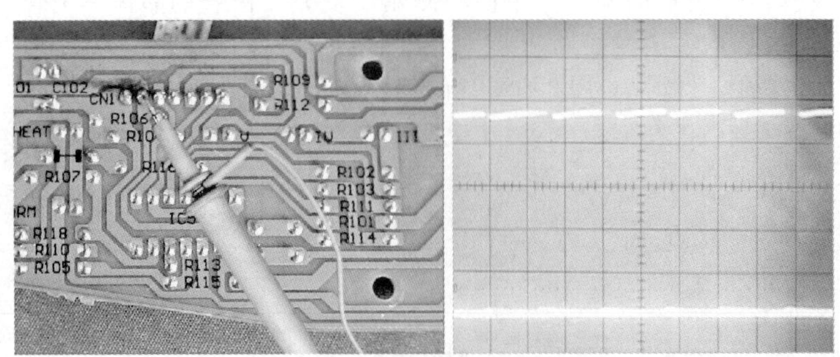

图 8-39　操作显示电路板与微处理器的连接数据线引脚②的波形检测

图 8-40 所示为③、④脚的信号波形。从图中可以看到③脚和④脚的信号都属于脉冲信号，它们的脉冲排列不太一样，但是在示波器上不太容易辨认。

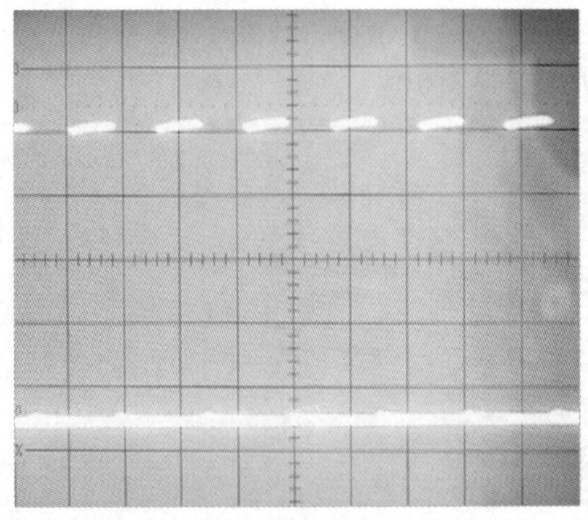

图 8-40　操作显示电路板与微处理器的连接数据线引脚③、④的波形检测

图 8-41 所示为⑤脚的信号波形。⑤脚的波形密度与前面的引脚检测出的波形不太一样。

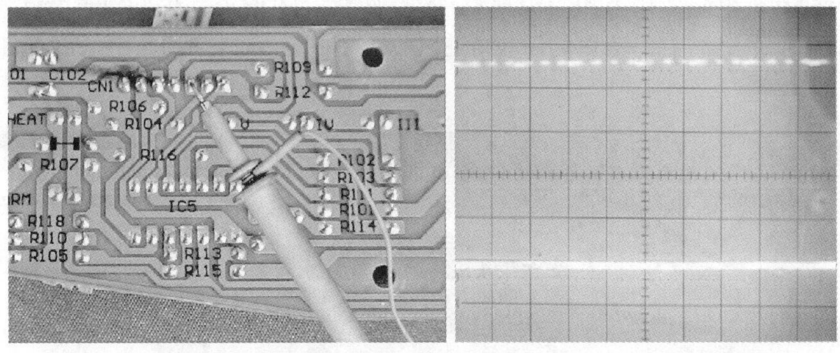

图 8-41　操作显示电路板与微处理器的连接数据线引脚⑤的波形检测

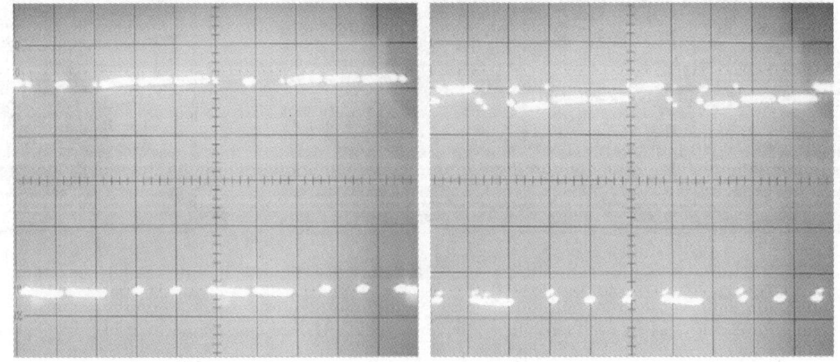

图 8-42　操作显示电路板与微处理器的连接数据线引脚⑥的波形检测

图 8-42 所示为⑥脚的信号波形。这个引脚的脉冲形状比较容易看清楚，当按下操作显示电路板上的按键时，⑥脚就有脉冲变化，从示波器上可以看到。

8.2.2　炉盘线圈的检修

图 8-43 所示为电磁炉炉盘线圈及在炉盘线圈正中间的热敏电阻，该热敏电阻通过导热硅胶感应陶瓷板的温度并准确地传递给检测控制电路。

图 8-43　电磁炉的炉盘线圈及热敏电阻

热敏电阻是检测炉盘线圈工作温度的，通过红色的引线连接到检测控制电路板上。常温下测量热敏电阻的直流电阻使用万用表 $R\times1$k 挡，如图 8-44 所示，将万用表的红黑表笔分别放到热敏电阻的两个引线端上，测得的阻抗在 80kΩ 左右。随着温度的上升，热敏电阻的阻抗值会逐渐减小。

图 8-44 热敏电阻的检测

图 8-45 所示为检测炉盘线圈的阻抗，将红黑表笔分别放到炉盘线圈的两个引线柱上，在正常情况下阻抗值约为 0Ω。如果阻值比较大，则说明炉盘线圈有断路的情况。

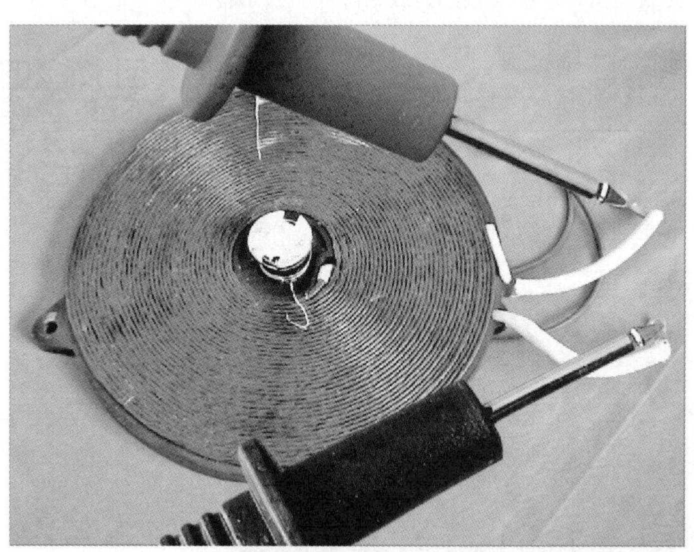

图 8-45 炉盘线圈的检测

8.2.3 风扇的检修

图 8-46 所示为电磁炉风扇，电磁炉就是通过风扇将炉内的热量吹散的。

风扇由风扇电机带动，风扇电机与检测控制电路板相连，工作电压比较低。一般万用表的表笔在检测的时候（如图 8-47 所示），万用表内部的电池就能够驱动风扇旋转，风扇旋转同样也表明风扇是正常的。

图 8-46 电磁炉风扇

图 8-47 电磁炉风扇电机的检测

8.2.4 检测控制电路板的检修

图 8-48 所示为检测控制电路板。检测控制电路是电磁炉的脉冲信号产生电路以及电压检测和控制电路，实际上也是电磁炉中非常重要的电路。

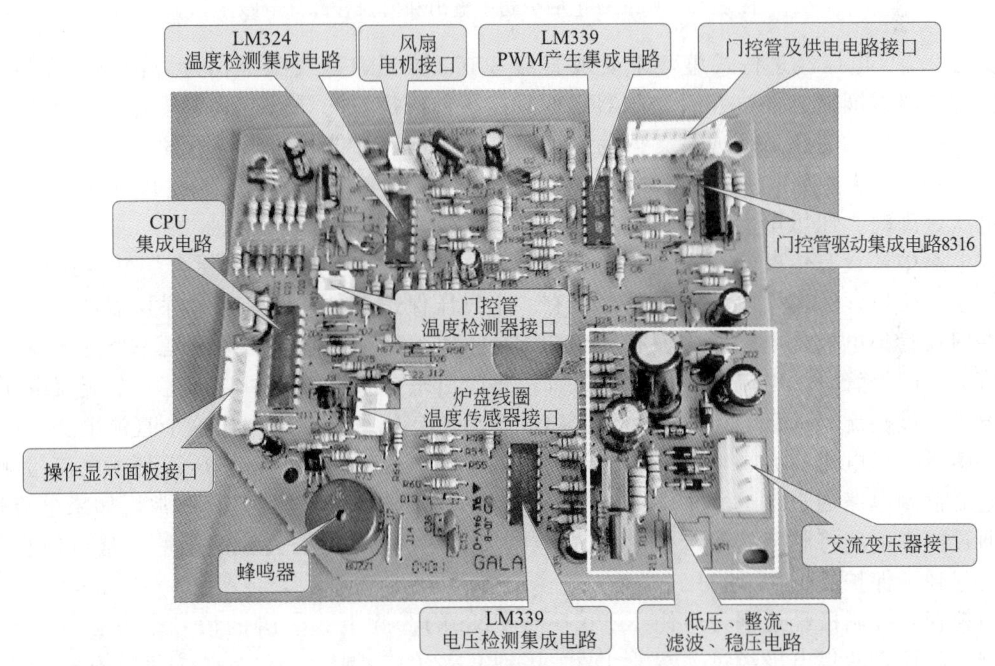

图 8-48 电磁炉的检测控制电路板

检测控制电路板上的集成电路有微处理器集成电路 HYNIX、温度检测集成电路 LM324、PWM 产生集成电路 LM339、门控管驱动集成电路 8316、电压检测集成电路 LM339。

检测控制电路板上的插件有与操作显示面板相连的插件接口、与门控管温度检测器相连的插件接口、与炉盘温度传感器相连的插件接口、与风扇电机相连的插件接口、与门控管及供电电路相连的插件接口、与交流 220V 变压器相连的插件接口。

图 8-49 为该电磁炉的控制电路图。炉盘线圈的电感量一般在 150μH 左右。炉盘线圈和电容 C203 谐振，C203 谐振的时候产生的谐振电压比较高，所以 C203 是一个高压电容，耐压为 1200V。

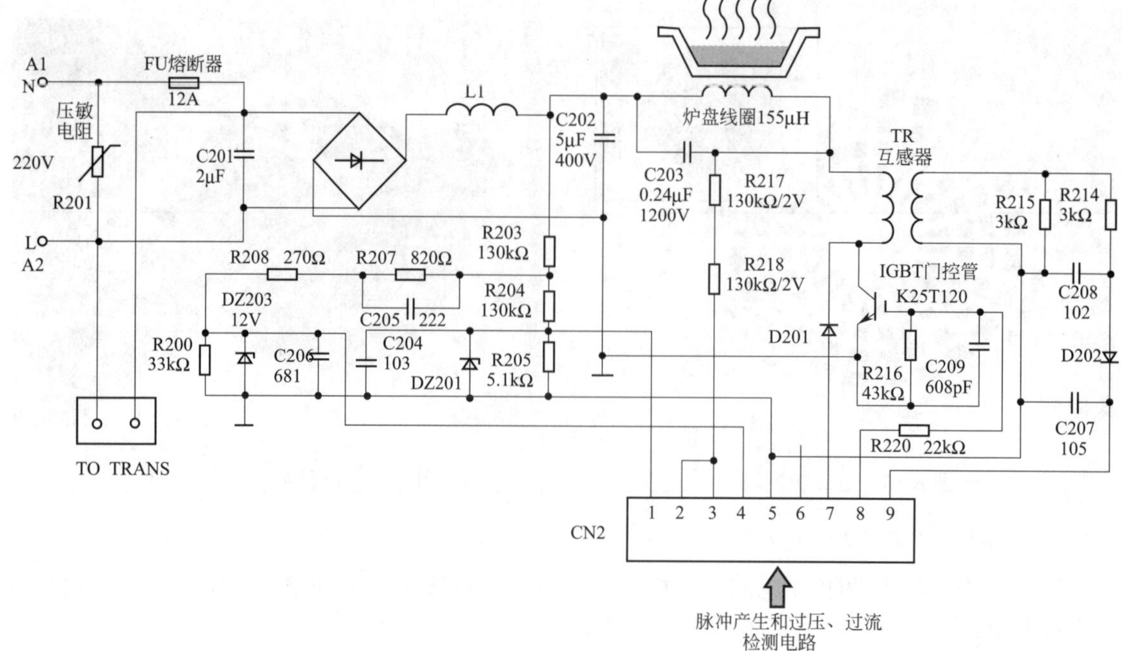

图 8-49 Galanz 电磁炉功率输出和门控管部分电路

交流 220V 电压经过桥式整流堆变成直流 300V 加到炉盘线圈上，为炉盘线圈提供偏压。电流流过炉盘线圈后，经过互感变压器到达门控管。门控管的导通、截止就会使炉盘线圈里的电流产生通、断的变化，形成高频振荡。高频振荡的电流才能使电磁炉的发热效率提高。

L、N 两个端子是交流 220V 的输入端，回路中的压敏电阻 R201 起过压保护作用，即当输入电压过高时，压敏电阻 R201 就会短路起到保护的作用。

在电路中还设有熔断器（保险丝）FU，当整机电流过大时，FU 便会熔断，这也是一种保护手段。所以，在输入电路部分通常设有一个过压保护器件和一个过流保护器件。

在门控管集电极的电路当中设有一个 TR 互感器，这个互感器实际上是一个变压器。当高频电流流过门控管时，电流的大小会通过 TR 感应出来，其次级线圈会产生一个交流电压。该交流电压经过整流二极管 D202、平滑电容 C207 后就变成了直流电压。这个直流电压的高低对应于互感线圈里电流的大小，这样就将门控管的交流电流转换成直流电压送到了电流检测电路中。电流检测电路通过对 CN2⑨脚的检测就可以发现门控管的电流是否正常，如果电流过大，就会通过控制电路将脉宽信号产生电路的信号切断，使门控管失去控制脉冲，整机停止工作，这样就起到了保护的作用。

门控管的控制极经过耦合电阻 R220 接到 CN2 的⑧脚上。⑧脚的信号来自脉宽信号驱动放大器。门控管的集电极经过二极管 D201 接到 CN2 的⑦脚上。CN2 的①脚接有一个二极管 DZ201，它与电阻 R203、R204 串联。通过桥式整流形成的直流 300V 一路经过电阻 R203、R204、R205 分压，然后送到 CN2 的①脚；另一路经过电阻 R207、R208 和 R200 分压，送到 CN2 的④脚。这两个信号作为电压检测信号送到电压检测电路中。如果 220V 交流输入不正常，就会使桥式整流堆输出的 300V 直流电压不正常，CN2①脚和④脚的电压便会不正常。电压检测电路会根据所检测到的电压对电路进行控制，如果出现异常情况，便会自动保护。

（1）检测控制电路板上元器件的检测

图 8-50 所示为 Galanz 电磁炉的脉宽调制（PWM）信号产生电路，该电路由两个集成电路 LM339（即 U1、U3）组成。每个 LM339 集成电路里面都包含有 4 个电压比较器（即 A、B、C、D）。

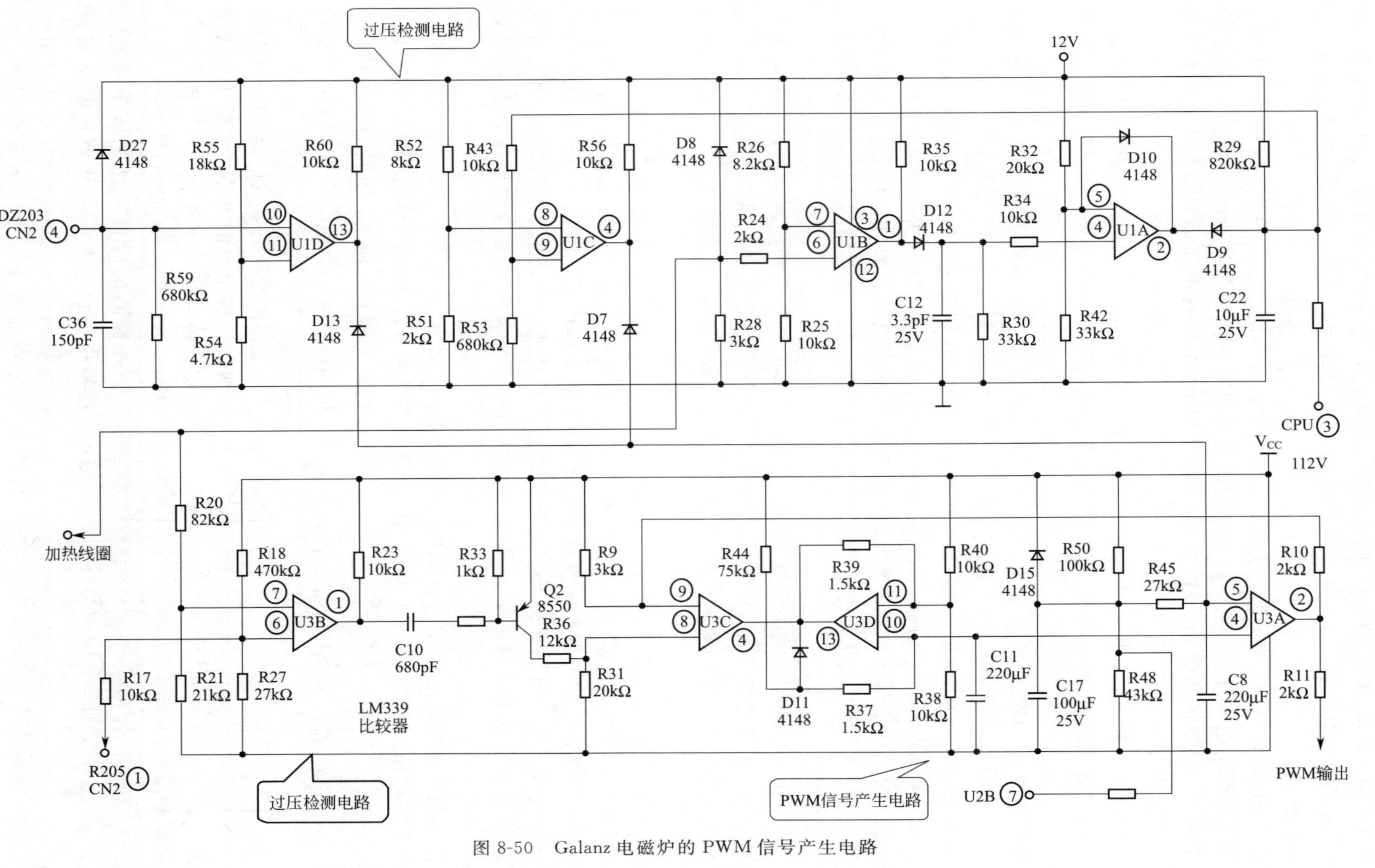

图 8-50 Galanz 电磁炉的 PWM 信号产生电路

在 U3 中，U3A 通过④脚和⑤脚连接外部电路，形成一个振荡电路，它所产生的脉冲信号由 U3A 的输出端输出。输出以后的脉冲信号送到脉冲信号驱动电路中，经过驱动放大以后去控制门控管。

U3B 的⑥脚接 CN2 的①脚，实际上就是接收从功率输出电路插件上送来的电压检测信号。如果⑥脚的电压升高，就表明功率输出电路里有电压过高的情况，此时，U3B 就会输出一个信号，送到晶体管 Q2（PNP 型），晶体管 Q2 的基极电压如果为负，晶体管就会导通，导通以后晶体管 Q2 集电极的电压就会升高，升高的电压会送到 U3C 的⑧脚，再和 U3C 的⑨脚进行比较。U3C⑧脚的电压如果升高，会使 U3C 的输出发生变化。U3D 和 U3A 是相关的，它们之间的电路是产生锯齿波的电路，锯齿波信号通过 U3A 变成脉宽调制信号。

电源接通时+12V 电压经 R44、R37 对 C11 充电，使 U3D 的⑩脚电压上升。当⑩脚电压超过 U3D 的⑪脚电压时，U3D 输出低电平，D11 导通，C11 放电，U3D 的⑩脚电压下降，U3D 输出高电平，D11 截止，电源又开始给 C11 充电。这样就在 U3D 的⑩脚上形成了锯齿波信号，该信号加到 U3A 的④脚。U3B⑦脚的信号可以调整 U3A⑤脚的电压，⑤脚和④脚的电压进行比较时，U3A 输出的脉冲宽度就会受到 U3B 的⑦脚送入的信号的控制，这样 U3A 输出的脉冲信号就会发生变化，它输出的功率也就会发生变化。通过检测和控制，能够使脉宽调制信号受到控制。

在 U1 中，U1D⑪脚的电压受 R55、R54 两个电阻分压点的控制，是固定不变的。⑩脚的电压是由检测电路送来的信号（CN2 的④脚），信号发生变化时就会引起 U1D⑬脚的输出信号发生变化。⑬脚如果输出高电平，那么二极管 D13 便是截止的。二极管 D13 是接在脉冲信号产生电路上的。U1D⑬脚的电压如果变低，二极管 D13 就会导通，导通后就会将脉宽信号产生电路 U3A 的⑤脚锁定在低电平，使 U3A 无脉宽信号输出。二极管 D7 和二极管 D13 的正端是接在一起的，所以，如果 U1C 的④脚变成低电平，那么二极管 D7 同样导通，将脉宽调制信号产生电路 U3A 的⑤脚锁定。因此，二极管 D13、D7 中任意一个导通，都会将脉冲信号产生电路锁定在低电平上，不进行工作。采用这种简单的方式就可以实现自我保护，只要某一点的信号产生异常，就会对脉宽调制电路进行控制。

① 温度检测集成电路 LM324 的检测　集成电路 LM324 在电磁炉中常作为温度检测电路和电压检测电路。在集成电路 LM324 中有四个运算放大器，这四个运算放大器可以作为单独的放大器分别使用，也可以叠加使用。它的内部功能框图如图 8-51 所示，各引脚功能如表 8-1 所示。

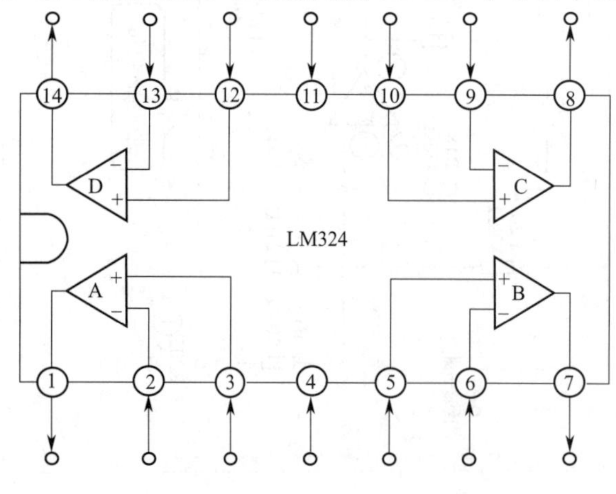

图 8-51　LM324 内部功能框图

通过温度检测集成电路 LM324 的外接引脚的连接组成的电路，主要用来检测电压以及电磁炉的工作状态，下面检测一下该集成电路各个引脚的电压。

在检测的时候先将黑表笔接地，如接操作显示电路板与检测控制电路板之间的数据引线插座的⑦脚，再使用红表笔分别检测集成电路的各个引脚，检测的时候使用指针万用表的直流电压挡。

表 8-1 LM324 各引脚功能

引脚号	符号	功能	引脚号	符号	功能
①	OUT1	放大器 1 输出	⑧	OUT3	放大器 3 输出
②	−IN1	放大器 1 反相输入	⑨	−IN3	放大器 3 反相输入
③	+IN1	放大器 1 同相输入	⑩	+IN3	放大器 3 同相输入
④	V_{CC}	电源	⑪	GND	接地
⑤	+IN2	放大器 2 同相输入	⑫	+IN4	放大器 4 同相输入
⑥	−IN2	放大器 2 反相输入	⑬	−IN4	放大器 4 反相输入
⑦	OUT2	放大器 2 输出	⑭	OUT4	放大器 4 输出

如图 8-52 所示，用红表笔检测集成电路①脚处的电压为 1.1V。在集成电路上有一个缺口，缺口下面的引脚为该集成电路的①脚。

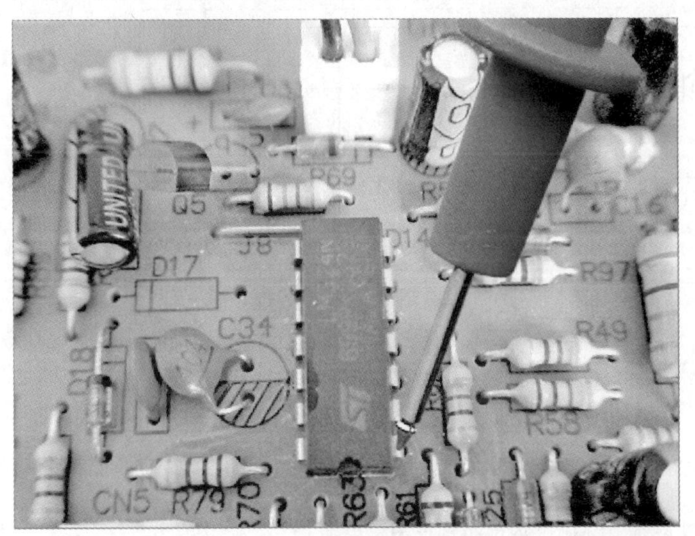

图 8-52 集成电路 LM324①脚处的电压

②脚处检测的电压为 3.4V，③脚处检测的电压为 3.4V，④脚处检测的电压为 12V，⑤、⑥脚处检测的电压为 0V，⑦脚处检测的电压为 0.35V，⑧脚处检测的电压为 0V，⑨脚处检测的电压为 4.8V，⑩、⑪、⑫、⑬脚处检测的电压为 0V，⑭脚处检测的电压为 12V。

这是所测量出的该集成电路的直流工作点，如果某个引脚的电压出现了偏差，就应该检测相关的外围电子元器件。注意有些引脚的输入端是可变的，比如温度检测端、电压检测端、温控器的检测端。当这些检测端出现温度变化异常的时候，传感器的输出就会有变化，这时候引脚电压的变化是正常的。在测量电压比较器和运算放大器时应该注意这个问题。

② PWM 信号产生集成电路 LM339 的检测　LM339 是双列直插式集成电路，它的引脚排列如图 8-53 所示。它一共有

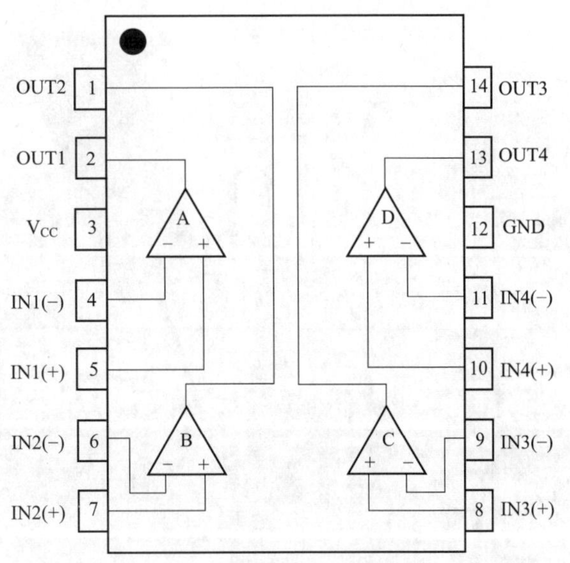

图 8-53 集成电路 LM339 的内部功能和引脚排列

第 8 章

14 个引脚，在其内部共有 4 个电压比较器。电压比较器实际上也是运算放大器，每一个电压比较器都可以单独使用。电压比较器 A 的②脚是输出端，④、⑤脚是输入端。一般情况下，⑤脚的电压高于④脚时，②脚就会输出高电平；如果⑤脚的电压低于④脚，②脚就输出低电平。

图 8-54 为 LM339 的内部结构框图。IN＋和 IN－是 LM339 外面的两个输入端，电压比较器内部的电路都采用差动放大器（又叫差分放大器），即晶体管 Q1 与 Q2 是对称的，晶体管 Q3 与 Q4 是对称的。当输入端 IN＋和 IN－的电压加上时，两个对称的晶体管之间的电压差就会使电压比较器的输出发生变化。采用这种差动式的电路具有零点漂移小、精度高的特点，所以在很多的电磁炉中都会使用该集成电路。

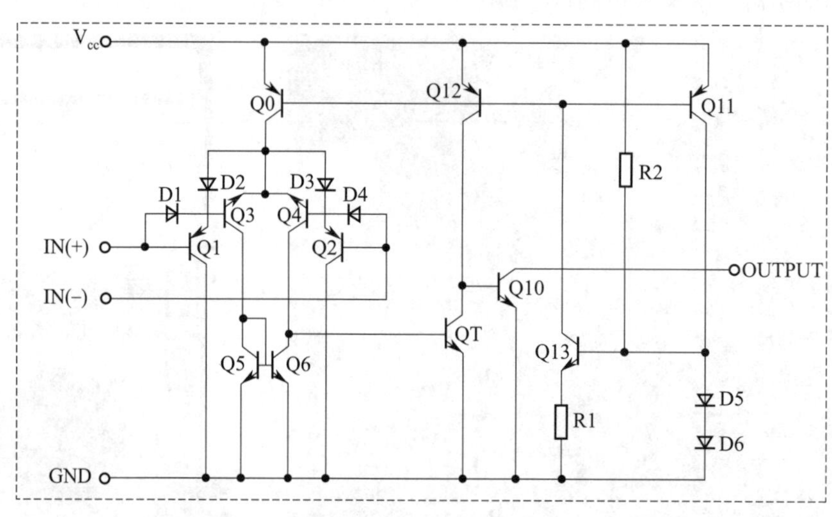

图 8-54　LM339 内部结构框图

如图 8-55 所示，用红表笔测得集成电路①脚处的电压为 0V，②脚处的电压也为 0V。在集成电路上有一个缺口，缺口下面的引脚为该集成电路的①脚。

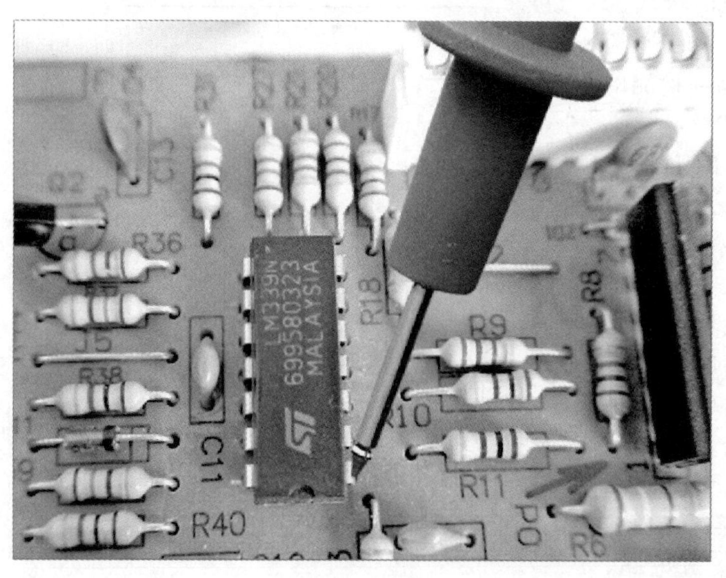

图 8-55　PWM 信号产生集成电路 LM339①脚处的电压

③脚处检测的电压为 12V，④脚处检测的电压为 1.1V，⑤脚处检测的电压为 0.45V，⑥脚处检测的电压为 2.8V，⑦、⑧脚处检测的电压为 0V，⑨脚处检测的电压为 4.8V，⑩脚处检测的电压为 4.2V，⑪脚处检测的电压为 5.5V，⑫脚处检测的电压为 0V，⑬、⑭脚处检测的电压为 5.4V。

③ 电压检测集成电路 LM339　如图 8-56 所示，用红表笔测得集成电路①脚处的电压为 8.8V。在集成电路上有一个缺口，缺口下面的引脚为该集成电路的①脚。

图 8-56　电压检测集成电路 LM339①脚处的电压

②脚处检测的电压为 0V，③脚处检测的电压为 12V，④脚处检测的电压为 8.1V，⑤脚处检测的电压为 0.6V，⑥、⑦脚处检测的电压为 0V，⑧脚处检测的电压为 2.6V，⑨脚处检测的电压为 0.35V，⑩脚处检测的电压为 0.65V，⑪脚处检测的电压为 2.25V，⑫脚处检测的电压为 0V，⑬脚处检测的电压为 12V，⑭脚处检测的电压为 0V。

④ 晶体三极管的检测　在检测控制电路板上有 7 个晶体三极管，分别标识为 Q1、Q2、Q3、Q5、Q6、Q7 和 Q8。在通电状态下可以检测出每个晶体三极管的直流工作点，就是直流工作电压。

在检测的时候万用表的黑表笔接地，如接操作显示电路板与检测控制电路板之间的数据引线插座的⑦脚，用红表笔分别检测晶体三极管的各个引脚。图 8-57 所示为稳压调整晶

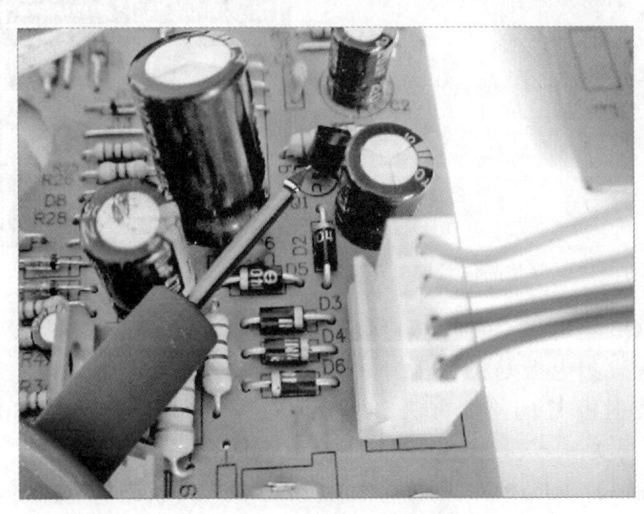

图 8-57　稳压调整晶体管 Q1 的检测

第 8 章

体管 Q1 基极 B 的电压检测方法。正常情况下，稳压调整晶体管 Q1 的发射极 E 的电压为 17.5V，基极 B 的电压为 18V，集电极 C 的电压为 22V。

图 8-58 所示为过压控制晶体三极管 Q2 基极 B 的电压检测方法，正常情况下，Q2 的发射极 E 的电压为 0V，基极 B 的电压为 12V，集电极 C 的电压为 12V。

图 8-58　过压控制晶体三极管 Q2 的检测

图 8-59 所示为稳压调整晶体管 Q3 集电极 C 的电压检测方法，正常情况下，Q3 的发射极 E 的电压为 0V，基极 B 的电压为 14V，集电极 C 的电压为 18V。

图 8-59　稳压调整晶体管 Q3 的检测

图 8-60 所示为风扇驱动晶体管 Q5 集电极 C 的电压检测方法，正常情况下，Q5 的发射极 E 的电压为 0V，基极 B 的电压为 0V，集电极 C 的电压为 0V。

图 8-61 所示为复位晶体管 Q6 发射极 E 的检测方法，该晶体三极管为 PNP 管。Q6 的发射极 E 的电压为 4.8V，基极 B 的电压为 4.4V，集电极 C 的电压为 0V。

图 8-62 所示为蜂鸣器驱动晶体管 Q7 集电极 C 的电压检测方法，正常情况下，Q7 的发射极 E 的电压为 0V，基极 B 的电压为 0V，集电极 C 的电压为 6V。

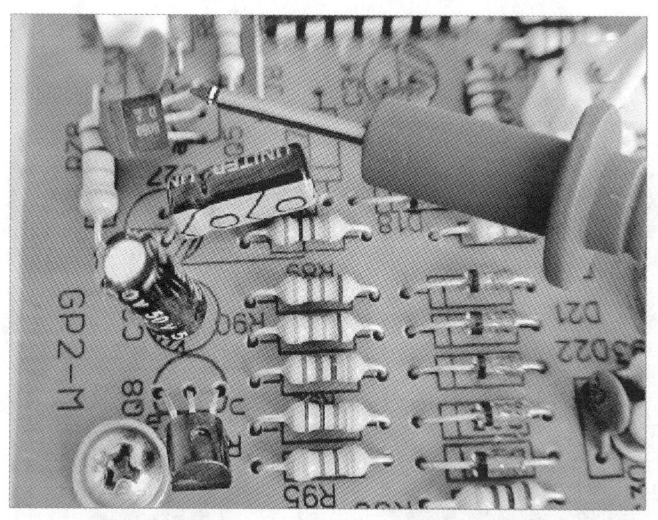

图 8-60　风扇驱动晶体管 Q5 的检测

图 8-61　复位晶体管 Q6 的检测

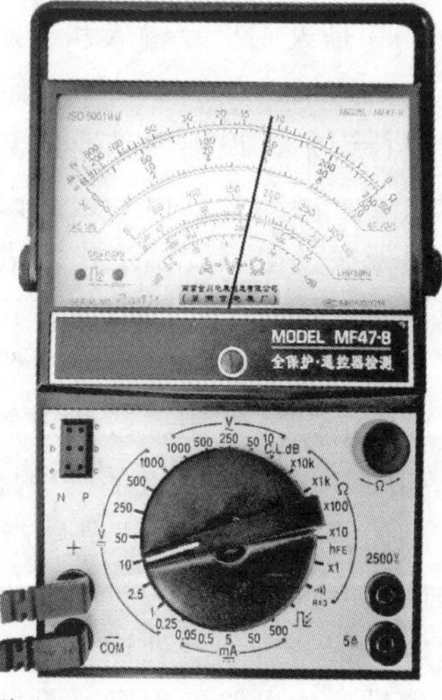

图 8-62　蜂鸣器驱动晶体管 Q7 的检测

图 8-63 所示为温度保护晶体管 Q8 基极 B 的电压检测方法，正常情况下，Q8 的发射极 E 的电压为 0V，基极 B 的电压为 0V，集电极 C 的电压为 0V。

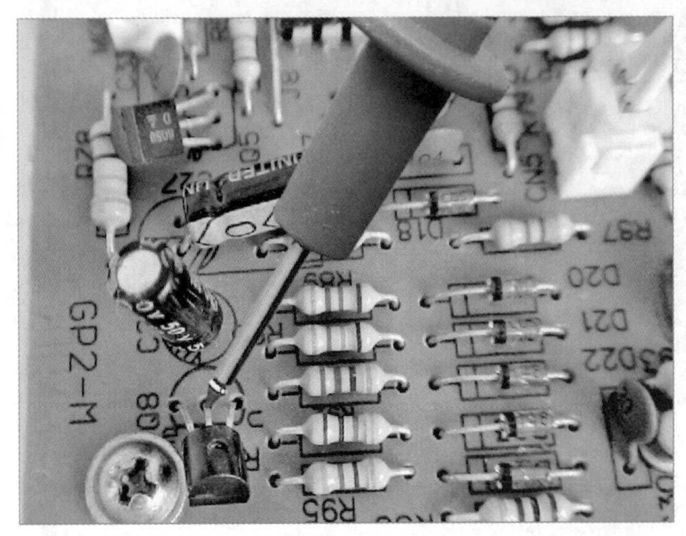

图 8-63　温度保护晶体管 Q8 的检测

（2）检测控制电路板上信号波形的检测

图 8-64 所示为 Galanz 电磁炉的微处理器和控制电路。微处理器和普通集成电路从外观上看是一样的，但它们的内部结构是不同的。微处理器简称 CPU，在设计时微处理器的里面设有工作程序，可以对引脚进行定义，这样微处理器就具有分析和判断的功能。微处理器在进行温度检测时，如果检测端出现了高电平，微处理器就会判别出电磁炉内可能有温度过高的情况，它就会输出控制信号，将脉宽调制信号切断，使整机处于待机状态。这是微处理器的特点。微处理器在工作时也需要工作电源，它有供电端和接地端，与其他电路不同的是微处理器有一个复位端。因为微处理器里面有程序，复位信号加上之后，程序才能从初始一步一步地进入工作状态。如果没有复位信号，微处理器就不知道从哪开始执行，程序就可能产生混乱。在微处理器内部设有振荡电路，它与外部的石英晶体产生谐振，该振荡信号经过分频就可以作为整个微处理器的节拍信号，即时钟信号。

CN3 是人工指令输入和显示电路的插件，操作按键通过 CN3 的引脚给微处理器发出工作指令，如开机、关机、功率设定、定时、时间设定等。微处理器接收到相应指令后，首先会对指令进行识别，识别就是通过微处理器里面存储的程序和数据对送来的指令进行对比并发出相应的指令。例如开机信号送入微处理器后，微处理器根据内部存储的程序就会发出开机指令，脉冲信号振荡电路开始工作，进而驱动门控管开始工作，整个炉盘线圈就开始加热。同时，微处理器的工作状态、停机状态和故障状态会通过控制显示面板上的发光二极管来显示。

不同的电磁炉，其微处理器的型号不同，引脚数量也不同，所以了解电磁炉的控制电路就是了解它的基本结构、微处理器的型号和引脚功能。微处理器的引脚功能可通过电路图来判别，如图 8-64 所示的电路中的微处理器⑤脚为电源供电端。⑬脚接的是一个复位信号产生电路，晶体管 Q6 就是复位信号产生电路的晶体管。当加上电源之后，晶体管 Q6 的基极电压上升到能够导通晶体管时，晶体管就会输出一个信号送给微处理器，这时就可作为复位信号的开始。复位信号送到微处理器，微处理器才开始正常工作。微处理器接有晶体的引脚，肯定就是时钟信号产生电路的引脚。除此之外还可根据一些资料对微处理器的引脚进行判别。只有了解

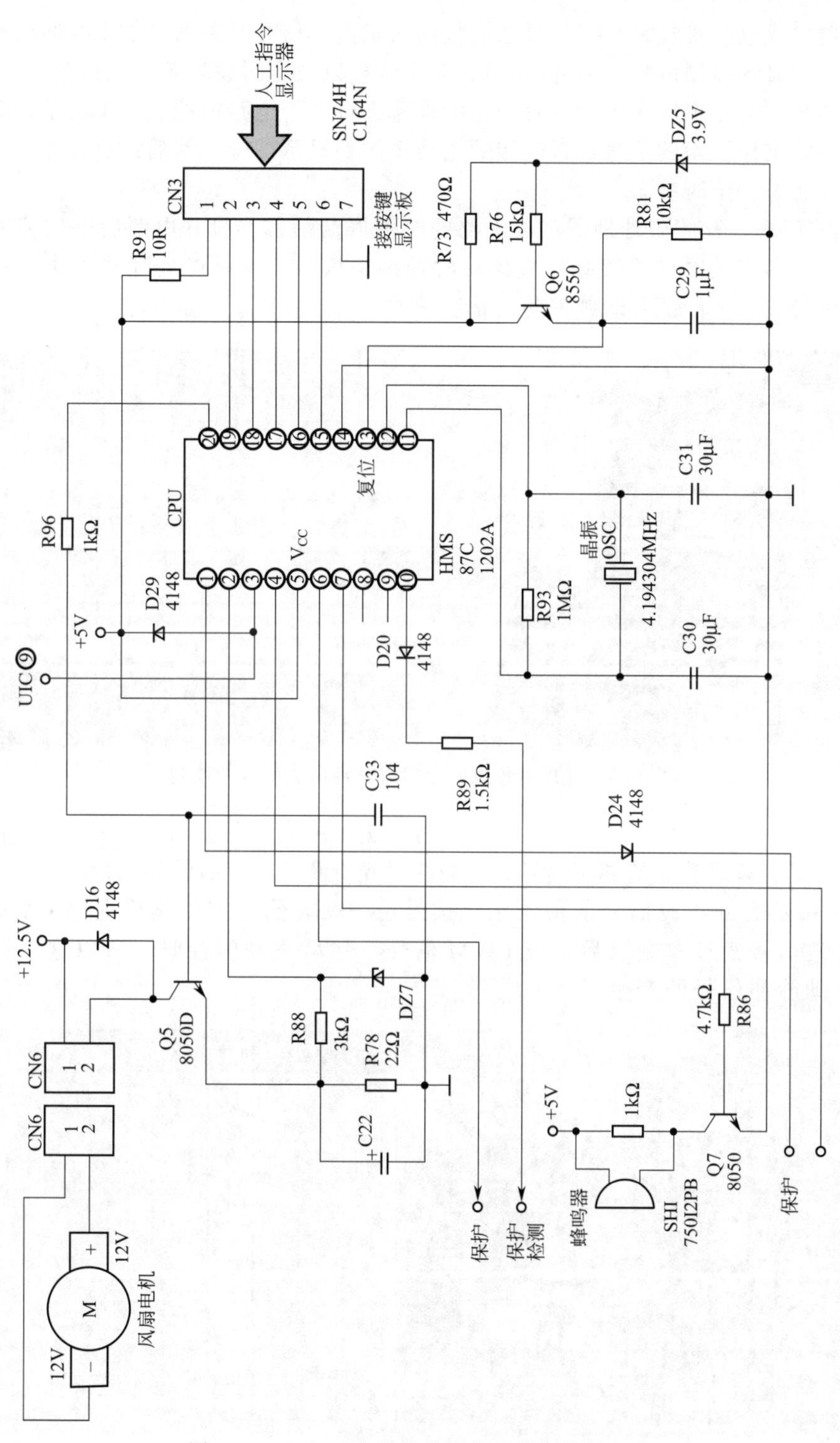

图 8-64　Galanz 电磁炉的微处理器和控制电路

微处理器的引脚功能，在对微处理器进行检测时，才能判别微处理器工作是否正常。微处理器最基本的检测就是电源、复位、晶振的检测，因为没有电源微处理器不能工作，没有复位信号微处理器也不能工作，同样，没有晶振信号微处理器也不能工作。所以这些基本条件要掌握，然后去检查微处理器其他的引脚。

微处理器集成电路接收来自操作显示面板的人工指令信号，并通过数据线向操作显示面板的显示电路输出显示控制信号，如开/关机、功率调整以及定时设置等人工指令。

微处理器集成电路根据人工指令对功率的设置进行整个电路的控制。正常工作时，微处理器集成电路会将工作状态的信号通过连接数据线再送到显示部分，然后通过发光二极管显示功率状态、工作状态、定时状态。

如图 8-65 所示，检测微处理器集成电路的时钟振荡信号。打开电源后电磁炉风扇开始转动，此时微处理器集成电路的⑫脚处应该有时钟振荡信号。这是微处理器工作的最基本的条件，有这个信号波形才能证明时钟振荡器是正常的。

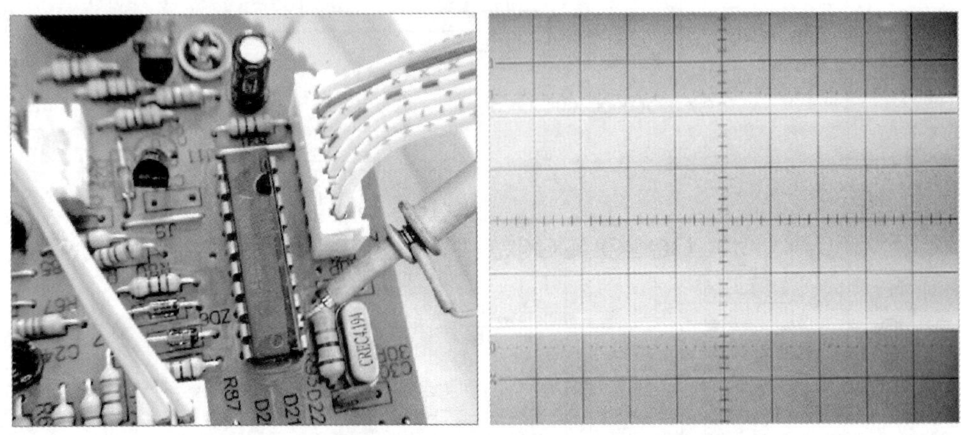

图 8-65　处理器集成电路⑫脚时钟振荡信号的检测

若在电磁炉开机的时候没有放上灶具，此时电磁炉的蜂鸣器会响起。蜂鸣器响起的时候在时钟振荡信号上会有蜂鸣器的调制信号，不响的时候所测的才是时钟振荡信号。

图 8-66 所示为锯齿波信号的检测，该信号由 PWM 信号产生集成电路 LM339 的④脚产生。锯齿波信号经过控制以后形成 PWM 信号，然后驱动门控管，所以这个信号没有的话会影响驱动脉冲信号的产生。

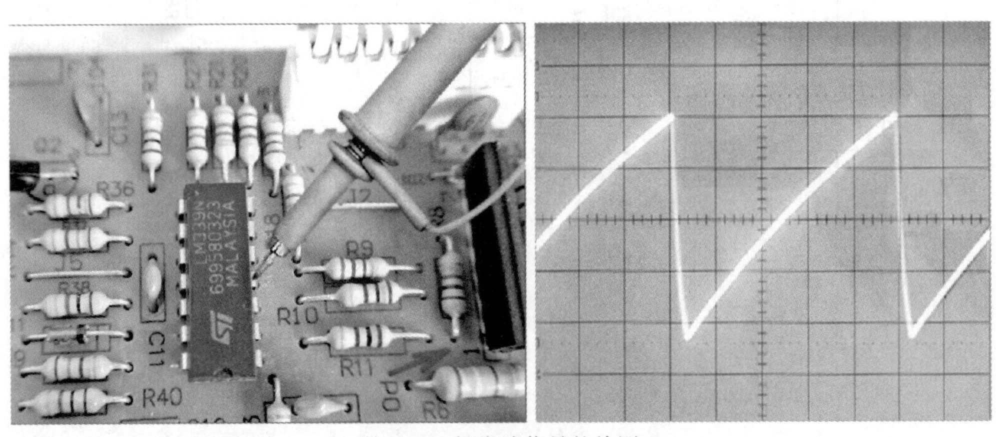

图 8-66　锯齿波信号的检测

8.2.5　供电电路板的检修

图 8-67 所示为供电电路板，该电路板由滤波电容、平滑电容、高频谐振电容、保险丝、扼流圈（电感线圈）、电流检测变压器、门控管、门控管温度检测器、桥式整流堆、散热片等元器件组成。

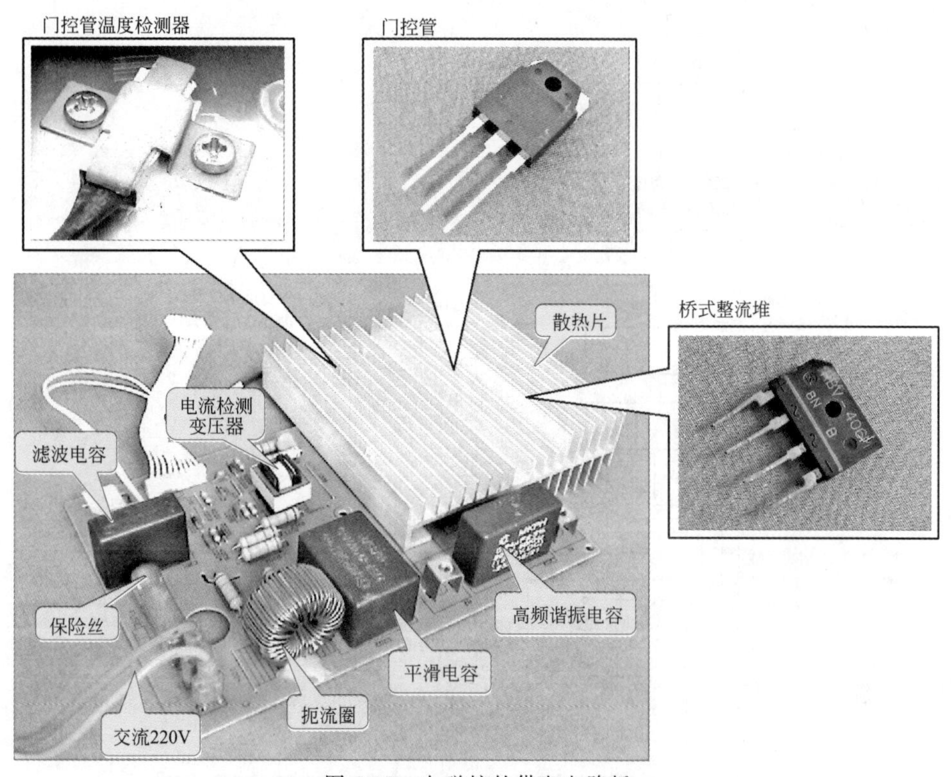

图 8-67　电磁炉的供电电路板

检测电磁炉的供电电路板时，可以先将其拆下，进行静态检测，若各个零部件完好，再对电磁炉在开机的情况下进行检测。

一般在开机检测的情况下，首先打开电磁炉的上盖，使炉盘线圈和门控管的散热片露出来。因为散热片和炉盘线圈是带高压的，所以在测量的时候应该注意安全，最好使用隔离变压器将电磁炉的供电与市电隔离开，这样在测量的时候有一定的安全性。

（1）供电电路板上元器件的检测

图 8-68 所示为电磁炉的直流供电电路。电磁炉里面的控制电路、脉冲信号产生电路以及温度检测电路都需要低压供电，所以在电磁炉里面设有低压电源电路。220V 电压经变压器的两个次级（CN1 的①、②脚连接一个次级绕组，③、④脚连接另一个次级绕组），分别产生 22V 和 16V 电压。CN1 的③脚和④脚输出的 16V 电压经桥式整流电路 D3～D6 整流后分成 4 路输出，一路送到三端稳压器 M7812 的①脚。在三端稳压器 M7812①脚的外面接有滤波电容 C7 和 C6，它们的作用是对整流输出的电压进行滤波。三端稳压器 M7812 的外面有 3 个引脚，其中①脚为输入端、③脚为接地端、②脚为输出端。第一路电压经整流滤波后在三端稳压器中进行稳压调整，由②脚输出 12V 电压。整流后的第二路电压经 R12、C14、R46 和 C21 构成的 RC 滤波电路，加到晶体管 Q3 的集电极。晶体管 Q3 称为调整管，它的发射极输出 12.5V 的电压。整流后的第三路电压送到电压检测电路，该电路对桥式整流的输出进行检测以判别是否出现电压异常。整流后的第四路电压送到三端稳压器 M7805 的①脚，三端稳压器 M7805 和 M7812 的结构相同，由②脚输出＋5V 电压。

除此之外，CN1 的①、②脚输出的电压经 D2、C3 整流滤波后，变成直流电压并加到调整管 Q1 的集电极，由 Q1 稳压后输出 17.5V 电压。这些直流电压分别提供给电压比较器、脉冲信号产生电路和温度检测电路等。

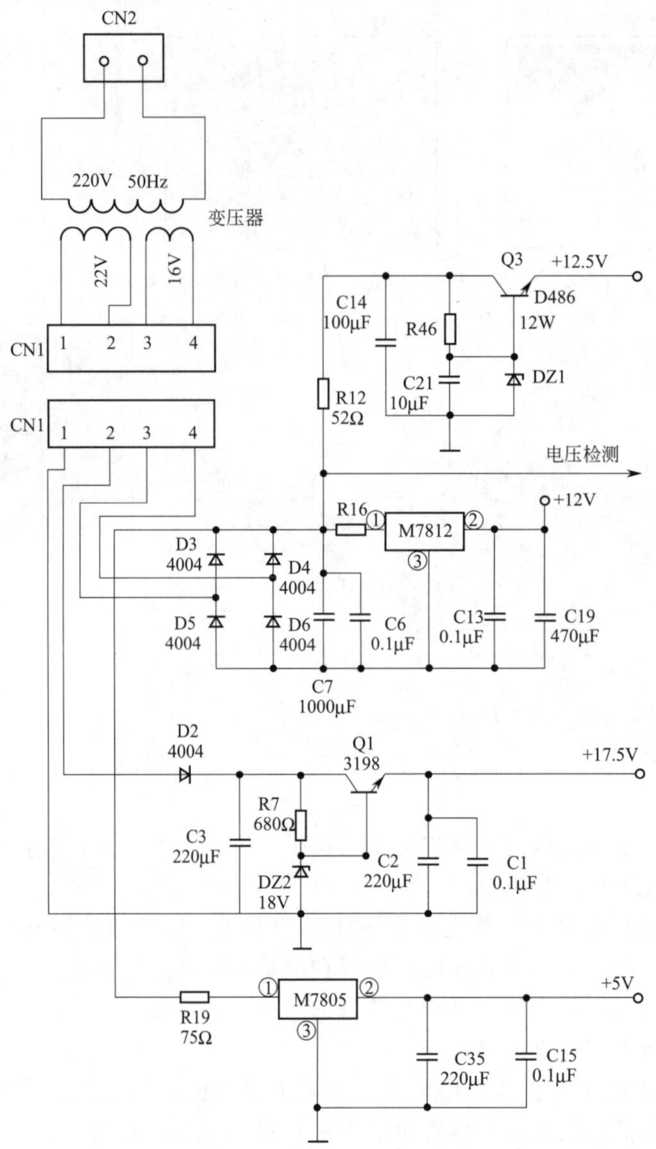

图 8-68　电磁炉直流供电电路

① 保险丝的检测　图 8-69 所示为保险丝，在保险丝上面有一个绝缘罩。

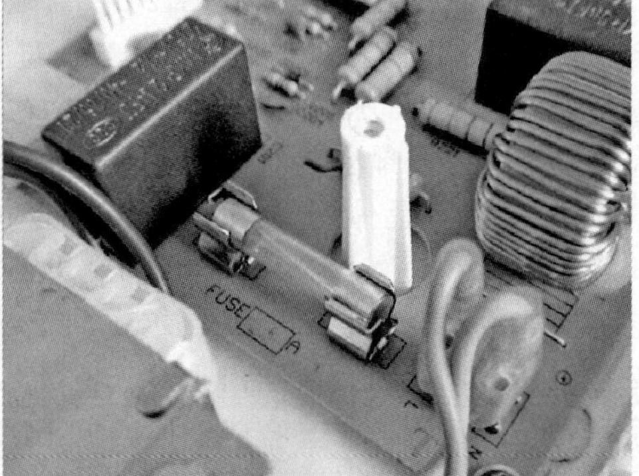

图 8-69　电磁炉门控管及供电电路板上的保险丝

将绝缘罩取下，就可以检测保险丝了。检测保险丝时，一般会有两种情况：正常的时候，保险丝的阻抗为 0Ω；断路的时候，保险丝的阻抗为无穷大。

② 交流变压器的检测　图 8-70 所示为电磁炉供电交流变压器，这个变压器有三个绕组，红色引线是 220V 的输入绕组，蓝色和黄色引线是两组交流电压输出绕组。

在通电状态下，用指针式万用表的交流 75V 挡分别检测两组交流输出的电压。如图 8-71 所示，检测蓝色引线端，大约是交流 16V。

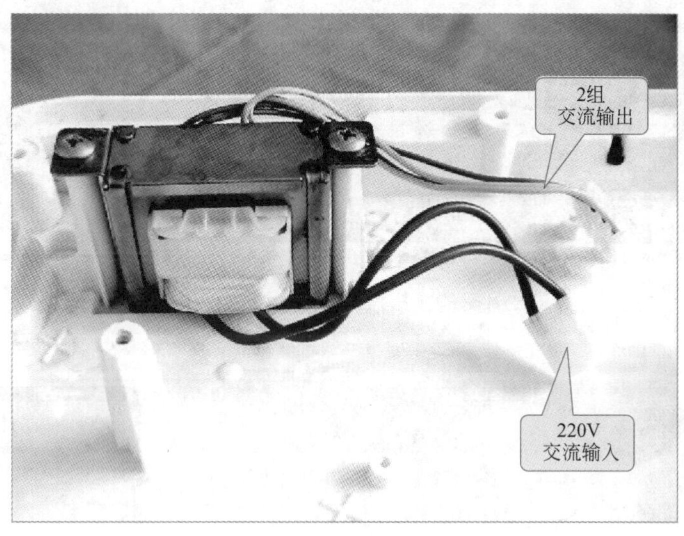

图 8-70　电磁炉供电交流变压器

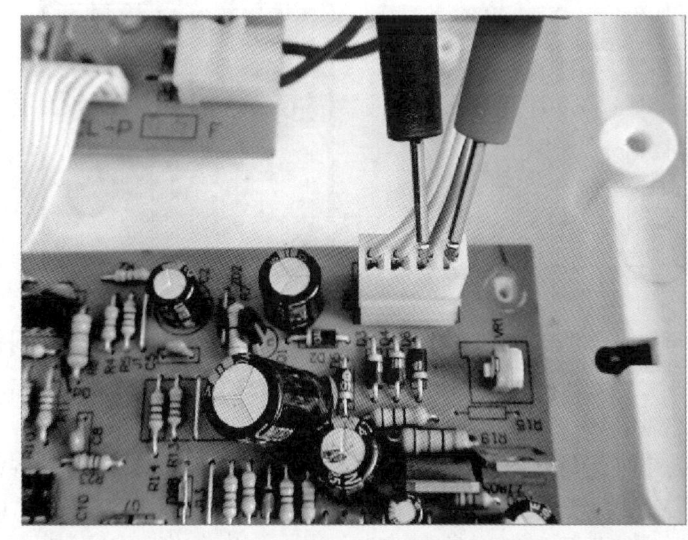

图 8-71　交流变压器蓝色引线交流输出的检测

如图 8-72 所示，检测黄色引线端，大约是交流 22V。这两个电压送到电路板上经过整流滤波以后形成此电磁炉电路板中所需要的各种直流电压。

③ 电容的检测　图 8-73 所示为滤波电容，也就是对交流 220V 电压进行滤波、防止干扰的电容，检测时需要检测电路板背面的引脚。

图 8-72 交流变压器黄色引线交流输出的检测

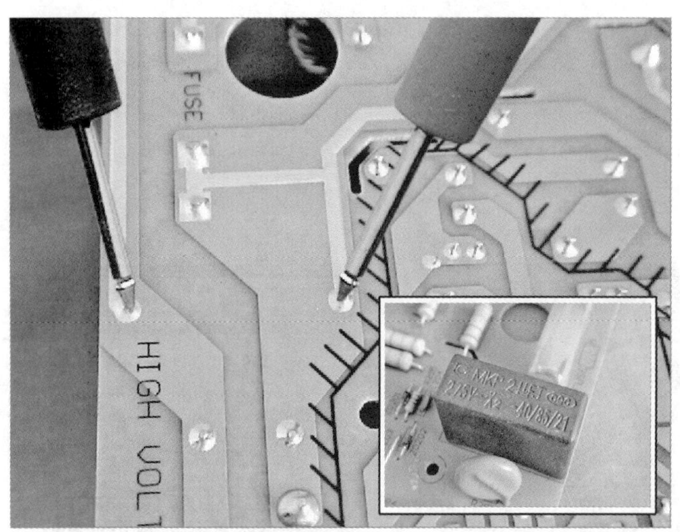

图 8-73 供电电路板上滤波电容的检测

图 8-74 检测滤波电容时万用表指针的摆动

电磁炉上的滤波电容一般采用 2μF 电容，检测时可以采用指针式万用表的 $R\times10\text{k}$ 挡。使用万用表表笔进行检测时，将红黑表笔任意搭在滤波电容的两端，然后颠倒一下表笔后再搭在滤波电容的两端，万用表会显示电容充放电的过程。如图 8-74 所示，当调换万用表表笔的时候，万用表的指针开始时指向无穷大，然后就有充放电的过程，充电又放电，所以表针会有一定幅度的摆动，这表明该电容是正常的。

如图 8-75 所示，检测平滑电容（也就是 300V 电压整流以后的平滑电容）时，需要检测电路板背面的引脚。将万用表的表笔任意搭在平滑电容的两端，再颠倒一下两支表笔，万用表会显示充放电的过程。

用指针式万用表检测平滑电容时，对平滑电容的极性没有要求。如图 8-76 所示，当万用表的表笔颠倒检测平滑电容的时候，万用表表针有一个快速的摆动。这个摆动现象就是充放电的过程，有这个过程才表明电容是正常的。

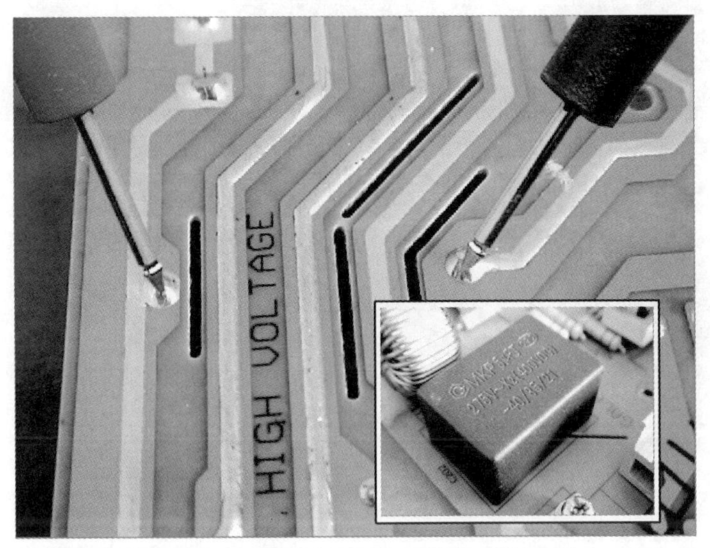

图 8-75　供电电路板上平滑电容的检测

图 8-76　检测平滑电容时万用表指针的摆动

如图 8-77 所示，检测高频谐振电容时，需要检测电路板背面的引脚。将万用表的两支表笔任意搭在高频谐振电容的两端，再颠倒表笔进行检测。

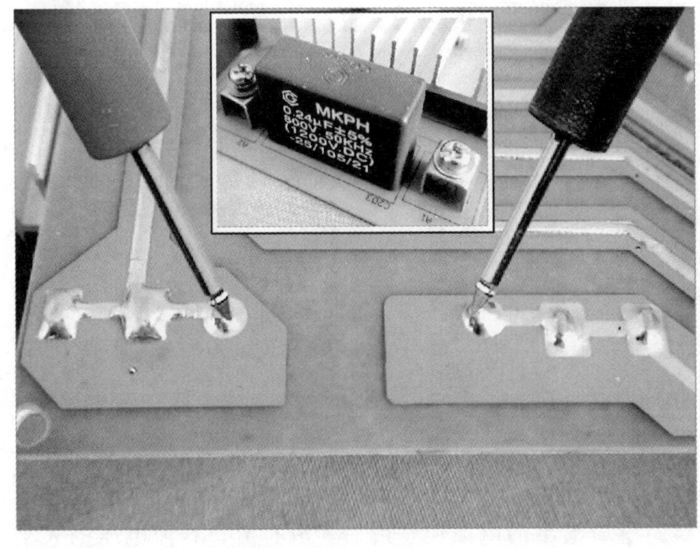

图 8-77　供电电路板上高频谐振电容的检测

图 8-78　检测高频谐振电容时万用表指针的摆动

这个高频谐振电容的容量只有零点几微法，所以万用表指针的摆动幅度比检测其他电容时摆动的幅度要小一些，但也有一定幅度的摆动，这表明电容是正常的，如图 8-78 所示。

④ 扼流圈（电感线圈）的检测　图 8-79 所示为扼流圈（电感线圈），检测时需要检测电路板背面的引脚。

图 8-79　供电电路板上的扼流圈

扼流圈（电感线圈）的阻抗一般比较小，可选用指针式万用表的 $R\times1$ 挡，在测量的时候万用表的显示几乎为 0Ω，如图 8-80 所示。如果出现扼流圈阻抗高的情况，表明有断路故障，需要更换。

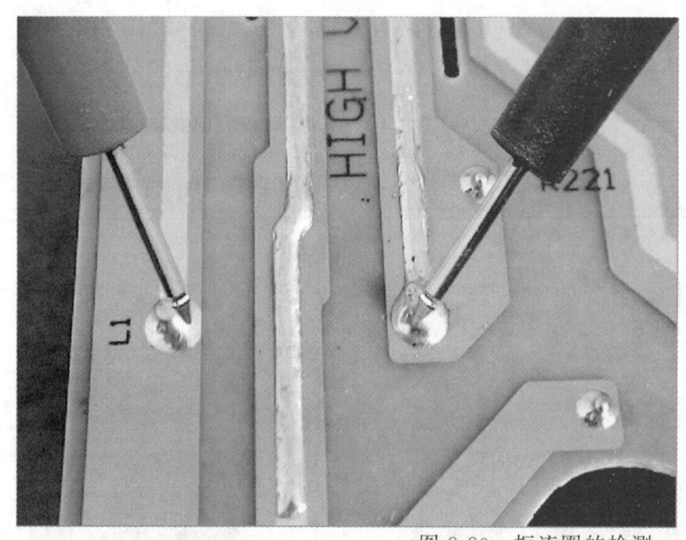

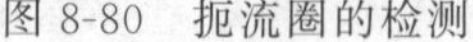
图 8-80　扼流圈的检测

⑤ 电流检测变压器的检测　电流检测变压器有两个绕组：一个是炉盘线圈的电流流过的初级绕组；另一个是次级绕组。次级绕组感应输出的电流经整流后变成直流，直流电压的大小就反映炉盘线圈中电流的大小。检测时，需要检测电路板背面的引脚，如图 8-81 所示。

检测电流检测变压器的时候，可以使用指针式万用表的 $R\times1$ 挡。图 8-82 所示为电流检测变压器初级绕组的检测。由于初级绕组的电阻很小，所以万用表的显示几乎为 0Ω。

图 8-83 所示为电流检测变压器次级绕组的检测。次级绕组的阻抗比初级绕组的阻抗要高一些，在 80Ω 左右。若将电流检测变压器从电路板上取下来后再检测，则次级绕组的阻抗在 100Ω 左右，这是因为元器件在电路板上的检测与单独检测之间有一定的差距，但并不是故障。

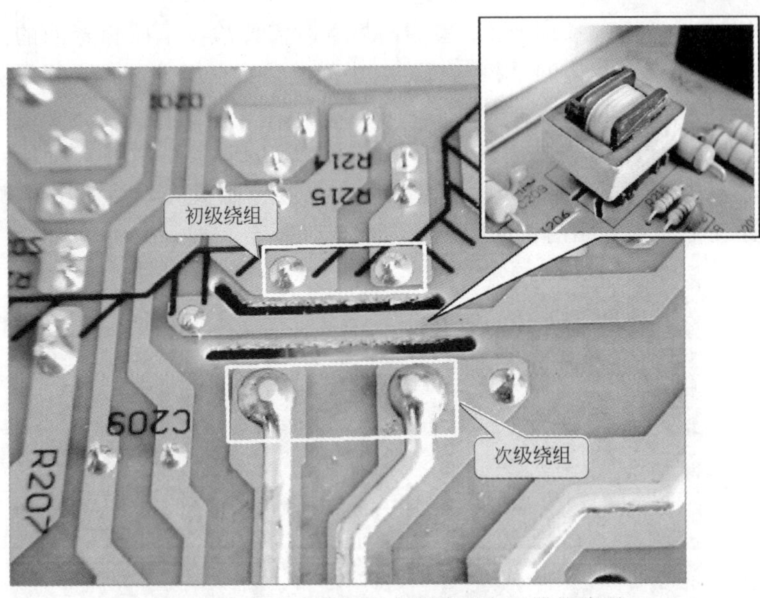

图 8-81　供电电路板上电流检测变压器的检测

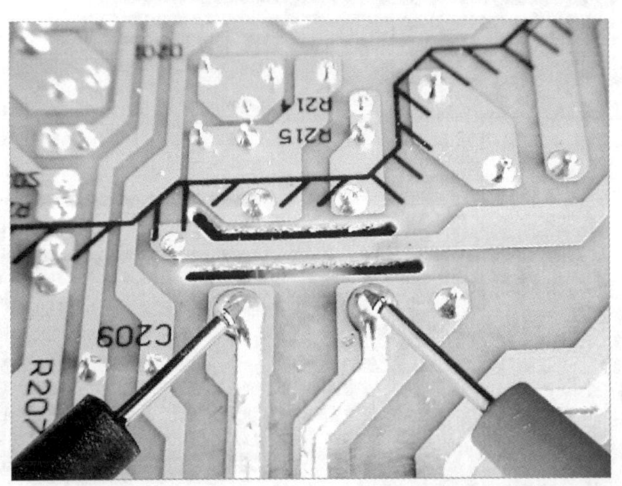

图 8-82　电流检测变压器初级绕组的检测

图 8-83　电流检测变压器次级绕组的检测

⑥ 门控管的检测　如图 8-84 所示，检测门控管时需要检测电路板背面的引脚。门控管有 3 个引脚，左边的是控制极 G，中间的是集电极 C，右边的是发射极 E。

在检测门控管的时候可以先在电路板上检测，检测的时候用指针式万用表的 $R\times1k$ 挡进行测量。如图8-85所示，先用黑表笔接控制极 G，然后用红表笔测量集电极 C，门控管在电路板上时集电结的正向阻抗在 3kΩ 左右。

图 8-84　供电电路板上的门控管

图 8-85　电路板上门控管集电结正向阻抗的检测

如图 8-86 所示，再用红表笔接控制极 G，黑表笔测量集电极 C，门控管在电路板上时集电结的反向阻抗为无穷大。

如图 8-87 所示，将黑表笔接到控制极 G 上，然后用红表笔测量发射极 E，门控管在电路板上时发射结的正向阻抗在 40kΩ 左右。

如图 8-88 所示，用红表笔接控制极 G，黑表笔测量发射极 E，门控管在电路板上时发射结的反向阻抗在 40kΩ 左右。

以上都是在电路板上检测门控管的阻抗的，因为电路板上还有其他电子元器件，所以测的阻值并不是门控管本身的阻值。下面检测一下从电路板上取下来的门控管的阻抗。

图 8-86 电路板上门控管集电结反向阻抗的检测

图 8-87 电路板上门控管发射结正向阻抗的检测

图 8-88 电路板上门控管发射结反向阻抗的检测

如图 8-89 所示，门控管左侧的引脚是控制极 G，中间的引脚是集电极 C，右侧的引脚是发射极 E。

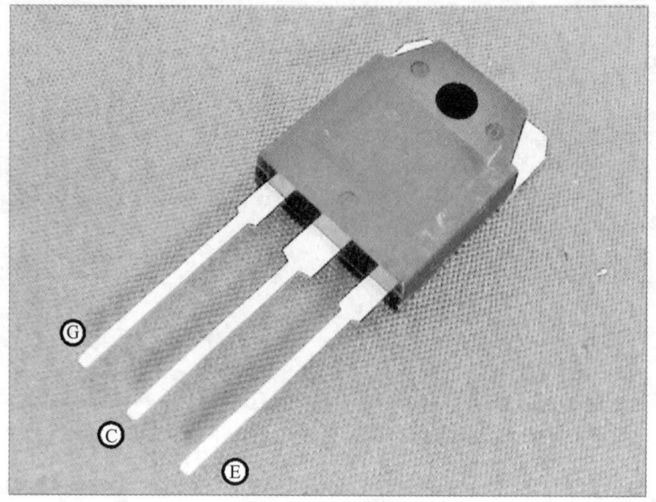

图 8-89　门控管

如图 8-90 所示，先用黑表笔接控制极 G，然后用红表笔测量集电极 C，这时门控管集电结的正向阻抗在 3kΩ 左右。

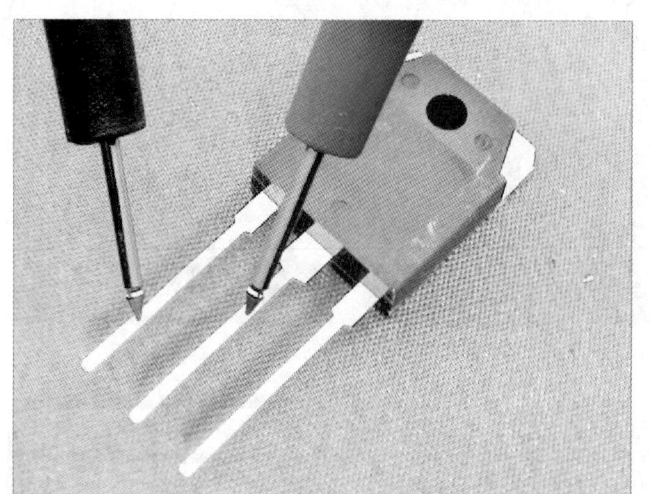

图 8-90　门控管集电结正向阻抗的检测

如图 8-91 所示，再用红表笔接控制极 G，黑表笔测量集电极 C，这时门控管集电结的反向阻抗为无穷大。

如图 8-92 所示，将黑表笔接到控制极 G 上，然后用红表笔测量发射极 E，这时门控管发射结的正向阻抗为无穷大。

如图 8-93 所示，将红表笔接到控制极 G 上，黑表笔测量发射极 E，这时门控管发射结的反向阻抗为无穷大。

通过上述两种测量方式可以看出，在电路板上检测和单独取下来检测时电阻值有一定的差别。因为在电路板上测量时会受到其他元器件的影响，所以和单独检测的值不同，这在检修的时候需要注意。

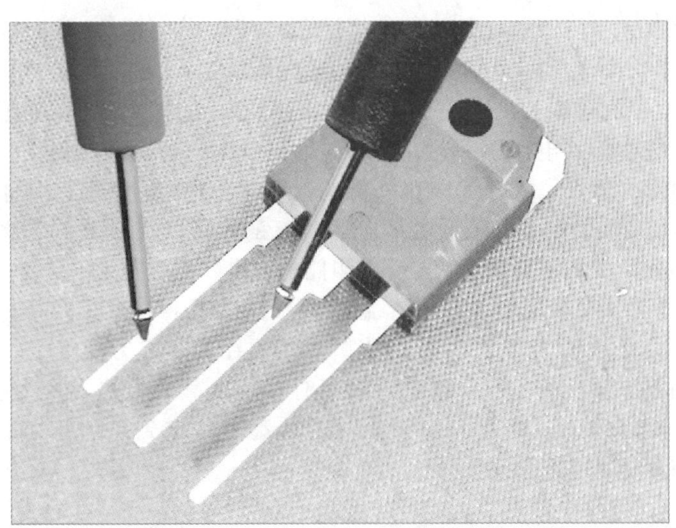

图 8-91　门控管集电结反向阻抗的检测

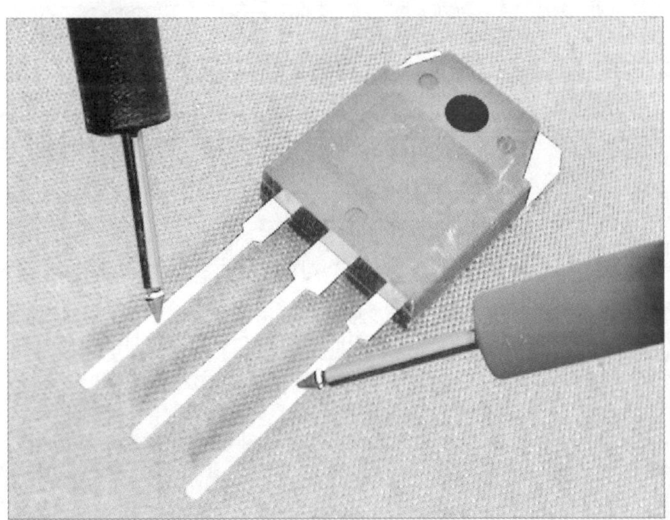

图 8-92　门控管发射结正向阻抗的检测

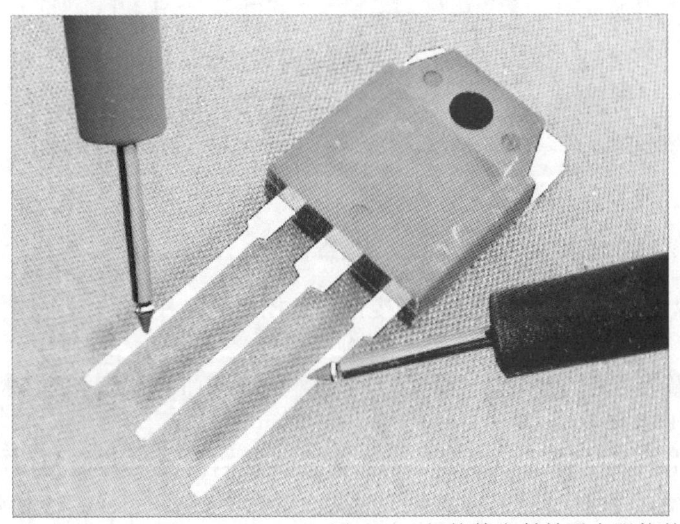

图 8-93　门控管发射结反向阻抗的检测

⑦ 门控管温度检测器的检测　图 8-94 所示为炉盘温度和门控管温度检测电路。炉盘线圈的温度检测采用一个负温度系数的热敏电阻 R1，它的标称值是 100kΩ，当温度升高时，它的电阻值会迅速下降。这个电阻通过一个插件接到电压比较器 U2C 的⑨脚，如果温度升高，⑨脚外接电阻的阻值会减小，⑨脚的电压就会下降。U2C 的⑨脚的电压下降时，⑧脚的输出电压就会上升，变成高电平。⑧脚输出的高电平会使二极管 D17 导通，二极管 D17 另一端的电压就会升高，从而使晶体管 Q8 导通，晶体管 Q8 集电极的电压就会变成低电平。该低电平加到 U2B 的⑤脚，使 U2B 的⑦脚呈低电平，这样就使 U3A 的⑤脚呈低电平，关掉脉宽调制信号产生电路的输出。

门控管集电极处设有一个温度检测开关，它相当于一个温控器。在常温下，温度检测开关是短路的（接通状态），温度检测开关接通就相当于 CN5 的①脚和地连在一起，为低电平，二极管 D18 截止。当门控管的工作时间过长，温度升高到一定程度时（超出额定值），温度检测开关就会断开，CN5 的①脚电压就会上升，二极管 D18 就会导通，高电平加到晶体管 Q8 的基极，Q8 导通，对脉宽调制信号产生电路进行控制。

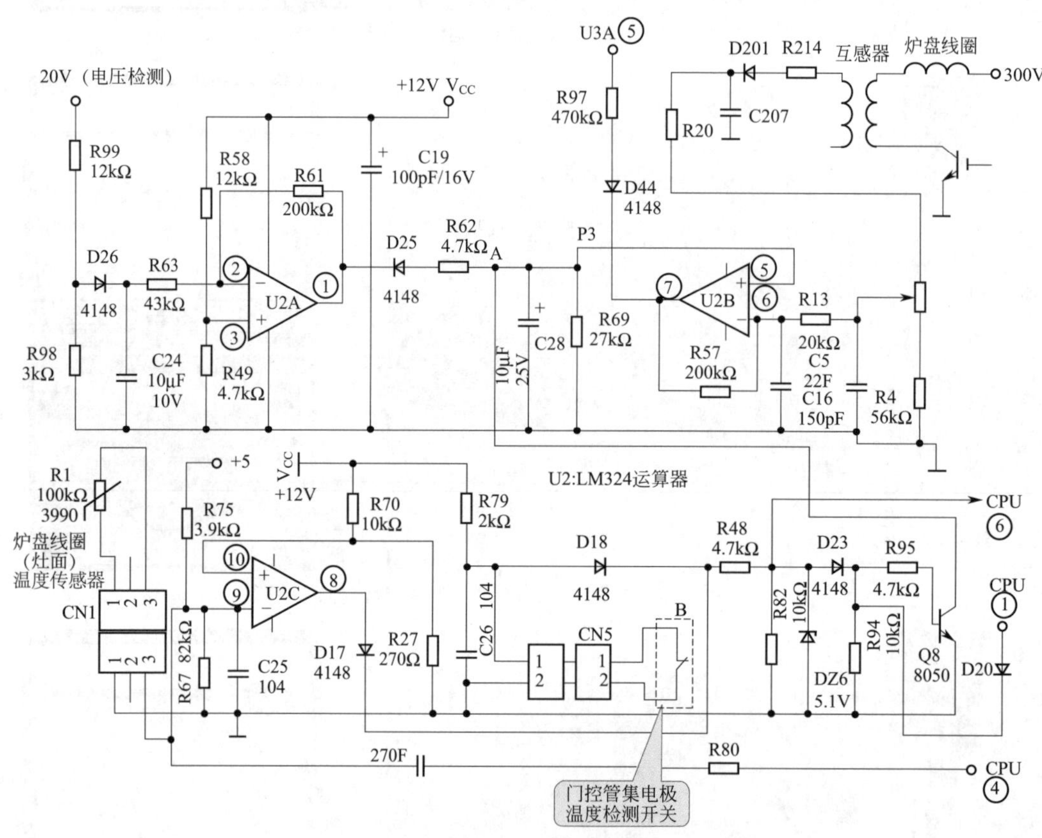

图 8-94　炉盘温度和门控管温度检测电路

图 8-95 所示为门控管集电极温度检测器，它的输出端接在检测控制电路板上。

将门控管温度检测器的插件从电路板上拔下来，会看到它有两个引脚，如图 8-96 所示。在常温下检测，正常的时候检测到的阻抗应该为 0Ω。当温度超过门控管温度检测器允许的温度时，它的阻值会变为无穷大。

⑧ 桥式整流堆的检测　图 8-97 所示为桥式整流堆，检测时需要检测电路板背面的引脚。桥式整流堆里面有 4 个整流二极管，也就有 4 个引脚，中间的两个引脚是交流输入端，两侧的引脚是直流输出端。

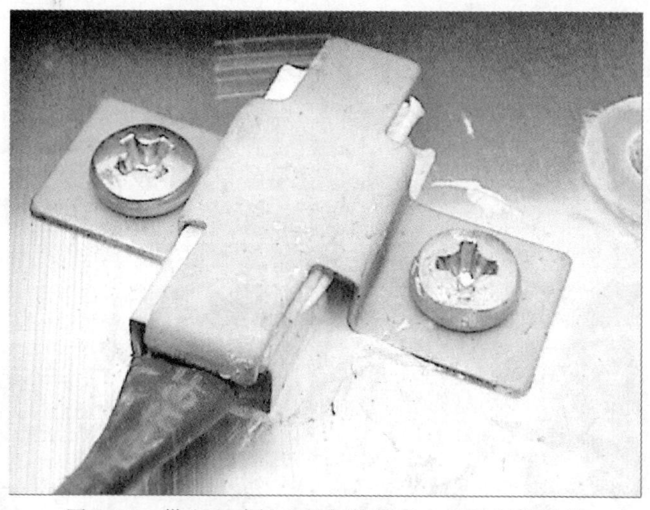

图 8-95　供电电路板上的门控管集电极温度检测器

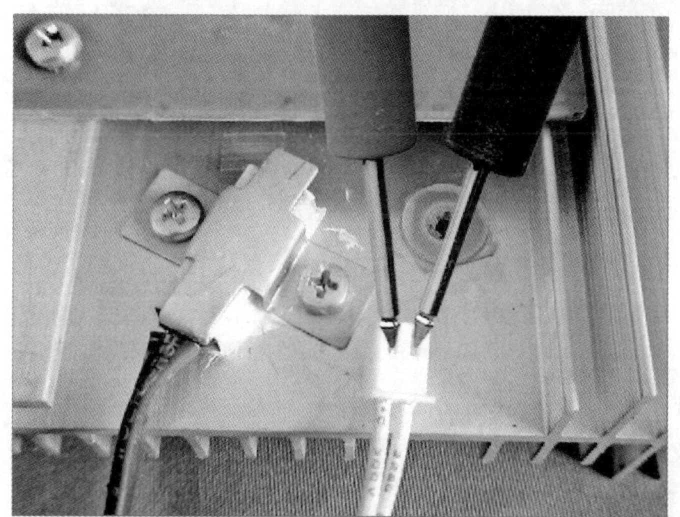

图 8-96　门控管温度检测器的检测

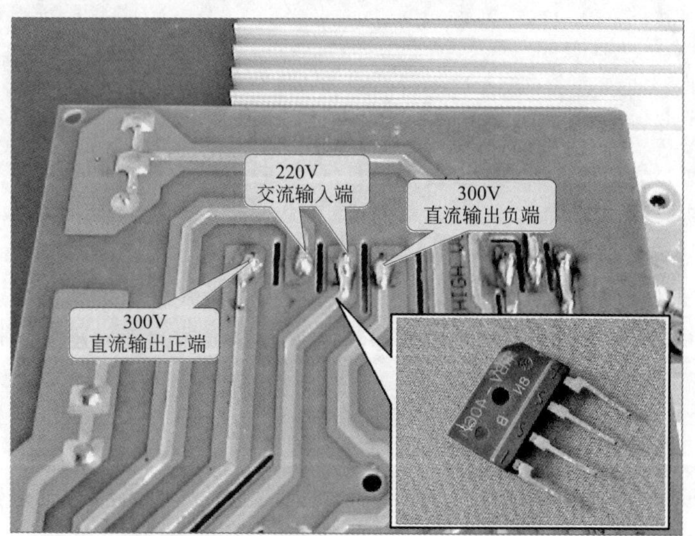

图 8-97　供电电路板上的桥式整流堆

如图 8-98 所示，先在电路板上检测，将万用表的红黑表笔任意搭在桥式整流堆中间的两个引脚上，此时的阻值是无穷大。然后，将红表笔和黑表笔对调，再分别搭在桥式整流堆中间的引脚上，对调后检测的阻值也为无穷大。

图 8-98　电路板上桥式整流堆交流输入端的检测

如图 8-99 所示，检测桥式整流堆的直流输出端。将万用表的红黑表笔分别搭在桥式整流堆两侧的引脚上，即黑表笔接桥式整流堆直流输出端正端，红表笔接桥式整流堆直流输出端负端，万用表显示的反向阻抗为无穷大。

图 8-99　电路板上桥式整流堆直流输出端反向阻抗的检测

如图 8-100 所示，将红黑表笔颠倒一下，再分别搭在桥式整流堆两侧的引脚上，此时万用表显示的阻抗在 10kΩ 左右。该阻抗是桥式整流堆直流输出端的正向阻抗，即测量该阻抗时万用表的黑表笔应该接在桥式整流堆直流输出端的负端上，红表笔接在正端上。

下面检测一下从电路板上取下来的桥式整流堆的阻抗。图 8-101 所示为桥式整流堆的外形结构。

如图 8-102 所示，检测桥式整流堆交流输出端的阻抗，仍为无穷大。颠倒两支表笔后，再测得的阻抗也为无穷大。

图 8-100　电路板上桥式整流堆直流输出端正向阻抗的检测

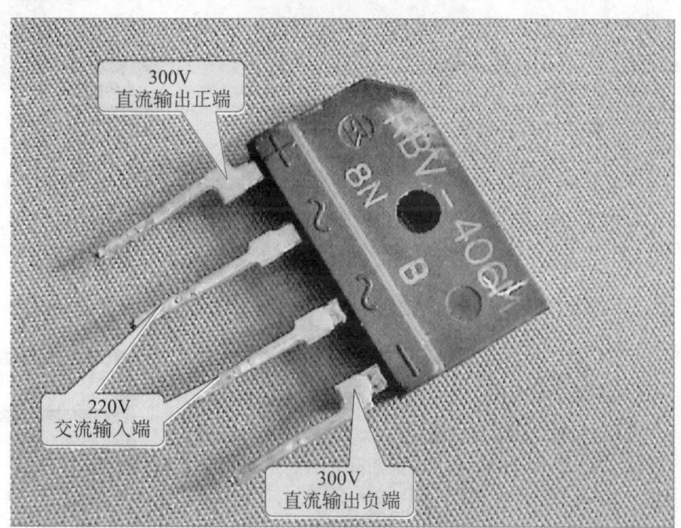

图 8-101　桥式整流堆的外形结构

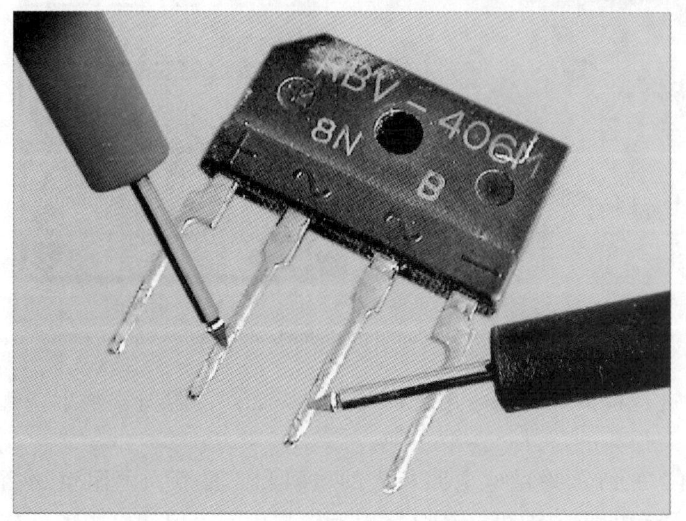

图 8-102　桥式整流堆交流输出端的检测

从桥式整流堆的外形结构可以看出，在直流输出端上分别标识有输出的正电压端与负电压端的标记。如图 8-103 所示，将黑表笔接在负端，红表笔接正端，这时候万用表显示的正向阻抗在 11kΩ 左右。

图 8-103　桥式整流堆直流输出端正向阻抗的检测

如图 8-104 所示，将红表笔和黑表笔颠倒一下，再对桥式整流堆的直流输出端进行检测，此时测得的反向阻抗为无穷大。

图 8-104　桥式整流堆直流输出端反向阻抗的检测

从电路板上取下桥式整流堆后进行检测，若测量出任何两个引脚之间的阻值非常小，就表明该桥式整流堆已经被击穿，是一个损坏的器件，需要更换。

⑨ 电阻、二极管的检测　图 8-105 所示为供电电路板上的电阻和二极管。电阻值的测量比较简单，一般直接用万用表测量两端的阻值即可。在电路板上检测出的阻值和电阻的标称值

相差很大，这是因为在检测电路板上的电阻的时候，旁边有很多其他的电阻可能和检测的电阻并联，会直接影响该电阻所测的值。如果要准确测量电阻值，必须焊开其中一个引脚，然后再进行检测。二极管的检测也要看是否受到外电路的影响，如果影响比较大，也要将二极管的一个引脚焊开再进行测量。

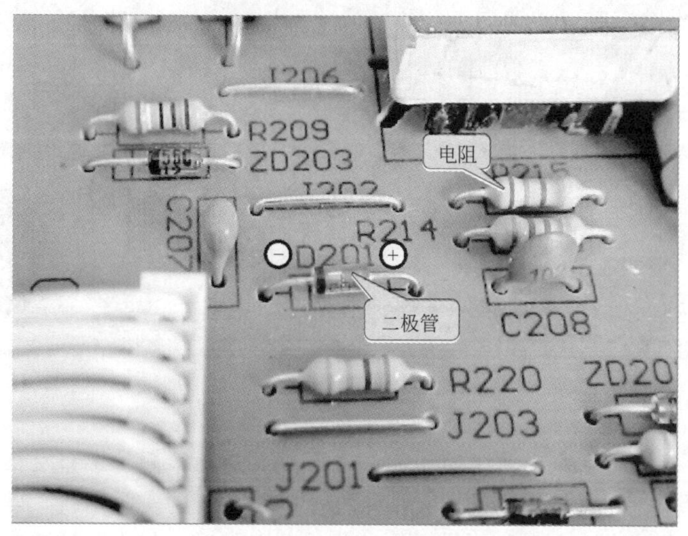

图 8-105　供电电路板上的电阻和二极管

如图 8-106 所示，将黑表笔接二极管正极引脚，红表笔接负极引脚，这时二极管的在路正向阻抗在 4kΩ 左右。

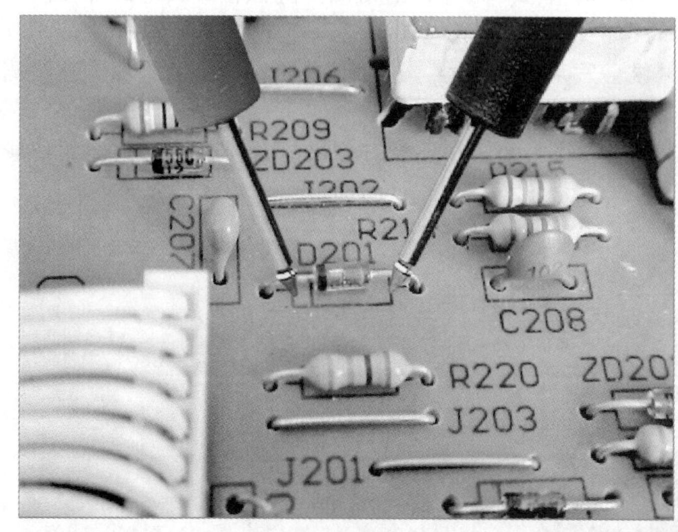

图 8-106　二极管正向阻抗的检测

如图 8-107 所示，将红黑两支表笔颠倒，这时测得的是二极管的在路反向阻抗，为无穷大。

该二极管的好坏可以在电路板上直接检测出来，说明电路板上其他元器件对它的影响比较小。若在电路板上检测二极管时不论是正向阻抗还是反向阻抗都非常小，这种情况并不表示二

图 8-107　二极管反向阻抗的检测

极管损坏，这主要是因为在电路板上有电阻与它并联，从而检测的不是二极管的阻抗，而是旁边电阻的阻抗。所以，此时检测出的阻抗值不能反映二极管的实际阻抗，若要判别该二极管是否损坏，就必须焊开其中一个引脚再进行测量。焊开引脚后，如果阻抗非常小，就说明二极管损坏，需要更换新的。

（2）供电电路板上信号波形的检测

可以用感应法检测高频振荡信号，如果感应测量的信号正常，则表明门控管、炉盘线圈以及供电电路是正常的；如果感应的高频振荡信号有不正常的情况，应该检查其他的部分。

① 炉盘线圈高频振荡信号波形的检测　首先接通电源，打开电磁炉的电源开关，此时风扇转动。若没有放灶具，在检测的时候会发出振荡信号，这同时也是对灶具的检测。在检测几次后，电磁炉会自动停机。

如图 8-108 所示，将示波器的探头放到线圈上，在还没有停机的时候会检测到高频信号的波形。

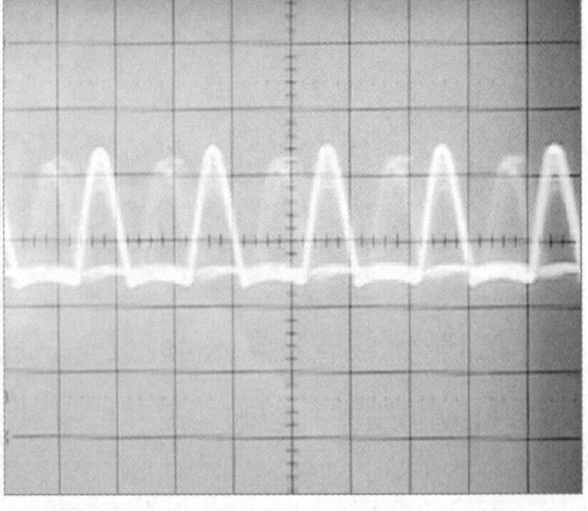

图 8-108　炉盘线圈高频振荡信号波形的检测

② 散热片（门控管集电极）高频振荡信号波形的检测　如图 8-109 所示，将示波器探头放到门控管散热片上，在散热片上也会感应到高频信号波形，有这个信号波形就表明振荡电路、门控管、线圈（即高频振荡电路）基本上是正常的。

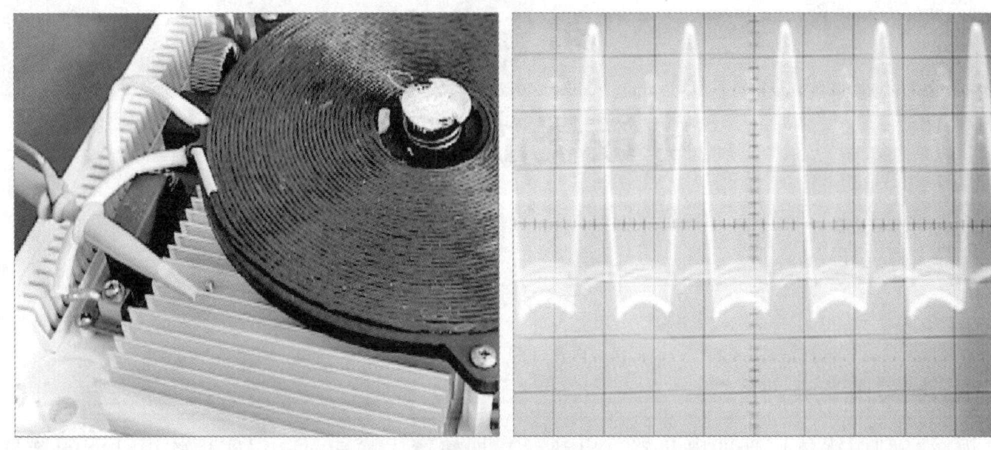

图 8-109　门控管高频振荡信号波形的检测

在检测的时候要注意信号的波形和幅度，示波器的探头越靠近门控管，也就离散热片越近，高频信号的幅度就会越大。

第9章

电饭煲故障检修

9.1 电饭煲的结构特点

电饭煲是利用锅体底部的电热器（电热丝）加热产生高能量，以实现炊饭功能的器具，根据电饭煲控制方式的不同，通常可分为机械控制式和微电脑控制式电饭煲。

机械控制式电饭煲主要通过杠杆联动装置对电饭煲进行加热保温控制。它主要由锅盖、锅体、内锅、电热盘、磁钢限温器等构成，如图 9-1 所示。

微电脑控制式电饭煲主要采用微处理器控制电路对电饭煲中的电热器和各部件进行控制。微电脑控制式电饭煲主要是增加了一套以微处理器为核心的自动控制电路，如图 9-2 所示。

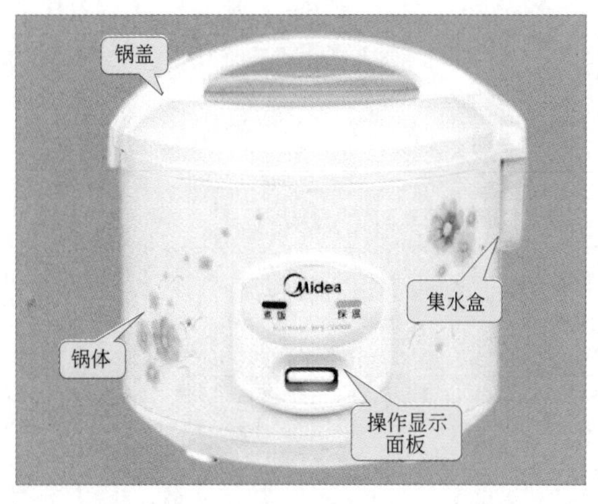

图 9-1 机械控制式电饭煲结构组成

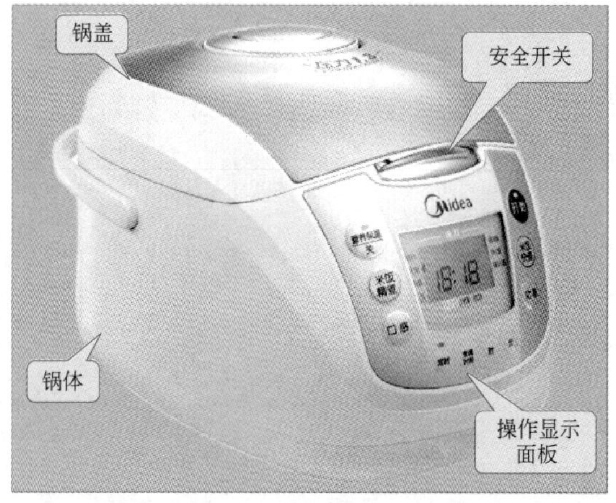

图 9-2 微电脑控制式电饭煲结构组成

（1）锅盖

电饭煲的锅盖根据其制作的工艺不同，主要可分为普通锅盖和保温锅盖两种。普通锅盖主要采用铝制或不锈钢等材质制成单一结构，而保温盖则含有多层结构，密封效果较好，如图 9-3 所示。有些电饭煲的保温锅盖内还设有保温加热器。

（2）操作显示面板

电饭煲的操作显示面板根据其控制的方式不同主要分为机械键杆式控制和轻触按键式操作面板两种，如图 9-4 所示。在机械控制式电饭煲中，按下按动开关后即可实现电饭煲的加热保温操作，而微电脑控制式电饭煲则主要采用轻触按键式操作面板形式进行控制，用户可以通过

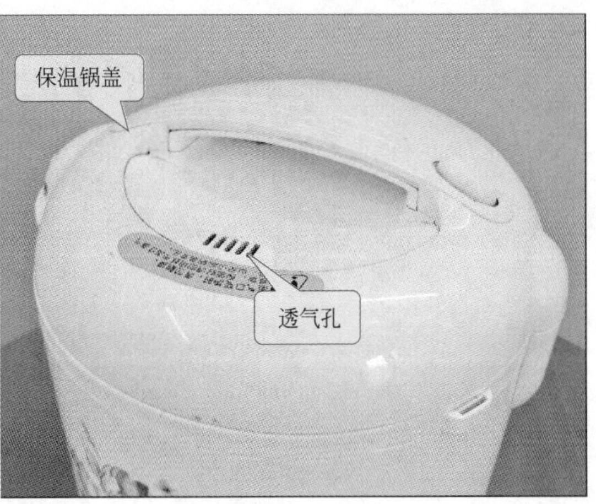

图 9-3 锅盖

其操作面板的不同功能键对电饭煲进行控制。

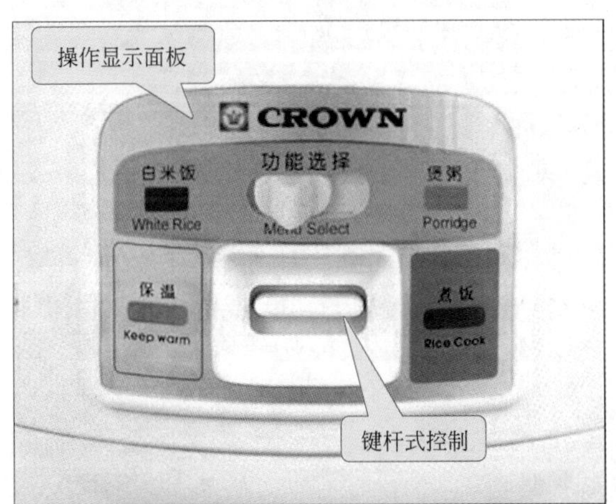

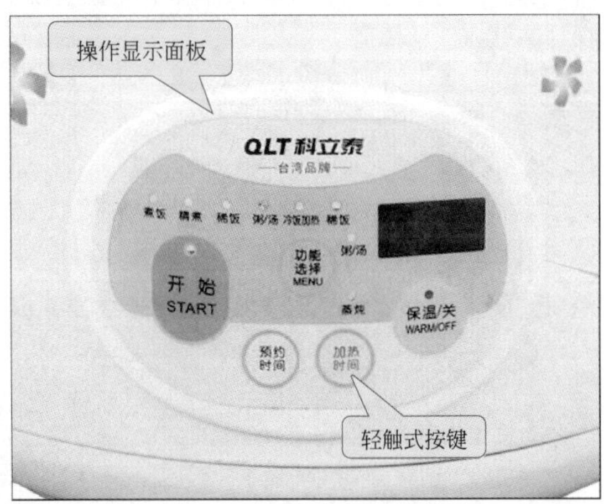

图 9-4 操作显示面板

（3）内锅

内锅（也称内胆）是用来煮饭的容器，它由 0.8～1.5mm 厚的铝板一次拉伸而成，底部加工成球面状，以便与电热盘紧密接触，具有导热快的特点。为防止锅底与食物粘连，内锅常采用喷砂、化学抛光和防粘涂层等处理。为了煮饭时使放入锅内的水和米的比例合适，在内锅上还刻有放水的标尺刻度，如图 9-5 所示为内锅的实物外形。

（4）电热盘

电热盘是用来为电饭煲提供热源的部件。它安装于电饭煲的底部，是由管状电热元件铸在铝合金圆盘中制成的，供电端位于锅体的底部，通过连接片与供电导线相连，如图 9-6 所示。

（5）感温器和限温器

电饭煲的限温器主要分为热敏电阻式感温器和磁钢限温器两种，如图 9-7 所示。热敏电阻式感温器主要通过热敏电阻检测电饭煲的温度，由控制电路对电热器进行控制。在这种方式中热敏电阻只是一个温度传感器。磁钢限温器与炊饭开关直接连接，磁钢限温器动作，感温后直接控制加热器供电开关。

① 热敏电阻式感温器　热敏电阻式感温器（温度传感器）主要用于检测过低温度，在室

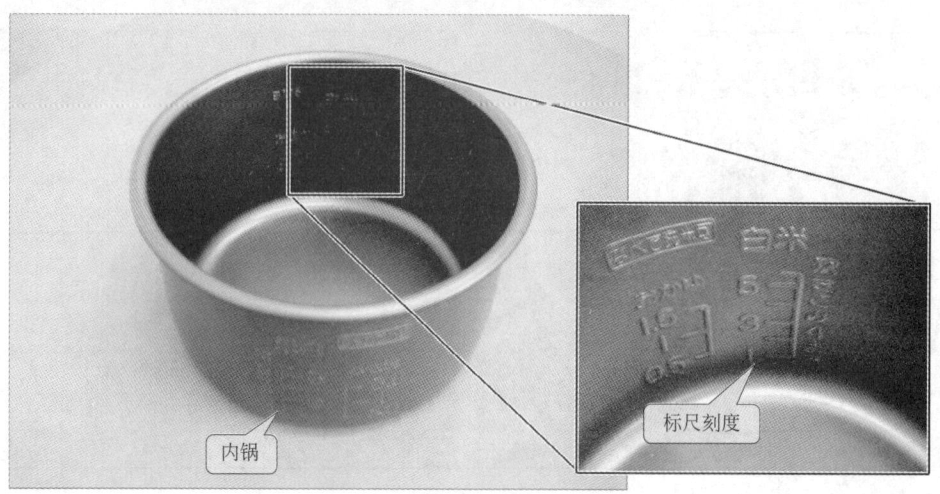

图 9-5　内锅

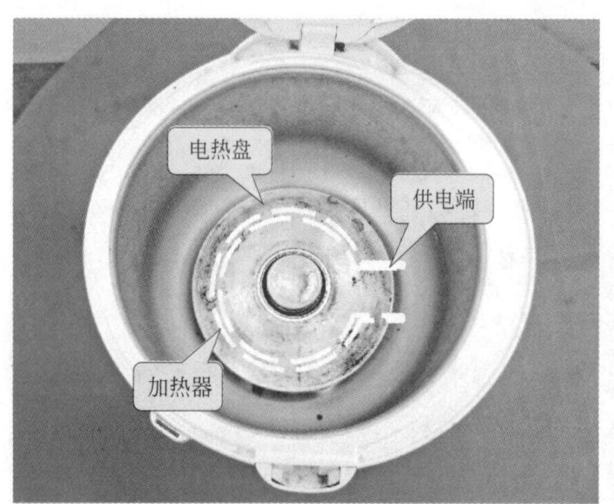

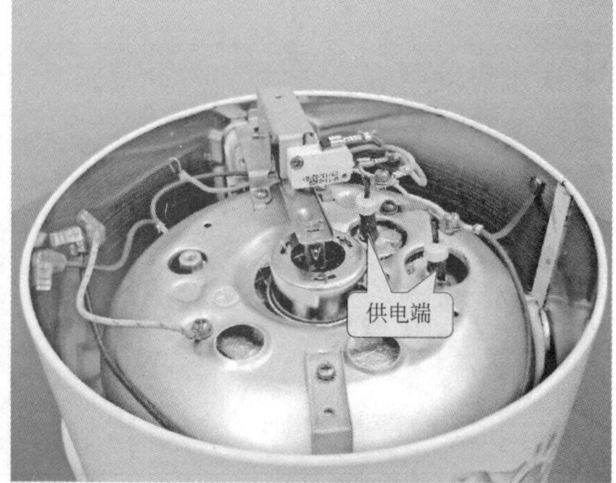

图 9-6　电热盘

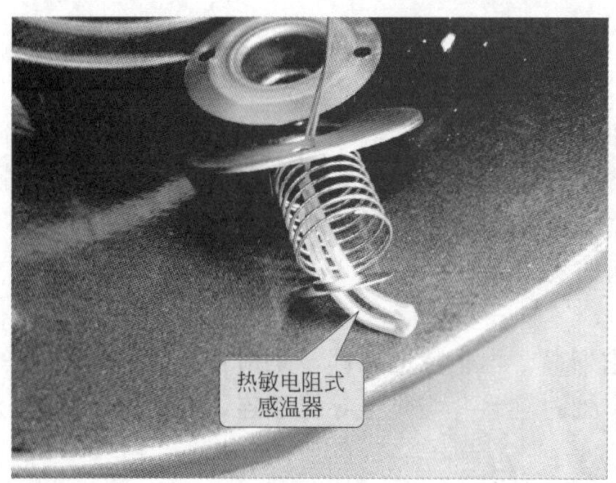

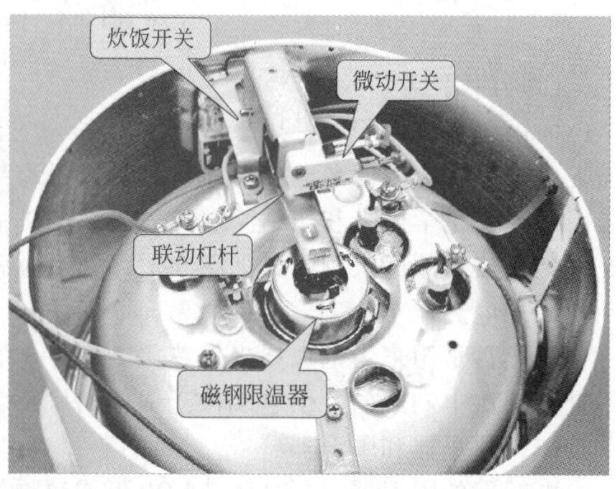

图 9-7　感温器和限温器

温环境中，阻值较大，电饭煲正常炊饭。热敏电阻式感温器的表面温度随食物煮熟而不断上升，当升至 100～103℃时，热敏电阻式感温器导通，为微处理器提供“饭已熟”的信号，电饭煲进入保温工作状态。

② 磁钢限温器　磁钢限温器可直接控制炊饭开关的动作。如图 9-8 所示，按下炊饭开关后，联动杠杆动作，联动装置位置上升，使磁钢限温器内部的永磁体与感温磁钢吸合，微动开关与磁钢限温器同时动作，此时微动开关触点接通，加热器开始工作。

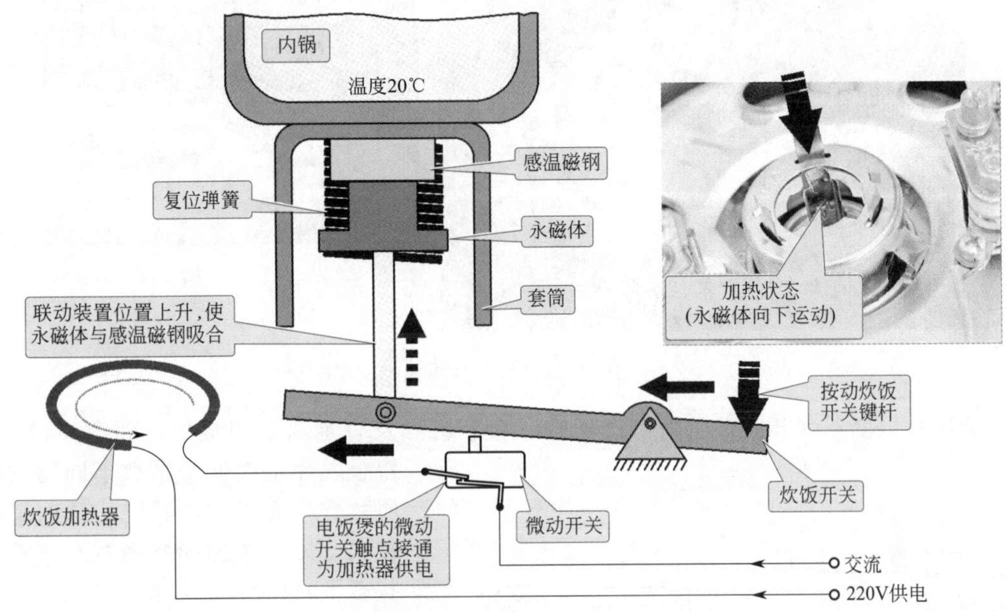

图 9-8　磁钢限温器炊饭时的工作状态

如图 9-9 所示，当锅内食物煮熟后，磁钢限温器表面温度上升到 100℃以上，此时，感温磁钢失去磁性，永磁体在复位弹簧的带动下弹开，推动联动杠杆装置动作，使微动开关断开，切断炊饭加热器的供电电源，电饭煲停止加热。

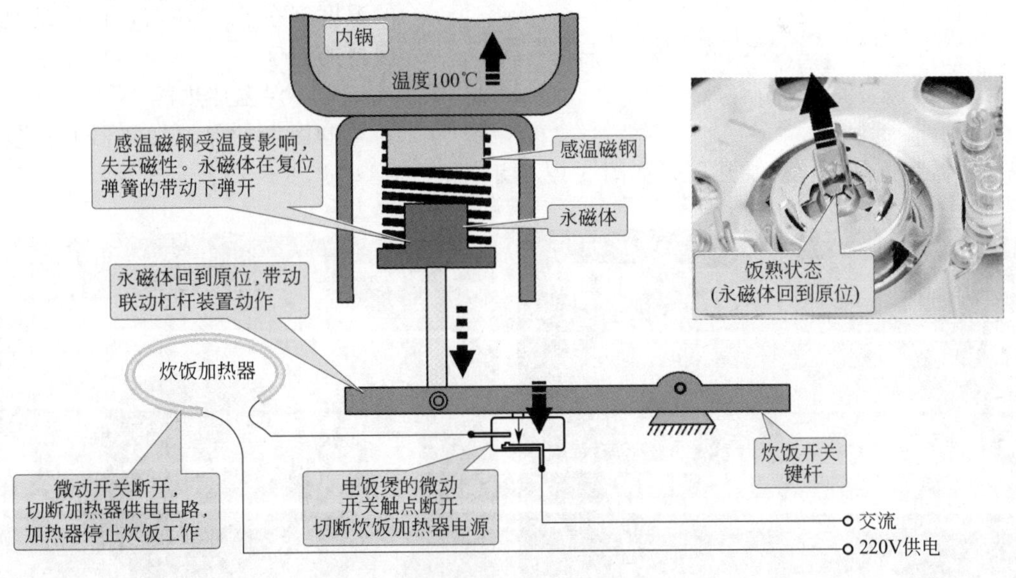

图 9-9　磁钢限温器饭熟时的工作状态

(6) 双金属片恒温器

双金属片恒温器并联在磁钢限温器上，是电饭煲饭熟后的自动保温装置，如图 9-10 所示。

第9章

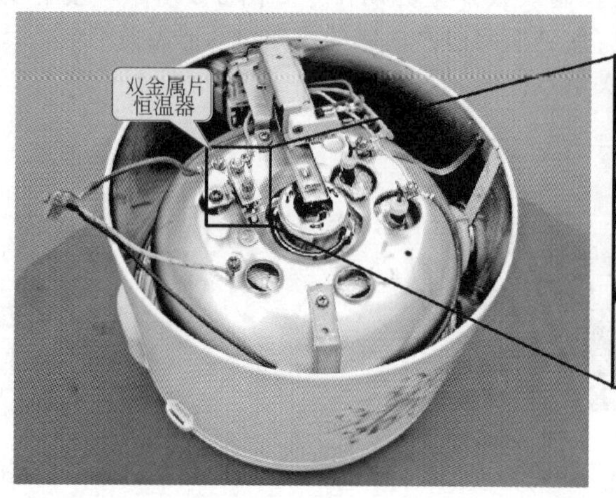

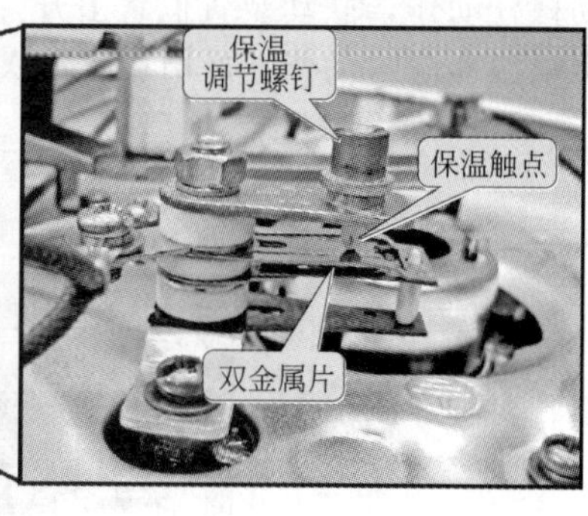

图 9-10　双金属片恒温器

双金属片恒温器（开关）是由双金属片、动静触点及瓷绝缘子组成的，如图 9-11 所示。双金属片是由膨胀系数不同的两种金属片叠合而成的，其中一片的膨胀系数大，另一片的膨胀系数小。在常温状态下，两金属片保持平直，当温度升高时，热膨胀系数大的伸长较多，使双金属片向热膨胀系数小的那一面弯曲，通过双金属片的动作，使触点接通或断开，控制加热器通电或断电，以达到温控的目的。电饭煲触点断开的温度定在 65℃左右，也就是熟饭所保持的温度。

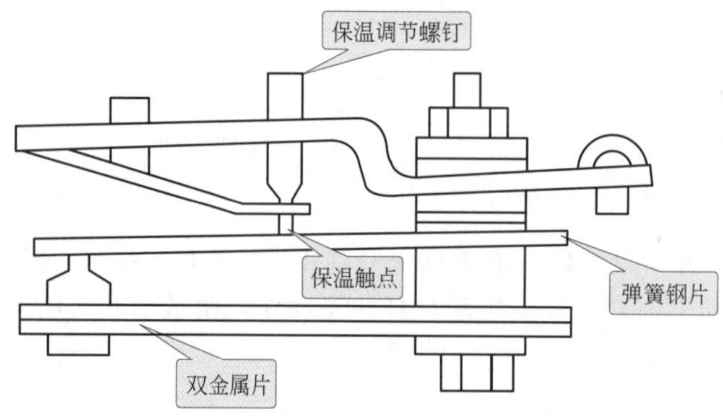

图 9-11　双金属片恒温器的结构示意图

（7）保温加热器

电饭煲的保温加热器通常包括保温盖加热器和锅外围保温加热器，如图 9-12 所示。

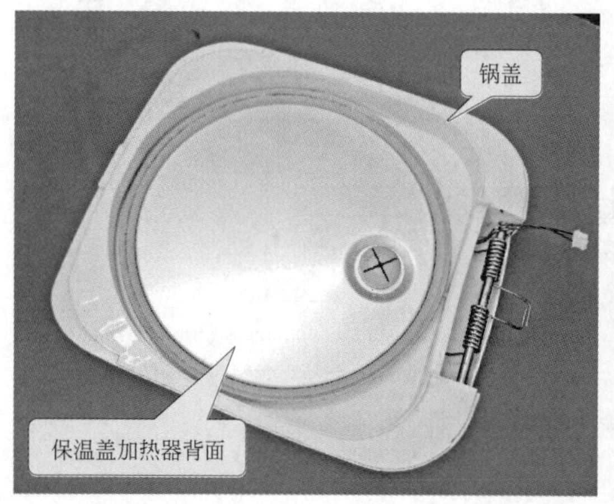

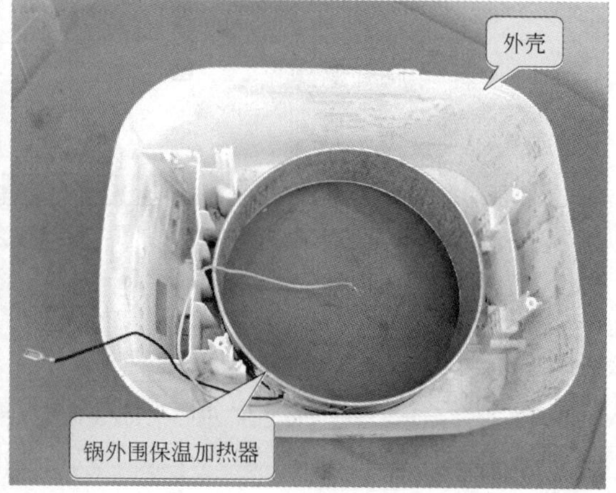

图 9-12　保温加热器

保温盖加热器是电饭煲饭熟后的自动保温装置，在保温盖内侧装有加热器，当电饭煲锅内温度下降时，控制电路使保温加热器加热产生热量，热量散发到锅内，保证锅内的温度不会太低。加热器用锡箔纸密封，锡箔纸除了具有防水的功能外，还具有导热的功能。

锅外围保温加热器安装在锅外周围，对锅内的食物起到保温的作用。保温电阻丝也被锡箔纸密封，具有防水和导热的功能。炊饭完成后，电热盘停止加热，保温加热器随即开启，绕在锅周围的保温加热器为线状电阻丝，用绝缘套管绝缘。

（8）操作显示及控制电路

机械控制式电饭煲的显示控制电路结构较简单，通常固定在锅体壳内，如图 9-13 所示。用户可根据需要按动炊饭键控制电饭煲的启、停，氖灯用作显示电饭煲煮饭或保温状态。

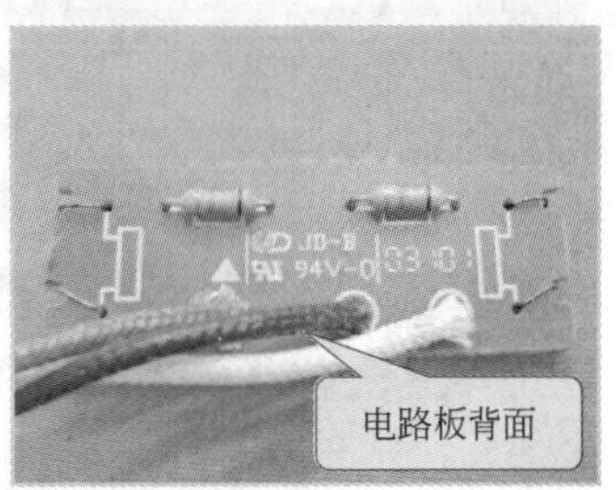

图 9-13　机械控制式电饭煲显示控制电路

微电脑控制式电饭煲的操作显示及控制电路结构较复杂，主要由加热控制继电器、液晶显示屏、蜂鸣器、晶闸管（可控硅）、操作按键、指示灯、微处理器和过压保护器等组成，如图 9-14 所示。整个电饭煲的控制电路制作在一块印制板上，通过印制板上的接线片与被控制电路相连。

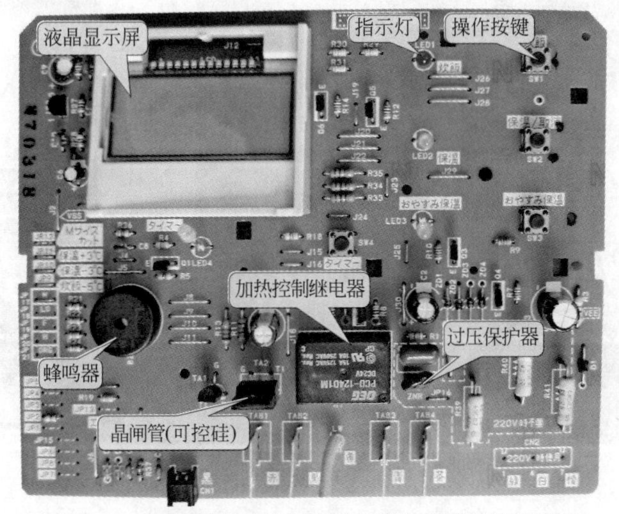

图 9-14　微电脑控制式电饭煲的操作显示及控制电路

9.2 电饭煲的故障检修

对电饭煲的检修，应根据电饭煲的组成和工作原理，顺着信号流程，对各主要功能部件或电子元器件进行检测。

9.2.1 炊饭装置的检修

电饭煲的炊饭装置出现故障主要表现为通电后不炊饭、炊饭不良或一直炊饭。此时，应检查炊饭装置中的各个部件，对损坏的部件进行及时更换。

（1）电热盘的检测与代换

电饭煲在长期使用以及挪动过程中，可能会出现内部连接线老化或者松动等现象，应检查电热盘连接线的情况。如果电热盘的连接线出现松动，重新拧紧固定螺钉即可，如图 9-15 所示。

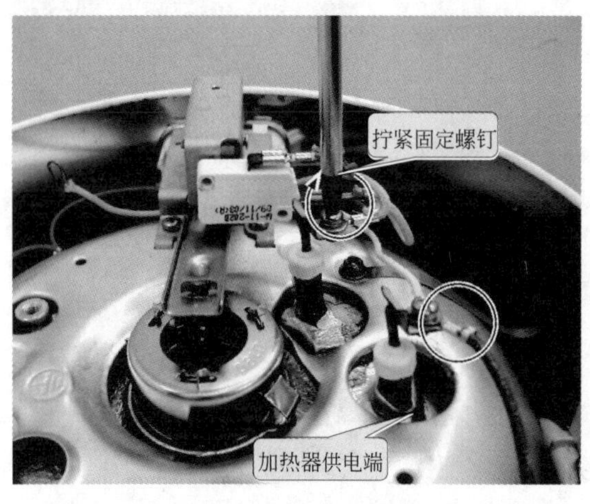

图 9-15　重新固定电热盘连接线

若重新固定电热盘连接线后，仍不可以排除电饭煲故障，则检测电热盘供电端的阻值是否正常。检测电热盘时，万用表的两支表笔分别接在电热盘的两个供电端，如图 9-16 所示。

若测得两端之间的阻值在 85Ω 左右，则说明电热盘正常。若电阻值为无穷大，说明电热盘内部断路，应该对其进行更换。若阻值为 0Ω，表明电热盘的供电输入端可能与外壳短路，应仔细检查。

购买与原电热盘供电电压及功率相同的电热盘进行更换，格兰仕（CFXB30-50B）保温式自动电饭煲电热盘的规格为 220V、500W。更换电热盘之后，将感温磁钢的三个

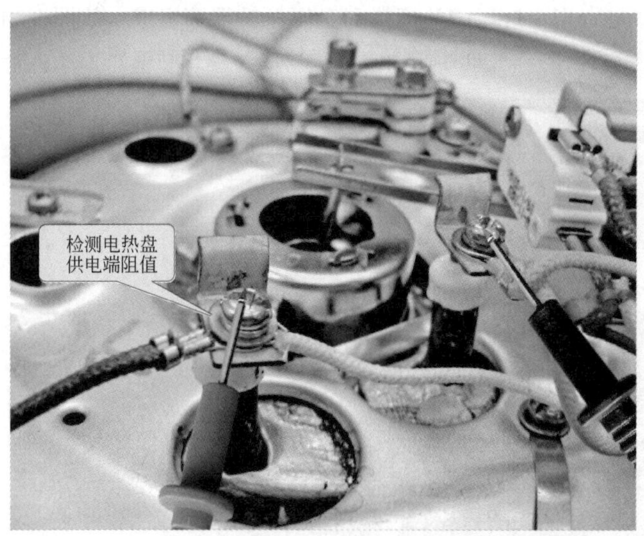

图 9-16　检测电热盘供电端的阻值

连杆的定位卡片夹弯，将磁钢限温器固定在电热盘上，如图 9-17 所示。

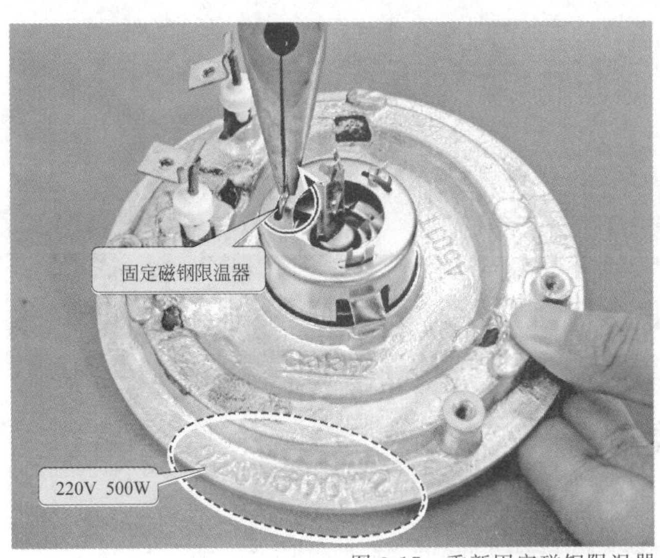

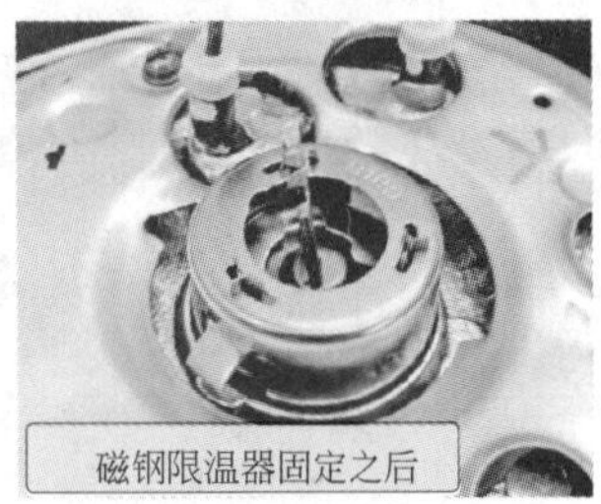

图 9-17 重新固定磁钢限温器

用螺钉将电热盘和磁钢限温器固定在外锅上，然后，用尖嘴钳将磁钢限温器连杆的定位卡片夹直，用来固定加热杠杆开关和磁钢限温器的连杆，如图 9-18 所示。

（2）磁钢限温器的检测与代换

炊饭装置不工作，也有可能是磁钢限温器出现故障，检查磁钢限温器的周围是否被异物（饭粒或者其他脏物）卡住，使永磁铁和感温磁钢不能吸合。用镊子取出即可排除故障，如图 9-19 所示。

清除异物后，若故障仍不能排除，则检查加热杠杆开关和供电微动开关接触的动作是否正常，供电微动开关的触点是否良好，如图 9-20 所示。

感温磁钢失效或永久磁铁退磁严重，使磁钢限温器开关触点不能闭合，电热盘只能由保温加热器工作，使内锅的温度只能升到 65℃左右，所以不能将饭煮熟。这时只要购买规格与电热盘相符的磁钢限温器更换即可。更换磁钢限温器与更换电热盘的步骤大致相同。

（3）内锅的检测与代换

内锅底面变形，与电热盘无法紧密配合也会导致炊饭不良，应清除污物并校正锅底和加热盘弧面，如图 9-21 所示。

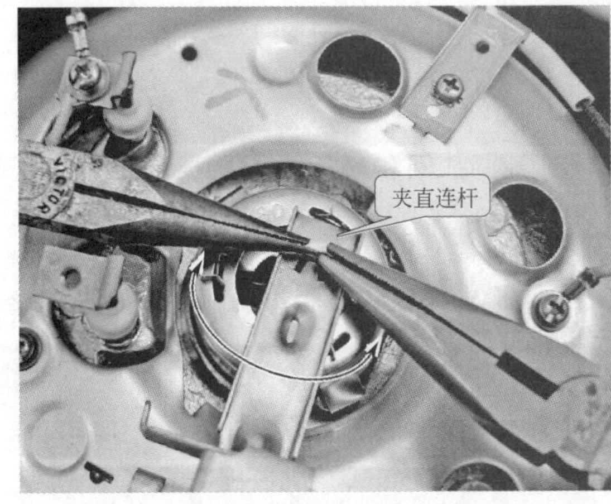

图 9-18 夹直连杆

图 9-19 用镊子清除异物

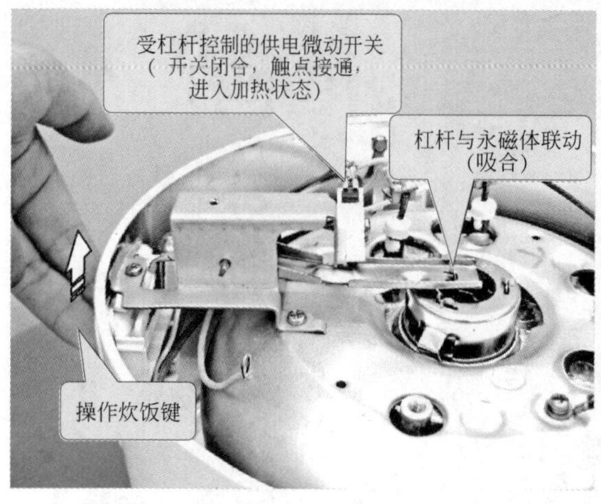

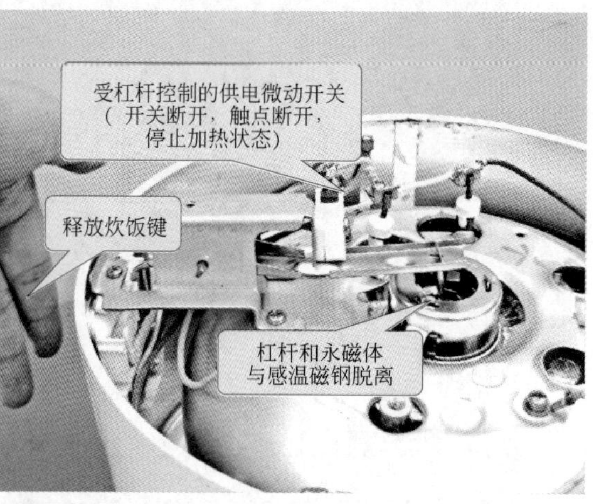

图 9-20　检查加热杠杆开关和供电微动开关的状态

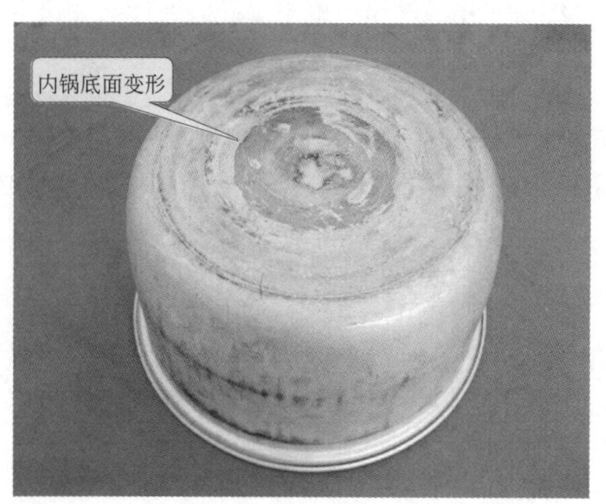

图 9-21　内锅底面示意图

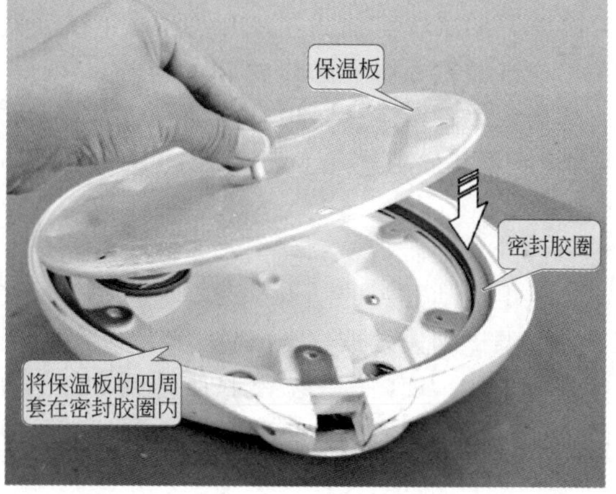

图 9-22　更换破损的保温板

9.2.2　保温装置的检修

电饭煲的保温装置主要用来对锅内煮熟后的食物进行保温，若保温装置出现故障，则主要表现为饭熟后不能自动保温。

当电饭煲保温装置出现故障时，需要检查保温板、密封胶圈和双金属片恒温器是否出现了故障，对出现故障的部件进行更换即可。

（1）保温板的检查与代换

电饭煲出现不保温现象，可先拆卸电饭煲的上盖，检查保温板是否出现断裂，如图 9-22 所示。如果保温板损坏，则购买与损坏的保温板大小相符的更换即可。

（2）密封胶圈的检查与代换

若保温板没有裂痕，则检查密封胶圈的状态。因为密封胶圈的周围被螺钉固定，所以很难会发生脱落现象，最有可能发生的是密封胶圈老化，如图 9-23 所示。

经检查发现密封胶圈老化，造成电饭煲的保温效果降低。需购买与原密封胶圈大小相同的更换即可排除故障。

（3）双金属片恒温器的检测与代换

饭熟后不能自动保温，此故障的原因也可能是双金属片恒温器开关出现故障，在常温下用万用表检测两接线片之间的阻值，如图 9-24 所示。

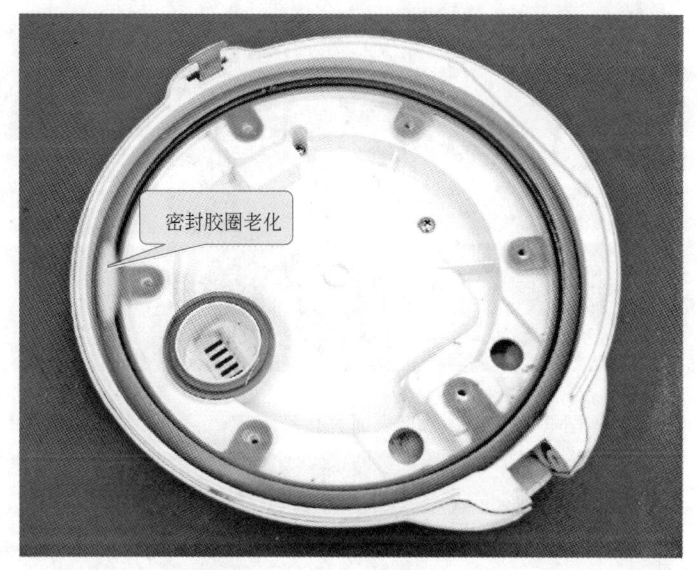

图 9-23　检查密封胶圈的状态

正常时两支表笔之间的电阻值近似为 0Ω，若检测的阻值为无穷大，则可能是双金属片恒温器触点表面氧化、双金属片弹性不足、调节螺钉松动或脱落等故障。

经检查发现双金属片恒温器触点表面氧化。此时，虽然双金属片恒温器的触点已经闭合，但是由于触点表面氧化，仍然不能接通电路。可以用一字螺丝刀，但最好用废钢锯条刮去氧化层，也可用细砂纸研磨触点，即可消除故障，如图 9-25 所示。

双金属片恒温器的调节螺钉松动会导致动、触点不能接通，也会出现电饭煲不能自动保温的现象，这时可重新调整螺钉的位置，以保证恒温器触点在 65℃左右时断开，如图 9-26 所示。调节螺钉的方向视情况而定，如果恒温器的动作温度偏高，可逆时针拧螺钉，这样可以降低恒温器的动作温度；反之，顺时针方向拧动，恒温器的动作温度升高。

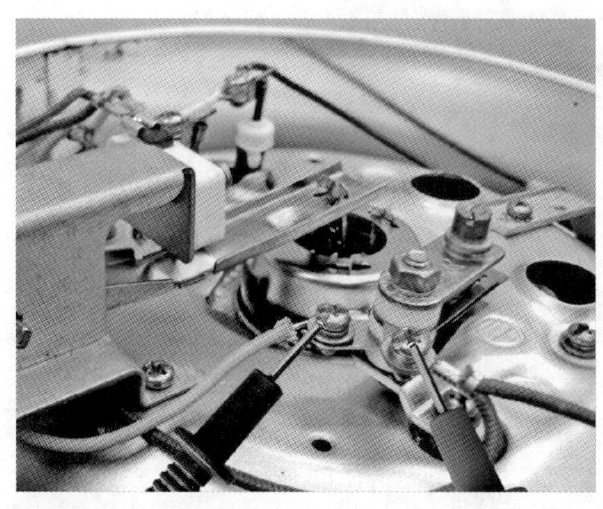

图 9-24　检测两接线片之间的阻值

双金属片恒温器的金属片弹性不足时，也会使动触点不能与静触点很好地接触，这时会造成开关断路。如图 9-27 所示为动触点和静触点不能很好地接触，触点断路不能接通加热器。

调整触点的距离，若仍不见效，则直接更换相同规格的双金属片恒温器，即可排除故障。

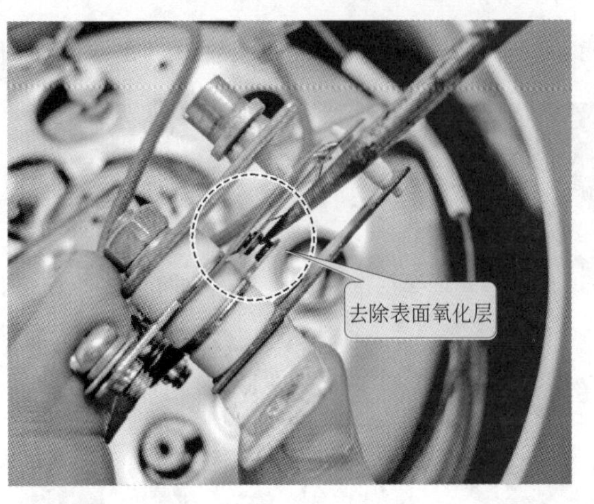

图 9-25　去除触点表面氧化层

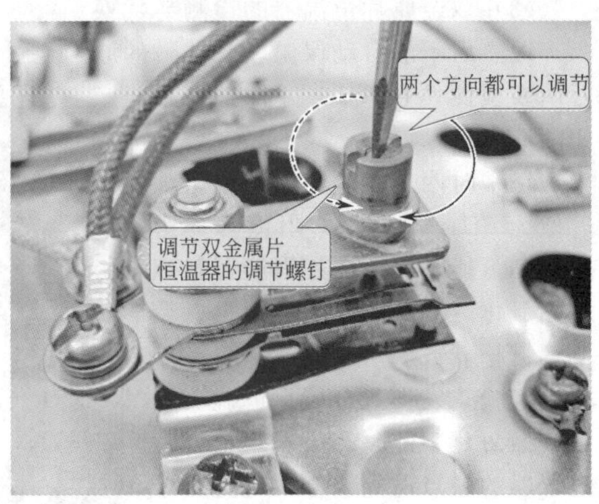

图 9-26　调节双金属片恒温器的调节螺钉

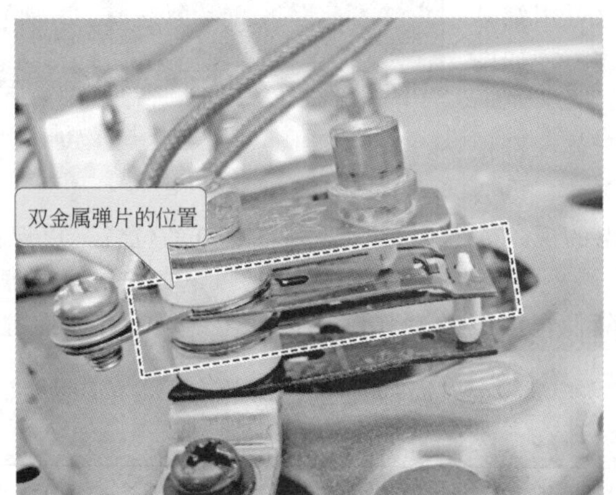

图 9-27　双金属片恒温器双金属弹片的位置

第10章

电热水壶故障检修

10.1 电热水壶的结构特点

图 10-1 所示为电热水壶的外部结构。从外观上看，电热水壶的外部是由指示灯、分离式电源底座、电热水壶自身底座、蒸汽式自动断电开关、上盖、出水口、水壶提手以及透明水尺等构成的。

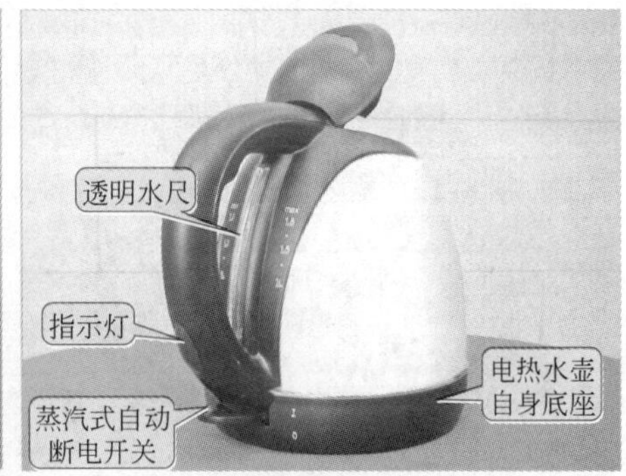

图 10-1 电热水壶的外部结构

图 10-2 所示为电热水壶内部连接关系。可以看出，电热水壶主要是由发热盘、热熔断器、温控器、水壶插座（供电端）、蒸汽式自动断电开关盒、指示灯氖管组成的。

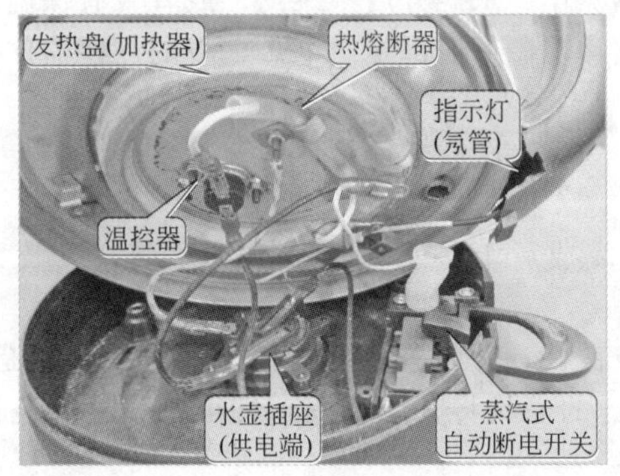

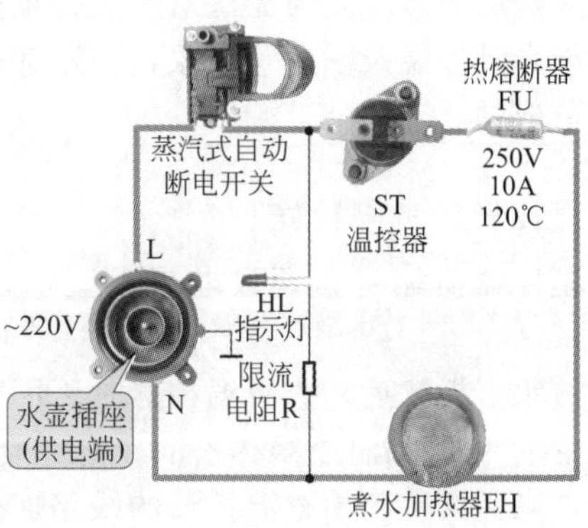

图 10-2 电热水壶的电路结构

（1）电热水壶中分离式电源底座的内部结构

在电热水壶中分离式电源底座是用于对电热水壶进行供电的主要部件，图 10-3 所示为电热水壶中分离式电源底座的结构，分离式电源底座是由底座插座和电源连接线构成的。

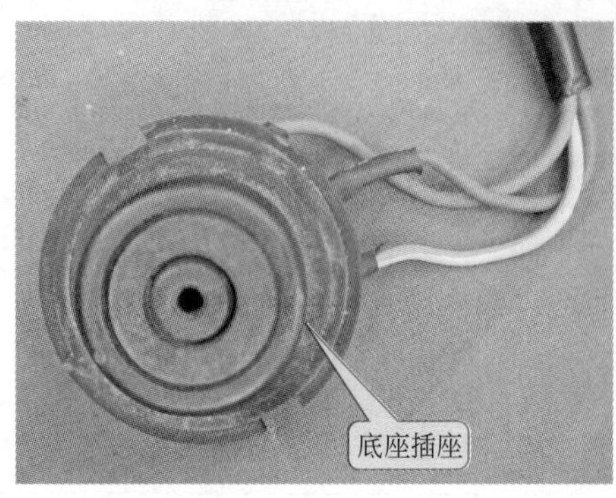

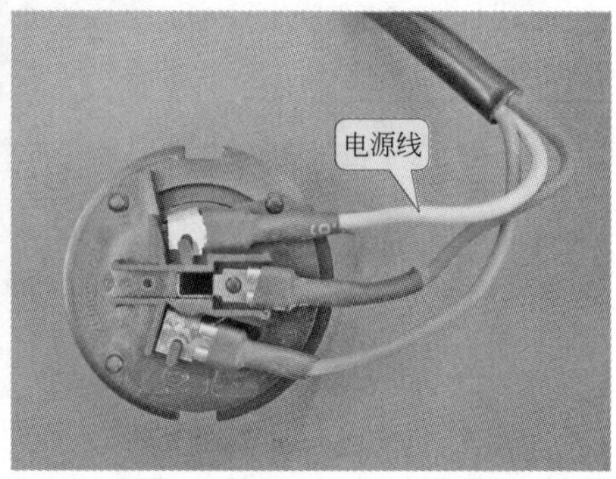

图 10-3　分离式电源底座的结构

（2）电热水壶壶身的内部结构

电热水壶壶身是用于对水进行加热的设备，图 10-4 所示为电热水壶壶身的结构，壶身是由蒸汽式自动断电开关、水壶插座、发热盘、温控器、热熔断器以及指示灯（氖管）等构成的。

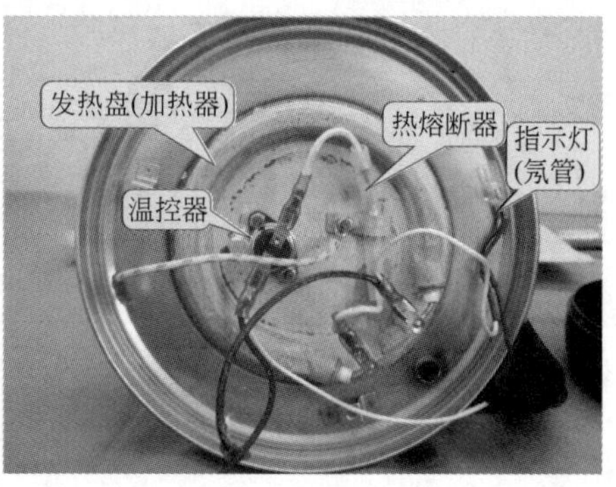

图 10-4　电热水壶壶身的内部结构

10.2　电热水壶的故障检修

电热水壶的故障主要为无法对水进行加热操作、水烧开后不跳闸，或者带有保温功能的电热水瓶不能自动保温及漏电等现象，而这些故障现象一般都是由电热水壶的一些器件损坏或者接触不良造成的。

10.2.1　温控器的故障检修

如果温控器损坏将会导致电热水壶加热完成后电热水壶不能自动跳闸，以及无法加热故障。

将电热水壶拆解后，查看温控器是否固定良好，并检查温控器两端的导线连接是否正常，如图 10-5 所示。如果温控器有松动，选择合适的工具将其重新固定即可；如果温控器的导线连接有误，则需要重新检查温控器的线路连接。

检测温控器时，主要使用万用表对其进行检测，如图 10-6 所示，将万用表旋转至欧姆挡，

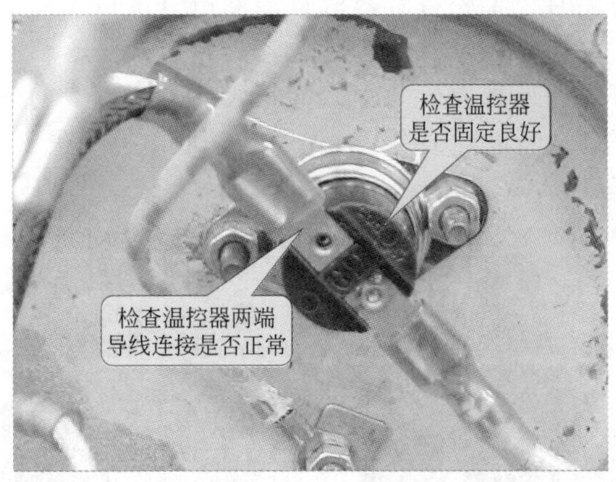

图 10-5　检查温控器固定及导线连接

用万用表的两支表笔分别检测温控器的两端。

如果检测时，万用表指针指向无穷大或有阻值，均表明温控器损坏，需要将其更换为同一规格的温控器即可。

图 10-6　温控器初步检测

如果检测时，万用表指针指向零，表明温控器内部为通路，但是还不能完全判断温控器正常，需要将温控器进行拆卸后，再使用电烙铁加热到一定温度后与温控器的温度感应面相接触，如图 10-7 所示。如果在加热时 30s 内，听到温控器传出“嗒”的一声，表明温控器内部的双金属片与温控器的接头分离，此时的温控器应为断路状态，再使用万用表检测温控器，万用表指针应指向无穷大；当温控器表面的高温消失后，同样可以听到温控器有“嗒”的一声，此时温控器的双金属片与温控器的接头相接触，再次使用万用表检测温控器，万用表指针应指向零，这时便可以断定温控器没有损坏，并且双金属片的状态良好。

如果使用电烙铁加热后与温控器表面相接触 30s 后，没有听到温控器传出“嗒”的声音，表明温控器内部的双金属片的弹力已经失效，需要直接将其更换。

10.2.2　蒸汽自动断电开关的故障检修

蒸汽自动断电开关如果损坏主要导致壶内的水沸腾后电热水壶无法自动断电故障，并且如果蒸汽自动断电开关损坏，同样会导致电热水壶无法加热故障。

检测蒸汽自动断电开关时，首先查看蒸汽自动断电开关的两端导线连接是否正常，如图10-8所示，并且在检查时，还要查看橡胶管是否连接良好。若蒸汽自动断电开关导线没有连接好，将其重新连接即可；如果橡胶管与蒸汽导板没有连接好，将导致电热水壶内的蒸汽外漏，无法完全通入到蒸汽自动断电开关中，使蒸汽自动断电开关失去作用。将橡胶管与蒸汽导板重新连接，即可排除蒸汽外漏故障。

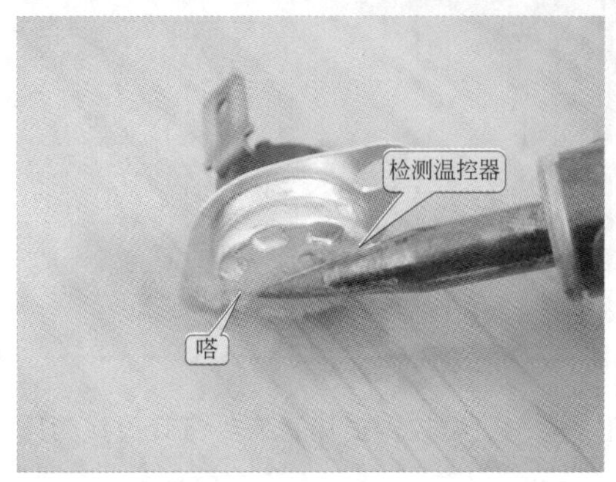

图10-7　温控器性能检测

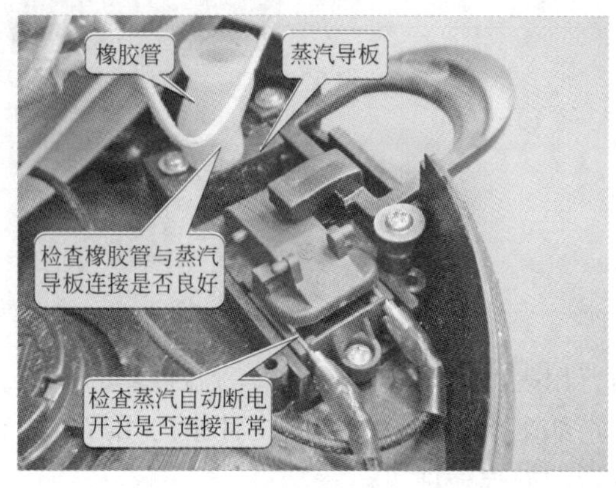

图10-8　检查橡胶管与蒸汽自动断电开关的导线

如果蒸汽自动断电开关的导线连接没有问题，并且橡胶管与蒸汽导板连接正常，则需要将蒸汽自动断电开关进行拆卸，并对蒸汽自动断电开关内部的器件进行检修。

判断蒸汽自动断电开关内部器件是否损坏，先通过按压蒸汽开关以检查蒸汽自动断电开关是否失效，如图10-9所示。如果蒸汽自动断电开关在按下时没有立即弹起，表明蒸汽自动断电开关弹力失效。

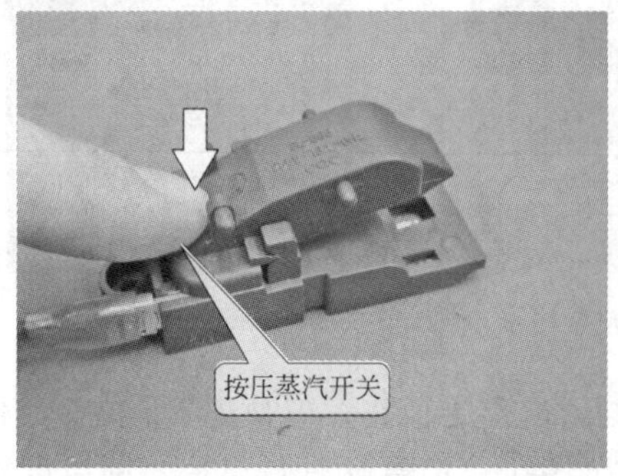

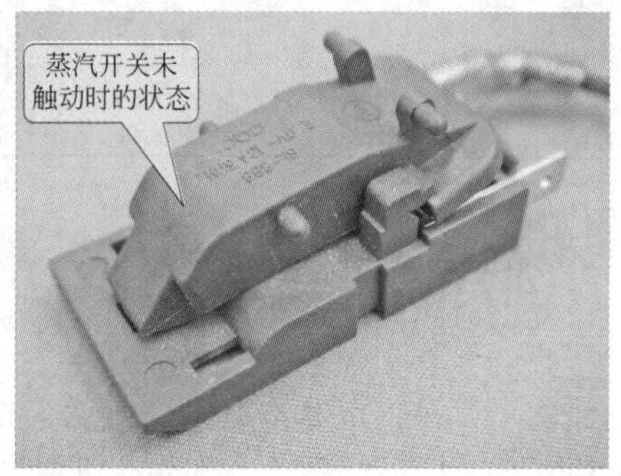

图10-9　蒸汽开关的两种不同的状态

如果蒸汽自动断电开关弹力失效，则需要检查蒸汽自动断电开关的断电弹簧片，如图10-10所示。按压断电弹簧片，如果按压时感觉断电弹簧片无弹力，将断电弹簧片更换为同一规格的即可；如果按压时，断电弹簧片有弹力，则需再检查蒸汽自动断电开关的其他器件。

将蒸汽自动断电开关拆解后，检查自动断电开关内部的弓形弹簧片是否有变形现象，如图10-11所示。如果弓形弹簧片出现变形现象，直接将其更换为同一规格的即可。

若蒸汽自动断电开关的断电弹簧片和弓形弹簧片均正常，则需再借助一些工具按压蒸汽自动断电开关的接触端查看其弹力是否失效，如图10-12所示。

如果蒸汽自动断电开关的接触端弹力正常，按压后，开关会自动弹回原位置与导线连接端接触；如果蒸汽自动断电开关的接触端弹力失效，则按压后，开关无法自动弹回，并且无法和导线连接端接触，致使蒸汽自动断电开关失效。

10.2.3 发热盘（加热器）的故障检修

电热水壶的发热盘（加热器）一般很少损坏，但如果发热盘（加热器）出现故障，将会导致电热水壶无法加热。

检测发热盘（加热器）是否损坏，首先查看发热盘（加热器）的导线连接是否良好，如图 10-13 所示。如果发热盘（加热器）的导线断开，则需要使用电烙铁重新焊接发热盘（加热器）的导线连接端。

如果发热盘（加热器）的导线连接良好，再使用万用表检测发热盘（加热器）是否损坏，如图 10-14 所示，将万用表旋至 $R\times1$ 挡，用万用表的两支表笔分别检测发热盘（加热器）的两接触端。如果检测时，万用表指针指向无穷大或零，均表示发热盘（加热器）已经损坏；如果检测时，测得的阻值为几百至几千欧姆，同样表明发热盘（加热器）已经损坏。

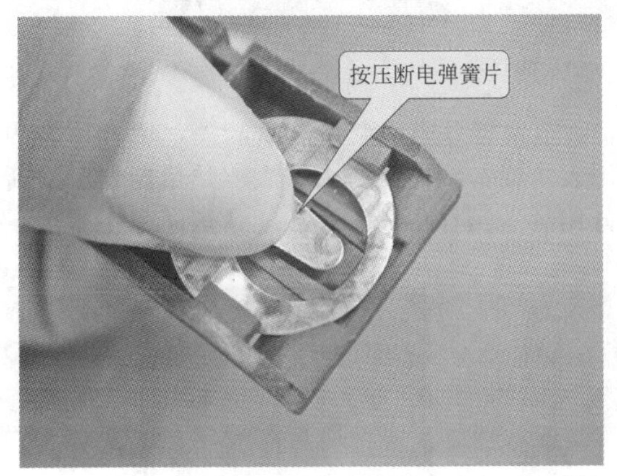

图 10-10　按压断电弹簧片

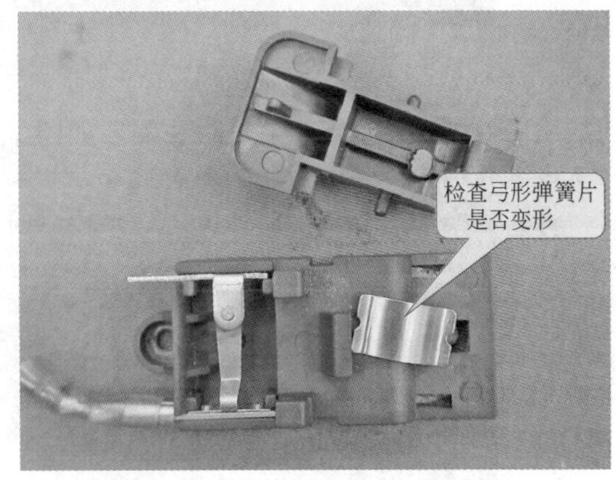

图 10-11　检查弓形弹簧片

图 10-12　检查接触端

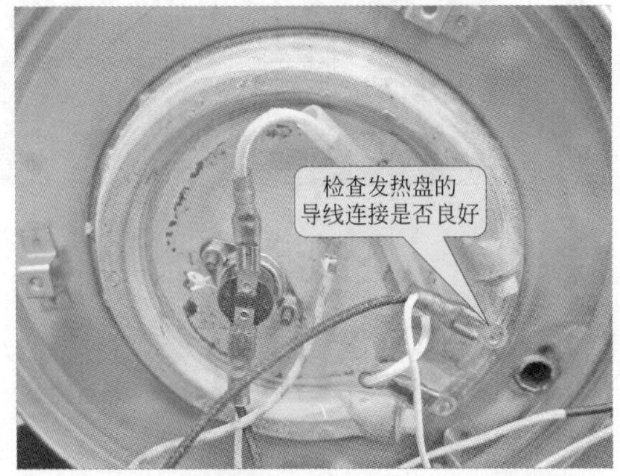

图 10-13　检查发热盘（加热器）的导线连接

若检测时，所测得的发热盘（加热器）的阻值为几十欧姆，表明该发热盘（加热器）正常。由于发热盘（加热器）主要用来加热电热水壶内的水，如果发热盘（加热器）的阻值过大，将会消耗太多的电能，导致电热水壶加热水的时间变长。

10.2.4 其他器件的故障检修

（1）热熔断器的故障检修

热熔断器如果损坏，将导致电热水壶的整机不工作。

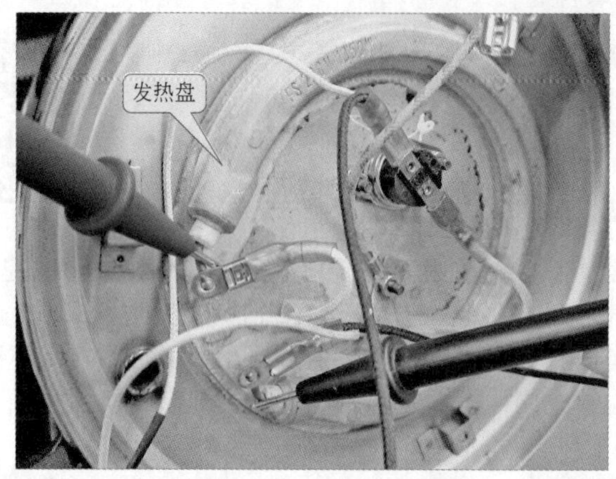

图 10-14　检测发热盘（加热器）

使用万用表对热熔断器进行检测，如图 10-15 所示，将万用表调整至欧姆挡，用万用表的两支表笔分别检测热熔断器的两连接端。如果万用表的指针指向无穷大，表明热熔断器已经断路，将其更换为同一规格的即可；如果检测时，万用表的指针指向零，表明热熔断器正常。

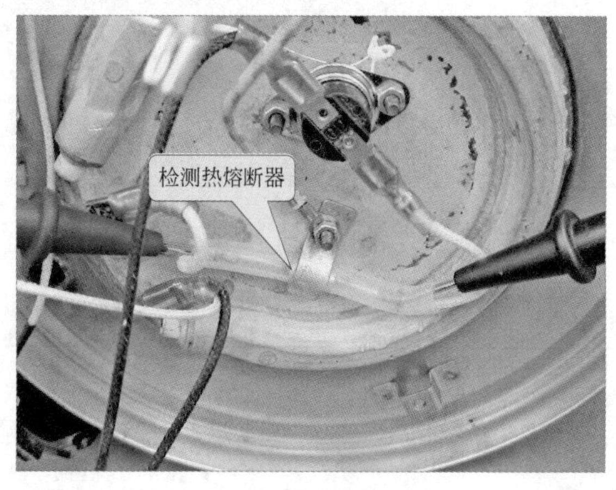

图 10-15　检测热熔断器

（2）指示灯的故障检修

电热水壶的指示灯如果损坏，只是会导致无法通过指示灯确定电热水壶的工作状态。

检测电热水壶的指示灯时，首先将电热水壶指示灯的一端导线拔下，如图 10-16 所示，以确保检测的准确性。

接下来，将万用表调整至欧姆挡，如图 10-17 所示，用万用表的两支表笔分别检测指示灯的两连接端。经检测可知，无论使用万用表怎样检测，万用表指针均指向零。因此，需要将该指示灯连接到电路中，进行通电检测。如果通电后，指示灯亮，表明该指示灯没有损坏；如果通电后，指示灯不亮，表明该指示灯已经损坏。

（3）蒸汽导管的故障检修

电热水壶的蒸汽导管一般很少损坏，在检查时，主要检查蒸汽导管的密封是否良好，如图 10-18 所示。如果蒸汽导管的密封性能下降，将会使电热水壶内的水流入到电热水壶的底部，导致电热水壶漏水现象，甚至导致漏电。

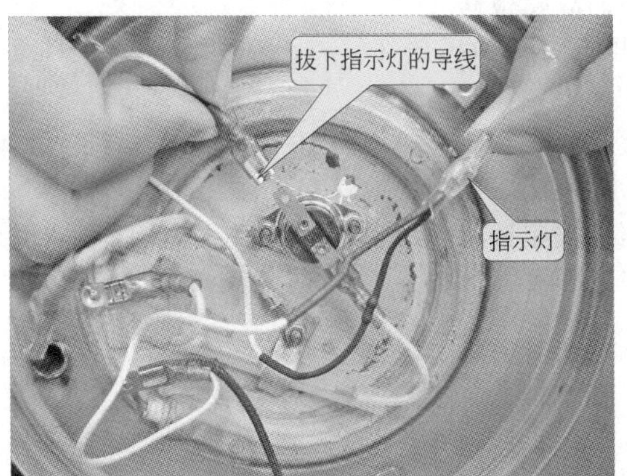

图 10-16　拔下指示灯的导线

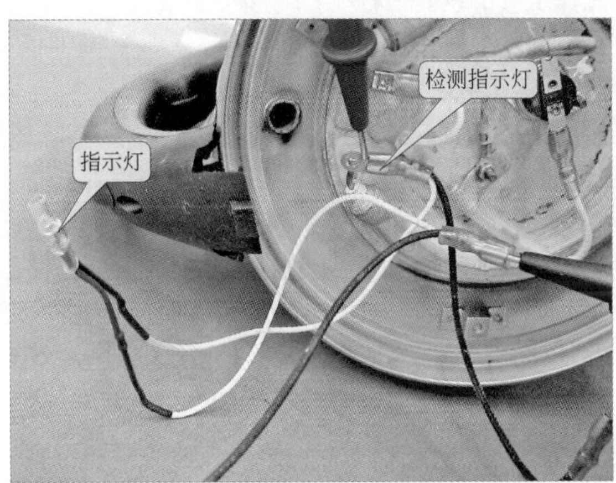

图 10-17　检测指示灯

图 10-18　检查蒸汽导管

(4) 分离式电热底座的故障检修

电热水壶的分离式电热底座如果损坏，将无法为电热水壶供电，使电热水壶整机不能工作。

检修电热水壶主要检查其底座插座，如图 10-19 所示，借助一字螺丝刀按压底座插座。如果底座插座良好，按压后底座插座会很快地弹起，并且按压时，可以将底座插座按压至底部；如果底座插座损坏，按压后底座插座无法弹起，或者按压时底座插座无法完全按下，此时，将底座插座更换为同一规格的即可。

图 10-19 检查底座插座

第11章

饮水机故障检修

11.1 饮水机的结构特点

（1）饮水机的外部结构

饮水机设有注水座、指示灯、水龙头、接水盒、保鲜柜和电源线等部分，如图11-1所示。桶装水通过饮水机的注水座，将桶内的水送入到饮水机中，经过饮水机内部的加热组件加热后，由水龙头出水。饮水机的保鲜柜主要用于茶具的杀菌消毒。

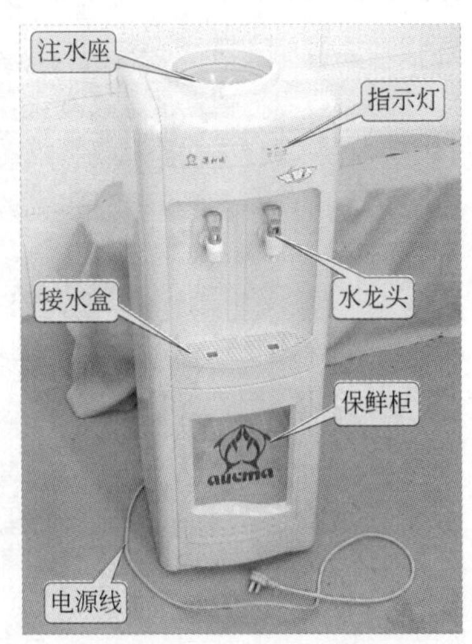

图11-1 饮水机的外部结构

（2）饮水机的内部结构

将饮水机拆卸后可以看其内部的结构，它主要是由接水桶、水管、加热罐、杀菌装置、电源开关和定时器等装置组成的，如图11-2所示。

在饮水机箱体内设有接水桶、水管和加热罐，桶内的水通过水管将水送入到加热罐中，加热罐外围设有加热器可对罐内的水进行快速加热。在饮水机的后盖部位设有电源开关和定时器，用于控制加热罐的工作，并由定时器控制保鲜柜中的杀菌时间。

此外，有的饮水机并不带有保鲜柜，而具有制热、制冷两种功能，制冷是由半导体制冷器控制的，图11-3所示为典型的冷热型饮水机实物外形。

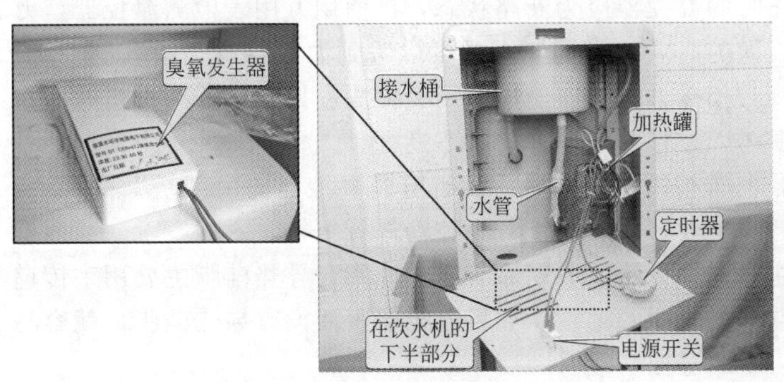

图11-2 饮水机的内部结构

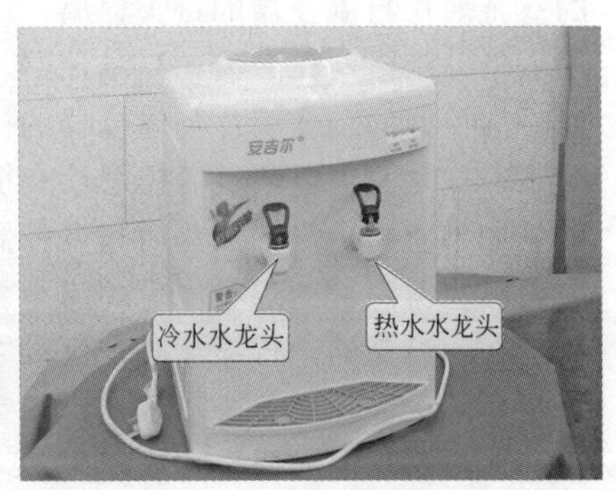

图11-3 典型的冷热型饮水机实物外形

11.2 饮水机的故障检修

由于饮水机为常用的小家电，因此，其损坏的频率也是相当高的，并且由于不经常对饮水机进行清洁及饮水机中的器件损坏，也容易导致饮水机出现不同的故障现象。

11.2.1 加热罐的故障检修

加热罐是饮水机中最重要的部件之一，如果加热罐损坏，将直接导致饮水机无法进行加热水操作、水加热后不保温，或者出现将水烧干的故障现象。

（1）温控器的故障检修

温控器主要用来对加热罐中的温度进行控制，如果温控器损坏容易引起饮水机加热水后无法进行保温，及易出现加热罐将水烧干的故障。

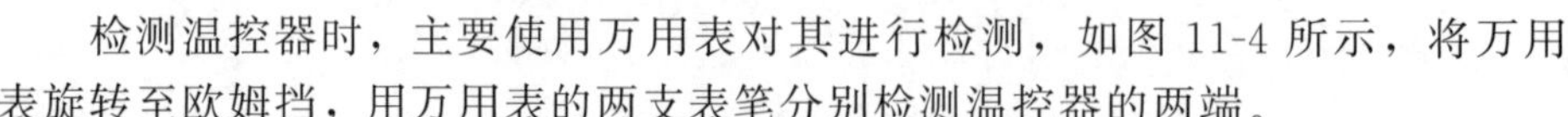

检测温控器时，主要使用万用表对其进行检测，如图 11-4 所示，将万用表旋转至欧姆挡，用万用表的两支表笔分别检测温控器的两端。

如果检测时，万用表指针指向无穷大或有阻值，均表明温控器损坏，需要将其更换为同一规格的温控器即可。

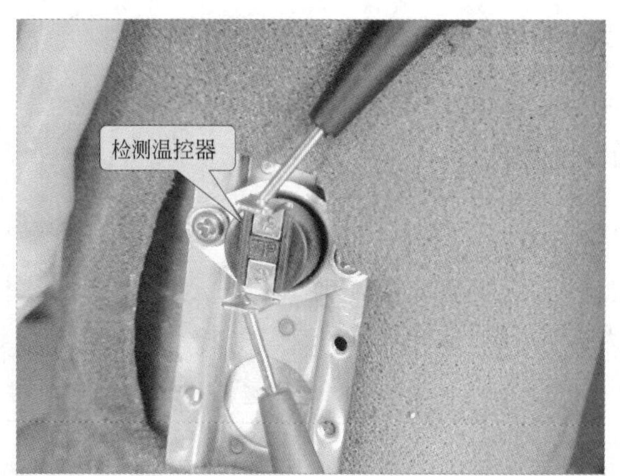

图 11-4 温控器的初步检测

如果检测时，万用表指针指向零，表明温控器内部为通路，但是还不能完全判断温控器正常，需要将温控器进行拆卸后，再使用电烙铁加热到一定温度后与温控器的温度感应面相接触，如图 11-5 所示。如果在加热时 30s 内，听到温控器传出“嗒”的一声，表明温控器内部的双金属片与温控器的接头分离，此时的温控器应为断路状态，再使用万用表检测温控器，万用表指针应指向无穷大；当温控器表面的高温消失后，同样可以听到温控器有“嗒”的一声，此时温控器的双金属片与温控器的接头相接触，再次使用万用表检测温控器，万用表指针应指向零，这时便可以断定温控器没有损坏，并且双金属片的状态良好。

如果使用电烙铁加热后与温控器表面相接触 30s 后，没有听到温控器传出“嗒”的声音，表明温控器内部的双金属片的弹力已经失效，需要直接对温控器进行更换。

在对温控器进行检测时，可以注意到温控器的表面涂有导热硅脂，导热硅脂主要用来传递热量，防止温控器无法较好地检测空气加热器的温度。如果温控器表面没有导热硅脂，就容易引起加热器与温控器导热功能失常，影响温控功能。

（2）热熔断器的故障检修

热熔断器如果损坏，将导致饮水机无法进行加热操作，且饮水机的指示灯不亮等故障。

如图 11-6 所示为热熔断器及其连接导线连接端，由于热熔断器两端的密封良好，因此在检测热熔断器时，主要检测热熔断器的导线连接端。

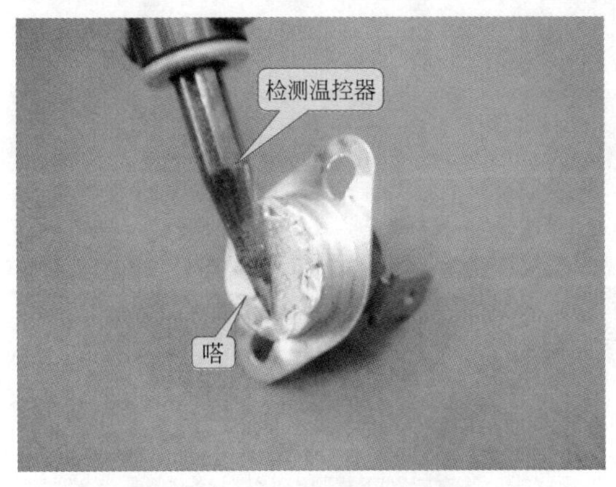

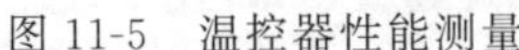
图 11-5　温控器性能测量

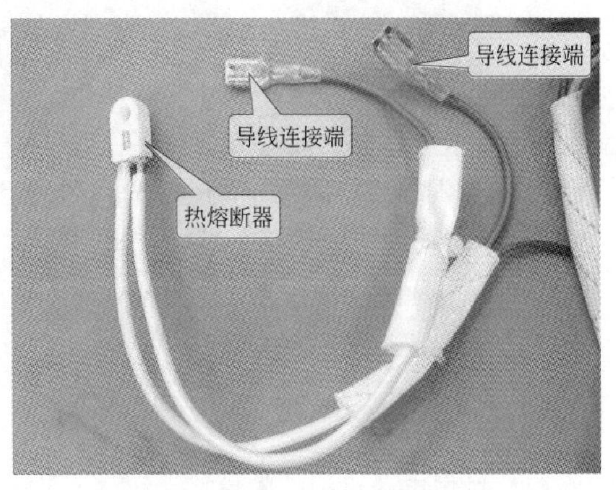

图 11-6　热熔断器及其导线连接端

将万用表调整至 $R\times1$ 挡，如图 11-7 所示，用万用表的两支表笔分别检测热熔断器的两导线连接端。如果热熔断器正常，则检测时，万用表指针应指向零；如果检测时，万用表指针指向无穷大或可以检测出阻值，均表明该热熔断器已经损坏，将其更换为同一规格的即可。

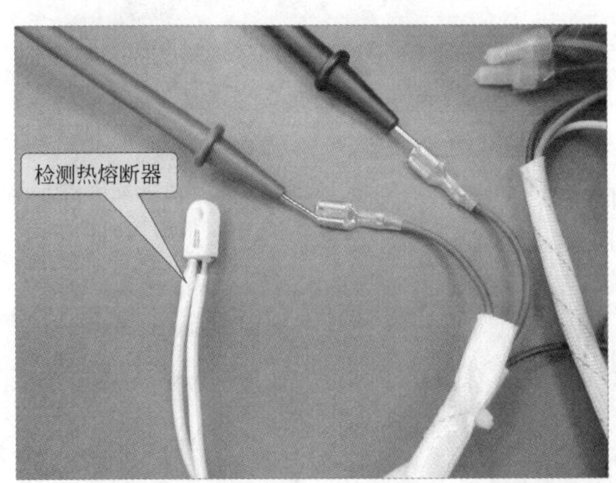

图 11-7　检测热熔断器

（3）加热器的故障检修

饮水机的加热器如果损坏，主要导致饮水机无法进行加热水操作故障。

检测饮水机的加热器主要使用万用表。将万用表调整至 $R\times10$ 挡，如图 11-8 所示，用万用表的两支表笔分别检测加热器的两连接端。如果加热器正常，则检测时，所测得的阻值应在 80Ω 左右；如果检测时，万用表的指针指向零或无穷大，及检测出很大的阻值，均表示所检测的加热器已经损坏，只需将其更换为同一规格的即可。

11.2.2　制冷胆的故障检修

饮水机的制冷胆如果损坏，主要导致饮水机无法进行制冷操作，而检修时主要对制冷胆的电路板、风扇电动机、制冷温度传感器和 PN 结制冷器等进行检修，并且在检测制冷胆是否损坏时，要确保制冷胆各连接导线正常，没有断路情况。

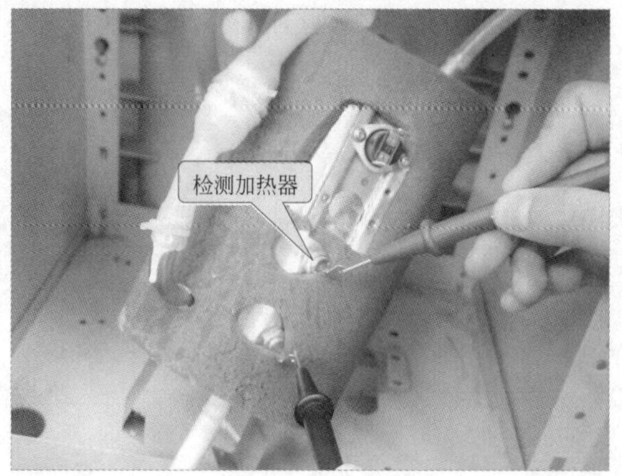

图 11-8　检测加热器

（1）风扇电动机的故障检修

风扇电动机如果损坏，将导致按压冷水水龙头时，出现热水的故障现象。检修风扇电动机主要使用万用表检测风扇电动机是否损坏，如图 11-9 所示为风扇电动机及风扇电动机与电路板的接线端示意图。

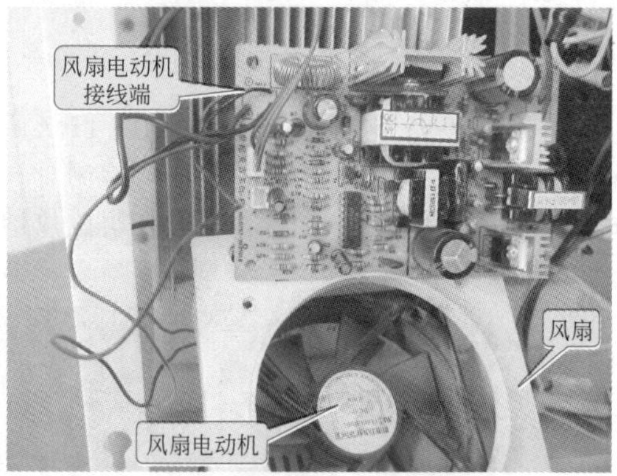

图 11-9　风扇电动机及风扇电动机与电路板的接线端

检测时，将万用表调整至 $R\times1$ 挡，用万用表的两支表笔分别检测风扇电动机的两接线端，如图 11-10 所示。如果风扇电动机正常，则检测时所测得的阻值应在 2.5Ω 左右；如果检测时，测得的阻值很大，或万用表的指针指向零，或者指向无穷大，均表示风扇电动机已经损坏，此时只需将风扇电动机直接更换即可。

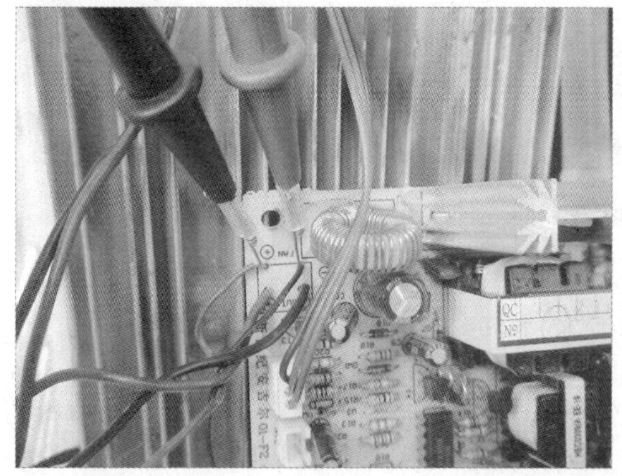
图 11-10　检测风扇电动机

（2）PN 结制冷器的故障检修

PN 结制冷器如果损坏主要导致饮水机无法进行制冷操作，并且如果 PN 结制冷器正、负极接反将导致 PN 结制冷器出现制热现象。图 11-11 所示为 PN 结制冷器与电路板的连接示意图。

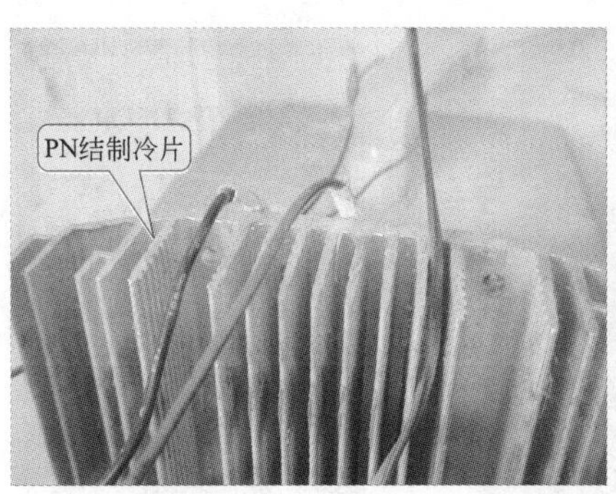

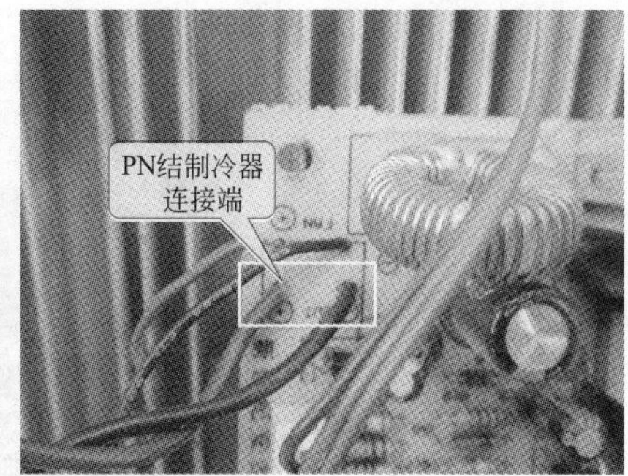

图 11-11　PN 结制冷器与电路板的连接

由于 PN 结制冷器连接在电路中检测时会有其他器件的干扰，因此，为了确保检测的准确性，需要使用电烙铁将 PN 结制冷器其中一端的导线焊下，如图 11-12 所示。

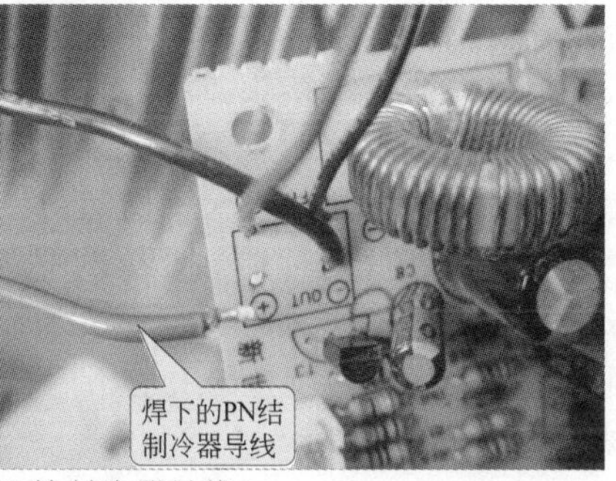

图 11-12　焊下 PN 结制冷器导线

将 PN 结制冷器导线焊下后，再将万用表调整至 $R\times1$ 挡，然后用万用表的两支表笔分别检测 PN 结制冷器的两端导线，并记录此时所测得的阻值，再调换表笔进行检测，同样记录下所测得的阻值，如图 11-13 所示。如果 PN 结制冷器正常，则检测时两次检测所测得的阻值都应在 2～3Ω；如果检测时，万用表指针指向零或指向无穷大，均表示 PN 结制冷器已经损坏；如果检测时，所测得的阻值很大，应检查 PN 结制冷器两端的导线连接是否有问题。

（3）制冷温度传感器的故障检修

饮水机的制冷温度传感器主要用来对 PN 结制冷器的温度进行控制，如果制冷温度传感器损坏将导致 PN 结制冷器始终处于制冷操作状态，或者无法进行制冷操作，图 11-14 所示为制冷温度传感器的导线连接。

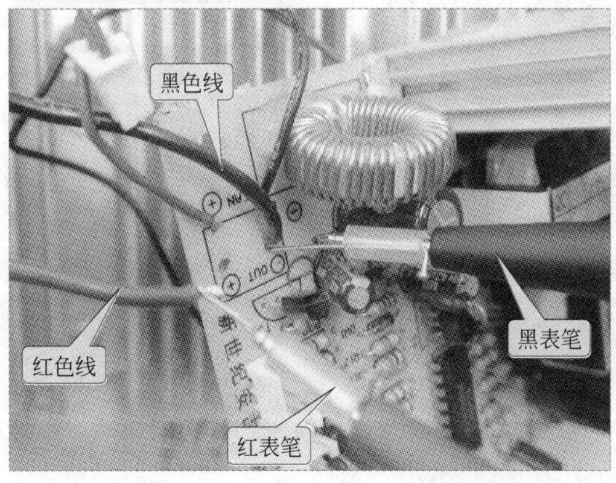

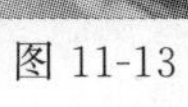

图 11-13

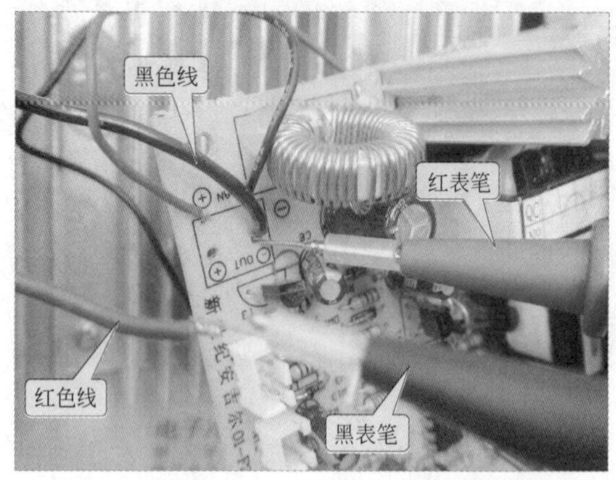

图 11-13　检测 PN 结制冷器

检测制冷温度传感器时，为了确保检测的准确性，需要将制冷温度传感器的导线接头拔下，再将万用表调整至 $R\times1k$ 挡，然后用万用表的两支表笔分别检测制冷温度传感器的导线两端，如图 11-15 所示。如果制冷温度传感器正常，则检测时所测得的阻值应在 12kΩ 左右；如果检测时万用表指针指向零或指向无穷大，均表示该制冷温度传感器已经损坏，只需将其更换为同一规格的即可。

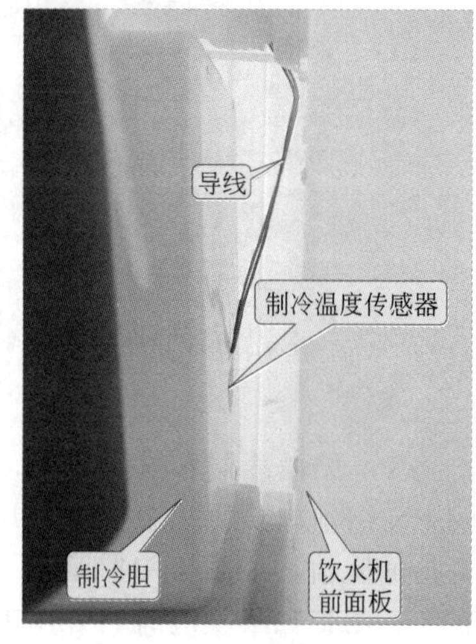

图 11-14　制冷温度传感器的导线连接

（4）电路板的故障检修

饮水机的制冷功能如果出现故障同样有可能是由电路板所引起的，对电路板的检测这里以安吉尔 YLR0.7-5-X 饮水机为例，其电路原理图如图 11-16 所示。

从图中可知，安吉尔 YLR0.7-5-X 饮水机的电路板的元器件主要是为饮水机的制冷操作工作的，因此，如果饮水机的制冷功能出现故障同样要检测电路板中的元器件是否损坏。

① 变压器的故障检修　在安吉尔 YLR0.7-5-X 饮水机的电路板中有 T1、T2 和 T3 三个变压器，而由于这三个变压器的作用不同，因此，它们的绕组也不相同。

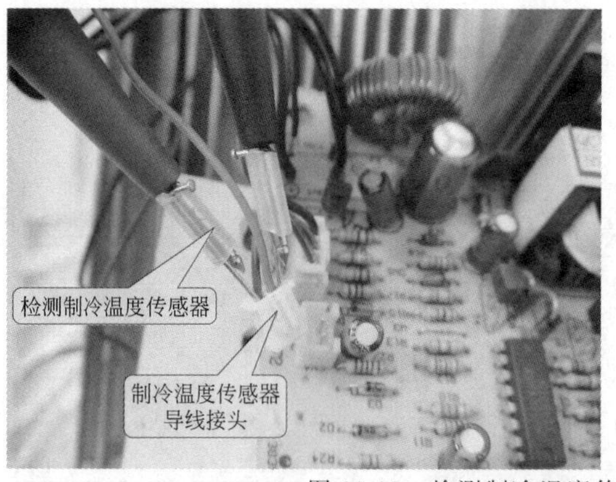

图 11-15　检测制冷温度传感器

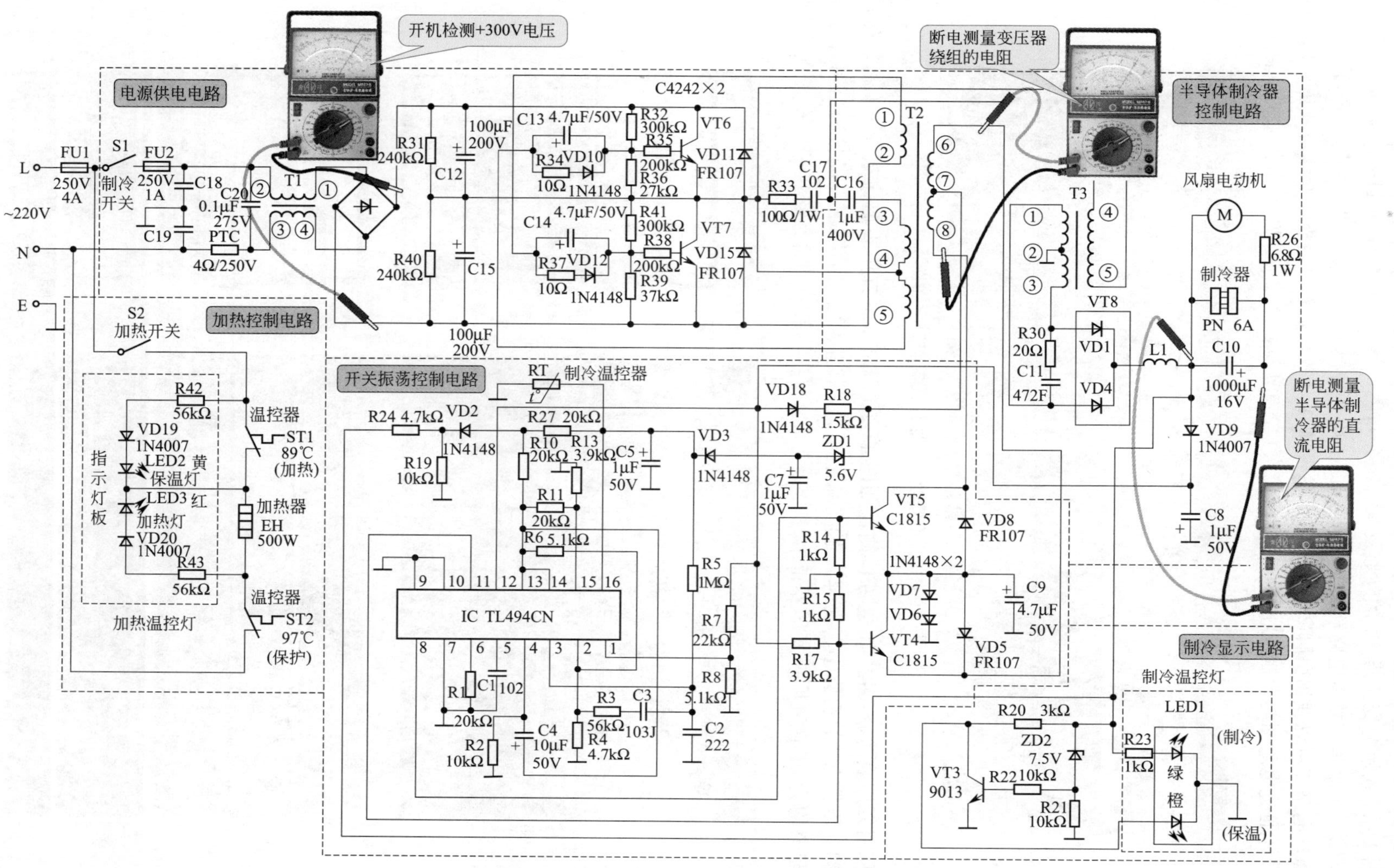

图 11-16 安吉尔 YLR0. 7-5-X 饮水机的电路原理图

图 11-17 所示为变压器 T1 的外形及其引脚分布图，然后结合电路图 11-16 可知，变压器 T1 的引脚①与一个桥式整流电路相连接，并且通过其电路板的印制线可找出引脚①还与 R31 相连接；通过电路图可以找出引脚②与 C20 和 C18 相连接，并且查看电路板印制线可找出引脚②的位置；同样通过电路图与印制板相结合，便可依次找出变压器 T1 的引脚③与引脚④的位置了。

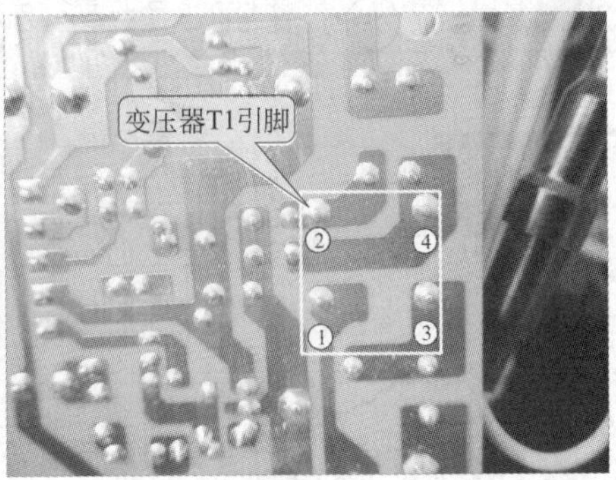

图 11-17 变压器 T1 外形及其引脚分布图

使用万用表对变压器 T1 进行检测，如图 11-18 所示，将万用表调整至 $R\times1$ 挡，然后分别检测变压器 T1 的引脚①、引脚②之间和引脚③、引脚④之间的阻值。经检测后可知，所测得的阻值均为 0Ω，表明该变压器正常。

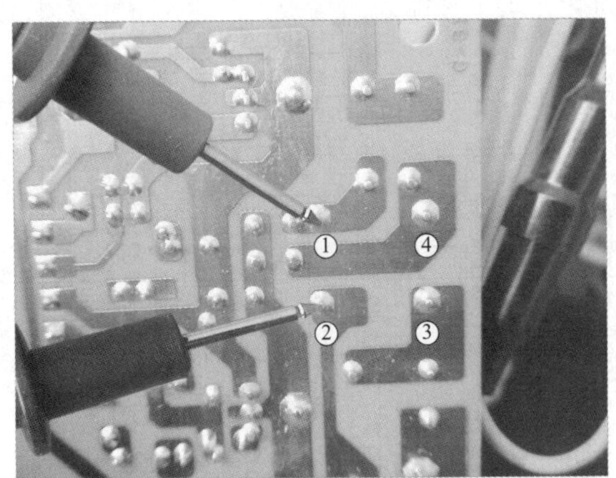

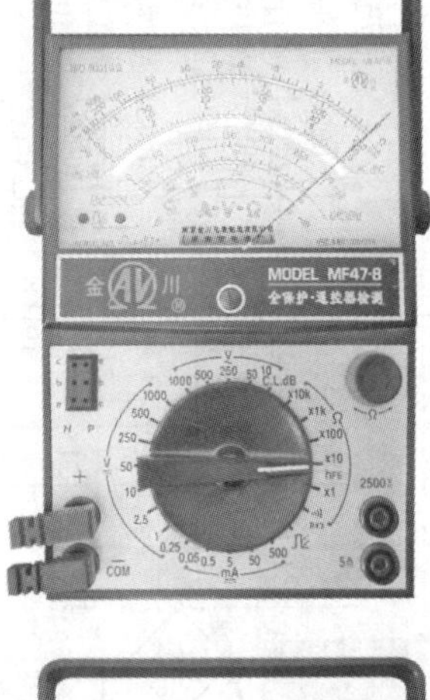

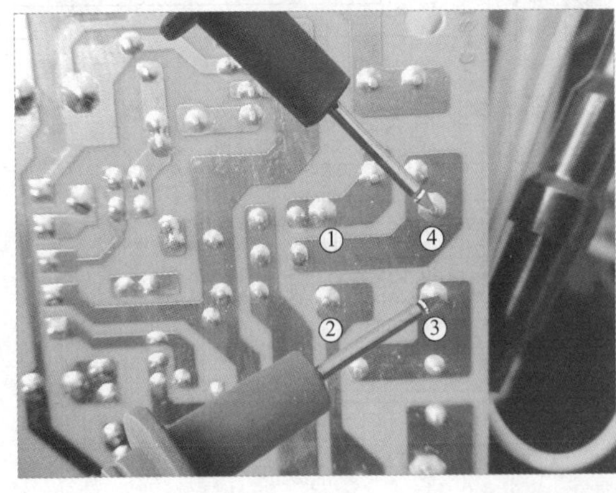

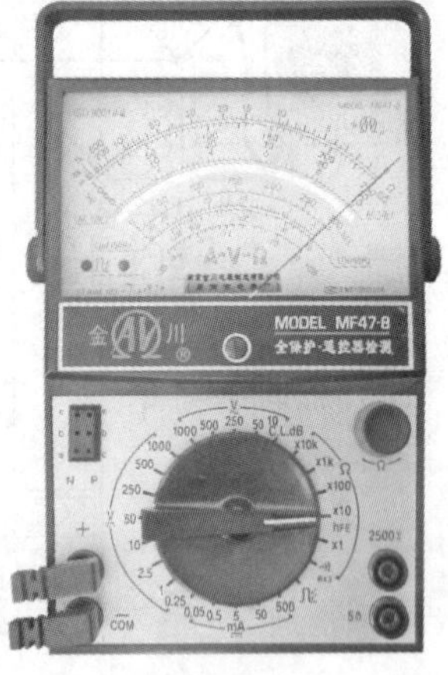

图 11-18 检测变压器 T1

图 11-19 所示为变压器 T2 及其引脚分布图，与变压器 T1 相同，通过电路图与实物图相结合的方法查找出变压器 T2 的引脚标识。根据图 11-16 可知，变压器 T2 的引脚①与电路中的 C14 和 R37 相连接，通过电路板中的印制线便可轻易找出变压器 T2 的引脚①位置；引脚②与 C15 相连接，再通过电路板的印制线找出变压器 T2 的引脚②位置；引脚③与 C16 相连接，依然通过电路板的印制线找出引脚③的位置，依此类推便可以找出变压器 T2 其他引脚的位置了。

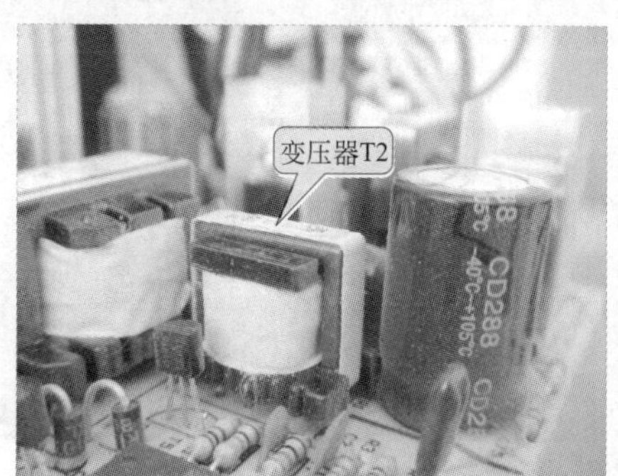

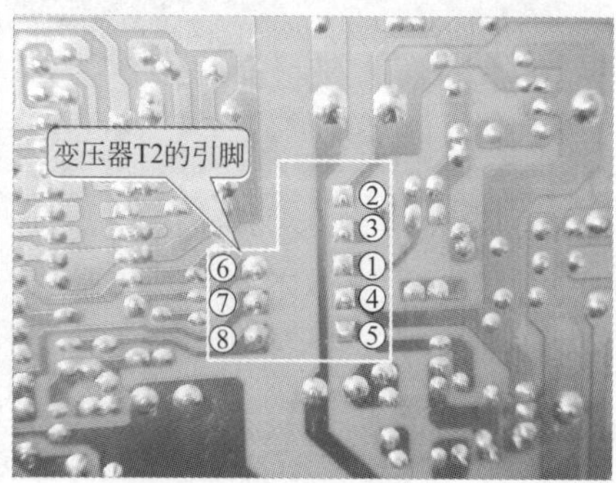

图 11-19 变压器 T2 及其引脚分布

找出变压器 T2 的引脚后，将万用表调整至 $R\times1$ 挡，再分别检测各绕组之间的阻值，如图 11-20 所示，首先检测变压器 T2 引脚①和引脚②之间的阻值，由于引脚①和引脚②为同一个绕组的两端，所测得的阻值为 0Ω。

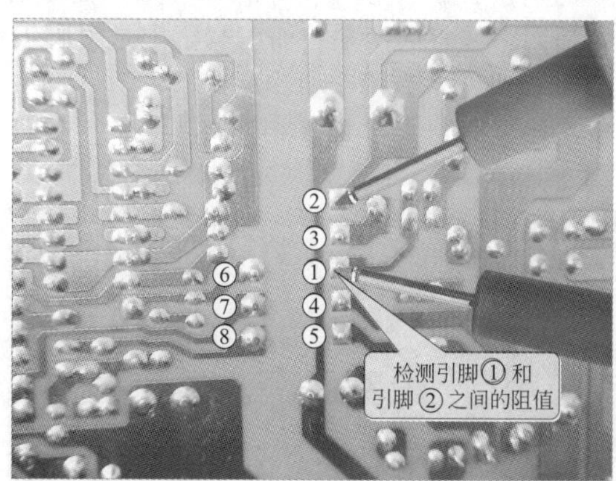

图 11-20 检测变压器 T2 引脚①和引脚②之间的阻值

然后使用万用表检测变压器 T2 的引脚③、引脚④之间和引脚③、引脚⑤之间的阻值，如图 11-21 所示。由于引脚③和引脚⑤为同一绕组的两端，而引脚④为该绕组的引出端，经检测后，所测得的阻值均为 0Ω。

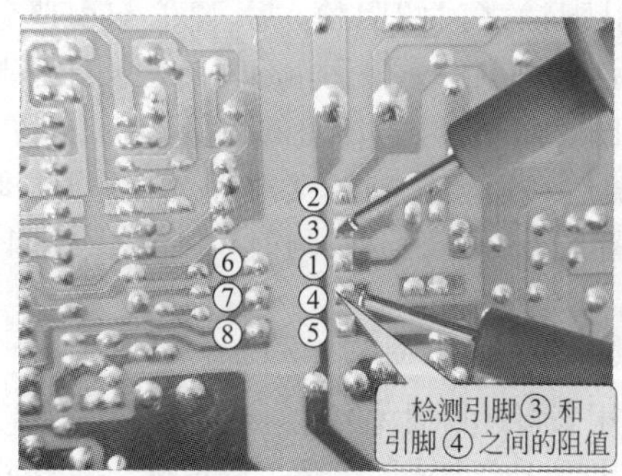

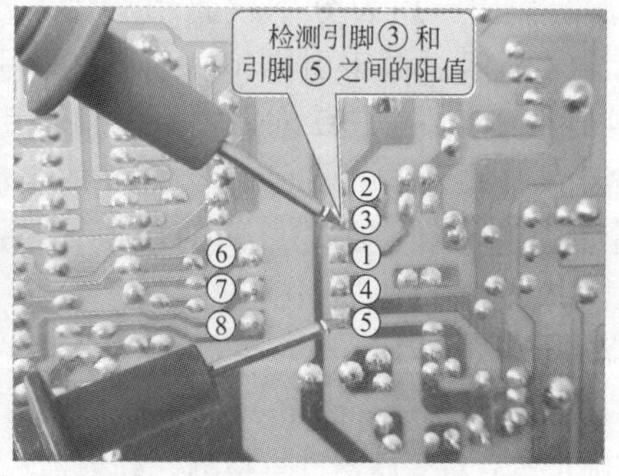

图 11-21 检测变压器 T2 引脚③和引脚④、引脚⑤之间的阻值

以上检测均正常的情况下，还无法判断变压器 T2 是否正常，还应检测变压器 T2 的引脚⑥和引脚⑦、引脚⑧之间的阻值，如图 11-22 所示。根据电路图 11-16 可知引脚⑥和引脚⑧为同一绕组中的两端，而引脚⑦为该绕组中的引出端，经检测后，引脚⑥和引脚⑦之间的阻值在 0.5Ω 左右，引脚⑥和引脚⑧之间的阻值在 1Ω 左右。此时，便可确定变压器 T2 没有损坏。

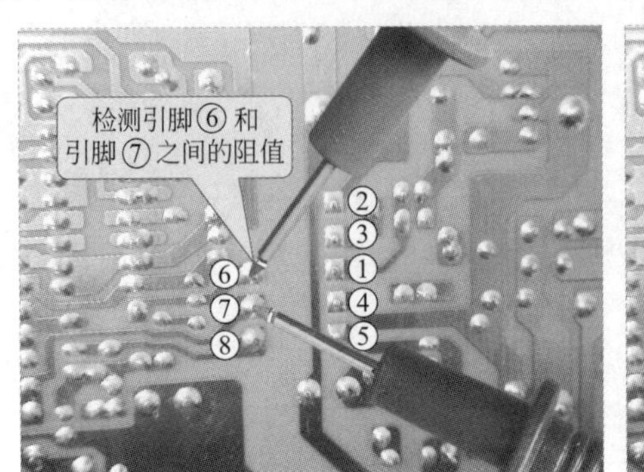

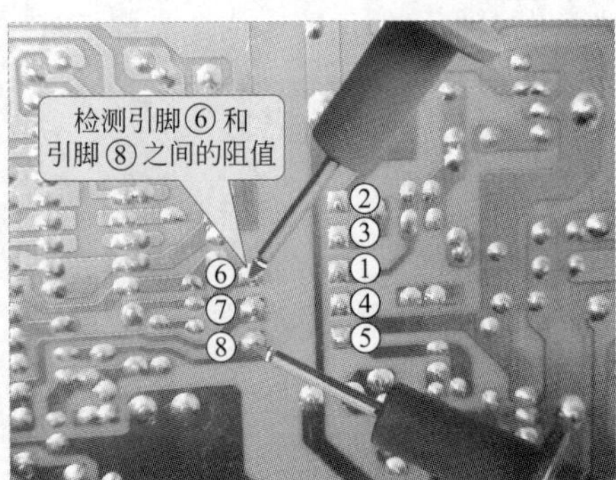

图 11-22　检测变压器 T2 引脚⑥和引脚⑦、引脚⑧之间的阻值

如果在检测变压器 T2 的各绕组的两端引脚时，万用表指针指向无穷大或检测出很大的阻值，则表明该变压器已经损坏。

图 11-23 所示为变压器 T3 及其引脚分布图，与变压器 T1、T2 相同，同样是通过电路图与实物图相结合的方法查找出变压器 T3 的引脚标识。根据图 11-16 可知，变压器 T3 的引脚①和引脚③都与 C11、R30 相连接，并且是同一绕组的两端；而引脚②则是引脚①和引脚③中间绕组所引出的接地端，并且通过查找可知引脚②含有两个引出引脚；引脚④和引脚⑤为同一绕组的两端，并且引脚④与 C17、C16 相连接，引脚⑤与 R33 相连接。至此，便可以找出变压器 T3 的所有引脚了。

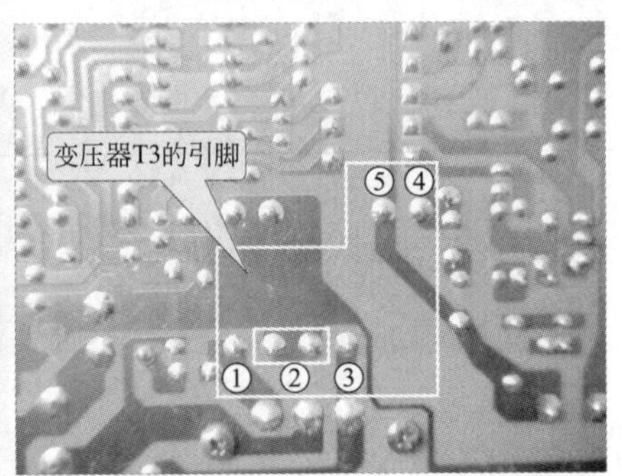

图 11-23　变压器 T3 及其引脚分布

将变压器 T3 的引脚找出后，其检测方法与变压器 T1、T2 的相同，同样将万用表调整至 $R\times1$ 挡，然后使用万用表分别检测引脚①与引脚②之间的阻值，引脚①与引脚③之间的阻值，如图 11-24 所示。由于引脚①、引脚②和引脚③同在一个绕组，因此检测出引脚①和引脚②之间的阻值很小，在 0.5Ω 左右，而检测出引脚①和引脚③之间的阻值在 1Ω 左右。

经检测引脚①和引脚②、引脚③之间的阻值后，还无法判断变压器 T3 是否损坏，还需使用万用表检测引脚④和引脚⑤之间的阻值，如图 11-25 所示。检测时，所测得的阻值在 1Ω 左右，此时便可确定该变压器没有损坏。

由于检测变压器 T1、T2、T3 时，采用的是在路检测，因此，检测时会有一定的误差。

如果在检测变压器的各绕组的两端引脚时，万用表指针指向无穷大，应再确定一下变压器各引脚是否查找准确，然后对变压器进行检测。如果仍然出现无穷大或阻值很大的情况，则表明所检测的变

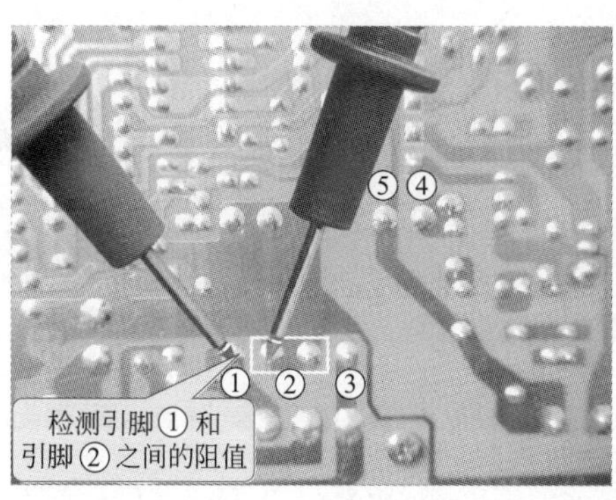

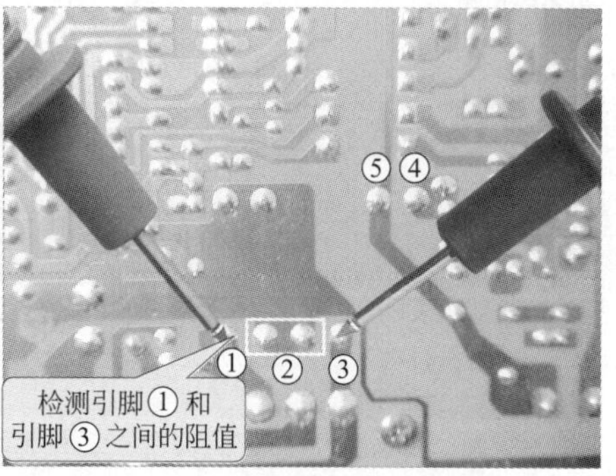

图 11-24 检测变压器 T3 引脚①和引脚②、引脚③之间的阻值

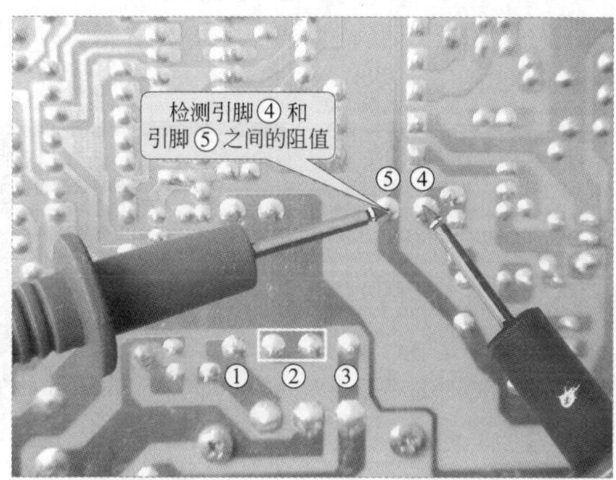

图 11-25 检测变压器 T3 引脚④和引脚⑤之间的阻值

压器已经损坏，如果检测变压器绕组中引出引脚，则所测得的阻值应为该绕组的两端阻值的一半。

② IC 集成电路的故障检修　电路板中的 IC 集成电路如果损坏，将导致 PN 制冷器无法进行制冷操作，并且容易引起制冷工作状态不良等现象，而一般情况下，电路板中的 IC 集成电路很少损坏。

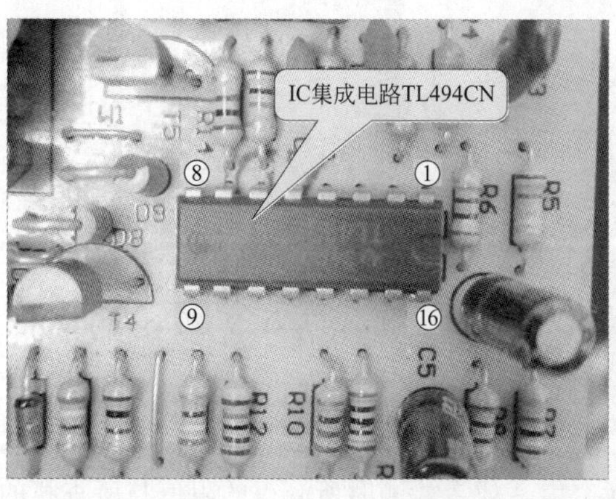

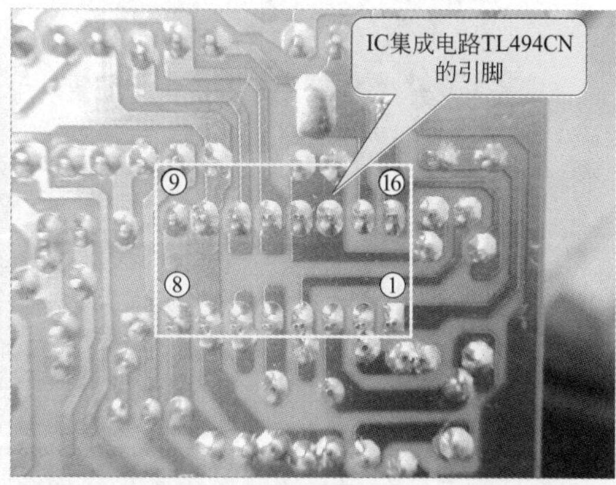

图 11-26 IC 集成电路及其引脚分布

以安吉尔 YLR0.7-5-X 饮水机的 IC 集成电路 TL494CN 的检测为例，IC 集成电路 TL494CN 中引脚⑦、引脚⑨和引脚⑩为接地端，其引脚分布如图 11-26 所示。

经过查阅相关的技术手册，明确该 IC 集成电路各引脚的对地电阻，以黑表笔接地为例，如表 11-1 所示。

表 11-1 TL494CN 集成电路各引脚对地电阻值

引脚序号	对地电阻值/Ω	引脚序号	对地电阻值/Ω
①	180	⑨	0
②	180	⑩	0
③	160	⑪	110
④	170	⑫	85
⑤	130	⑬	125
⑥	150	⑭	125
⑦	0	⑮	190
⑧	120	⑯	190

根据查找出的数据，然后对 IC 集成电路 TL494CN 进行检测。检测 IC 集成电路 TL494CN 时，将万用表调整至 $R\times10$ 挡，然后用万用表的黑表笔接该集成电路的引脚⑨或引脚⑩，用红表笔检测该集成电路的其他引脚，如图 11-27 所示。

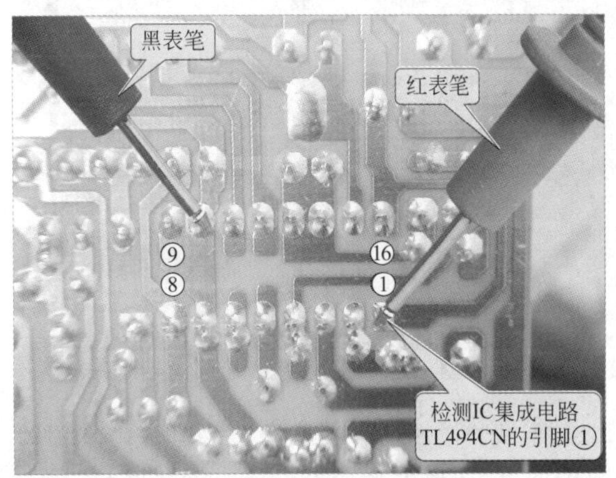

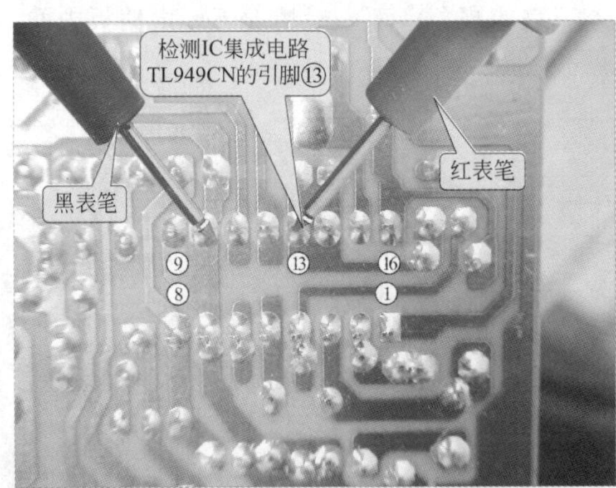

图 11-27 检测 IC 集成电路 TL494CN

依次检测后，如果检测时万用表指针指向无穷大，或者检测时所测得的阻值与所查找的技术手册的对地电阻值相差甚远，均表示集成电路 TL494CN 已经损坏。由于上文所检测的 IC 集成电路为在路检测，因此，只能作为检测 IC 集成电路中的一个参考值，若要检测 IC 集成电路准确的对地电阻值，应将 IC 集成电路焊下进行开路检测。

③ 易损器件的故障检修　电路板中的易损器件主要为晶体三极管、二极管和双向二极

管等。

a. 晶体三极管的故障检修　如图 11-28 所示为电路板其中的一个晶体三极管及其引脚含义，通过判断出的引脚含义便可以对晶体三极管进行检测了。

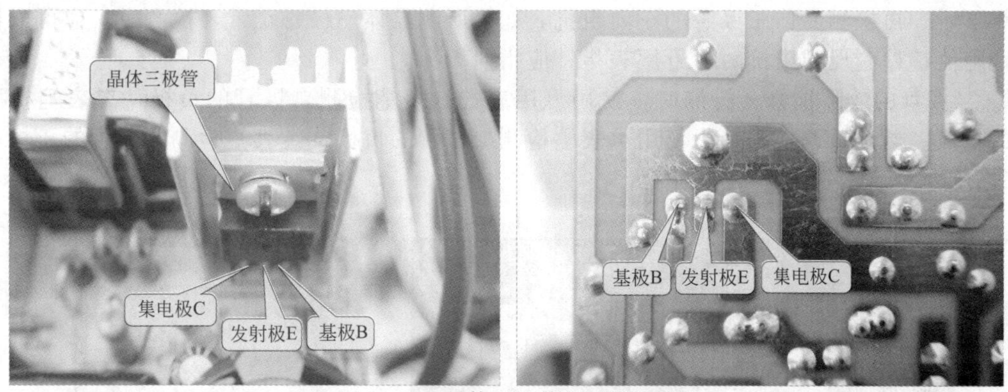

图 11-28　晶体三极管的引脚含义

将万用表旋转至 $R\times10$ 挡，然后，如图 11-29 所示，使用万用表的红表笔检测晶体三极管的基极 B，黑表笔分别检测晶体三极管的发射极 E 和集电极 C，即检测晶体三极管的反向阻抗。

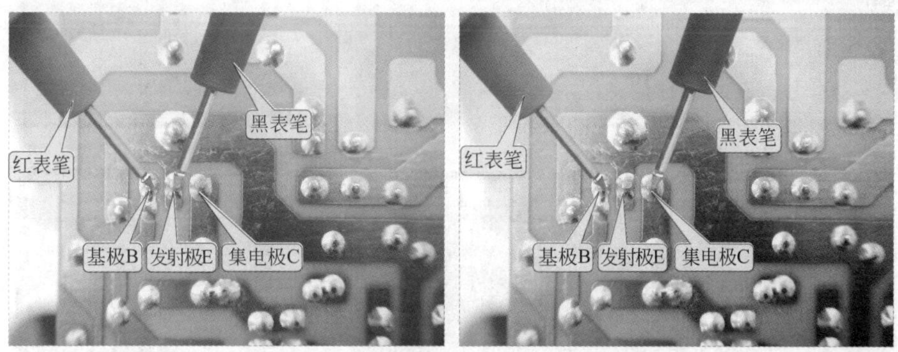

图 11-29　检测晶体三极管的反向阻抗

由于该检测为在路检测，因此，还需要将表笔调换，检测晶体三极管的正向阻抗。如图 11-30 所示，用万用表的黑表笔检测晶体三极管的基极 B，用红表笔分别检测晶体三极管的发射极 E 和集电极 C，即检测晶体三极管的正向阻抗。

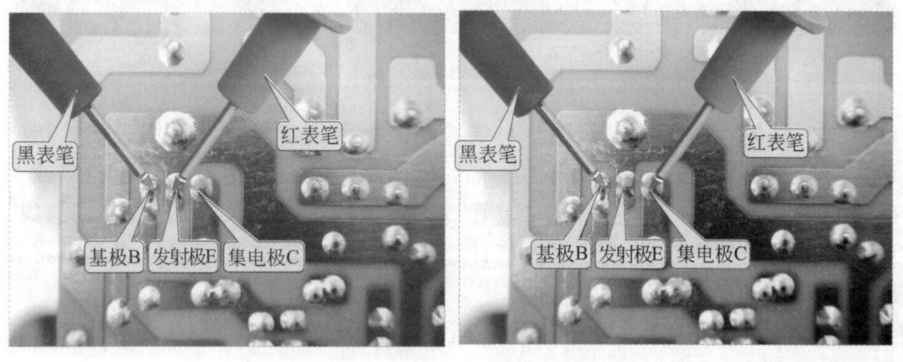

图 11-30　检测晶体三极管的正向阻抗

检测反向阻抗时，如果万用表的指针指向零，则表明所测得的晶体三极管已经损坏。如果

检测时，可以检测出阻值，此时无法确认所测晶体三极管是否损坏；然后，检测晶体三极管的正向阻抗，如果检测时，基极 B 与发射极 E 之间和基极 B 与集电极 C 之间均有阻值，此时，则需要将晶体三极管焊下进行检测。

焊下后，再检测晶体三极管的正向阻抗，如果所测晶体三极管正常，检测时，应可以检测出固定阻值；检测反向阻抗时，万用表指针应指向无穷大。

b. 二极管的故障检修　检测时，使用万用表的红表笔检测二极管的负极，黑表笔检测二极管的正极。然后，调换表笔，使用黑表笔检测二极管的负极，红表笔检测二极管的正极，如图 11-31 所示。

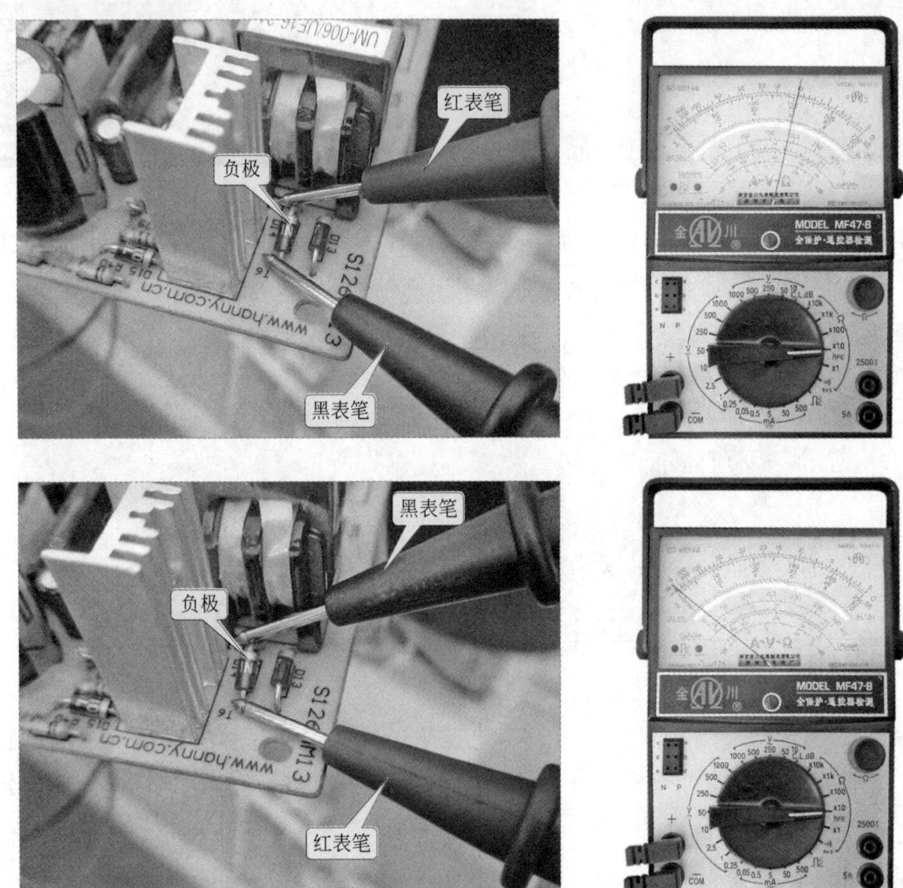

图 11-31　检测二极管

如果检测二极管的正向阻抗时，即红表笔检测二极管的负极时，万用表指针指向零或无穷大，均表示二极管已经损坏；如果检测二极管的反向阻抗时，万用表指针指向零或有阻值，此时还不能确定二极管是否损坏，还应将二极管焊下进行检测。如果焊下后，检测二极管的反向阻抗时，所测得的二极管有阻值或万用表指针指向零，均表示二极管已经损坏，将其更换为同一规格的即可。

④ 热敏电阻器的故障检修　检测热敏电阻器时，先使用万用表在常温下对其进行检测，如图 11-32 所示。

再使用其他辅助工具对热敏电阻器周围的温度进行加温操作，如图 11-33 所示为使用热电吹风进行加温操作。

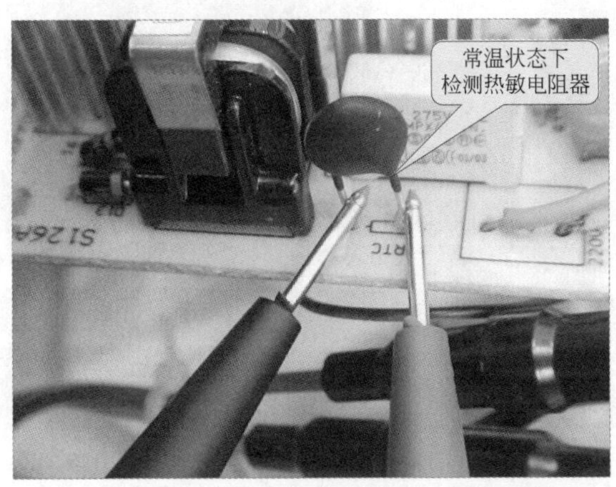

图 11-32　常温状态下检测热敏电阻器

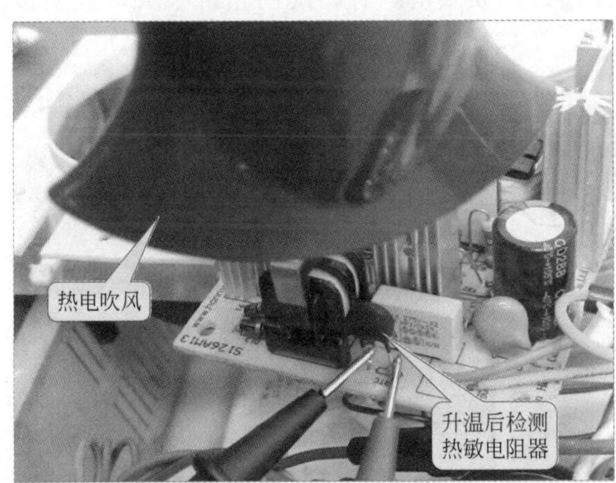

图 11-33　加温检测热敏电阻器

如果将热敏电阻加温后，万用表所测得的电阻值小于常温状态下所测得的热敏电阻器的电阻值，表明该热敏电阻器正常；如果检测后，万用表的指针没有变化或所测得的电阻值趋向无穷大，则表明该热敏电阻器已经损坏。

11.2.3　臭氧发生器的故障检修

臭氧发生器如果损坏主要导致保鲜柜无法工作，或者工作不正常，对饮水机的加热水操作则没有影响。

(1) 臭氧管的故障检修

保鲜柜中主要使用臭氧管进行消毒操作，如果臭氧管损坏，则会使保鲜柜无法进行消毒操作。

检查臭氧管是否损坏主要查看臭氧管的外部静电网是否损坏，以及查看臭氧管内部是否断路，如图 11-34 所示。

(2) 电路板的故障检修

主要检测臭氧发生器的电路板中易损坏的器件，如晶闸管、变压器和二极管等。

① 晶闸管的故障检修　如图 11-35 所示为臭氧发生器电路板中的晶闸管及其引脚含义。

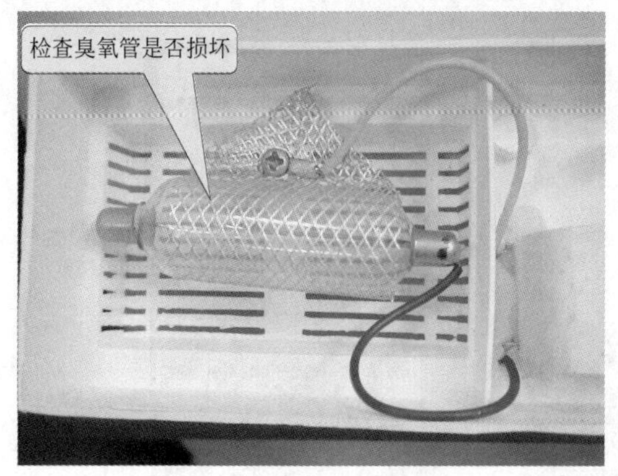

图 11-34　检查臭氧管是否损坏

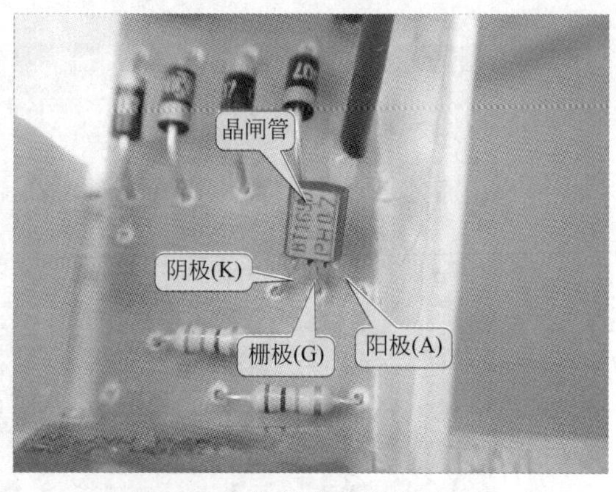

图 11-35　晶闸管及其引脚含义

检测晶闸管时，主要使用万用表检测晶闸管的阳极（A）和阴极（K）两个引脚之间的正、反向阻抗，如图 11-36 所示。如果检测时，阳极（A）和阴极（K）之间的正向阻抗很大，表明该晶闸管阳极（A）的正向阻断特性很好；如果检测时，反向阻抗很大，表明该晶闸管的反向阻断特性很好。

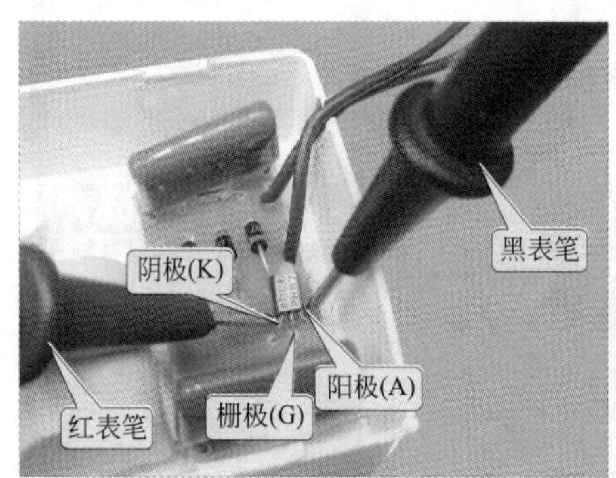

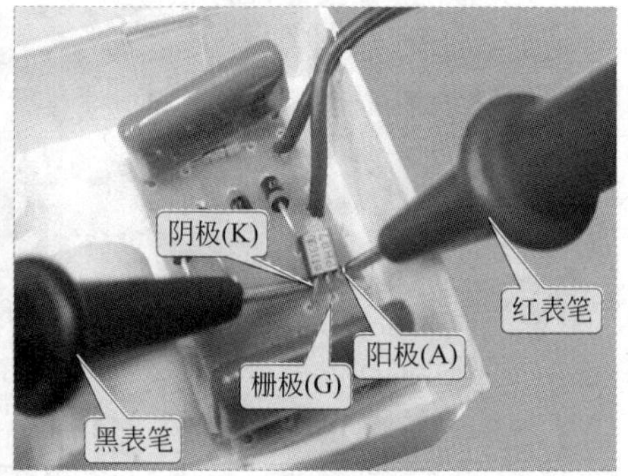

图 11-36　检测阳极（A）与阴极（K）之间的正、反向阻抗

接下来再用万用表检测该晶闸管的阳极（A）和栅极（G）之间的正、反向阻抗，如图 11-37 所示。

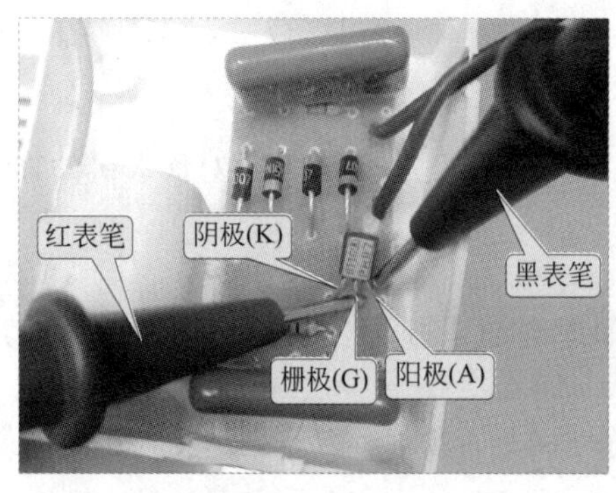

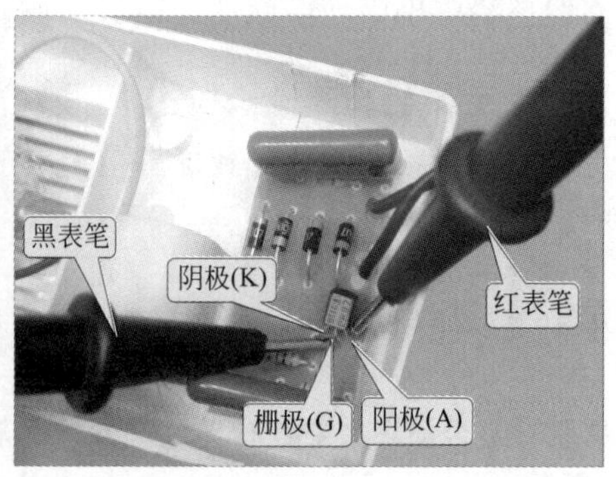

图 11-37　检测阳极（A）和栅极（G）之间的正、反向阻抗

如果检测时，阳极（A）和栅极（G）之间的正、反向阻抗都很大，再检测阴极（K）和栅极（G）之间的正、反向阻抗，如图 11-38 所示。

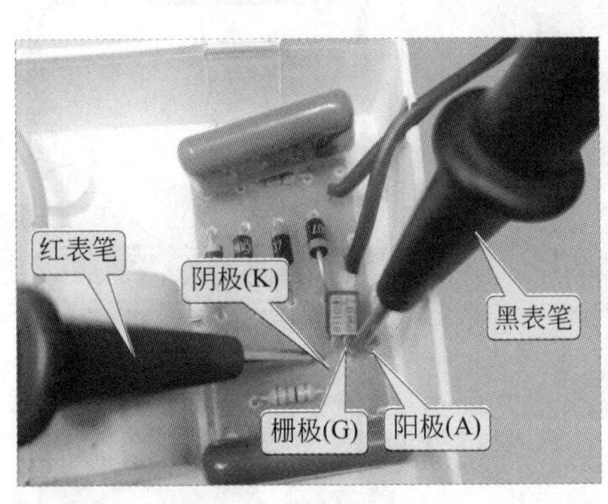

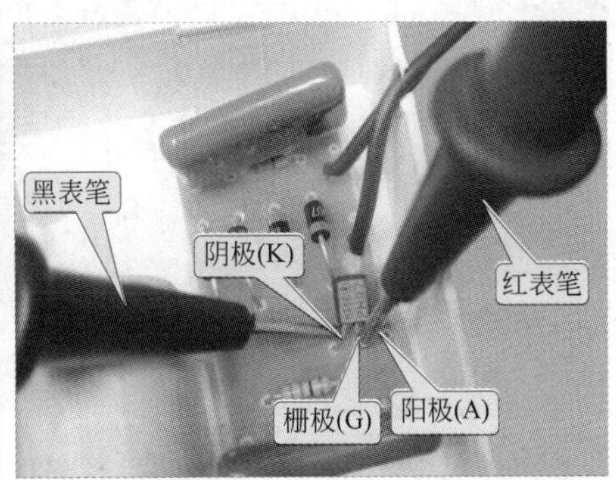

图 11-38 检测阴极（K）和栅极（G）之间的正、反向阻抗

如果所检测的晶闸管正常，则检测时阴极（K）和栅极（G）之间的正向阻抗应远小于反向阻抗。由于上文检测为在路检测，因此，检测时会出现一定的误差，无法完全判断所检测的晶闸管是否损坏。

检测晶闸管时，应将晶闸管焊下进行检测，这样才能判断出晶闸管是否损坏。

② 变压器的故障检修 如图 11-39 所示为臭氧发生器中的变压器，图中变压器两侧的连接端为变压器的两个绕组导线端。

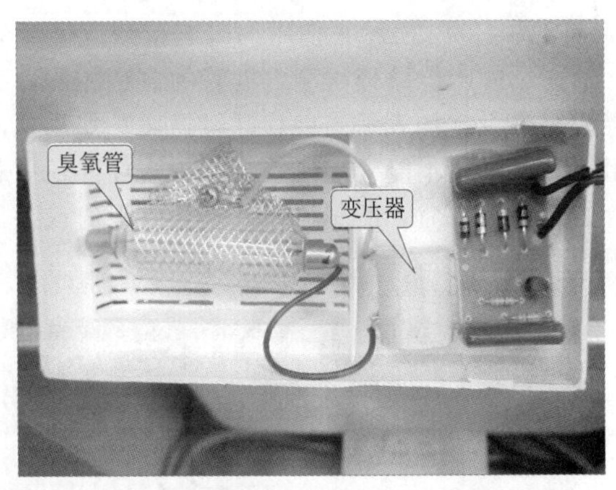

图 11-39 臭氧发生器中的变压器

使用万用表检测臭氧发生器中的变压器时，只需检测处于同一绕组的两端的电阻值即可。如图 11-40 所示，检测变压器与电容器、晶闸管相连的绕组，如果变压器正常，则检测时万用表指针应指向零。

然后用万用表检测变压器与臭氧管相连一端的绕组，如图 11-41 所示，如果变压器正常，则所测得阻值应在 300Ω 左右。

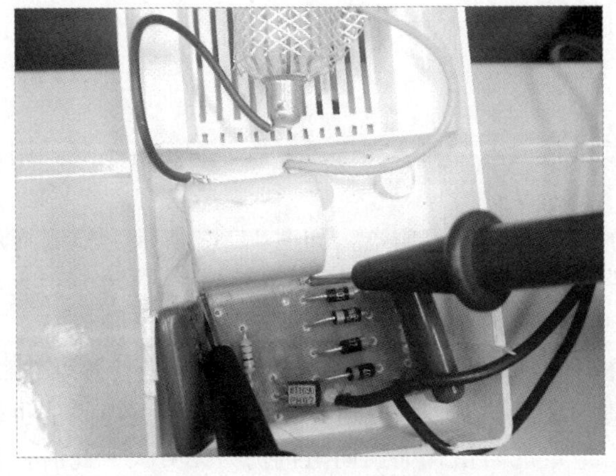

图 11-40 检测变压器（一）

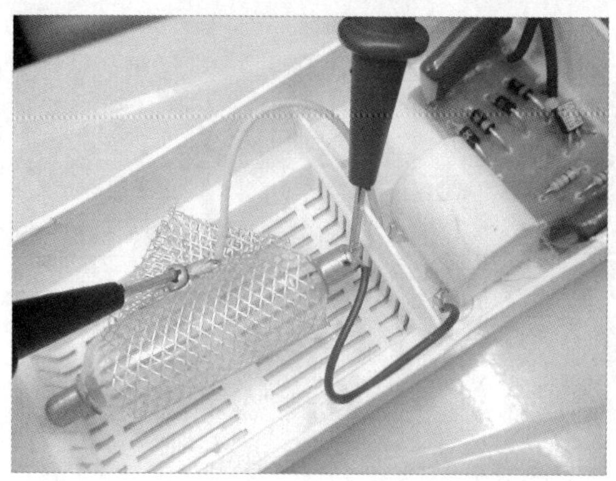

图 11-41　检测变压器（二）

③ 二极管的故障检修　臭氧发生器如果不工作，还有可能是臭氧发生器电路中的二极管损坏，图 11-42 所示为使用万用表检测二极管的正、反向阻抗。

同制冷胆电路板检测二极管的方法相同，如果检测二极管的正向阻抗时，万用表指针指向零或无穷大，均表示二极管已经损坏；如果检测二极管的反向阻抗时，万用表指针指向零或有阻值，此时还不能确定二极管是否损坏，还应将二极管焊下进行检测。如果焊下后，检测二极管的反向阻抗时，所测得的二极管有阻值或万用表指针指向零，均表示二极管已经损坏，将其更换为同一规格的即可。

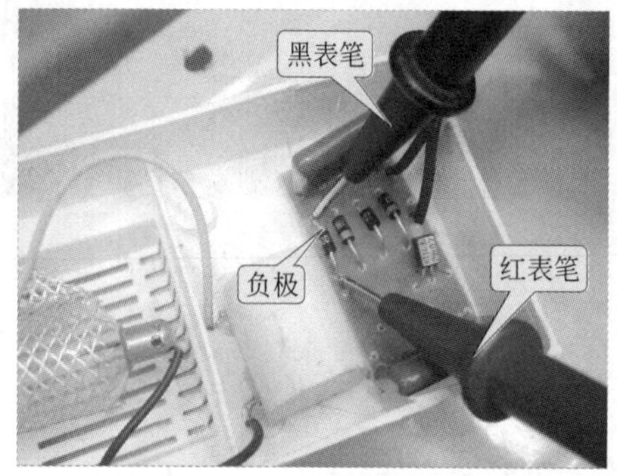

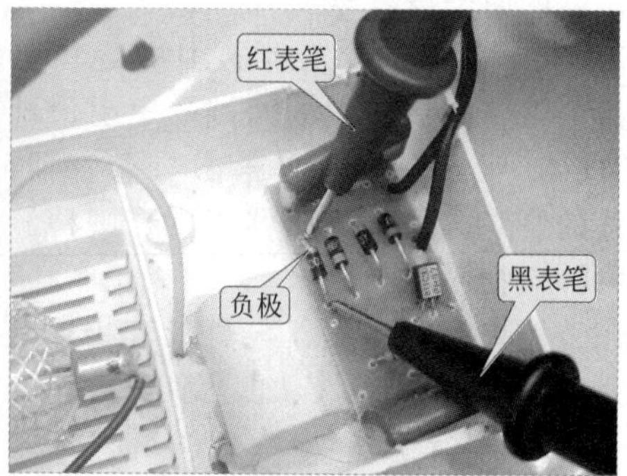

图 11-42　检测二极管

11.2.4　指示灯的故障检修

检测指示灯是否损坏时，需要将其进行通电检测，如果通电后，指示灯不亮，则需要检测指示灯电路中的元器件是否损坏。

检测普通二极管时，应先检测指示灯电路中的电阻器，如图 11-43 所示为检测指示灯电路中的电阻器是否损坏。一般指示灯电路中的电阻器阻值都较大，检测时，应将万用表调整至较大的量程。如果对电阻器正常检测，则所测得的电阻值应在 50kΩ 左右。

然后检测指示灯电路中的普通二极管，如图 11-44 所示，使用万用表检测普通二极管的正、反向阻抗。由于检测普通二极管时为在路检测，并且电路中的电阻器的电阻值也较大，因此，检测普通二极管时，正向阻抗会有一定的阻值；而反向阻抗仍为无穷大。此时，便可以确定所测二极管没有损坏。

若普通二极管和电阻器都没有损坏，再检测指示灯电路中的发光二极管是否损坏。由于发

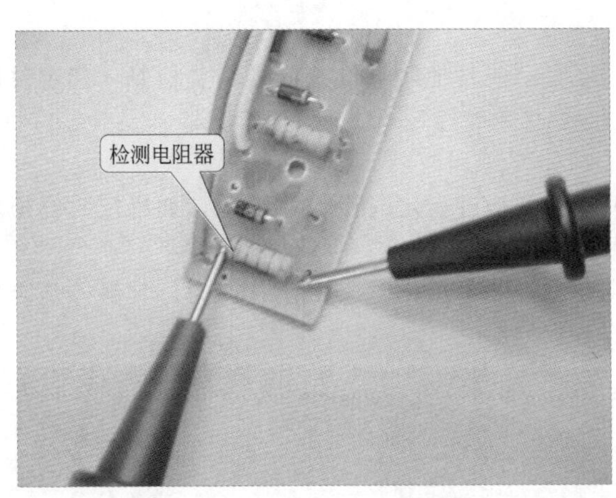

图 11-43　检测电阻器

光二极管的内部结构为一个 PN 结，并且仍具有二极管的特性，即单向导电性，因此，在检测发光二极管时，先将发光二极管从电路板中焊下，然后在发光二极管的 PN 结上加上正向电压。如果发光二极管正常，便会产生发光现象，并且采用不同材料制成的发光二极管可以发出不同颜色的光，比较常见的有红色、绿色和黄色单色发光二极管。

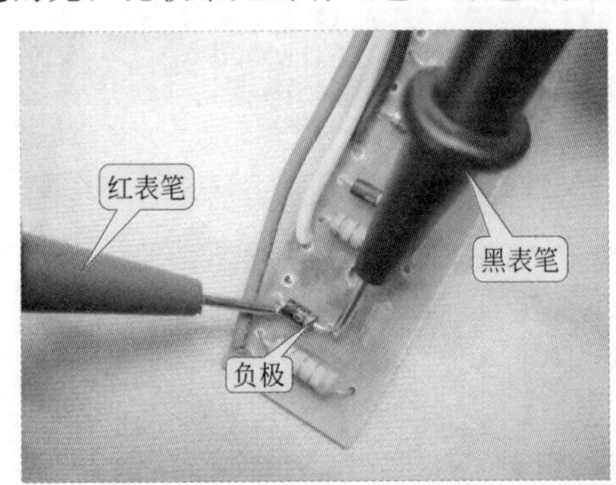

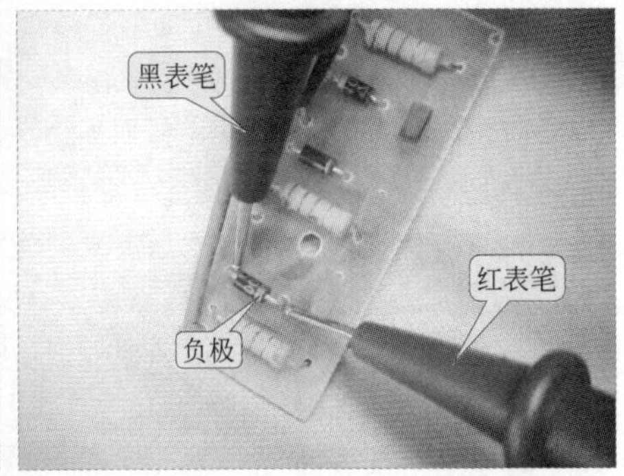

图 11-44　检测普通二极管

图 11-45 所示为万用表串联两只 1.5V 的干电池，用万用表的两支表笔分别搭在开路状态下的发光二极管的两端引脚上。如果发光二极管正常，则通电后，发光二极管能正常发光，表明所检测的发光二极管正常；如果通电后，发光二极管没有任何反应，则表明发光二极管已经损坏。

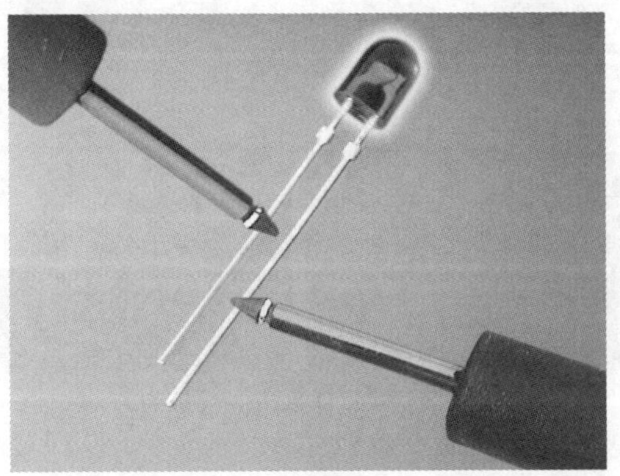

图 11-45　检测发光二极管

11.2.5 其他器件的故障检修

饮水机除了上述器件需要检修外，还有一些其他的器件也同样需要检修，如定时器、饮水机的导管以及出气口等。

（1）定时器的故障检修

由于饮水机的定时器主要为饮水机的保鲜柜进行定时操作，因此，如果定时器损坏，主要导致饮水机的保鲜柜无法进行消毒操作。

检测定时器是否损坏，主要通过检查定时器不工作时与工作状态时，其触点是否良好，如图 11-46 所示。

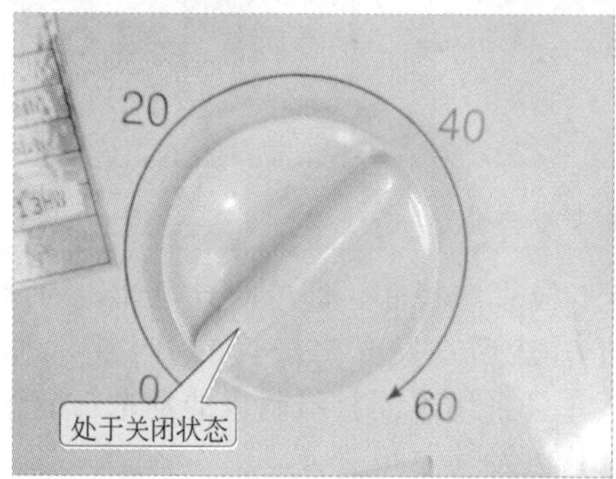

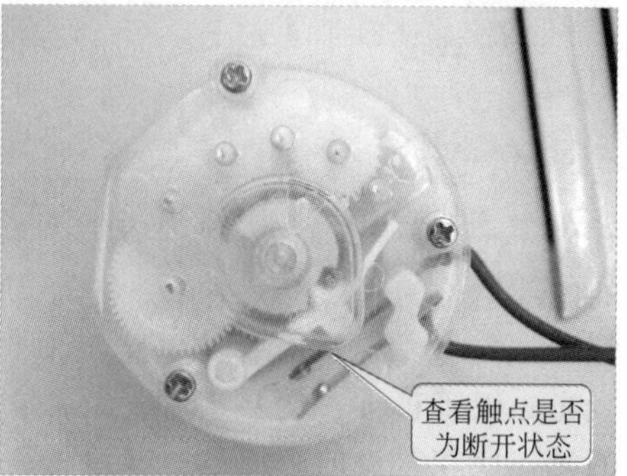

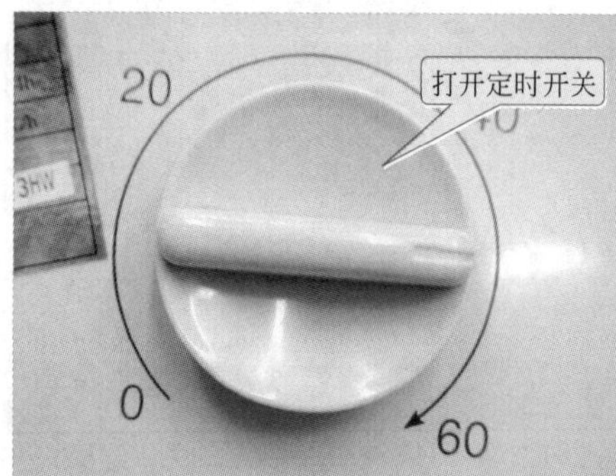

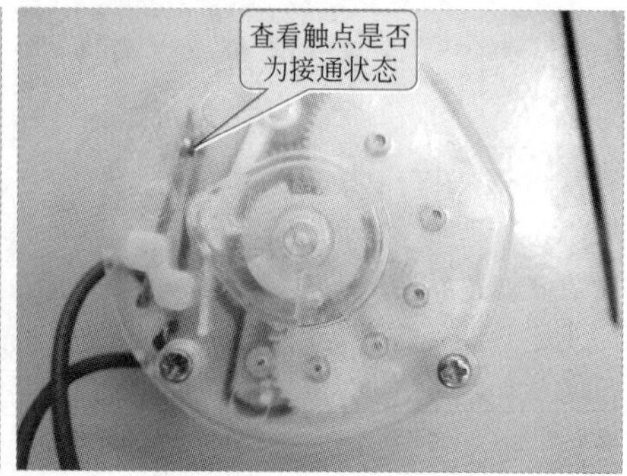

图 11-46　检查定时器是否损坏

（2）导管的故障检修

饮水机的导管如果破裂将导致饮水机漏水故障，严重时甚至引起漏电故障，如图 11-47 所示为饮水机导管破裂现象。

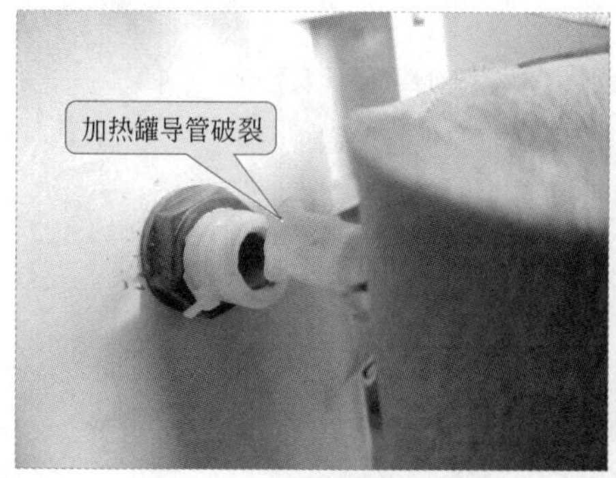

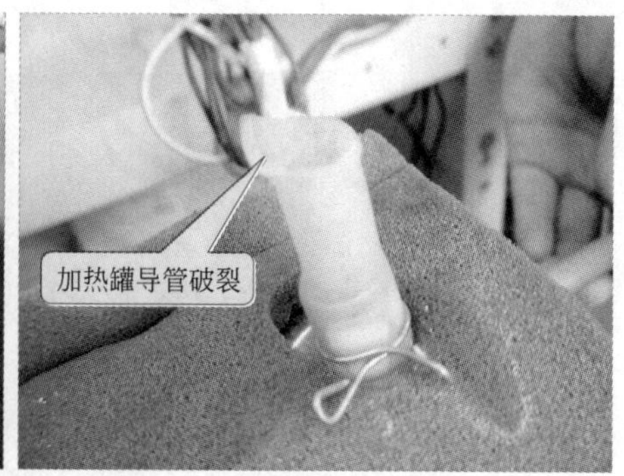

图 11-47　饮水机导管破裂

（3）出气口的故障检修

饮水机的出气口如果被堵住或断裂，将导致饮水机的加热器排气不通畅，以及引起其他的加热故障。

如图 11-48 所示，检查饮水机的出气口是否被堵住或断裂。

图 11-48 检查饮水机的出气口

第12章

电风扇故障检修

12.1 电风扇的结构特点

通常，电风扇主要由螺旋风叶机构、电动机及摇头机构、遥控电路及支撑机构等构成，下面以壁挂式电风扇为例对其结构组成进行介绍。

(1) 风叶机构

风叶机构主要由前后两个网罩、网罩箍和风叶构成，如图 12-1 所示。

后网罩
风叶

图 12-1 风叶机构

(2) 电动机及摇头机构

电动机被电动机罩和电动机挡板包裹着，用于驱动风扇转动，因此也称为风扇电动机；而摇头机构位于电动机的后面，用于驱动电风扇摇头摆动，如图 12-2 所示。

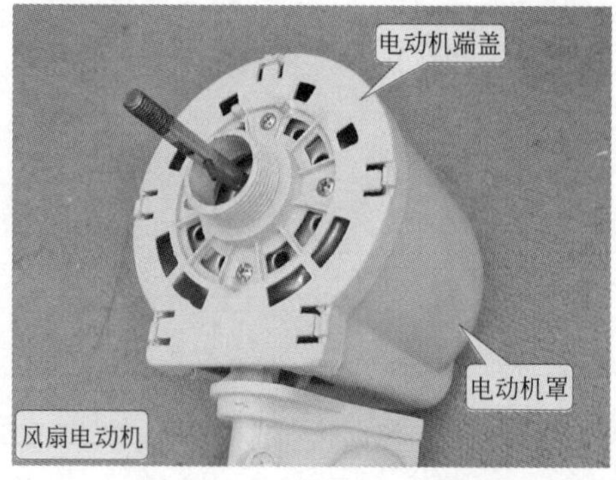

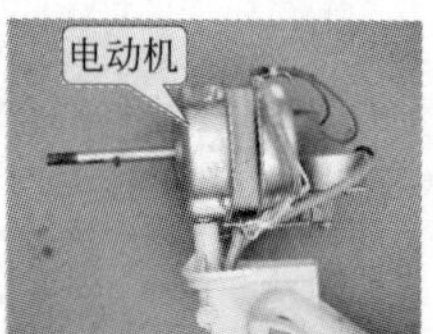

图 12-2 电动机及摇头机构

(3) 拉线开关及支撑机构

拉线开关用于对风速及摇头进行控制，支撑机构用于支撑安装电风扇，如图 12-3 所示。

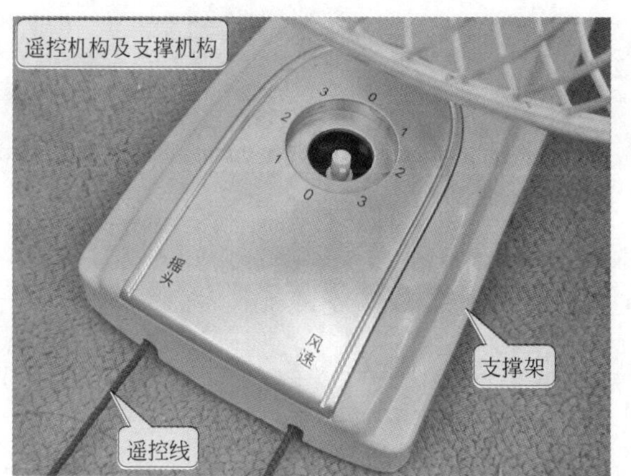

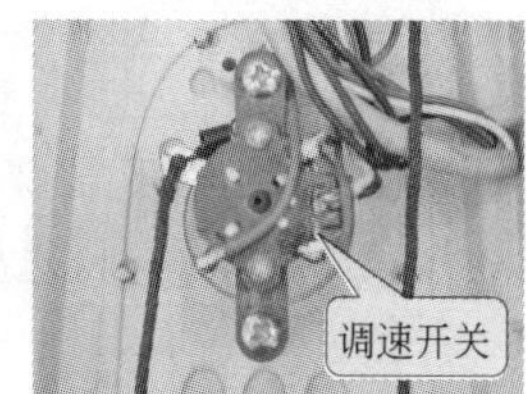

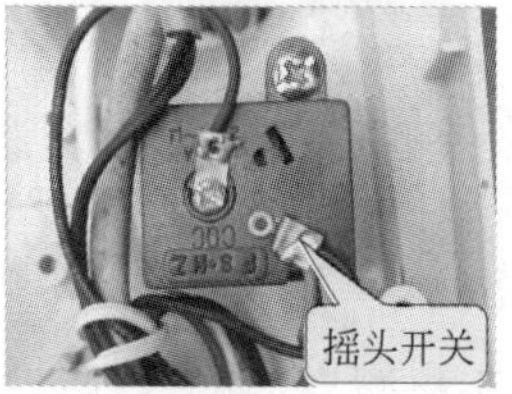

图 12-3 拉线开关及支撑机构

12.2 电风扇的故障检修

电风扇一般都是由于使用时间较长，并且使用时不注意对电风扇进行清洁，以及在使用时不及时对电风扇的轴承进行润滑，而导致电风扇的部件磨损等故障的。

在电风扇故障检修中，启动电容器及风扇电动机、调速开关、摇头电机等都是检修的重点。

12.2.1 启动电容器及风扇电动机的故障检修

电风扇的启动电容器损坏将会引起电风扇的风扇电动机无法正常工作，还有可能导致电风扇的整机不工作故障。

壁扇启动电容器及风扇电动机的故障检修如下。

(1) 启动电容器的故障检修

在检查是否为启动电容器或风扇电动机出现故障时，先对电风扇进行通电测试，如果可以听到风扇电动机有“嗡嗡”的声音，表明电风扇的启动电容器没有问题；如果无法听到电动机有“嗡嗡”的声音，很可能是电风扇的启动电容器损坏。

启动电容器与风扇电动机的导线相连，因此在对启动电容器进行检修时，为了确保检测的准确性，需要将启动电容器和风扇电动机拆分开。如图 12-4 所示，选择合适的十字螺丝刀，将启动电容器的固定螺钉拧下。

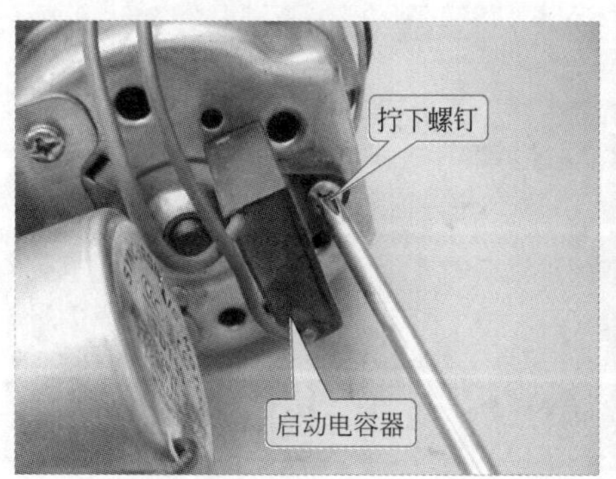

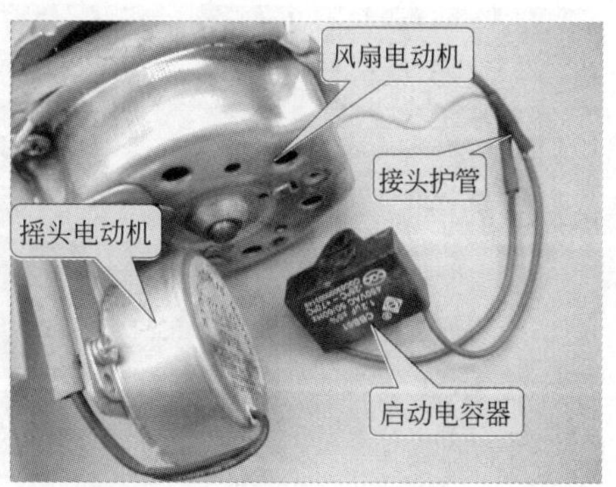

图 12-4 拧下固定螺钉

将启动电容器取下后，再移动启动电容器导线与风扇电动机导线的接头护管，如图 12-5 所示。此时，便可以看到启动电容器导线与风扇电动机导线的接头。

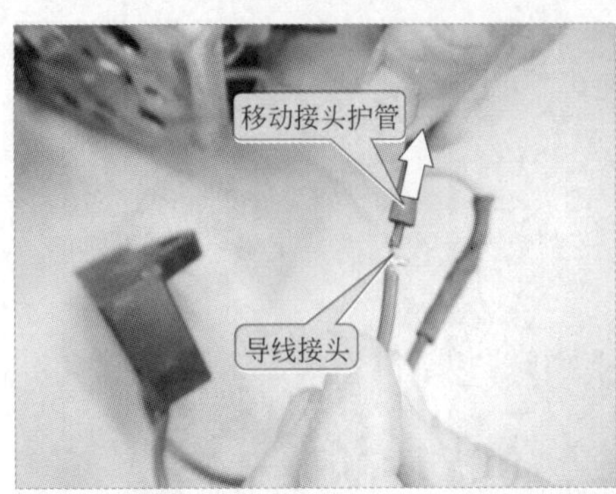

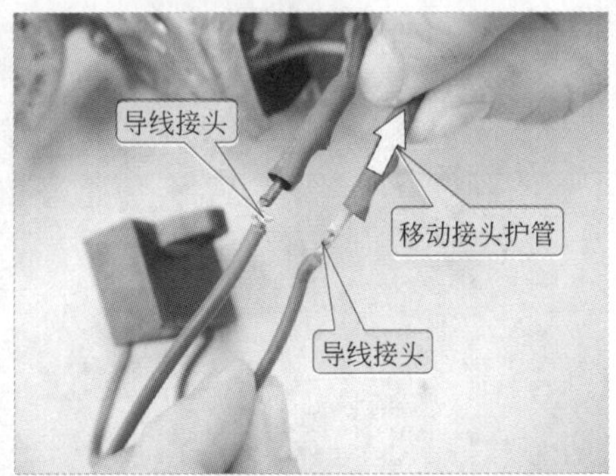

图 12-5　移动接头护管

由于在路检测启动电容器无法准确地检测启动电容器是否损坏，因此需要将启动电容器导线与风扇电动机导线的其中一连接端断开，如图 12-6 所示，可以借助偏口钳夹断或者使用电烙铁焊下接头的焊锡。

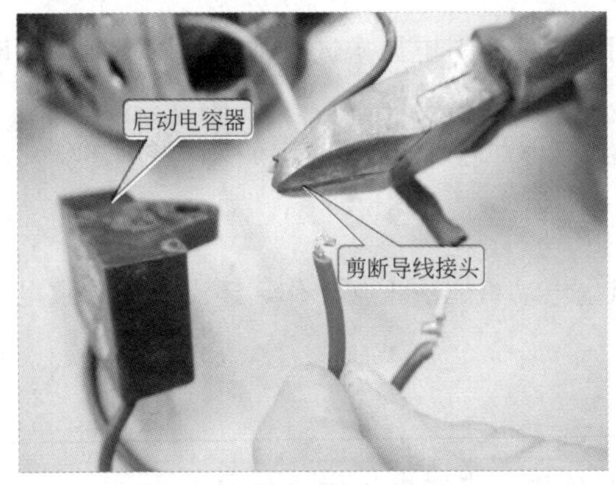

图 12-6　剪断导线接头

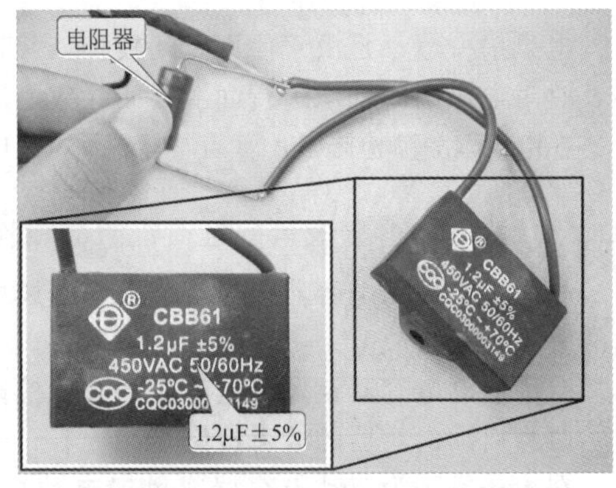

图 12-7　对启动电容器放电

将启动电容器与风扇电动机的导线断开后，再使用电阻器对启动电容器进行放电操作，如图 12-7 所示。

对启动电容器放电完成后，使用万用表检测启动电容器是否损坏，根据启动电容器的电容量将万用表量程调整至 $R\times 10$k 挡，用万用表的黑红表笔分别检测启动电容器的两条导线端，然后调换表笔进行检测，如图 12-8 所示。

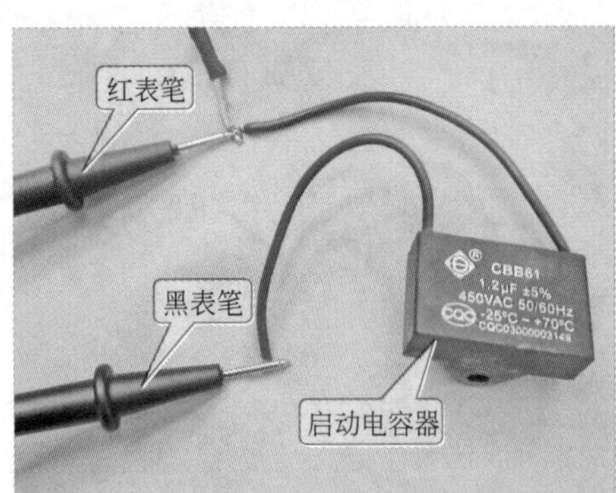

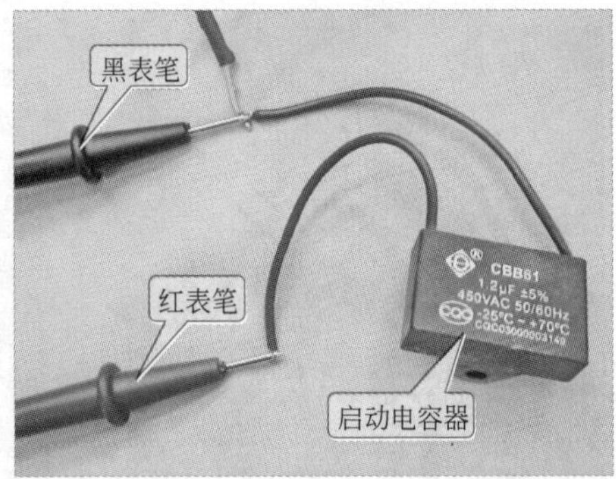

图 12-8　检测启动电容器

若启动电容器正常，则在使用万用表对其进行检测时，万用表会出现充放电的过程，即从电阻值很大的位置摆动到零的位置，然后再摆回到电阻值很大的位置，如图 12-9 所示。

图 12-9　启动电容器充放电过程

若万用表指针不摆动或者万用表摆动到电阻为零的位置后不返回，以及万用表刚开始摆动时摆动到一定的位置后不返回，均表示启动电容器出现故障，将其更换后，启动壁扇进行检测，壁扇整机工作正常。

（2）风扇电动机的故障检修

检修壁扇的风扇电动机，主要是检测电动机各绕组之间的阻值，一般电风扇的风扇电动机都有五条导线，以华生 FB35-40D 壁扇为例，如图 12-10 所示为该壁扇风扇电动机的电路。

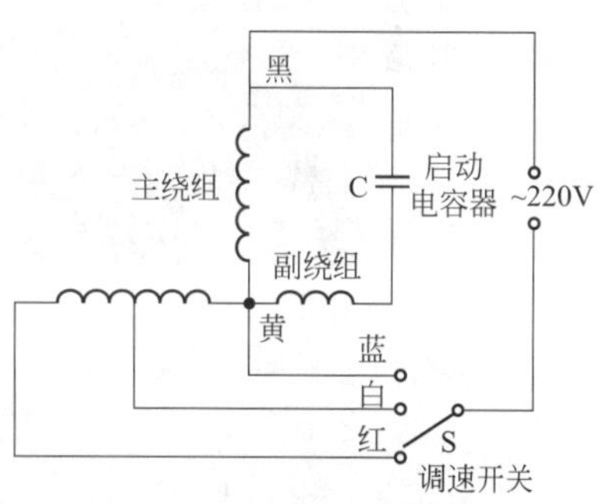

图 12-10　风扇电动机电路

从图中可以看出该风扇电动机各绕组之间的电路关系，可以通过检测各导线之间的电阻值判断该风扇电动机是否损坏。

如图 12-11 所示，该风扇电动机的黑色线和黄色线连接启动电容器，蓝色线、白色线和红色线连接电风扇的调速开关。通过调节调速开关不同挡位，选择电风扇的风力大小。

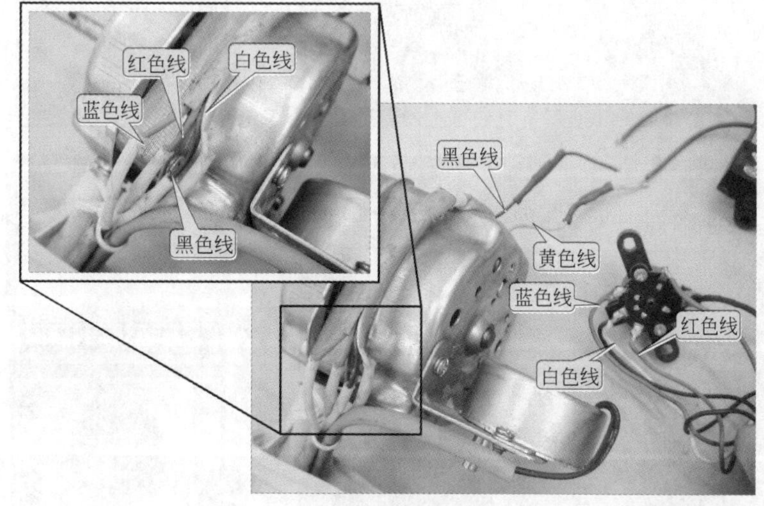

图 12-11　壁挂式风扇电动机连线

检测时，使用万用表检测风扇电动机各导线之间的阻值，如图 12-12 所示，将万用表调整至 $R\times100$ 挡，用万用表的红、黑表笔分别检测风扇电动机各绕组之间的阻值。

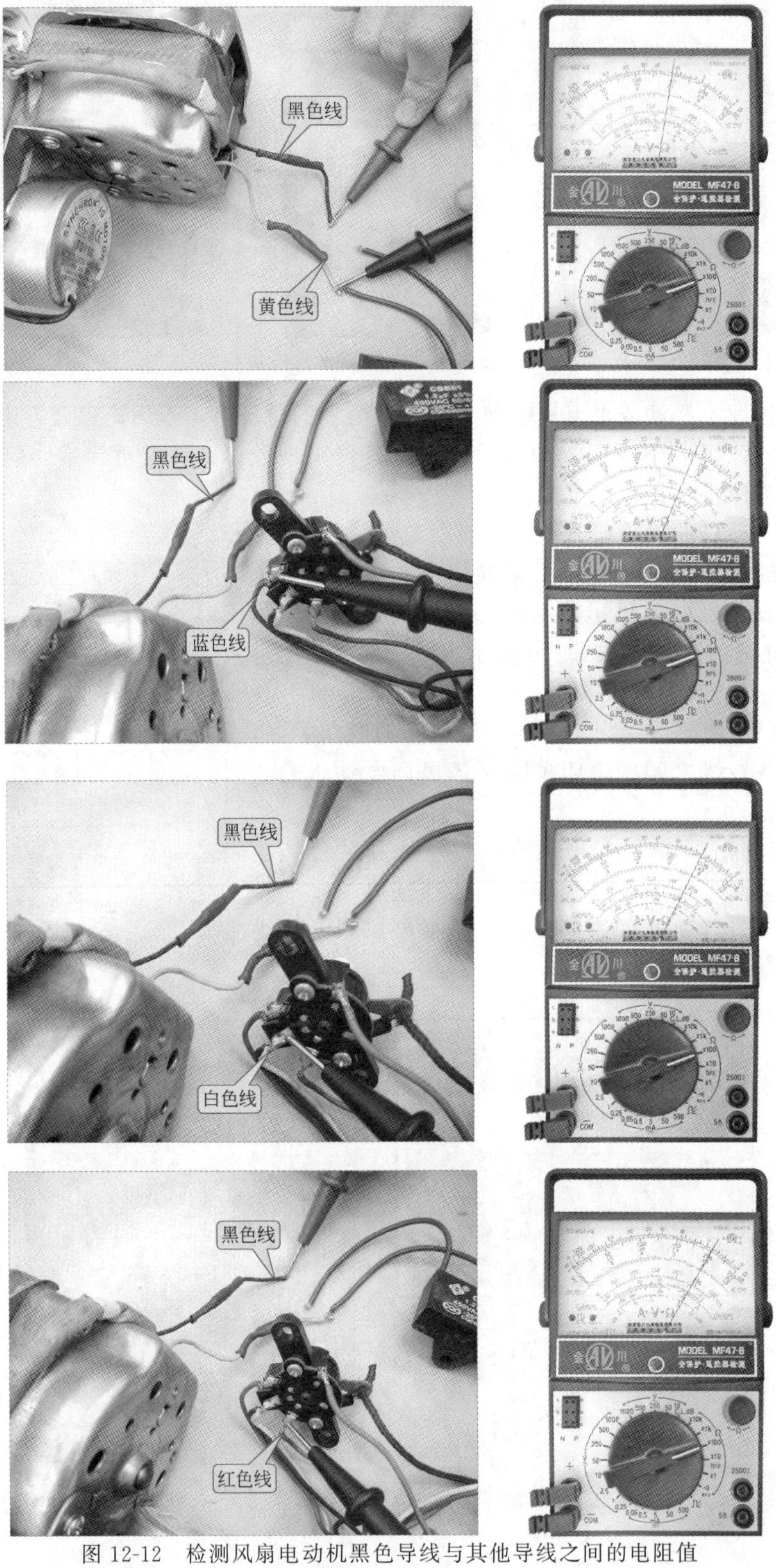

图 12-12　检测风扇电动机黑色导线与其他导线之间的电阻值

按照此种方法依次检测，如果在检测过程中，万用表指针指向零或无穷大，或者检测时所测得的阻值为几十欧姆，均表明所检测的绕组有损坏，需要将风扇电动机进行更换；若检测时，黑色导线与其他各导线之间的阻值为几百欧姆至几千欧姆，并且检测时黑色导线与黄色导线之间的阻值始终为最大阻值，表明该风扇电动机正常。

可以通过查看风扇电动机的线圈有无烧毁现象，如图 12-13 所示，如果所检测的风扇电动机线圈绕组有发黑，或者固定绕组线圈的器件出现熔断现象，均表明该风扇电动机已经损坏，需要将其更换为同一规格的风扇电动机。

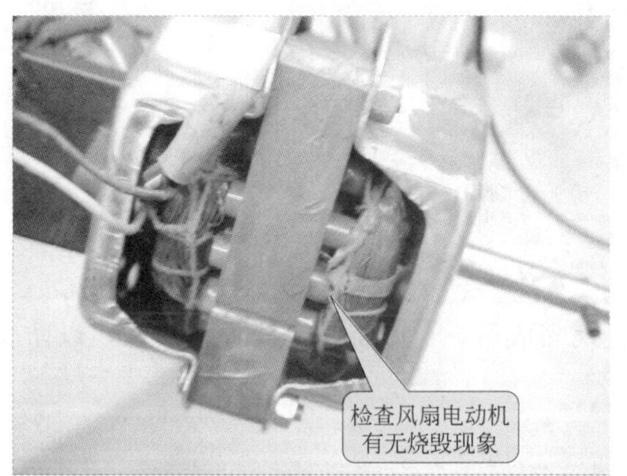

图 12-13　检查风扇电动机

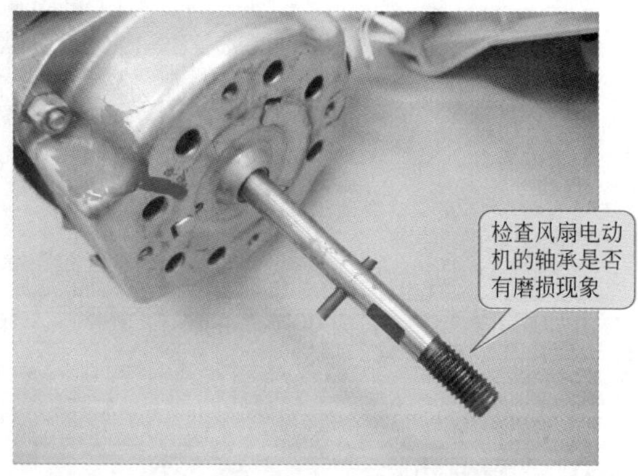

图 12-14　检查风扇电动机的轴承是否有磨损现象

若经检查后风扇电动机并无烧毁现象，则需再检查风扇电动机的轴承是否有磨损现象，如图 12-14 所示。

然后旋转风扇电动机的轴承，以检查风扇电动机的轴承是否出现松动，或者无法转动等现象，如图 12-15 所示。

由于风扇电动机与连接头连成一体，因此，在检查风扇电动机时，还要注意检查电风扇的连接头是否出现裂痕等现象，如图 12-16 所示。

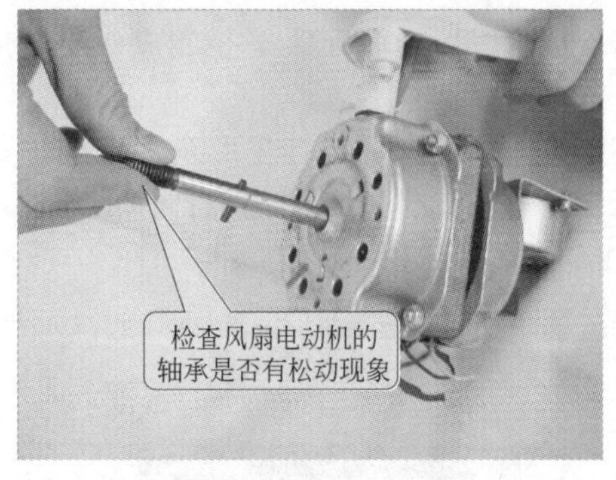

图 12-15　检查风扇电动机的轴承是否有松动现象

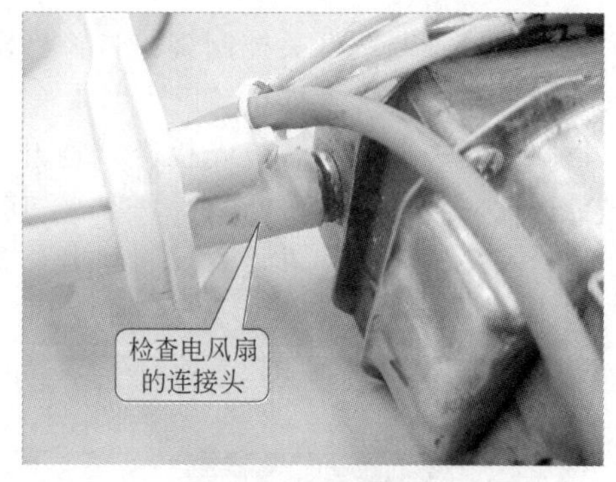

图 12-16　检查电风扇的连接头

12.2.2　电风扇调速开关的故障检修

电风扇的调速开关如果出现故障将导致电风扇整机不工作，同样也会导致电风扇的风力控制失灵。

（1）调速开关的故障检修

在检查调速开关时，应首先查看调速开关与各导线是否连接良好，以及检查调速开关的复

位弹簧弹力是否失效，如图 12-17 所示。如果调速开关与导线出现脱焊或虚焊等现象，使用电烙铁重新焊接即可；如果复位弹簧弹力失效，则需要重新更换同一弹力大小的复位弹簧。

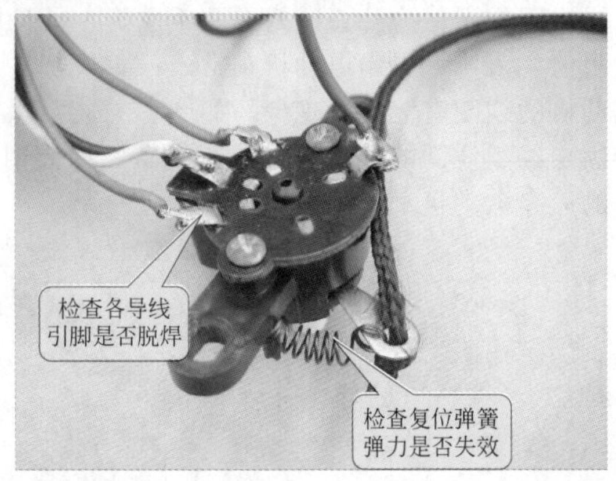

图 12-17 检查导线引脚及复位弹簧

如图 12-18 所示为更换新的复位弹簧，并且更换完成后，还要将固定杆重新加固，以防止更换新的复位弹簧后，弹簧固定不牢固，容易脱落。

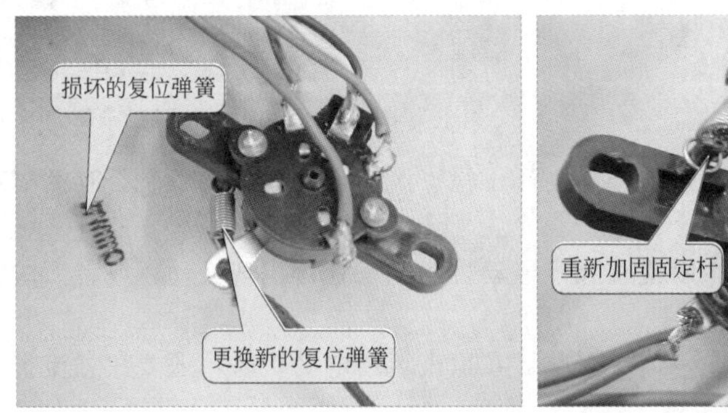

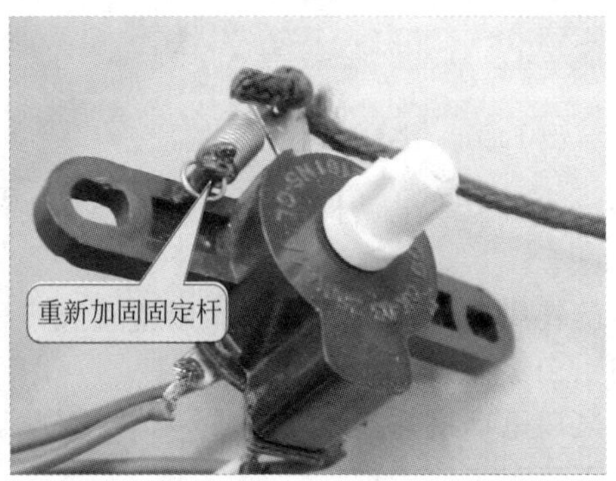

图 12-18 更换新的复位弹簧

然后，检查调速开关控制旋钮是否出现磨损现象，如图 12-19 所示。若控制旋钮出现磨损现象，则只需将其更换即可。

将调速开关拆解后，应先检查调速开关内部的控制杆和斜棱是否有变形及严重磨损等现象，再检查旋转轴是否有断裂等现象，如图 12-20 所示。如果调速开关的内部部件出现损坏现象，则只需将其更换即可；若控制杆出现变形，则只需将其重新校正即可。

图 12-19 检查控制旋钮

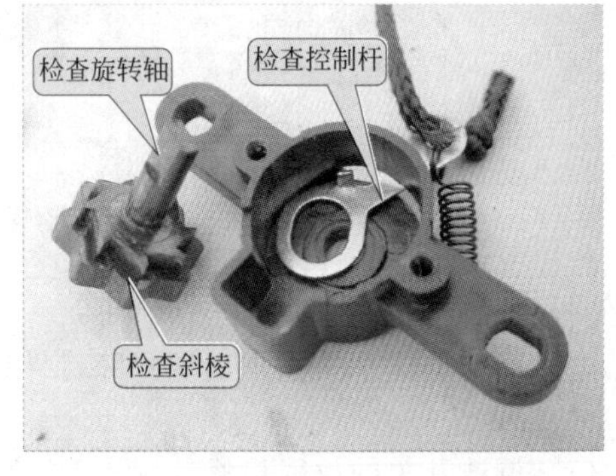

图 12-20 检查控制杆、斜棱和旋转轴

接下来，再检查调速开关的动片及定片，如图 12-21 所示，检查调速开关的动片是否变形，及检查定片是否出现严重磨损，或检查定片是否松动。如果动片出现变形现象，则由尖嘴钳将其校正即可；如果定片出现松动现象，则需要将其重新固定；如果定片磨损严重，则需要将其更换。

其中，调速开关中还包括旋转弹力装置，如图 12-22 所示，检查旋转弹力装置中弹簧弹力是否失效，及查看旋转弹力装置是否有裂痕等现象。

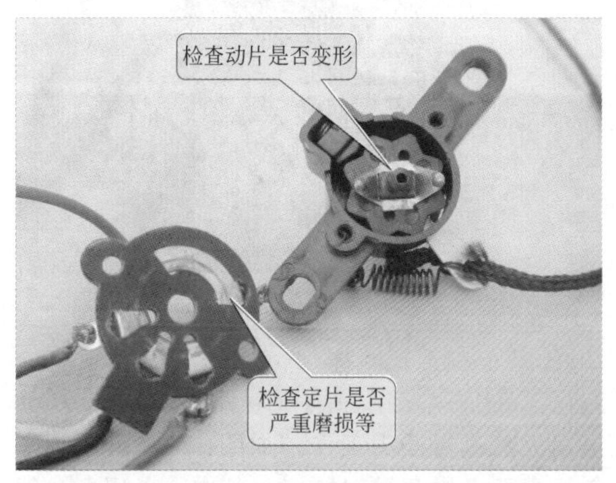

图 12-21　检查调速开关的动片及定片

图 12-22　检查旋转弹力装置

（2）摇头开关的故障检修

摇头开关损坏主要导致电风扇的摇头功能失效，使电风扇只能保持在一个旋转位置。

检查摇头开关是否损坏同样要先检查摇头开关的导线连接是否良好，如图 12-23 所示，检查摇头开关的导线有无脱焊、虚焊等现象。如果出现脱焊或虚焊等现象，使用电烙铁重新焊接即可。

检查摇头开关的底部，查看摇头开关的固定杆是否弯曲变形，如图 12-24 所示。如果固定杆出现弯曲变形，则只需要使用尖嘴钳进行校正即可。

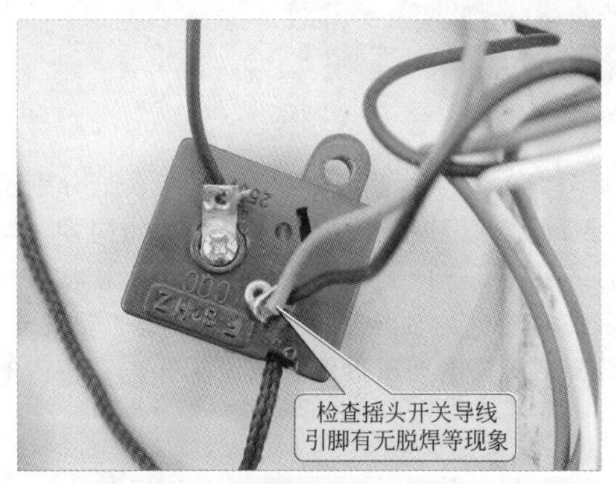

图 12-23　检查摇头开关导线引脚有无脱焊

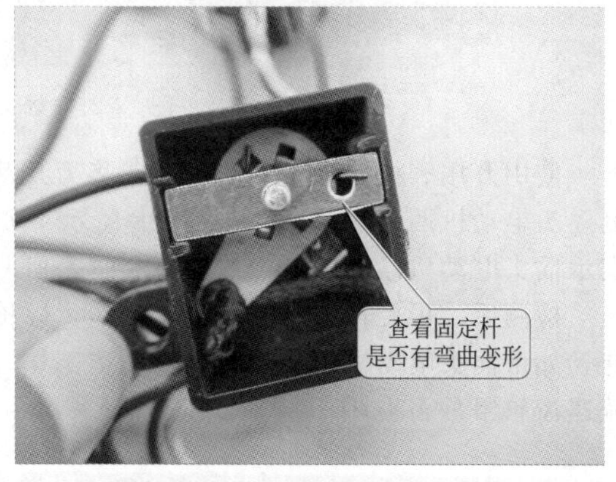

图 12-24　检查摇头开关固定杆

将摇头开关拆解后，检查摇头开关的弹簧弹力是否失效，及查看摇头开关的控制杆是否出现变形等现象，如图 12-25 所示。如果摇头开关的弹簧弹力失效，则需要将其更换；如果控制杆出现变形，则使用尖嘴钳将其重新校正即可。

摇头开关的动片和挂钩变形同样会导致摇头开关无法正常工作。如图 12-26 所示，检查动片及挂钩是否变形，如果动片和挂钩出现变形将其校正即可。

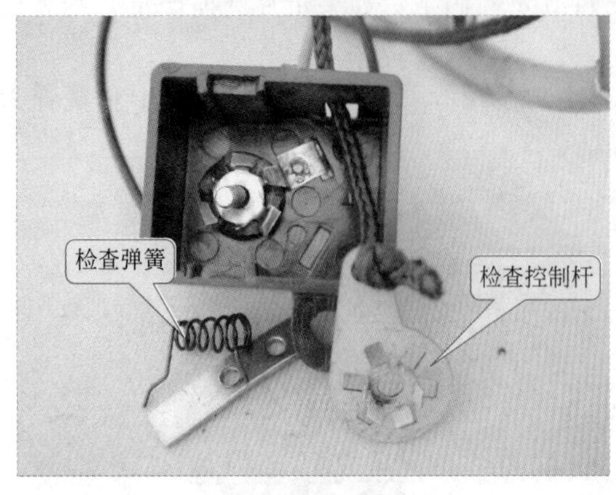

图 12-25　检查弹簧及控制杆

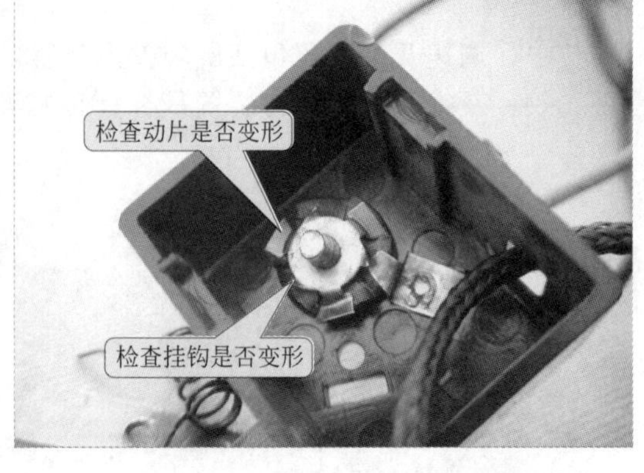

图 12-26　检查动片及挂钩

12.2.3　电风扇摇头电动机的故障检修

摇头电动机如果出现故障，则将主要导致电风扇无法进行摇头工作，如图 12-27 所示为摇头电动机连线示意图。从图中可以看出，摇头电动机由两条黑色导线连接，其中一条黑色导线连接调速开关，另一条连接摇头开关。

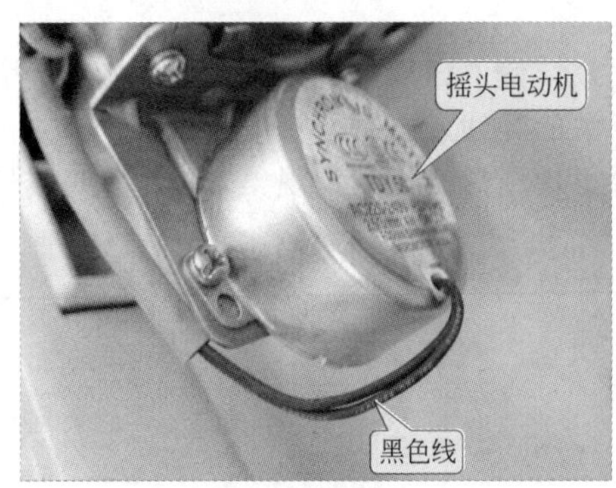

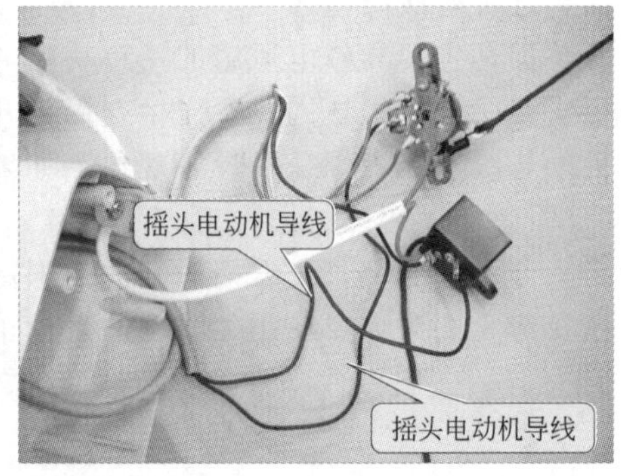

图 12-27　摇头电动机连线示意图

使用万用表检测摇头电动机时，将万用表调整至 $R\times1\mathrm{k}$ 挡，用万用表的两支表笔分别检测摇头电动机两导线端，如图 12-28 所示。如果检测时，万用表指针指向无穷大或指向零，均表示摇头电动机已经损坏；如果检测时，所测得的结果在几千欧姆，表明摇头电动机正常。

检测后，再旋转摇头电动机的轴承，以检查摇头电动机的轴承是否有磨损或松动等现象，并且如果摇头电动机正常，而仍旧无法工作，则需要将摇头电动机拆解，查看摇头电动机内的减速齿轮组是否损坏。

12.2.4　电风扇其他器件的故障检修

电风扇的故障还有可能是由比较小的器件损坏所引起的，如偏心轮损坏、连杆变形、夹紧螺钉松动等。

检查偏心轮是否损坏和连杆是否变形，如图 12-29 所示，如果偏心轮损坏和连杆变形，将导致电风扇无法正常进行摇头工作。如果偏心轮损坏，则需要将其更换；如果连杆出现变形现

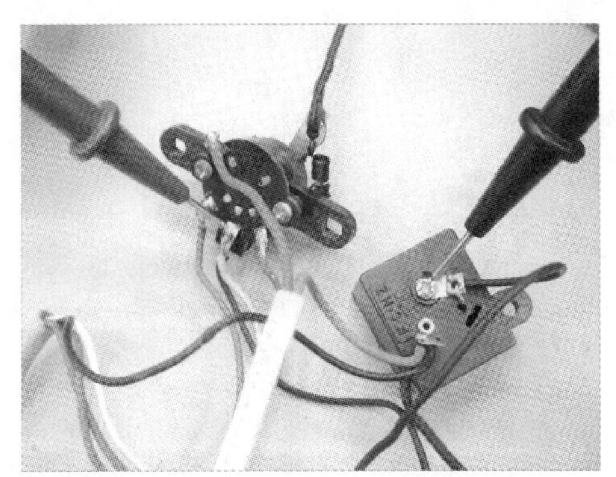

图 12-28　检测摇头电动机

象，则只需使用尖嘴钳将其校正即可。

夹紧螺钉一般很少出现故障，因此在检查夹紧螺钉时，主要检查夹紧螺钉是否拧紧，或者在调整电风扇角度时，对夹紧螺钉进行调整，如图 12-30 所示。

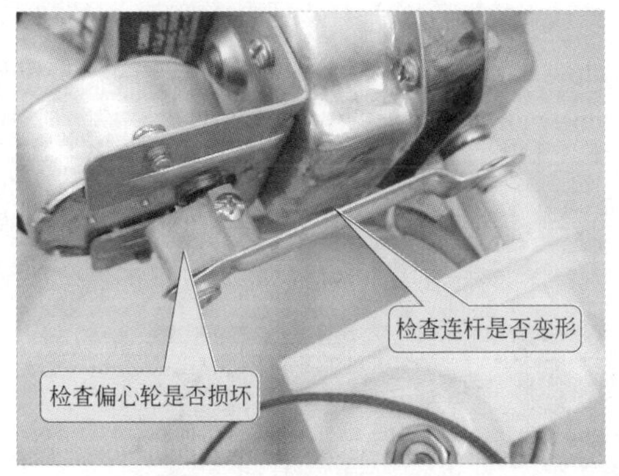

图 12-29　检查偏心轮和连杆

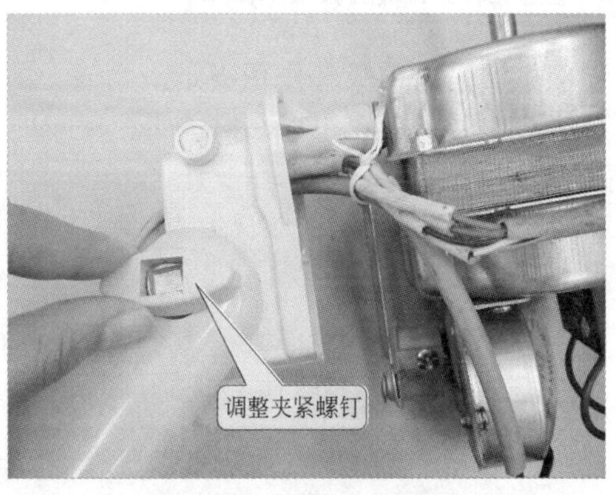

图 12-30　调整夹紧螺钉

电风扇的挡板一般很容易损坏，如图 12-31 所示，检查电风扇挡板的固定杆，如果挡板的固定杆折断，则容易使电风扇的网罩固定不牢固。

转页扇与壁扇的安装方式不同，转页扇的转页需要转页螺母和转页弹力帽进行固定，如图 12-32 所示。如果转页扇的转页在旋转时，转动声音过大，或者转动时剧烈晃动，则需要转动转页螺母进行加固。

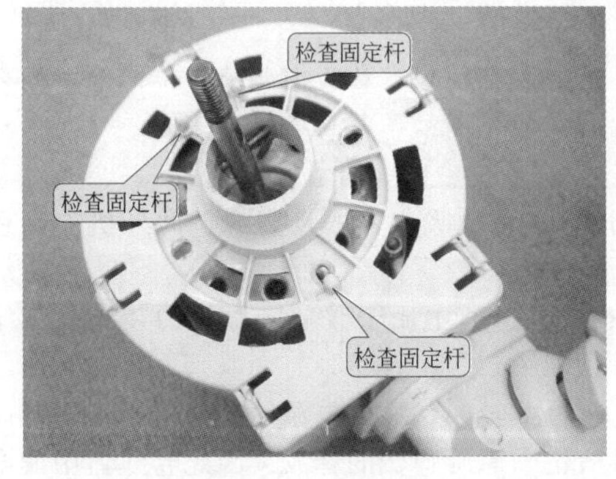

图 12-31　检查固定杆

图 12-32　旋转转页螺母

第13章

吸尘器故障检修

13.1 吸尘器的结构特点

吸尘器是借助吸气作用吸走灰尘或干的污物（如线、纸屑、头发等）的清洁电器，是家庭日常生活中必备的家电产品之一。

（1）外部结构

如图 13-1 所示，从外观上看，吸尘器外部主要是由操作面板、电源线、脚轮、提手、软管等构成的。

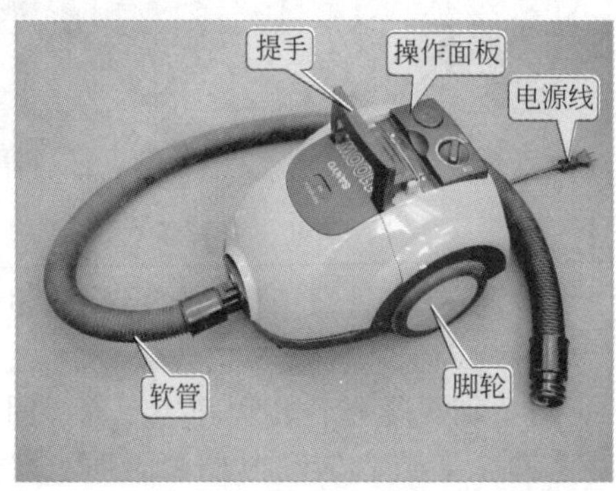

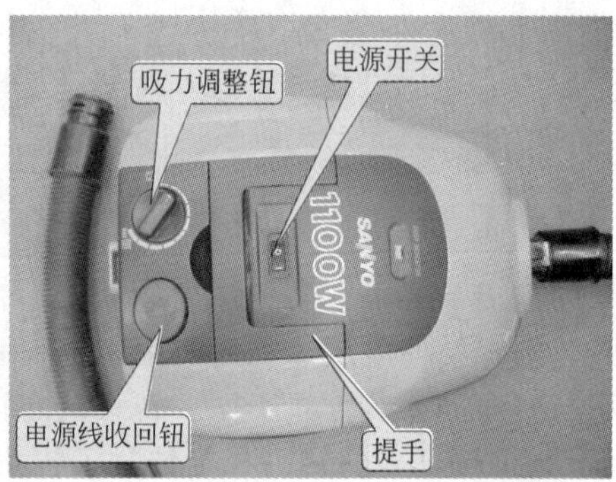

图 13-1　吸尘器外部结构

（2）内部结构

将吸尘器的上盖打开后即可看到其内部结构，其中设有集尘室和吸力调节电位器等，内部结构如图 13-2 所示。

将其操作面板拆卸后可以看到制动装置和电路板等，如图 13-3 所示。

将电动机保护壳拆卸后可以看到抽气机（电动机），它是吸尘器的动力源，此外机壳内还设有卷线器（或称卷线盘），如图 13-4 所示。

如图 13-5 所示为卷线器的结构示意图。卷线器是吸尘器中用于收藏电源线的装置，其结构与卷尺相同，可以使吸尘器的结构更为紧凑。

当抽出电源线时，由于螺旋弹簧的首尾都固定在摩擦轮中，所以电源线抽出的越多，螺旋弹簧的弹力就会越来越紧，但是制动轮又阻碍了摩擦轮中螺旋弹簧的释放。因此卷线器中的电源线可以随意抽取。

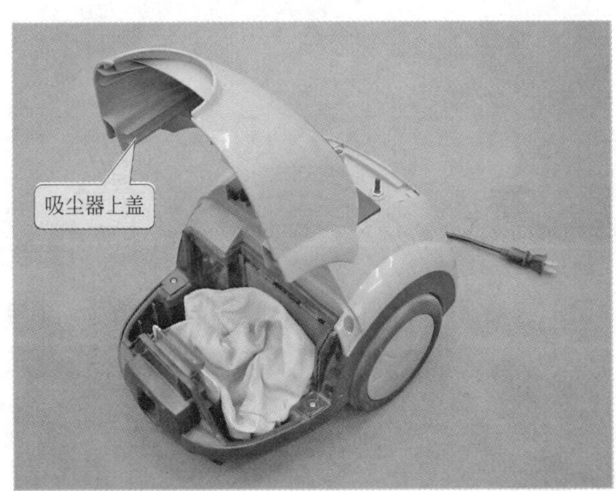

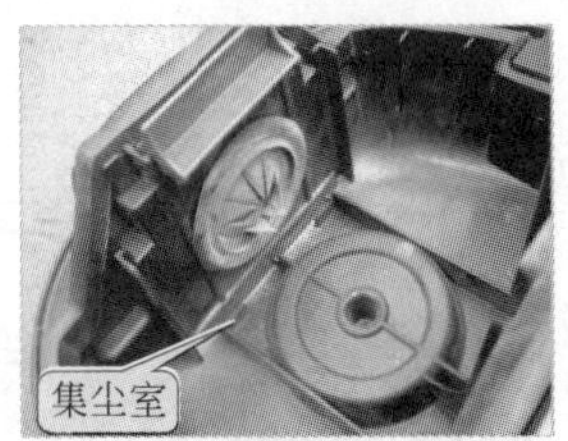

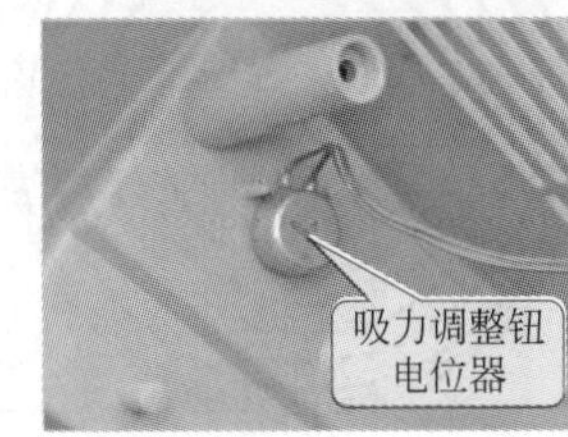

图 13-2　吸尘器内部的集尘室和吸力调节电位器

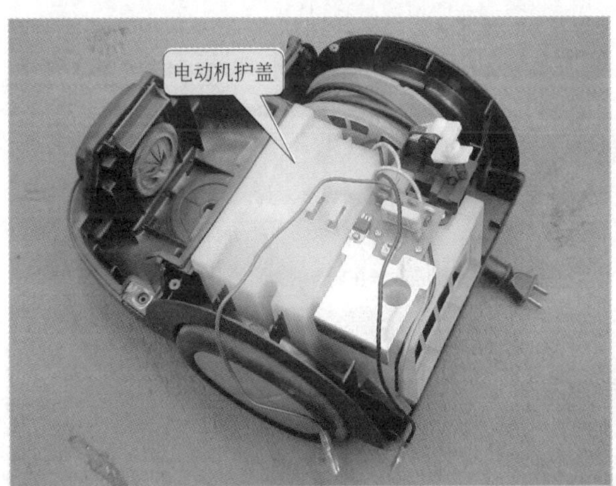

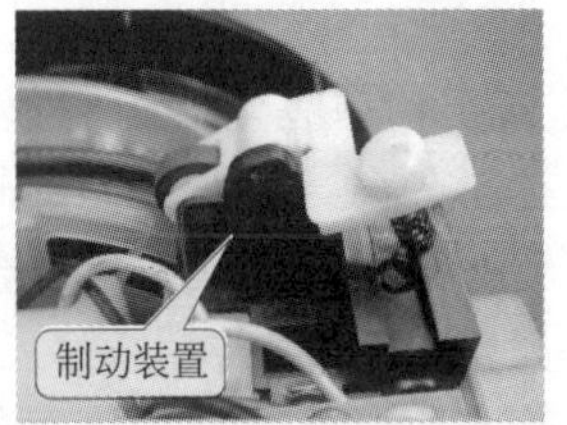

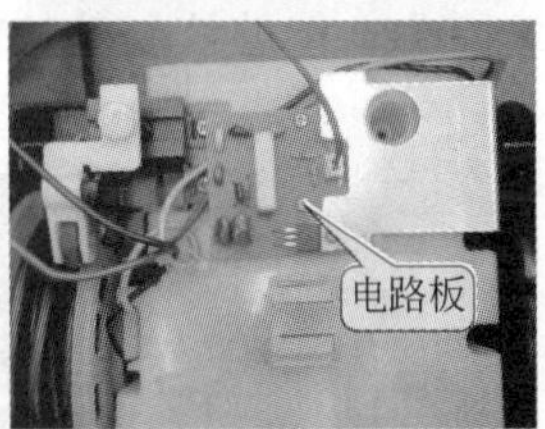

图 13-3　吸尘器内部的制动装置和电路板

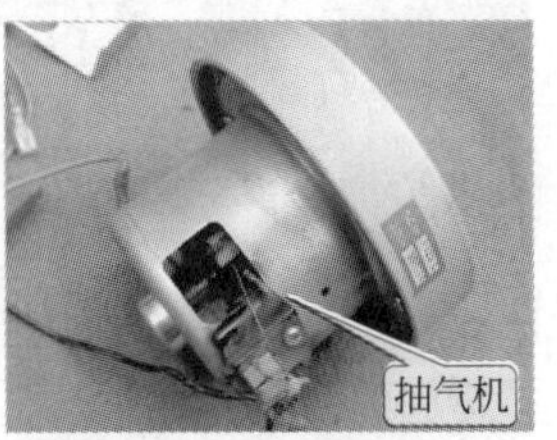

图 13-4　吸尘器内部的抽气机和卷线器

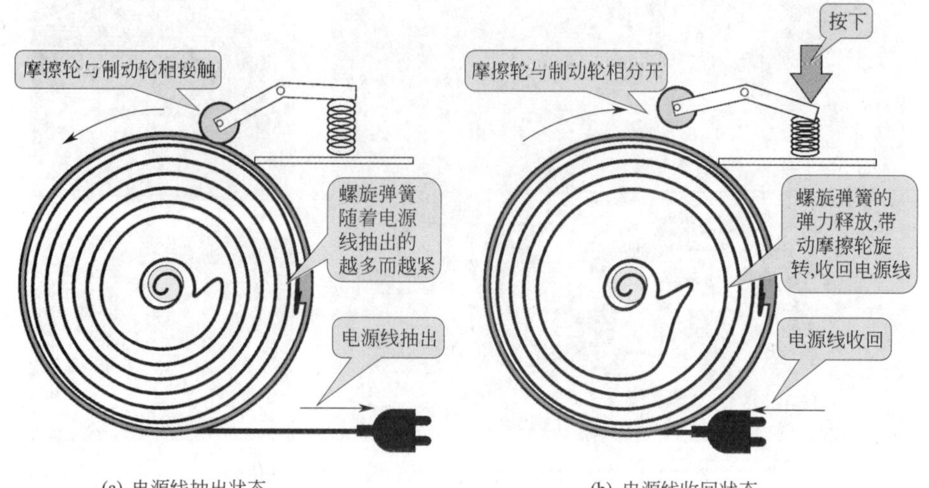

(a) 电源线抽出状态　　(b) 电源线收回状态

图 13-5　卷线器的结构示意图

当不需要使用吸尘器的时候，电源线太长，很不方便。此时，可以按下制动杠杆，将制动轮与摩擦轮分离。没有了制动轮的阻碍，卷线器内部螺旋弹簧的弹力就会释放出来，并带动摩擦轮旋转。摩擦轮旋转电源线也就跟着一起收回到卷线器中。此时卷线器中的电源线已经缠绕到了摩擦轮中。

制动轮之所以能够控制摩擦轮，是因为两个轮上都有辊纹，如图 13-6 所示。这些辊纹大大增加了摩擦力，能够使制动轮阻碍摩擦轮中螺旋弹簧的释放。

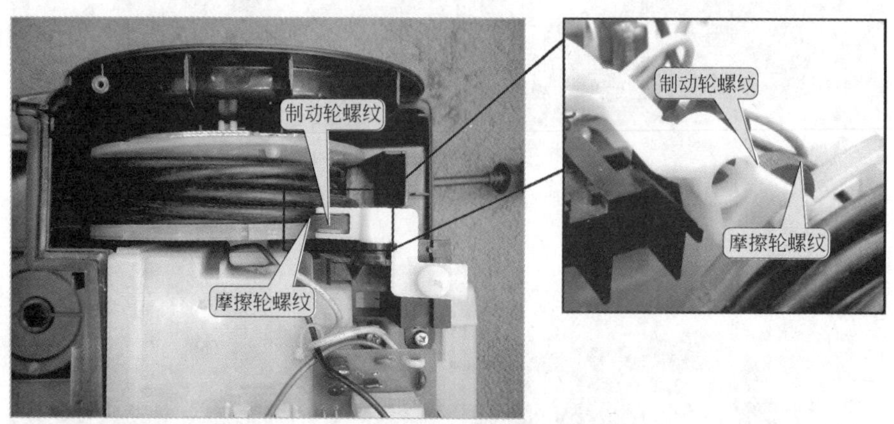

图 13-6　摩擦轮和制动轮的螺纹

13.2　吸尘器的故障检修

吸尘器一般都是由于使用时间过长，导致所吸附的灰尘过多或元件损坏所引起的故障，并且由于其没有复杂的电路板，使吸尘器维修也相对地简单方便。

13.2.1　卷线器的故障检修

吸尘器的卷线器出现故障将会导致吸尘器整机不工作、电源线无法从卷线器中抽出、电源线抽出后无法收回，或者吸尘器漏电等故障现象。

（1）制动装置的故障检修

卷线装置出现故障，首先检查卷线器的制动装置是否良好，如图 13-7 所示，检查制动装置的制动弹簧和制动杠杆以及制动装置支撑架之间的连接状况。

经检查，制动装置的连接状态良好，则需要将制动装置进行拆解，然后查看制动装置中的制动弹簧是否出现弹力失效、弹力过大，以及检查制动杠杆是否出现裂痕等现象，如图 13-8 所示。

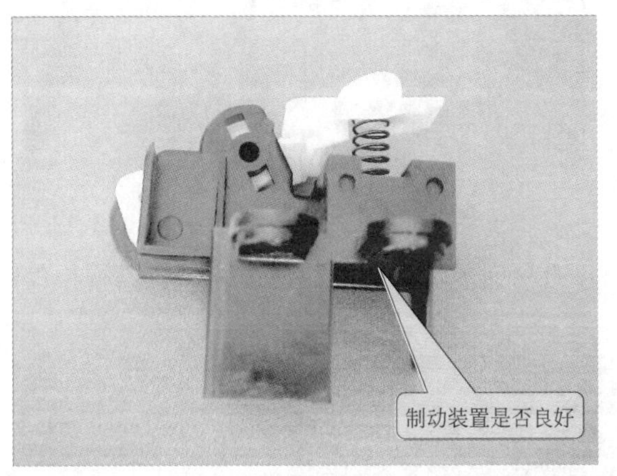

图 13-7　检查制动装置连接是否良好

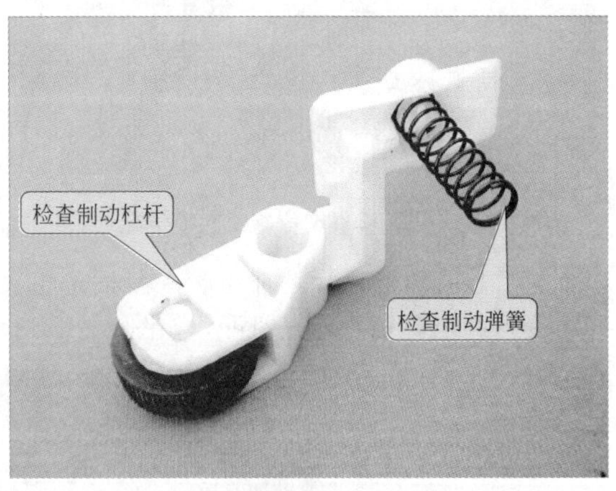

图 13-8　检查制动弹簧及制动杠杆

接下来再检查制动轮是否出现磨损情况，如图 13-9 所示。用手滑动制动轮，以检查其是否出现严重磨损现象，若出现磨损等现象，将其更换为同一规格的即可。

（2）卷线装置的故障检修

检查卷线器的卷线装置，应先检查卷线器与电源触片是否连接良好，如图 13-10 所示。吸尘器的卷线器与电源触片连接方法不正确或没有连接良好，都会导致吸尘器无法正常工作以及漏电等情况。

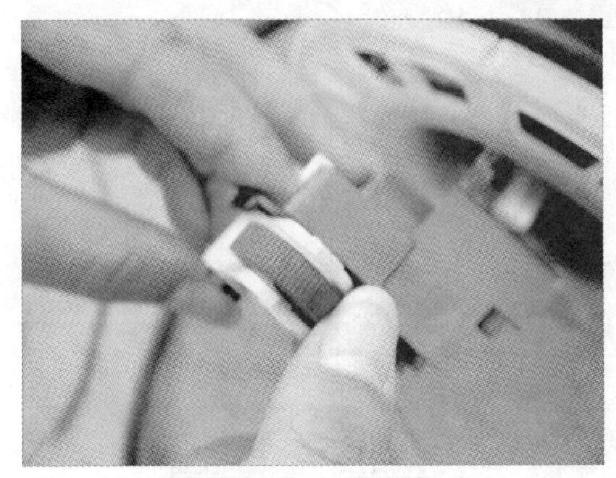

图 13-9　检查制动轮磨损情况

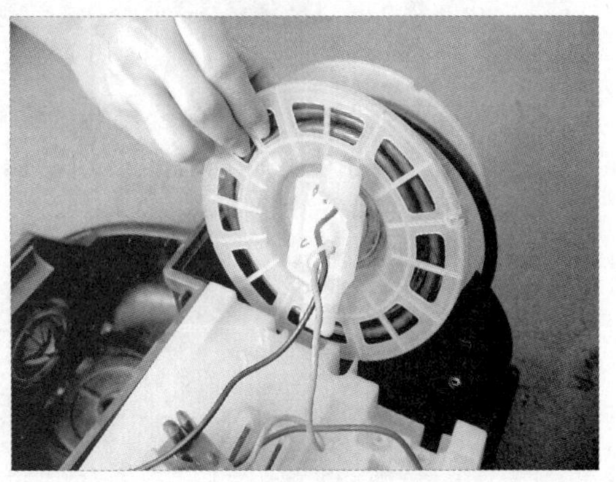

图 13-10　检查卷线器与电源触片连接情况

再使用一字螺丝刀检查摩擦轮的磨损情况，如图 13-11 所示。如果检查后，制动轮的磨损较严重，则需要将其更换为同一规格的摩擦轮。

若摩擦轮正常，则需要将电源触片拆卸，检查电源触片的导线焊点是否脱焊或虚焊，如图 13-12 所示。若出现脱焊或虚焊等现象，使用电烙铁将其重新焊接即可。

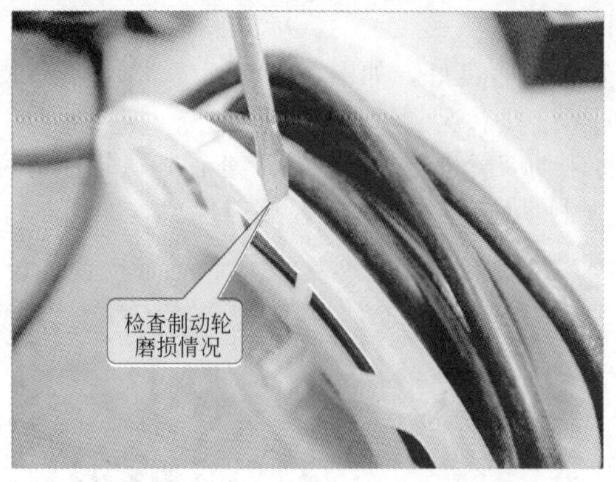

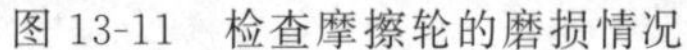

图 13-11　检查摩擦轮的磨损情况

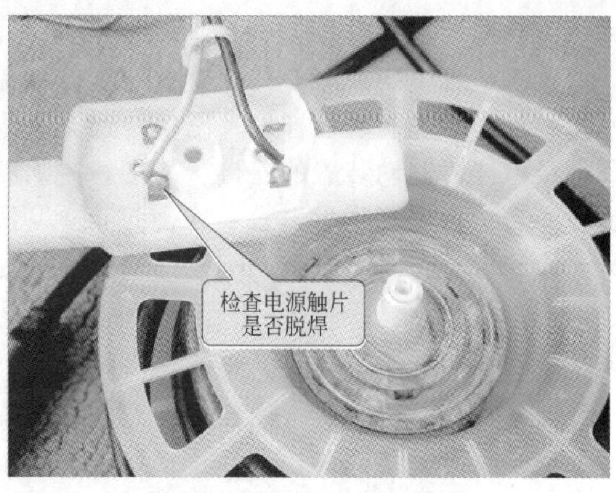

图 13-12　检查电源触片

然后检查电源触片是否变形，若发现电源触片出现变形现象，需要使用尖嘴钳进行检修，即将变形的电源触片夹直即可，如图 13-13 所示。

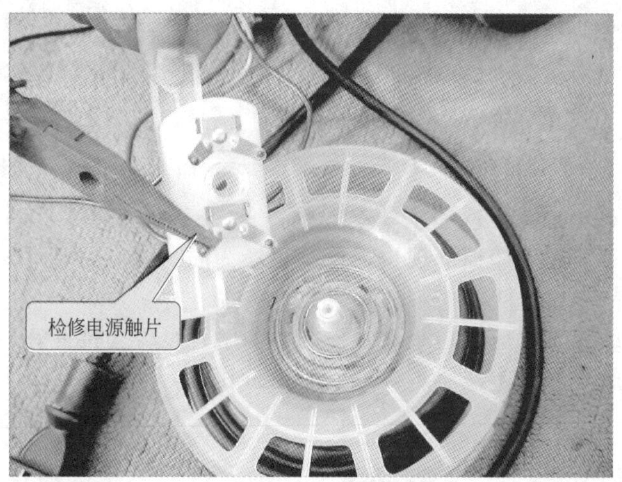

图 13-13　检修电源触片

若在检查卷线器时，发现卷线器的电源触片没有问题，但吸尘器无电源供电。此时，拔掉电源插头，使用万用表并将其调整至欧姆挡，检测电源线及其连接部分是否出现故障，导致吸尘器的供电电路断路，如图13-14所示。

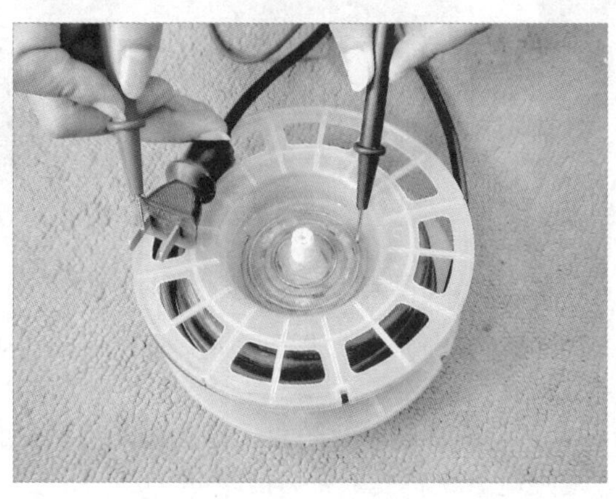

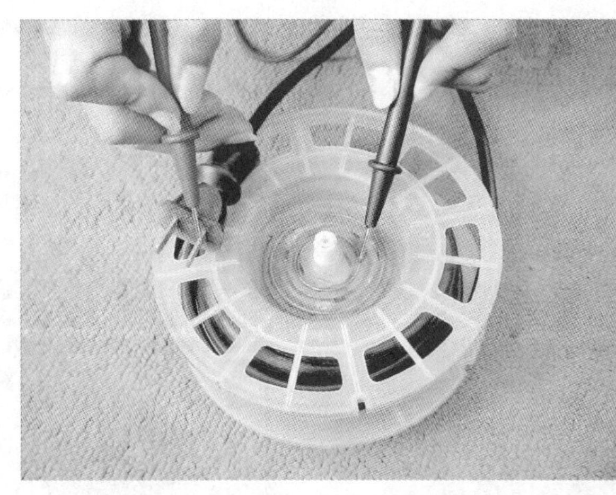

图 13-14　检测电源线及其连接部分是否断路

若万用表指针指向零，表明电源线部分没有问题；若检测时，万用表指针指向无穷大或有阻值，表明电源线部分出现故障，需要将卷线器拆解，检查卷线器内部是否出现脱焊等情况。

拆卸完卷线器的电源线部分后，可以查看电源线与摩擦轮上的导环是否脱焊，如图 13-15 所示。若出现脱焊或虚焊等现象，则使用电烙铁重新将其焊接即可。

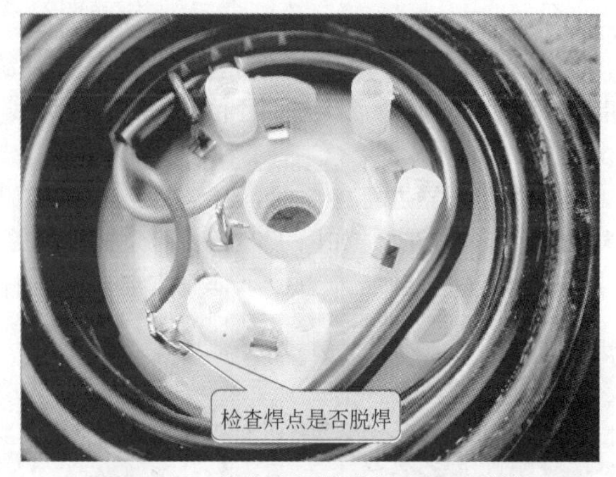

图 13-15　检查电源线的焊点是否脱焊

若出现电路不供电等情况，并且电源线与导环之间的焊点焊接良好，此时就需要使用万用表检测电源线是否有断路现象。如图 13-16 所示，将万用表旋转至欧姆挡，两表笔分别检测电源线的两连接端。

图 13-16

图 13-16 检测电源线

若检测时，万用表指针指向零，表明电源线没有断路现象；若检测时，万用表指针指向无穷大，或检测时有阻值，表明电源线出现断路现象，需要将其更换以排除供电故障。

在对卷线器进行检修时，还要检查卷线器的螺旋弹簧是否出现弹力过大或过小，以及弹力失效、变形等现象，如图 13-17 所示为螺旋弹簧无故障时的状态。

若出现螺旋弹簧弹力过小，则需要转动轴杆对其进行紧固，如图 13-18 所示。

图 13-17 螺旋弹簧正常状态

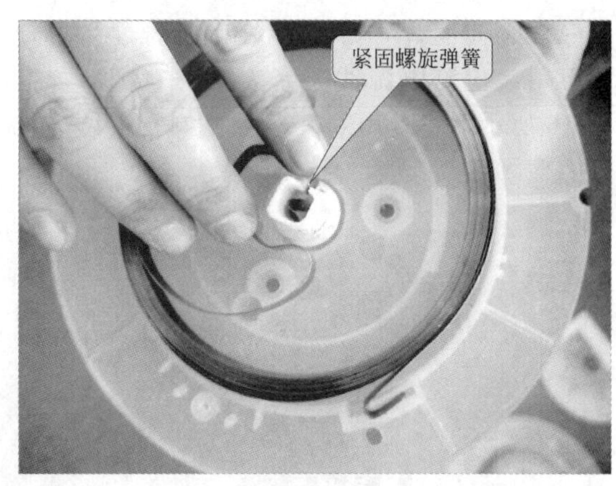

图 13-18 紧固螺旋弹簧

如果螺旋弹簧出现变形，则需要将螺旋弹簧拆卸下来，重新进行整理，如图 13-19 所示。在对螺旋弹簧进行拆卸时需要注意螺旋弹簧的安装位置，以免造成重复安装。

整理完成后，再将螺旋弹簧重新装入摩擦轮中，如图 13-20 所示，安装时要注意安全，以免在安装时螺旋弹出碰伤维修人员。

然后将轴杆装入螺旋弹簧中，如图 13-21 所示。在安装时，需要注意轴杆与螺旋弹簧的安装方法，要将螺旋弹簧的一端插入轴杆的中心。

此时，螺旋弹簧便已安装完成。在将卷线器重新安装时，要注意卷线器的电源线与摩擦轮

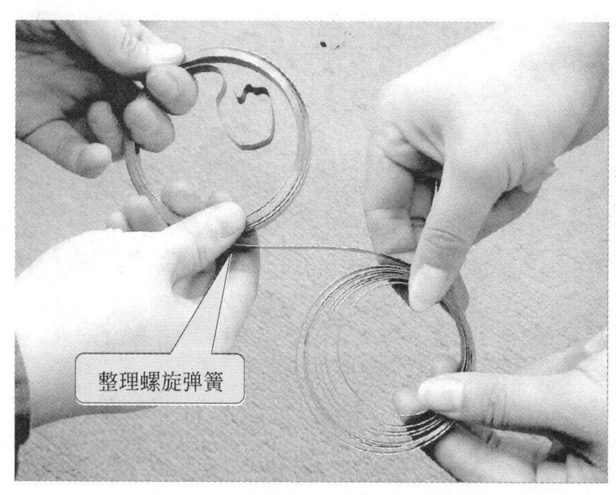

图 13-19　整理螺旋弹簧

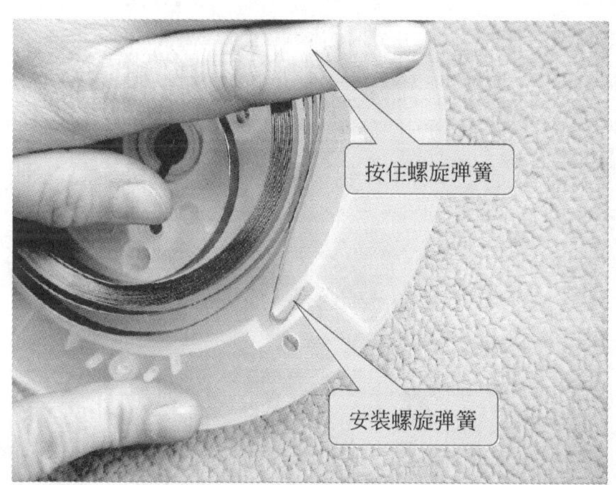

图 13-20　安装螺旋弹簧

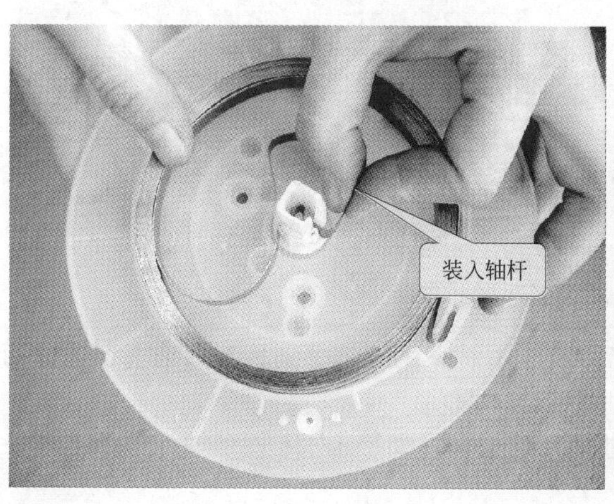

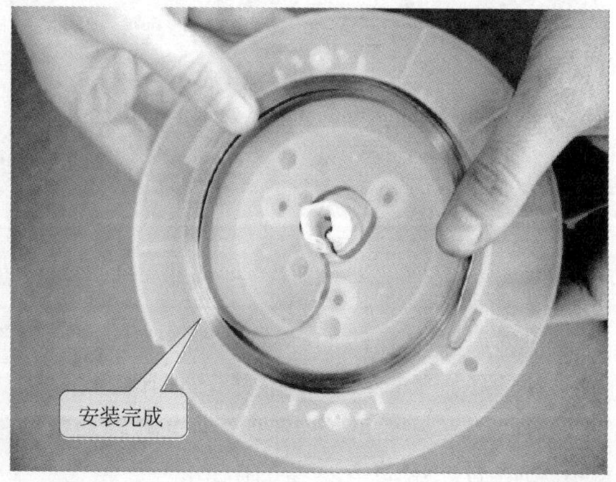

图 13-21　装入轴杆

之间的位置关系，如图 13-22 所示，需要将电源线按照原来的摆放位置安装回去，并且还要对摩擦轮进行安装。

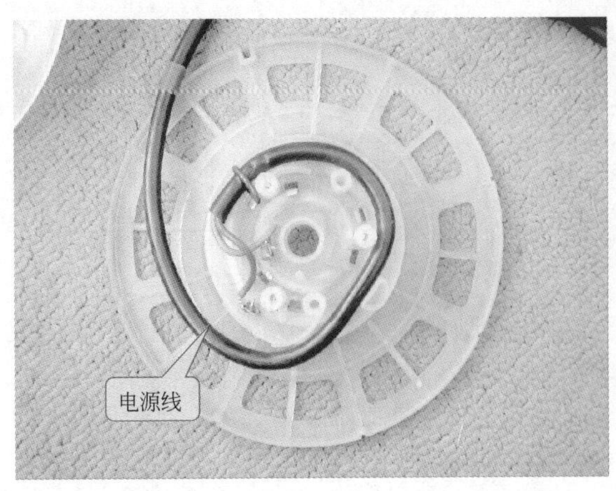

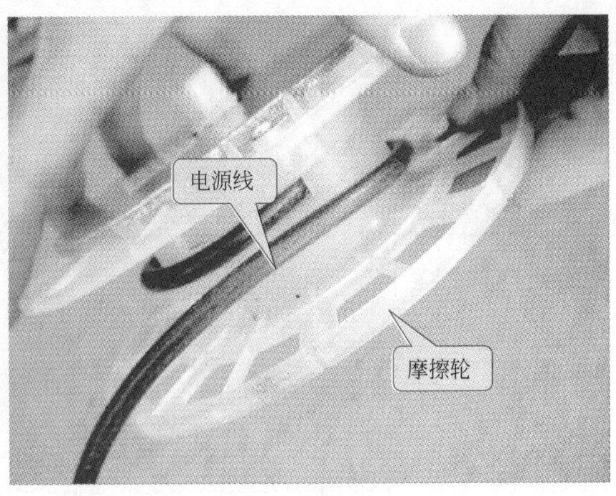

图 13-22　安装电源线

13.2.2　启动电容器及涡轮式抽气机的故障检修

吸尘器的启动电容器损坏将会引起吸尘器的涡轮式抽气机无法正常工作，并会引起吸尘器的整机不工作故障。以下就讲解一下吸尘器的启动电容器及涡轮式抽气机的检修方法。

在检测是否为启动电容器或涡轮式抽气机损坏时，先通电检测，如果可以听到“嗡嗡”声，表明吸尘器的电路是接通的，涡轮式抽气机有电流通过，而涡轮式抽气机不转动，就表明故障是由启动电容器或涡轮式抽气机所引起的吸尘器故障。

（1）启动电容器的故障检修

通过查看吸尘器的启动电容器的位置，找到启动电容器的两端引脚，如图 13-23 所示。

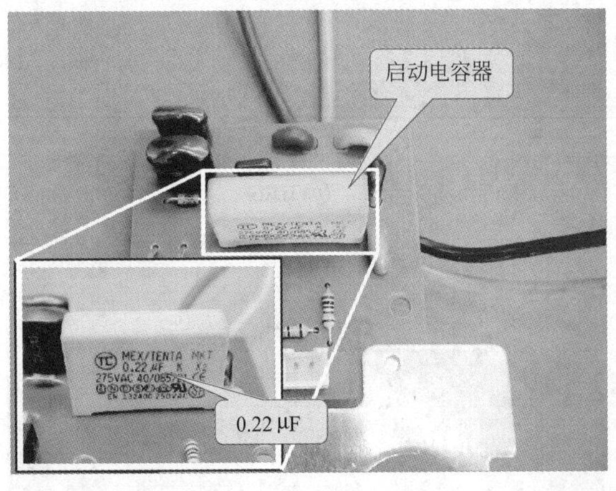

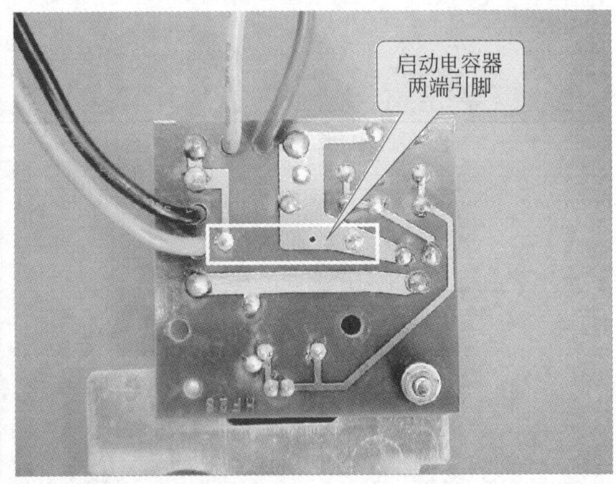

图 13-23　启动电容器及两端引脚

根据启动电容器的标称值，将万用表调整至 $R\times10\text{k}$ 挡，两表笔分别检测启动电容器的两端引脚，如图 13-24 所示，并记录下检测时启动电容器的阻值。

调换万用表的两支表笔，再检测启动电容器两端的引脚，如图 13-25 所示，并记录下调换表笔检测时，启动电容器的阻值。

若启动电容器正常，则在使用万用表对其进行检测时，万用表会出现充放电的过程，并且所测阻值应不小于几十兆欧；若检测时，万用表没有充放电过程，或者调换表笔检测时启动电容器的阻值不相同，则表明该启动电容器已经损坏，需要将其更换。

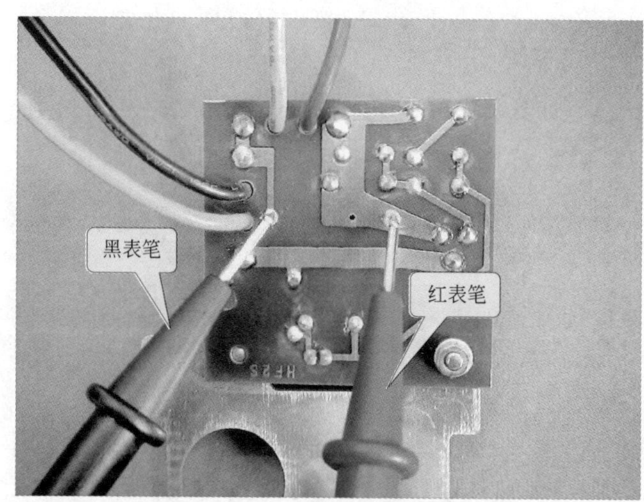

图 13-24　检测启动电容器

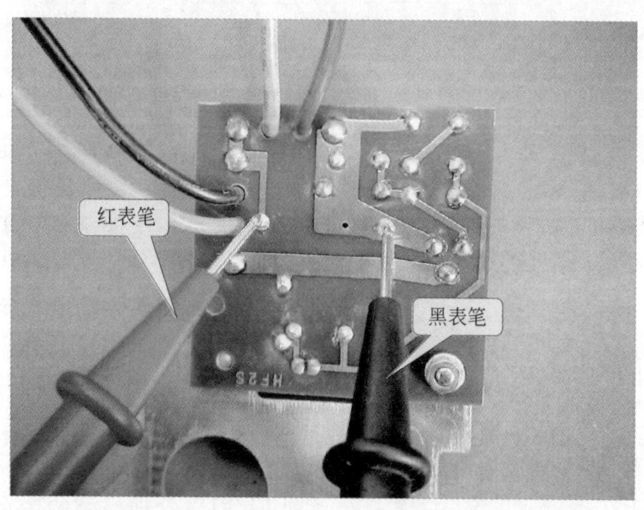

图 13-25　调换表笔检测启动电容器

(2) 涡轮式抽气机的故障检修

涡轮式抽气机出现故障将会导致吸尘器整机不工作、工作时噪声很大、吸尘器吸力下降等故障现象。

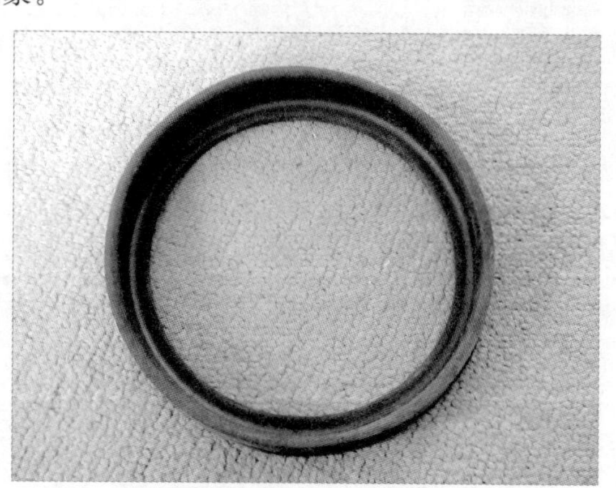

图 13-26　检查涡轮式抽气机减振橡胶帽

吸尘器的涡轮式抽气机拆卸后，首先检查涡轮式抽气机减振橡胶帽是否有老化现象，如图 13-26所示。若出现老化现象，则将其更换即可。

检查完涡轮式抽气机减振橡胶帽后，再查看减振橡胶块是否出现老化或裂开等现象，如图 13-27所示。检查时，要注意减振橡胶块的两边都需要查看。

图 13-27　检查减振橡胶块

如果减振橡胶块出现老化现象，则将其更换即可；若减振橡胶块有裂痕，则需使用固定胶将裂痕部分重新粘牢。

将涡轮式抽气装置拆卸后，即可看到涡轮式抽气驱动电机的四个连接端，这四个连接端分别为两个定子的连接端，如图 13-28 所示。

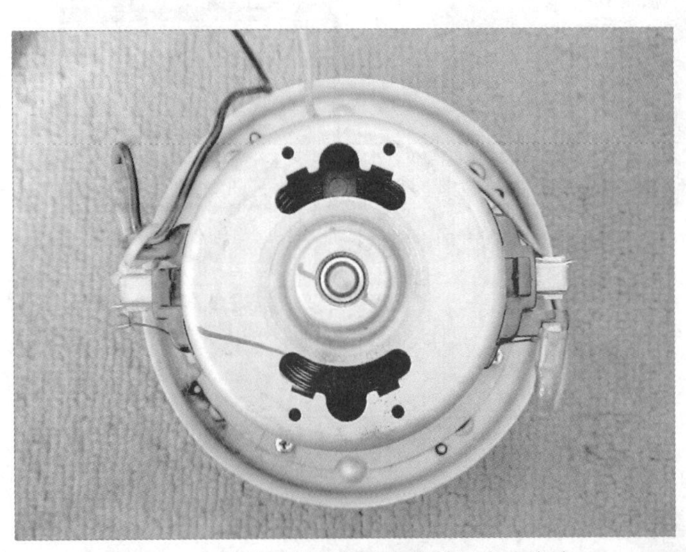

图 13-28　涡轮式抽气驱动电机的四个连接端

检查涡轮式抽气驱动电机定子连接端是否与线圈连接线断开，如图 13-29 所示。若定子线圈断开，将断开连接端的定子线圈重新绕制，重新连接即可。

使用万用表分别检测两个定子连接端，如图 13-30 所示，将万用表调整至欧姆挡，使用万用表的两支表笔分别检测两个定子的连接端。

若检测其中的一组连接端时，万用表指针指向无穷大或有阻值，表明该涡轮式抽气驱动电机的定子线圈有短路现象，需要直接更换驱动电机。

若检测两组连接端时，万用表指针均指向零，表明该涡轮式抽气驱动电机的两个定子没有损坏。此时，还需要检测转子是否正常，如图 13-31 所示，将万用表调整至欧姆挡，万用表的两支表笔分别检测转子的两个连接端，即供电导线连接端。检测时需要同时旋转涡轮叶片。

若检测时，无论怎样转动涡轮叶片，万用表指针始终指向无穷大，表示涡轮式抽气驱动电机的转子线圈已经损坏，需要直接将该驱动电机更换；若检测时，在旋转涡轮叶片的过程中，

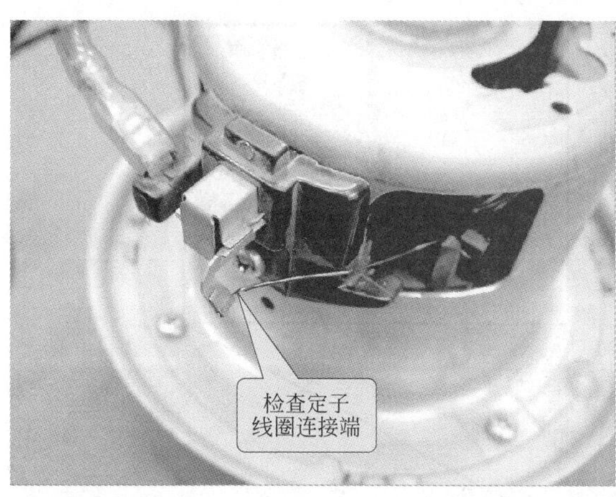

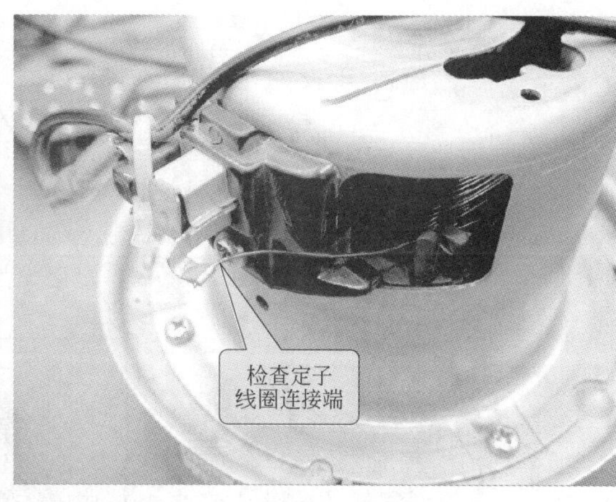

图 13-29　检查定子线圈连接端

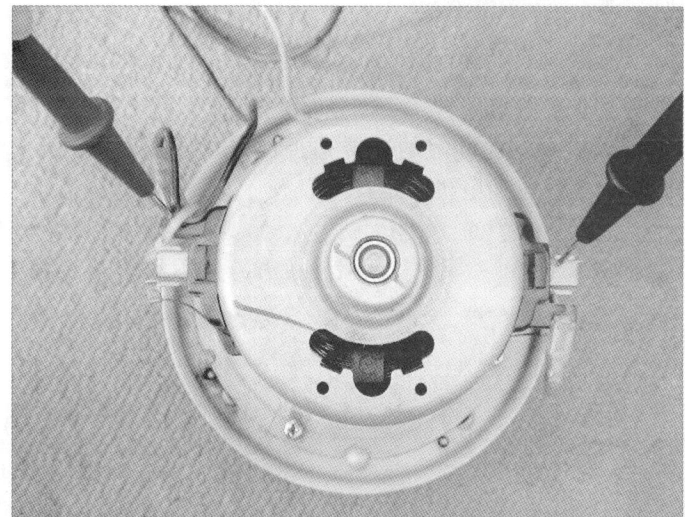

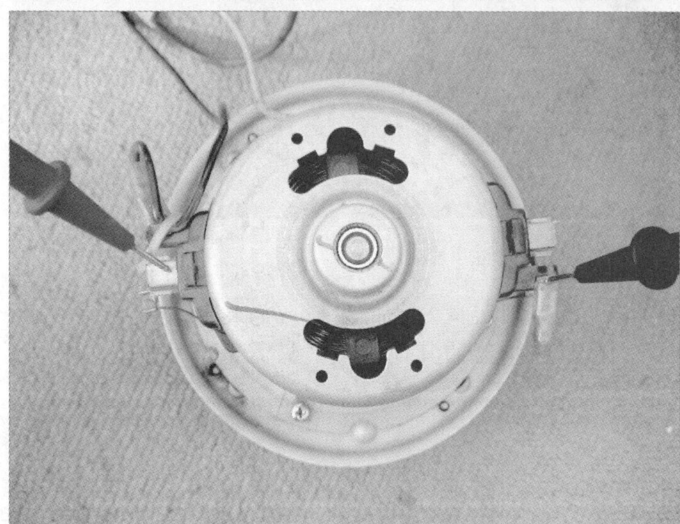

图 13-30　检测涡轮式抽气驱动电机

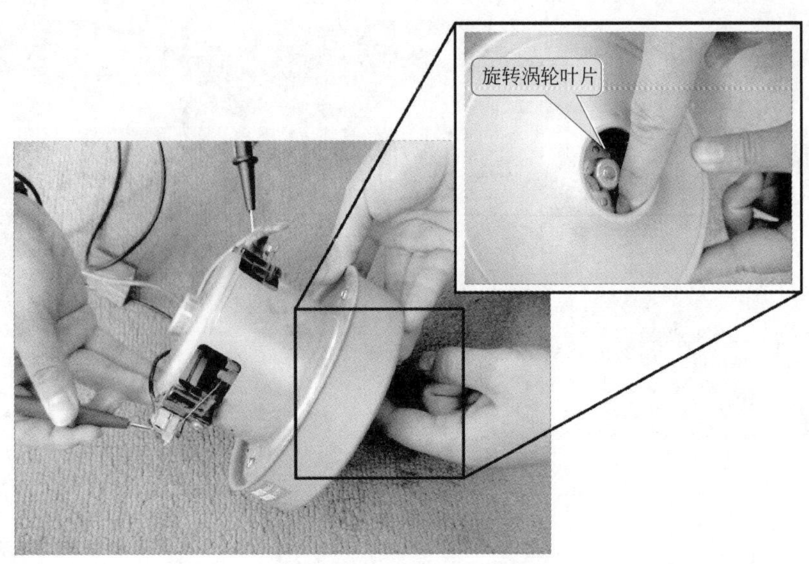

图 13-31　检测转子连接端

万用表的指针一直处于摆动的状态，表明该驱动电机的转子线圈正常。

通过检测涡轮式抽气驱动电机，还可以检查涡轮叶片的连接是否良好，如图 13-32 所示。转动涡轮叶片以检查涡轮叶片是否与涡轮式抽气驱动电机固定良好。

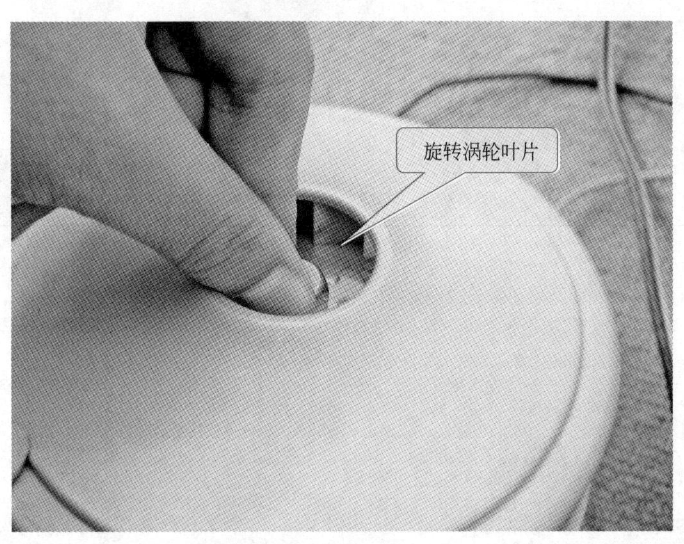

图 13-32　旋转涡轮叶片

若发现涡轮叶片与涡轮式抽气驱动电机没有固定良好，将会造成涡轮叶片不转或转速过低，还可能会造成涡轮叶片与外壳相碰，导致吸尘器的其他故障，只需重新对涡轮叶片固定即可。

13. 2. 3　集尘室的故障检修

吸尘器的集尘室出现故障，往往是由集尘袋损坏、吸风口被堵塞，或者滤尘片损坏等引起的。以下就讲解一下吸尘器集尘室的检修方法。

在检测集尘室是否出现故障时，应先使吸尘器工作。若吸尘器可以工作，但工作时出现喷灰尘、吸力小或无吸力等故障，表明吸尘器的集尘室可能出现故障。

首先检查集尘室的集尘袋是否安装良好，如图 13-33 所示为检查集尘室中的密封锁定装置。

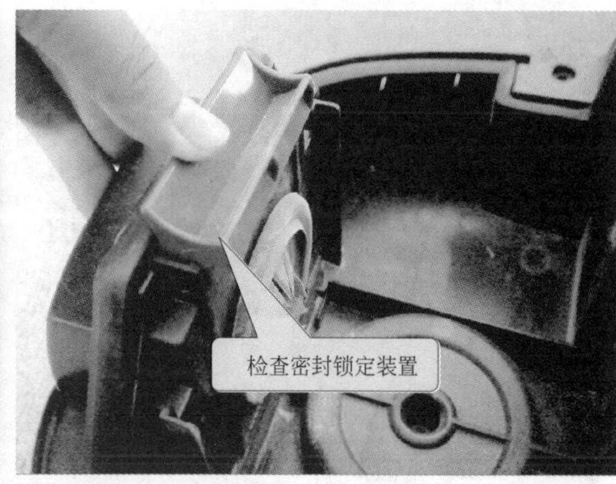

图 13-33　检查密封锁定装置

如果集尘室的密封锁定装置出现松动或损坏，则将使集尘袋无法固定在吸风口处，导致吸尘器在工作时出现喷灰尘等故障。

接下来，再继续检查吸尘器的集尘袋是否出现损坏，如图 13-34 所示，如果集尘袋出现损坏，同样会导致吸尘器在工作时出现喷灰尘等故障现象。并且在检查时，还要注意查看集尘袋中是否有被浸湿现象，如果出现集尘袋被浸湿现象应将集尘袋清洗完后晾干，再装入吸尘器中。

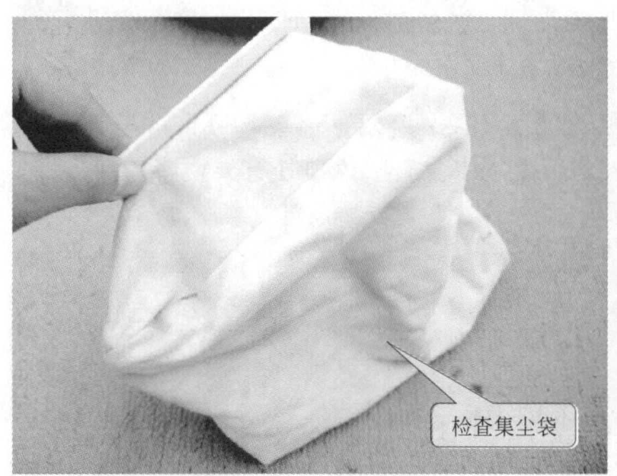

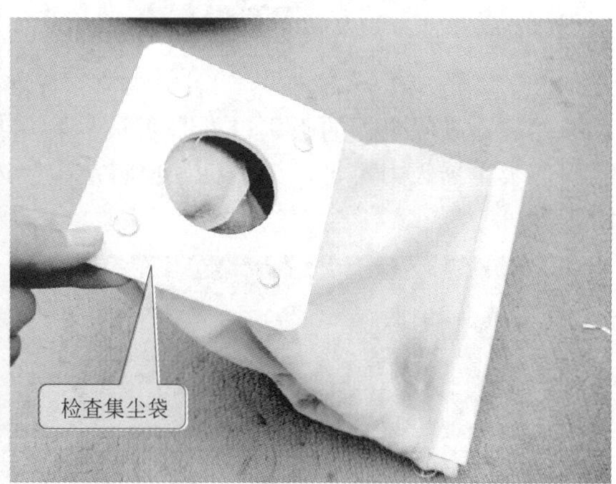

图 13-34　检查集尘袋

在检查集尘室时，还应注意检查吸尘器是否装入了滤尘片，若吸尘器没有装入滤尘片则应先将滤尘片装入；如果装入滤尘片还需要检查滤尘片上是否布满灰尘，如图 13-35 所示。如果滤尘片布满灰尘则需要用清水清洗滤尘片，并将其晾干后装入吸尘器中。

吸尘器的密封条也是吸尘器在工作时避免喷灰尘的主要部件，如果吸尘器的密封条出现老化或损坏等故障，同样容易导致吸尘器在工作时出现喷灰尘等故障。如图 13-36 所示，检查吸尘器的密封条。如果吸尘器的密封条出现老化、损坏等现象，直接将其更换为同一规格的即可。

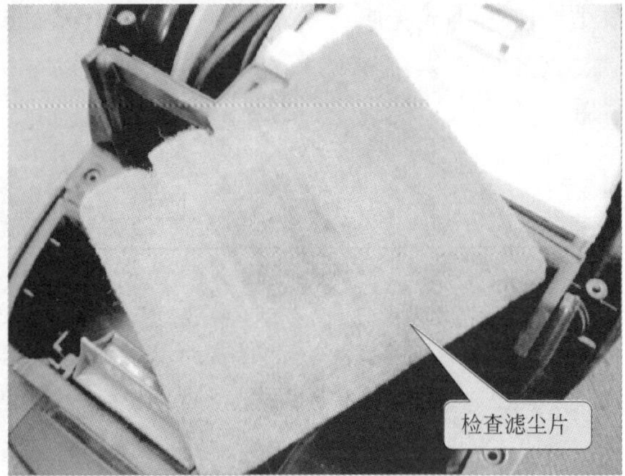

图 13-35　检查滤尘片

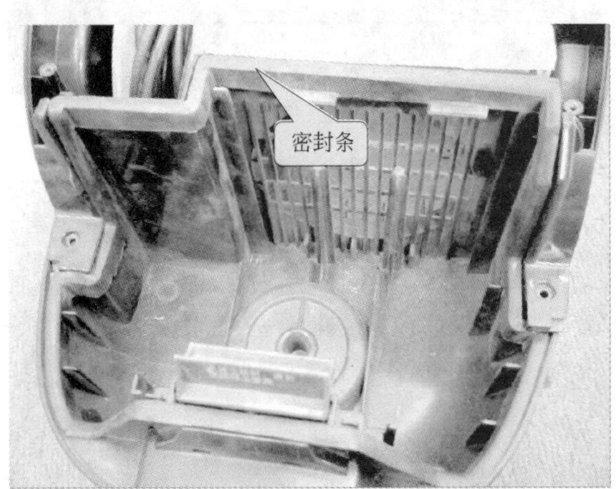

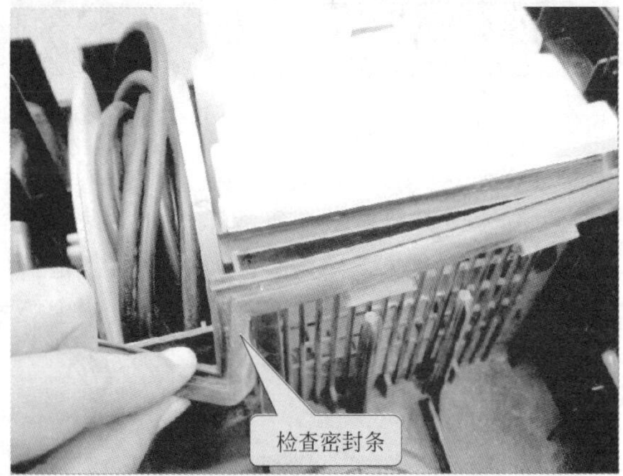

图 13-36　检查密封条

然后检查吸尘器的吸风口处是否被异物堵塞，如图 13-37 所示。如果吸风口被异物堵塞，会引起吸尘器吸力不足，无法良好地将灰尘吸入到集尘袋中。若吸风口处有异物堵塞直接将其清理即可。

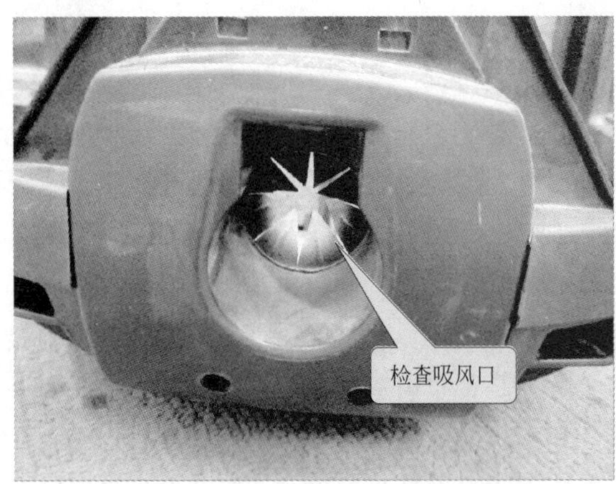

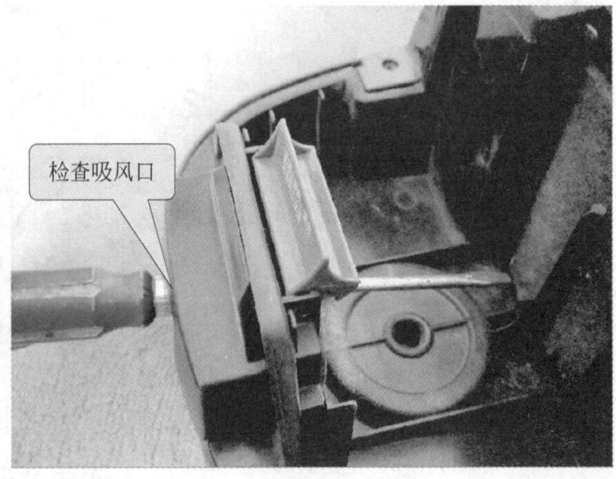

图 13-37　检查吸风口

并且在检查吸风口处时，还要注意查看吸风口的密封橡胶是否连接良好。检查吸尘器与密封橡胶圈连接时，需要对吸尘器吸风口处的吸风口挡板进行拆卸，如图 13-38 所示，选择合适的十字螺丝刀将吸风口挡板的固定螺钉拧下。

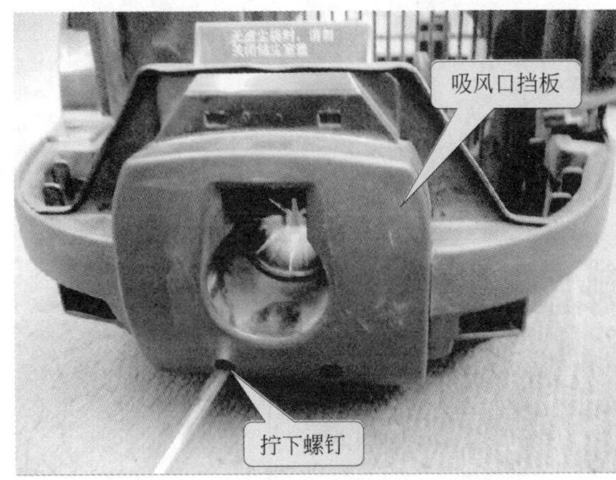

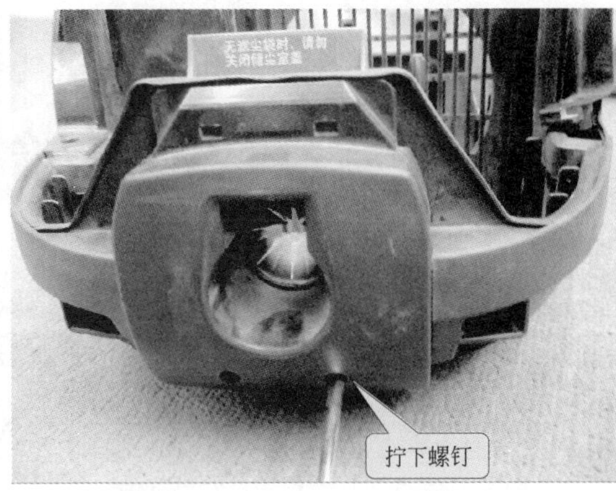

图 13-38 拧下吸风口挡板螺钉

然后就可以将吸风口挡板直接取下了，如图 13-39 所示。

取下吸风口挡板后，便可以直接检查吸风口及吸风口的密封橡胶圈了，如图 13-40 所示，直接将吸风口橡胶圈取下。

图 13-39 取下吸风口挡板

图 13-40 取下吸风口橡胶圈

此时，便可以检查吸风口的密封橡胶圈是否出现老化、损坏等故障现象，如图 13-41 所示。

若吸风口处的密封橡胶圈出现老化、损坏等现象，容易导致吸风口与集尘袋连接不严密，致使吸尘器在进行吸尘工作时，灰尘无法完全吸入到集尘室中。如果密封橡胶圈出现老化、损坏等现象直接将其更换为同一规格的即可。

图 13-41 检查密封橡胶圈

将吸风口的挡板拆卸下来后，同样需要检查吸风口挡板是否有损坏，如图 13-42 所示。

如果吸风口挡板损坏，将导致吸尘器无法连接吸尘软管，进而无法进行吸尘工作。

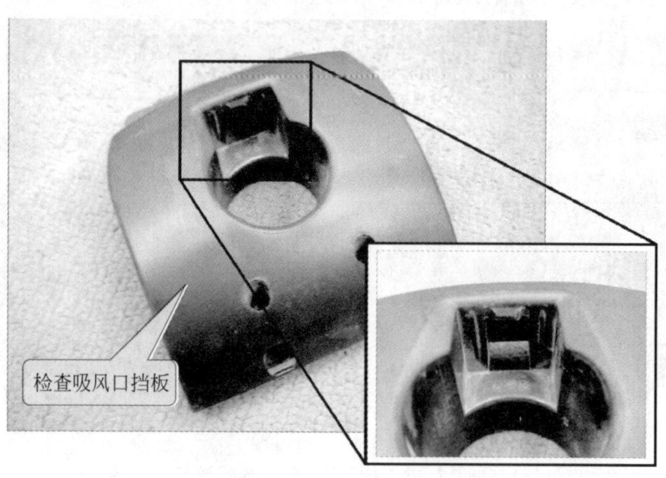

图 13-42　检查吸风口挡板

13. 2. 4　其他部件的故障检修

在对吸尘器进行检修时，还应注意检修吸尘器的其他部件是否损坏，如吸力调整钮电位器、电源开关等。如果吸力调整钮电位器损坏，会导致吸尘器的风速无法调节；而电源开关损坏，将导致吸尘器无法工作，或无法停止工作。

（1）吸力调整钮电位器的故障检修

吸力调整钮电位器主要用来调整涡轮式抽气驱动电机的风力大小，首先查看吸力调整钮电位器是否有磨损现象，如图 13-43 所示。如果吸力调整钮电位器出现磨损现象，直接将其更换即可。

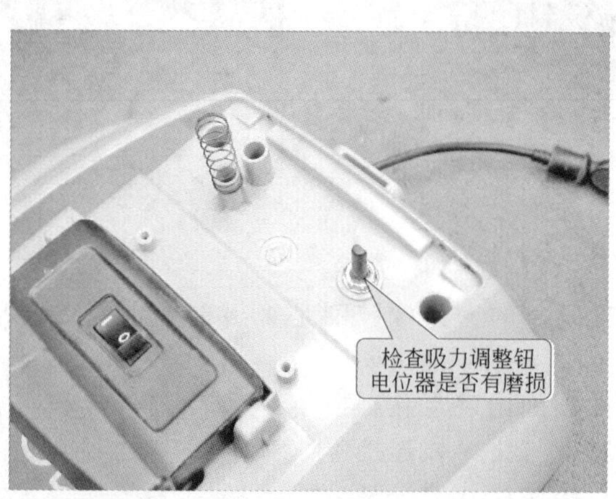

图 13-43　检查吸力调整钮电位器

如果吸力调整钮电位器没有被磨损，而吸力调整钮仍不起作用，则需要使用万用表对吸力调整钮电位器进行检测。并且检测时，要先确保吸力调整钮电位器的两条导线没有问题，如图 13-44 所示，将万用表调整至欧姆挡，万用表的两支表笔分别接导线的两端。

如果在检测时，连接两条导线的两端，万用表指针指向零，表明此两条导线均正常；如果检测时，无论怎样调换表笔检测两条导线的两端，万用表指针均指向无穷大，则表示导线有断路，需要将导线进行更换，重新焊接连接点。

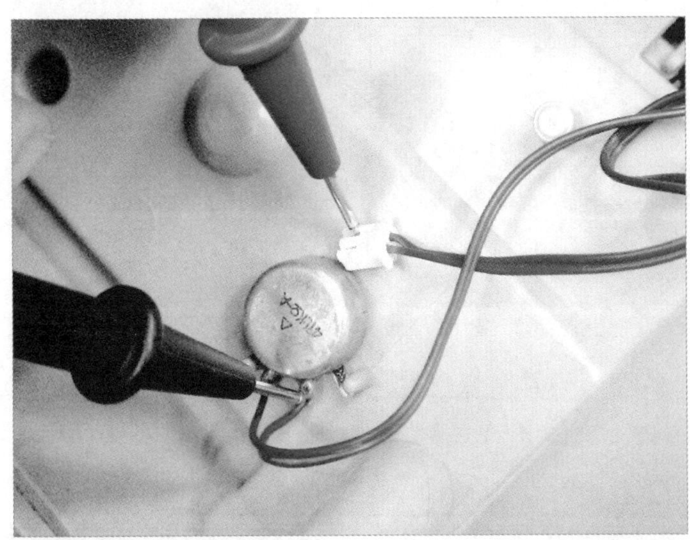

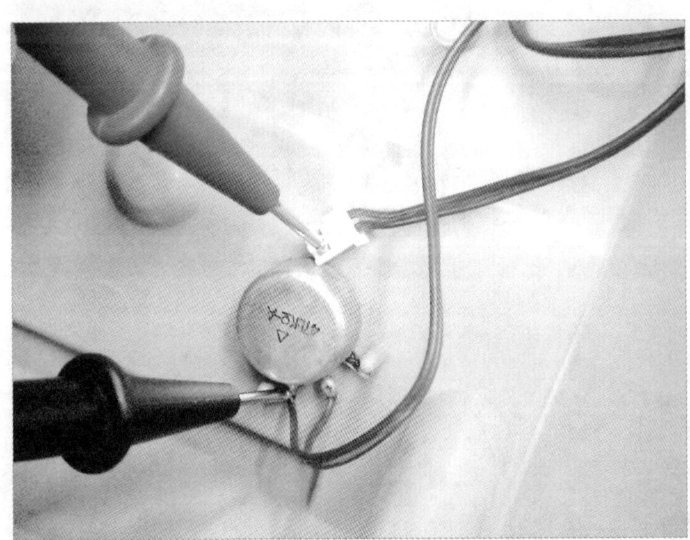

图 13-44 检测吸力调整钮电位器的两条导线

在确保吸力调整钮电位器的两条导线没有断路的情况下，使用万用表检测吸力调整钮是否损坏，如图13-45所示。由于该吸力调整钮电位器的电阻值较高，因此将万用表调整至 $R\times10$k 挡，然后用其两支表笔分别检测吸力调整钮电位器的两端，并且在检测时，要不断地旋转吸力调整钮查看万用表指针的变化。

如果万用表随吸力调整钮的旋转而变化，表明吸力调整钮电位器正常，如图 13-46 所示为在旋转吸力调整钮过程中万用表的指针变化。如果无论怎样检测万用表的指针均指向零，或均指向无穷大，以及检测时该吸力调整钮电位器有固定的阻值，都说明该吸力调整钮电位器已经损坏，需要将其更换为同一规格。更换完成后，再次启动吸尘器进行检测，故障即可排除。

（2）电源开关的故障检修

吸尘器的电源开关如果损坏将导致吸尘器整机不工作故障，对电源开关进行检测时，需要将电源开关的连接线取下。

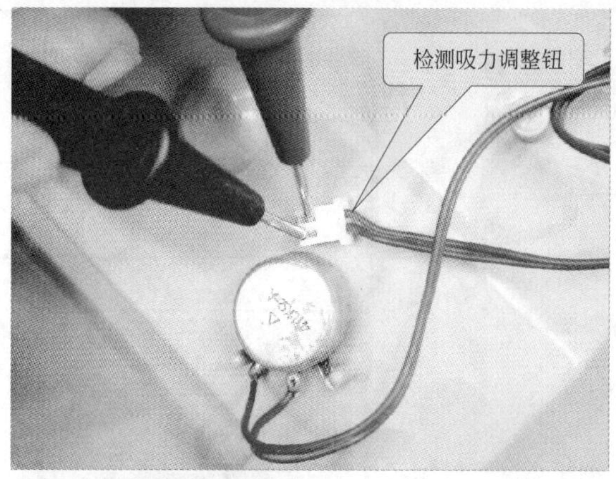

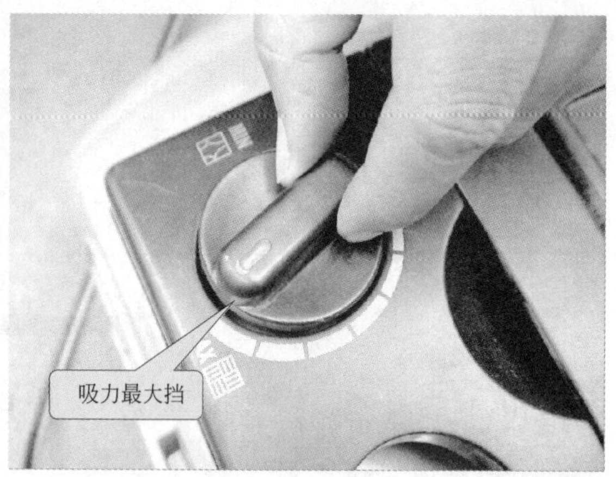

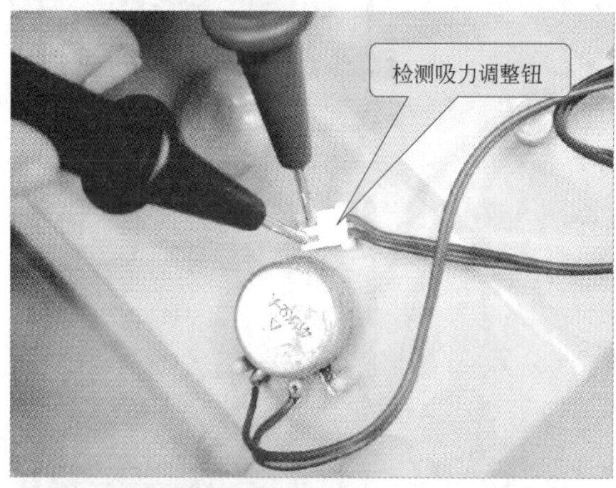

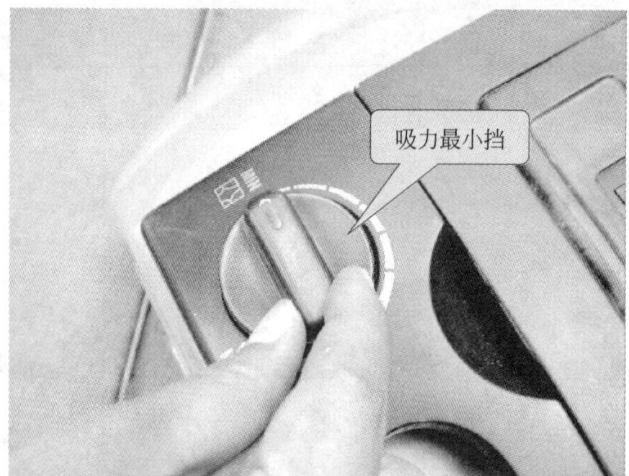

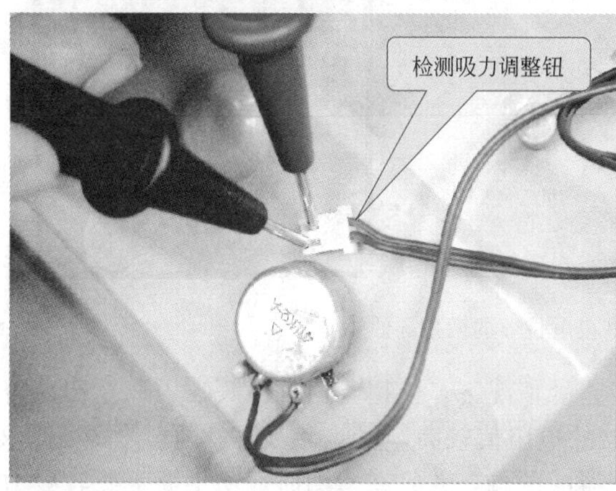

图 13-45　检测吸力调整钮电位器

将万用表调整至欧姆挡，两支表笔分别检测电源开关的连接端，并且在检测时，拨动电源开关进行检测，如图 13-47 所示。

若在电源开关处于开启状态，万用表检测电源开关两连接端时，万用表指针指向零；在电源开关处于关闭状态，万用表检测电源开关两连接端时，万用表指针指向无穷大，则表明该电源开关正常。若检测时，无论怎样检测万用表的指针均指向零或无穷大，以及检测时有固定的阻值，则表明该电源开关已经损坏，将其更换为同一规格后，再对吸尘器进行启动检测，故障即可排除。

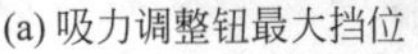
(a) 吸力调整钮最大挡位

(b) 吸力调整钮呈中挡位

(c) 吸力调整钮最小挡位

图 13-46　调整吸力调整钮不同挡位万用表的指针变化

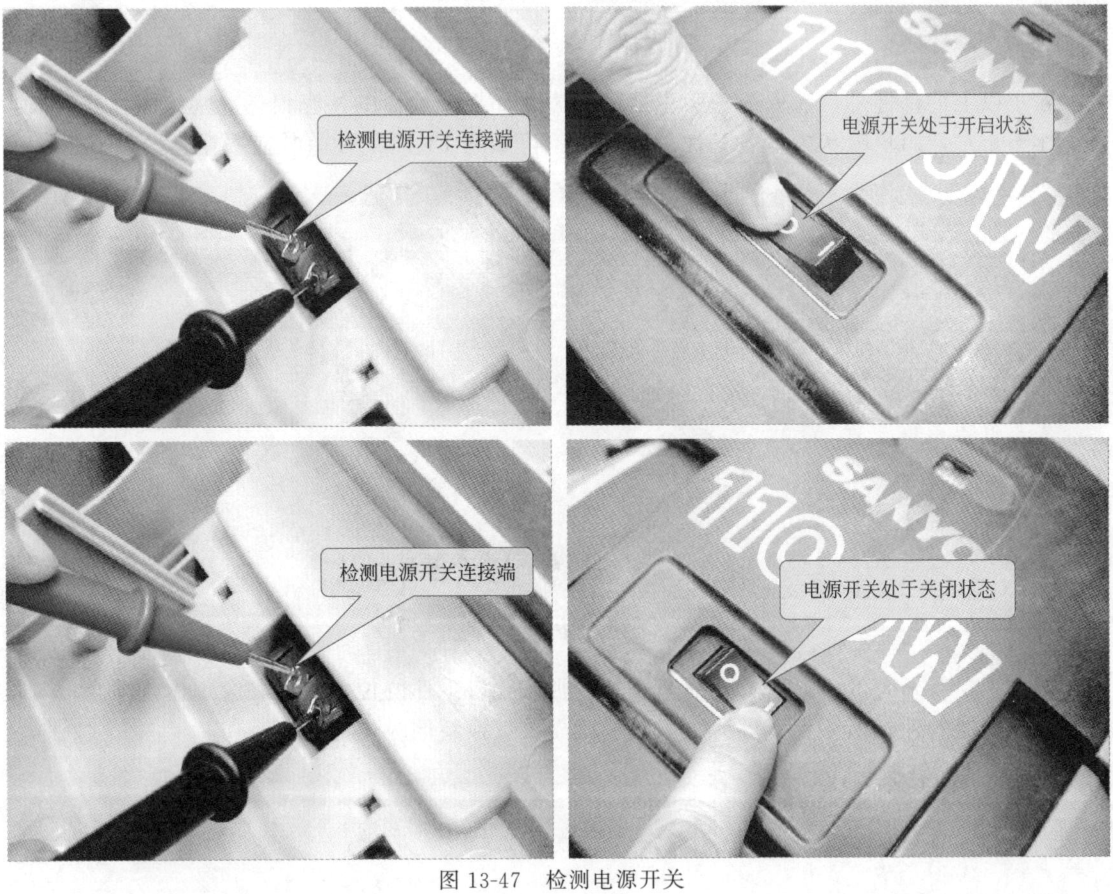

图 13-47　检测电源开关

(3) 吸尘软管的故障检修

吸尘器的吸尘软管如果堵塞，会导致吸尘器的吸尘能力下降；如果吸尘软管损坏有断裂现象，则会在使用吸尘器时，灰尘无法被吸入吸尘袋中，使灰尘散落各处。

检测吸尘器的吸尘软管主要检查吸尘软管是否有堵塞现象。可以通过将吸尘软管顺直查看吸尘软管的两端是否通畅，也可以通过使用较长的棍状工具深入吸尘软管中进行检查。

检查吸尘软管是否损坏的同时，还要检查吸尘软管的卡扣是否损坏，如图 13-48 所示。如果吸尘软管的卡扣损坏，则将导致吸尘软管无法与吸尘器进行连接，自然也就无法进行吸尘工作。

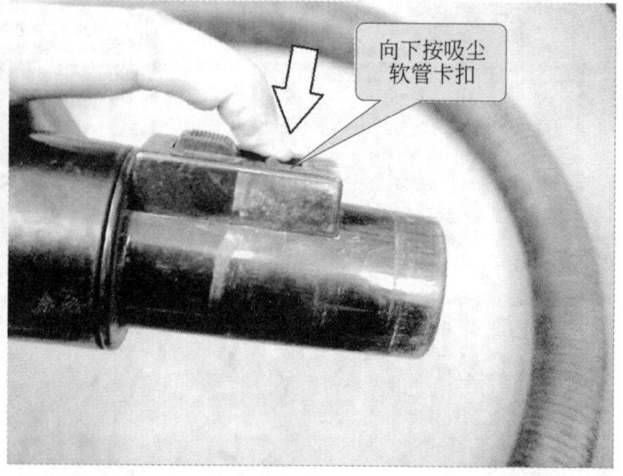

图 13-48　检查吸尘软管卡扣

除了以上的部件外，还要检查吸尘器的外壳，如果吸尘器的外壳损坏，则将同样导致吸尘器工作不正常，出现喷灰尘或者其他的故障现象，如图 13-49 所示，检查吸尘器的外壳。

图 13-49　检查吸尘器的外壳

如果吸尘器外壳出现损坏、变形等现象，则需要将损坏的位置使用黏合剂进行黏合；若检查时，吸尘器的外壳损坏、变形严重，此时就需要更换新的吸尘器外壳。